生物科学专业“6＋X”简明教程系列

动　物　学

刘敬泽　吴跃峰　主编

科学出版社
北　京

内 容 简 介

本书共21章，包括绪论、原生动物门、多细胞动物的起源、多孔动物门、刺胞动物门、扁形动物门、线虫动物门、环节动物门、软体动物门、节肢动物门、棘皮动物门、半索动物门、无脊椎动物若干小门简介、脊索动物门、圆口纲、鱼类、两栖纲、爬行纲、鸟纲、哺乳纲、动物的地理分布。全书以动物进化中主干类群为主线，重点介绍其主要结构特征、结构与功能、功能与适应、代表动物、分类与演化等内容，具有简明扼要、重点突出、易教易学、反映新动态等特点。书中附有动物学新发现和相关的知识链接；每章有相应的思考题；书后有中英文动物学名词索引。

本书可作为高等院校生物类、农学类及相关学科专业本科生和专科生的教材，也可供理科、文科各专业公共选修课使用，还可作为从事生命科学领域的研究人员、技术人员、生产实践人员和研究生的参考书，对中学生物学教学也有一定的参考价值。

图书在版编目(CIP)数据

动物学/刘敬泽，吴跃峰主编. —北京：科学出版社，2013
生物科学专业"6+X"简明教程系列
ISBN 978-7-03-037499-8

Ⅰ.①动… Ⅱ.①刘… ②吴… Ⅲ.①动物学-高等学校-教材
Ⅳ.①Q95

中国版本图书馆CIP数据核字(2013)第103393号

责任编辑：刘 丹 王国栋 / 责任校对：鲁 素
责任印制：张 伟 / 封面设计：迷底书装

科学出版社出版
北京东黄城根北街16号
邮政编码：100717
http://www.sciencep.com
北京建宏印刷有限公司印刷
科学出版社发行 各地新华书店经销
*
2013年7月第 一 版 开本：787×1092 1/16
2025年12月第七次印刷 印张：21 1/4
字数：540 000

定价：79.00元
(如有印装质量问题，我社负责调换)

《动物学》编委会名单

主　编　刘敬泽　吴跃峰

副主编　杨小龙　江　春　李东明

编　委　（按姓氏汉语拼音排序）

白　建　鲍　荣　高永闯　韩九皋

江　春　李东明　李洪燕　刘敬泽

史宝忠　孙春岐　王改芳　吴跃峰

武宇红　许冬梅　杨　虹　杨小龙

于文清　于志军　张路平

前　言

动物学是生物科学领域重要的基础课程，是生物科学及相关专业后续课程的基础。随着生物学及其交叉学科研究技术的发展，动物学发展极为迅速，新知识、新领域、新成就不断出现，与人类的关系更为密切。结合目前教学改革的实际及取得的成就，顺应动物学科的发展和满足人才培养的需求，我们组织编写了生物科学专业“6＋X”简明教程系列——动物学。

全书注重科学性、完整性和系统性，具有以下特点：简明扼要，重点突出，易教易学；紧跟学科前沿，反映动物学科发展的新动态；系统性强，以动物进化主干类群为主线，按照动物由低等到高等、由简单到复杂的基本规律，重点介绍各类群的主要结构特征、结构与功能、功能与适应、代表动物、分类与演化等内容，将若干无脊椎动物小门集中在一章介绍，便于学生掌握知识要点。书中有相应的知识链接，介绍有关动物学的新发现和相关知识，以启发学生的学习兴趣；书后有中英文动物学名词索引，便于学生查阅、掌握相关的英文术语。本书配套出版的有动物学实验教程和动物学考研精解。

本书由刘敬泽和吴跃峰主编。参加编写的单位有河北师范大学、山西农业大学、河北经贸大学、廊坊师范学院、衡水学院、邢台学院、晋中学院、长治学院、河北民族师范学院和吕梁学院，作者全为一线教学人员。本书是河北师范大学国家级生物科学特色专业建设和河北省动物学精品课程建设项目的组成部分，在编写过程中得到科学出版社和河北师范大学的大力支持，在此深表谢意！

尽管编写过程中我们进行了充分的讨论，但由于编者水平所限，书中难免有疏漏和不当之处，敬请读者批评指正。

编　者

2012年11月

目　录

第一章 绪　论

自然界由生物和非生物两大类物质组成。生物是具有新陈代谢、生长、发育、繁殖、遗传变异和适应性等特征的有机体。目前已描述定名的生物约 200 万种，但实际生存的可能超过 800 万种。为了更好地研究和利用如此浩繁的生物，长期以来生物学家们在生物的分界上做了大量的研究工作，逐渐形成了生物分类的分界学说，即动物界、植物界、原生生物界、原核生物界、真菌界和病毒界。在生物分界过程中，动物界早在林奈时代就被认识并划分出来。在人类认识自然、生存和发展的漫长历史中，积累了极为丰富的动物知识，动物学随之建立和发展起来。

第一节 动物学的基本概念

一、动物学的定义

动物学(zoology)是一门研究动物的形态结构、分类、生命活动与环境的关系及发生发展规律的生物学基础学科。经历了两千多年的发展，动物学在形态学、分类学、生理学、生物化学和分子生物学等方面取得了丰硕的研究成果，已成为一门分支十分广泛的学科。

二、研究动物学的目的和意义

纷纭多彩的动物界与人类的衣、食、住、行，乃至精神生活都密不可分，其重要意义不言而喻。研究动物学的目的主要在于揭示动物生命活动的客观规律和奥秘，并基于这些规律合理地、可持续地利用动物资源，为人类的生产和生活服务。从事动物学研究工作，不仅要使动物学不断得到丰富和发展，而且要提供充分利用和保护动物资源的方法、途径和理论依据，使有益动物得到可持续的开发和利用，有害动物得到有效的控制。此外，动物学是生物科学的基础学科，学好动物学才能为生物科学的学习、研究和发展打下坚实的基础。

第二节 动物学的研究内容

一、纵向研究

以动物演化过程为线索，依据研究对象的不同可分为无脊椎动物学和脊椎动物学两大类；也可细分为各种具体类群的研究学科，如原生动物学、贝类学、昆虫学、鱼类学、鸟类学、哺乳动物学等。

二、横向研究

动物学的研究内容广泛而复杂，依据研究层次的不同可分为动物形态学、动物生理学、动物分类学、动物生态学、发育生物学和动物遗传学等；依据研究重点和服务范围的不同又可分为资源动物学、医用动物学、水产学、畜牧学等。

三、多层次的研究体系

动物学的研究也可归纳为微观和宏观两大方面，二者既分为两极又相互结合，从生态系统、群体、个体、细胞、分子等不同层次水平对动物进行研究。

四、边缘交叉学科

随着其他基础理论学科、自然资源学科、社会科学学科与动物学的相互渗透，以及新技术、新方法的广泛应用，许多以动物学为基础的交叉学科、边缘学科应运而生。例如，保护生物学(conservation biology)是一门新兴的综合性学科，其针对全世界生物多样性面临的严重危机，研究保护物种、保护生物多样性和持续利用生物资源等问题。动物生物化学、动物物理学、仿生学等均属于边缘交叉学科。

第三节　动物学的研究方法

一、观察与描述

通过观察将动物的外部特征、内部结构、生活习性等如实系统地记录下来。记录方式包括文字描述、绘图、摄影、摄像、仪器记录等。观察描述法是最简便的直观研究法，观察时必须细微，描述要真实，从而为有关研究积累可靠的第一手资料。

二、比较与分析

通过对各动物类群形态结构、生理生化特点、生活习性等多方面的对比研究，发现它们之间的异同，揭示其生存和进化规律。只有通过对不同动物从宏观的形态结构到微观的细胞、分子水平的比较，才能对动物学的各种问题进行研究并得到正确的结论。比较法是有效的学习和研究方法。

三、条件与实验

在一定可控条件下，从事对动物生命活动的观察、分析与研究。由于实验条件可根据需要而改变，它比一般的观察更能揭示动物活动的实质，是科学研究中最常用的方法。

四、综合研究法

动物学是一门综合性学科，只有运用多学科的交叉知识，采用多种技术进行综合研究，才能取得显著的研究成果，使研究向更深方向发展。

第四节　动物分类学基础知识

一、动物分类的意义和方法

全世界已描述和定名的动物有100多万种，不但种类繁多，而且新发现的物种还在不断增加。如果没有一个完整的、能反映其进化系统的分类法，就不可能正确地认识和区分物种，或者更深入地掌握其发生发展规律。要深入研究和有效利用这个丰富多彩的动物世界，就必须提供辨别物种的科学依据来描述物种、给予命名，并将其分门别类的系统整理。如此不仅可以探索物种形成的规律，了解各种动物在生物界中所占的地位及其进化历程，认识各类动物与人类的关系；而且在生产实践中，对于有害动物的防控、有益动物的利用和良种繁育等方面都具有重要的意义。

动物的分类主要依据自然分类法，即以动物形态或解剖上的相似性和差异性的总和为基础，以古生物学、比较解剖学、比较胚胎学上的证据为依据进行分类，这种分类方法基本上反映了动物界各类群的自然亲缘关系，称为自然分类方法。

随着现代新设备、新技术、新观念的更新，特别是计算机分析在动物学上的应用，动物的分类学方法有了很大的发展。数值分类学方法：利用计算机对动物的相似性特征进行统计分类。分子分类学方法：利用 DNA 或 RNA 的碱基序列和基因的相似性程度分析不同物种之间的分类地位。支序分类方法：通过血缘关系和祖征与衍生特征来确定不同的分支分类单元，建立谱系或系统进化树进行分类。进化分类方法：通过决定同源特征或同功特征、原始特征与衍生特征来估计两个类群之间的进化差异程度来分类。

二、物种的概念和分类阶元

物种简称种，是分类的基本单位，是由同种个体构成的群体，种占有一定自然空间，同种个体可繁殖后代，与其他物种保持生殖隔离；种是动物发展的连续性和间断性的统一形式。种的存在是客观的，它有自已相对稳定的界限可以与别的种相区别。

根据林奈最早提出的自然分类方法，动物界的分类阶元（也称分类等级）一般由大而小分为 7 级：界（kingdom）、门（phylum）、纲（class）、目（order）、科（family）、属（genus）、种（species）。任何一种已知动物在动物系统中的地位均可在这个体系中准确地表示出来。有时为了更精确地表达种的分类地位，常常在上述分类阶元之间再加入一些阶元，一般是在原阶元名称之前加上总（super-）或亚（sub-）而形成，如总目（superorder）、亚目（suborder）、亚种（subspecies）等。在所有分类阶元中，只有种是单一的、客观存在的，其他分类阶元则是主观人为的。

种以下的分类阶元有亚种。亚种是指种内个体在地理和生态上充分隔离后，形成的具有一定特征的群体。但其仍属于种的范围，不同亚种之间可以繁殖。人工选育出来的动物类群，种以下的分类单元称为品种。

种　群

种群是在一定空间中同种个体的集合体，表示种群是由同种个体组成，它占有一定的空间（或领域），同种个体通过种内关系有机地组成一个统一体。种群这个概念，既可以从抽象上应用，也可以从具体上应用。讨论种群生态学理论时，种群是抽象的；研究实际种群时是具体的，如某个池塘中的鲤鱼种群、某片森林中的金丝猴种群。种群的基本特征包括种群的密度或大小；初级种群参数，即影响种群大小的 4 个基本参数，包括出生率、死亡率、迁入率、迁出率；由基本特征和初级种群参数导出的次级种群参数，包括种群的年龄分布、性别比例、种群增长、种群调节和空间分布型。

三、动物的命名和现行分类系统

根据国际动物分类学规定，每一物种都有一个国际通用的学名(scientific name)，命名方法统一采用林奈创建的“双名法”(binominal nomenclature)，即物种的学名使用斜体的拉丁文，由属名＋种本名组成，属名的首字母大写，种本名的首字母小写，如意大利蜂的学名为 *Apis mellifera*。学名后常附加当初定名人的姓氏，如 *Apis mellifera* Linnaeus，表示意大利蜂是由林奈定名的。

亚种的学名一般采用“三名法”命名，由属名＋种本名＋亚种名 3 部分组成，如东亚飞蝗的学名为 *Locusta migratoria manilensis* (Meyen)。

根据细胞数量、胚层、体腔、体型、体节、附肢、脊索及内部器官的系统发生发展等特征，把整个动物界分化为若干门。目前动物界约分为 36 个门，下面介绍的是比较常用的动物门类：①原生动物门(Protozoa)；②中生动物门(Mesozoa)；③多孔动物门(Porifera)；④扁盘动物门(Placozoa)；⑤刺胞动物门(Cnidaria)；⑥栉水母门(Ctenophora)；⑦扁形动物门(Platyhelminthes)；⑧纽形动物门(Nemertinea)；⑨轮虫动物门(Rotifera)；⑩腹毛动物门(Gastrotricha)；⑪动吻动物门(Kinorhyncha)；⑫线虫动物门(Nematoda)；⑬线形动物门(Nematomorpha)；⑭棘头动物门(Acanthocephala)；⑮内肛动物门(Entoprocta)；⑯环节动物门(Annelida)；⑰螠虫动物门(Echiura)；⑱星虫动物门(Sipuncula)；⑲须腕动物门(Pogonophora)；⑳软体动物门(Mollusca)；㉑节肢动物门 (Arthropoda)；㉒苔藓动物门(Bryozoa)；㉓毛颚动物门(Chaetognatha)；㉔棘皮动物门 (Echinodermata)；㉕半索动物门(Hemichordata)；㉖脊索动物门(Chordata)。

思考题

1. 动物学的定义是什么？研究动物学的目的是什么？
2. 动物学主要有哪些研究方法？
3. 何谓双名法、物种、亚种、品种？
4. 动物主要门类有哪些？

第二章　原生动物门

原生动物门（Protozoa）的动物身体由一个细胞组成，故称为单细胞动物。眼虫（*Euglena*）、大变形虫（*Amoeba proteus*）、疟原虫（*Plasmodium*）和大草履虫（*Paramecium caudatum*）等都是原生动物。它们是动物界中最原始、体型最微小、单细胞、结构最简单的一类动物。

第一节　原生动物门的特征

一、形态结构

原生动物身体微小，一般要用显微镜才能看到。其大小一般为 30～300μm，最小的为 2～3μm，最大可有 100mm 左右。原生动物的生活机能全在一个细胞内，由不同的细胞器来完成。因此，作为一个动物体来说，它的结构最简单；而作为一个能营独立生活的细胞水平的个体来说，原生动物细胞的分化又是最复杂的。极少数原生动物有由若干个体聚合形成的群体，群体中的各个个体都保持着相对独立性，最多只是出现体细胞和生殖细胞的分化，细胞不分化为组织。

原生动物的体表有细胞膜，由于生活方式的多样性，大多数原生动物的体表具有较厚且有弹性的表膜，既可使动物体保持一定的形态，还能适当改变身体形状。有的种类（如大变形虫）的细胞膜极薄，甚至在普通显微镜下都难以辨认，这种称为质膜的细胞膜不足以使动物体保持固定的形状，能随细胞内原生质的不断流动而改变体形。有的种类体表形成坚固的外壳，外壳有几丁质、硅质、钙质或纤维质等，如表壳虫（*Arcella vulgaris*）。

原生动物的细胞质多分化为内质和外质两层。外质在质膜下，均匀而清晰透明，致密且无颗粒；内质在外质里面，不透明，易流动，且多颗粒。

原生动物的细胞核位于内质中，一个细胞一般具有一个核，但也有两个或多个的。核可分为泡状核和致密核两种。染色质较少，分布不均匀的核称为泡状核；染色质较多，均匀而致密地分布于核内的核称为致密核。

二、营养方式

原生动物的 3 种营养方式，几乎包含了生物界的全部营养方式。

（1）光合营养（phototrophy）。体内含叶绿体，能进行光合作用，为自己制造食物，如眼虫。

（2）渗透营养（osmotrophy）。借体表的渗透作用吸收周围环境的可溶性有机物质，如眼虫。

（3）吞噬营养（phagotrophy）。靠伪足（pseudopodium）、胞口（cytostome）等不同细胞器吞食其他生物或有机碎屑为食，如大变形虫。

三、运动器

原生动物的运动器有以下 3 种。

(1)鞭毛(flagellum)。由周围9对联合微管和中央2个单独微管组成的“9+2”结构,是细胞表面的可动突起,如眼虫。

(2)伪足。临时性的细胞质突起,有运动和摄食功能,如大变形虫。

(3)纤毛(cilium)。与鞭毛结构相同,但短而数量多,如草履虫。

四、生殖与发育

原生动物的生殖有无性生殖(asexual reproduction)和有性生殖(sexual reproduction)两类。

(一)无性生殖

无性生殖存在于所有的原生动物,在一些种类中它是唯一的生殖方式,主要包括下面4种方式。

1)二分裂　即细胞核先以有丝分裂的方式(少数情况下是无丝分裂)一分为二,然后细胞质平均分裂为二,从而形成两个相等的子体,如大变形虫、草履虫和眼虫的无性生殖。二分裂包括横二分裂和纵二分裂。

2)出芽　此种方式和二分裂基本相同,但形成的两个个体不相同,一般将大的称为母体,小的称为芽体。有的还可以同时形成许多个芽体,如夜光虫(*Noctiluca*)。

3)复分裂　细胞核先迅速分裂形成多个子核后,移到细胞的表面,随后围绕每一个子体的细胞质也进行分裂,从而形成许多子体,如疟原虫。

4)质裂　有些多核的原生动物无需先进行核的分裂,而是细胞质在分裂时直接包围部分细胞核形成两个或多个新个体,如蛙片虫(*Opalina*)等。

(二)有性生殖

1)配子生殖　即两个配子融合形成新个体。除某些鞭毛虫和有孔虫为同配生殖外,多数原生动物为异配生殖。

2)接合生殖　为纤毛虫所特有。接合时两个虫体口沟处暂时相贴,口沟处的细胞膜相溶,互换小核及部分细胞质后各自进行分裂,形成新个体,如草履虫。

五、包囊

多数原生动物在不利环境条件下,能分泌胶质形成厚壳,将自身包裹起来,不摄食也不再运动,此即包囊(cyst)。包囊具有抵抗严寒、酷暑、干燥等不良环境的能力,又极易被水、风等带到其他地方,一旦条件适合,虫体即破囊而出。有些原生动物还能在包囊内行纵二分裂,如眼虫等。

第二节　原生动物门的分类

原生动物约3万种,对其分类,学者们见解分歧较大。本书依据1964年将原生动物视为动物界一门的分类系统,介绍原生动物最基本、最重要的4个纲:鞭毛纲、肉足纲、孢子纲和纤毛纲。

一、鞭毛纲(Mastigophora)

鞭毛纲包括眼虫、团藻(*Volvox*)、利什曼原虫(*Leishmania*)等具鞭毛的原生动物。

(一)鞭毛纲的主要特征

具有鞭毛是鞭毛纲动物最主要的特征。鞭毛纲的动物通常在成熟阶段具鞭毛 1 根或多根作为运动器官,此外鞭毛还有捕食、附着和感觉等功能。每条鞭毛可分为以下两部分。

1. 鞭毛

鞭毛是细胞表面可动的突起,在电镜下它的横切面最外为细胞膜,膜内的外周有 9 个双联体微管排成一圈,每个双联体上有 2 短臂顺时针对着下一双联体,各双联体又有放射辐伸向中心。一般认为短臂由动力蛋白组成,具有 ATP 酶的活性,可使双联体微管彼此相对滑动,从而使鞭毛产生运动。中心一组则由中央鞘包围两个单独的微管(图 2-1)。

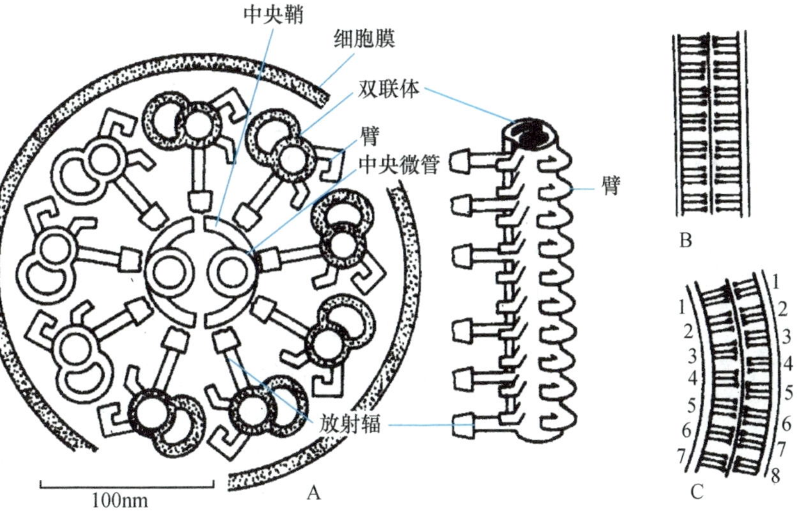

图 2-1　电镜下鞭毛结构图(Alexzander,1979)

A. 一个带臂和放射辐的双联体微管;B. 部分直的纤毛纵切面;C. 部分弯的纤毛纵切面

2. 基体

基体是鞭毛深入细胞质的部分,鞭毛由此产生,一个基体通过根丝体与细胞核相连,表明鞭毛可能受核的控制,基体在虫体分裂时起着中心粒的作用。

(1)营养。原生动物所有的 3 种营养方式鞭毛纲都有。具色素体的鞭毛虫行光合作用,无色素体的则行渗透营养,有的还可吞噬固体颗粒或微小生物,进行吞噬营养。眼虫等除了能行光合作用自己制造食物外,在无光的条件下也能通过体表渗透,吸收外界的有机物质,此为兼养性营养。

(2)生殖。鞭毛纲的无性生殖主要是纵二分裂,如眼虫。有的种类可进行出芽生殖,如夜光虫。有性生殖则有盘藻(*Gonium*)等的同配生殖和团藻等的异配生殖。包囊化普遍。

(二)鞭毛纲的亚纲

已知鞭毛纲营自由生活种约 5100 种,营寄生生活种约 1800 种。根据其营养方式的不同,通常分为两个亚纲。

1. 植鞭亚纲(Phytomastigina)

多具色素体,能行光合作用;含有淀粉及副淀粉粒等储藏物质;无色素体的种类营腐生性营养。本亚纲种类很多,形状各异,单体或群体,自由生活在淡水或海水中。多数植鞭毛虫是浮游生物的组成部分,可作为鱼类的天然饵料。现以眼虫为例简述如下。

眼虫生活在有机质丰富的水沟、池沼或积水中,体内有大量叶绿体,故体呈绿色。

眼虫体呈梭形,长约 60μm,前端钝圆,后端尖。体表被富有弹性带斜纹的表膜所覆盖。斜纹则由表膜沟和嵴交替排列形成,表膜斜纹数目的多少是种的分类特征之一。在虫体中部稍后细胞质中有一个大而圆的细胞核。

虫体前端有胞口,后连一膨大的储蓄泡,从胞口伸出一条细长的鞭毛,鞭毛下连着 2 条细的轴丝,每一轴丝又与储蓄泡底部的基体相连。储蓄泡附近有一红色眼点,其中含有类胡萝卜素,可感觉光的强弱(图 2-2)。

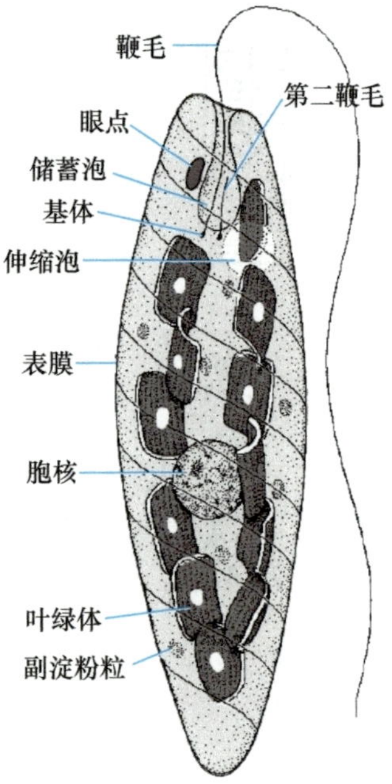

图 2-2 眼虫(刘凌云和郑光美,2009)

眼虫能通过叶绿素利用光能进行光合作用,合成糖类。如制造的食物过多,则形成一些半透明的副淀粉粒储存在细胞质中。副淀粉粒是眼虫类特有的,但与碘作用不呈蓝紫色,其形状大小也是分类的依据之一。在无光的条件下,眼虫还可通过体表渗透,吸收溶于水中的有机物。眼虫呼吸和排泄借体表的渗透作用进行。此外,储蓄泡旁的伸缩泡可收集体内过多的水分,经胞口排出体外,调节水分平衡,溶于水中的代谢废物同时被排出。

眼虫行纵二分裂繁殖,自由生活期和包囊期均可发生。自由生活期分裂时,核先行分裂,然后虫体由前至后纵向裂开,脱去原有鞭毛,同时各自基体再长出一新鞭毛,形成一完整的新个体;或者一个虫体保存原有鞭毛,另一个产生新的鞭毛。眼虫在包囊中也可进行多次分裂。在一个包囊中最多可分裂出 32 个小眼虫。

2. 动鞭亚纲(Zoomastigina)

无色素体,异养,无坚硬的表膜和副淀粉粒等结构;营自由生活或寄生。

利什曼原虫寄生于人体的有 3 种,而以杜氏利什曼原虫(*Leishmania donovani*)危害最大。虫体仅 2～3μm,无鞭毛,为圆形或椭圆形小体,寄生于人的肝、脾、淋巴结、骨髓等器官的细胞内,使人患黑热病,造成肝、脾肿大而死亡,为我国五大寄生虫病之一。其生活史有两个阶段:一是寄生在脊椎动物(人或犬)体内,二是寄生在昆虫白蛉子体内(图 2-3)。因此,消灭黑热病除积极治疗患者外,还应消除白蛉子和病犬。我国已于 20 世纪 50 年代末基本控制了黑热病的流行。

领鞭毛虫(*Choanoflagellates*)的虫体前端鞭毛基部有一圈由细胞质突起形成的领状结构,后端有柄,营固着生活。在原生动物中只有领鞭毛虫的领状结构与海绵动物的领细胞相似,因此认为两者之间有进化上的联系。

动鞭亚纲中还有两类寄生鞭毛虫,鞭毛一般在 3 条以上。

一类为多鞭毛虫,有 4～8 条鞭毛,常具波动膜,如寄生人体的贾第虫(*Giardia*)和阴道毛

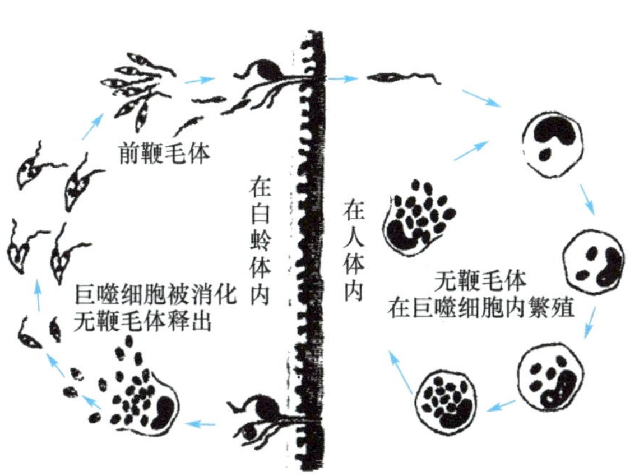

图 2-3　杜氏利什曼原虫生活史（张训蒲，2008）

滴虫（*Trichomonas vaginalis*）。另一类为超鞭毛虫，鞭毛极多，全部生活在昆虫肠内，如与白蚁共生的披发虫（*Trichonympha*）。

共生关系

共生是生物种间关系的一种类型，是指两种不同的生物密切联系、不可分割、相互依存而存在的互利关系。例如，地衣是藻类和真菌的共生体，藻类通过光合作用制造有机物供给真菌，真菌吸收无机盐和水分供给藻类；非洲犀牛是一种性情粗暴且近视的兽类，有一种鸟生活在它的身上，从犀牛皮肤褶皱处取寄生虫为食，鸟从牛身上得到食物，而犀牛在遇到危险时得到鸟发出的警告，两者互相有利，这种互利共生关系在生物界中比较普遍；在牛、羊胃内，生活着大量的原生生物，牛羊本身不能消化纤维素，而原生生物则可大量地消化纤维素，两者互为有利；白蚁和它肠内的原生动物披发虫，披发虫帮助白蚁消化木质纤维，白蚁给鞭毛虫提供养料。互利共生的生物彼此不能分开，否则两者都不能生存。

二、肉足纲(Sarcodina)

肉足纲包括大变形虫、太阳虫（*Actinophrys*）等可以改变体形的一类原生动物。

（一）肉足纲的主要特征

（1）运动。伪足是肉足纲动物体表临时形成的原生质突起，随时形成随时消失，是本纲动物运动、摄食的细胞器。根据伪足形态的不同，分为叶状、丝状、根状和轴伪足 4 种。

（2）体表结构。肉足纲动物体表仅有极薄的质膜。有的裸露，有的质膜外具石灰质、几丁质或硅质外壳。细胞质常分化为明显的外质（ectoplasm）和内质（endoplasm）两部分。内质又分为外面相对固态的凝胶质和里面液态的溶胶质，凝胶质和溶胶质可相互转换。

（3）繁殖。通常行二分裂繁殖，除有孔虫（*Foraminifera*）等外，一般不行有性生殖。包囊形成极普遍。

（二）肉足纲的亚纲

已知肉足纲营自由生活种约 11 300 种，营寄生生活种约 250 种。根据伪足形状结构的不同，分为以下两个亚纲。

1. 根足亚纲（Rhizopoda）

伪足呈叶状、指状、丝状或根状不等，但均无轴丝。以大变形虫为例简述如下。

大变形虫（图 2-4）体长 200～600μm，在清水池或缓流的水域里，浸没于水中的植物或其他物体的黏性沉渣上易找到。

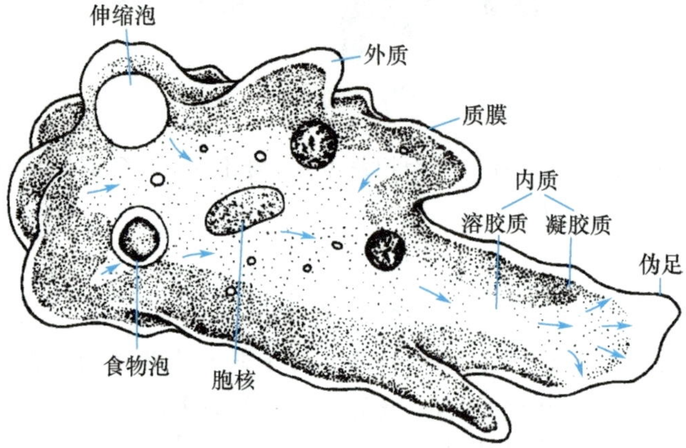

图 2-4 大变形虫（刘凌云和郑光美，2009）
箭头示内质的流动方向

(1)运动。变形虫最大特点之一是体形可随原生质的流动而随时改变，故得此名。变形虫结构简单，靠伪足运动、捕食。伪足形成时，外质向外突出呈指状，与此同时溶胶质流入其中，当流到临时突起前端后，即向外分开，接着又变为凝胶质，同时后边的凝胶质又转变为溶胶质，这样虫体就不断向着伪足伸出的方向移动。这种现象称为变形运动。近年来，利用电镜技术研究变形虫的切面，发现其中存在类似脊椎动物横纹肌的肌动蛋白和肌球蛋白的两种纤维。故目前比较一致的意见是：变形虫的运动机制类似肌肉的收缩。

(2)摄食与消化。变形虫主要以单细胞藻类、小型原生动物等为食。在运动过程中，伪足接触到食物，便将食物连同部分水分一起裹进细胞内部，形成食物泡，称为吞噬作用（phagocytosis）（图 2-5）。食物泡形成后，与质膜脱离，进入内质与溶酶体结合。整个消化过程在食物泡内进行，已消化的食物进入周围的胞质中，不能消化的残渣通过质膜于行进后方排出，这种现象称为排遗。变形虫液体环境中的大分子化合物等吸附到变形虫质膜表面时，可刺激质膜下陷形成管道，并将吸附物包裹其中形成液泡，再和溶酶体结合，形成多泡小体，经消化后营养物质进入细胞质中，这种现象称为胞饮作用（pinocytosis）。实验证明，只有在蛋白质、氨基酸或某些盐类诱导下，胞饮作用才能发生，胞饮现象普遍存在于各种细胞中。

(3)排泄。变形虫体内有一无固定位置的伸缩泡。电镜下观察，伸缩泡外膜为一层单位膜。膜外有许多小泡围绕，小泡外还有一圈线粒体。伸缩泡的主要功能是维持体内水分平衡，排出体内水分时也将代谢废物排出。海水中的变形虫一般无伸缩泡。

(4)繁殖。变形虫只行无性繁殖，一般为二分裂。包囊形成普遍，虫体在包囊内也可进行

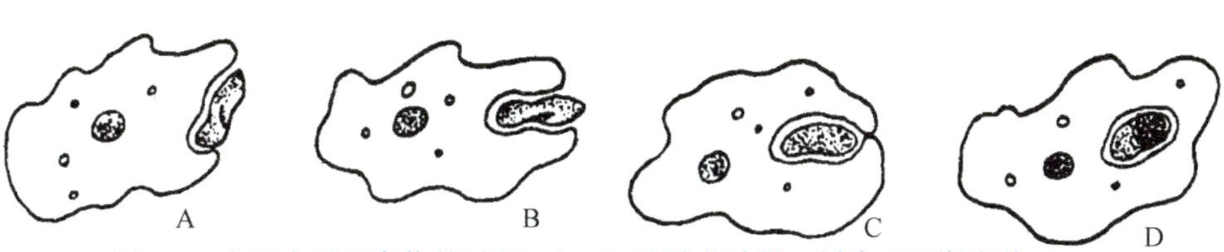

图 2-5 变形虫吞噬食物的过程（A～D示吞噬过程）（刘凌云和郑光美，2009）

多次分裂。

痢疾内变形虫(*Entamoeba histolytica*)寄生于人的肠道中，为人体阿米巴痢疾的病原体。其生活史分营养体和包囊两个阶段。营养体分大滋养体和小滋养体二型。滋养体一般指原生动物摄取营养阶段，能活动、摄取养料、生长和繁殖，是寄生虫的寄生阶段。痢疾内变形虫的大滋养体 12～40μm，分泌蛋白分解酶，能溶解肠壁组织；小滋养体 7～15μm，寄生于肠腔。包囊球形，5～20μm，具折光性强的保护性囊壁，具抵抗不良环境的能力。包囊内含 1～4 核，4 核的包囊为感染阶段。包囊经口感染宿主后，在肠液的作用下，囊壁破裂，虫体破囊而出，分裂为 4 个小滋养体。小滋养体寄生于肠腔，以肠黏液、细菌及已消化的食物为营养。当宿主抵抗力强时，小滋养体生活一段时间后形成包囊，随粪便排出体外；当宿主抵抗力降低时，部分小滋养体凭借伪足的机械运动和溶组织酶的水解作用侵入肠壁组织，大量增殖，转变为大滋养体。大滋养体不断破坏、溶解宿主肠壁组织，吞噬血红细胞和组织细胞，造成肠壁溃疡和痢疾。大滋养体还可随血流至肝、肺等其他部位，形成溃疡和脓肿，还可随坏死组织进入肠腔，再度转变为小滋养体，而不在肠壁组织中直接形成包囊。因此，管理好粪便，保护水源，注意饮食卫生，消灭苍蝇等传播包囊的昆虫，是预防本病的有效措施。

表壳虫和砂壳虫(*Difflugia*)为淡水中常见物种。表壳虫质膜外均覆以保护性的几丁质外壳，形如表壳，黄褐色，具花纹。砂壳虫的外壳由胶质黏附小砂粒组成，壳卵圆形或瓶形。两者的壳和虫体之间具充满气体的空隙，从而使它们成为浮游生物的组成部分。

2. 辐足亚纲(Actinopoda)

具轴伪足，体多呈球形，一般营漂浮生活。

放射太阳虫(*Actinophrys sol*)具较长的放射式轴伪足，形似太阳，淡水中常见。细胞质呈泡沫状，适于漂浮生活。

艾氏辐射虫(*Actinosphaerium eichhorni*)具放射状硅质骨骼，全部海产，是一类很古老的动物，在地质研究和寻找沉积矿产方面有与有孔虫相似的作用和意义。

三、孢子纲(Sporozoa)

孢子纲包括疟原虫、隐孢子虫(*Cryptosporidium*)等，它们全部营寄生生活，无运动胞器。

(一)孢子纲的主要特征

(1)寄生、渗透营养。孢子纲动物全部营寄生生活，且多为细胞内寄生或至少在初期寄生于宿主细胞内。几乎所有高等动物体内都有孢子虫的寄生，蚯蚓、虾、昆虫等无脊椎动物也是它们的宿主。它们无任何固定的运动胞器，孢子纲动物很多具有顶复合器。营养的获得靠渗透作用。

(2)生活史复杂。一般有世代交替现象。无性世代在脊椎动物或人的体内，有性世代在无脊椎动物体内。少数种类在同一寄主体内进行。典型的孢子虫生活史可分以下 3 个时期。

裂体生殖期：包括滋养体、裂殖体和裂殖子的无性生殖(复分裂)期，一般能重复多次，使虫体数目急剧增加。

配子生殖期：包括小配子（精子）和大配子（卵）的形成及其结合为合子的过程。

孢子生殖期：是孢子虫所特有的，包括合子、孢子母细胞、孢子和子孢子的各个时期。这是有性生殖后的无性生殖（复分裂）期。由于子孢子一般包在孢子壳内，而孢子又包在卵囊壁内，故得到良好的保护，可以抵抗不良环境；同时由合子到子孢子的这一环节不能重复，是转移宿主阶段。因此，孢子生殖和裂体生殖虽都是以复分裂的方式进行的，然而却有本质的区别。

（二）孢子纲的亚纲

已知孢子纲约有 5600 种，全部营寄生生活。有的把本纲分为两个亚纲，也有分为 3 个亚纲的，现按 3 个亚纲简述。

1. 晚孢子亚纲（Telesporia）

孢子形成于滋养体的晚期，结构简单，内含 1 至多个子孢子。

疟原虫有 100 多种，寄生人体的仅有间日疟原虫（*Plasmodium vivax*）、三日疟原虫（*P. malariae*）、恶性疟原虫（*P. falciparum*）和卵形疟原虫（*P. ovale*）4 种，遍布世界。在我国主要是间日疟原虫和恶性疟原虫。这 4 种疟原虫的生活史基本相同，现以间日疟原虫为例简述如下（图 2-6）。

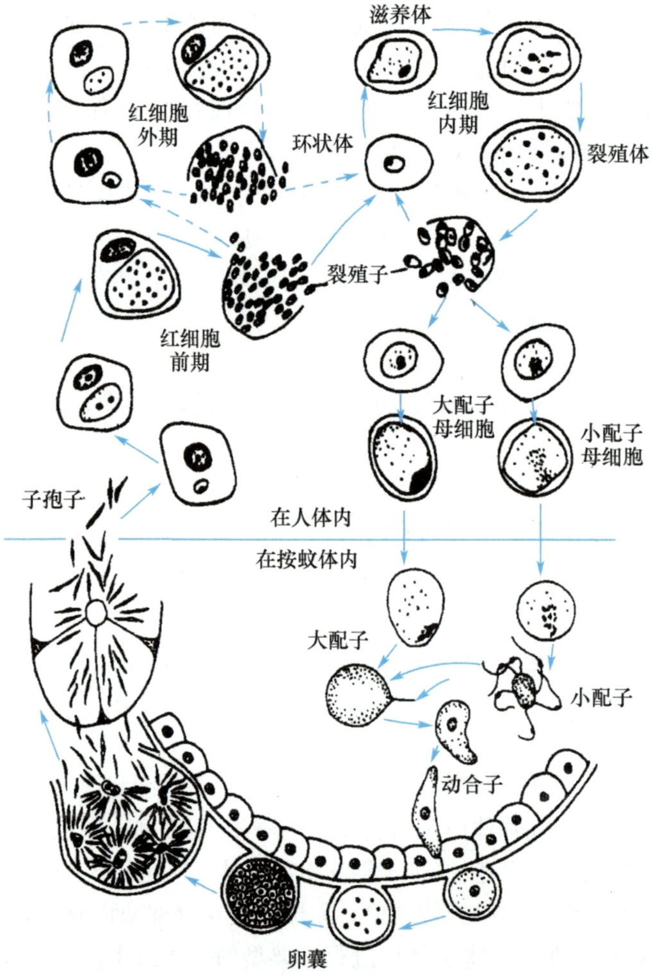

图 2-6　间日疟原虫生活史（刘凌云和郑光美，2009）

间日疟原虫生活史有世代交替现象。无性世代和有性世代中配子母细胞形成的阶段在人体内，有性世代中配子的形成与结合则在雌按蚊体内，由某些按蚊传播。

(1)裂体生殖。当感染了疟原虫的雌按蚊吸人血时，疟原虫长梭形的子孢子即随雌按蚊唾液进入人体血液中。约半小时内，子孢子陆续进入肝细胞，在其中进行裂体生殖，形成数以万计的圆形裂殖子。因这一过程在疟原虫侵入红细胞以前，所以其在肝细胞里发育的时期称为红细胞前期(即病理上的潜伏期)。裂殖子成熟后，胀破肝细胞，散发在体液和血液中。裂殖子一部分被吞噬细胞吞噬，一部分侵入红细胞，继续进行裂体生殖，一部分继续侵入其他肝细胞，因这时红细胞内已有疟原虫，相应地称此期为红细胞外期。一些学者认为红细胞外期的存在是疟疾复发的根源。裂殖子侵入红细胞后很快发育成1个直径约为红细胞1/3戒指形的小滋养体，内有一大空泡，核位于一端，称为环状体。环状体伸出伪足，摄取红细胞的血红蛋白。小滋养体长大后空泡消失，环状体内出现不能被利用的正铁血红素形成的疟色素颗粒，此时称为大滋养体。大滋养体发育成熟，核开始连续分裂，通常形成12～24个核时，分裂停止，这一时期称裂殖体。随后细胞质围绕在各子核的周围也开始分裂，最终形成12～24个裂殖子，此时裂殖子几乎充斥胀大一倍的红细胞。随后红细胞破裂，裂殖子散入血浆中，又各自侵入到其他红细胞内进行裂体生殖。因此，阶段裂体生殖的全过程均在红细胞内进行，故又称此期为红细胞内期。红细胞内期裂体生殖周期，间日疟原虫为48h，三日疟原虫为72h，恶性疟原虫为36～48h。当红细胞大量破裂，裂殖子及疟色素等代谢产物进入血液时，使患者产生一种异性蛋白的生理反应，表现为发冷发热的现象，俗称“打摆子”。

(2)配子生殖。裂殖子在红细胞内经多代裂体增殖后，部分裂殖子再进入红细胞，不再发育为环状体，而是发育为大、小配子母细胞。大、小配子母细胞在人体内不再发育，若不被按蚊吸去，则1～2个月被白细胞吞噬或变性。若达到相当密度后被吸入蚊胃，则小配子母细胞先由红细胞逸出，核分裂为4～8个子核，细胞质伸出4～8条丝状体，形成的各子核分别进入1条丝状体中，之后丝状体脱落形成小配子在蚊胃中流动。大配子母细胞成熟，发育为1个大配子。大、小配子在蚊胃中融合为合子，完成配子生殖阶段。

(3)孢子生殖。合子形成后，逐渐变成长锥状并能运动的动合子。动合子穿入蚊胃壁，在基膜与上皮细胞间发育为圆形卵囊。一只蚊胃壁上卵囊可多达数百。卵囊中的核和胞质反复进行多次分裂，形成数百乃至上万个新月形的子孢子。子孢子成熟后，由卵囊逸出，散入蚊血腔中，多数进入唾液腺内，在雌按蚊叮咬人时，子孢子又进入另一人体，再度进行红细胞外期裂体生殖。

由于疟原虫破坏大量红细胞，造成人肝脾肿大、贫血。恶性疟原虫还可侵入脑，使人昏睡，若不及时治疗，死亡率较高。疟原虫病曾被列入我国五大寄生虫病之一，现已基本得到控制。

球虫(*Eimeria*)为寄生于脊椎动物(鱼、兔、牛、羊、猪等)消化道上皮组织内的孢子虫，对动物幼体危害较大。例如，兔肝艾美球虫(*Eimeria stiedae*)对3个月以下幼兔危害极大，常造成大批死亡。卵囊在外界环境中有较强的抵抗力，常规消毒往往不能将其杀死。隔离或常用开水冲刷兔笼及用具是预防此病的有效措施。

隐孢子虫病是一种世界性的人畜共患病，可造成哺乳动物(尤其是反刍兽和人)的严重腹泻，其致病原因是由于感染了隐孢子虫。此病现已被列入世界最常见的6种腹泻病之内，获得性免疫缺陷综合征(艾滋病)患者中的感染率接近50%，隐孢子虫病也已列为艾滋病的怀疑指标之一。隐孢子虫为体积微小的球虫类寄生虫，广泛存在于多种脊椎动物体内。寄生于人和大多数哺乳动物的主要为微小隐孢子虫。隐孢子虫病迄今已有74个国家的300个地区报道。

卵囊是隐孢子虫唯一感染阶段，隐孢子虫患者和带虫者的粪便和呕吐物中均含有卵囊，是重要的传染源。人与动物可以相互传播，但人际的相互接触是人体隐孢子虫病最重要的传播途径。食用含有隐孢子虫卵囊污染的食物或水是主要传播方式。

2. 有丝孢子亚纲（Cnidosporidia）

孢子中有 1～4 个极囊，囊内有盘曲的极丝，极丝弹出时，可使孢子吸附于宿主，如黏孢子虫（*Myxosporidia*）。广泛寄生于所有动物中。

3. 无丝孢子亚纲（Acmidosporidia）

孢子无极囊，其中仅一个子孢子，有多核滋养体，如肉孢子虫（*Sarcocystis*）。广泛寄生于哺乳类（人较罕见）、鸟类和爬行类。

四、纤毛纲（Ciliata）

纤毛纲包括大草履虫、钟虫（*Vorticella*）、喇叭虫（*Stentor*）等具有纤毛的原生动物。

（一）纤毛纲的主要特征

1. 体表具纤毛

以纤毛为运动器是本纲最明显的特征，除吸管虫外，其余种终生具纤毛。纤毛的构造与鞭毛相同，但短而数量多，具强的运动节律性。有的种类纤毛愈合成叶状小膜，在口缘处排列成行，称口缘小膜带；有的种类腹部纤毛愈合成坚挺的束，称棘毛，适于在水底爬行。

2. 构造复杂

纤毛虫是所有原生动物中构造最复杂的一类。

1）具表膜下纤维系统　纤毛虫的体表具坚固而富有弹性的表膜，虫体形状较固定。电镜下可见，表膜下外质中有许多平行排列的基体，每个基体向体外发出一根纤毛。在电镜下可见每个基体右侧还发出一条细动纤丝，前行一段距离后，与同排另一基体发出的细动纤丝结合，成为一纵行的纤维束，称为动纤丝。基体、细动纤丝、动纤丝总称为动丝系统（图 2-7）。此外，还有一套很复杂的小纤维系统，由微丝或微管组成，除和基体相结合外，彼此连接成网状。这些小纤维系统和动丝系统总称表膜下纤维系统，是纤毛虫特有的。它们可能是纤毛运动的能源器官，起传导冲动和协调纤毛运动的作用。

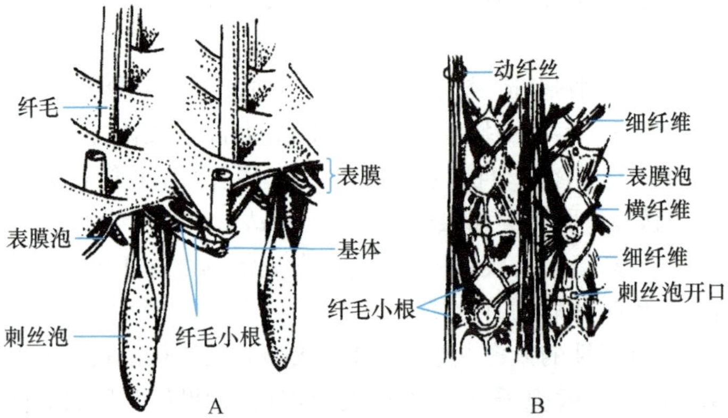

图 2-7　草履虫表膜及表膜下的微细结构（刘凌云和郑光美，2009）

A. 表膜及表膜下结构的一部分立体图解；B. 表膜平面观

2)核和胞质高度分化　纤毛虫的核有大小之分。大核为营养核,通常一个,形状不等,行无丝分裂,与虫体代谢相关。小核为生殖核,一至多个,多为圆形,行有丝分裂,与虫体生殖密切相关。

细胞质分化为胞口、胞咽、胞肛、刺丝泡、伸缩泡等多种细胞器,不同种类中各有不同。

3. 生殖

无性生殖为横二分裂,有性生殖为接合生殖。

> **电子显微镜**
>
> 电子显微镜简称电镜,是根据电子光学原理,用电子束和电子透镜代替光束和光学透镜,使物质的细微结构能在高的放大倍数下成像的仪器。其分为**透射电子显微镜**(transmission electron microscope, TEM)和**扫描电子显微镜**(scanning electron microscope, SEM)。TEM 因电子束穿透样品后再用电子透镜成像放大而得名。它的光路与光学显微镜相仿。由于电子束的穿透力很弱,用于电镜的标本须制成厚度约 50nm 的超薄切片才可以观察。SEM 电子束不穿过样品,仅在样品表面扫描激发出次级电子,主要应用于材料的观察与分析,观察厚试样与生物试样及进行动态观察等。SEM 的主要特点是:不需要很薄的样品;图像有很强的立体感;能利用电子束与物质相互作用而产生的次级电子、吸收电子和 X 射线等信息分析物质的成分。

(二)纤毛纲的亚纲

已知纤毛纲营自由生活种约 4700 种,营寄生生活种约 2500 种。根据纤毛的特点分为 4 个亚纲。

1. 全毛亚纲(Holotrichia)

纤毛等长,均匀被于体表,一般无口缘带。

草履虫生活于有机质丰富的污水沟或池塘中,体形较大,长 150～300μm,肉眼隐约可见。显微镜下可见草履虫全身密布纤毛,前端钝圆,后端稍尖,形似倒置的草鞋,故名草履虫(图 2-8)。现以草履虫为例简述如下。

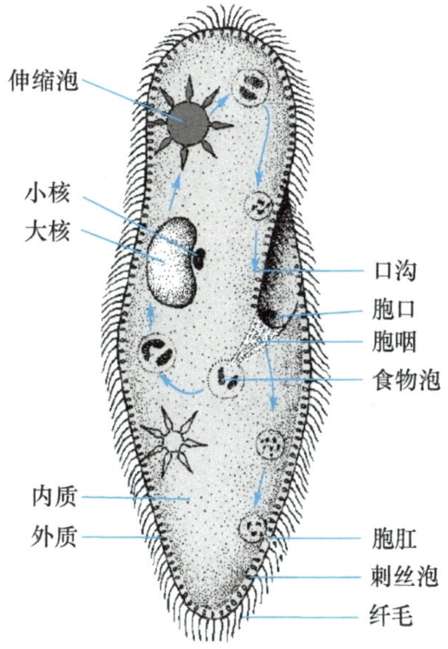

图 2-8　草履虫的构造
(Hickman et al., 2001)

(1)表膜(pellicle)。草履虫的体表为表膜所覆盖,表膜表面形成许多规则的六角形小区,每一小区向外伸出 1 根纤毛。电镜下可见表膜由 3 层组成:最外一层膜在体表和纤毛是连续的;里面和中间的两层膜在纤毛基部形成一对表膜泡。表膜泡既增加表膜的硬度,又不妨碍虫体的局部弯曲,起到保护和缓冲作用。表膜下的外质中除具发达的动丝系统外,还有垂直排列在表膜下的一层刺丝泡。刺丝泡囊状,有孔与表膜相通,受刺激时可放出刺丝,有防御功能。

(2)口沟(oral groove)。草履虫自前端斜向后方,体表内陷形成口沟,下连胞口。口沟的内侧具波动膜,膜

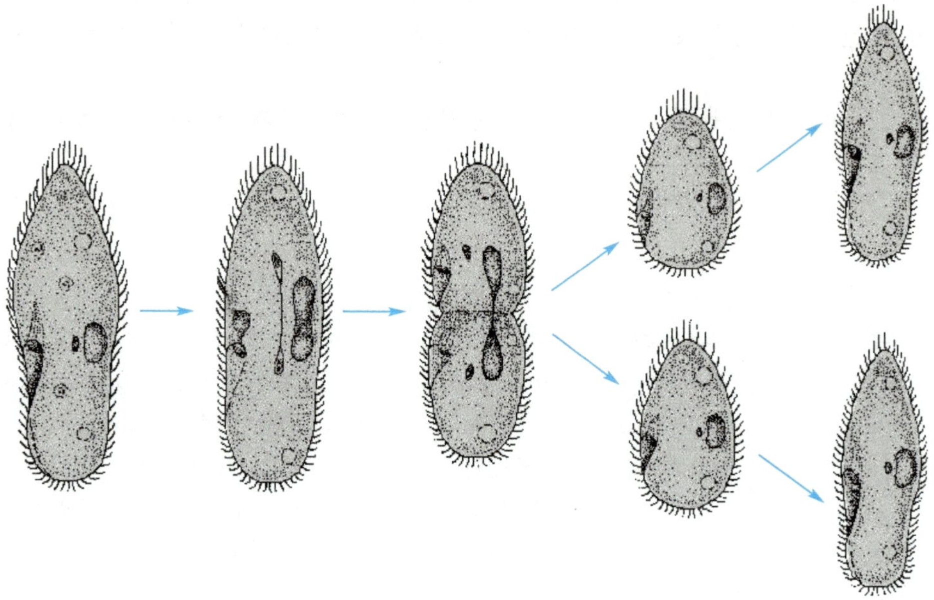

图 2-9 草履虫的横二分裂(Hickman et al.,2001)

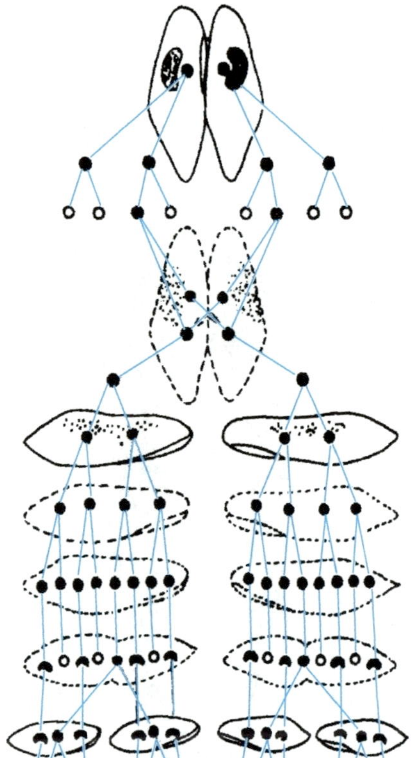

图 2-10 草履虫接合生殖
(刘凌云和郑光美,2009)

摆动可使食物随水流入胞口;再经下方胞咽通入内质。食物泡即在胞咽形成并在胞质中循固定路线环流,环流时与溶酶体融合,消化食物,最后食物残渣由胞肛排出。

(3)排泄。内、外质之间前后各有 1 个伸缩泡交替伸缩。每个伸缩泡具 6～11 条放射状排列并与内质网相通的收集管。收集管和伸缩泡上均有收缩丝,收缩丝收缩,内质网收集的水分及可溶性代谢废物,通过收集管进入伸缩泡,再经表膜上固定的小孔排出体外。

(4)生殖。草履虫有一大核和一小核。大核为营养核,肾形;小核为生殖核,圆形,位大核凹陷处。草履虫的无性生殖行横二分裂(图 2-9),条件适宜时每天可分裂 1 或 2 次。

草履虫有性生殖行接合生殖(图 2-10)。接合生殖时两个草履虫以口沟部紧贴,黏合相贴处表膜发生部分溶解,细胞质相联通。此时大核逐渐解体,小核离开原来位置,进行分裂。当第二次分裂结束形成 4 个新的小核后,其中有 3 个解体,剩下的这个小核接着又分裂为大小不等的两个核,双方较小的核通过联通的胞质与对方交换,并与较大的核融合,核的融合相当于受精作用。受精后,两虫体分开,融合核各自进行 3 次分裂形成 8 个核,其中 4 个分化为大核,另 4

个有 3 个解体。剩下 1 个小核连续分裂 2 次成为 4 个小核，与此同时，每个虫体也随之分裂 2 次。这样，两个草履虫经过核的融合，最后形成 8 个新个体，每 4 个为一组，每组来自同一虫体。每个新个体各有 1 个大核、1 个小核，恢复了接合生殖前亲体的状态。

四 膜 虫

四膜虫是一种外面覆盖有类似头发般纤毛的单细胞动物，广泛分布于全球各地的淡水环境中，也有的生活于咸水或温泉中。四膜虫还能在无菌的液体培养基中生长繁殖，是真核细胞基因工程研究的理想材料。对医学界来说，四膜虫这种奇妙的生物蕴含着许多有待破译的生物奥秘。20 世纪 80 年代，美国科罗拉多大学的切赫（Thomas Robert Cech）由于发现四膜虫体内的核酶而获得诺贝尔化学奖。基因遗传研究、生命起源研究也将四膜虫列为重点研究对象。研究发现，在牛奶中添加一种四膜虫益生菌，让四膜虫吃掉牛奶中的绝大部分胆固醇，不仅可保留牛奶中的钙，还能减少其中的胆固醇含量。

2. 旋毛亚纲（Spirotrichia）

具右旋口缘带，体纤毛极少，有的种类为棘毛。

喇叭虫形如喇叭，有高度收缩性。体长 1～2mm，大核念珠状。淡水中常见，浮游或附着它物上。

棘尾虫（*Stylonychia*）身体椭圆形，纤毛大部分消失而代之以棘毛。有 8 个前棘毛、5 个腹棘毛、5 个臀棘毛、3 个尾棘毛及许多侧棘毛。

3. 缘毛亚纲（Peritrichia）

具左旋口缘带，一般营固着生活，体多呈钟形。

钟虫体形似倒置的钟，口缘常向外扩张成“缘唇”；具不分支的柄，内有肌丝，能伸缩自如；淡水中常见，种类很多。

4. 吸管虫亚纲（Suctoria）

幼体具纤毛，成体营固着生活，失去纤毛，代之以能收缩的吸管。吸管末端膨大成吸盘或尖锐如针，为捕食的胞器。无性生殖为二分裂和出芽；有性生殖也为接合生殖。海水、淡水均产，少数营寄生生活，如淡水生活的固着足吸管虫（*Podophrya fixa*）和寄生淡水鱼鳃上的中华毛管虫（*Trichophrya sinensis*）。

第三节　原生动物门的经济意义

原生动物与人类的关系极为密切。从有害的方面来看：它们中有不少种类寄生于人体和经济动物体内，有的可引起严重的疾病，继呼吸道感染、腹泻、肺结核之后疟疾已成为第四位杀手，死亡人数比乙肝和艾滋病高出一倍。同时，它们污染水源，形成赤潮，破坏水产资源。从有利的方面看：浮游的种类是鱼类等的天然饵料；古代原生动物死亡后大量沉积于水底淤泥中，在微生物的作用和高温、高压下，可以形成石油；原生动物在物质循环中的作用不可低估，还可利用它们净化污水并作为水质的指示动物。此外，原生动物在了解动物的进化和进行生物基础理论及医学等方面的研究也都有重要价值。

第四节　原生动物门的系统发展

从生命起源和演化的过程中可以推断，最原始的动物应是那些构造简单、靠渗透作用吸收外界可溶性有机物的类群。据此，在原生动物门的 4 个纲中，因孢子纲是寄生的种类，纤毛纲的构造又很复杂，且有异型核，所以它们都不可能是最先出现的。鞭毛纲和肉足纲究竟哪一类最原始？过去曾有人认为肉足类最原始，因为它们的身体无定形，构造又极简单。但是它们却营吞噬营养，靠其他原生动物或单胞藻类等为食，因此不可能是最早出现的。也有人认为绿色鞭毛虫最原始，因为它们具叶绿体，能直接利用无机物制造食物。但叶绿体的结构极复杂，最原始的生物却有极复杂的结构，这也是不可想象的。因此，最早出现的原生动物似乎应是和现代无色鞭毛虫相似、构造简单、营腐生性渗透营养的原始鞭毛虫。原始鞭毛虫经过漫长的岁月，逐渐演化产生了现在形形色色的鞭毛虫和其他原生动物。一般认为原生动物 4 个纲彼此之间的亲缘关系是：在肉足纲和鞭毛纲这两纲中，一方面肉足纲中不少种类的配子具鞭毛；另一方面鞭毛纲又有一些种类同时具有鞭毛和伪足。这就说明肉足纲的祖先是具鞭毛的，它很可能是由具鞭毛的祖先即原始鞭毛虫，通过如变形鞭毛虫这样一类中间类型演化而来。而从孢子虫的生活史分析，它们很可能有双重起源：球虫和血孢子虫的配子都具鞭毛，说明它们可能由鞭毛纲演化而来；黏孢子虫的滋养体全为变形虫状，并终身不具鞭毛，说明它们可能由肉足纲演化而来。由于纤毛和鞭毛的结构基本相同，且均由基体产生，推测纤毛虫可能是在原始鞭毛虫发展为鞭毛虫的过程中，又分出一支形成的。

思考题

1. 原生动物有何主要特征？为什么说它们是最原始、最低等的一类动物？
2. 原生动物中重要的是哪 4 个纲？它们有何主要区别？
3. 原生动物的运动胞器有哪几种？细微结构如何？它们是怎样完成运动的？
4. 简述疟原虫生活史。如何防治疟疾？
5. 简述原生动物的系统发展。
6. 原生动物与人类生活有何关系？

第三章　多细胞动物的起源

多细胞动物起源于单细胞动物，从单细胞到多细胞是动物进化历程中由简单到复杂、由低等到高等的一个重要发展，绝大部分多细胞动物称为后生动物(Metazoa)。本章简要介绍多细胞动物的细胞、组织、器官与系统，胚胎发育、胚层分化与体腔形成及多细胞动物起源的证据与学说。

第一节　动物细胞结构与组织

细胞(cell)是生命活动的基本单位，每个动物都是由受精卵一个细胞发育而来，细胞的数量通过细胞分裂而增加，而细胞的种类则通过细胞分化来形成。形态、结构和功能相同或相似的细胞以一定的方式连在一起构成组织，不同的组织按一定方式有机结合在一起形成了一定形态特征和生理机能的器官。功能上有密切联系的不同器官共同完成一项生命活动时，就构成了动物的系统，不同的系统执行不同的功能，不同的系统协调作用完成动物的各种生命活动。

一、动物的细胞

(一)细胞的发现与细胞学说

细胞的发现与显微镜的出现有密切的关系，1665 年英国学者胡克首次用自制的显微镜观察植物细胞(实际上观察到的是纤维质的细胞壁)，拉开了人们认识细胞的帷幕。

1838～1839 年，德国生物学家施莱登和动物学家施旺提出细胞学说：①所有生物体均由细胞组成；② 细胞是生物体结构和功能的基本单位；③ 所有细胞都来源于先前存在的细胞。

通常人们将施旺和施莱登确立的细胞学说、1859 年达尔文确立的进化论和 1866 年孟德尔确立的遗传学称为现代生物学的三大基石。其中，细胞学说又是进化论和遗传学的“基石”，为近代生物科学的发展奠定了基础。

(二)细胞的结构

1)细胞的大小和形状　　细胞的大小差别很大。有的用肉眼就能看到，如鸵鸟蛋，最大的直径将近 10cm；有的需要用电子显微镜才能看到，如支原体直径只有 0.1μm。一般细胞的直径为 10～100μm，大都需借助于光学显微镜观察。

细胞的形状多种多样，有球状、多面体、纺锤体和柱状体等。细胞的形状与功能之间有密切关系。例如，运动神经元，从细胞表面长出的轴突伸展可达几米，用以传导外界的刺激。

2)真核细胞的基本结构　　细胞分为原核细胞和真核细胞，二者的区别在于原核细胞结构简单，既无核膜，也无核仁，只有核区，称为拟核，细胞质中很少有细胞器，常见的有支原体、细菌、放线菌、蓝藻等。真核细胞结构复杂，细胞核被核被膜包裹，而且有明显的核仁，细胞质内有线粒体、叶绿体、内质网、高尔基体、溶酶体、微管和微丝等细胞器。

（三）动物细胞与植物细胞的比较

动物细胞与植物细胞有基本相同的结构体系与功能体系，很多重要的细胞器与细胞结构，如线粒体、高尔基体、内质网、核糖体、细胞膜、核膜、染色质、核仁等，在不同细胞中不仅其形态结构与成分相同，功能也一样，但二者之间还有一些显著的差异，其差异主要表现在以下几个方面（图 3-1）。

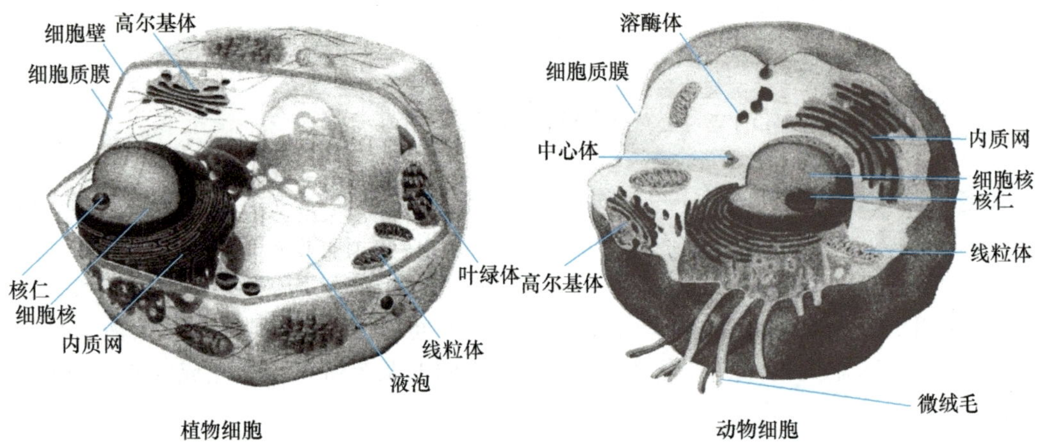

图 3-1 动物细胞与植物细胞比较（许崇任和程红，2008）

1）*植物细胞的细胞壁* 细胞壁是细胞分裂过程中，由纤维素、果胶质等积累于质膜外而形成的。细胞壁质地坚硬，使细胞维持一定的形状，并对细胞起保护作用。

2）*植物细胞的叶绿体* 叶绿体是植物细胞内最重要的质体，其功能主要是进行光合作用，将光能转变为化学能，将 CO_2 与水转变为糖。

3）*植物细胞的液泡* 液泡是植物细胞的代谢库，起调节细胞内环境，使细胞保持膨胀状态等作用。但液泡并非成熟的植物细胞所特有，一些动物细胞和幼嫩的植物细胞也有液泡，均为分散的小泡，而成熟的植物细胞，液泡巨大，体积达整个细胞的 90%。

4）*动物细胞的中心体* 中心体存在于动物细胞和某些低等植物的细胞中，因为其位置较接近细胞中央细胞核的一侧，故名。中心体由两个中心粒构成，与动物细胞分裂有关。

（四）细胞周期与细胞分化

1. 细胞周期

动物个体是由一个细胞（受精卵）发育而来的，从一个细胞到一个动物个体，个体的成长，不仅靠细胞体积的加大，也要靠细胞数目的增多。动物细胞数目的增加主要靠细胞分裂，即有丝分裂来实现。

细胞从一次分裂开始到第二次分裂开始所经历的全过程称为一个细胞周期（cell cycle）。细胞周期包括一个有丝分裂期（mitosis，M 期）和一个分裂间期（interphase）两个部分（图 3-2）。

分裂间期是指细胞从一次分裂结束到下一次分裂开始的时期。间期看似细胞的静止期，实际上是细胞代谢非常旺盛的时期，主要进行 DNA 和蛋白质的合成。根据 DNA 的复制情况，分裂间期又可分为 DNA 合成前期（Gap₁，G_1 期）、DNA 合成期（DNA synthesis phase，S 期）、DNA 合成后期（Gap_2，G_2 期）3 个阶段。

细胞一旦完成了分裂的准备，就进入有丝分裂期。有丝分裂是将分裂间期复制的 DNA 以染色体的形式平均分配到两个子细胞中去，使每个子细胞都得到一组与母细胞相同的遗传物质。有丝分裂的全过程可分为前期（prophase）、中期（metaphase）、后期（anaphase）和末期（telophase）几个阶段。

细胞周期的各个时期细胞发生不同的变化，表 3-1 是其各个时期的特征性变化。

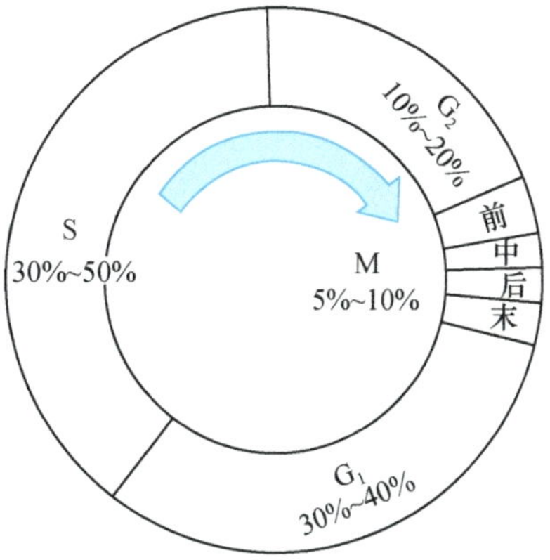

图 3-2 细胞周期（刘凌云和郑光美，2009）

表 3-1 细胞周期各个时期的特征性变化

细胞周期各时期		特征性变化
分裂间期	G_1 期	细胞体积增大，核仁增大；合成 DNA 复制所需的 RNA 和蛋白质
	S 期	染色体复制成两个染色单体；DNA 复制和合成部分蛋白质
	G_2 期	合成分裂期所需 RNA 和蛋白质
分裂期	前期	染色质凝缩成染色体；中心体分开并向两极移动
	中期	染色体排列到赤道板
	后期	两条染色单体分开向两极运动
	末期	染色单体到达两极；核膜重新形成，核仁出现；细胞质分裂

2. 细胞分化

细胞分化是生物界普遍存在的生命现象，是生物个体发育的基础，经细胞分化，多细胞生物形成不同的细胞和组织。在个体发育中，细胞在分裂的基础上，彼此在形态结构、生理功能上发生稳定性差异的过程称为细胞分化（cell differentiation）。细胞分化是一种持久性的变化，存在于动物体的整个生命过程，在胚胎时期表现最为明显。例如，多能造血干细胞分化为不同血细胞的细胞分化过程。一般来说，分化了的细胞将一直保持分化后的状态，直到死亡。

二、动物组织

组织是一些形态相似、机能相同的细胞群及其非细胞形态的间质结合在一起，共同完成一定机能的集合体。所有动物组织均由细胞和间质构成。根据构造和功能一般将动物组织分为四大类：上皮组织、结缔组织、肌肉组织和神经组织。

（一）上皮组织

上皮组织（epithelial tissue）由紧密排列的上皮细胞和少量的细胞间质组成，覆盖在体表和体内各器官内外表面，具有保护、吸收、排泄、分泌、感觉等功能。根据分布、形态与功能，上皮组织可分为被覆上皮、腺上皮、感觉上皮等。

1）被覆上皮　被覆上皮覆盖于身体的表面和衬于体内各种有腔器官的腔面，根据上皮细胞排列的层次及其形态结构可分为单层扁平上皮（血管壁的内壁）、单层立方上皮（肾小管）、单层柱状上皮(小肠黏膜)、假复层纤毛柱状上皮(气管黏膜)、变移上皮(膀胱)、复层扁平上皮(食管)、复层柱状上皮(眼睑结膜)(图 3-3)。

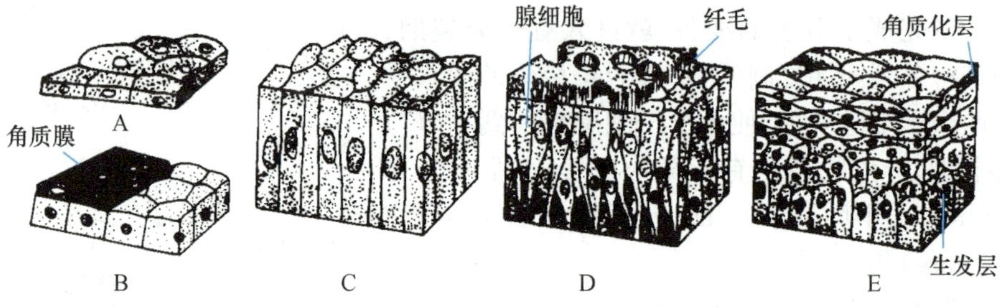

图 3-3 被覆上皮的类型(刘凌云和郑光美,2009)

A. 单层偏平上皮;B. 单层立方上皮;C. 单层柱状上皮;D. 假复层纤毛柱状上皮;E. 复层扁平上皮

2)腺上皮 具有分泌功能的上皮称为腺上皮。根据腺上皮腺细胞多少分为单细胞腺(杯状细胞)和多细胞腺(胃腺);根据腺上皮有无导管分为外分泌腺(唾液腺、肝脏、汗腺)和内分泌腺(脑垂体、甲状腺、肾上腺);按腺细胞分泌物的性质分为浆液腺(腮腺、胰腺)和黏液腺(舌下腺)。

3)感觉上皮 感觉上皮是具有接受特殊感觉机能的特化上皮,如鼻腔的嗅上皮、舌的味蕾。

用人体皮肤直接造血

2010 年,英国《自然》杂志报道,科学家开发出一种新的造血方法,可将人体皮肤直接转变为血液。这一医学突破可能为癌症治疗和患者手术过程中的输血带来新的血源。研究人员利用病毒将名为 *OCT4* 的基因植入人类皮肤细胞中,然后在含有多种细胞因子的特殊环境中进行培养。这样,皮肤细胞就可直接变为血液细胞的前体细胞,这些前体细胞又可以生成白细胞、红细胞、血小板 3 种主要血液细胞。用成人皮肤和新生儿包皮反复进行上述实验,证实任何年龄的人的皮肤都可以转化为血液,而且血液功能正常。

过去也曾有研究将皮肤细胞转化为血液细胞,但过程是先将皮肤干细胞变成诱导多功能干细胞,再将诱导多功能干细胞变成血液细胞,多了诱导多功能干细胞这个中间环节。这种间接造血法得到的血液细胞中的血红素功能并不完善,仍停留在"胚胎"而不是"成体"阶段;而直接转化得到的血液细胞含有的是成体血红素。此外,通过诱导多功能干细胞得到的血液细胞常常有导致癌症肿瘤的风险,而将直接转化得到的血液细胞注入实验鼠体内,没有发现肿瘤的迹象。

研究人员认为,这项新技术医用前景广阔。今后一些患者可能将不必为寻找匹配血源犯愁,因为利用自己皮肤就能获得所需血液。这项成果中受益的将是白血病患者。他们需要经常移植含有造血干细胞的骨髓,但因经常接受放疗,其干细胞可能会像癌细胞一样发生变异,而来自捐献者的骨髓则容易引起排异反应。皮肤细胞则不发生任何基因变异,因此可以用患者自身的皮肤细胞制造血液,再移植到患者本人体内。这种治疗方法还可用于接受大剂量化疗的癌症患者。化疗不仅杀死癌细胞,同时还破坏患者血液系统，因此经常需要暂停化疗，以便让患者免疫功能恢复。这也给了肿瘤恢复和再生的时间，而且再生的癌细胞通常对化疗有抗体。如果患者在化疗的同时输入用自己皮肤制造的替代血液，不仅可以继续进行大剂量化疗，而且可以增加永久杀死肿瘤的机会。

虽然实验室中的各项实验显示，这些人造血液细胞具有正常功能，但要真正用于临床还有许多工作要做。

（二）结缔组织

结缔组织（connective tissue）是由少量细胞分散在大量的细胞间质中构成的，细胞间质由基质和纤维组成。结缔组织有连接、支持、防御、营养及物质运输等功能，是动物体内分布最广、形态结构最多样化的一类组织。其根据形态和功能分为疏松结缔组织、致密结缔组织、网状结缔组织、脂肪组织、血组织、软骨组织和硬骨组织。

1）疏松结缔组织　疏松结缔组织（loose connective tissue）由排列疏松的纤维与分散在纤维间的多种细胞构成，疏松结缔组织主要起支持、填充、连接、保护、物质传递和创伤修复的作用。

细胞间质由基质和散布于基质中的纤维构成，疏松结缔组织的纤维有 3 种：①胶原纤维（collagen fibers），新鲜时呈白色，又称白纤维，特点是韧性强，弹性较小；②弹性纤维（elastic fibers），新鲜时呈黄色，又称黄纤维，具有很强的弹性；③网状纤维（reticular fibers），在疏松结缔组织中较少见，主要分布于基膜的网板、毛细血管和肾小管的周围，具有嗜银性，又称嗜银纤维。

疏松结缔组织的细胞种类多，主要有：①成纤维细胞（fibroblast），产生 3 种纤维，参与形成基质，对创伤愈合和结缔组织再生有重要作用；②脂肪细胞（fat cell），储存脂肪，参与脂质代谢；③巨噬细胞（macrophage），吞噬异物、细菌、死细胞及其碎片等，起防御保护作用，是细胞免疫系统的组成成分；④肥大细胞（mast cell），参与过敏反应和抗凝血；⑤浆细胞（plasma cell），合成和分泌抗体，是体液免疫的一种重要细胞；⑥白细胞（leucocyte），参与机体防御（图 3-4）。

2）致密结缔组织　致密结缔组织（dense connective tissue）又称纤维组织（fibrous tissue），特点是细胞和基质少，纤维多且排列致密。纤维主要有胶原纤维和弹性纤维两种，以胶原纤维为主的致密结缔组织有肌腱、被膜、真皮，以弹性纤维为主的有韧带、动脉管壁的弹性膜等。

图 3-4　疏松结缔组织（刘凌云和郑光美，2009）

3）网状结缔组织　网状结缔组织（reticular connective tissue）纤维互相交织成网状，故又称网状组织，主要分布在造血器官和淋巴器官，形成器官内部的网状支架，如肝、脾、淋巴结等器官的基质网架。其功能主要是支持、防护作用。

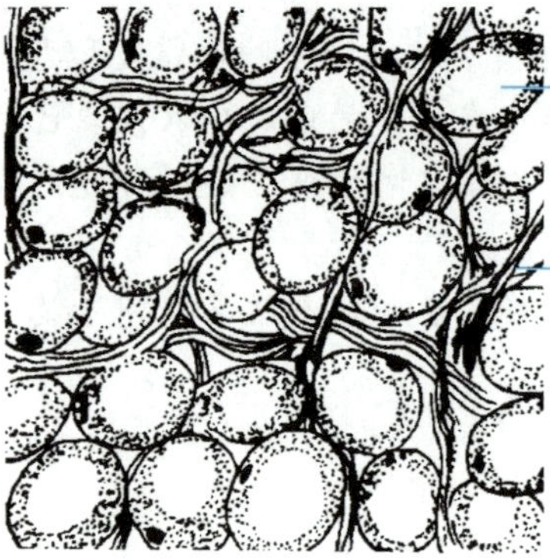

图 3-5 脂肪组织(刘凌云和郑光美,2009)

4)脂肪组织 脂肪组织(adipose tissue)(图 3-5)由大量脂肪细胞聚集而成,疏松结缔组织将其分隔成许多脂肪小叶,脂肪细胞中由于聚集了大量脂肪,故细胞核和细胞器都被脂肪挤到了细胞一侧。脂肪组织广泛分布在皮下、肠系膜、网膜等处,具有储存脂肪、缓冲压力、维持体温及参与能量代谢等作用。

5)血组织 血组织(haemal tissue)是一种液态的结缔组织,包括血液和淋巴液,由血细胞和血浆组成,血细胞包括红细胞(erythrocyte)和白细胞。红细胞可携带氧和营养物质至各器官组织,并将器官组织的代谢产物运走,起运输作用。白细胞可吞噬细菌和其他侵入体内的有害异物,起着保护和防御的作用。血浆为淡黄色液体,称细胞间质,作用是运输营养和内分泌物等到身体各部分,并在排泄中起作用。淋巴液一般不含红细胞,其成分与血浆相似,在血液和组织间起传递物质的作用。

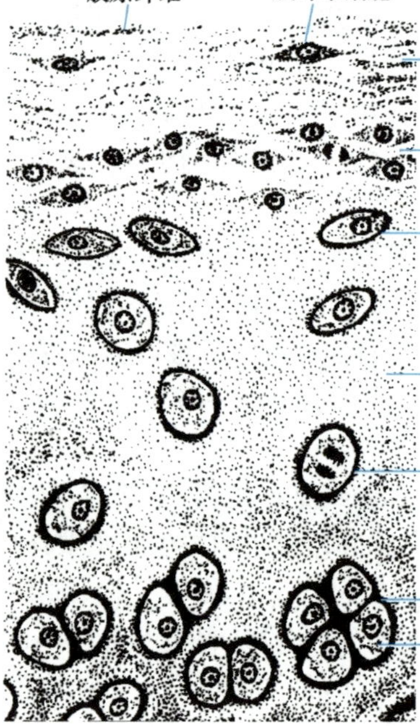

图 3-6 透明软骨(陈小麟,2005)

6)软骨组织 软骨(cartilage)是特化的致密结缔组织,由软骨细胞、纤维和基质组成,软骨细胞位于基质的小室中。软骨中没有血管和神经,营养物质通过基质的扩散作用到达软骨细胞。软骨组织根据纤维的性质分为透明软骨(关节、肋软骨、气管环)(图 3-6)、纤维软骨(间盘、关节盘)和弹性软骨(耳郭、会厌)(图 3-7)。

7)硬骨组织 硬骨(bone)是极坚硬的结缔组织,由骨细胞、细胞间质及表面的致密结缔组织构成的骨膜组成。根据骨细胞和基质的区别,可分为疏质骨和密质骨两种。疏质骨有许多较大空隙的网状结构,网孔内有骨髓,主要分布于长骨的髓端、短骨和不规则骨的内部。密质骨由排列紧密的骨板和哈佛氏管组成的哈佛氏系统(Haversian system)构成。哈佛氏管内有血管和神经,环绕哈佛氏管的是由无机盐钙化物组成的同心圆骨板,以及排列其间的一环一环的骨细胞。

(三)肌肉组织

肌肉组织(muscular tissue)由肌细胞组成,肌细胞细长,呈纤维状又称为肌纤维。根据肌纤维的结构和机能特点,分为平滑肌(smooth muscle)、横纹肌(striated muscle)和心肌(cardiac muscle)3 种(图 3-8)。平滑肌收缩缓慢有节律,持久性强,不受意志所支配,故又称不随意肌(involuntary muscle)(如消化管肌肉的蠕动),分布在各内脏器官(如胃壁、肠壁、血

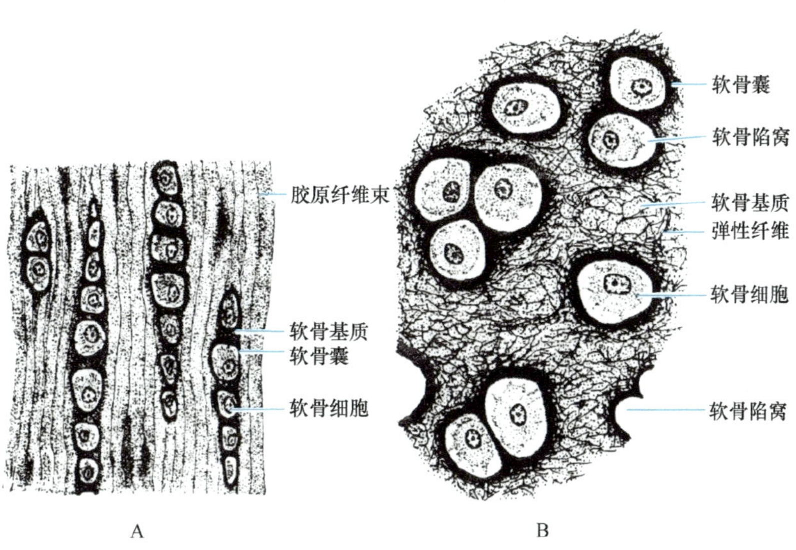

图 3-7　纤维软骨(A)和弹性软骨(B)(陈小麟,2005)

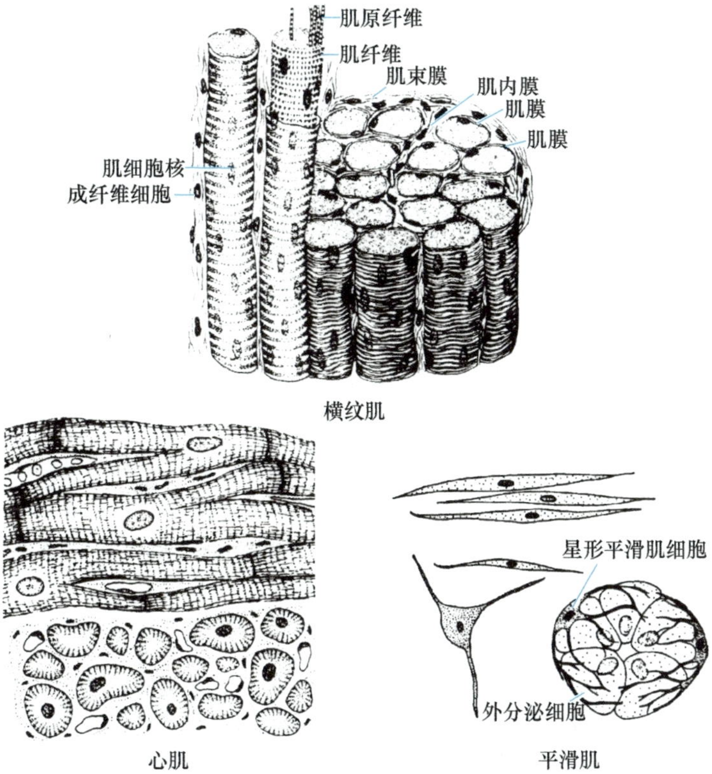

图 3-8　3 种肌肉组织(陈小麟,2005)

A. 横纹肌;B. 心肌;C. 平滑肌

管壁、子宫壁等处)。横纹肌一般固着在骨骼上,也称骨骼肌,收缩迅速,强劲有力,但持久性差。其收缩一般可由意志控制,故又称随意肌(voluntary muscle)。心肌分布在心脏,负责心脏的收缩,心肌的纤维有分支,分支相互连成网状,两条纤维的连接面称闰盘(intercalated disk)。心肌也有横纹,但不如横纹肌明显和规整。无脊椎动物中除节肢动物外,主要肌肉是平滑肌，但昆虫等节肢动物则有大量的横纹肌，而心肌是脊椎动物特有的。

（四）神经组织

神经组织（nervous tissue）是一种分化最高级的组织，动物越高等，神经组织越发达。神经组织由神经细胞（neuron，又称神经元）和神经胶质细胞组成。神经元是神经系统的形态和功能单位，具有感受机体内、外刺激和传导冲动的能力，由细胞体和接受刺激的树突（dendrite）和输出冲动的轴突（axon）组成。树突可有很多个，作用是传入刺激。轴突细而长，只有一个，作用是传出刺激。神经胶质细胞是一些多突起的细胞，但突起不分轴突和树突，主要对神经细胞起支持、保护、营养和修复的作用。

三、动物的器官与系统

（一）器官

几种不同的组织按一定的规律组合成不同形态特征并执行特定生理功能的结构称为器官（organ）。其分为实质性器官和管状器官两大类，实质性器官是指没有空腔的器官，如肝脏、胰脏。实质性器官内部是具有生理机能的组织，表面是结缔组织被膜。管状器官是指有空腔的器官，如消化管、血管、输尿管和输卵管等。

（二）系统

功能上有密切联系的不同器官，相互协同以完成机体某一方面生理机能，就成为一个系统。动物的个体具有多个执行不同功能的系统，高等动物的主要系统包括消化系统、循环系统、神经系统、呼吸系统、排泄系统、肌肉系统、骨骼系统、生殖系统等。动物不同系统的协调活动，实现了动物的生殖、发育、生长、代谢等全部生命活动。

第二节　多细胞动物的发育

发育（development）是生物体在生命周期中，结构和功能从简单到复杂的变化过程。除无性生殖外，动物的发育过程都是从受精卵开始。受精卵经过卵裂期、囊胚期、原肠期、中胚层形成、神经胚期等完成早期胚胎发育。三胚层的出现为动物的组织分化和器官形成奠定了重要基础。

一、动物发育的阶段

动物的早期胚胎发育（early embryonic development）一般是指从受精到器官原基建成的过程。多细胞动物的受精卵发育极为复杂，不同动物的胚胎发育有不同的特点，但多细胞动物发育过程中，都有几个相同的主要阶段和基本模式。

（一）受精

受精是两性配子相互融合，形成一个新细胞——合子（zygote）的过程，是各自的单倍体基因组相融合形成二倍体的过程，即双亲遗传物质的融合。它标志着胚胎发育的开始，只有当精卵融合时，才具备发育成新个体的能力。

生殖细胞在受精之前都经历了自身发育的过程，是经减数分裂产生的，在减数分裂产生卵子的过程中，极体释放的位点称为"动物极"(animal pole)(也有人把具有细胞核的一端称为"动物极")，而另一端则称为"植物极"(vegetative pole)，对于非均卵黄卵子其卵黄主要分布在植物极，越靠近动物极卵黄含量越少，在细胞分裂时卵黄含量越少，分裂越快。

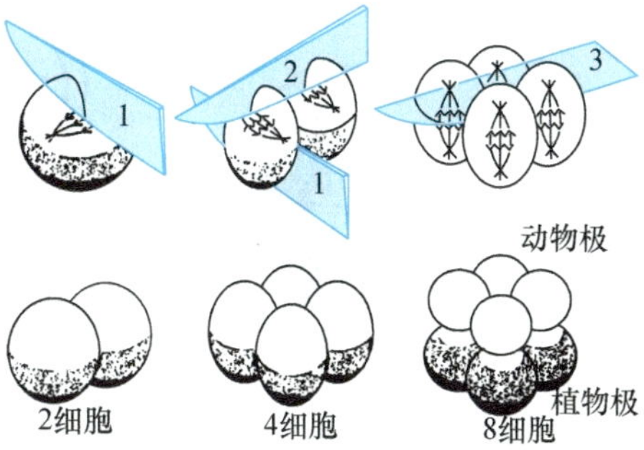

图 3-9　经裂(1、2)、纬裂(3)
(许崇任和程红，2008)

(二)卵裂

受精卵经过多次分裂，形成很多分裂球的过程，称为卵裂(cleavage)。卵裂形成的细胞，称为分裂球(blastomere)。卵裂与一般细胞分裂不同，是一系列迅速的细胞分裂。每次分裂之后，分裂球尚未长大，又开始新的分裂，因此分裂的结果，细胞数目越来越多，分裂球却越来越小。

根据分裂的方向卵裂分为经裂和纬裂(图 3-9)。分裂面通过卵轴，与卵的赤道面垂直，始于动物极，止于植物极的分裂，称为经裂。第一、二次卵裂都是经裂。分裂面与赤道面垂直、与赤道板平行的卵裂，称为纬裂，第三次卵裂就属于纬裂。

由于各种动物卵内的卵黄物质含量与分布不同，分为均黄卵(isolecithal)(如文昌鱼)、中黄卵(centrolecithal)(如昆虫)、端黄卵(telolecithal)(如鸟类)，其卵裂和早期胚胎发育过程也各不相同。卵裂的形式按细胞分裂是否彻底可分为完全卵裂和不完全卵裂。

受精卵分裂为完全分离的单个细胞的分裂，称为完全卵裂(total cleavage)(图 3-10)。分裂的子细胞形状大小相同的称为等裂(equal cleavage)，多见于均黄卵(海胆、文昌鱼)。如果分裂成的子细胞大小不等，则称为不等裂(unequal cleavage)，不等裂是由于卵细胞内卵黄分布不均造成的，在卵黄少的动物极一端形成的胚细胞较小，而卵黄多的植物极一端形成的胚细胞较大，如海绵动物、蛙类等。

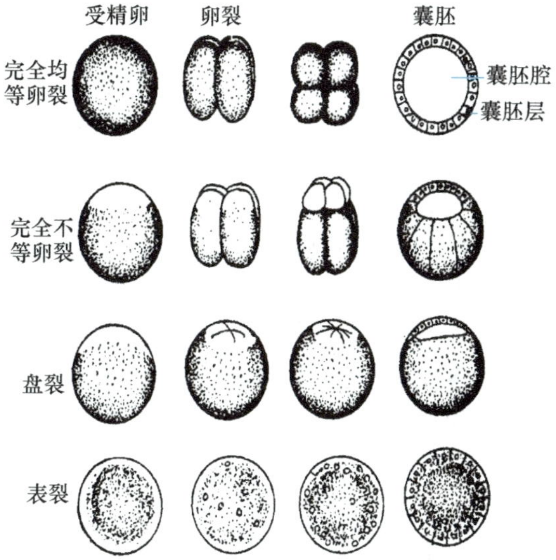

图 3-10　卵裂类型和囊胚形成
(刘凌云和郑光美，2009)

完全卵裂还有两种主要模式，即辐射型卵裂和螺旋型卵裂(图 3-11)。

受精卵分裂不彻底，只在不含卵黄的部位进行，即子细胞不完全分离的卵裂，称为不完全卵裂(partial cleavage)(图 3-10)，多见于多黄卵，这是由于卵黄物质多，细胞分裂受阻。分裂仅限于卵一端的称盘裂(discal cleavage)，如乌贼，这是细胞质和核集中于卵一端的缘故。分裂只限于卵表面的称表裂(peripheral cleavage)，如昆虫，这是由于大量卵黄集中在卵的中央造成的。

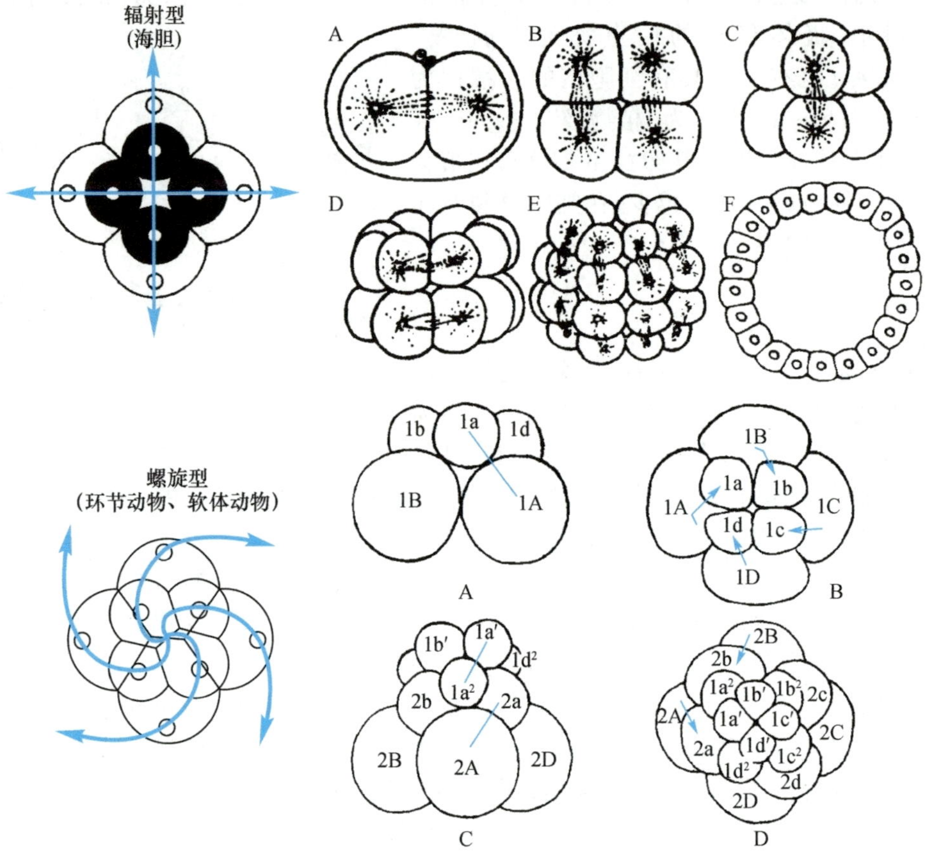

图 3-11 辐射型卵裂、螺旋型卵裂(许崇任和程红,2008)

(三)囊胚

卵裂后期,分裂球形成中空的球状,这个发育阶段称为囊胚(blastula)。囊胚外面的一层细胞称为囊胚层(blastoderm),中央的空腔称为囊胚腔(blastocoel),腔内充满液体或液化的卵黄。囊胚期时尽管细胞仍然分裂,但是囊胚的大小仍然与受精卵时相似。

由于卵子类型不同,分裂类型不同,形成的囊胚形态也各不相同,概括起来,可以分为 4 种(图 3-10):①腔囊胚是均黄卵或少黄卵经多次全裂(等裂),形成中间有较大囊胚腔的囊胚;②实心囊胚,分裂球排列紧密,中间没有腔,称为实心囊胚,多见于全裂卵,如水螅、水母,某些环节动物和软体动物的囊胚属;③表面囊胚,中黄卵进行表裂,到囊胚期由一层分裂球包在一团实体的卵黄外面,没有囊胚腔,如昆虫的囊胚;④盘状囊胚,硬骨鱼类、爬行类、鸟类等典型的端黄卵动物进行盘裂,形成盘状的囊胚,盖于卵黄上,称为盘状囊胚。

(四)原肠胚

继囊胚期之后,胚胎开始形成原肠腔。这一阶段细胞内置进入囊胚腔,就有了内胚层与外胚层之分,内置的细胞形成原肠(内胚层)。这一阶段的胚胎称为原肠胚(gastrula)。原肠的形成方式各类动物不同,通常有以下几种方式(图 3-12)。

(1)内陷(invagination)。囊胚植物极细胞向内陷入,形成 2 层细胞,外面的一层称为外胚层(ectoderm),向内陷入的一层为内胚层(endoderm)。向内凹陷的腔称为原肠腔

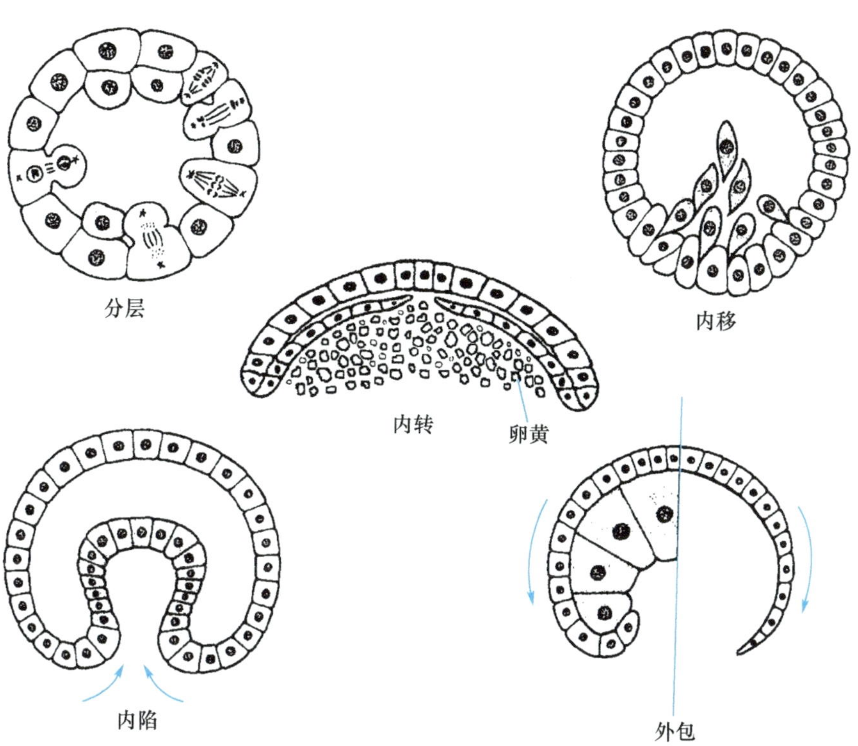

图 3-12 原肠形成的几种方式（许崇任和程红，2008）

(gastrocoele)。原肠腔与外界相通的孔，称为原口或胚孔(blastopore)。

(2)内移(ingression)。囊胚的一部分细胞移入内部而形成内胚层。初始移入的细胞位于囊胚腔中，排列不规则，接着逐渐调整排列成规则的内胚层。内移形成的原肠胚没有原口，以后在胚体的一端开孔，形成原口。

(3)分层(delamination)。囊胚细胞分裂时，细胞沿切线方向分裂，直接内置于囊胚腔，形成内、外两胚层。

(4)内转(involution)。通过盘裂形成的囊胚，分裂的细胞由一面边缘向内转，再伸展成为内胚层。

(5)外包(epiboly)。动物极的细胞分裂快，植物极细胞由于卵黄多分裂较慢，结果动物极细胞逐渐向下包围植物极，形成外胚层，被包围的植物极细胞形成内胚层。

以上原肠形成的几种形式往往不是单一进行，常常两种或两种以上同时进行，最常见的是内陷与外包同时进行，分层和内移相伴进行。

根据胚胎发育中胚孔的形成发展，可以将动物分为两大类，即原口动物(Protostomia)和后口动物(Deuterostomia)。原口动物胚胎发育中的胚孔成为后来成体的口，如扁形动物、纽形动物、线形动物、环节动物、软体动物和节肢动物等。后口动物胚胎发育中的胚孔成为成体的肛门(或封闭)，而成体的口是在胚孔相当距离之外重新形成的，如棘皮动物、半索动物和所有的脊索动物。

(五)中胚层

三胚层动物在内、外胚层形成之后继续发育，在内、外胚层之间形成中胚层(mesoderm)。

中胚层之间形成的空腔即体腔(coelom)(真体腔)。中胚层的形成有以下两种方式(图 3-13)。

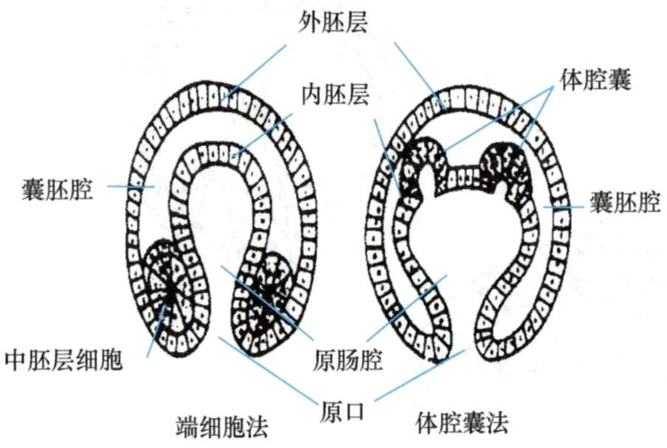

图 3-13 中胚层形成的两种方式
(刘凌云和程红,2009)

1. 端细胞法

植物极的一个细胞,称中胚层的端细胞(teloblast),分裂成两个原始中胚层细胞,对称地排在胚孔的两侧。这两个细胞不断分裂,就在内外胚层之间形成了中胚层条。中胚层条的细胞之间出现了成对的空隙,就是体腔囊。由于体腔是在中胚层细胞之间裂开形成的,这种方式又称为裂体腔法(schizocoelous method)。原口动物以这一方式形成中胚层和体腔。

2. 体腔囊法

内胚层向外突出成对的囊状突起,称体腔囊(coelomic sac)。体腔囊逐渐发育增大并与内胚层脱离,在内外胚层之间逐步扩展成为中胚层。中胚层包围的腔为体腔,体腔外侧的中胚层与外胚层合成体壁;体腔内侧的中胚层和内胚层合成脏壁。因为体腔囊来源于原肠背部两侧,所以这种形成中胚层的方式又称为肠腔法(enterocoelic method)。棘皮动物、毛颚动物、半索动物及原索动物均以这种方式形成中胚层和体腔。

(六)神经胚

脊索动物的原肠胚形成后,原肠胚背部中央的外胚层细胞下陷,形成神经板(neural plate)。神经板两侧的外胚层细胞隆起形成一对纵褶,然后两边的纵褶逐渐靠拢,并在背面愈合,形成中空的神经管。神经管在形成过程中,逐渐进入胚胎内部并与表面分离。这时的发育阶段称为神经胚期。在神经管的上方,外胚层重新愈合,神经管扩展的前端形成脑;后端延伸形成脊髓。在形成神经管的同时,原肠背面中央纵向隆起,形成脊索中胚层,并最终脱离原肠,形成脊索。形成脊索的同时,原肠两侧出现成对的体腔囊,体腔囊壁即中胚层,中间的空腔就是体腔。

(七)胚层的分化和器官的形成

动物的不同胚层最终奠定了组织和器官的基础。胚胎发育中 3 个胚层的变化以内胚层最为简单,中胚层最为复杂,而外胚层则最为特异。内胚层的变化大部分涉及膜的外凸和内凹,所形成的系统只限于消化、呼吸和部分内分泌器官,以及排泄、生殖系统的一小部分。中胚层具有多能性,变化最大,分化成动物的大部分器官,如动物的真皮及其衍生物、肌肉、结缔组织、骨骼、血管、囊胚内的上皮内衬、多数动物的生殖系统、排泄器官的大部分和其他进行分泌和渗透调节的器官等。外胚层细胞分化是多种多样的,主要分化成表皮和所有表皮层的衍生物,如皮肤腺、羽毛、毛等皮肤衍生物。另外,外胚层还分化出神经系统、主要的感觉器官、消化管的前后两端(包括口腔和肛门)。

二、体腔

三胚层的多细胞动物中,根据体腔的有无和形成方式,可人为地将其分为三胚层无体腔动物、三胚层假体腔动物和三胚层真体腔动物(图 3-14)。

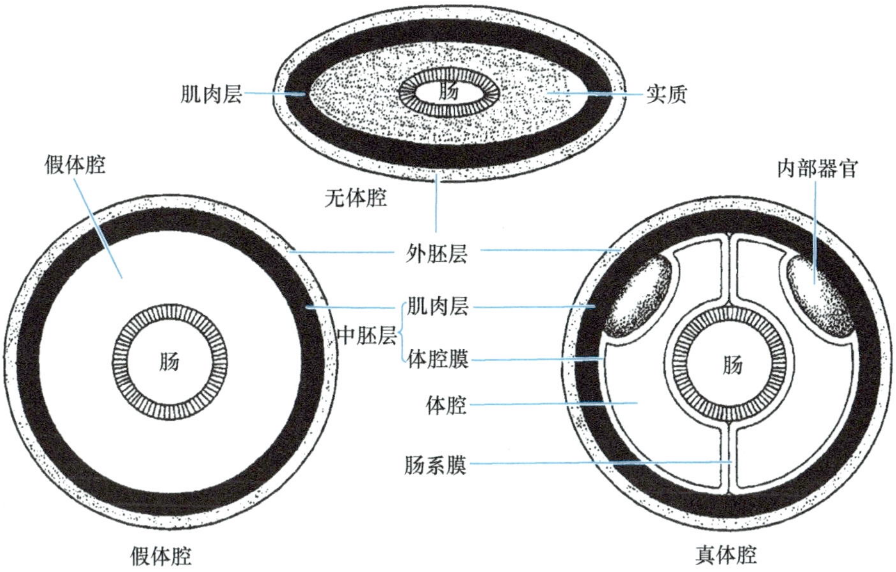

图 3-14　动物的胚层与体腔(许崇任和程红,2008)

(一)无体腔

无体腔动物的体壁与消化管之间充满了中胚层起源的细胞及细胞间质构成的实质。实质在体内负责物质的储存及进行缓慢的物质传递,无体腔动物的身体多是小型或扁平细长的,这种体形增加了身体的相对表面积,有利于细胞与外界的接触与物质交换。两侧对称的多细胞动物中,只有扁形动物、纽形动物和颚胃动物是无体腔动物。

(二)假体腔

从进化的角度看,假体腔是动物界中最先出现的一种初级的原始体腔形式,又称为初生体腔,它不是中胚层包围形成的空腔,而是胚胎的囊胚腔持续到成体形成的体腔。具有这种体腔的动物称为假体腔动物。

尽管假体腔是原始的体腔形式,但它的出现仍然具有十分重要的生物学意义。它含有液体的空腔为动物体内器官系统的发展提供了条件。假体腔内的体腔液使物质输送及循环更为有效,同时也为没有骨骼的蠕虫动物保持身体形状起到了流体静力骨骼的作用。假体腔也为营养物质的储存、积累及生殖细胞的形成提供了空间。多细胞动物中的腹毛动物、轮形动物、动吻动物、线虫动物、线形动物、棘头动物及内肛动物都是假体腔动物。

(三)真体腔

除了假体腔动物之外,另外一种体腔形式是所谓的真体腔。真体腔是中胚层所包围的空腔。真体腔动物具有体壁肌肉层,也有了肠壁肌肉层。由于有了肠壁肌肉层,就可以使肠道自主蠕动,增加了动物的消化能力。真体腔还有中胚层形成的一层单细胞的体腔膜,体腔膜包围在体腔内面及器官系统的表面,可形成系膜,以固定器官系统在体内的位置。软体动物、环节动物、节肢动物、棘皮动物、半索动物及脊索动物都是真体腔动物。

干 细 胞

干细胞(stem cell)是一类具有自我复制能力不断繁殖的多潜能细胞，在一定条件下，它可以分化成多种功能细胞。依据发育阶段，可将干细胞分为胚胎干细胞(embryonic stem cell，ES细胞)和成体干细胞(somatic stem cell)。根据发育潜能可分为全能干细胞(totipotent stem cell)、多能干细胞(pluripotent stem cell)和单能干细胞(unipotent stem cell)。

干细胞是一种尚不成熟的细胞，具有再生各种组织器官和人体的潜在功能，医学界称为"万用细胞"。干细胞在临床上具有广泛用途，包括呼吸道疾病(哮喘、气管炎、肺气肿、肺心病等)；血液系统疾病(地中海贫血症)；化疗、放疗后造血系统的修复；肝组织的修复；胰岛细胞的修复；脑、脊髓损伤的修复；肾实质的修复；心肌修复、血管修复；调节免疫，移植治疗时可降低免疫排斥反应；美容、保健和抗衰老等领域。

采用干细胞治疗有多种优势，低毒性(或无毒性)，即使不完全了解疾病发病的确切机制治疗也可达到较好的治疗效果，自身干细胞移植可避免产生免疫排斥反应，对传统治疗方法疗效较差的疾病多有惊人的效果。目前干细胞和再生医学的研究已成为自然科学中最为引人注目的领域。中国在干细胞保存技术、抗损伤技术等处于世界领先水平。干细胞理论的日臻完善和技术的迅猛发展必将在疾病治疗和生物医药等领域产生划时代的成果。

第三节　多细胞动物的起源

在动物界中，除原生动物是单细胞动物外，其他各门的动物都是多细胞动物，因此人们认为多细胞动物起源于单细胞动物。

一、多细胞动物起源的证据

(一)古生物学方面

古代动、植物的遗体或遗迹，经过千百万年地壳的变迁或造山运动等，被埋在地层中形成了化石。在太古代的地层中，有许多单细胞动物有孔虫的化石，而多细胞动物则甚少，直到寒武纪才出现各种无脊椎动物化石，说明最初出现单细胞动物，后来才发展出多细胞动物。

(二)形态学方面

从现有动物来看，有单细胞动物、多细胞动物，并形成了由简单到复杂、由低等到高等的序列。在原生动物鞭毛纲中有些群体鞭毛虫(如团藻)，其形态与多细胞动物很相似，可推测这类动物是从单细胞动物过渡到多细胞动物的中间类型，即由单细胞动物发展成群体以后又进一步发展成多细胞动物。

(三)胚胎学方面

在胚胎发育中多细胞动物是由受精卵开始,经过卵裂、囊胚、原肠胚等一系列过程,逐渐发育成成体。多细胞动物的早期胚胎发育基本上是相似的。根据生物发生律,个体发育简短地重演了系统发展的过程,可以说明多细胞动物起源于单细胞动物,并且说明多细胞动物发展的早期所经历的过程是相似的。

二、多细胞动物起源的学说

多细胞动物起源于单细胞动物是大家公认的,但至于哪一类单细胞动物发展成多细胞动物,以及多细胞动物起源的方式有不同的说法,目前流行的说法有以下几种。

(一)群体学说

群体学说认为后生动物来源于群体鞭毛虫,是当代动物学中被广泛接受的学说。这一学说是由赫克尔(Haeckel)于 1874 年首次提出,后来又由梅契尼柯夫(Мечников)1887 年修正,海曼(Hyman)于 1940 年给以复兴。

1. 赫克尔的原肠虫学说

认为多细胞动物起源于类似团藻的球形群体,它是有数千个鞭毛虫状细胞形成中空的群体,一面细胞内陷形成具有双层细胞的多细胞动物的祖先。这样的祖先,因为和原肠胚很相似,有两胚层和原口,所以赫克尔称之为原肠虫(gastraea)。

2. 梅契尼柯夫的吞噬虫学说(实球虫或无腔胚虫学说)

梅契尼柯夫的研究表明,原始多细胞动物的原肠胚主要由内移法形成,很少通过内陷法形成。在消化方面,低等多细胞动物主要靠吞噬作用进行细胞内消化,很少进行细胞外消化。由此推想最初出现的多细胞动物是进行细胞内消化的,细胞外消化是后来才发展的。因此,他认为多细胞动物的祖先是由一层细胞构成的单细胞动物的群体,后来个别细胞摄取食物后进入群体之内形成内胚层,结果就形成两胚层的动物,起初为实心的,后来才逐渐形成消化腔,梅契尼柯夫便把这种假想的多细胞动物的祖先称为吞噬虫(phagocitella)。

这两种学说虽然在胚胎学上都有根据,但最低等的多细胞动物,多数是像梅契尼柯夫所说的由内移方法形成原肠胚,而赫克尔所说的内陷法很可能是后来才出现的。因此,梅契尼柯夫的学说容易被学者所接受,更符合机能与结构统一的原则,尽管如此,二者也不能作为对多细胞动物起源过程的满意答案。

从现代动物学推测,多细胞动物起源于单细胞动物中的鞭毛虫,由鞭毛虫的一支——领鞭毛虫发展为多孔动物;而另一支——与植鞭虫相近的鞭毛虫发展为腔肠动物,然后由腔肠动物进而发展为其他多细胞动物。

(二)合胞体学说

这一学说主要是由哈德兹(Hadzi)于 1953 年和汉森(Hanson)于 1977 年提出的,认为多细胞动物来源于多核纤毛虫的原始类群。后生动物的祖先开始是合胞体结构,即多核的细胞,后来每个核获得一部分细胞质和细胞膜形成了多细胞结构。对该学说,持反对意见者较多,因为任何动物类群的胚胎发育都未出现过多核体分化成多细胞的现象。

(三)共生学说

该学说认为不同种的原生生物共生在一起,发育成为多细胞动物。这一学说存在一系列的遗传学问题,因为不同遗传基础的单细胞生物如何聚在一起形成能繁殖的多细胞动物,这在遗传学上是难以解释的。

思考题

1. 试述动物细胞与植物细胞的异同。
2. 什么是细胞周期?其各个时期发生哪些变化?
3. 什么是细胞分化?
4. 什么是组织?组织如何分类?
5. 多细胞动物的个体发育可分为几个时期?它们的早期胚胎发育有何共同特点?
6. 卵裂、原肠胚和中胚层的形成有哪些方式?有何进化意义?
7. 体腔有几种?各有什么生物学意义?
8. 多细胞动物起源有哪些证据?有几种说法?

第四章　多孔动物门

多孔动物门(Porifera)又称海绵动物门(Spongia),是最原始、最低等的多细胞动物。这类动物体表多孔,具有独特的水沟系统,胚胎发育等与其他多细胞动物不同,在动物演化上是一个侧支,故又名侧生动物(Parazoa)。

第一节　多孔动物门的主要特征

一、体型大多数无对称

海绵动物中除少数种类的体型呈辐射对称外,绝大多数的体形多样,呈不规则的块状、垫状、球状、管状、树枝状或瓶状。海绵动物多为群体,单体较少,绝大多数生活在海洋中,少数为淡水产,成体营固着生活。不对称的体型,是对在水环境中营固着生活的一种适应。

二、无器官系统和明确的组织

海绵动物的体壁由两层细胞组成(图 4-1),外面的称皮层(dermal epithelium),里面的称胃层(gastral epithelium),两层之间为中胶层(mesoglea)。皮层和胃层两层细胞已开始分化,但没有形成真正的组织,排列疏松,身体的各种机能是由或多或少独立活动的细胞完成的。

皮层由扁细胞(pinacocyte)组成,有保护作用,扁细胞内有肌丝(myoneme)具收缩调节功能。在扁细胞中穿插有很多孔细胞(porocyte),孔细胞中央有一细管,形成单沟型海绵的入水孔(ostium)。有些扁细胞变为肌细胞,围绕入水或出水小孔形成能收缩的小环控制水流。

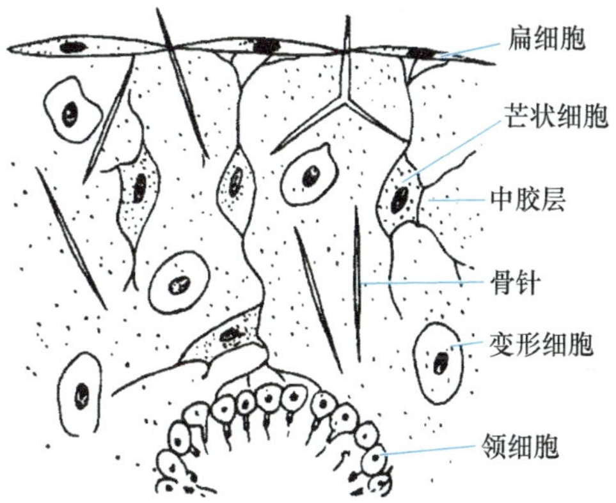

图 4-1　海绵动物体壁(示各种细胞)
(Hickman et al. ,2001)

胃层在单沟型海绵动物中由领细胞(choanocyte)构成,领细胞椭圆形,具一鞭毛,鞭毛基部有一原生质形成的领,领由一圈细胞质突起组成,领细胞可以摄食。胃层包围的腔称中央腔(central cavity),中央腔顶端有一个较大的开口,是水流的出口,称出水孔(osculum)。

中胶层由胶状物质组成,其中散布有几种不同类型的变形细胞(amoebocyte):成骨针细胞(scleroblast)可分泌形成骨针(spicule),骨针为海绵动物所特有,是该类群分类的依据,其成分为钙质、硅质或角质等,形状有单轴、三轴、四轴等;成海绵质细胞(spongioblast)能分泌一种角质纤维状的海绵丝(spongin),海绵丝和骨针都起骨骼支持作用(图 4-2)。原细胞(archeocyte)具不同功能,有的能消化食物,有的能形成卵和精子。芒状细胞(collencyte)则被认为具神经传导的功能。

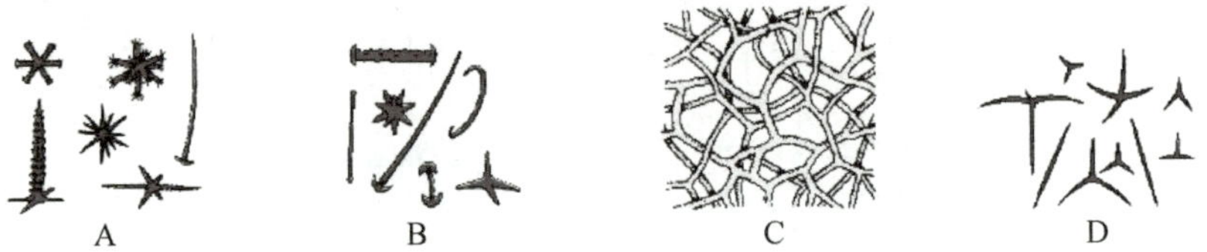

图 4-2 海绵动物的骨骼(Hickman et al.,2001)

A. 硅质骨针(六放海绵纲);B. 硅质骨针(寻常海绵纲);C. 海绵丝;D. 钙质骨针

三、特有的水沟系

海绵动物从皮层到胃层间贯穿着一系列水流进出的管道,称为水沟系,是海绵动物所特有的结构。水沟系对固着生活有重要意义,可分为以下 3 类(图 4-3)。

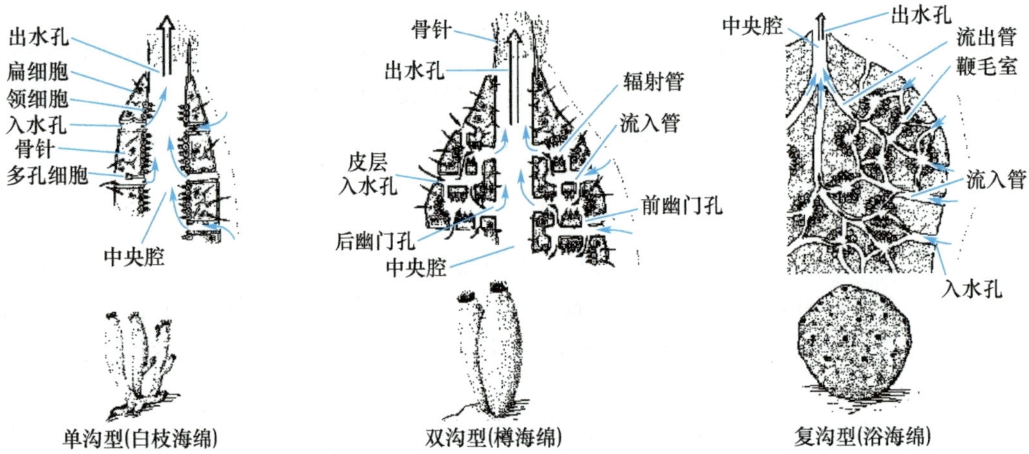

图 4-3 海绵动物的 3 种水沟系(Hickman et al.,2001)

箭头示水流方向

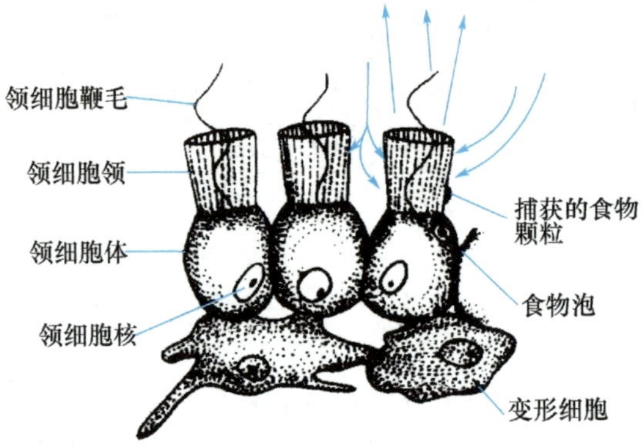

图 4-4 海绵动物的领细胞与取食

(刘凌云和郑光美,2009)

箭头示水流方向

(1)单沟型(ascon type):最简单的水沟系,中胶层较薄,领细胞集中在中央腔上。水沟系的水流途径是:水流→入水孔→中央腔→出水孔→体外,如白枝海绵(*Leucosolenia*)。

(2)双沟型(sycon type):相当于单沟型的体壁凹凸折叠而成。形成了与外界相通的流入管(incurrent canal)和与中央腔相通的辐射管(radial canal),领细胞在辐射管的管壁上。水沟系的水流途径是:水流→入水孔→流入管→前幽门孔(prosopyle)→辐射管→后幽门孔(apopyle)→中央腔→出水孔→体外,如樽海绵(*Scypha*)、毛壶(*Grantia*)。

(3)复沟型(leucon type):构造最为复杂,在中胶层中有很多具领细胞的鞭毛室

(flagellated chamber),其一端接流入管,跟外界相通,另一端接流出管,跟中央腔相连,中央腔由扁细胞构成。水沟系的水流途径是:水流→入水孔→流入管→前幽门孔→鞭毛室→后幽门孔→流出管→中央腔→出水孔→体外,如浴海绵(*Euspongia*)。

海绵动物没有消化、排泄和呼吸等器官,其生理过程是由各种细胞和水流接触时直接进行(图 4-4)。水流经过水沟系时,鞭毛室内的领细胞鞭毛摆动,使水流通过海绵动物身体,领细胞摄取食物并吞入细胞内,进行细胞内消化,属于低等的消化方式。不能消化的残渣和排泄物直接排到水流中。据统计,一个高 10cm、直径 1cm 的海绵动物,24h 能滤过 164L 的海水。这样海绵动物就可以获得足够的食物和氧气,同时不断排出代谢废物。

四、生殖与胚胎发育

海绵动物的生殖方式分为无性生殖和有性生殖。无性生殖有出芽和形成芽球两种。出芽(budding)是海绵动物最普遍的一种生殖方式,由海绵体壁的一部分向外突出形成芽体,长大后与母体脱离而成新个体,或者与母体连在一起而形成群体。芽球(gemmule)(图 4-5)是在不良的环境条件下,中胶层中的原细胞获得丰富的营养后聚集成堆,外面分泌一层几丁质膜和一层双盘头或短柱状的小骨针,形成球状的芽球。所有的淡水海绵和部分海产种类都能形成芽球。当严冬或干旱时,海绵动物死去,而芽球仍生存。在条件适合时,芽球内的细胞再重新发育成新个体。

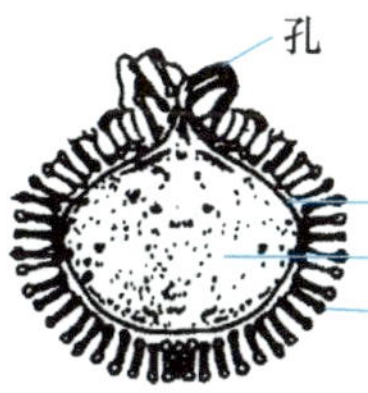

图 4-5　淡水海绵动物芽球(切面观)
(Hickman et al.,2001)

海绵动物的有性生殖是精卵结合,它们多为雌雄同体(monoecy),也有雌雄异体(dioecy),但均为异体受精,其精子和卵是由中胶层的原细胞或领细胞发育而成的。卵在中胶层中,精子随水流进入体内由领细胞吞食,之后领细胞失去鞭毛和领成为变形虫状,将精子带入卵细胞进行受精。

受精卵进行卵裂形成囊胚,动物极的小细胞向囊胚腔内生出鞭毛;植物极的大细胞中间形成一开口,经一段时间的发育,整个囊胚由开口倒翻出来,小细胞具鞭毛的一侧翻在囊胚表面。这样动物极的一端为有鞭毛的小细胞,植物极的一端为不具鞭毛的大细胞,此时称两囊幼虫(amphiblastula)(图 4-6)。两囊幼虫从母体出水孔随水游出,然后动物极的小细胞内陷形成胃层,植物极的大细胞在外面形成皮层。海绵动物的胚胎发育与其他多细胞动物不同之处是,其他多细胞动物是植物极大细胞内陷成内胚层,动物极小细胞在外面形成外胚层。海绵动物原肠胚的形成与之正相反,因此称为逆转(inversion)。两囊幼虫经过逆转现象后,附着在水中的固体物上发育为成体。海绵动物的胚胎发育有两种类型,第一种为钙质海绵动物和极少数寻常海绵动物所具有,它们通常产生上述中空的两囊幼虫;第二种为寻常海绵纲内的大多数海绵动物所具有,其自由游泳幼虫都是一种实心的实胚幼虫(parenchymula larva)(图 4-6),为另一种逆转形式。

海绵动物有很强的再生能力。若把海绵动物切成许多小块抛入海中,每一小块都能独立生活,并逐渐长大形成一个新海绵动物。即使把海绵动物捣烂过筛,再混合起来,在良好的条件下,只需几天的时间就可重新组成小海绵动物的个体。若将两种海绵动物的细胞混合,不同物种的细胞能互相"识别",只有同种海绵的细胞才能结合发展成一个新海绵动物。有人认为,每个海绵动物均含有本物种特有的一类黏合物质,其主要成分是糖蛋白。它在细胞群被分离和形成聚集体时释放于水中,从而导致同物种细胞的结合,至于这类特有的黏合因子在一个完

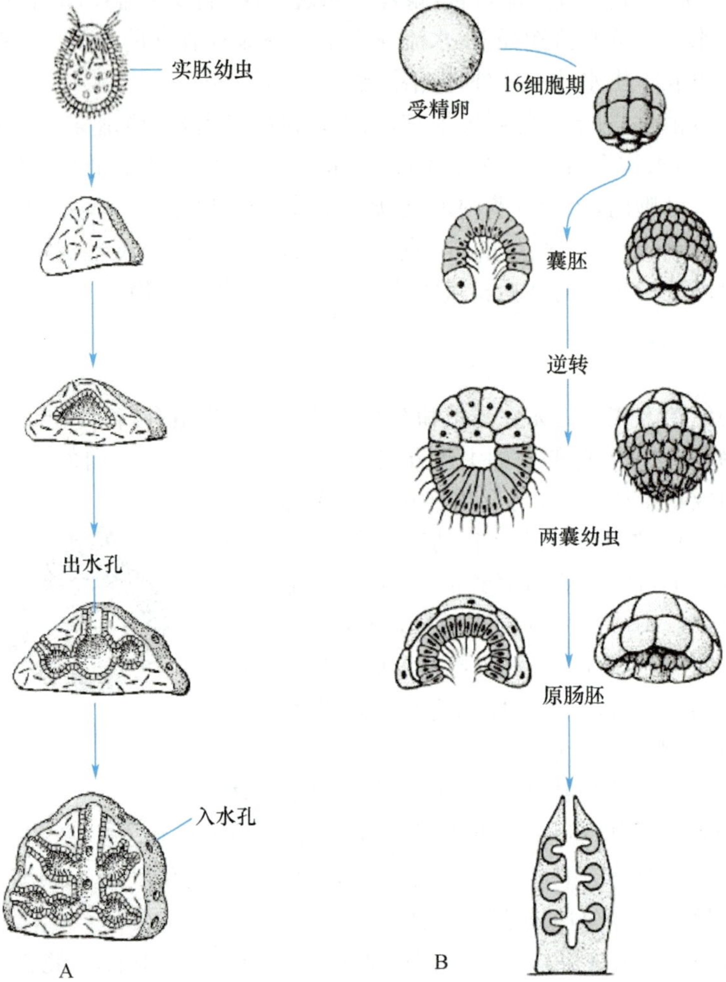

图 4-6 海绵动物的发育(Hickman et al.,2001)

A. 寻常海绵动物(复沟型)的发育;B. 双沟型海绵动物的发育

整的海绵体内是否也有功能尚不清楚。

第二节 多孔动物门的分类

海绵动物已知约有 1 万种,根据骨骼特点分为以下 3 个纲。

1)钙质海绵纲(Galcarea) 体形较小,骨针为钙质,水沟系简单,多分布于浅海(图 4-7),如白枝海绵、毛壶。

2)六放海绵纲(Hexactinellida) 体形较大,骨针硅质、六放形,复沟型水沟系,鞭毛室大,分布于深海,如偕老同穴(*Euplectella*)、拂子介(*Hyalonema*)。

3)寻常海绵纲(Demospongiae) 体形常较大、不规则,骨针硅质(非六放),海绵丝角质,复沟型水沟系,鞭毛室小,海水或淡水中皆有分布(图 4-8),如浴海绵、穿贝海绵(*Clionia*)、南瓜海绵(*Tethya*)。

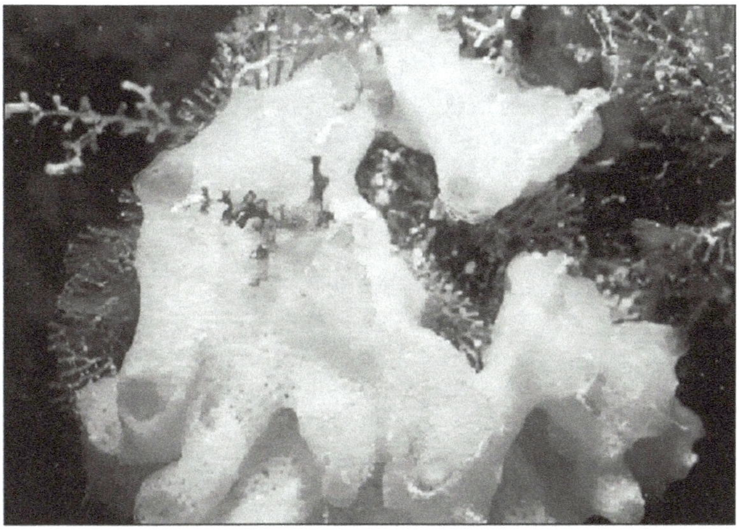

图 4-7 钙质海绵（*Clathrina canariensis*）
（Hickman et al.，2001）

图 4-8 寻常海绵
（*Aplysina fistularis*）
（Hickman et al.，2001）

第三节 多孔动物门的起源与进化

海绵动物是最原始、最低等的多细胞动物。古生物学证据表明，至少从寒武纪早期主要类型的海绵动物就已存在，而六放海绵很可能是最古老的海绵动物。海绵动物的体型多无对称形式；无明确的组织分化，行细胞内消化，无神经系统，只有生殖细胞的形成而无生殖系统。但海绵动物保存了与原生动物领鞭毛虫相同的领细胞，而且具有骨针、水沟系等特殊结构，胚胎发育过程中有胚层逆转现象。因此，传统的观点认为海绵动物是由原始的领鞭毛虫群体进化而来。它们的发展道路与其他多细胞动物不同，是很早就从动物演化树上分化出来的一个侧支，因此又称侧生动物。目前，关于海绵动物的分类地位也存在不同的看法，有学者认为领细胞并不局限于海绵动物及领鞭毛虫，在棘皮动物的幼虫中也存在，并且具有单个鞭毛的细胞在腔肠动物及其他后生动物的精子中普遍存在。因此，海绵动物是进化中的侧枝还是主干，尚不能完全明确。

海绵动物的经济意义

海绵动物在工艺、医学和日常生活方面展现了广泛用途。在很多沿海地区海绵动物养殖业曾经十分发达，后因人造海绵业的发展而日趋衰落。随着科学技术的不断发展，人们不断发现海绵动物新的价值，十分令人兴奋的是近年来人们发现硅质海绵动物骨针的独特结构和良好光纤特性，从而开辟了利用纳米生物技术进行仿生合成的广泛研究领域。科学家还发现海绵动物体内的毒素可以用来制药，在海绵中提取出了抗菌、抗病毒和抗肿瘤的活性成分。海绵动物还具有降解海水污染物的能力，展示了在海洋污染方面的应用价值。有些淡水海绵动物要求一定的物理化学生活条件，因此可作为水环境的指示动物。但是淡水海绵动物大量繁殖可以堵塞水道，有些海产种类会危害牡蛎养殖，这些对人是不利的。由于海绵动物的细胞在多细胞动物中分化程度最低，常被作为细胞和发育生物学的研究材料。

思考题

1. 海绵动物有何主要特征？为何说海绵动物是最原始、最低等的多细胞动物？
2. 简述海绵动物水沟系统的结构与功能。
3. 为什么说海绵动物是动物进化中的一个侧支？
4. 海绵动物分为哪几个纲？各有什么特点？

第五章　刺胞动物门

刺胞动物门(Cnidaria)是第一类真正的后生动物，所有的后生动物都是经过这类动物发展起来的。它们是一类辐射对称，具有两胚层及消化循环腔的低等多细胞动物，水螅、水母、海蜇、海葵、珊瑚等均属刺胞动物。

第一节　刺胞动物门的主要特征

一、辐射对称

由于刺胞动物全是营固着或漂浮的水生生活，致使本门动物的体型一般为辐射对称，以适应水生生活。辐射对称，即从口面到反口面，通过中央的纵轴有许多个切面可将身体切成若干个相等的部分。动物体利用其辐射对称的器官从周围环境中摄取食物或感受刺激。在此基础上，许多刺胞动物中的高等种类，已将体型进一步发展为两辐射对称，如海葵等，即通过中轴，只有两个切面把身体分为相等的两半。这是介于辐射对称和两侧对称之间的一种对称形式。

二、两胚层

刺胞动物第一次出现了胚层的分化。构成体壁的内、外两层细胞分别来源于胚胎时期的内胚层和外胚层。在两胚层之间是由内、外胚层细胞分泌而成的中胶层。由于种类的差异，中胶层厚薄有别。

三、原始消化循环腔有口无肛门

消化循环腔是由内、外胚层细胞所围成的体内的腔，即胚胎发育中的原肠腔，具消化和循环的功能。在腔内消化后的食物颗粒，经循环流动，与内胚层细胞接触，并被某些内胚层细胞吞入，行细胞内消化，剩下的残渣仍由口排出体外。可见刺胞动物有细胞外消化和细胞内消化两种方式。这种消化腔又兼有循环的作用，能将消化后的营养物质输送到身体各部分，因此又称为消化循环腔(图 5-1)。

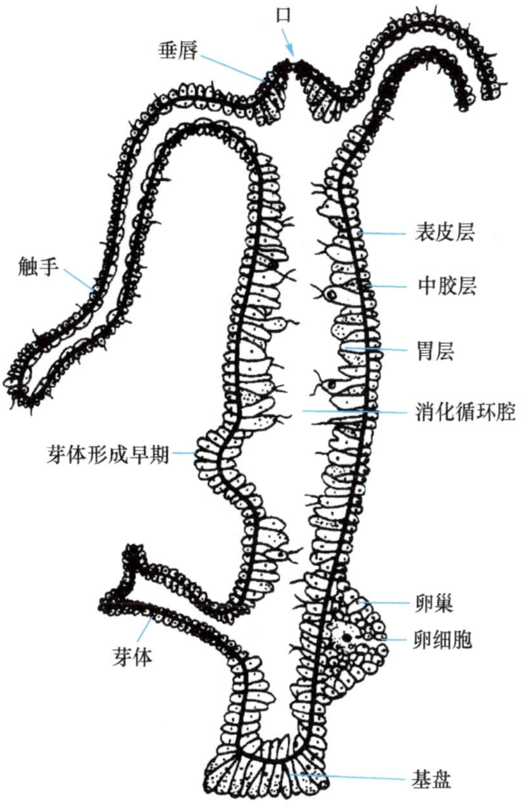

图 5-1　水螅纵剖图
(刘凌云和郑光美，2009)

口即胚胎发育中的原口，具有摄食和排遗的功能。

四、具细胞与组织的分化

从刺胞动物开始，不仅有细胞的分化，而且已分化出简单的组织，上皮组织占优势。就构成体壁的上皮肌肉组织而言，其上皮细胞内含有肌原纤维，兼有上皮和肌肉的功能。这类细胞既有上皮成分，又有肌肉成分，故又称为上皮肌肉细胞（简称皮肌细胞）。这充分说明了刺胞动物组织的原始性（图 5-2）。

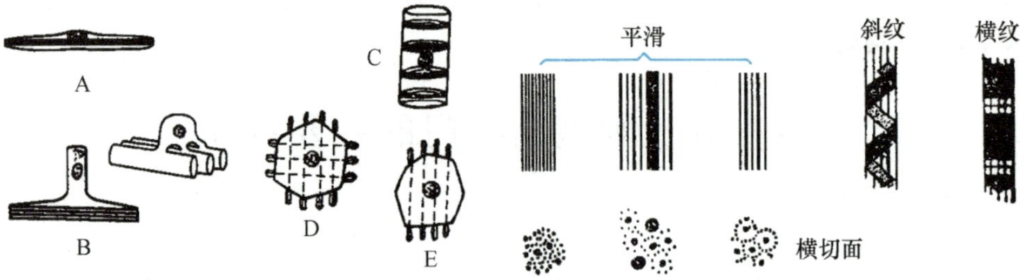

图 5-2　皮肌细胞的类型（刘凌云和郑光美，2009）

左：A. 上皮成分不发达肌原纤维沿细胞长轴分布；B. 上皮细胞基部伸出一或几个突起，突起中有肌原纤维；C. 上皮成分发达呈圆柱状，周围有一系列平滑肌环；D、E. 上皮成分不发达，呈扁平状肌原纤维单向排列（E），或两排肌原纤维呈垂直排列（D）。右：肌原纤维类型及横切面，示每一肌原纤维由粗丝和细丝相间排列的方式

五、原始神经系统——网状神经

刺胞动物的神经系统是最简单、最原始的神经系统，由两极或多极的神经细胞（神经元）组成。这些细胞上相似的突起相互连接成一个疏松的网，故称为神经网。但由于种类不同，其结构也有差异。由于刺胞动物无神经中枢，神经传导的速度很慢，且无一定方向性，说明刺胞动物神经系统的原始性（图 5-3）。

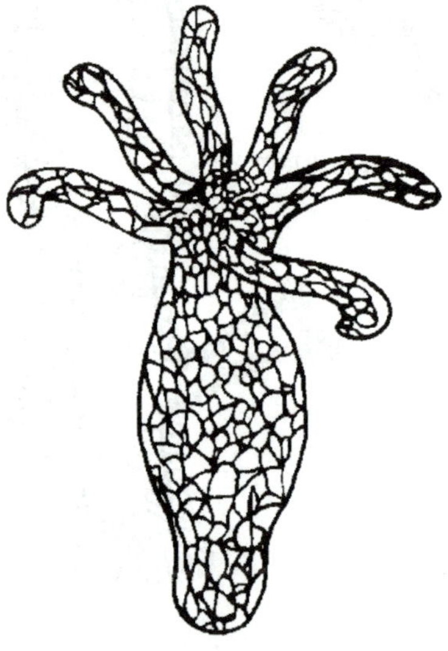

图 5-3　水螅的神经系统
（江静波，1995）

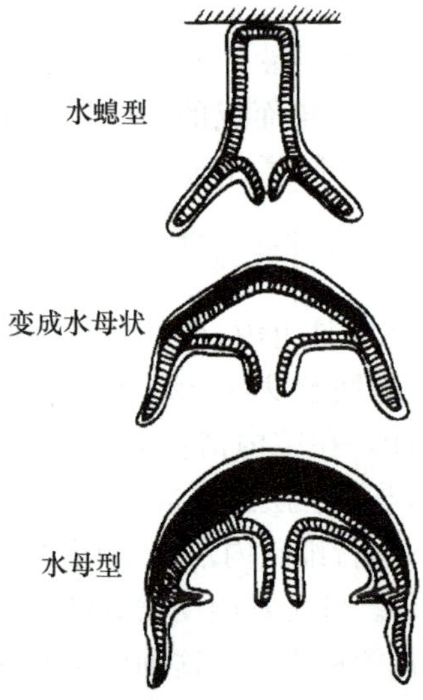

图 5-4　水螅型和水母型比较
（刘凌云和郑光美，1997）

六、生活史

刺胞动物生活史中有两种基本体型，即水螅型和水母型（图 5-4，表 5-1）。水螅型呈圆筒状，口具垂唇，固着生活，可形成群体。水母型呈圆盘状，口无垂唇，漂浮生活，不形成群体。

水螅型行出芽生殖，是无性世代。水母型多为雌雄异体，行异配生殖，是有性世代。在一些种类中有明显的世代交替现象[如薮枝螅(*Obelia*)]。许多海产种类在个体发育过程中有浮浪幼虫阶段。

表 5-1　水螅型和水母型的比较

	水螅型	水母型
体形	圆筒形	圆盘状
生活方式	固着生活，多群体	浮游生活，不成群体
中胶层	薄，大多无细胞	厚，有少数细胞和纤维
口部	有垂唇	无垂唇
神经	不发达	较复杂
骨骼	有些具石灰质骨骼	无
水管	无	有

第二节　刺胞动物门的分类

刺胞动物现存约 11 000 种，大部分生活于海洋，少数生活在淡水环境。据形态特点和世代交替现象，分为 3 个纲：水螅纲、钵水母纲和珊瑚纲。

一、水螅纲(Hydrozoa)

（一）一般特征

水螅纲的一般特征如下。

（1）本纲动物绝大多数为海产，少数生活在淡水中。

（2）单体或群体，一般是小型的水螅型或水母型。

（3）水螅体结构简单，只有简单的消化循环腔。

（4）水母体具缘膜，触手基部有平衡囊，性细胞由外胚层产生。

（5）生活史中大多有水螅型和水母型，即有世代交替现象，如薮枝螅。但少数种类不形成世代交替。例如，水螅(*Hydra*)只有水螅型而无水母型；钩手水母(*Gonionemus*)和桃花水母(*Craspedacusta*)，只有水母型而无水螅型；僧帽水母(*Physalia*)，形成多态群体。

（二）形态结构

单体类型以水螅为例，群体类型以薮枝螅为例，分别概述如下。

1. 水螅

水螅生活在溪水中，在水流缓慢水草丰富的清水中常可以采到，它常固着在水草或其他物体上，以水蚤或剑水蚤及小型蠕虫等为食。水螅分布较广，容易采集与培养，且便于观察，因此常作为实验材料，通过它了解这类动物的基本结构。

水螅体呈圆筒形，长 0.5～1cm。一端固着于水草或其他物体上，称为基盘；另一端为圆锥形，称为垂唇。垂唇中央有口，在口周围有细长而中空的触手，一般 6～10 条，呈辐射状排列。触手上有发达的刺细胞，能杀死活的生物体。触手的主要功能为捕食、防御（图 5-1）。有时在体壁上可见一个或数个芽体，行无性生殖。有性生殖时还可见到精巢或卵巢，精巢多在圆柱体上段，呈圆锥形；卵巢多在圆柱体下段近基部处，呈卵圆形。水螅无骨骼，这便于将身体与触手伸展得很长，可向任何方向弯曲和摆动，遇到刺激时又可把全身收缩成一小团。这是水螅最显著的特征之一。

1）体壁　水螅体壁由内、外两胚层和中胶层构成。

（1）外胚层。外胚层已分化出外皮肌细胞、感觉细胞、神经细胞、间细胞、腺细胞和刺细胞等（图 5-5）。外皮肌细胞数量多，排列紧密，其细胞基部伸出与身体长轴平行的肌原纤维，收缩时可使身体变粗变短。感觉细胞分散在皮肌细胞之间，尤其在口的周围、触手及基盘上最多，端部有感觉毛，基部与神经纤维相通，接受刺激后，传递给神经。神经细胞位于外胚层细胞基部，靠近中胶层。神经细胞的突起连接成神经网，传导刺激向四周扩散，因此当其身体的一部分受较强的刺激时，全身都发生收缩反应，以避开有害刺激。刺细胞是刺胞动物所特有的细

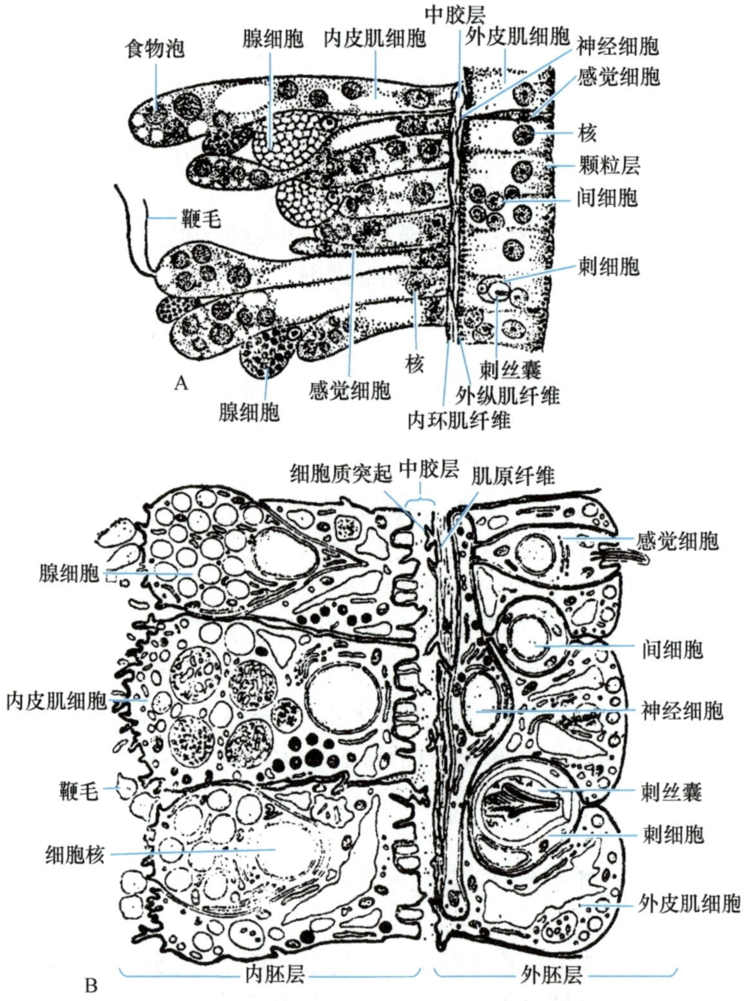

图 5-5　水螅体壁显微及亚显微结构（刘凌云和郑光美，2009）

A. 显微结构（横切面一部分）；B. 亚显微结构（纵切面一部分）

胞，遍布于体表，尤以触手为多。每个刺细胞内有位于一侧的核，并有囊状的刺丝囊，囊内储有毒液及一盘曲的管状刺丝。水螅有 4 种刺丝囊：穿刺刺丝囊、卷缠刺丝囊和两种黏性刺丝囊。当受刺激时，盘曲的刺丝可以从囊中翻转或射出，将毒素射入捕获物或将被捕物缠绕、黏住（图 5-6）。间细胞主要在外胚层细胞之间，成堆排列，大小与皮肌细胞的核差不多，是一层没有分化的胚胎性细胞，可以分化成刺细胞和生殖细胞等。腺细胞多分布于口周围和基盘处，能分泌黏液，以润滑食物或黏附于他物上。

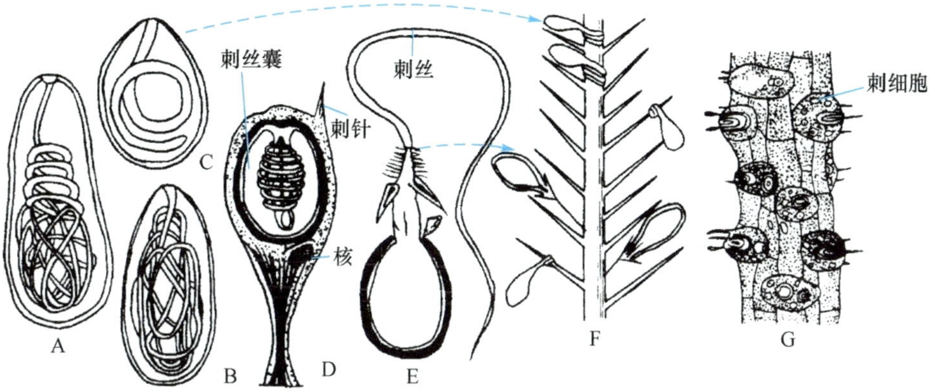

图 5-6 水螅的刺细胞（A～F：刘凌云和郑光美，2009；G：江静波，1995）

A、B. 黏性刺丝囊；C. 卷缠刺丝囊；D. 刺细胞（内含穿刺刺丝囊）；E. 穿刺刺丝囊的刺丝向外翻出；F. 翻出的卷缠刺丝囊在甲壳动物的刺毛上；G. 触手的一段，示其上的刺细胞

（2）中胶层。中胶层薄而透明，为内、外胚层细胞分泌的胶状物质，起着连接内、外胚层和支持身体的作用。

（3）内胚层。内胚层包括内皮肌细胞、腺细胞和少数感觉细胞与间细胞（图 5-5）。在内胚层细胞的基部也有分散的神经细胞，但未连接成网。内皮肌细胞比外皮肌细胞长而大，在细胞顶端通常有 2 条鞭毛（1～5 条），能激动水流，可使消化循环腔内经胞外消化的食物颗粒流向内皮肌细胞，再经内皮肌细胞伸出伪足吞噬，进行胞内消化。其基部有肌原纤维，沿着体轴和触手之中心呈环状排列，收缩时可使身体或触手变细。因此，内皮肌细胞兼有营养和收缩的机能，又称营养肌肉细胞。

2）营养及消化　水螅以各种小甲壳动物（如水溞、剑水蚤等）、小昆虫的幼虫和小环节动物等为食，利用触手的刺细胞捕猎食物。捕食时，先放出刺丝射入小动物体内，使之麻痹或杀死，刺丝和带黏液的触手就紧紧抓住它，再送到口部。由于捕获物受刺丝的损伤放出谷胱甘肽，在该物质的刺激下水螅口张开，食物进入消化循环腔。在腺细胞分泌的消化酶的作用下，食物于腔内进行细胞外消化，分解为食物颗粒；然后由内皮肌细胞伸出伪足将其包裹，行细胞内消化，剩下的食物残渣仍由口排出体外。食物大部分在细胞内消化，消化后的食物可储存在内胚层细胞或扩散到其他细胞。

3）呼吸与排泄　水螅没有专门的呼吸与排泄器官，由各细胞吸氧、排出二氧化碳和代谢废物。

4）生殖与发育　水螅的生殖方式分无性生殖和有性生殖。其无性生殖为出芽生殖。当外界条件适宜、食物充足时，螅体下部体壁外突形成芽体，待芽体渐渐长大，游离端生出触手和口，基部缢断，脱离母体，独立生活。有性生殖为精卵结合。水螅多为雌雄异体，少数为雌雄同体。生殖腺由外胚层的间细胞分化而成。精巢位于触手下方，圆锥形；卵巢位于螅体中下部，呈卵圆形。卵发育成熟时，卵巢破裂，使卵裸露(一般只有一个卵)。精巢内有很多精子，精子成熟后，逸出精巢，游近卵子与之受精。受精卵经完全卵裂，以分层法形成实心原肠胚，其外胚层分泌一壳，保护胚胎，然后从母体脱出，落入水底，度过严冬或干旱等不良环境，待翌春条件适宜时，外壳破裂，胚胎逸出，发育成小水螅(图 5-7)。

水螅有很强的再生能力，当它被切为若干段时，每段均可长出一个新个体。如果经口纵切，也可长成双头水螅(图 5-8)。

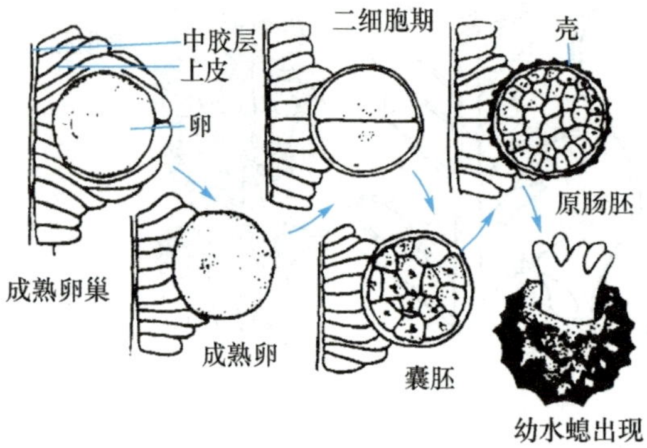

图 5-7 水螅发育各时期示意图(刘凌云和郑光美，2009)

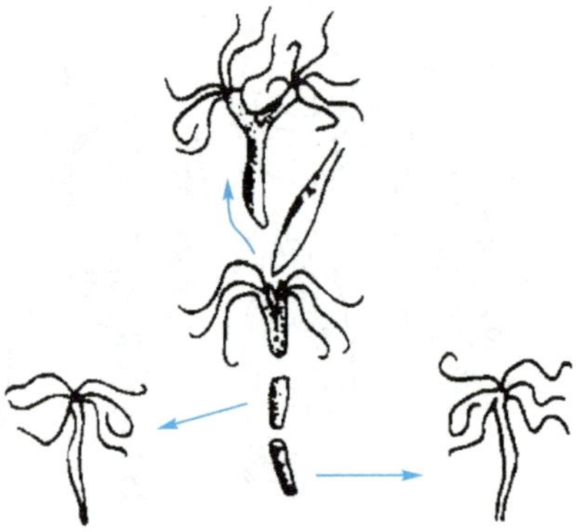

图 5-8 水螅的再生(刘凌云和郑光美，2009)

2. 薮枝螅

薮枝螅为小型群体种类，生活于浅海的岩石、海藻等物体上，具水母型和水螅型，并进行交替生殖。

(1)水螅型(无性世代)。水螅型为树枝状水螅型群体(图 5-9)，生活于浅海，营固着生活。群体基部的结构很像树根，称螅根。由螅根生出许多直立的茎，称螅茎。螅茎上分出两种个体——水螅体(有口、触手)和生殖体(无口、无触手)，构成多态现象。两种个体间相互连接的体壁称共肉，管状。水螅体和生殖体的体壁结构和水螅的相同，整个群体的消化循环腔相通，体壁外包围着由外胚层分泌的一层透明角质层，称围鞘，具保护和支持的作用。水螅体主要管营养，其结构与水螅基本相同，有口及触手，触手为实心的(水螅的触手为中空的)，垂唇较水螅的长大。其外透明的杯形鞘，称螅鞘。生殖体行无性生殖，呈圆筒形，无口和触手，只有一中空的轴，称子茎，外包一透明的瓶状壳，称生殖鞘。子茎能以出芽法生出圆盘状水母芽。水母芽成熟后脱离子茎，由生殖鞘顶端开口逸出，于水中浮游，以后发育成水母体。群体中任一水螅体捕食消化后，可通过消化循环腔输送给其他部分或其他个体。

(2)水母型(有性世代)。水螅型水母体微小，1～2mm，伞状，边缘有许多触手，并有 8 个平衡囊，司平衡。伞下中央悬挂一短垂唇，中间为口，口通入胃(消化循环腔)，再由胃伸出 4 条辐管，辐管与伞缘环管相通。由口、胃、辐管和环管构成了水母的消化循环系。水螅水母特征之一是在伞下面边缘有一圈薄膜，称缘膜，而薮枝螅的水母缘膜退化。水母体为雌雄异体，生殖腺 4 个，由外胚层形成，悬附于口面 4 条辐管的上方。精、卵成熟后，排出体外，于水中受精。受精卵发育成两胚层具纤毛的浮浪幼虫，其在水中游动一段时间后，固着于水底，以出芽方式长成群体。总之，薮枝螅的水螅型群体，以无性方法产生单体的水母型，而水母型又以有性生殖的方法生出水螅型群体，通过这种无性与有性的世代交替，完成其整个的生活周期。

本纲中的其他种类也多有世代交替现象。由于种类差异，世代出现情况也不相同。水螅

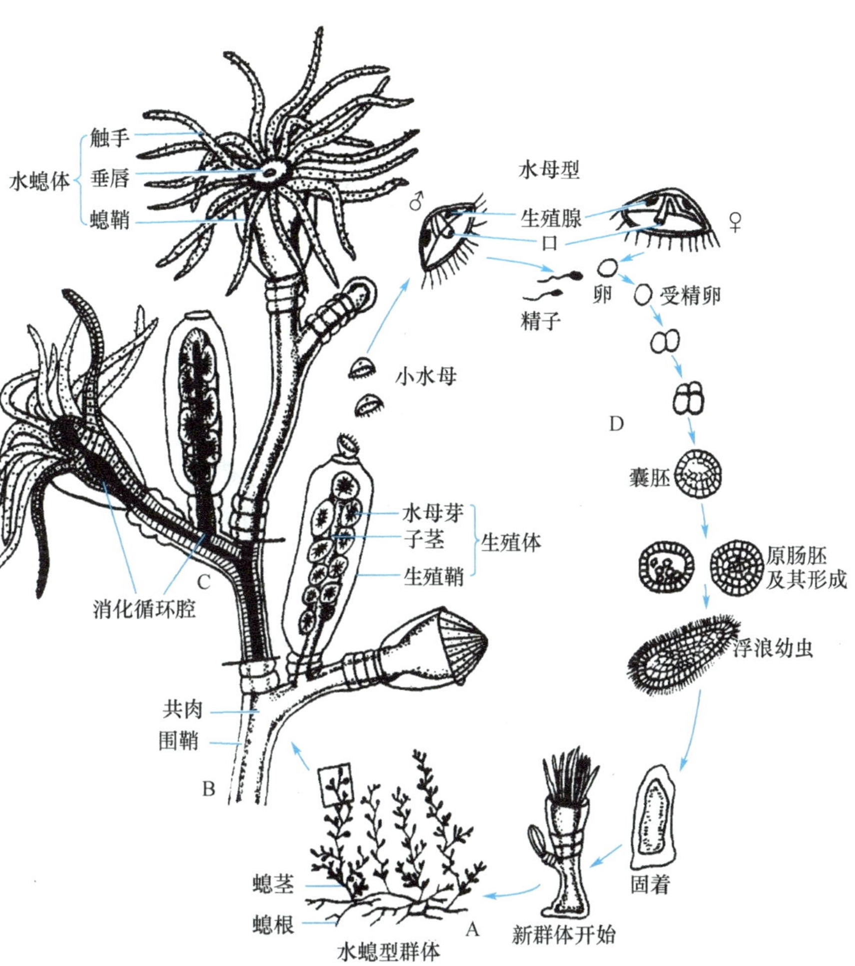

图 5-9 薮枝螅及其生活史(刘凌云和郑光美,2009)

A. 群体；B. 群体部分放大；C. 部分剖面观；D. 生活史

纲常见的代表动物见图 5-10。

珊瑚礁

珊瑚礁是海洋中由造礁珊瑚的石灰质遗骸和石灰质藻类堆积而成的一种礁石，是一种热带浅水海洋生态系统。珊瑚礁的动植物种类特别丰富，具有很高的生产力，每年每平方厘米的粗生产量为 300～5000g。常见的植物有各种马尾藻类、海绵藻、喇叭藻、团扇藻、网球藻、香蕉藻、法囊藻、伞藻、江蓠 、乳节藻、沙菜、凤尾藻、仙掌藻及麒麟菜等热带性藻类。动物有蝴蝶鱼、隆头鱼、雀鲷、刺尾鱼、鹦嘴鱼等，还有海蛇。海洋无脊椎动物的各个门类几乎都有代表生活在这里。珊瑚礁的分布范围很窄，只见于 20°N～25°S，中国位于珊瑚礁分布的北限。根据形态可将珊瑚礁分为岸礁、堡礁和环礁。海南岛南部和台湾南部均属岸礁类型，南海诸岛为环礁。造礁石珊瑚及一些壳状石灰藻是珊瑚的主要营造者。

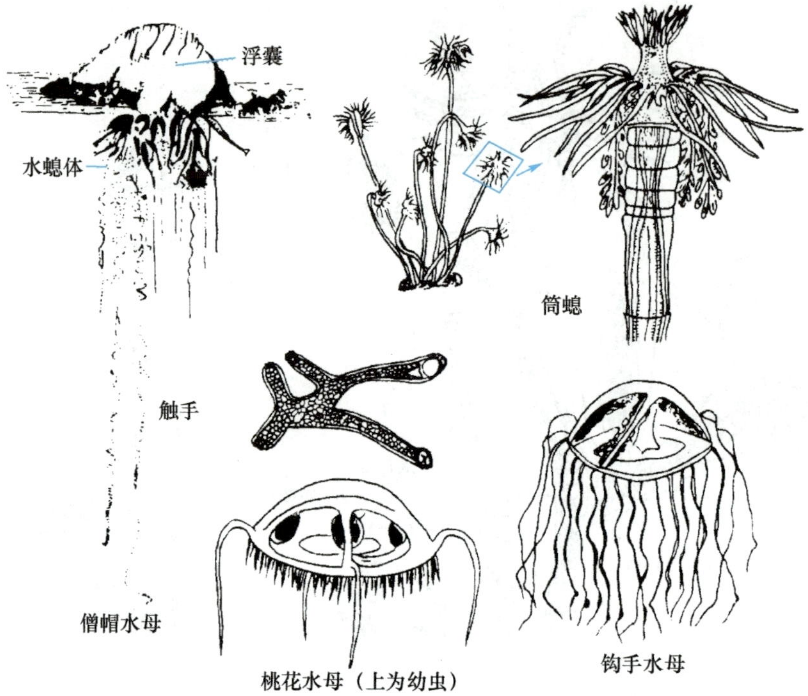

图 5-10 水螅纲常见的代表动物(刘凌云和郑光美,2009)

二、钵水母纲(Scyphozoa)

钵水母纲(Scyphozoa)动物全部为海产,是刺胞动物中的大型种类。常见的有海月水母、海蜇、霞水母等。

(一)一般特征

钵水母纲的一般特征如下。

(1)钵水母类的生活史中虽有世代交替,但水螅型退化或无,而水母型十分发达。

(2)水母型结构复杂,具触手囊,但无缘膜。

(3)内、外胚层中均有刺细胞。

(4)生殖腺来源于内胚层。

(二)形态构造

现以海月水母为例加以说明(图 5-11)。海月水母在我国山东沿海皆有分布,营漂浮生活。伞无色透明,呈圆盘状,直径 10～30cm,身体 98%是水。伞缘有无数细丝状触手,并有间隔均匀的 8 个缺刻,每个缺刻中有一个感觉器,又称触手囊,囊内有司平衡、嗅觉、感光及感觉位置变化的器官。伞下中央有呈四角形的口,由口角伸出 4 条口腕。口通入胃腔,胃腔位于体中央,向四方扩大形成 4 个胃囊,由胃囊上或胃囊间伸出分支或不分支的辐管,它们均与伞缘的环管相通。水流经口进入胃腔,再经一定的辐管进入环管,然后再经辐管流回胃腔,最后由口流出。在胃囊底部边缘,有 4 个马蹄形生殖腺,粉红色,由内胚层产生;在生殖腺内侧,有很多丝状结构称胃丝,也由内胚层产生,能杀死进入胃腔的猎物。经消化后由辐管送到全身各部,再为内胚层细胞所吞噬,进行细胞内消化,其残渣仍由口排出体外。胃丝也起着保护生殖腺的作用。

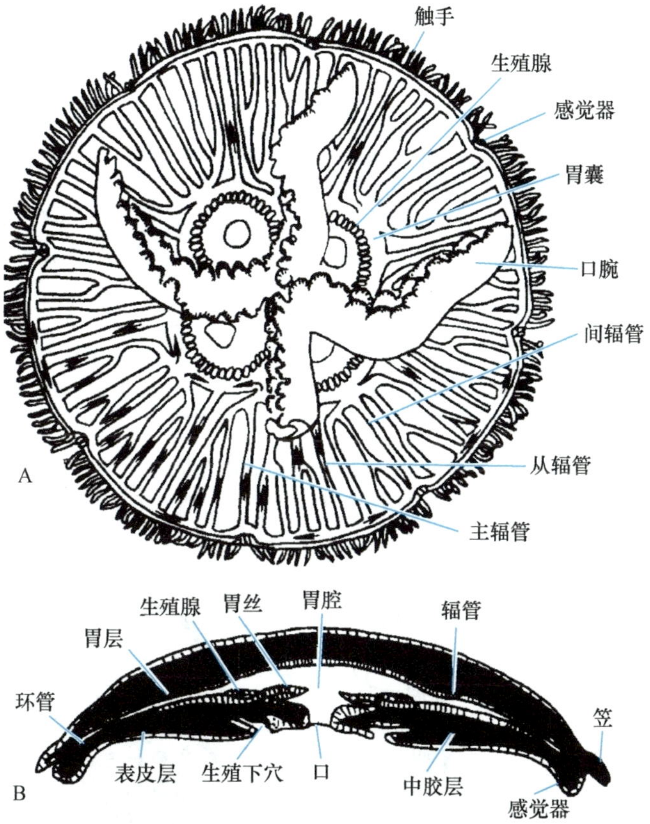

图 5-11　海月水母(刘凌云和郑光美,2009)

A. 口面观;B. 剖面观

(三)生殖与发育

海月水母为雌雄异体(图 5-12)。精、卵成熟后,精子随水流进入雌体内受精(或在海水中),受精卵发育为浮浪幼虫,在海水中游泳,四五天后,附着于海藻或其他物体上,发育成螅状幼体(水螅型),螅状幼体生有口和触手,独立生活。经过一段时间后,螅状幼体开始进行横裂生殖,其处于不同分裂状态的个体分别称为钵口幼体和横裂体,最后横裂体顶端依次脱离母体,漂浮在水中,称碟状体。由碟状体发育成水母体。因此可见,钵水母的生活史虽有世代交替,但水母型发达而水螅型退化成了幼体。也有的钵水母无世代交替,只有水母型。

上述两纲中,水螅纲的水母体称为水螅水母,钵水母纲的水母体称为钵水母。

钵水母与水螅水母的显著不同点在于以下 4 点。

(1)钵水母一般形体较大,而水螅水母小。

(2)钵水母无缘膜而水螅水母有。钵水母感觉器官为触手囊,水螅水母为平衡囊。

(3)钵水母结构复杂,胃囊内有胃丝,水螅水母无。

(4)钵水母生殖腺产生于内胚层,水螅水母生殖腺来源于外胚层。

钵水母类在刺胞动物中是经济价值较高的一类动物。例如,海蜇富含胶质和维生素 B,伞

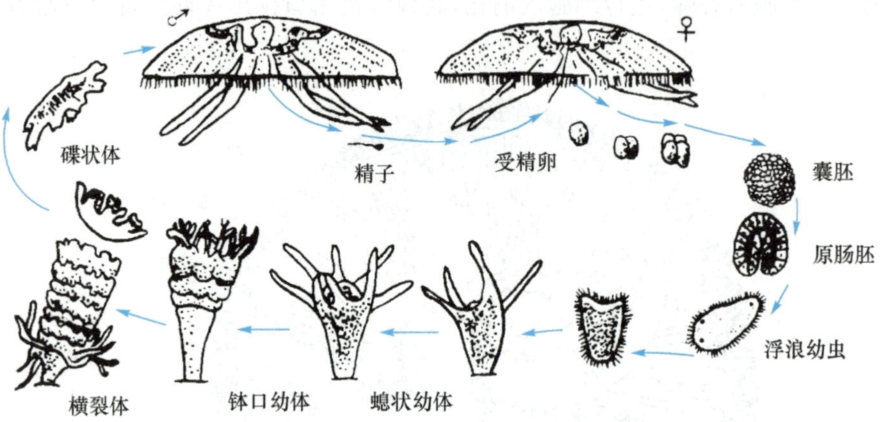

图 5-12 海月水母生活史(刘凌云和郑光美,2009)

部可制成蜇皮,腕部可制成蜇头,脱水后为名贵食品。海蜇的结构与海月水母基本相同,但中胶层特厚,含大量水分和胶质物。海蜇的伞部隆起成馒头状,直径可达 50cm。伞的边缘无触手,口腕愈合,大型口消失,代之以口腕上众多小的吸口。海蜇的生活史有世代交替现象,同海月水母一样,水母型发达,而水螅型则退化为幼虫(图 5-13)。

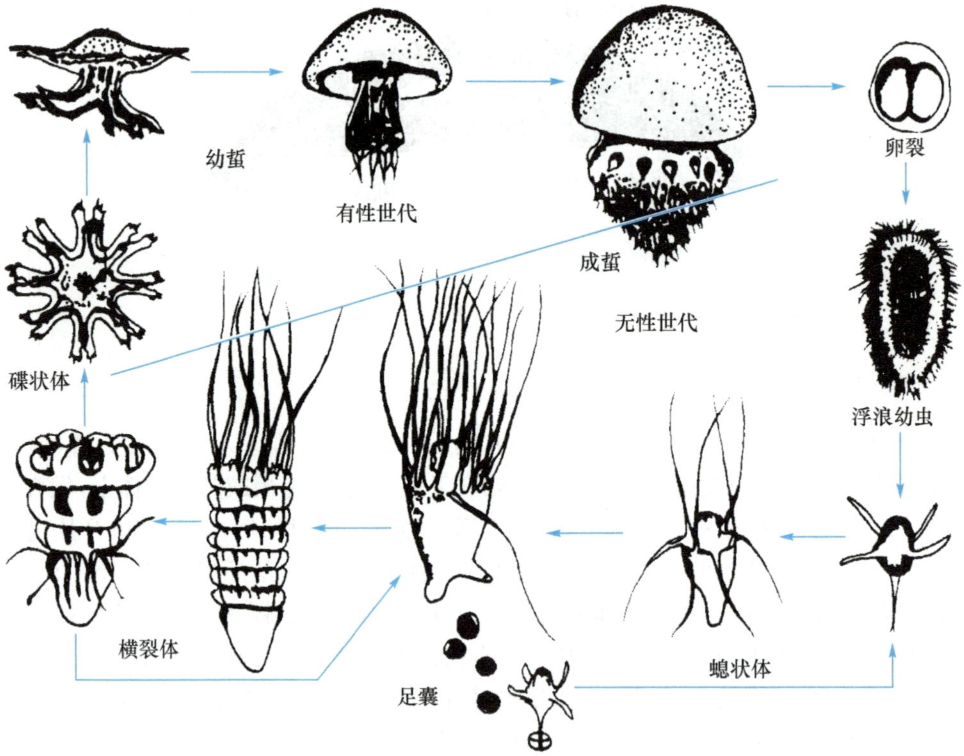

图 5-13 海蜇及其生活史(刘凌云和郑光美,2009)

海 蜇

海蜇,早在5亿多年前就漂浮在海洋里,是一种极古老的刺胞动物,营养价值较高,富有蛋白质、糖、维生素及钙、磷、铁等,经加工处理,其伞可制成蜇皮,口腕称蜇头,均可食用。海蜇的脉冲喷射运动及水母在演化过程中形成预测风暴的报警结构,是预报风暴最早、最准确的"顺风耳"。因为它的"耳朵"(细柄上的小球)中有小小的听石,风暴产生时发出的次声波(由空气和波浪摩擦而产生,频率为8~13Hz,传播比风暴、波浪的速度快)冲击小小听石"球"壁的神经感受器,于是海蜇就隐约听到了即将来临的风暴的隆隆声,便警惕地离岸游向大海避灾。

人们模拟海蜇感受次声波的器官,成功制造出了精确的"水母耳"仪器。它由喇叭、接受次声波的共振器和把这种振动转变为电脉冲的转换器及指示器组成。将这种仪器安装在船的前甲板上,喇叭做360°旋转。当它接收到8~13Hz的次声波时,旋转自动停止,喇叭所指示的方向,就是风暴将要来临的方向。指示器还可以告诉人们风暴的强度。这种仪器,可提前15h左右预报风暴。

动物试验证实,海蜇毒素对哺乳动物的心传导系统,对甲壳动物的心脏均有损害作用,并可致鼠类小肠平滑肌收缩。研究发现,海蜇毒素为四氨络物、5-羟色胺及多肽类物质,有较强的组织胺反应。其扩张血管及增强毛细血管通透性作用较5-羟色胺分别大10及15倍,还可使平滑肌收缩或发生超敏反应,导致严重的肺水肿及过敏性休克。人被海蜇蜇伤后因毒性大小和毒素多少及个体敏感程度不同而症状各异。

三、珊瑚纲(Anthozoa)

珊瑚纲(Anthozoa)动物全部为海产,多生活于暖海及浅海海底。常见有海葵和珊瑚虫等,构成"海底花园"的主要为珊瑚虫。

(一)一般特征

珊瑚纲一般特征如下。

(1)单体或群体,单体无骨骼,群体分泌外骨骼形成珊瑚。

(2)身体为两辐射对称。

(3)身体结构复杂,有口道,有的种类口道两侧各有一纤毛沟;消化循环腔内有隔膜。

(4)内、外胚层中都有刺细胞。

(5)生殖腺来源于内胚层。

(6)珊瑚类的生活史中无世代交替现象,完全为水螅型,没有水母型,且水螅体的构造比水螅纲的螅体复杂。

(二)形态构造

以海葵为例进行讲述。海葵为海滨常见的珊瑚虫种类,无骨骼,体呈圆柱形(图5-14)。一端附于海边岩石及其他物体上,该端称为基盘。另一端称口盘,口盘中央有裂缝形的口,口周围有几圈触手,触手上有刺细胞,可捕食小动物。捕捉的食物经口进入口道,口道壁是由口部外胚层细胞折入形成的(此为进化现象)。口道的两侧各有一纤毛沟(口道沟),沟内壁着生纤毛。当海葵收缩成一团时,水流仍可由纤毛沟流入消化循环腔。

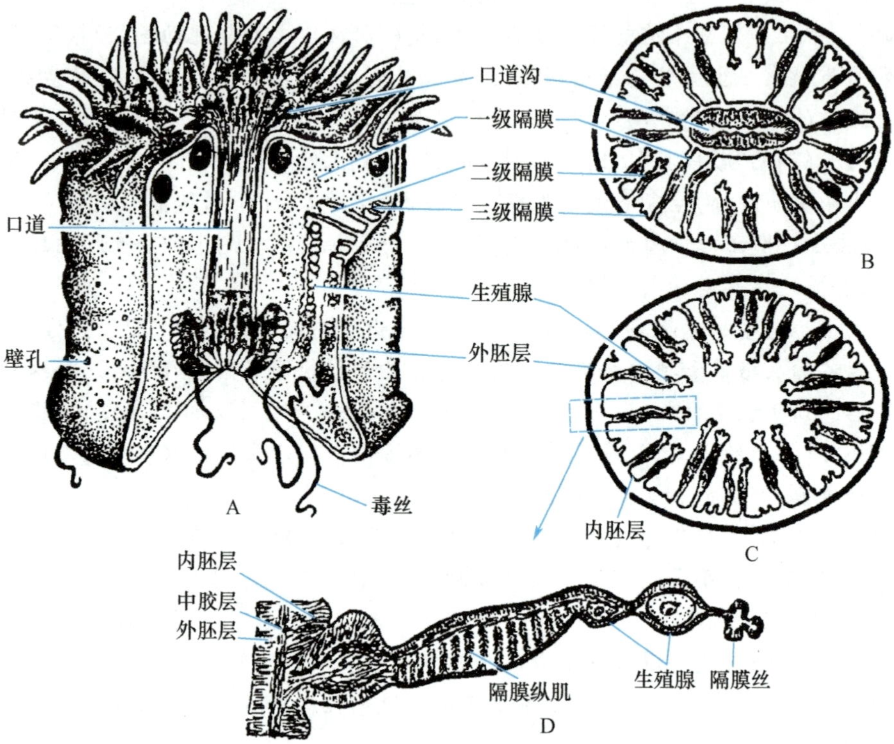

图 5-14 海葵的结构(A~C:刘凌云和郑光美,1997;D:仿江静波,1995)
A. 部分体壁纵横切;B. 过口道横切;C. 过消化循环腔横切;D. 隔膜放大

消化循环腔结构复杂。体壁内胚层向消化循环腔延伸,形成许多宽窄不一的隔膜,起支持和增加消化表面积的作用。根据隔膜的宽度分为一、二、三级,只有一级隔膜与口道相连。隔膜的游离边缘有隔膜丝,丝上含有丰富的刺细胞和腺细胞,能杀死摄入消化循环腔的猎物,并由腺细胞分泌消化液,行胞外消化,之后再行胞内消化。隔膜丝沿隔膜边缘下行,直达消化循环腔底部,有的在底部形成一端游离的毒丝,毒丝可由口或壁孔射出,起防御和进攻的作用。在隔膜上接近隔膜丝的部分长有生殖腺,由内胚层形成。在较大的隔膜上都有一纵肌肉带,称为肌旗。隔膜与肌旗的排列是分类的依据之一。

(三)生殖与发育

海葵雌雄异体。无性生殖为纵裂或出芽。有性生殖时,精子成熟由口流出,进入另一雌体内受精(或在海水中),在母体内发育为浮浪幼虫,然后经口排出,游动一时期后,固着下来发育成新个体(也有的种类不经浮浪幼虫阶段直接发育成海葵后脱离母体)。海葵终生为单体水螅型,生活中无水母型。

珊瑚纲螅型体与水螅纲的螅型体不同之处在于以下两点。

(1)珊瑚纲的螅型体结构复杂,有口道、口道沟、隔膜和隔膜丝;水螅纲的螅型体结构简单,只有垂唇,无上述结构。

(2)珊瑚纲螅型体的生殖腺来源于内胚层;水螅纲的螅型体的生殖腺来源于外胚层。

珊瑚纲中多数种类为群体并有骨骼，即通常所说的珊瑚，由外胚层细胞分泌形成。珊瑚中骨骼的成分为石灰质或角质，群体的形状千姿百态，如在八放珊瑚亚纲（触手和隔膜各 8 个），由外胚层的细胞移入中胶层中成为造骨细胞，每个造骨细胞分泌一条石灰质的骨针或骨片。这些小骨针存于中胶层或突出体表，如海鳃、海鸡冠；有的小骨片互相连成管状骨骼，如笙珊瑚；还有的骨针或骨片愈合成中轴骨，如红珊瑚。在常见的六放珊瑚亚纲（触手和隔膜一般为 6 的倍数）中，石珊瑚类骨骼，主要由体壁的外胚层分泌而成，好像每一虫体都坐在石灰质座上，称为珊瑚座，如石芝。有的骨骼是由群体珊瑚虫共同分泌而形成，如鹿角珊瑚、脑珊瑚等（图 5-15，图 5-16）。

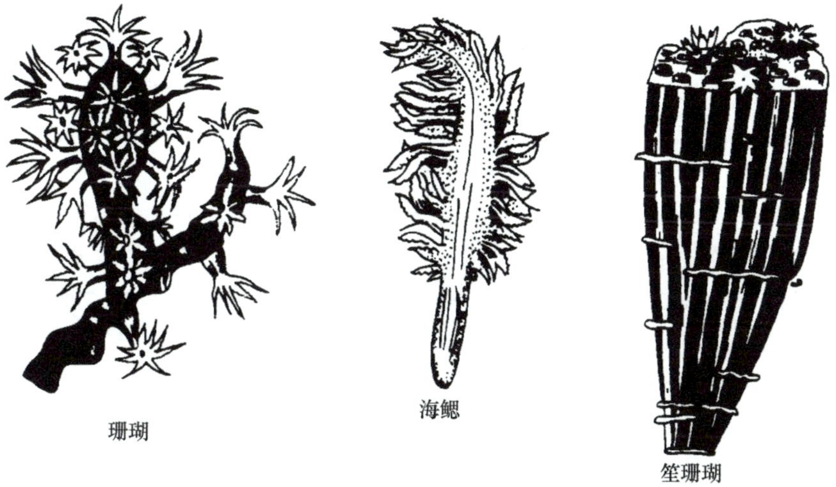

图 5-15 八放珊瑚类（刘凌云和郑光美，2009）

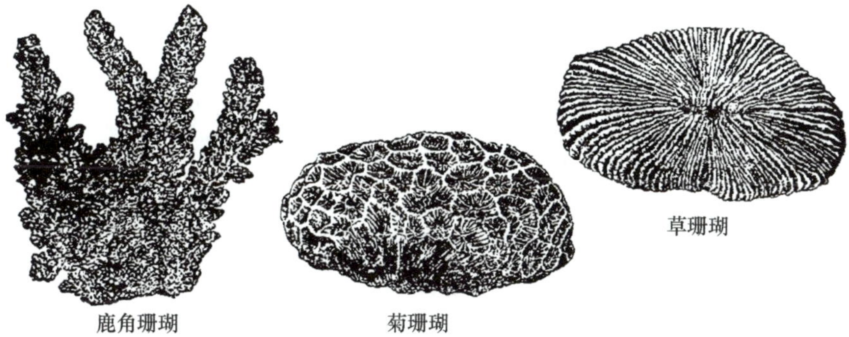

图 5-16 六放珊瑚类（刘凌云和郑光美，2009）

石珊瑚的骨骼是构成珊瑚礁和珊瑚岛的主要成分，此外石珊瑚还可用来盖房子、烧石灰、制水泥、铺路、制作装饰品等，这类珊瑚的用途很广。

第三节 刺胞动物门的起源与演化

刺胞动物是真正后生动物的开始。从刺胞动物的个体发育来看，一般海产种类都要经过浮浪幼虫阶段，由此可推想，刺胞动物的祖先，应是能自由游泳的、具纤毛的动物，其形状与浮浪幼虫相似，即梅契尼柯夫所设想的群体鞭毛虫类。这种原始群体鞭毛虫的表层细胞，内移后即形成原始两胚层动物，发展成刺胞动物。

现存的刺胞动物中，水螅纲最为原始，因为水螅纲动物没有口道，消化循环腔中没有隔膜，水螅型和水母型的构造都较简单，生殖腺来自外胚层。钵水母纲水螅型退化，水母发达，水母体结构比水螅水母复杂。珊瑚纲无水母型，只有水螅型，其结构比水螅纲水螅体复杂。后两纲动物的生殖腺都来自内胚层，因此可以认为，钵水母纲和珊瑚纲可能是水螅纲的动物沿不同方向进化的结果。钵水母纲是水母型的进一步复杂化，适应漂浮生活的结果。珊瑚纲则可能是原始的水螅型进化而水母型退化的结果。

刺胞动物的价值

个体较小的刺胞动物可作为鱼类食饵，与发展渔业有关。珊瑚骨骼（如红珊瑚）可做工艺品，造礁珊瑚可堆积成岛屿供人居住（如中国的西沙群岛、印度洋的马尔代夫群岛、南太平洋的斐济群岛），岛上的鸟粪可作肥料。古珊瑚和现代珊瑚可形成储油层，对开采石油有重要意义。在一定的温度和压力条件下，珊瑚可以转化为石油，珊瑚骨架之间的空隙为储存石油提供了良好的空间。当珊瑚礁块中聚集了一定数量的石油，而礁顶又有不渗透岩层将石油严密地盖住不使其逸散时，便可以形成具有工业开采价值的油田。生长在海边的珊瑚礁可作天然海堤，以防护海浪的冲击。石珊瑚类的骨骼，色泽鲜明，可加工成工艺珍品。石珊瑚还可造房铺路，作为建筑材料。

刺胞动物中有些种类可作药用。例如，羽螅的提取物对神经系统有明显的镇静作用；从僧帽水母、海月水母的刺丝囊分离的毒素对神经、肌肉、心血管都有较强的生理活性；海蜇的提取液可治疗原发性高血压病；从纵条矶海葵的体内提出了具神经毒和抗凝血成分，抗凝血作用是肝素的14倍；国外也报道从群体海葵等中提得的"polytion"是一种海生内毒素，系非多肽型的多聚羟类物质，有抗癌活性；我国从柳珊瑚中提出了前列腺素 A_2，具类似氯丙嗪的安定作用和阻断多巴胺的作用；从黄海葵的体中提出的海葵毒素的强心作用为目前医用强心甙的500倍。

有些浮游水母类可作为海流指示生物，对探索渔场位置有意义。

思考题

1. 刺胞动物门的主要特征有哪些？如何理解它在动物进化上的重要地位？
2. 试就水螅体壁的基本结构，掌握刺胞动物的组织分化、体壁结构等基本特征。
3. 刺胞动物分哪几个纲？试比较各纲的主要特征。
4. 了解刺胞动物的经济意义和系统发展。

第六章　扁形动物门

扁形动物门(Platyhelminthes)包括涡虫、华枝睾吸虫、日本血吸虫和猪带绦虫等，它们是不分体节、两侧对称、三胚层、无体腔且背腹扁平的动物，消化系统有口无肛门，排泄系统为原肾管，梯形神经系统，生殖系统发达，自由生活或寄生生活。

第一节　扁形动物门的主要特征

一、两侧对称(或称左右对称)

从扁形动物开始，动物获得了两侧对称(bilateral symmetry)的体制，即通过身体的中轴，仅有一个对称面，将身体分为左右相等的两部分，这种体制使动物体有了前后、左右、背腹之分。体制的分化与机能的分化密切相关，两侧对称动物的腹面具有运动和摄食的作用，背面具有保护作用，神经系统和感觉器官逐渐向前端集中，运动由不定向变为定向，这种高度的分化使动物体对外界环境的反应更加迅速和准确，行动也比较敏捷。两侧对称是动物由水中漂浮生活过渡到水底爬行生活的结果，而水底爬行生活又可进化到陆地爬行，因此两侧对称是动物由水生进化到陆生的基本条件之一。

二、中胚层的形成

从扁形动物开始在内、外胚层之间出现了中胚层，即三胚层动物。中胚层的产生，对动物体组织、器官、系统的高度发展具有重要的意义，它减轻了内、外胚层的负担。例如，表皮内的中胚层形成了肌肉层，增强了动物体的运动机能。两侧对称的体制，感觉器官的逐渐发展，使动物体更快和更有效地去摄取更多的食物，新陈代谢的水平也随之加强，并促使消化系统的发展和排泄系统的形成。中胚层的产生为各器官系统的进一步发展和分化提供了必要的条件。

另外，中胚层形成的实质组织有储藏水分和营养的功能，使动物体能耐受干旱和饥饿，还有保护内脏、输送营养物质和排泄物的作用，以及分裂、分化和再生器官的能力。中胚层的产生是动物由水生进化到陆生的基本条件之一。

三、皮肤肌肉囊

扁形动物有由外胚层形成的表皮细胞和中胚层形成的多层肌肉相互连接组成的体壁(body wall)。体壁包裹全身，具有保护和运动的机能，称为皮肤肌肉囊(dermo-muscular sac)(简称为皮肌囊)。体壁最外面具排列紧密的单层柱状细胞组成的表皮层，中间为非细胞结构具有弹性的基膜，里面是由环肌层、斜肌层和纵肌层组成的肌肉层。肌肉层中还有贯穿实质组织的背腹肌，连接身体的背腹面和维持扁平的体型。皮肌囊的结构因种类不同而有差异。

四、消化系统

扁形动物为不完全的消化系统，即有口无肛门。肠壁由一层内胚层形成的柱状上皮细胞紧密排列而成，肠道分支很多，延伸到身体的各部，直接把营养供应到全身各处。寄生生活的种类消化系统退化（吸虫纲）或消失（绦虫纲），靠体表吸收寄主的营养物质。

五、排泄系统

大多数种类具有原肾管系统，是由身体两侧的外胚层内陷形成的，由帽细胞、管细胞、排泄管（excretory canal）和排泄孔组成的具排泄功能的管状系统。排泄管分支末端具有帽细胞和管细胞构成的盲管状结构，帽细胞的鞭毛伸向管腔，鞭毛的不断摆动，使腔内产生负压，周围实质组织中多余的水分进入管腔，通过排泄孔排出体外。

许多实验证明，原肾管主要是排出体内多余的水分，调节渗透压，而含氮废物主要是通过体表排出。

六、神经系统和感觉器官

扁形动物出现了原始的中枢神经系统（central nervous system），由体前端的"脑"和由此向后发出的若干条纵神经索及各神经索之间相互连接的横神经组成，因形状呈阶梯状，故名梯形神经系统。

自由生活的类群有眼点、耳突和平衡囊等感觉器官，眼点由杯状色素细胞和视觉细胞组成，仅能感觉光线的明暗，不能成像。耳突主要感受味觉和嗅觉。寄生生活的类群感觉器官退化或消失。

七、生殖系统

大多数扁形动物为雌雄同体，生殖系统复杂多样。由于中胚层的出现，形成了产生雌雄性生殖细胞的固定生殖腺、一定的生殖导管（输卵管、输精管）和附属腺（卵黄腺、前列腺）等，同时出现了交配和体内受精现象，这也是动物由水生进化到陆生的一个重要条件。

第二节　扁形动物门的分类

扁形动物有 2 万多种，有的营自由生活，有的营寄生生活，根据它们形态特征和生活方式的不同，分为 3 个纲：涡虫纲、吸虫纲和绦虫纲。

一、涡虫纲(Turbellaria)

（一）代表动物——三角涡虫（*Dugesia*）

1. 生活环境

生活于淡水溪流阴凉处的石块下，以小型甲壳类、环虫、螺类和昆虫的幼虫为食，夜间活动频繁。

2. 外形

涡虫身体柔软（图 6-1），柳叶状，左右对称，背腹扁平，体长 10～15mm；头部两侧略宽，呈三角形，具有一对耳状突，头部背面有 2 个眼点；背面稍隆起，呈深浅不等的褐色；腹面较平坦，颜色浅，密生纤毛；近体后端 1/3 处腹面中央有口，口后有一生殖孔，无肛门。

3. 内部结构

1）皮肌囊　涡虫的体壁是由表皮和多层肌肉构成的皮肌囊包围身体（图 6-2）。表皮由外胚层的柱状上皮细胞组成，细胞间含有杆状体(rhabdites)，它是由实质组织内的一种特殊的成杆状体细胞分泌的，当虫体遇到刺激时，杆状体排出体外，遇水溶解成黏液，有毒性，有助于捕食或御敌。表皮细胞之间还有长管状的腺细胞(gland cell)，腺细胞开口在体表，能分泌黏液，有利于游泳和爬行。腹面的表皮细胞有纤毛，其他部位的纤毛退化，由于纤毛的摆动和肌肉的收缩，有利于涡虫的游泳和爬行。表皮下面为有弹性的基膜，基膜下面是肌肉层，共分为3层：外层是环肌，中层是斜肌，内层是纵肌。还有贯穿实质的背腹肌。

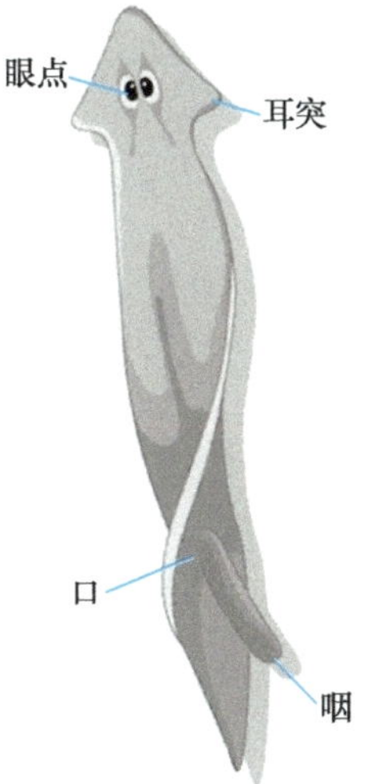

图 6-1 涡虫外形
(Hickman et al.,2001)

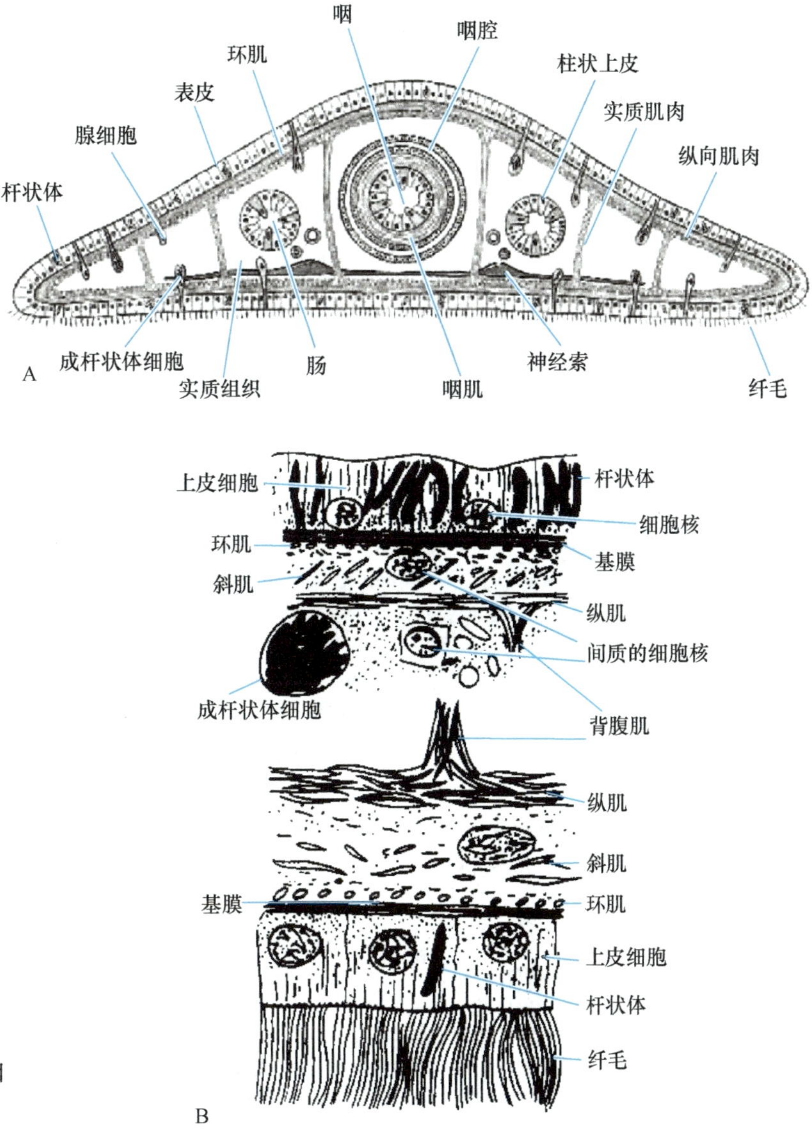

图 6-2 涡虫体壁(刘凌云和郑光美,2009)
A. 横切面;B. 部分体壁放大

体壁和内脏器官之间有由中胚层形成的实质组织，它是由合胞体构成的，可储存大量的营养物质和水分。

2)消化系统　消化系统包括口、咽和分支的肠(图 6-3)。在涡虫身体腹面正中后 1/3 处有口。口后是咽囊，周围是咽鞘，咽囊内有一肌肉质的圆筒形的咽，也称吻，咽可以从咽囊内伸出和回缩。咽后是肠，肠分三支，一支向前，两支向后，各分支又反复分出许多小支，小分支分

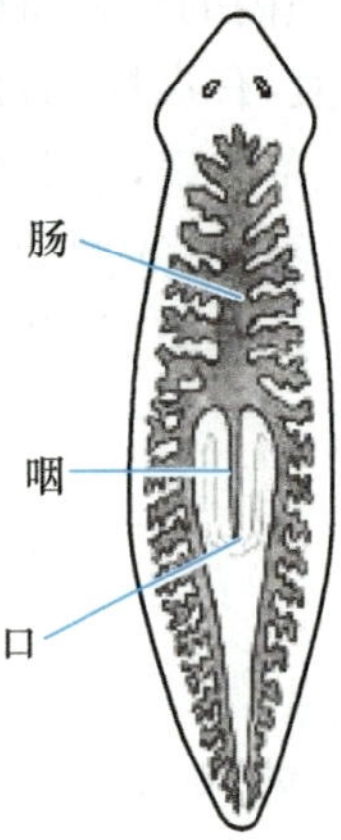

图 6-3　涡虫的消化系统
(Hickman et al.,2001)

布到全身各处,直接把营养物质输送到各处,肠的后端是封闭的盲管,没有肛门,不能消化的食物残渣仍由口排出。

3)呼吸和循环　无专门的呼吸和循环器官,气体交换靠体表的渗透作用完成,营养物和代谢产物的运输靠实质组织中的液体运送和扩散。

4)排泄系统　涡虫属于典型的原肾管型排泄系统,由帽细胞、管细胞、排泄管和排泄孔组成(图 6-4),在身体两侧有一对弯曲的纵行排泄管,它与多次分支的毛细管相连,从周围环境中收集多余的水分和部分的液体废物,由其背部的排泄孔排出体外。另外,体表的渗透作用可以排除体内含氮的废物。

5)神经系统和感觉器官　涡虫的神经系统较发达,在体前端有一对脑神经节愈合形成的"脑",从脑向前端和眼点发出若干条短神经,向后发出一对沿身体两侧纵行的神经索,每条神经索分支到全身各处,两神经索之间有横神经相连,因此构成梯形神经系统(图 6-5)。涡虫的眼点能感受光的强弱,但无视觉作用(图 6-6)。耳突是感受味觉和嗅觉的化学感受器。

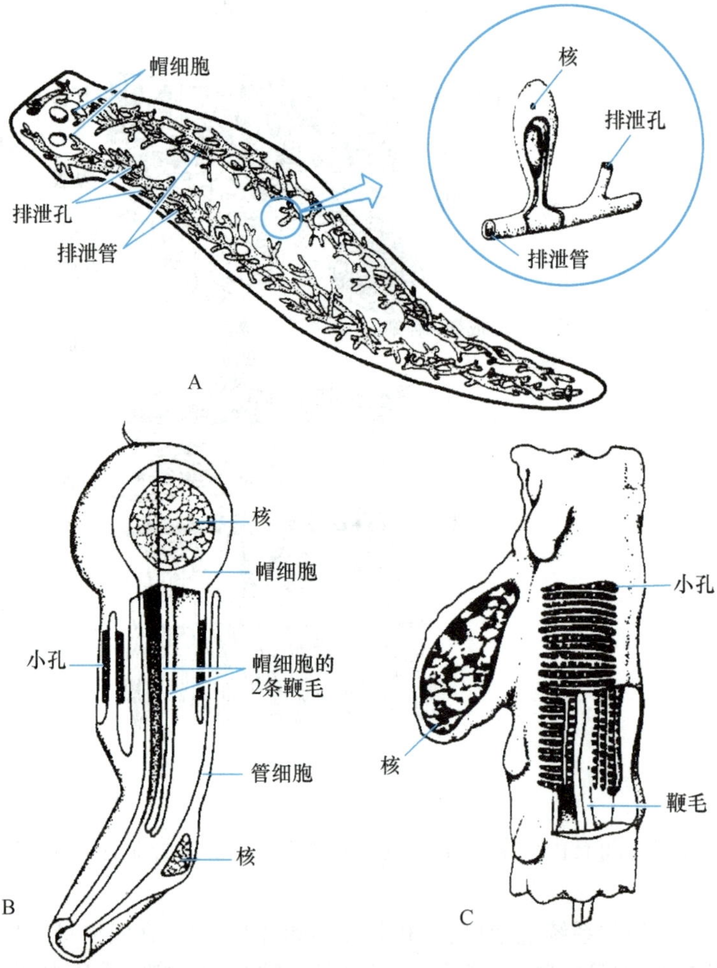

图 6-4　涡虫的排泄系统(刘凌云和郑光美,2009)
A. 涡虫的排泄系统;B. 帽细胞和管细胞;C. 微细结构

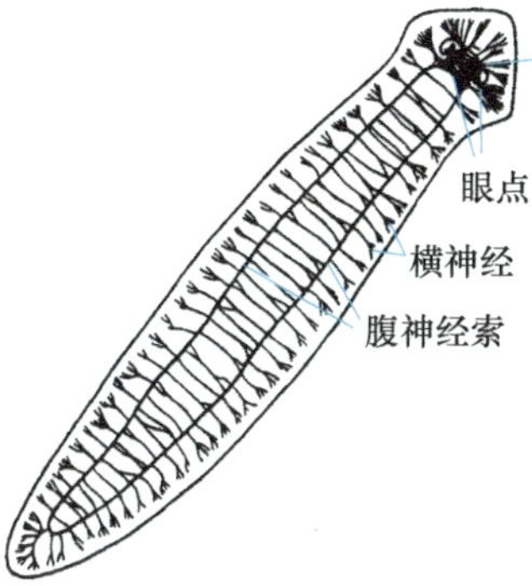

图 6-5 涡虫的神经系统

(Moore,2001)

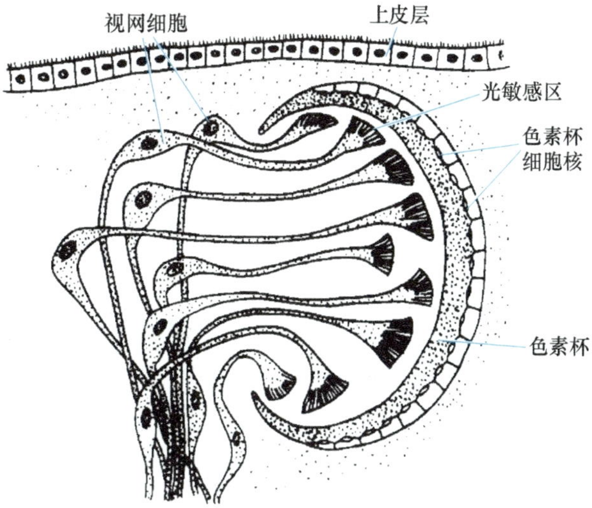

图 6-6 涡虫眼点结构示意图

(Brusca R C and Brusca G T,2003)

6)生殖与发育　　生殖方式有无性生殖和有性生殖。无性生殖以横分裂的方式进行,分裂时虫体后端粘在底物上,虫体前行横断为二,然后各自再生出失去的一半,形成两个新个体。有性生殖为雌雄同体,生殖系统复杂(图 6-7),口的后方有一生殖孔。

(1)雄性生殖系统:许多球形精巢位于虫体两侧,每一精巢连接一输精小管(vas efferens);输精小管汇合成一对纵行的输精管(vas deferens);输精管末端膨大为储精囊(seminal vesicle);再汇合为富有肌肉的阴茎球,阴茎球的基部有许多单细胞腺体称前列腺(prostate gland),其分泌物有利于虫体的交配;最后阴茎开口于生殖腔(genital atrium)。

(2)雌性生殖系统:在体前两侧有一对卵巢;其后与一长的输卵管(oviduct)相连;输卵管外侧有许多卵黄腺(vitellaria),分泌物通过卵黄管导入输卵管;两条输卵管合并为阴道(vagina),通入生殖腔。另外,还有一个交配囊(copulatory)直接开口于生殖腔。

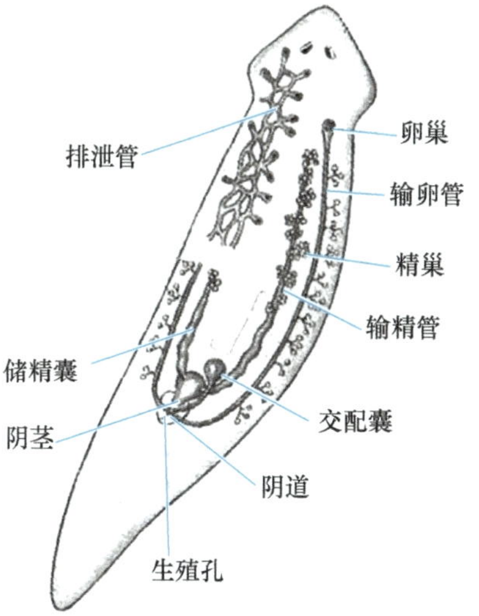

图 6-7 涡虫的生殖系统

(Hickman et al.,2001)

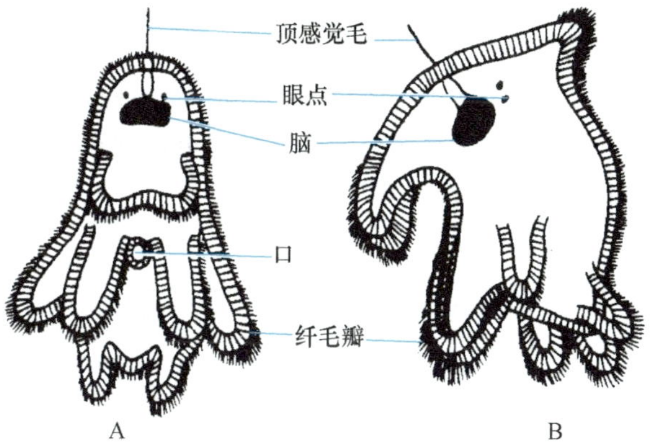

图 6-8 牟勒氏幼虫(刘凌云和郑光美,2009)

三角涡虫为直接发育，有些种类如多肠目海产种类的发育是间接的，要经过牟勒氏幼虫(Müller's larva)阶段(图 6-8)。这种幼虫呈卵形，有 8 片用来游泳的纤毛瓣，全身具纤毛，腹面有口，连接埋于体内实质中的肠，前端有脑和眼点，牟勒氏幼虫自由生活一段时间后，纤毛瓣退化，沉入水底，逐渐发育成小涡虫。

7)再生　涡虫的再生能力很强，身体断成几段后，每一段都能长成一个新的个体，涡虫前端的再生能力强，后端较弱。另外，在食物缺乏时，涡虫能消耗自身的内部器官(如生殖系统等)来维持生命，而当获得食物后又能恢复失去的器官，这也是一种再生方式。

涡虫的再生实验

涡虫具有很强的再生能力，一个个体如被切成两半(图 6-9A)，这两半均可再生出另一半而成两个完整的新个体(图 6-9B,B1,C,C1)；如果仅有身体的中段(图 6-9D)，就可以再生出头和尾(图 6-9D1～D4)；若仅有头部也能再生出身体后端而形成一个完整的个体(图 6-9E～E3)。

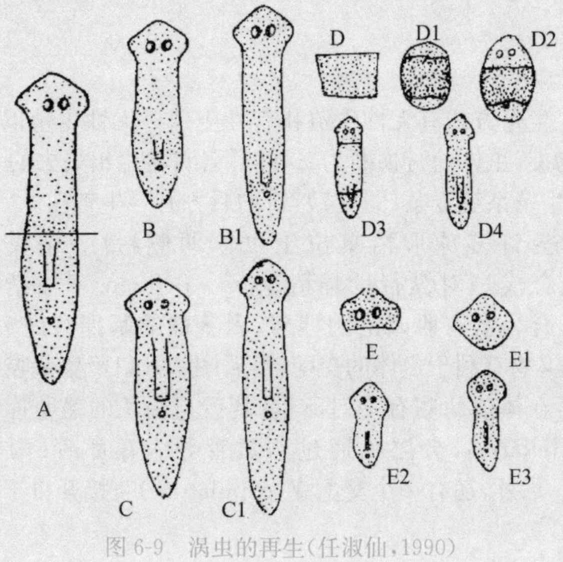

图 6-9　涡虫的再生(任淑仙，1990)

(二)涡虫纲的重要类群

目前对于涡虫纲的分类还有很大的分歧，近年来大多数学者主张以生殖系统为主要依据并结合消化道的结构分为原卵巢涡虫亚纲和新卵巢涡虫亚纲。而对于分目，更无定论。仅介绍几个常见的目(表 6-1，图 6-10)。

表 6-1　涡虫纲的重要类群

	原卵巢涡虫亚纲			新卵巢涡虫亚纲
	无肠目	大口虫目	多肠目	三肠目
消化管	无，只有一团由内胚层形成的合胞体从口通到体内	有口、咽和囊状的肠，口位于前端	肠分支很多，口在腹面	肠分三主干，一前两后，口在腹面近中央部分

续表

	原卵巢涡虫亚纲			新卵巢涡虫亚纲
	无肠目	大口虫目	多肠目	三肠目
消化方式	胞内消化	胞内、胞外消化	胞内、胞外消化	胞内、胞外消化
生活方式	海产，自由生活	海水、淡水、潮湿的土壤，寄生	海产	海水、淡水、潮湿的土壤，寄生
常见种类	旋涡虫	微口涡虫	平角涡虫	三角涡虫

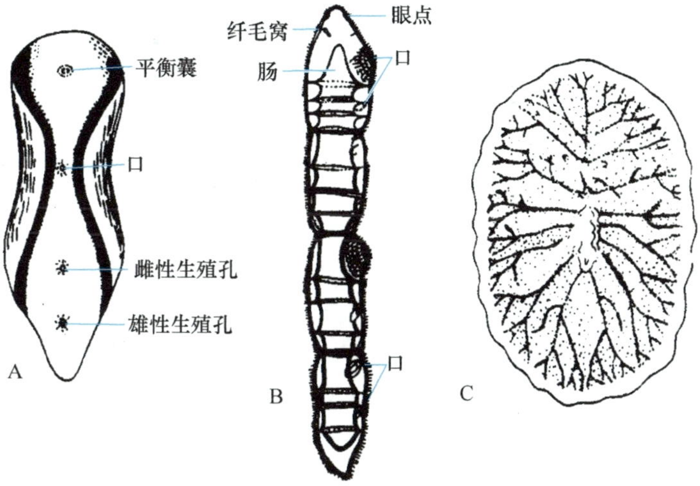

图 6-10　几种涡虫（刘凌云和郑光美，2009）
A. 旋涡虫；B. 微口涡虫；C. 平角涡虫

二、吸虫纲（Trematoda）

（一）代表动物——华枝睾吸虫（*Clonorchis sinensis*）

又名华肝蛭、肝吸虫。成虫寄生于人、猫、狗等的肝脏胆管中，患者有消化不良、慢性腹泻、黄疸、水肿、贫血、乏力、胆囊炎、肝肿等，主要的并发症是原发性肝癌，可引起死亡。

1. 形态结构

1）外形　虫体柔软、扁平，呈透明的叶片状，前窄后宽，虫体长 10～15mm，宽 3～5mm。活体时肉红色，固定后灰白色，具有口吸盘和腹吸盘，口吸盘较大，在虫体前端，腹吸盘较小，位于虫体腹面前端 1/5～1/3 处，吸盘富含肌肉，是附着器官。在虫体的后 1/3 处有一对前后排列的树枝状的精巢，因而得名（图 6-11A）。

2）体壁　华枝睾吸虫的体壁是由皮层和肌肉层组成的（图 6-12）。皮层是合胞体层，是具有代谢活性有生命的细胞质，内含线粒体和内质网，皮层的细胞核内陷到肌肉层下的实质中，两者之间通过数条细胞质索相连通。由于对寄生生活的适应，华枝睾吸虫的皮层已失去了纤毛和杆状体，而具有了由结晶蛋白形成的皮棘（spine），它的作用是保护和抵抗宿主消化酶的消化，同时可以通过体表直接吸收营养物质。

皮层的下面是基膜和肌肉层，肌肉层分为环肌和纵肌，不发达，无体腔，各器官包埋在中胚层形成的实质中。

3）消化系统　口位于口吸盘的中央，后接一球形的肌肉质的咽，再经过短的食道与肠支

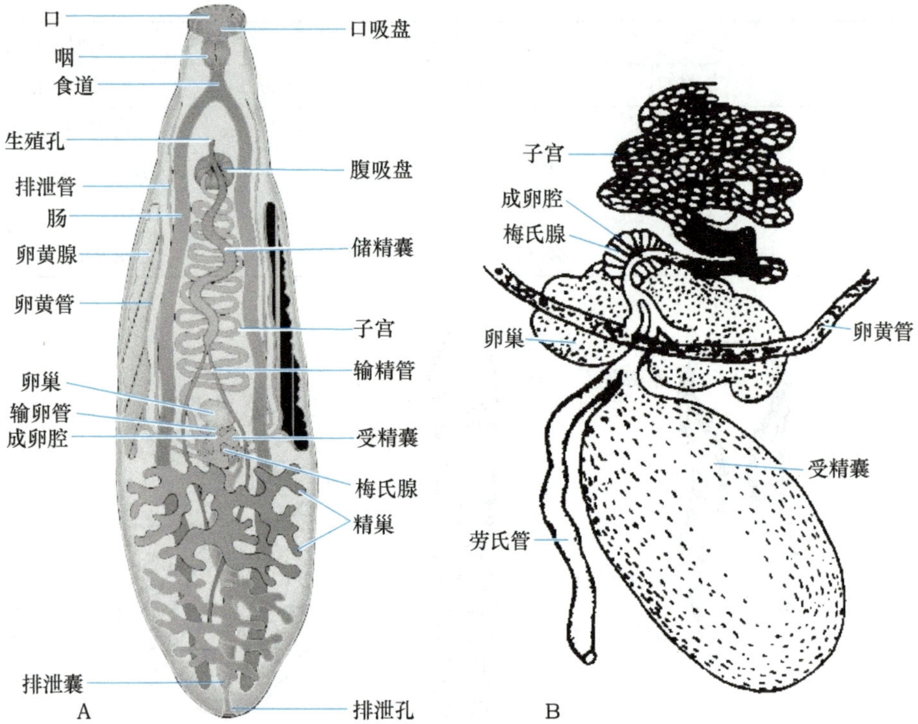

图 6-11 华枝睾吸虫(A)及雌性生殖系统部分放大(B)(A:Miller and Harley,2002;B:刘凌云和郑光美,2009)

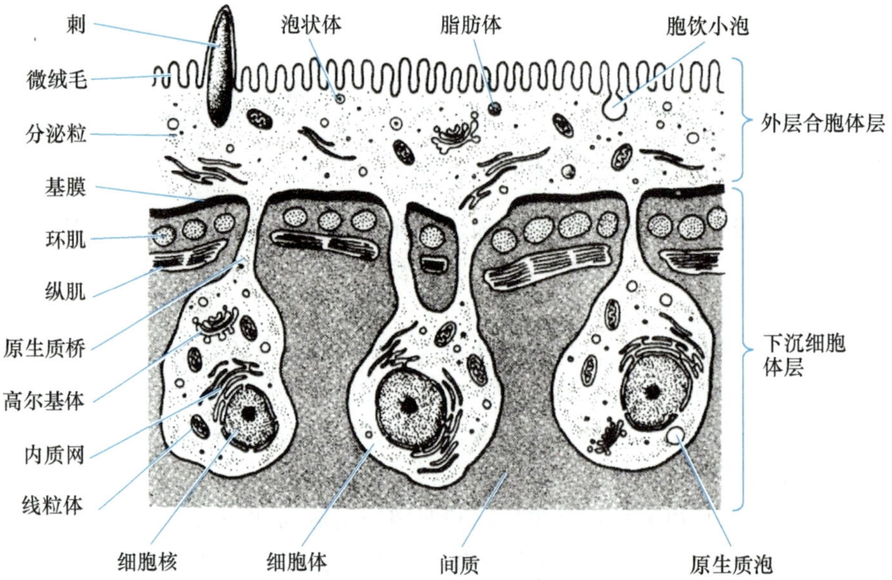

图 6-12 吸虫的体壁(Miller and Harley,2002)

相通,肠支为两盲管,直接通到体后端。华枝睾吸虫主要以上皮细胞为食,有时也吃白细胞、红细胞和胆管的分泌物,另外也可以通过体表吸收营养物质。为厌氧呼吸,无呼吸器官和循环系统。

4)排泄系统　原肾管式的结构,各排泄管在虫体两侧汇合成两条收集管,通入体后端略呈 S 型的排泄囊内,由末端的排泄孔排出。

5)神经系统和感觉器官　　梯形神经系统，不发达，咽处有一对神经节，分别向前、后端各发出 6 条神经索，向后的神经索间有横神经相连。感觉器官退化。

6)生殖系统　　雌雄同体，结构比较复杂，自体或异体受精。

(1)雄性：一对精巢，树枝状，位于虫体后端 1/3 处，前后排列，每个精巢发出一条输精小管，汇合成输精管，向前扩大成储精囊，储精囊向前行并开口于腹吸盘前的雄性生殖孔。

(2)雌性：一个卵巢，位于精巢前面，略呈分叶状，由一短的输卵管通到前面的子宫，子宫内充满卵细胞，迂回前行开口于腹吸盘前的雌性生殖孔。卵巢的后方有一受精囊和一条劳氏管(图 6-11B)，它们与输卵管相通，劳氏管的另一端开口于背面，它的功能还不太清楚，有人认为它是退化的阴道，也有人认为它有排出多余的精子和卵黄的作用。众多的卵黄腺分布于虫体两侧，每侧的腺体汇合成一条卵黄管(vitelline duct)，在虫体中部汇合成卵黄总管，与输卵管相通。成卵腔周围有一群单细胞腺体，称为梅氏腺(Mehlis' gland)或壳腺(shell gland)，具有分泌薄膜附着卵黄细胞，刺激卵黄细胞释放卵黄颗粒，卵壳前体鞣化，润滑子宫和活化精子的作用。

虫卵小，是常见的人体寄生虫中虫卵最小的一种，黄褐色，像电灯泡状，一端较小，有卵盖，另一端较大，末端有一小瘤。虫卵随宿主粪便排出体外。

2. 生活史

华枝睾吸虫的生活史比较复杂(图 6-13)。成虫寄生于人、猫、狗的胆管中，自体或异体受精，受精卵由子宫经过雌性生殖孔排出，随宿主的消化液进入肠中，然后排出体外；排出体外的受精卵已经成熟，里面有毛蚴，虫卵落在水中，毛蚴不孵化，只有被第一中间宿主沼螺(纹沼螺、中华沼螺、长角沼螺等)吞食，进入沼螺的消化系统中，毛蚴才逸出，穿过沼螺的肠壁发育为胞

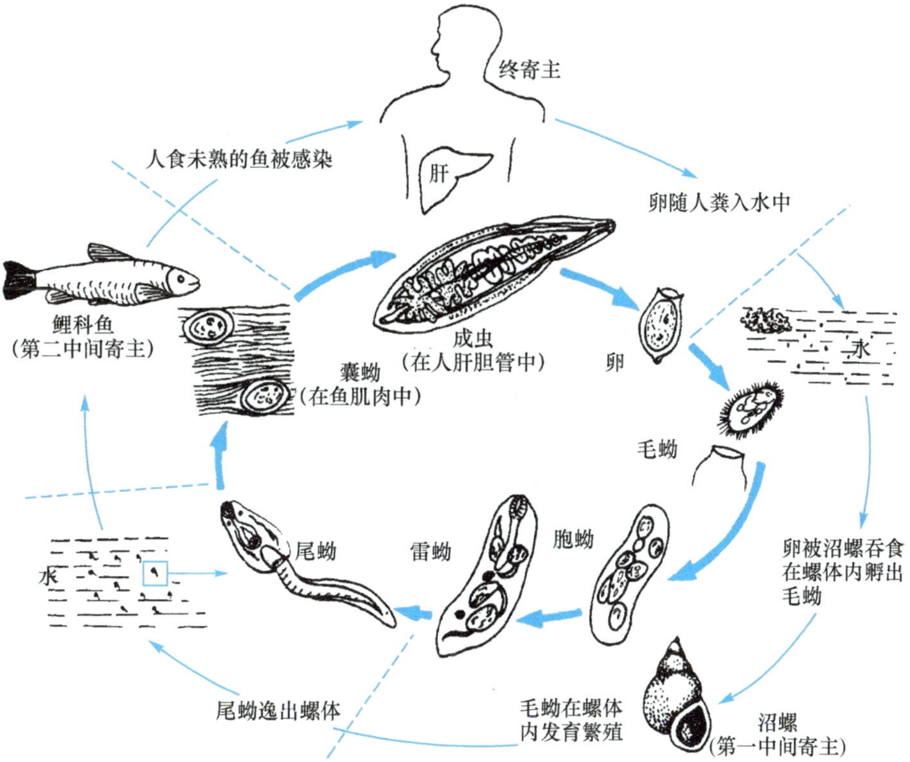

图 6-13　华枝睾吸虫的生活史(刘凌云和郑光美，2009)

蚴(无纤毛,长袋状);不久胞蚴移至沼螺的淋巴间隙中继续发育,胞蚴中的好多胚球各发育成一雷蚴(具简单的消化管);不久雷蚴破胞蚴而出,在雷蚴的胚球中形成 6～8 个尾蚴(具一对眼点、7 对穿入腺、14 对囊腺、口吸盘、腹吸盘、排泄囊和一长的尾);尾蚴成熟后破雷蚴而出,在水中游泳 1～2d,遇到第二中间宿主——某些淡水鱼类(主要是鲤科的鱼,如鲩、鳊、鲤等),侵入宿主体内,脱去尾部,在肌肉中形成卵圆形的囊蚴,囊蚴外被有囊壁,眼点消失,排泄囊大,囊蚴为感染期;人、猫、狗等吃了未煮熟的含囊蚴的鱼而被感染,囊蚴在十二指肠经消化液的作用破囊壁而出,移行到胆管处,经 1 个月左右发育为成虫,开始产卵。成虫寿命可有 15～20 年。

3. 防治原则

(1)不要吃生食,囊蚴对温度的抵抗力不强,在 70℃的水中 8s 就死亡。

(2)加强粪便管理,防止未经处理的新粪便落入水中。

(3)加强医疗卫生,治疗患者和捕杀患病的猫、狗等。

(二)吸虫纲的重要类群

吸虫纲大约有 6000 种,分为 3 个亚纲。

1. 单殖亚纲

一般为体外寄生,主要寄生于鱼类、两栖类、爬行类的体表、排泄器官和呼吸器官内。生活史简单,直接发育,不更换宿主,没有口吸盘,附着器官在体后,一对排泄孔在体前端,如三代虫(图 6-14)、指环虫等。三代虫为胎生,在母体的胚胎上有第二代的胚胎,而在第二代的胚胎上又有第三代的胚胎——典型的多胚生殖现象。

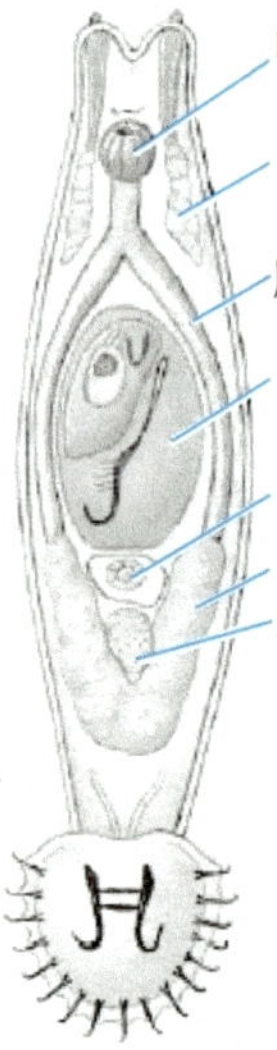

图 6-14 三代虫
(Hickman et al.,2001)

2. 盾腹亚纲

无口吸盘,有强大的后吸盘,被纵行和横行的肌肉分隔成许多小格,直接发育,只有一个宿主,排泄孔开口于体后方,寄生于软体动物、鱼类、爬行类的体表、排泄器官和消化器官中,如盾腹虫(图 6-15)。

3. 复殖亚纲

体内寄生,吸盘 1 个或 2 个,排泄孔 1 个,在体后端,生活史复杂,具世代交替现象,一般幼虫寄生于软体动物体内,成虫寄生于脊椎动物体内,如华枝睾吸虫、日本血吸虫(*Schistosoma japonicum*)、布氏姜片虫(*Fasciolopsis buski*)、肝片吸虫、魏氏并殖吸虫等。

图 6-15 盾腹虫
(刘凌云和郑光美,2009)

1)日本血吸虫 寄生于人体的血吸虫主要有 3 种:埃及血吸虫(流行于非洲北部)、曼氏血吸虫(流行于拉丁美洲、非洲中部)、日本血吸虫(流行于亚洲)。我国主要是日本血吸虫,为五大寄生虫之一。

(1)形态结构:雌雄异体,常相互合抱(图 6-16)。

(2)雄性:粗短,体长 10～22mm,宽 0.5～0.55mm。具两个吸盘,口吸盘位于身体前端,腹吸盘略后于口吸盘。虫体背部凸圆,两侧扁平,腹吸盘后身体两侧向腹面卷折,消化道开口于口吸盘,无咽,食道后肠分左右两支,在体后端两肠支合为一个盲管。精巢 7 个,前后单行排列,各有一输

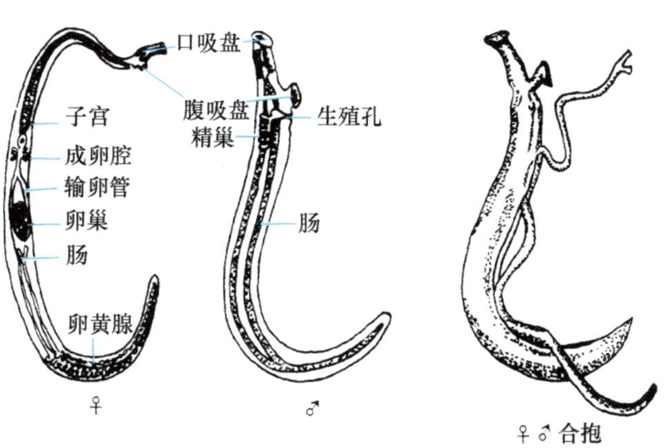

图 6-16　日本血吸虫(刘凌云和郑光美,2009)

出管前行,汇合成一条输精管,前行膨大为储精囊,生殖孔开孔于腹吸盘的后方。

(3)雌性:较细长,体长 12～26mm,宽 0.3mm,前端较细,后端粗圆。口吸盘和腹吸盘都较小。卵巢椭圆形,位于虫体中部,输卵管从后端发出,前行为成卵腔,向前为管状的子宫,开口于腹吸盘的后方,卵黄腺通过卵黄管通入成卵腔。虫卵椭圆形,淡黄色无盖,一侧有 1 小刺,排出时的虫卵已发育到毛蚴阶段。

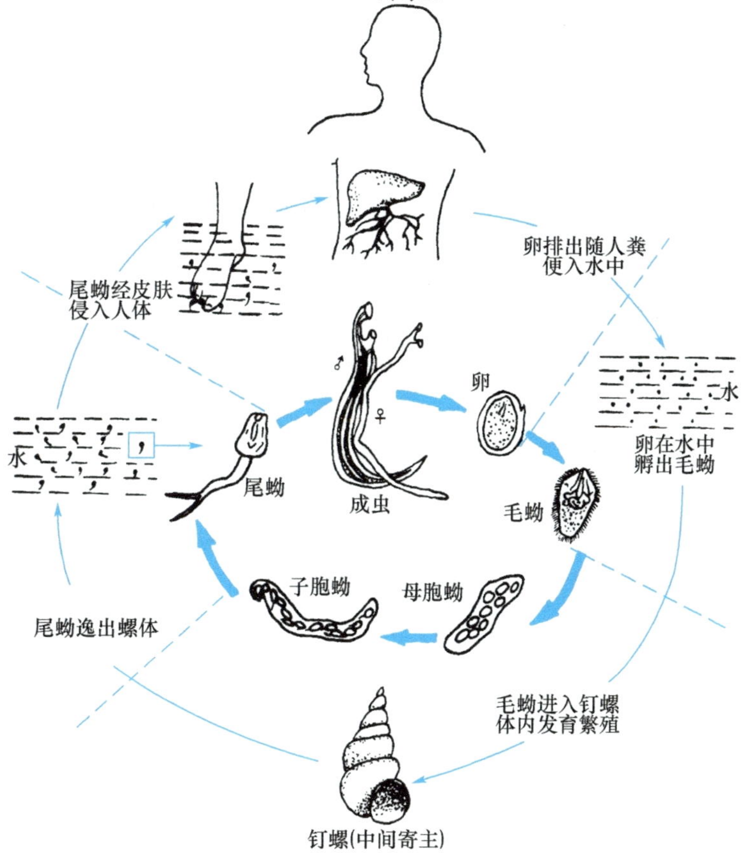

图 6-17　日本血吸虫生活史(刘凌云和郑光美,2009)

(4)生活史:如图 6-17 所示,成虫寄生于人体或哺乳动物的门静脉和肠系膜静脉内,雌雄虫在此交配产卵,虫卵进入肝脏或进入肠壁,最后进入肠腔,随粪便排出,虫卵落入水中。在 13～28℃,20d 孵出毛蚴(梨形、半透明、灰白色、周身有纤毛、能游动);遇到钉螺,进入体内,在钉螺体内行无性繁殖形成母胞蚴;母胞蚴成熟后释放大量的子胞蚴;子胞蚴成熟后又不断释放出尾部分叉的尾蚴,尾蚴为感染期,一条毛蚴进入钉螺体内可产生数万条尾蚴。尾蚴离开螺体,在水中游泳,遇到人或其他哺乳动物,就吸附在体表,借头腺分泌物的溶解作用和本身的机械伸缩进入宿主的皮肤,脱去尾部成为童虫,童虫随淋巴或血液循环进入肝门静脉发育为成虫。从尾蚴进入到发育为成虫需 40d,成虫寿命为 10～20 年。

(5)危害:此病是热带、亚热带地区重要的传染病之一,在我国主要是长江流域及以南地区。受感染者成人丧失劳动能力,儿童不能正常发育而成侏儒,妇女不能生育,最终导致肝硬化、脾肿胀、贫血、腹水,体质下降而死亡。

(6)预防:查治患者病畜,杜绝传染源;消灭中间宿主——钉螺,切断其生活史;管好粪便和水源;安全用水和个人防护。

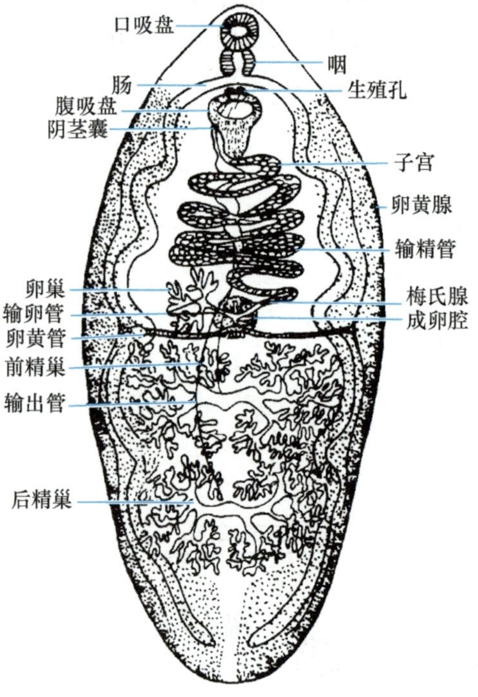

图 6-18 布氏姜片虫
(刘凌云和郑光美,2009)

2)布氏姜片虫　　布氏姜布虫是寄生于人体中最大的吸虫(图 6-18)。虫体扁平肥厚、椭圆形、肉红色,长 20～75mm,宽 2～20mm。口吸盘和腹吸盘均在虫体的前端,腹吸盘较大,为口吸盘的 3～4 倍。有口、咽、食道和两支盲肠。雌雄同体,生殖孔开口于两吸盘之间,精巢一对,前后排列,树枝状,有一阴茎囊,内有储精囊、射精管、前列腺和阴茎;卵巢一个,呈鹿角状,位于精巢的前右侧,虫卵椭圆形,淡黄色或无色,卵壳薄,有一小盖,排出体外前无发育。

(1)生活史:成虫寄生于人或猪的小肠内,借吸盘吸附在肠系膜上,日产卵量在 25 000 粒左右,虫卵随宿主粪便排出体外。在水中 27～32℃的条件下,3～7 周孵出毛蚴;毛蚴侵入扁卷螺体内,经过胞蚴、雷蚴和第二代雷蚴而发育为尾蚴,尾蚴离开扁卷螺在水中游泳。遇水生植物(菱角、荸荠、水浮莲)附着其上,脱去尾部发育为囊蚴,囊蚴为感染期。人或猪吃了带囊蚴的水生植物,囊蚴的壁被破坏,幼虫逸出,吸附在小肠上,经 3 个月发育为成虫(图 6-19),一般成虫存活 2 年左右。

(2)危害:危害主要有 3 个方面,夺取营养、机械性损坏、毒素性反应,从而引起宿主消化不良、腹痛、腹泻、贫血等,主要危害儿童。

(3)预防:不喝生水,不生吃荸荠等水生植物;加强粪便管理;查病治病;消灭中间宿主——扁卷螺。

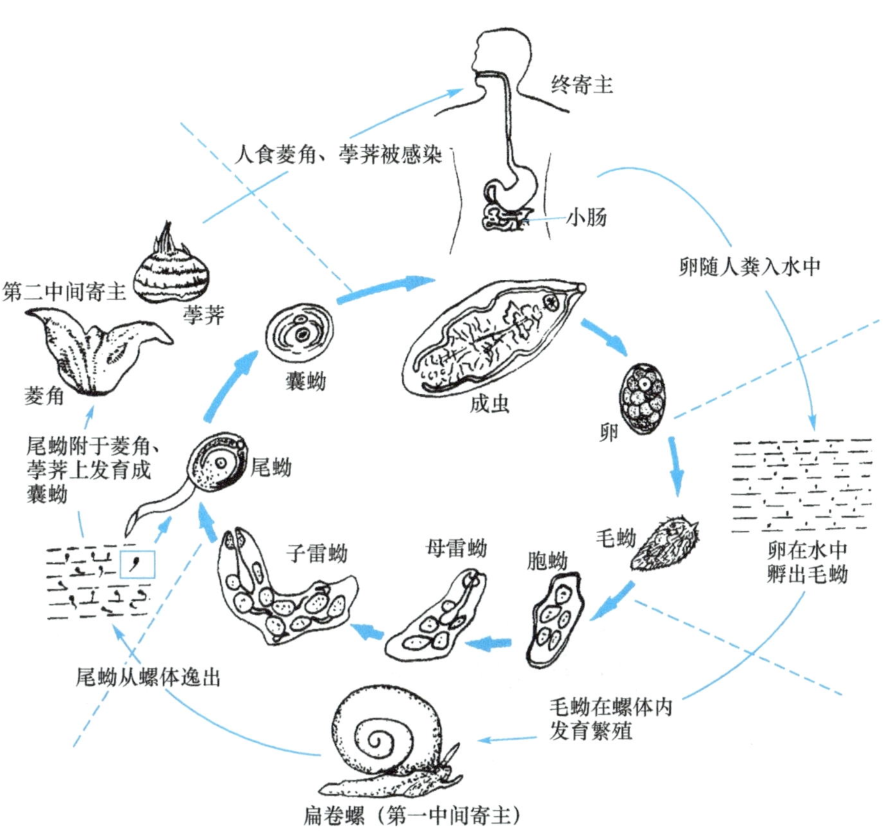

图 6-19 布氏姜片虫生活史(刘凌云和郑光美,2009)

三、绦虫纲(Cestoidea)

(一)代表动物——猪带绦虫(*Taenia solium*)

绦虫纲代表动物——猪带绦虫的成虫寄生于人体小肠中,吸取患者的营养,分泌毒素,引起患者腹部不适、消化不良、腹痛、腹泻等症状;幼虫寄生于猪、人等中。幼虫寄生于人体肌肉,患者肌肉酸痛麻木,寄生于眼的任何部位可引起视力障碍或失明,寄生于脑的部位,可引起癫痫、阵发性昏迷、呕吐等症状。

1)形态结构　体乳白色,长 2～4m,体分为头节、颈节和节片三部分(图 6-20)。头节圆球形,直径 1mm 左右,前端中央有一突起称顶突,上有两圈小钩,总数为 25～50 个,顶突下方有 4 个圆形吸盘,是附着器官。颈节纤细,能不断进行横分裂,增加节片的数目,它是绦虫的生长区。有 700～1000 个节片,根据节片内生殖器官成熟的情况分为 3 种:未成熟节片(幼节片),宽度>长度;成熟节片(成节片),近正方形;妊娠节片(孕卵节片),宽度<长度,孕卵节片内几乎全被子宫所充塞。

2)体壁和营养　绦虫的体壁与吸虫相似,外面为合胞体结构的皮层(图 6-21),皮层无皮棘,而有微绒毛,扩大了吸收面积,皮层具有抵抗宿主消化酶的能力,原因是皮层分泌物能促使消化道中增加淀粉酶的活性,而抑制蛋白酶和脂肪酶的活性,致使虫体不被宿主消化酶消化。

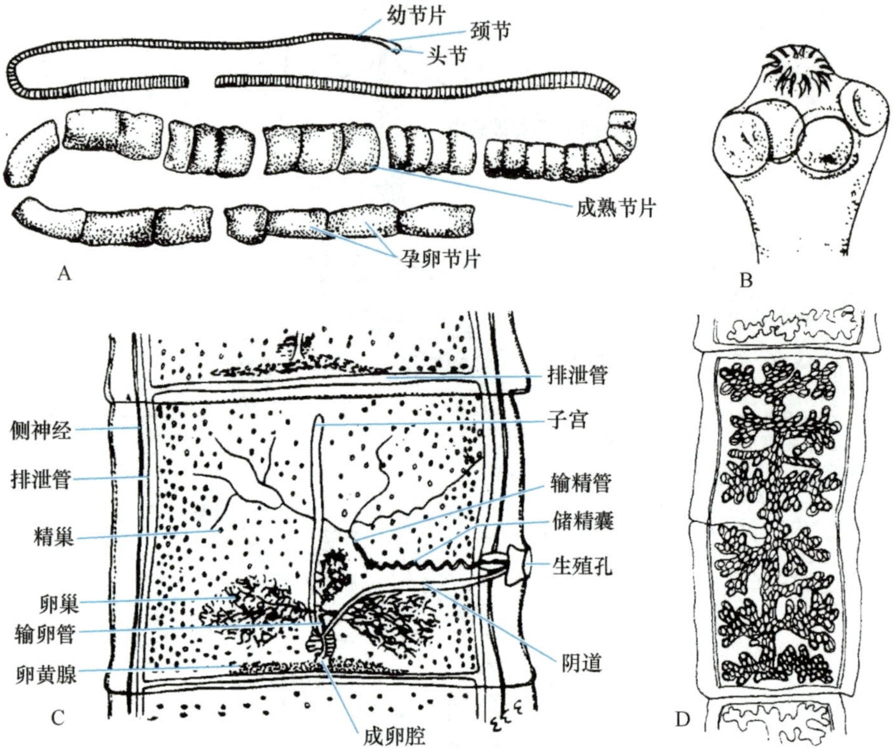

图 6-20　猪带绦虫（刘凌云和郑光美，2009）

A. 成虫；B. 头节；C. 成熟节片；D. 孕卵节片

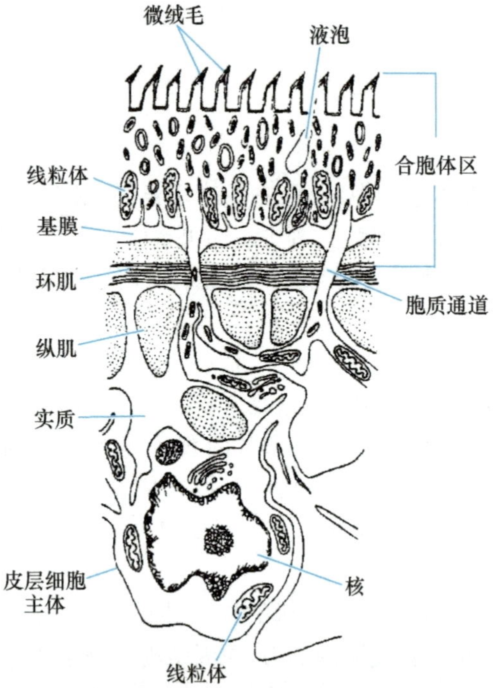

图 6-21　绦虫体壁横切面

（Brusca R C and Brusca G T，2003）

绦虫的营养完全靠体表的渗透吸收小肠内的营养物质，消化系统退化消失。

3）呼吸与排泄　　厌氧呼吸。排泄系统为原肾管型，焰细胞包埋在实质中。排泄管在背面、腹面各有一对，位于身体两侧，背管向前流，腹管向后流，背管和腹管在头节愈合成网状，在每个节片的后端，都有横排泄管将一对腹管相连，成节中背管消失，腹管在最后一个节片会合成排泄囊，由一个排泄孔排出体外，若末节脱落，两腹管直接通体外。排泄系统具有调节水分和排泄的功能。另外，有人认为背管有加强头节吸盘吸附能力的作用。

4）神经和感觉器官　　神经系统不发达，在头节上有一对脑神经节，向后发出 6 条神经索。没有特殊的感觉器官。

5）生殖系统　　雌雄同体，生殖系统很发达，每个成熟节片中都有一套雌性生殖器官和雄性生殖器官，生殖孔仅一个，位于节片的侧缘。

(1)雄性:有100～200个精巢,散布在实质中,每个精巢连一输精小管,会合成一条输精管,末端为阴茎囊,内有阴茎通到生殖腔,外通生殖孔。

(2)雌性:有一个卵巢,分左右两叶和一个中间小叶,位于成熟节片后部中间,卵黄腺位于卵巢后侧方,输卵管与卵黄管汇合为成卵腔,周围有梅氏腺,输卵管前行连一细长的阴道,开口于生殖腔,外通生殖孔。另外,节片中央有一基部与输卵管相连端部封闭的囊状子宫。

绦虫多为同节受精,也有同体异节受精或异体受精的。受精卵堆积在囊状子宫内而成妊娠节片,此时子宫高度发达,并向两侧扩展成7～10个分支,其他器官逐渐萎缩消失,妊娠节片逐节或逐段(5或6节)脱落,随粪便排出体外。

虫卵圆形,有两层卵壳,外层薄,易脱落;内层厚,浅褐色有花纹称胚壳。卵内有六钩蚴。

6)生活史　成虫寄生于人的小肠,幼虫寄生于猪或人的皮下组织、肌肉间结缔组织或脑部。妊娠节片或虫卵被猪吞食后,在胃内消化液的作用下,六钩蚴破壳而出,利用六钩钻入胃壁或肠壁,随血液流向身体各处,60～70d发育为囊尾蚴,囊尾蚴白色泡状,黄豆大小,囊内充满半透明的液体,囊壁上有一头节向囊内陷入。含囊尾蚴的猪肉称为“米猪肉”或“豆猪肉”,人吃了这种未熟的猪肉,囊尾蚴的囊壁被胃液消化,进入小肠中,囊尾蚴的头节翻出,附着在肠壁上,吸取营养,颈节不断横裂增生新的节片,2～3月发育为成虫(图6-22),在人体内可活25年。囊尾蚴在54℃,5min即可杀死。

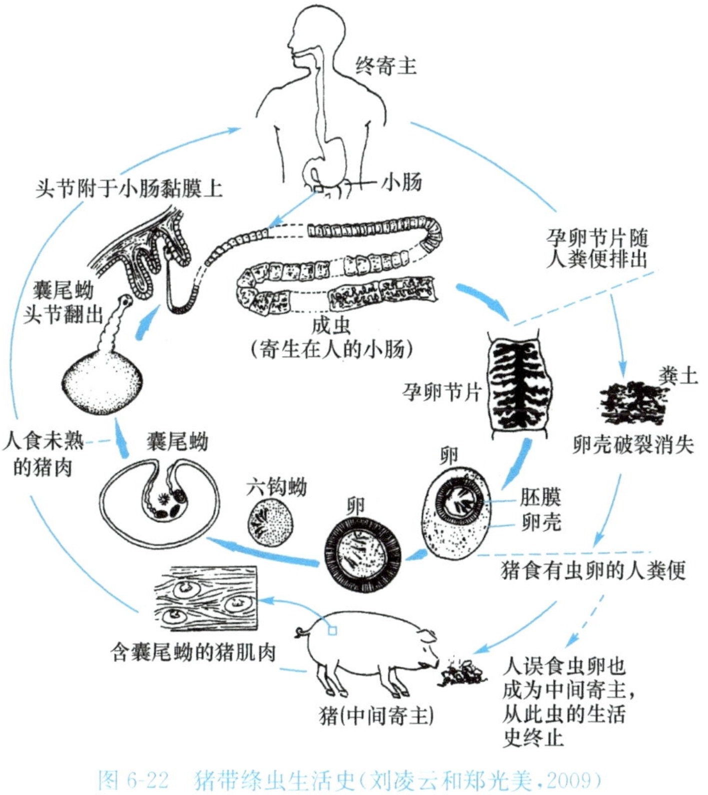

图6-22　猪带绦虫生活史(刘凌云和郑光美,2009)

7)防治　其措施主要有:①及早发现和治疗患者;②不吃未熟的猪肉,不吃生菜;③加强粪便管理,防止猪吃人粪;④加强肉类检查和市场管理,严禁出售“米猪肉”。

（二）本纲的重要类群

1. 牛带绦虫(*Taenia saginatus*)

成虫寄生于人的小肠内，幼虫寄生于牛、鹿、羊等的肌肉中。形态特征与猪带绦虫相似，主要区别可从体长、节片数量、头节特征、成熟节片、妊娠节片、囊尾蚴等方面列表比较(表 6-2)。生活史与猪带绦虫相似，只是中间寄主仅有牛、鹿、羊，而无人。防治原则是主要改变不良的饮食习惯，特别是在牧区。

表 6-2 猪带绦虫和牛带绦虫的主要区别

	牛带绦虫	猪带绦虫
体长	5～10m	2～4m
节片	1000～2000 节，节片较肥厚，不透明	700～1000 节，节片较薄，略透明
头节	略呈方形，直径 1.5～2mm，无顶突及小钩	球形，直径 1mm，具顶突及两圈小钩
成熟节片	卵巢分两叶，子宫前端有分支	卵巢分左右两叶和中间小叶
妊娠节片	子宫分支较整齐，每侧 15～30 支，支端分叉，单节脱落	子宫分支不整齐，每侧 7～13 支，常数节一起脱落
囊尾蚴	头节无小钩，寄生于牛体内	头节具小钩，寄生于猪体及人体

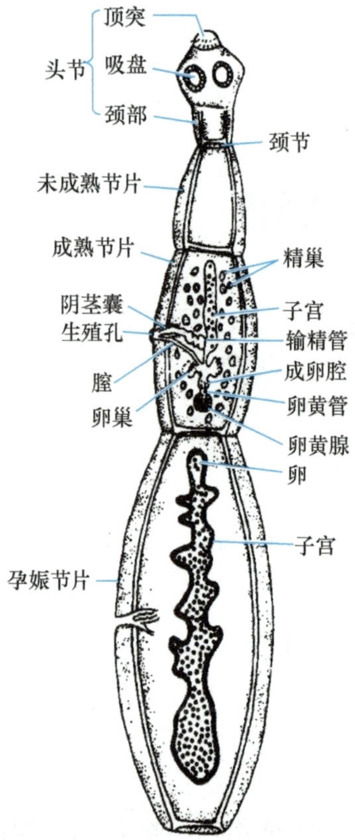

图 6-23 细粒棘球绦虫
(Hickman et al.，2001)

2. 细粒棘球绦虫(*Echinococcus granulosus*)

又名包虫、狗绦虫，成虫寄生于犬、狼、豺等动物的小肠内，幼虫称棘球蚴，可寄生于人、牛、羊、马、骆驼等动物的肝、肺、肾、脑等部位，引起棘球蚴病或称包虫病，多在儿童时期感染，而在 20～40 岁才发病，它是危害人体最严重的一种绦虫，特别是在牧区。

1）形态特征　成虫 3～6mm，身体由头节、颈节和 3 个节片构成(图 6-23)。头节梨形，具顶突和 4 个吸盘，顶突上有大小两圈小钩；颈节细短；节片为 3 种节片各一，成熟节片的结构与猪带绦虫相似，妊娠节片中子宫向两侧分出不规则的盲囊，子宫内充满虫卵，其结构与猪带绦虫相似。幼虫称棘球蚴，囊球状，直径几厘米至十几厘米，囊内充满液体称棘球蚴液。囊壁分为内、外两层，外层是角质层，起支持和保护作用，内层薄，为胚层(生发层)，胚层向内长出许多的雏囊和子囊，雏囊与胚层相连，子囊游离在棘球蚴液中，雏囊和子囊的壁上又有许多的头节，每一头节都能发育为一成虫。

2）生活史　虫卵随犬、狼的粪便排出体外，若被中间宿主人、牛、羊等误食，六钩蚴在小肠中逸出，穿过肠壁到肝门静脉，随血液到肝、肺、脑等器官发育为棘球蚴。犬、狼等吞食了含棘球蚴的牛、羊内脏后，棘球蚴的头节即在小肠内散出，吸附在肠壁上，经 3～10 周发育为成虫(图 6-24)。

3）危害及防治　棘球蚴可在人体各器官内寄生，在肝

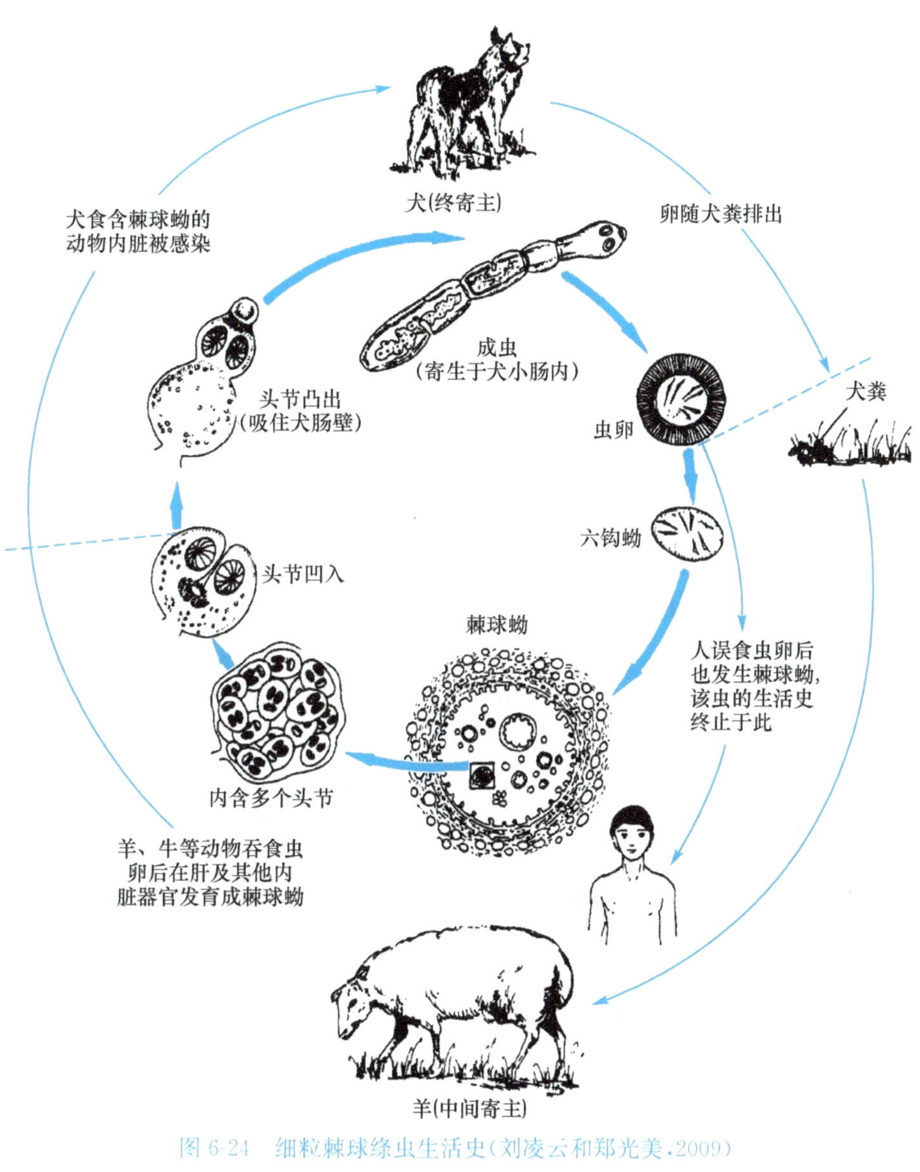

图 6-24　细粒棘球绦虫生活史(刘凌云和郑光美,2009)

中寄生导致患者消瘦、乏力、失眠,小儿发育受影响,在肺内寄生可引起窒息死亡,在脑中寄生可引起癫痫、瘫痪;并能在牛、羊中引起流行病,给畜牧业带来严重危害。预防:不吃生菜、不喝生水;对牧羊犬、警犬定期检查,发现病犬灭杀;对患病的牛、羊要严格处理,不用其内脏喂犬;防止水源被犬粪污染。

第三节　寄生虫与寄主的关系

自然界中不同生物之间相互依存又相互制约,两个不同的物种生活在一起,称为共生,可以表现为不同的形式。例如,两种动物之间相互依存、共同得利,这种关系称为互利共生(symbiosis);如果一方得利、一方既无利也无害称为共栖(commensalism);如果是一方得利、一方有害,这就是寄生(parasitism)。营寄生生活的动物称为寄生虫,被寄生虫寄生并受到伤害的动物称为寄主或宿主。寄生虫的个体发育过程称为生活史。寄生虫的成虫或有性生殖阶段寄生的寄主称为终寄主(final host);寄生虫的幼虫期或无性生殖阶段寄生的寄主称为中间寄主(intermediate host)。例如,日本血吸虫的终寄主是人,中间寄主是钉螺;华枝睾吸虫的终寄主是人,第一中间寄主是沼螺,第二中间寄主是鱼、虾。

一、寄生虫对寄主的影响

寄生虫对寄主的致病作用,可分为以下 3 个方面。

1. 夺取寄主的营养

供寄生虫生长、发育和繁殖的物质主要来源于寄主。寄生虫的寄生生活给寄主造成了额外的负担,致使寄主营养不良、消瘦、浮肿和贫血等,轻则导致寄主发育受阻,特别是对于儿童,可能导致侏儒症,如日本血吸虫,严重者会造成寄主衰竭而死亡。

2. 使寄主产生机械性损伤

寄生虫侵入人体或在人体内移行,会对寄主造成不同程度的破坏作用、阻塞作用和压迫作用。例如,肠道寄生虫用吸盘、钩、小齿等附着器附着在肠壁上,造成黏膜损伤、溃疡以致糜烂;猪囊尾蚴、棘球蚴在脑部、肝脏部位寄生,会压迫脑、肝组织,引起癫痫或失明。

3. 对寄主产生毒性损害

寄生虫产生的毒性损害物主要有:新陈代谢的排泄物、分泌物和虫体死后的分解产物。这些物质可对寄主产生不同程度的损害,特别是在组织和血液内寄生的毒性损害更明显,如间日疟原虫和日本血吸虫等。

二、寄主对寄生虫感染的免疫性

人体的防御机能是多方面的,皮肤、黏膜、消化液对寄生虫的侵害都是很好的屏障,它们能够杀死寄生虫或把虫体排出体外。

寄主对寄生虫具有不同程度的抗感染性,或者将虫体消灭或排出体外,使寄主本身不出现病理状态,这种防御机能就称免疫。它分为先天免疫和后天免疫两种。

寄生虫感染和寄主的免疫是一对矛盾,其结果不外 3 种情况:寄生虫被阻抑、驱杀;寄主体内虽有寄生虫寄生,但不表现为任何症状,成为带虫者;寄生虫大量繁殖,使寄主出现病态反应。

三、寄生虫对寄生生活的适应

寄生虫生活在营养丰富,条件相对恒定的特殊环境中,从形态、生理和行为上产生了一些适应,主要表现在以下 9 个方面。

(1)体壁结构——分泌抗寄主消化酶,以防止自身被寄主消化。

(2)成体体表无纤毛和运动器官退化消失。

(3)神经系统和感觉器官退化。

(4)消化系统简单或退化消失,出现了有利于吸收的结构,如绦虫的微绒毛。

(5)出现了特殊的附着器官吸盘、钩等。

(6)呼吸为厌氧呼吸。

(7)多数种类能分泌有毒性的物质,使寄主的抵抗能力降低或出现毒性症状。

(8)生殖系统发达,有巨大的繁殖能力。

(9)不断的更换寄主。其生物学意义:避免与寄主共亡;减轻对寄主的危害,扩大自身生活的范围;为了避免更换寄主时自身数量的减少,其繁殖率高。

四、预防途径

根据寄生虫病的传染特点,采取综合性的防治措施。贯彻预防为主的方针,切断寄生虫生活史的主要环节。

(1)普治普查,保障人民健康,控制传染源。

(2)切断传播途径,加强粪便管理,改善环境卫生,做好灭蝇、防蝇工作,防止虫卵的扩散。

(3)预防感染,注意饮食卫生,加强个人卫生,积极开展卫生宣传工作。

第四节　扁形动物门的系统发育

有关扁形动物的起源目前尚无定论,主要有3种学说:①由爬行栉水母进化而来;②起源于类似浮浪幼虫的祖先;③介于无肠目和大口虫目之间的动物是扁形动物的祖先。关于扁形动物门3个纲的关系,一般认为:涡虫纲是最原始的类群,吸虫纲由涡虫纲适应寄生生活演化而来,绦虫纲由吸虫纲演化而来,是吸虫纲对寄生生活的进一步适应。

思考题

1. 扁形动物门的主要特征是什么？根据什么说它比腔肠动物高等？
2. 扁形动物门分成哪几纲？各纲的主要特征是什么？
3. 通过对涡虫简要特征的了解,掌握涡虫纲的主要特点。
4. 比较华枝睾吸虫、布氏姜片虫的结构、生活史的特点,掌握对各种寄生虫病的防治原则。
5. 掌握血吸虫生活史的特点及其危害、防治等,了解我国在防治血吸虫方面的成就。
6. 猪带绦虫的形态结构如何适应于寄生生活？掌握其生活史,并了解其危害和防治等。
7. 比较涡虫、吸虫和绦虫的结构、功能及生活史的特点。
8. 通过吸虫和绦虫,理解寄生虫与寄主之间的相互关系。

第七章　线虫动物门

线虫动物门(Nematoda)是动物界的大门类,现已描述 3 万种,估计可达 100 万种。线虫分布于各种不同的环境,海洋、淡水、陆地,从热带到寒冷的南北极,到处都有线虫的踪迹。线虫不仅种类多,而且种群数量大。例如,在一个腐烂的苹果中约有 9 万条线虫;每平方米的农田中可有线虫 7 万～20 万条;而每平方米的海底泥沙中含有 442 万条线虫。线虫不仅有自由生活的类群,也有许多种类营寄生生活,可寄生于动物和植物体内,对人类健康造成危害,影响畜牧业的发展,还可造成农作物的大量减产。

第一节　线虫动物门的主要特征

一、外部形态和大小

线虫大部分属于小型的动物,自由生活的线虫及植物寄生线虫的个体较小,多数长度在 1mm 左右,最大的也不过几厘米长。而动物寄生线虫的个体则较大,大部分种类都超过 1cm,有的可达 1m,如寄生于猪体内的膨结线虫(*Dioctophyma*)。目前报道的最大线虫是寄生于抹香鲸的线虫——胎盘线虫(*Placentonema*),体长为 8m 左右。

线虫的体制为两侧对称,形态为圆柱形,两端稍尖细。头部具有唇片,海洋生活的原始种类头部呈现六辐射的形态,具有 6 片唇,6 个内唇乳突,6 个外唇乳突,4 个感觉毛或头乳突,2 个头感器(图 7-1A)。较进化的种类唇片减少,头部部分乳突融合或消失。有的具有 3 片唇[如蛔虫(*Ascaris*)],有的种类唇片消失,但具有一圈或两圈叶冠(如圆形目的线虫),乳突仅有一圈或两圈(图 7-1)。唇和乳突的数目是分类的重要依据。

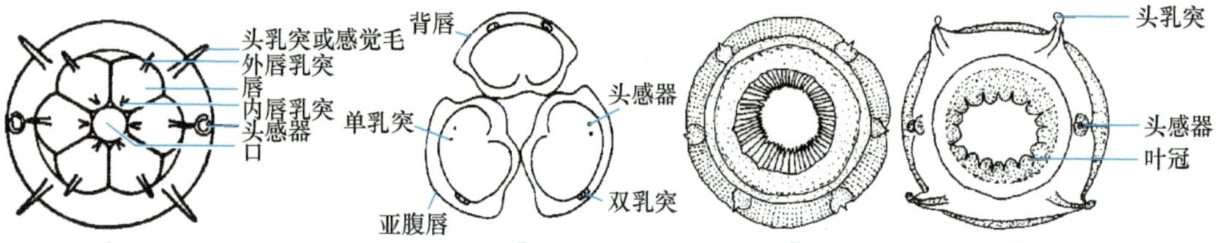

图 7-1　线虫头部顶面观(A:Noble E R and Noble G A, 1982)

A. 扭曲线虫(*Plectus*);B. 人蛔虫(*Ascaris lumbricoides*);C. 上口管囊线虫(*Choniangium epistomum*);

D. 瑞氏奎隆线虫(*Quilonia renniei*)

线虫的体表光滑,一般具有细的角质横纹,但有些种类的线虫体表形成环带、纵带、纵脊、瘤、饰带等结构(图 7-2)。排泄孔位于虫体前部腹面,肛门位于虫体近末端腹面。

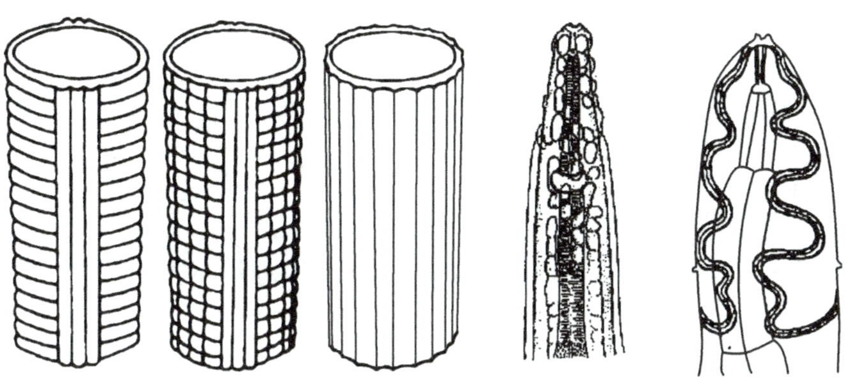

图 7-2 角质层外部结构(A～C:Maggenti, 1981)

A. 垫刃类线虫,示角质环带;B. 垫刃类线虫,示角质环带和纵带;C. 矛形目线虫,示纵脊;D. 嗉囊筒线虫(*Gongylonema ingluvicola*),示角皮瘤;E. 鼻咽饰带线虫(*Dispharynx nasuta*),示饰带

二、内部结构与生理

(一)体壁和运动

线虫的体壁由角质层(cuticle)、下皮层(epidermis)和肌肉组成。线虫的角质层结构复杂,由 3 层组成,包括皮层、中层(median layer)和基层(basal layer)(图 7-3)。皮层包括外皮层和内皮层,外皮层含有鞣化蛋白,可增强韧性;中层为均质层;基层为纤维层,蛔类线虫的纤维层为 3 层,各层之间排列有一定的角度,因此使角质层表现出一定的弹性。角质层在不同类群的线虫中有一定变化,幼虫和成虫也不同。角质层之内为下皮层,两者之间有一层很薄的基膜分开。下皮层是由一层细胞构成,通常为合胞体的结构。下皮层被 4 个加厚的部分分开,这 4 个加厚的结构称为索,包括背索、腹索和侧索。其中侧索最发达,其内有排泄管,背索和腹索内有神经索(图 7-4)。下皮层的细胞核也全部集中在索内。下皮层之内是肌肉层,线虫的肌肉与其他动物不同,它只有纵肌,没有环肌。肌细胞包括收缩部和胞体部,与其他动物不同的是,肌细胞形成突起与神经相连接,而不是神经突起与肌细胞连接。

体壁围绕的腔称为假体腔(pseudocoel),假体腔与真体腔的主要区别是,假体腔只有体壁中胚层,没有脏壁中胚层,而且没有体腔膜。假体腔中充满液体,称为假体腔液,可能有循环系统的作用,但最重要的作用是起到骨骼的作用,因此假体腔液也称为流体静力骨骼。线虫的运动主要是通过纵肌的收缩产生波浪式运动,一侧肌肉的收缩可以使虫体弯向一边,肌肉舒张时,靠角质层的弹力使虫体恢复到原来的位置,另一侧的肌肉收缩又使虫体弯向另一侧,这样就使线虫产生波浪式的运动。其中假体腔液就起着骨骼的作用,因此在线虫运动时,假体腔液具有很大的压力。据现有的研究报道,线虫运动时,体腔液的压力可有 100～200mmHg(1mmHg=133.3Pa)。

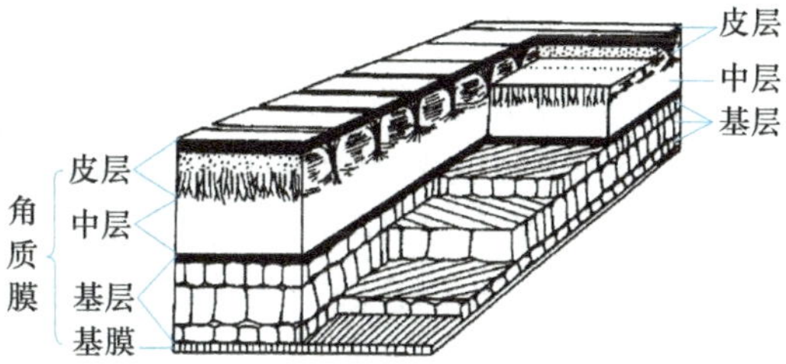

图 7-3 人蛔虫的角质层结构

(Noble E R and Noble G A, 1982)

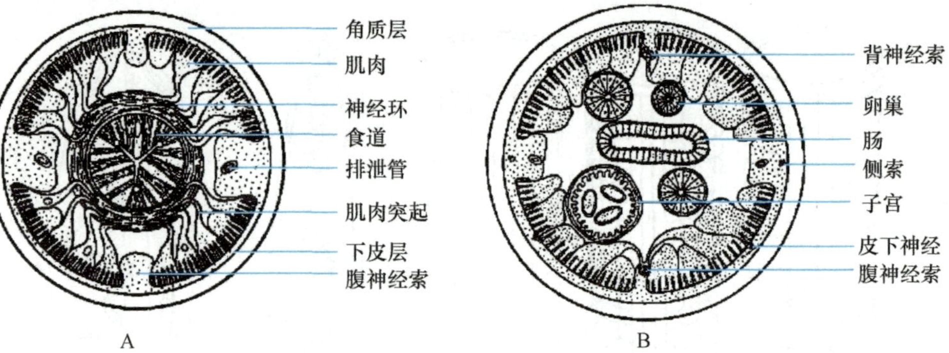

图 7-4 线虫的横切面图(Noble E R and Noble G A，1982)

A. 食道和神经环部位横切；B. 中部横切

(二)取食与消化

线虫的消化系统包括口、口腔、食道、肠、直肠和肛门。线虫的口腔有的很小，有的很发达。有的口腔中具齿，有的具有切齿或切板，用于咬碎宿主组织。植物寄生线虫的口腔中有一口针，用于吸食细胞内容物。食道的形状一般为棒状，有的食道后部膨大形成食道球。食道横切面为三辐射状，具有发达的辐射肌，其内壁具有角质层。食道周围具有食道腺，包括一个背食道腺和两个亚腹食道腺，食道腺具有非常重要的功能，特别是在植物寄生线虫中，食道腺在取食中有重要的作用。肠为单层细胞组成，为内胚层来源，食道和肠之间有瓣膜，可防止食物倒流。直肠后端有括约肌，雌虫直肠末端通向肛门；而雄虫直肠末端与射精管结合通向泄殖腔(cloaca)。

线虫的食性比较广泛，有的取食细菌，有的取食真菌，有的取食植物，有的取食动植物碎屑，动物寄生的线虫可取食宿主组织细胞或吸食血液。线虫的取食是通过食道泵的作用将食物送入肠，食物在肠中进行消化和吸收。食物在肠中的移动通过假体腔液的压力实现，因为有肠食道瓣，可防止食物倒流。没有消化的食物残渣通过肛门排出体外，在正常情况下，肛门由于体腔液的压力处于关闭状态，只有在排遗时，直肠括约肌收缩，将肛门拉开，通过体腔液的压力将食物残渣排出。

(三)排泄和水分调节

线虫的排泄系统有两种类型，一种是腺型，另一种是管型。腺型排泄器官比较原始，由 1 或 2 个大的腺细胞组成，腺细胞也称为肾细胞(renette cell)，具有长颈，末端开口于身体前部腹面的排泄孔(图 7-5A，B)。管型排泄器官是由腺型细胞延伸而成，典型的排泄管呈“H”型，具有两个肾细胞，如小杆线虫；其他类群的线虫的排泄管或是肾细胞缺失，或是失去部分管臂而呈现不同的形态(图 7-5C～H)。

线虫的主要代谢终产物为氨(ammonia)，但有些动物寄生线虫的感染性幼虫排出的是胺(amines)。因为胺是强碱性的，对线虫有毒性，但线虫产生的胺可能是为了中和线虫代谢产生的乳酸、琥珀酸和乙酸等酸性物质。

排泄器官除了有排出代谢产物的功能外，还具有调节水分和离子平衡的作用，用于排出多余的水分和离子。除了排泄器官外，肠道也具有排泄和调节水分及离子平衡的功能。

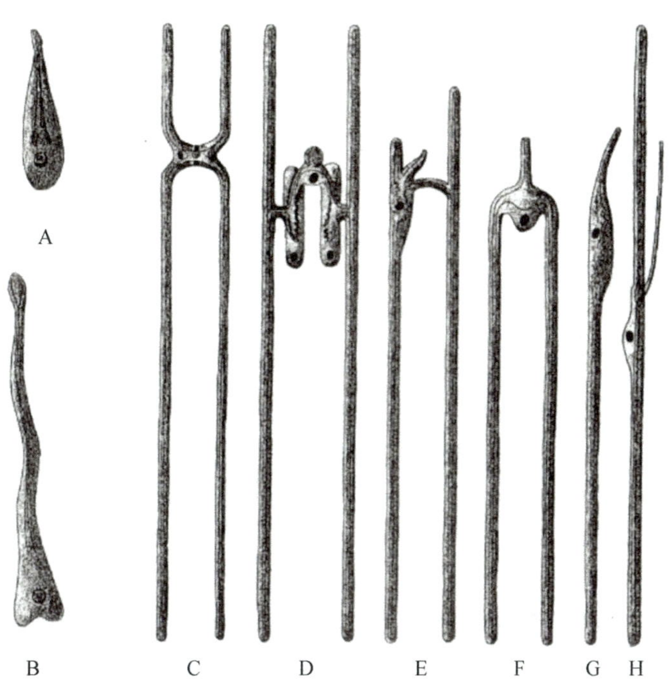

图 7-5 线虫及其排泄系统(Maggenti, 1981)

A. 色毛类线虫(Chromadoria: *Chromadora*);B. 嘴刺类线虫(Enoplia: *Phanodermopsis*);C. 尖尾型(oxyuroid type);D. 小杆型(rhabditoid type);E. 蛔虫型(ascaroid type);F. 头叶型(cephalobod type);G. 异尖型(anisakid type);H. 垫刃型(tylenchoid type)

(四)呼吸和循环

线虫没有专门的呼吸和循环器官,但在一些寄生线虫的假体腔液中确实发现了血色素。绝大多数线虫是进行有氧呼吸的,仅有少数寄生于肠道的线虫进行厌氧呼吸。因为线虫生活在各种不同的环境中,而一些寄生、底栖和潮湿土壤的线虫通常面临低氧的环境,所以这些线虫必须适应这种低氧的条件。毫无疑问,假体腔液中的血色素在氧的传递中起作用,这些血色素不是用于运输氧,而是在低氧环境中和氧结合,提高氧的吸收效率。

对蛔虫进行的详细研究表明,蛔虫的假体腔液中含有复杂的化学成分。首先是离子成分,有一价和二价离子,其中钠离子是主要的阳离子,氯离子是主要的阴离子;其次是蛋白质、脂肪和糖类,而蛋白质是主要成分;还有尿素、氨和一些游离的氨基酸;此外还有少量的血色素。化学成分的复杂性表明假体腔液是重要的运输介质,而线虫的运动可使假体腔液晃动,提高其运输的效率。

(五)神经和感觉器官

线虫的中枢神经包括围食道神经环和纵的神经。神经环一般位于食道的前部,大部分是由神经纤维组成,但也包含几个神经节。由神经环向前和后部发出几条纵的神经,包括侧神经、背神经和腹神经。其中侧神经主要是感觉神经,背神经主要是运动神经。

与大多数无脊椎动物一样,线虫的肌肉表现出同步的收缩。对肌肉的调节是双重的,即每个肌细胞有一个兴奋性和一个抑制性的神经纤维支配。兴奋性的神经纤维释放的神经递质是乙酰胆碱(acetylcholine),抑制性神经纤维释放的是4-氨基丁酸(4-amino-butyric acid)。此外,在线虫的神经纤维中还发现了儿茶酚胺(catecholamines)类的递质,如肾上腺素

(adrenalin)、去甲肾上腺素(nor-adrenalin)和章鱼碱(octopamine)。除了神经递质外,在线虫的神经系统中还发现大量的神经肽(neuropeptide)。对这些神经肽的研究发现,有些神经肽和哺乳动物的神经肽非常相似,这可能是因为动物寄生线虫在进化过程中与宿主发生了共进化(co-evolution)。因此,这些神经肽有可能会调节线虫宿主的生理功能。

线虫的感觉器官除了上面提到的头乳突和头感器外,还有雄虫尾部的尾乳突,主要功能是在交配时感觉雌虫阴门的位置;在一些线虫的颈部还有一对颈乳突(cervical papillae);部分线虫在尾部还有一对尾感器(phasmid)。

(六)生殖

生殖系统是线虫最发达的系统,均由一系列管状结构组成。线虫绝大多数是雌雄异体,仅有极少数是雌雄同体。大多数线虫通过雌雄交配进行繁殖,但淡水和土壤线虫倾向于形成雌虫,进行孤雌生殖(parthenogenetic)。线虫的性别决定可以由遗传决定,也可以由环境决定。已有研究表明有些植物线虫和自由生活的线虫性别决定是由环境决定的。例如,自由生活的线虫,当群体密度较大时,由幼虫发育成的雄虫较多,这样后代的数目就会减少,而当群体密度较小时,由幼虫发育成的雌虫较多,这样就可使后代的数量增加。

(1)雌性生殖系统:卵巢(ovary)通常是 2 个,也有些种类只有 1 个,卵巢连接输卵管,输卵管末端膨大成受精囊(seminal receptacle),通向子宫,两个子宫结合在一起通到阴道(vagina),开口于阴门(vulva)(图 7-6A)。有些线虫的阴道特化成排卵器(ovijector)。

(2)雄性生殖系统:通常有一个精巢(testis),通向输精管,后面膨大成储精囊,储精囊后连接射精管(ejaculatory duct),射精管末端和直肠共同开口于泄殖腔,泄殖腔通过泄殖孔通到体外(图 7-6B)。射精管背壁向背面突起形成交合刺囊,内有一对交合刺(spicules),交合刺的功能是在交配时用于撑开雌性生殖孔。此外,有些线虫还有一个引带(gubernaculum),它的作用是辅助交合刺的运动。有些线虫雄虫尾部形成尾翼(caudal alae),有的线虫无尾翼,而圆形目(Strongylida)线虫雄虫尾部特化形成交合伞(copulatory bursa),尾翼和交合伞都是在交配中用于抱握雌虫的结构。交合刺、引带、尾翼和交合伞都是种类鉴定的重要依据。

雌雄交配后,精子储存在受精囊中,待卵成熟并通过受精囊时,精卵结合形成受精卵,受精卵在子宫中形成卵壳并进行一定的发育。

(七)发育

线虫的发育已进行了较为详尽的研究,特别是对模式线虫秀丽隐杆线虫(*Caenorhabditis elegans*)的细胞谱系已经得到完全的阐释。虫卵的第一次分裂为横分裂,产生两个细胞,一个胚细胞(P1)和一个体细胞(S1)。S1 分裂为 A、B 两个胚球,P1 分裂形成 EMST 和 P2,这 4 个细胞排列成典型的"T"型;随后这 4 个细胞排列成偏菱形,其中 A 为前端,B 为背面,EMST 为腹面,P2 为后端。A 和 B 进一步分裂形成覆盖身体的外胚层,而 EMST 是内胚层、中胚层和口部外胚层的干细胞(图 7-7)。EMST 第一次分裂形成胚球 E 和 MST,MST 分裂形成 M 和 ST,E 进一步分裂形成外胚层,M 形成中胚层,ST 形成口部外胚层。P 细胞每一次分裂形成一个 P 细胞和一个体细胞;如 P2 分裂形成 P3 和 C;P3 分裂形成 P4 和 D;而 P5 是一个胚细胞,它最终形成精巢或卵巢的干细胞;其他细胞为体细胞,形成虫体后部的外胚层及直肠外胚层。

胚胎发育完成后形成第一期幼虫,这个幼虫是在虫卵中形成的,有的线虫第一期幼虫从虫卵中孵化出来,而有的幼虫在虫卵中形成第二期幼虫。线虫因为有角质层,所以会限制虫体的

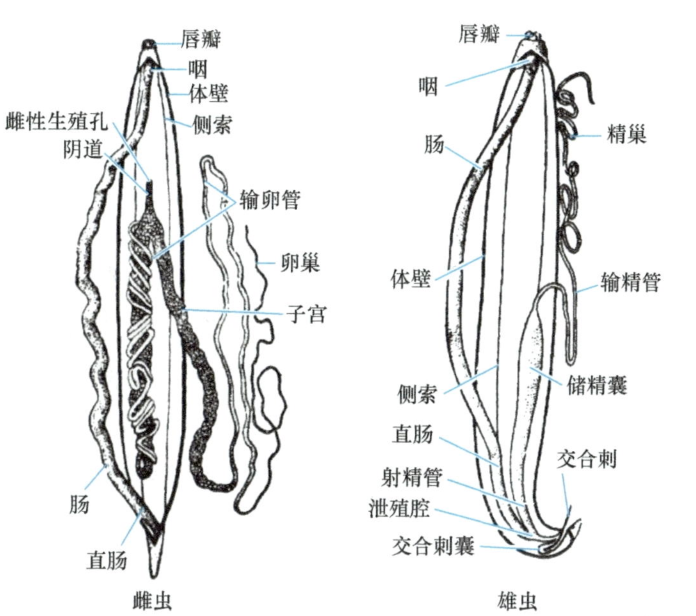

图 7-6 蛔虫的解剖图(张训蒲,2008)

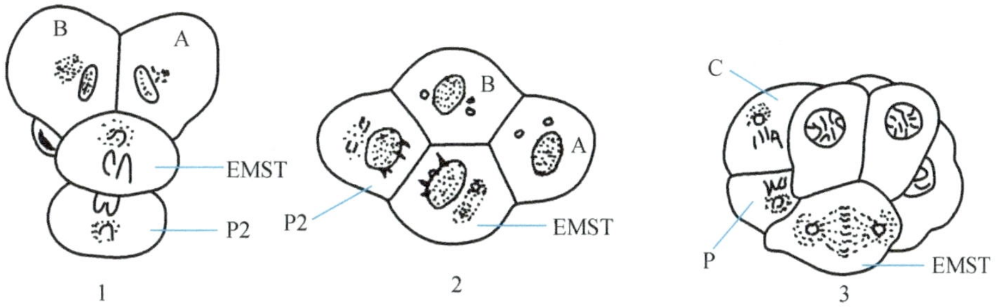

图 7-7 线虫的早期胚胎发育(Meglitsch and Schram, 1991)
1. T 型的 4 细胞期;2. 4 细胞期,细胞重组后形成偏菱形;3. 7 细胞期,示内胚层、中胚层和口部外胚层的干细胞(EMST)

生长,因此线虫在幼虫的生长过程中要进行蜕皮(ecdysis)。虽然线虫的生活习性有很大差异,但所有线虫在其生活史中都是经过 4 次蜕皮,经历 4 个幼虫期,即第一期幼虫蜕皮形成第二期幼虫,第二期幼虫蜕皮形成第三期幼虫,第三期幼虫蜕皮形成第四期幼虫,第四期幼虫蜕皮形成成虫。成虫不再蜕皮,但可有一定的生长。一般自由生活的线虫通过 4 次蜕皮而直接发育为成虫;但动物寄生线虫在生活史过程中要经历环境的变化,如由自由生活的幼虫感染宿主,或者是由中间宿主转到终末宿主,而第三期幼虫为感染性幼虫(infective larvae)。根据其在生活史中是否需要中间宿主,可以将动物寄生线虫分为两类:土源性线虫和生物源性线虫。

土源性线虫发育过程中不需要中间宿主,虫卵在外界发育为感染性幼虫,进入终末宿主后发育为成虫。这类线虫主要有以下 3 种类型。一是虫卵发育为感染性幼虫,幼虫第二次蜕皮后,第二期幼虫的角质层没有退掉,而是形成皮鞘包裹着感染性幼虫,感染性幼虫不取食,通常处于静止状态,这样有利于度过外界的不良环境。感染性幼虫被终末宿主吞食后发育为成虫,如毛圆线虫(*Trichostrongylus* spp.)。二是虫卵发育,经过 2 次蜕皮形成感染性幼虫,幼虫在虫卵中没有孵化出来,形成感染性虫卵,终末宿主吞食虫卵后感染,发育为成虫,如蛔虫(图 7-8)。还有一类线虫,虫卵发育为感染性幼虫,幼虫不带有皮鞘,而且非常活跃,主动寻找宿主,

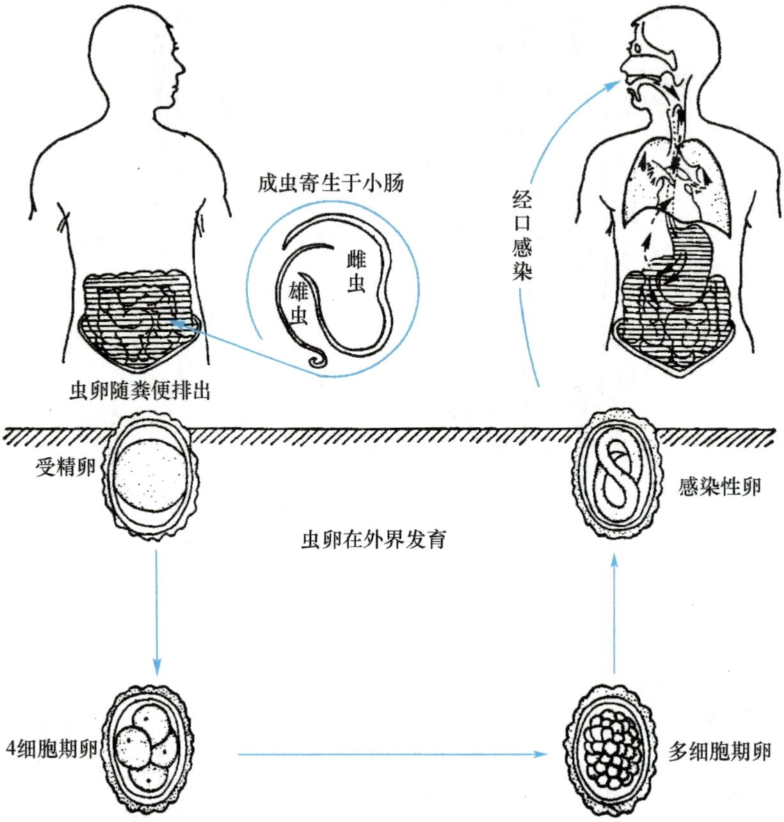

图 7-8　蛔虫的生活史(姜云磊和冯江,2006)

通过皮肤穿刺进入终末宿主体内发育为成虫,如钩虫(hookworms)。

生物源性线虫发育过程中必须有中间宿主参与才能完成生活史。有的线虫需要 1 个中间宿主,有的线虫需要 2 个中间宿主。例如,丝虫(filarial worm)需要 1 个中间宿主,成虫产出微丝蚴(microfilariae),微丝蚴在外周血中,当蚊子叮咬时,将微丝蚴吸入,在蚊子体内发育为感染期幼虫,当蚊子再叮咬其他宿主时,将感染期幼虫注入终末宿主体内,发育为成虫(图 7-9)。而颚

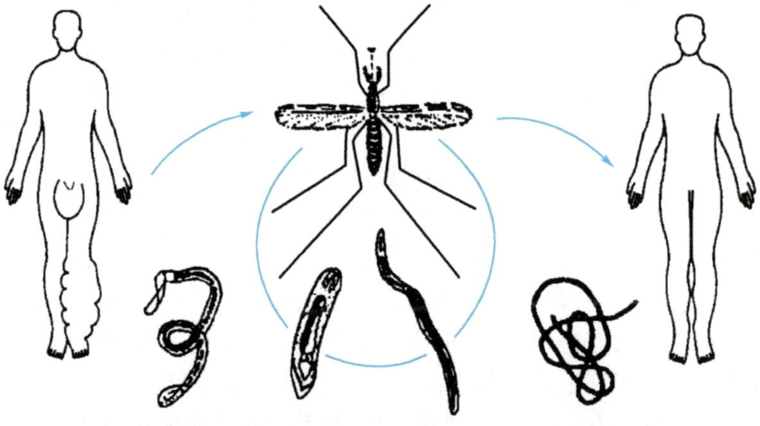

图 7-9　丝虫的生活史(姜云磊和冯江,2006)

口类(*Gnathostoma* spp.)线虫需要 2 个中间宿主(第一中间宿主为桡足类,第二中间宿主为鱼类或两栖类)而发育为成虫。

第二节 线虫动物门的分类

线虫的分类系统随着研究的深入还在不断的变化中,其中大多数学者所应用的是 Maggenti (1981) 提出的分类系统。该系统将线虫分为两个纲,具腺纲和分泌纲(Secernentea)和 20 个目。虽然还有不同的学者提出了不同的分类系统,但本书中还是以 Maggenti (1981)提出的系统,重点介绍一些重要的目。

一、具腺纲(Adenophorea)

头感器位于唇后,形态各异,有孔状、袋状、环状和螺旋状。食道腺通常为 5 个,1 个背食道腺和 4 个亚腹食道腺。无尾感器。排泄器官为腺型。有海洋自由生活线虫、淡水线虫和土壤线虫,也有寄生于植物和动物的寄生虫。

1. 嘴刺目(Enoplida)

头感器袋状,位于唇后。头乳突由 3 圈组成,内圈和中圈各有 6 个乳突,外圈有 4 个乳突。中圈和外圈的乳突通常为刚毛状。食道圆柱形,后部略膨大。雌虫有 1 个或 2 个卵巢,雄虫有 2 个精巢。交合刺 1 对,少数种类具有 1 根交合刺或无交合刺。排泄器官腺型,由 1 个腺细胞组成。通常具有 3 个尾腺用于附着。包括海洋、咸水和淡水线虫,如嘴刺线虫(*Enoplus*)(图 7-10A)。

2. 矛形目(Dorylaimida)

唇部与体部之间有一个缢缩。唇通常发育良好。头乳突位于唇上。头感器呈倒马镫形,开口呈椭圆形或裂缝状。口腔内具有可伸缩的齿或矛。食道分两部分,前部狭长肌肉质,后部长形或梨形腺质部。肠-食道瓣发达。雌虫具有 1 或 2 个卵巢。雄虫具有 1 对等长的交合刺。大多数种类无引带。虫卵具卵盖。主要是土壤和淡水线虫,少数种类为植物的外寄生虫,如矛形线虫(*Dorylaimus*)(图 7-10B)。

3. 毛首目(Trichocephalida)

幼虫阶段有一个可伸缩的矛,成虫矛消失。食道分为前部的肌质部和后面的腺质部,腺质部是由 1 或 2 排行列细胞(stichocytes)组成。雌虫和雄虫均具有一个生长腺。雄虫有一根交合刺或无交合刺。如鞭虫(*Trichuris trichiura*)(图 7-10C~E)。

4. 索目(Mermithida)

虫体特别细长,长度超过 30cm。下皮层形成 8 个索,1 个背索,1 个腹索,2 个侧索和 4 个亚中索。头感器孔状或袋状。食道腺质部由 2 排行列细胞组成。成虫的肠退化形成储存器官。雄虫通常有 1 对交合刺。虫卵无盖。主要是昆虫的寄生虫。如罗马索线虫(*Romanomermis culicivorax*)(图 7-10F~I)。

5. 色矛目(Chromadorina)

头感器形状各异,单螺旋、肾形、扁环形或多螺旋形。头部感觉乳突排列成 1 环或 2 环。角皮具有点状装饰物。口腔内具有背齿、颚或可伸缩的片状结构。食道体部圆柱形,后部膨大成食道球。有海水、淡水和土壤线虫。如田园素矛线虫(*Achromadora ruricola*)(图 7-10J)。

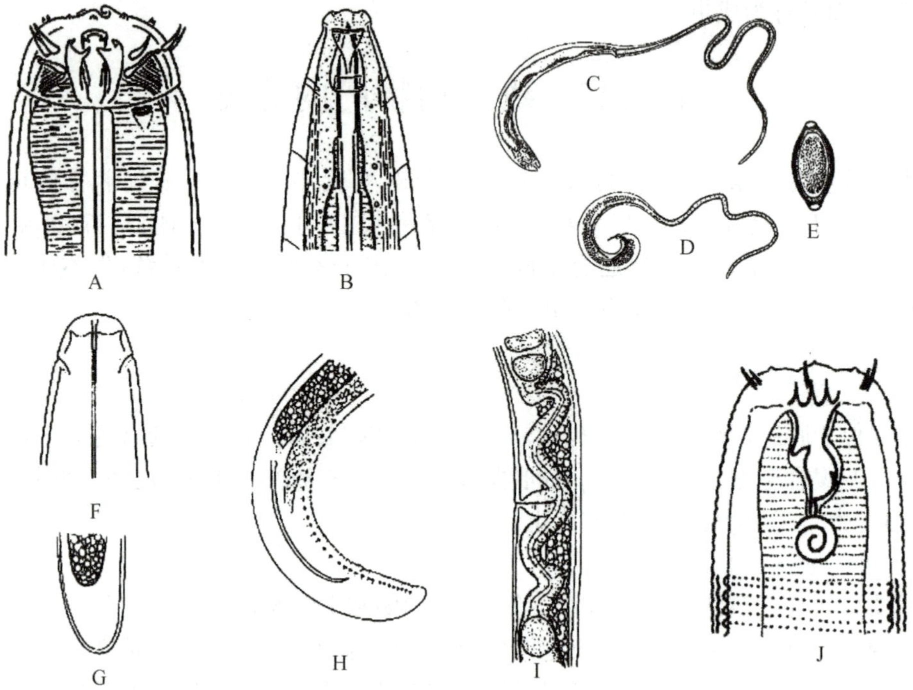

图 7-10 具腺纲的线虫(Maggenti, 1981)

A. 嘴刺线虫的头部;B. 矛形线虫的头部;C~E. 鞭虫,C. 雌虫,D. 雄虫,E. 虫卵;F~I. 罗马索线虫,F. 头部,G. 雌虫尾部,H. 雄虫尾部,I. 雌虫阴门区;J. 田园素矛线虫的头部

二、分泌纲(Secernentea)

头感器通常位于侧唇上,大多数为孔状。食道腺通常为 3 个,1 个背食道腺和 2 个亚腹食道腺。食道形态各异。一般具有颈乳突,位于神经环附近。尾部具有尾感器。排泄器官为管型。主要是土壤线虫和寄生于植物和动物的线虫,极少数为淡水生活的线虫。

1. 小杆目(Rhabditia)

口部唇片的数目变异很大,可有 6 片、3 片、2 片或无。口腔通常无管状,但可能分为 5 个以上的部分。食道包括体部、狭部和后食道球。排泄器官为典型的"H"型。雄虫尾部可能有尾翼。有土壤线虫或寄生于脊椎和无脊椎动物的线虫。如小杆线虫(*Rhabditis maupasi*)(图 7-11A, B)。

2. 圆形目(Strongylida)

口部具有 3 或 6 片唇,或者没有唇片而具有叶冠,大多数头部具有 4 个亚中乳突和 1 对头感器。口腔圆柱形或球形。食道圆柱形或棒状。雄虫尾部特化为交合伞。寄生于脊椎动物。如马圆线虫(*Strongylus equinus*)(图 7-11C, D)。

3. 蛔目(Ascaridida)

口孔周围由 3 或 6 片唇围绕,有的无唇片。外环乳突通常由 8 个乳突构成,有些线虫乳突融合而形成 4 个乳突。食道棒状或具有食道球。有不少种类具有胃盲囊或肠盲囊。排泄器官为"H"型。寄生于脊椎动物。如狮子鱼宫脂线虫(*Hysterothylacium liparis*)(图 7-11E, F)。

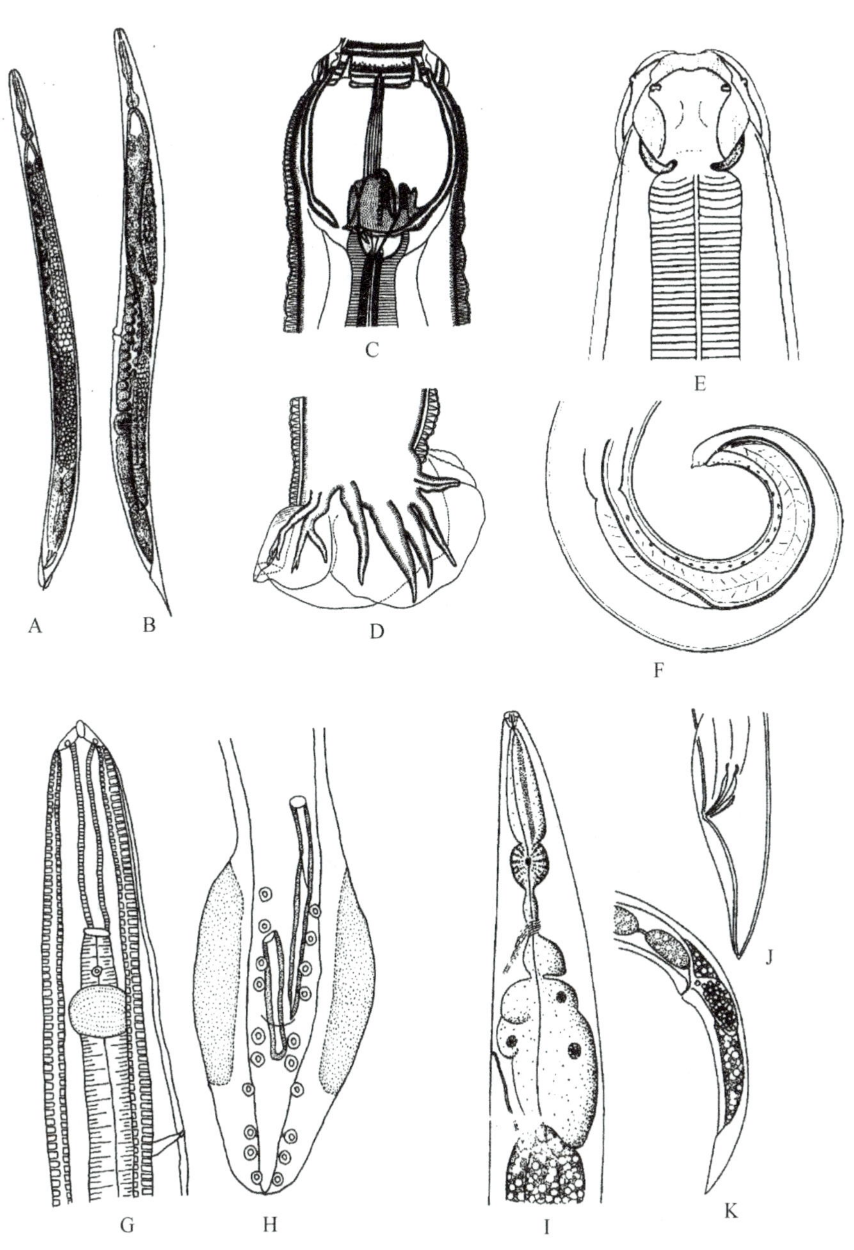

图 7-11　分泌纲的线虫(A,B,I～K:Maggenti, 1981)

A, B. 小杆线虫,A. 雄虫,B. 雌虫;C, D. 马圆线虫,C. 头部,D. 交合伞;E, F. 狮子鱼宫脂线虫,E. 头部,F. 雄虫尾部;G, H. 汪氏锐形线虫,G. 头部,H. 雄虫尾部;I～K. 小麦粒线虫,I. 头部,J. 雄虫尾部,K. 雌虫尾部

4. 旋尾目(Spirurida)

头部具有 2 个侧唇或 2 个侧假唇。有些种类具有 4 个或更多的唇片。头感器位于前端两侧。食道分为前肌质部和后腺质部。雄虫尾部弯向腹面。有脊椎动物的寄生线虫。如汪氏锐形线虫(*Acuaria wangi*)(图 7-11G, H)。

5. 垫刃目(Tylenchida)

头部圆形或发育良好,近六辐射状。头感器绝大部分呈孔状,位于唇上。内环头乳突可能缺失,外环乳突通常有 10 个。口腔内具有口针或矛。食道由体部、狭部和后腺质食道球。雄虫尾部有尾翼或无，交合刺 1 对，有时末端融合。有的自由生活，也有植物或昆虫的寄生线虫。如小麦粒线虫(*Anguina tritici*)(图 7-11I～K)。

生活在地下深层的线虫

自 20 世纪 90 年代以来，人们发现了生活在地壳内各种不同的单细胞生物，形成了“深层地下生物圈”。2011 年，《自然》杂志一篇新的研究报告描述了来自“深层地下生物圈”的第一批多细胞生物——线虫，其中包括一新种。这些线虫体长约 0.5mm，以细菌为食，通过单性生殖方式不需交配繁殖，能忍受它们生活环境(南非 Beatrix 金矿中 3km 深处)中的高温。类似的生物预计也可能出现在某些海床下环境中，多细胞生物在如此恶劣环境中的生存能力对于宇宙生物学有参考价值。

第三节 线虫动物门的起源与进化

线虫的起源现在尚不明了，因为缺乏化石的证据，所以不能依赖古生物学的方法进行分析。过去依据形态学的特征曾经认为线虫起源于扁形动物。但最近的分子系统发育分析表明，线虫和线形动物、缓步动物及节肢动物有较近的亲缘关系，它们组成了一个类群，称为蜕皮动物(Ecdysozoa)。因此，推测线虫动物门和线形动物门有一个共同的祖先，当然这个祖先是什么尚需进一步的研究。

线虫的进化已进行了大量的研究。基于形态学的证据将线虫分为具腺纲和分泌纲。具腺纲包括所有海洋种类，以及部分淡水和寄生的种类，这个纲的种类是较原始的；而分泌纲主要是陆生种类和寄生的种类，分泌纲的线虫是由具腺纲进化而来的。近年来的分子系统学对线虫动物门的进化有了进一步的了解。应用 DNA 序列分析所建立的分子系统树主要得到以下结果：①分子系统分析支持将线虫分为具腺纲和分泌纲；②分子系统树主要有 5 个分支，分支Ⅰ和Ⅱ隶属于具腺纲，分支Ⅲ～Ⅴ隶属于分泌纲，而分支Ⅳ又分为两个亚群，Ⅳa 和Ⅳb；③每个分支中均包括有自由生活的类群和寄生的类群，因此推测寄生的线虫至少单独起源了 6 次，而不是所有寄生线虫具有一个共同的祖先；④色矛目线虫是位于具腺纲和分泌纲的一个中间类群，因此分泌纲的线虫是由色矛目的线虫进化而来(图 7-12)。

第四节 线虫动物门的经济意义

线虫具有多样的生活环境，其不同的类群在生态系统中起着不同的作用，对人类产生的影响也不同。因此，线虫的经济意义也表现出有益和有害两个方面。

一、有益的方面

(一)生物学研究的材料

线虫是研究和揭示生物学奥秘的极好材料，现在秀丽隐杆线虫已经作为重要的模式动物广泛应用于生物学的研究，对于发育生物学、遗传学、基因组学和蛋白组学的研究作出了突出贡献。特别是对基因功能的研究提供了一个很好的平台。例如，近年来发现在模式线虫中存

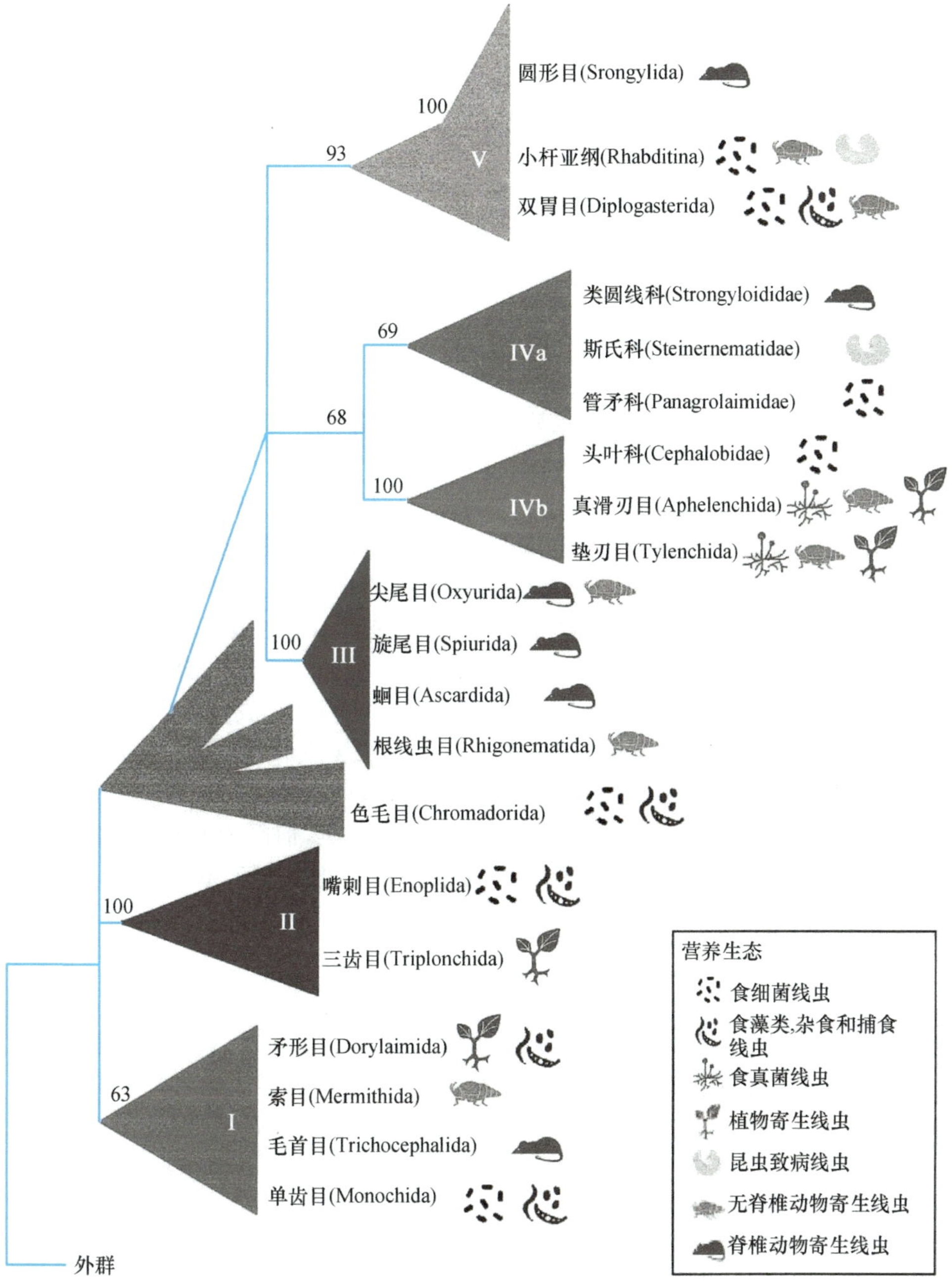

图 7-12　基于核糖体小亚基(ssrDNA)全序列分析建立的线虫的分子系统树(Dorris et al., 1999)

在有长寿和抗癌的基因,而在人类体内也存在同源性的基因,这为人类的长寿和抗癌药物的筛选提供了重要的参考依据。

(二)作为环境污染的指示生物

自由生活的线虫在生态系统中起着重要作用,是食物链的一个组成部分。线虫对环境的变化比较敏感,环境的变化(如污染)可引起线虫类群组成的变化,因此通过对环境中线虫种群的研究，可以推测环境的污染程度。

（三）生物防治

线虫中有些类群是昆虫致病线虫，主要是斯氏科和异小杆科（Heterorhabditidae）的线虫。它们寄生在昆虫体内，其所携带的细菌可杀死昆虫，利用昆虫致病线虫的这个特征，可以对有害昆虫进行防治。目前国内外对这类线虫进行了大量的研究，并广泛应用于昆虫类害虫的生物防治研究，取得了较好的效果。目前异小杆线虫已有商品出售。

二、有害的方面

（一）对人类健康的影响

有些线虫可寄生于人体内，对人类健康造成一定危害。常见的种类如人蛔虫、十二指肠钩口线虫（*Ancylostoma duodenale*）和美洲板口线虫（*Necator americanus*）、蛲虫（*Enterobius vermicularis*）、班氏丝虫（*Wuchereria bancrofti*）和马来丝虫（*Brugia malayi*）、旋毛虫（*Trichinella spiralis*）等。人蛔虫寄生在人的小肠，吸收小肠内的营养，可引起人的营养不良症，特别是儿童发育不良；蛔虫在小肠内寄生数量较多时，还可能引起肠梗阻。此外，蛔虫发育过程中要在宿主体内移行，造成宿主组织的破坏，特别是对肺部的破坏，引起肺炎等疾病。钩虫也和蛔虫一样，发育过程中需要移行，对宿主的组织造成损失；而成虫寄生在小肠，用切齿或切板咬破肠壁，吸食血液，同时钩虫分泌抗凝血酶，使血流不止，造成患者贫血。丝虫寄生于人体的淋巴管中，刺激淋巴管组织增生，变粗变厚，最后形成象皮肿，患者失去劳动能力。另外，还有一些动物寄生线虫，如异尖线虫（*Anisakis* spp.）、犬弓首线虫（*Toxocara canis*）、广州管圆线虫（*Angiostrongylus cantonensis*）等，其幼虫可感染人类，但因为人不是这些线虫的合适宿主，因而幼虫在人体内不能发育为成虫，但幼虫在人体内到处移行，形成幼虫移行症，给人类健康造成严重危害。

（二）对养殖业的影响

许多线虫寄生于家畜和家禽体内，造成畜禽生长缓慢，发育不良，甚至引起畜禽死亡，给养殖业带来重大损失。寄生于畜禽的线虫种类很多，仅寄生于马属动物体内的线虫就有 90 多种。常见的种类包括捻转血矛线虫（*Haemonchus contortus*）、毛圆线虫、奥斯特线虫（*Ostertagia* spp.）、食道口线虫（*Oesophagostomum* spp.）。

（三）对农业生产的影响

还有部分线虫为植物寄生线虫，引起植物的疾病或死亡，给农业生产带来重大的损失，每年有线虫引起农作物的损失与昆虫相当。其中，最重要线虫为根结线虫（*Meloidogyne*）和包囊线虫（*Globodera*），这两类线虫均为固着性内寄生虫，它们可以寄生于多种农作物体内，刺激宿主形成巨细胞，称为取食结构，线虫用口针不断吸收巨细胞的内容物。由于大量的营养物质被线虫取食，植物生长受到很多影响，产量减少甚至绝收。

思考题

1. 线虫有哪些主要的特征？
2. 线虫排泄器官有什么特点？
3. 线虫角质层的结构由哪几部分组成？
4. 线虫与人类的关系如何？
5. 线虫的重要经济意义有哪些？

第八章　环节动物门

环节动物门(Annelida)是高等无脊椎动物的开始。身体分节,具有刚毛和疣足,使运动敏捷;出现次生体腔、后肾管、闭管式的血液循环,使各器官系统趋向复杂,机能加强;神经组织进一步集中,形成脑和腹神经索;感觉器官发达,接受刺激灵敏,反应快速;海生种类的个体发育中有担轮幼虫阶段。这些特征使环节动物能更好地适应环境,向更高等动物进化。

第一节　环节动物门的主要特征

一、分节现象

环节动物的躯体是由许多彼此相似而又重复排列的体节(metamere)构成。这些体节不仅外部相似,而且内部的重要器官,如循环、神经、排泄、生殖等也都按节重复排列,在节与节之间往往有一双层的隔膜(seprum),动物体的这种分成若干体节的结构,称为分节现象(metamerism)。大多数环节动物除前两节和最后一节外,其余各体节的形态和功能基本相同,这种现象称为同律分节(homonomous metamerism),如蚯蚓;也有一些种类,体节有明显的不同,一部分体节较粗,而另一部分体节较细;或者一部分体节具有附肢,而另一部分体节无附肢,这一现象称为异律分节(heteronomous metamerism),如沙蠋。

体节的出现使动物体开始分化,对于加强动物体的新陈代谢和对外界环境的适应能力有很大意义,因而是动物在进化过程中的一个重要标志。异律分节使动物的生理分工更为显著,不同的体节有不同的功能,身体分化更为复杂,各部分的分工更为精细,这对动物体向更高级的分化,如形成头、胸、腹等部分提供了广泛的可能性。

分节现象的起源,一般认为是由原始分节现象和动物的运动两个因素结合起来而逐渐演化形成的。在低等的蠕虫,如涡虫、纽虫体内的消化道的侧盲囊和生殖腺已按节排列,这些动物做蛇形运动时,在前后生殖腺之间,最容易弯曲使体壁形成褶缝,然后在前后褶缝之间长出特殊的肌肉群,最后便形成了体节。

二、刚毛和疣足

刚毛(seta)和疣足(parapodium)是环节动物的运动器官。多数环节动物的每个体节都长有能做辅助运动的刚毛,它是由表皮细胞内陷形成刚毛囊(setal sac),再由刚毛囊细胞分泌而形成的(图 8-1A)。刚毛作为一种运动器官,比低等动物的纤毛稳固而有力。有些种类刚毛多,呈环状排列,称为环生;有些种类刚毛少,每体节只有 4 对,称为对生;有些种类刚毛成束。海产的环节动物在身体两侧的每体节往往长有一对疣足,它是由体壁向外突出而形成的扁平片状结构,体腔也随之伸入其中,有爬行和游泳的功用。典型的疣足分为背肢(notopodium)和腹肢(neuropodium),背肢的背侧具一指状的背须(dorsal cirrus),腹肢的腹侧有一腹须(ventral cirrus)(图 8-2),有触觉功能。有些种类的背须特化成疣足鳃(parapodia gill)或鳞片等。背肢和腹肢内各有一起支撑作用的足刺(aciculum)。背肢有一束刚毛,腹肢有两束刚毛。刚毛有分节与不分节之别，形态各异(图 8-1B)。疣足划动可游泳，有运动功能。疣足内分布毛细血管网，可以进行气体交换。有的种类(如蛭类)无疣足和刚毛，依靠吸盘及体壁肌肉的收缩进行运动。

刚毛和疣足的出现，加强了动物体爬行、游泳等运动的功能，增强了环节动物对外界环境适应的能力。

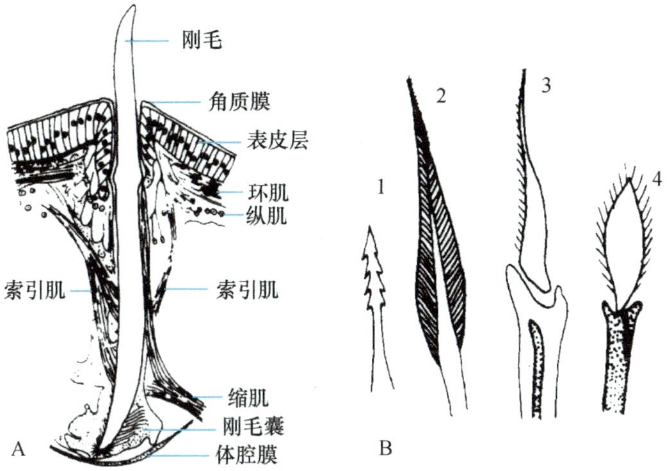

图 8-1 寡毛类刚毛囊的纵切面(A)(刘凌云和郑光美，1997)及多毛类的刚毛类型(B)(Hickman et al.，2001)
B:1. 三叉鳞虫(*Hermonie*)鱼叉型刚毛；2. 须头虫(*Amphitrite*)翼状刚毛；3. 刺沙蚕(*Neanthes*)异齿刺状刚毛；4. 异沙蚕(*Heteronereis*)等齿桨状刚毛

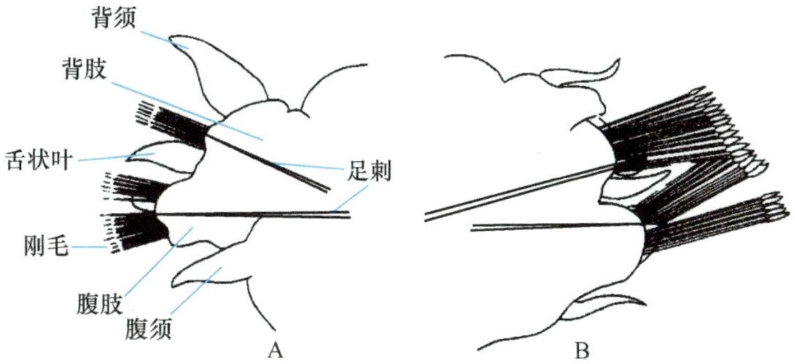

图 8-2 多毛类的疣足(吴宝铃和孙瑞平，1981)
A. 疣吻沙蚕(*Tylorrhynchus heterochaetus*)正常个体的疣足；B. 性成熟异沙蚕疣足

三、次生体腔

环节动物在身体的体壁和消化道之间有一个很大的空腔，从胚胎发育过程来看，最早是由两个中胚层细胞发育为两团中胚层带，后来每团裂开，分为成对的体腔囊，其靠近内侧的中胚层和内胚层合成肠壁，靠近外侧的中胚层和外胚层构成体壁，空腔即位于肠壁中胚层和体壁中胚层之间。由于这种空腔比初生体腔出现较晚，称为次生体腔(secondary coelom)或真体腔(true coelom)(图 8-3)。

次生体腔的形成，使中胚层的肌肉组织参与了消化道和体壁的构成，并使消化道和体壁的运动加强，同时又由于有了很大的空腔，使体壁的运动与肠壁的运动分开，这就大大加强了动物的运动和消化摄食的能力，对动物的循环、排泄、生殖等系统也有很大的促进作用。次生体

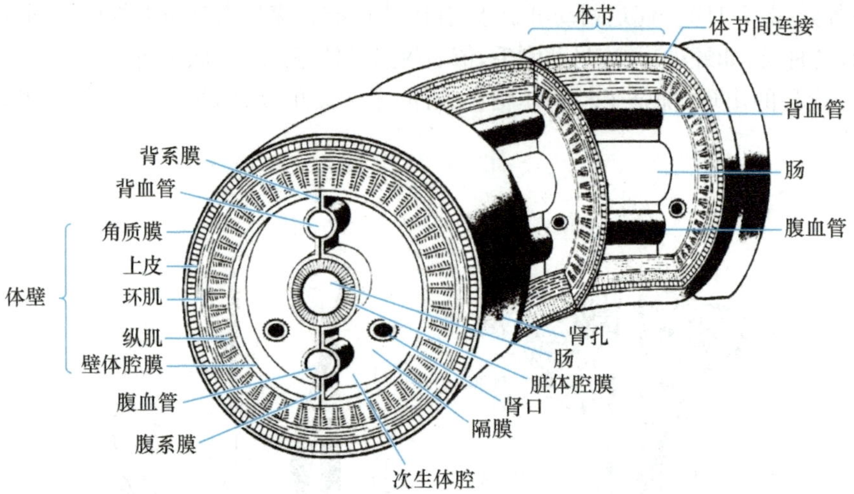

图 8-3 环节动物的体节、体腔等基本结构模式图(刘凌云和郑光美,2009)

腔内还充满了体腔液,在每个体节间的隔膜又有孔相通,因此次生体腔内的体腔液又可与循环系统共同完成体内运输作用,并使动物体保持一定的体态。因此,次生体腔的形成,在动物进化上有重大的意义。

四、后肾管排泄系统

环节动物具有后肾管(metanephridium)的排泄系统,即通常每节具有 1 对大肾管(meganephridium),如异唇蚓;或者每节具有众多的小肾管(micronephridium),如环毛蚓。后肾管的出现是一个很大的进步。典型的后肾管是 1 条两端开口迂回盘曲的管子(图 8-4),一端开口于前一体节的体腔,顶端为一具有纤毛的漏斗,即肾口(nephrostome);另一端开口于体壁腹面的外侧,或者开口于消化道,即肾孔(nephridiopore)或排泄孔,有排泄含氮废物和平衡体内渗透压的作用。

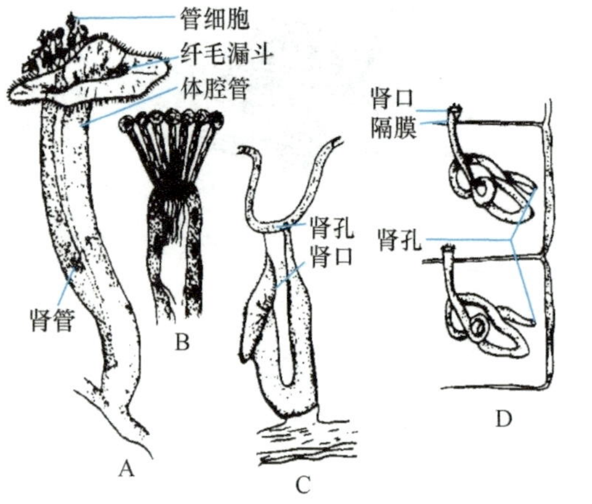

图 8-4 多毛类的各种肾管(刘凌云和郑光美,1997)

A. 叶须虫属(*Phyllodoce*)的原混合肾(protonephromixium);B. 叶须虫属的一个原肾管分支和有管细胞群;C. 沙蚕(*Nerine*)的后肾管;D. 刺沙蚕的后肾管

某些环节动物每个体节内的体腔上皮,能向外形成 1 对管子,称为体腔管(coelomoduct),体腔管大多开口于体外。体腔管如排出体腔内的生殖细胞时,则称为生殖管,如排出体内的代谢产物时,则称为排泄管。

五、闭管式循环系统

典型的环节动物的血液,是从一条血管流到另一条血管,中间由微血管相连接,故血液始终在血管内流动,而不离开血管流到组织间隙中去,这样的血液循环称为闭管式循环系统。从环节动物的个体发育看,循环系统的形成和次生体腔的发生有着密切的关系。由于左右的体腔囊逐渐扩大,必然会使原体腔逐渐缩小,结果在消化道上下的地方被挤得只剩下小空隙,这便是背血管和腹血管的内腔,体腔囊的体腔膜在接触的地方留下的空隙，就形成了血管弧或心脏，因此循环系统的内腔，实际上是初生体腔被排斥后所遗留下来的痕迹。

环节动物的血液一般呈红色，因血浆中含有血红蛋白，血细胞无色。多毛类中极少数种类血细胞中含血红蛋白。

六、链状神经系统

环节动物的神经系统较低等蠕虫的梯状神经系统更为集中，而且是按节排列的。神经中枢在身体的前端背部，有 1 个由两叶组成的咽上神经节(suprapharygeal ganglion)，或称为脑神经节或脑，与 1 对围咽神经(circumpharyngeal connective)和腹面的腹神经索(ventral nerve cord)相连，组成 1 个链状，形成一条贯穿全身的腹神经链(图 8-5A)，腹神经链是由两条纵神经索向腹面中央合并而成，咽下神经节是腹神经链的第一个神经节，其下在每一个体节内部都有一个合并的神经节，这样的神经系统称为链状神经系统(图 8-5D)。咽上神经节或脑有控制全身运动和感觉的功能，由它再分出神经到身体前端的感受器，同时也分布到消化道等内脏器官(类似交感神经系统)。各个神经节又分出若干对神经分布到体壁等处，以调节体壁的感觉和运动的反射动作(类似外周神经系统)。

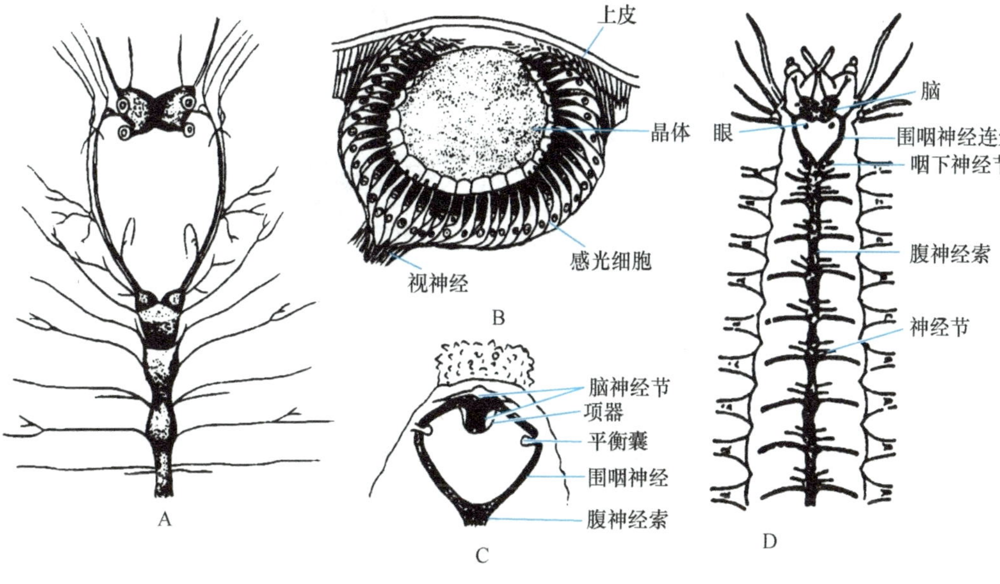

图 8-5　多毛类的神经系统及感觉器官(A~C：刘凌云和郑光美，1997；D：张训蒲，2008)
A. 沙蚕的神经系统前端部分；B. 沙蚕的眼；C. 沙蠋的平衡囊和项器；D. 沙蚕的神经系统整体图

环节动物的感觉器官发达(多毛类)，有眼、项器(nuchal organ)、平衡囊(statocyst)、纤毛感觉器(ciliated sense organ)及触觉细胞(tactile cell)等(图 8-5B)。有些种类(寡毛类及蛭类)感觉器官则不发达。眼位于口前叶的背侧，2 对、3 对或 4 对，有的构造简单，有的发育良好。平衡囊位头后体壁内，有管开口于体表[如沙蠋(*Arenicola cristata*)]。项器位头后，实为一对纤毛感觉器，为化学感觉器(图 8-5C)。纤毛感觉器位体节背侧或疣足的背腹肢之间，又称背器官或侧器官。触觉细胞，分布于体表。感觉器官不发达的种类有的无眼，体表有分散的感觉细胞、感觉乳突及感光细胞(photoreceptor)等。

七、担轮幼虫

海产的环节动物在发生初期，具有一个能自由行动的幼虫时期，称为担轮幼虫(trochophore)。体似陀螺形，在腰部有口，口前、口后各有一圈纤毛环，在口前的纤毛环称口前纤毛环或原担轮(protroch)；口后的纤毛环称口后纤毛环或后担轮(metatroch)。口后通食道，往后连接膨大的胃，胃后端为肠，末端为肛门，开口于身体的末端，近肛门处有纤毛环。体表尚有端担轮(telotroch)(图 8-6A)。有口的一面为腹面，相反的一面为背面，身体顶端有顶纤毛束及眼点，内有集中的神经组织，称感觉板(sensory plate)或顶板(apical plate)(图 8-6B)。这种幼虫具有很多原始特点，如无体节、原体腔、原肾管等，这都与低等的动物相似。担轮幼虫到后期开始变态，后端长出体节(图 8-6C)，中胚层按节分裂，并形成各节的次生体腔，外胚层形成腹神经索，前端与脑相连，口前叶和围口节形成头部，每节产生后肾管，并逐渐发育为成虫。担轮幼虫又和软体动物等在发生初期的幼虫相似，因此担轮幼虫的出现，在动物进化上具有重要的意义。

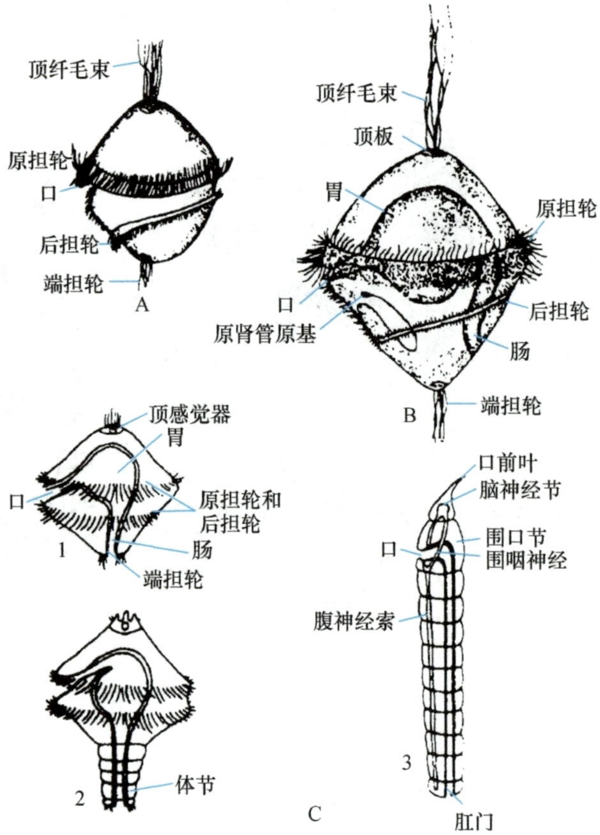

图 8-6 担轮幼虫及其变态(A,B:刘凌云和郑光美,1997;C:Russell-Hunter,1979)

A. 角端虫(*Polygordius*)的担轮幼虫;B. 担轮幼虫的结构;C. 担轮幼虫变态图解(1、2、3)

第二节 环节动物门的分类

环节动物约有 17 000 种，根据有无疣足、刚毛、生殖带等特征分为多毛纲、寡毛纲和蛭纲 3 个纲。

一、多毛纲(Polychaeta)

(一)多毛纲主要特征

多毛类的头部明显，包括口前叶和围口节。其上感觉器官发达，具触手和触须各 1 对，背侧眼点 2 对，前面口前触手 1 对，周围围口触手 4 对，口前叶后面两侧有纤毛窝 1 对，称项器。口前叶腹面即口。口内的咽内有 1 对颚，能从口中翻出捕食(图 8-7)。

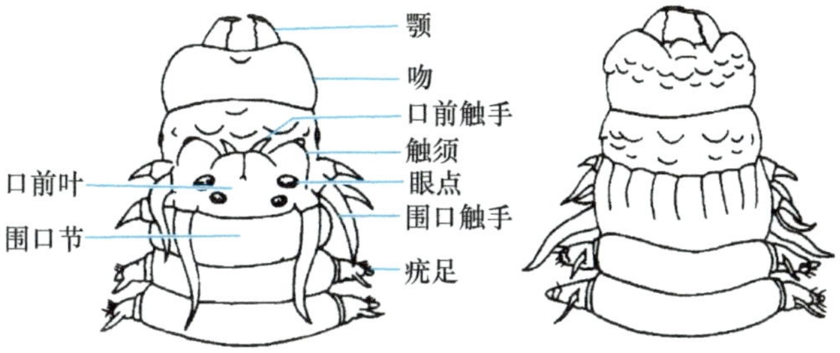

图 8-7　疣吻沙蚕头部的构造(吴宝铃和孙瑞平，1981)
A. 背面观；B. 腹面观

躯干在形态、功能上大致相似，为同律分节。身体末端的体节称为肛节，肛节上有肛门。具有疣足，每体节 1 对，双叉型，包括背叶和腹叶，在背腹叶末端有刚毛。刚毛的形态因种而异，有些种类往往具有几种刚毛。因此，刚毛的形态通常是分类的重要依据之一。

大多数多毛类具有发达的闭管式循环系统。原始种类无专门的消化器官，通过体表呼吸。大多数多毛类以体表突起的鳃作为呼吸器官，许多种类的鳃由疣足背须或背叶形成。一些原始种类具有原肾，大多具有后肾。多毛类的神经系统为链状，包括脑、围咽神经环、腹神经索。

多毛类的无性生殖主要是出芽生殖和分裂生殖。一般无专门的生殖腺，多数雌雄异体，个别种类雌雄同体。另外，多毛类一般不发生交配行为，卵在海水中受精。

多毛类的卵属端黄卵，受精卵行螺旋型卵裂，原肠胚形成后，胚胎迅速发育成担轮幼虫，以后变态成成虫。

(二)多毛纲的分类

本纲约有 10 000 种，根据生活方式的不同分 3 个目。

1)游走目(Errantia)　　头部明显，感觉器官发达；咽具有颚及齿，通常能翻出。体节数目较多且相似，疣足发达，具有刚毛和足刺。主要有爬行、游泳、钻穴和管居生活的种类。如日本沙蚕(*Nereis japonica*)、鳞沙蚕(*Harmothoe*)、巢沙蚕(*Diopatra*)、吻沙蚕(*Glycera*)、裂虫(*Syllis*)、囊须虫(*Saccocirrus*)(图 8-8)。

2)隐居目(Sedentaria)　　头部不发达，咽没有颚及齿，不能外翻。管栖或穴居，疣足退化，不具刚毛及足刺。例如，燐沙蚕(*Chaetopterus variopedatus*)在海底泥沙内“U”形管中生活，能发燐光；沙蠋在泥沙中“U”形穴内生活；盘管虫(*Hydroides*)在盘曲的石灰质管内生活；右旋虫(*Dexiospira*)在螺旋形石灰质管内生活。淡水种类如 *Manayunkia*，在水底泥沙中的栖管内生活(图 8-9)。

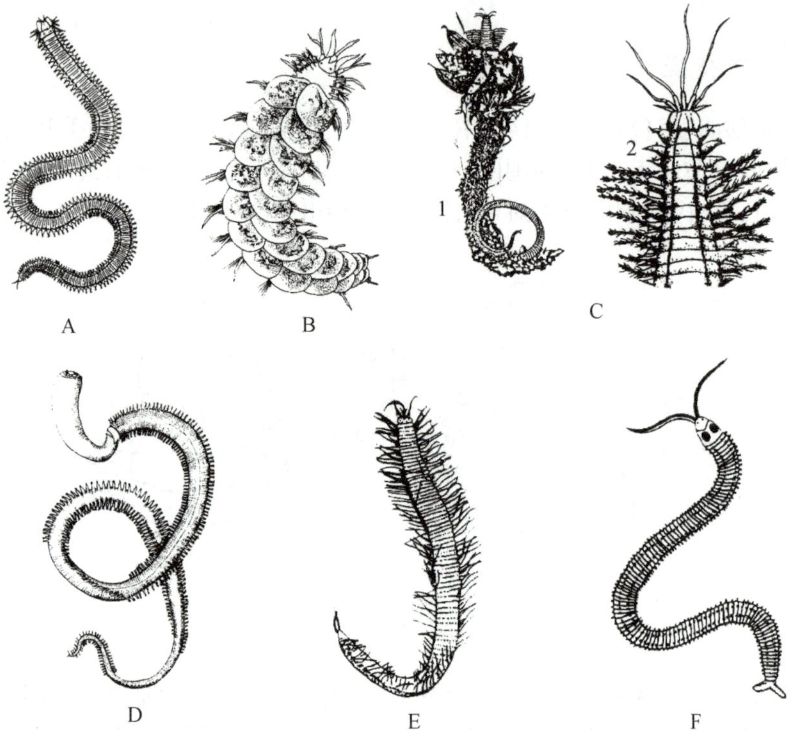

图 8-8 多毛纲游走目(A、B、D:吴宝铃和孙瑞平,1981;C、E:刘凌云和郑光美,1997)
A. 日本沙蚕;B. 鳞沙蚕;C. 巢沙蚕,1. 在栖管内,2. 体前部;
D. 长吻沙蚕(*G. chirori*);E. 裂虫(*S. fasciata*);F. 大囊须虫(*S. major*)

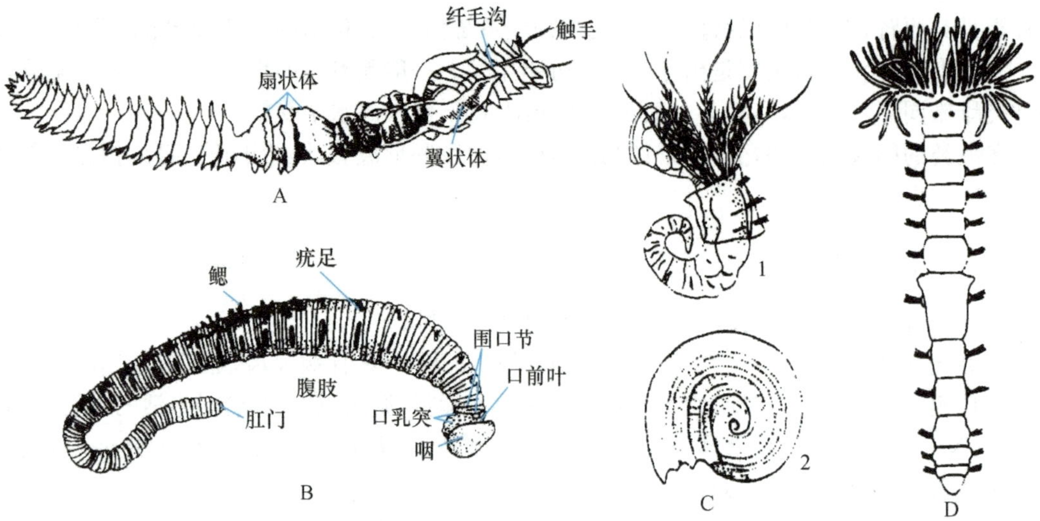

图 8-9 多毛纲隐居目(A、B、D:刘凌云和郑光美,1997;C:吴宝铃和孙瑞平,1981)
A. 燐沙蚕;B. 沙蠋;C. 日本右旋虫(*D. nipponicus*),1. 虫体,2. 石灰质管;D. *M. speciosa*

3)**吸口虫目**(Myzostomaria) 个体很小,有些种类寄生在海星类体内,有些种类寄生在海百合类体外。身体呈扁平盘状,有疣足和吸盘,身体不分节。雌雄同体。如吸口虫(*Myzostoma*)(图 8-10)。

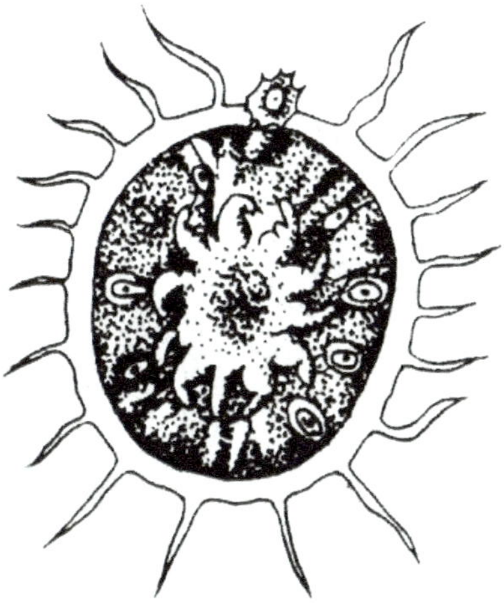

图 8-10 多毛纲吸口虫目有须吸口虫(*M. antennata*)腹面观(陈义,1956)

二、寡毛纲(Oligochaeta)

(一)寡毛纲主要特征

头部退化,感觉器官不发达。疣足退化,刚毛长在体壁,其数目远少于多毛纲,故名。雌雄同体,生殖腺 1～2 对,有生殖导管和环带。交配时相互授精,卵产于环带中,脱离后形成卵茧,直接发育。寡毛纲大多数陆栖,如各种蚯蚓;少数水栖,分布在各种淡水中,特别是有机质丰富的浅水。

(二)寡毛纲代表动物——环毛蚓(*Pheretima*)

1. 外形

环毛蚓生活于有机质丰富的潮湿土壤中,夜间常爬出地面活动,寻找食物。大雨过后白天也爬出地面。环毛蚓平均由 145 个体节组成(图 8-11)。除前后几个体节外,其余每个体节中央都有一圈刚毛,故名环毛蚓。由于环毛蚓对土壤生活的适应,结构上发生了一系列变化。

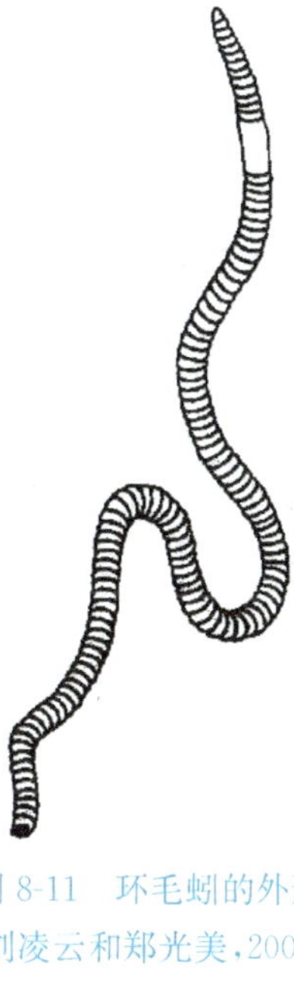

图 8-11 环毛蚓的外形(刘凌云和郑光美,2009)

环毛蚓由于适应于土壤生活,口前叶和围口节上的感觉器官退化。体表具单细胞黏液腺,而且背中线上自ⅩⅡ节开始,向后每个节间沟具一背孔与体腔相通,能射出体腔液,保持体表湿润、用于呼吸和在土壤中穿行。

第ⅩⅣ～ⅩⅥ节愈合成膨肿状的环带,用于产卵时分泌环状蛋白质管,即卵茧,以保证受精卵在土壤中的发育。环带腹面正中 1/3 处(即ⅩⅥ节)有一孔,为雌性生殖孔;环带下第二节腹面两侧有两个孔,往往位于乳突上,为雄性生殖孔。环带前第Ⅵ～Ⅸ节的节间腹面两侧一般有 3 对纳精囊孔。这些结构都与生殖有关(图 8-12)。

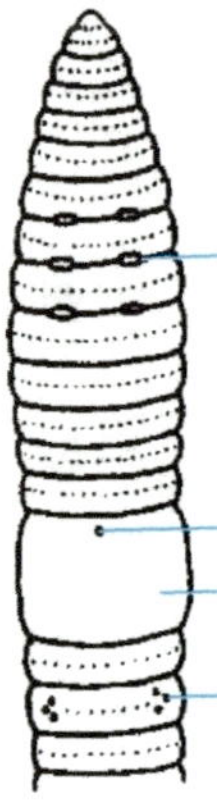

图 8-12 环毛蚓体前端腹面观(陈义,1956)

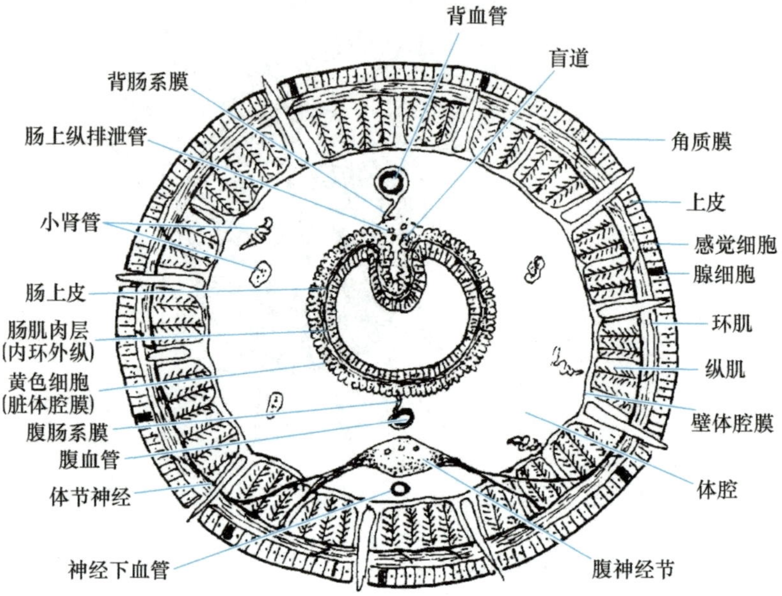

图 8-13 环毛蚓的横切面(刘凌云和郑光美,1997)

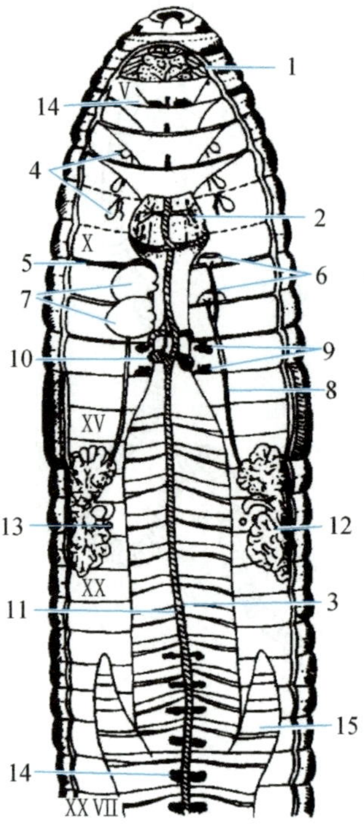

图 8-14 环毛蚓的解剖背面观(陈义,1956)

1. 咽;2. 砂囊;3. 肠;4. 纳精囊;5. 精巢囊;6. 精巢;7. 储精囊;8. 输精管;9. 卵巢及输卵管;10. 心脏;11. 背血管;12. 前列腺;13. 性腺;14. 血腺;15. 盲囊;罗马数字为体节数

2. 体壁

其体壁即皮肌囊,与前述的涡虫或蛔虫不同,由角质膜、上皮、环肌、纵肌和壁体腔膜组成。肌肉层排列方式为外环内纵(图 8-13)。

与蛔虫相比,角质膜薄。上皮中具单细胞黏液腺,能分泌黏液。此外,背孔能射出体腔液,以保持皮肤的湿润。同时,这里毛细血管丰富,因此是环毛蚓呼吸的场所。这也是对土壤生活的一种适应性。

3. 消化系统

消化管包括口、口腔、咽、食道、嗉囊、砂囊、胃、肠、肛门等部分(图 8-14)。口腔内无齿或颚,后壁上有强大的肌肉质的咽,可从口翻出,摄取食物。咽头外围有单细胞的咽头腺,能分泌黏液和蛋白质,使食物湿润,并能进行初步的消化。咽后为短而细的食道,其壁有钙质腺,可中和酸性物质,维持体内酸碱平衡和调节钙容量。食道后有壁薄的嗉囊,能暂时储存食物。嗉囊后为肌肉发达的砂囊(gizzard),内衬一层较厚的角质膜,能把食物磨碎。自口至砂囊由外胚层形成,属前肠。砂囊后有一段狭长而富有腺体的胃,胃前有一圈胃腺,与咽腺功能相似。从胃后第 XV 体节开始,消化管扩大为肠,肠前端两侧有 1 对细小的盲肠(caeca),分泌消化腺。肠的背中央有盲道,使消化、分泌和吸收面积增大。在肠和背血管周围有脏体腔膜分化形成的黄色细胞(chloragogen cell),黄色细胞主要用于营养物质的合成与存储,并具有解毒功能。胃和肠来源于内胚层,属中肠。

无盲道部分为直肠，属于后肠，来源于外胚层，较短，无消化机能，最后由肛门开口于体外。

4. 循环系统

环毛蚓的循环系统主要由背、腹血管和 4 对心脏组成(图 8-15～图 8-17)，属于闭管式循环。背、腹血管位于消化道背、腹面的肠系膜上。4 对心脏分别位于第Ⅶ、Ⅸ、Ⅻ、ⅩⅢ体节内。另外，位于腹神经索腹面还有一条神经下血管，但自ⅩⅣ节后分为两支，位于消化道两侧，称为食道侧血管。

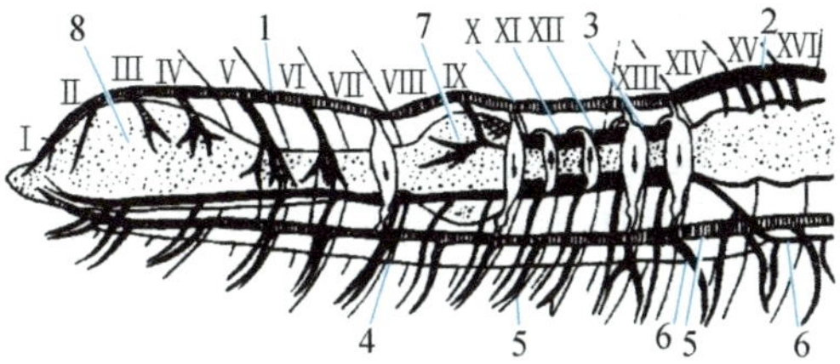

图 8-15 环毛蚓的血管系统
(刘凌云和郑光美，1997)
Ⅰ～ⅩⅥ顺序示节数；1，2. 背血管及背肠血管；3. 胃上血管；4. 食道侧血管；5. 腹血管及其体壁支；6. 神经下血管及其体壁支；7. 砂囊；8. 咽

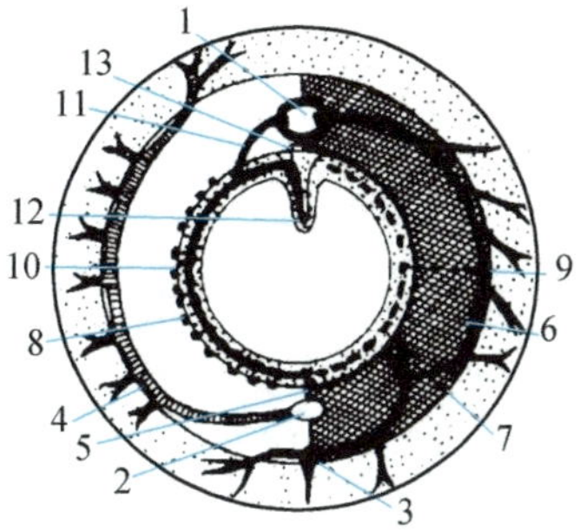

图 8-16 蚯蚓ⅩⅥ体节横切面图解
(刘凌云和郑光美，1997)
1，2. 背及腹血管；3. 神经下血管；4. 腹皮血管；5～7. 腹肠及壁血管、隔肠血管；8，9. 肠外及肠壁血管丛；10，11. 肠横及背肠血管；12. 盲道血管；13. 纵排泄管

血液红色，血红素位于血浆中。血液在背血管中向前流，在腹血管内向后流。

5. 排泄系统

蚯蚓的排泄器官属后肾管型的小肾管。每一节有很多，按肾孔的开口位置分为 3 类：体壁小肾管，分布全身，肾孔开口于体外，无肾口，每节 200 余条；隔膜小肾管(图 8-18)，ⅩⅣ节后，

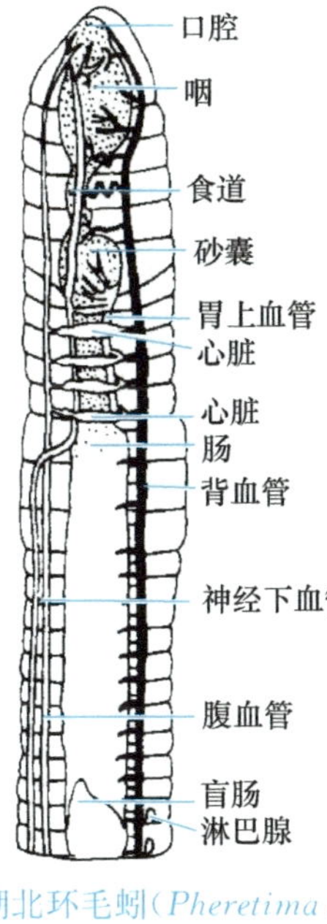

图 8-17 湖北环毛蚓(*Pheretima hupeiensis*)的循环系统(刘凌云和郑光美，1997)

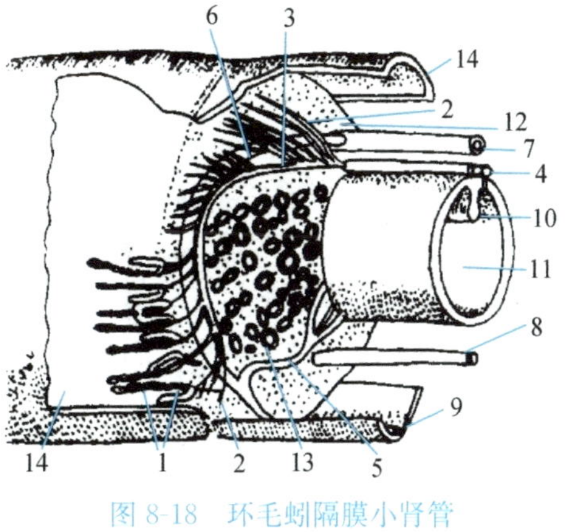

图 8-18 环毛蚓隔膜小肾管
(陈义，1956)
1～3. 隔膜小肾管；4. 纵排泄管，示入肠处；5，6. 隔膜及壁血管；7～9. 背、腹、神经下血管；10，11. 盲道及肠腔；12，13. 隔膜及上小孔；14. 体腔

漏斗状的肾口开口于体腔，肾孔开口于肠内，每节有数十条；咽头小肾管，咽头和食道两侧，Ⅳ～Ⅵ体节的隔膜上，成束和成对，肾孔通到消化道。这3类小肾管富微血管，可排除血液和体腔液中的代谢产物。

6. 神经系统

中枢神经系统为典型的索式神经系统（图8-19），由脑、围咽神经环、咽下神经节和腹神经索组成。由它向外发出各种神经共同构成周围神经系统，其中由脑到消化道的称为交感神经系统。应注意的是，腹神经上外包有少量的肌肉和体腔膜。其内含有3根巨大神经纤维，其传导冲动极快，当蚯蚓受到刺激时，能引起所有体节同时收缩，避开敌害。

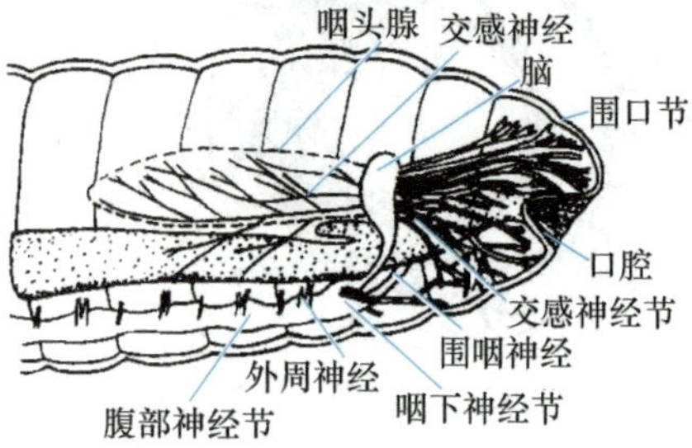

图8-19 蚯蚓的神经系统（陈义，1956）

7. 生殖与发育

本纲动物雌雄同体，异体交配，但体外受精。

(1)雄性生殖器官：包括两对精巢囊（Ⅺ、Ⅻ）和储精囊（Ⅺ、Ⅻ），一对前列腺、输精管。精子从精巢囊中产生后先进入储精囊。这两种囊由体腔上皮特化而成。输精管为后肾管特化而成。精子在储精囊成熟返回精巢囊经精漏斗进入输精管，由雄性生殖孔（ⅩⅧ）排到体外。输精管在雄性生殖孔处与前列腺相连。它分泌黏液能激活和营养精子。雄性生殖孔开口于ⅩⅧ体节上的阴茎突上。

(2)雌性生殖器官：包括一对卵巢（ⅩⅢ）、一对卵漏斗和一对输卵管（ⅩⅣ）及3对纳精囊。卵巢由体腔上皮特化而成，输卵管也由后肾管特化而成，最后都开口于环带腹面的雌性生殖孔（图8-20）。

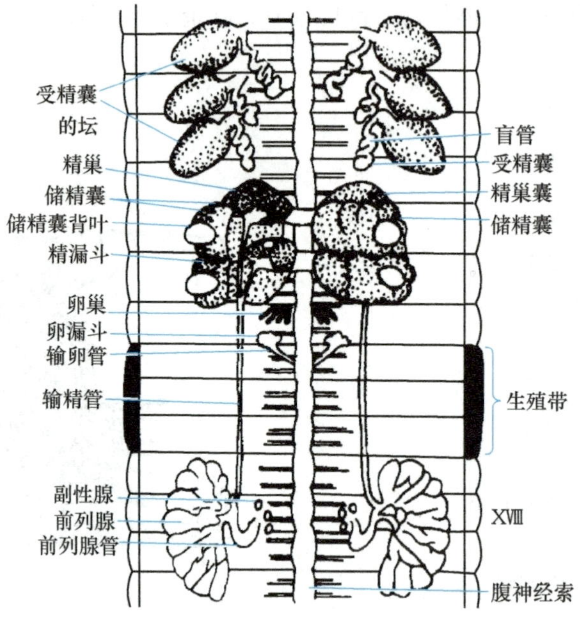

图8-20 环毛蚓的生殖系统（陈义，1956）

纳精囊由坛(ampulla)和一盲管(diverticulum)构成，与体前端的3对纳精囊孔（Ⅵ、Ⅶ、Ⅷ、Ⅸ）相连。其作用是交配时接收对方的精子。

交配时两条蚯蚓相互倒抱，各以阴茎插入对方的受精囊孔，将精子排入受精囊内。待卵成熟后，环毛蚓先用环带分泌蛋白和纤维物质形成一管，然后将卵排入管内，接着身体后移。当移至受精囊孔时排出精子与卵受精。最后蛋白质管从前端滑出，两端封闭形成卵茧或称蚓茧。受精后经螺旋型卵裂，内陷法形成原肠胚，在蚓茧内直接发育成一个小个体(图 8-21)。

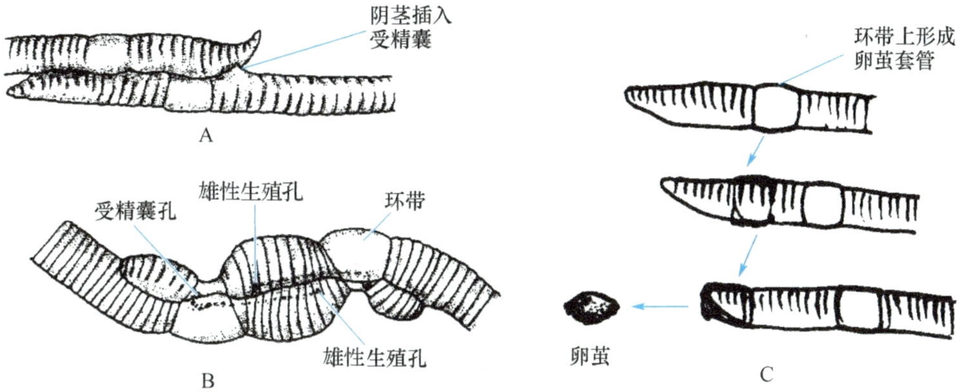

图 8-21　蚯蚓交配及卵茧的形成示意图(刘凌云和郑光美，2009)

A. 环毛蚓交配；B. 正蚓交配，雄性生殖孔不直接对着对方的受精囊孔，精子出来后先经过精沟到达受精囊孔；C. 示卵茧的形成

(三)寡毛纲的分类

本纲有 6700 多种，其中 4/5 为土壤生活。根据雄性生殖孔与精巢的位置分为 3 个目。

1)近孔目(Plesiopora)　体形小，水生，底栖；雄性生殖孔 1 对，开口于具有精巢、精漏斗体节的后半部。如瓢体虫(*Aeolosoma*)、颤蚓(*Tubifex*)、尾鳃蚓(*Branchiura*)、头鳃蚓(*Branchiodrilus*)(图 8-22)。

2)前孔目(Prosopora)　体小，水生或寄生。雄性生殖孔 1 或 2 对，末对开口于具精巢、精漏斗体节的前一节。如带丝蚓(*Lumbriculus*)和寄生在虾类体表的蛭蚓(*Branchiobdella*)(图 8-22E)。

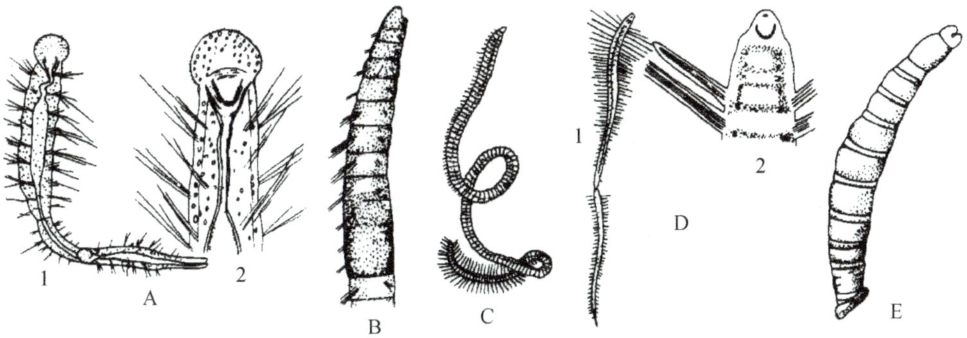

图 8-22　寡毛纲近孔目和前孔目(陈义，1956)

A. 点缀瓢体虫(*A. variegatum*)，1. 整体，2. 体前端；B. 中华颤蚓(*T. sinicus*)；C. 苏氏尾鳃蚓(*B. sowerbyi*)；D. 印西头鳃蚓(*B. hortensis*)，1. 整体，2. 体前端；E. 远东蛭形蚓(*B. orientalis*)

3)后孔目(Ophisthopora)　体大，陆生。雄性生殖孔 1 对，开口在具精巢、精漏斗体节的后一节或后几节。如环毛属(*Pheretima*)、异唇属(*Allolobophora*)、杜拉属(*Drawida*)、寒蛇属(*Ocnerodrilus*)、双胸属(*Bimastus*)、合胃属(*Desmogaster*)和爱胜属(*Eisenia*)(图 8-23)。

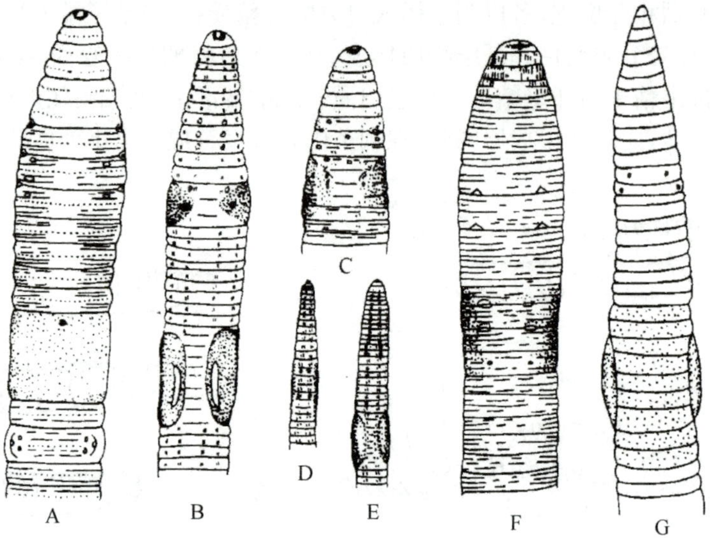

图 8-23 寡毛纲后孔目(A～F:陈义,1956;G:刘凌云和陈光美,1997)
A. 环毛属;B. 异唇属;C. 杜拉属;D. 寒蟆属;E. 双胸属;F. 合胃属;G. 爱胜属

三、蛭纲(Hirudinea)

(一)蛭纲主要特征

身体一般呈背腹扁平的圆柱状,体节固定,一般 27 节,每一体节又分为若干环(图 8-24)。

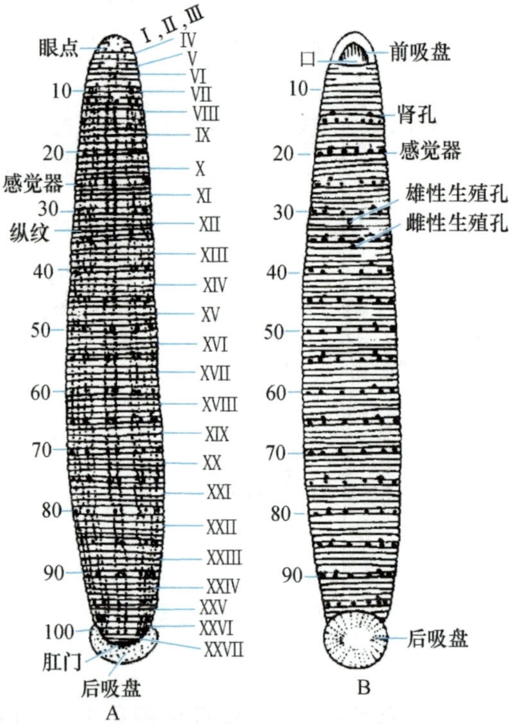

图 8-24 医蛭外形(刘凌云和郑光美,1997)
A. 背面观;B. 腹面观;I、II、III…表示体节数;10,20,30…表示体环数

由于适应暂时性体外寄生，蛭类头部不明显而具有前后吸盘，有成对的眼点，无刚毛和疣足。没有专门的运动器官，在水中靠体壁肌肉的收缩而蠕动。做尺蠖样运动。

蛭类内部结构的最大特点是体腔的退化和血窦(blood sinus)的形成。蛭类的次生体腔常被中胚层形成的葡萄状组织(botryoidalis)所填充，体腔受挤压缩小。部分血管消失，形成一种血窦系统。因此，蛭类的循环系统实质上是体腔的残留，事实上血液就是体腔液(naemocoelomic fluid)。如吻蛭目舌蛭科(Glossiphoniidae)(图 8-25A，B)和蛭目医蛭科(Hirudinidae)(图 8-25C)。

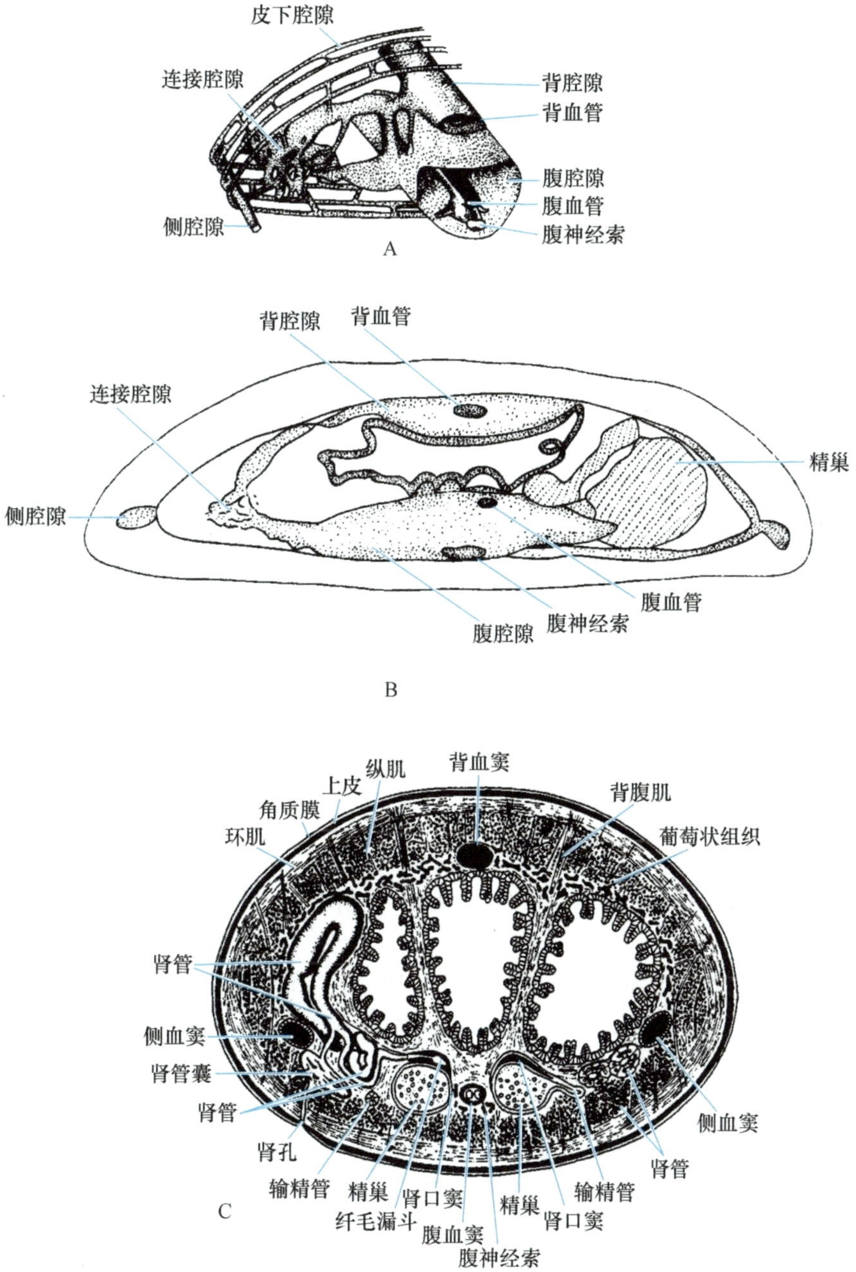

图 8-25 蛭类血体腔系统(刘凌云和郑光美，1997)

A. 盾蛭(*Placobdella costata*)；B. 鳖穆蛭(*Mooreotorix cotylifer*)；C. 欧洲医蛭(*Hirudo medicinalis*)的横切面(示体腔和血管系统)

蛭类的消化管分化为口、口腔、咽、食道、嗉囊、胃、肠、直肠及肛门等(图 8-26)。医蛭的口腔内有 3 个颚,颚上有角质齿(图 8-27),吸血时可切咬宿主皮肤。咽肌发达可有力地大量吸血。咽周围有一种单细胞唾液腺,能分泌蛭素(hirudin),有抗凝血作用并保持血液长期不变质。咽后接食道,食道通入发达的嗉囊,嗉囊是临时储存食物的器官,可储存大量血液。嗉囊两侧生出多对盲囊(医蛭有 11 对,蚂蟥有 5 对),扩大了消化道的容量。

蛭类为雌雄同体,异体受精。具有环带。雄性生殖系统有 1～12 对球形精巢。雌性生殖系统有卵巢 1 对。有交配现象。

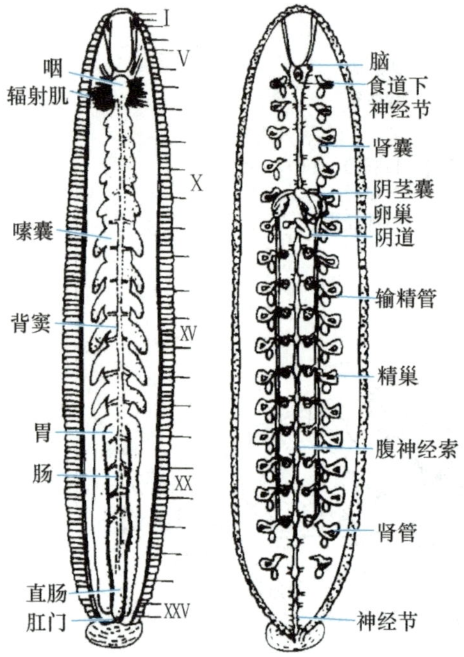

图 8-26 医蛭内部结构
(刘凌云和郑光美,1997)

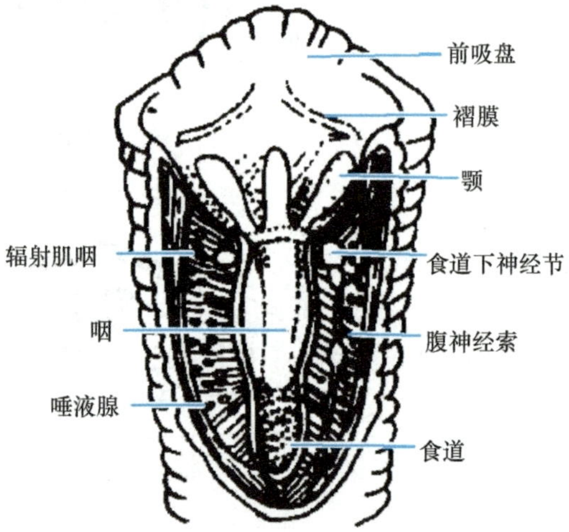

图 8-27 医蛭体前端解剖腹面观
(刘凌云和郑光美,1997)

(二)蛭纲的分类

蛭纲种类少,分为 4 个目。

1)棘蛭目(Acanthobdellida) 只有后吸盘,具刚毛,体腔明显。仅棘蛭科(Acanthobdellidae)一科。

2)吻蛭目(Rhynchobdellida) 具有前、后吸盘(有的种类无前吸盘),颚无,体腔退化。如喀什米亚扁蛭(*Hemiclepsis kasmiana*)、宽身扁蛭(*Glossiphonia lata*)和扬子鳃蛭(*Ozobranchus yantseanus*)(图 8-28A～C)。

3)石蛭目(Herpobdellida) 具有前、后吸盘,前吸盘小。口在其底,颚缺。后吸盘与体同宽。咽长。如带状石蛭(*Herpobdell lincata*)、勃氏齿蛭(*Odontobdella blanchardi*)(图 8-28H,I)。

4)颚蛭目(Gnathobdellida) 具有前、后吸盘,前吸盘较大,后吸盘碗状,口腔内具颚,无循环系统。如日本医蛭(*Hirudo nipponica*)、宽身蚂蟥(*Whitmania pigra*)、天目山蛭(*Haemadipsa tianmushana*)(图 8-28D～G)。

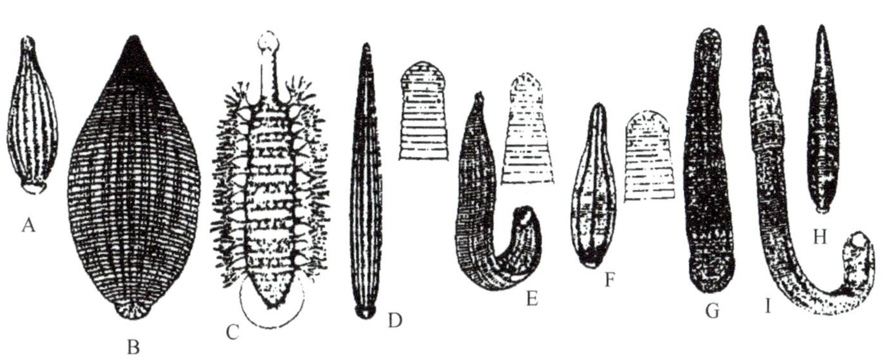

图 8-28 蛭纲各目的代表(A～F、H:沈嘉瑞等,1979;G:刘凌云和郑光美,1997;I. 陈义,1956)
A. 喀什米亚扁蛭;B. 宽身扁蛭;C. 扬子鳃蛭;D. 日本医蛭及其前端;E. 宽身蚂蟥及其前端;
F. 日本山蛭及其前端;G. 天目山蛭;H. 带状石蛭;I. 勃氏齿蛭

第三节 环节动物的起源与进化

环节动物起源问题有两种不同的学说。一种认为环节动物起源于扁形动物涡虫纲,其根据是:环节动物多毛纲的担轮幼虫和扁形动物的牟勒氏幼虫在形态上有相似之处;涡虫纲三肠目中某些种类的内部器官(肠侧支、神经、生殖腺等)有原始分节现象;环节动物和涡虫的胚胎发育都经过螺旋型卵裂;某些环节动物较原始的多毛类保持了具有管细胞的原肾管,与扁形动物焰细胞的原肾管在本质上相同。另一种认为起源于现已不存在的假设的担轮动物(Trochozoan),其根据是:环节动物多毛类在个体发生中经过担轮幼虫期,且这种假想的担轮动物与现存轮虫动物门的球轮虫非常相似,甚至认为轮虫可能是它们的祖先。这只是一种看法。在环节动物门的 3 个纲中,多毛类最原始,生殖腺由体腔上皮产生,无固定的生殖腺和生殖导管,具担轮幼虫。寡毛类是多毛类适应陆地穴居生活的结果,无疣足,具有刚毛,感觉器官退化。蛭类是由寡毛类演化而来,蛭类中棘蛭类的体腔发达,具血管,体前端数体节仍有刚毛,这些都是寡毛类的特征。两者均为雌雄同体,具有环带,有交配现象产生卵茧等。这些说明蛭类与寡毛类有着较近的类缘关系。

第四节 环节动物的经济意义

沙蚕类环节动物的成虫或幼体可作为经济鱼类和虾的天然饵料。淡水中生活的水蚓类可为鱼类养殖提供饵料,但繁殖过多时可危害鱼苗或堵塞输水管道。有些多毛类可以作为海洋污染及水体冷暖的指示动物。一些种类因其附着在外物上生活的习性而影响海水养殖业。陆蚓类穴居于土壤并在其中穿行,排出蚓粪,吞食土壤,因而能让土壤疏松,改良土壤的理化性质,增强土壤肥力。蚯蚓含蛋白质较高,占其身体干重的 50%～65%,含 18～20 种氨基酸,其中 10 余种为禽畜必需的,因而可用于饲料加工成蛋白质添加剂。蚯蚓又名地龙,具有清热息风、通络、利尿之功,且能缓解支气管痉挛而能平喘,可入药。另外,蚯蚓还可用于处理城市的有机垃圾和受重金属污染的土壤,达到减轻污染的目的。

蛭类的吸血习性给人类和家畜造成危害。蛭类吸血时,伤口流血不止,易引起感染形成溃疡。一些种类在吸血过程中还可传播病原体。鼻蛭能长时间寄生在人、畜的鼻腔、咽喉、气管内而造成更大的危害。在断肢再植手术中，用医蛭吸血可促进静脉循环，大大提高了手术成功率。利用医蛭清除脓血也是非常有效的。其中，蛭素有抗凝血、溶解血栓的作用，是迄今最强的凝血酶。用蛭类的干燥全体或吸血蛭类治疗疾病也被许多国家所采用。

思考题

1. 环节动物门有哪些主要特征？身体分节和次生体腔的出现在动物演化上有何重要意义？
2. 环节动物分为几纲，各纲的主要特征是什么？
3. 试述蚯蚓的外部形态和内部结构。
4. 精巢囊、储精囊、纳精囊、嗉囊、砂囊的作用分别是什么？
5. 试述环节动物与人类的利害关系。

第九章 软体动物门

软体动物门(Mollusca)是动物界的第二大门类，它们具有一些与环节动物相同的特征，如次生体腔、后肾管、螺旋型卵裂、个体发育中具有担轮幼虫等。因此，软体动物可能由环节动物演化而来，是朝着活动能力较弱的生活方式较早分化出来的一支。

第一节 软体动物门的主要特征

软体动物的形态结构变异较大，但基本结构相同：身体柔软，不分节，可分为头、足和内脏团 3 部分，体外被外套膜，外套膜分泌具有保护和支持作用的贝壳，软体动物一般简称为贝类。

一、身体的划分

软体动物的身体一般可分为头、足和内脏团 3 部分(图 9-1)。

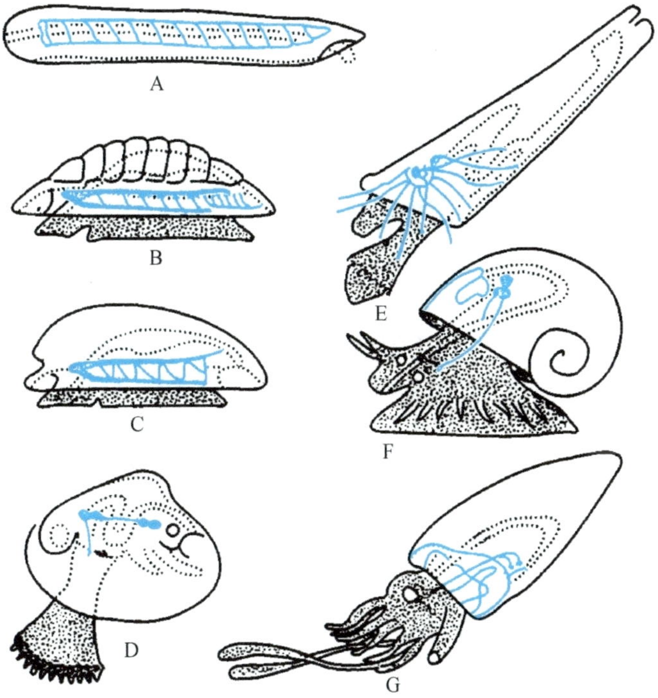

图 9-1 软体动物各纲模式图(粗线示神经系统)(张玺等，1955)
A. 无板纲；B. 多板纲；C. 单板纲；D. 双壳纲；E. 掘足纲；F. 腹足纲；G. 头足纲

(一)头部

头部位于身体的前端，是感觉和摄食的中心。软体动物有的头部明显，有的不明显。生活方式不同，头部的发达程度不同。凡是底栖或附着生活的类群，头部及头部的感觉器官不发达或退化，如蚌类、牡蛎等；而善于活动的类群头部明显，感觉器官发达，如乌贼、蜗牛等。软体动物头部的感觉器官主要是眼和触角。

(二)足部

软体动物都有足的构造，通常位于身体的腹侧，为运动和捕食器官，依动物的生活方式不同而区别较大。爬行运动的种类足部发达，呈块状，如螺、石鳖等；底栖掘沙生活的双壳类足呈斧头状；有的足部退化，失去了运动功能，形成足丝，末端具吸盘，借以固定身体，如扇贝等；完全固着生活的种类，足完全退化，如牡蛎；章鱼、乌贼等头足类的足一部分已特化成若干条长腕，与头部愈合并环绕头部，另一部分则形成漏斗，是运动的主要结构。

(三)内脏团

内脏团是软体动物最为"柔软"的部分，软体动物由此而得名。内脏团常位于足的背侧，为消化系统、循环系统、排泄系统和生殖系统等内脏器官所在部分。多数种类的内脏为左右对称，但有的扭曲成螺旋状，失去了对称性，如螺类。

二、外套膜

外套膜是软体动物身体背侧皮肤褶向下伸展而形成的，对它们的生命活动和生活具有重要的作用。它常包裹整个内脏团和鳃，甚至足，外套膜包围的空腔为外套腔。腔内常有鳃、足及肛门、肾孔、生殖孔等开口。

外套膜由内、外两层上皮及中间的结缔组织构成(图 9-2)。

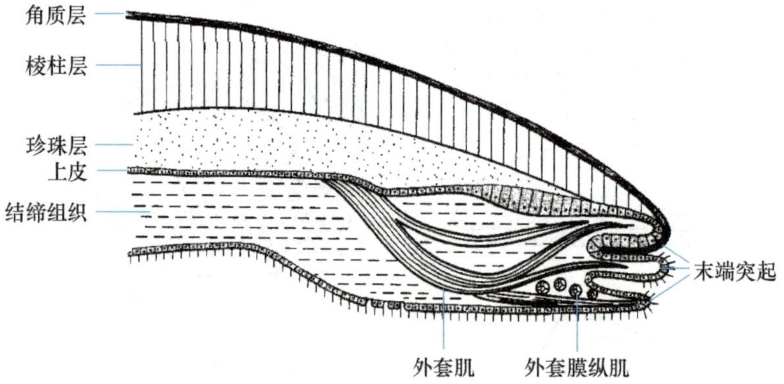

图 9-2 双壳纲外套膜和贝壳结构模式图(刘凌云和郑光美，2009)

外套膜外层上皮的腺体发达，向外分泌背壳以保护柔软的身体；内层上皮细胞具纤毛，纤毛规律性摆动，造成水流，促使水循环于外套腔内，把食物颗粒移动到口处，并使水流经鳃，借以完成摄食和呼吸。同时，水流还辅助排遗、排泄和生殖。内、外上皮之间为发达的结缔组织，内上皮含有丰富的毛细血管，利于进行气体交换，因此外套膜也是重要的呼吸器官，在肺螺类成为呼吸空气的唯一呼吸结构，特称为"肺"。左右 2 片外套膜在后缘处常有 1 或 2 处愈合，形成背面的出水孔和腹面的入水孔。有的种类出入水孔延长成管状，伸出壳外，称为出水管和入水管。头足类的外套膜肌肉发达，包裹整个内脏团，成为运动的主要结构。

三、贝壳

贝壳是软体动物的重要特征，研究软体动物的学科称为贝类学（malacology）。大多数软体动物具有 1 或 2 个或 8 个贝壳，形态各不相同：有些种类无壳或退化，有些种类的贝壳退化成内壳，也有的种类将整个身体包裹在里面。螺类的贝壳为螺旋形；掘足类贝壳为管状；瓣鳃类贝壳为瓣状。贝壳有保护和支持柔软身体的功能。

贝壳主要由碳酸钙和少量的壳基质（conchiolin）（或称贝壳素）等成分构成。这些物质由外套膜结缔组织输送，经外上皮细胞分泌形成。贝壳的结构一般可分为 3 层（图 9-2）。最外一层为角质层，很薄，透明，有光泽，有各种颜色，由壳基质构成，不受酸碱的侵蚀，用来保护贝壳的钙质。中间一层很厚，为壳层，又称棱柱层，占贝壳的大部分，由柱状的碳酸钙晶体构成，呈方解石（calcite）结构。外层和中层是由外套膜的边缘分泌形成的，随着贝壳的生长，它能不断增加面积而不加厚。由于食物、温度等生态因子影响外套膜分泌机能，故贝壳的生长速度不同，因此在贝壳表面形成了生长线。最内一层为壳底，即珍珠层，富光泽，能折射反光，由片状的碳酸钙构成，晶体呈文石（aragonite）结构，由整个外套膜的外上皮分泌形成，因此可以随动物的生长而不断加厚。珍珠是由于异物进入贝壳和外套膜之间，刺激外套膜局部分泌加快而将异物包裹起来形成的（图 9-3），以珍珠贝（*Pteria*）生产的珍珠著名。

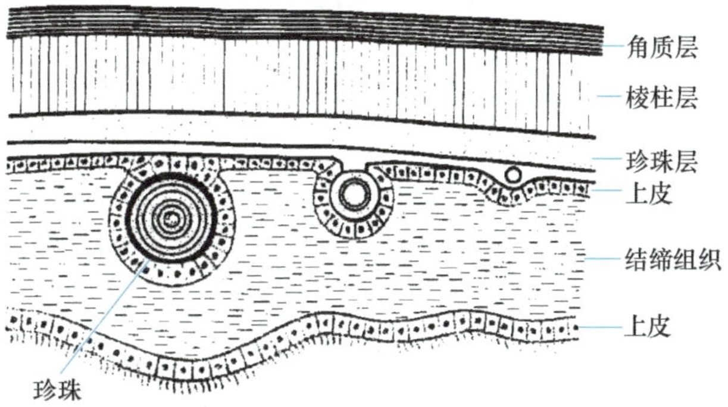

图 9-3　珍珠的形成（刘凌云和郑光美，2009）

珠母层如何获得珍珠光彩

2009 年 8 月 14 日美国《科学》杂志报道，科学家找到了两种在生长中的牡蛎壳中功能像交通警察一样的蛋白质，它们调控碳酸钙结晶以一种能使其贝壳发出珍珠般光泽的方式进行排列。这种在牡蛎壳内发出虹彩的“真珠质”在结构上与在贝壳内生长的珍珠相同，它由多层全部以相同导向排列的霰石结晶所组成。而且，这些霰石结晶层被由蛋白质和其他有机分子组成的基质层所隔开。用酸处理的方式将霰石矿物质从日本珍珠牡蛎（*Pinctada fucata*）的有机基质中清除。接着，在从该基质中提取了不同的蛋白质之后，确认只有一种称为 Pif80 的蛋白质与合成的霰石结合，而不是与其他类型的碳酸钙晶体结合。研究编码 Pif80 的基因时，发现该基因实际上所编码的是一种前体蛋白。该前体蛋白可裂解成 Pif80 与 Pif97 两种蛋白质。科学家报告说，缺乏这两种蛋白质的牡蛎将完全丧失形成真珠质的珍珠状层。这些蛋白质可能形成一种复合体，在此复合体中，Pif80 与霰石结合，而 Pif97 与基质中的其他分子结合，从而对这种极端坚韧且美丽的物质进行调控。

四、消化系统

软体动物的消化管发达，少数寄生种类（内寄螺 *Entocolax*）退化。消化管一般由口、口腔、胃、肠和肛门组成（双壳类因头部退化没有口腔）。多数种类口腔内具颚片（mandible）和齿舌（radula），颚片一个或成对，可辅助捕食。齿舌是软体动物特有的器官，位于口腔底部，舌上的角质横列齿似锉刀状（图 9-4）。齿舌的伸缩使锉齿做前后方向活动而将食物锉碎舔食。齿的形状、数目和排列方式是种类鉴定的重要依据。有些种类口腔内有唾液腺。

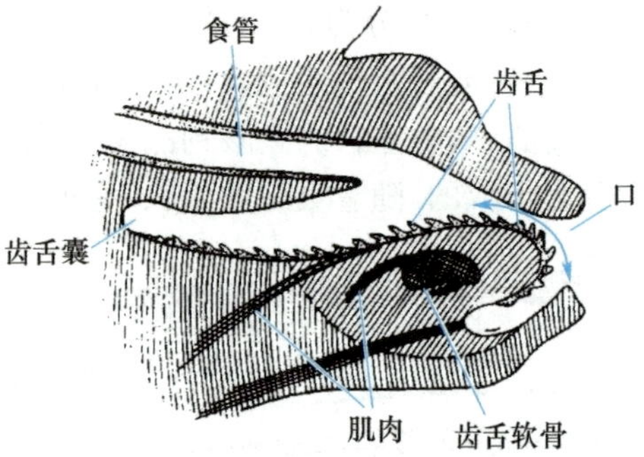

图 9-4 软体动物的头部正中切面（示原始软体动物的齿舌）（Russel-Hunter，1979）

胃的典型结构包括晶杆、晶杆囊、胃楯。在多数植食性种类中，胃的一部分成为囊状，因其内有一胶质棒状结构的晶杆（crystalline style）而称晶杆囊（style sac）。晶杆是由消化道壁细胞分泌形成，伸入到胃内的一部分不断释放消化酶，并搅动胃中的食物帮助消化。双壳类和一些腹足类还具有几丁质的胃楯（gastric shield），分布在胃的内表面，保护胃内的分泌细胞。胃的外围是弥散状的大型消化腺——肝胰脏，消化液直接进入胃或肠的前端；头足动物具有更为发达而独立的肝脏和胰腺。

五、呼吸器官

软体动物靠鳃、外套膜或外套膜形成的“肺”进行呼吸。水生种类用鳃呼吸，鳃为外套膜的上皮伸展形成，位于外套腔内。鳃的形态各异，原始种类的鳃呈羽状，包括 1 条鳃轴（axis）和鳃轴两侧交互着生的三角形鳃丝，称为栉鳃；高等类型的鳃为瓣状，如河蚌；有的本鳃消失，在背侧皮肤表面生出次生鳃（secondary branchium）；也有的种类无鳃。鳃的数量一般成对，少则一对，多则几十对，螺类只有一个鳃。陆生种类均无鳃，其外套膜内部一定区域的微细血管密集成网，形成“肺”，可直接摄取空气中的氧。

六、体腔和循环系统

软体动物的次生体腔不发达，仅残存围心腔（pericardial cavity）及生殖腺和排泄器官的内腔。初生体腔（primary body cavity）则存在于各组织器官的间隙，内有血液流动，形成血窦（blood sinus）。

循环系统由心脏、血管、血窦及血液组成。心脏通常在内脏团背侧的围心腔内，由心耳和心室构成。心室一个，壁厚，能搏动，为血循环的动力；心耳一个或成对，常与鳃的数目一致。心耳与心室间有瓣膜，防止血液逆流。血管分化为动脉和静脉。血液自心室经动脉，进入身体各部分，后汇入血窦，由静脉回到心耳，故软体动物为开管式循环。一些快速游泳的种类，没有血窦则为闭管式循环，这是它们适应在水中快速运动的需要。软体动物血液无色，内含变形虫状细胞。有些种类如毛蚶（*Scapharca kagoshimensis*）血浆中含有血红蛋白（haemoglobin）或血青蛋白（haemocyanin），故血液显红色或青色。

七、排泄器官

软体动物的排泄器官是由后肾管形成的肾脏，其数目一般与鳃的数目一致，只有少数种类的幼体为原肾管。软体动物的肾基本上是一管状的构造，由腺体部和管状部组成，肾口位于围心腔，肾孔位于鳃上腔或外套腔。肾口具纤毛，收集围心腔中的体液进入腺体部。腺体部富有血管，收集代谢废物；管状部为薄壁的管子，内壁具纤毛，接纳腺体部收集的代谢废物并储存，从肾孔开口排出。围心腔内壁有围心腔腺，其上微血管密布，可排除代谢物于围心腔内，借肾脏排出体外。肾脏不仅可排除围心腔中的代谢物，也可排除血液中的代谢物。

八、神经系统和感觉器官

典型软体动物的中枢神经系统包括脑神经节（cerebral ganglion）、足神经节（pedal ganglion）、侧神经节（pleural ganglion）和脏神经节（visceral ganglion），脑神经节发出神经连接其他神经节形成3条神经索，调节身体的活动。脑神经节位于食道背侧，发出神经至头部及体前部，具感觉功能；足神经节位于足的前部，伸出神经至足部，调节运动和感觉；侧神经节发出神经至外套膜和鳃等部位；脏神经节发出神经至各内脏器官（图9-5）。原始种类的神经系统无神经节的分化，仅有围咽神经环及向体后伸出的一对足神经索和一对侧神经索。快速运动的头足类神经系统高度发达，神经节多集中在食道周围形成以软骨包围的脑，脑发出庞大神经控制动物体的活动。软骨来自中胚层。

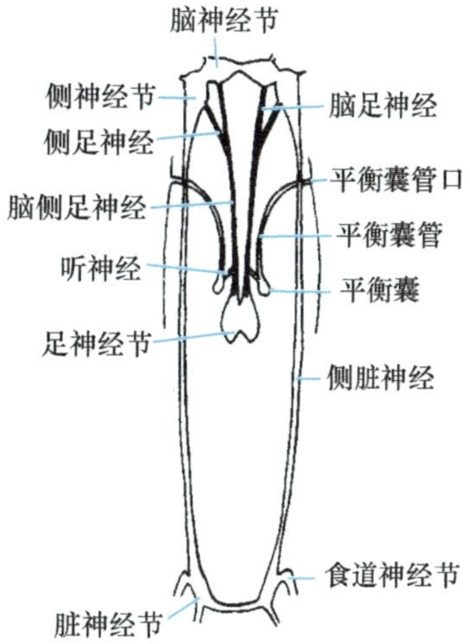

图9-5 湾锦蛤（*Nucula*）的神经系统（刘凌云和郑光美，1997）

软体动物已分化出触角、眼、嗅检器和平衡囊等感觉器官，感觉灵敏。头足类的眼发达，与脊椎动物基本相似。

九、生殖和发育

软体动物多为雌雄异体，雌雄异形；少数种类为雌雄同体。卵裂多为完全不均等卵裂，许多属螺旋型；少数为不完

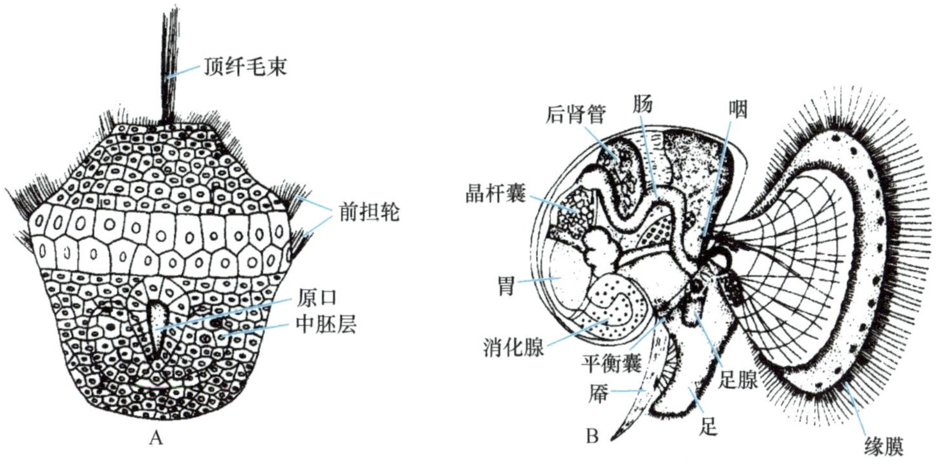

图9-6 担轮幼虫（A）和面盘幼虫（B）（A：刘凌云和郑光美，1997；B：Barnes et al.，1993）

全卵裂。海产种类个体发育中多经担轮幼虫和面盘幼虫(veliger larva)时期(图 9-6)。担轮幼虫的形态与环节动物多毛类的幼虫近似,面盘幼虫发育早期背侧有外套的原基,且分泌外壳,腹侧有足的原基,口前纤毛环发育成缘膜(或称面盘)。但头足类和陆生种类则直接发育。淡水蚌类发育过程中有特殊的钩介幼虫(glochidium)时期。

第二节 软体动物的分类

已记载的软体动物有 130 000 多种,根据其贝壳、足、鳃、神经和发生特点等特征分为 7 个纲:单板纲、多板纲、无板纲、腹足纲、双壳纲、掘足纲和头足纲。其中仅腹足纲和双壳纲有淡水生活的种类,腹足纲还有陆生种类,这两纲包含了软体动物中 95%以上的种类,其他各纲均为海洋生活。

一、单板纲(Monoplacophora)

本纲软体动物中原始的类群。长期以来,因为只有在寒武纪及泥盆纪的地层中发现过它们的化石种类,而从未发现过生存的标本,因此一直认为单板类是已灭绝的软体动物。1952 年,丹麦"海神号"调查船在哥斯达黎加海岸 3350m 深的海底发现了 10 个生活的单板类动物——新蝶贝(*Neopilina galathea*)(图 9-7),引起人们对此类群的极大兴趣。后来在太平洋及南大西洋等许多地区 2000~7000m 深的海底发现了 8 个种,使这种原始的软体动物有了新的研究价值。它们一般分布深海,美国加利福尼亚近海的 200m 处发现的单板类是分布最浅的记录。

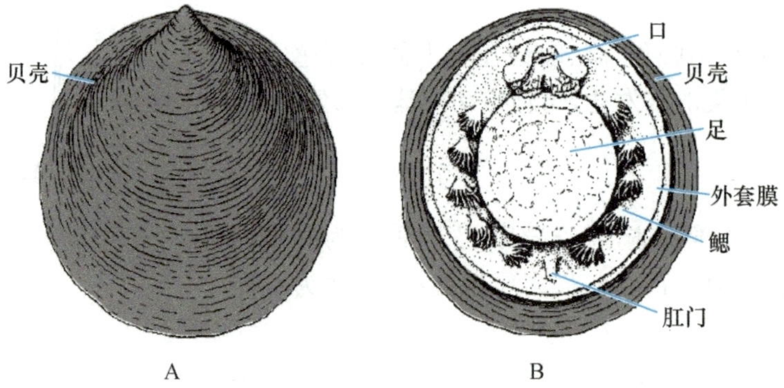

图 9-7 新蝶贝(Hickman et al.,2001)
A. 腹面观;B. 背面观

新蝶贝体长 0.3~3cm,具一帽状的贝壳,故称单板类。壳顶指向前端,头部很不发达,身体腹面具有扁平宽大的足,内脏器官明显按节排列:8 对缩足肌,口腔内具齿舌,5~6 对单栉鳃,1 对心室、2 对心耳,6 对肾脏,10 对足神经节等。雌雄异体,具 2 对生殖腺及生殖导管,体外受精。

由于新蝶贝均为深海生活,对其生态及发育了解得很少,但其具爬行足,头不明显,具齿舌,鳃、肾及肌肉的重复排列,都说明它们是原始性的类群。

二、无板纲(Aplacophora)

本纲全部生活在海洋中。体表不具贝壳,体呈蠕虫状,腹面中央有一腹沟,内有纤毛,用来爬行,外套腔位于体后,内有一对鳃。无板类无触角、眼等感觉器官。体壁中具有角质或石灰质的骨刺,体腔发达,肠为直管状,排泄系统为后肾管,心脏具一心室和一心耳;雌雄同体或异体,个体发育中经过担轮幼虫期。分布在低潮线下 20m 直至深海海底,多数在软泥中穴居,少数可在珊瑚礁中爬行,约 250 种,肉食性,分布遍及全球。如生活于我国南海的龙女簪(*Proneomenia*)(图 9-8)及毛皮贝(*Chaetoderma chaetoderma*)(图 9-9)等。

图 9-8 龙女簪的一种(张玺等,1955)

图 9-9 毛皮贝(刘凌云和郑光美,2009)

三、多板纲(Polyplacophora)

本纲全部生活于海洋。头部不明显,身体呈长卵圆形,背腹扁平(图 9-10),身体背面有 8 个覆瓦状排列的贝壳(壳板),故称多板类。大多体长 2~12cm。壳板的周围有一圈外套膜,称为环带,环带上着生不同类型的小棘、小鳞、小刺等。口位于前端腹面,口后为宽阔扁平的块状足,几乎占据了身体的整个腹面,用于在岩石表面附着。当遇到刺激时,身体边缘的外套膜部分也参加附着,以增加附着的强度。当足脱离附着物,由于壳板覆瓦状排列,身体可以成球状。外套腔不发达,为一狭沟,称外套沟,内有若干对栉鳃。多板类雌雄异体,发育过程有担轮幼虫期,无面盘幼虫期。

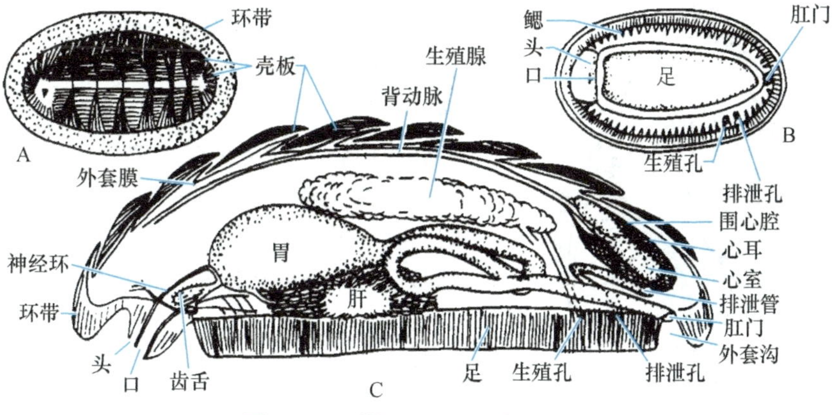

图 9-10 石鳖(Storer et al.,1979)
A. 背面观;B. 腹面观;C. 纵剖面观

多板类有 600 多种,另有 350 左右化石种,如鳞带石鳖(*Lepidozona*)、毛肤石鳖(*Acanthochiton*)和锉石鳖(*Ischnochiton*)等(图 9-11)。

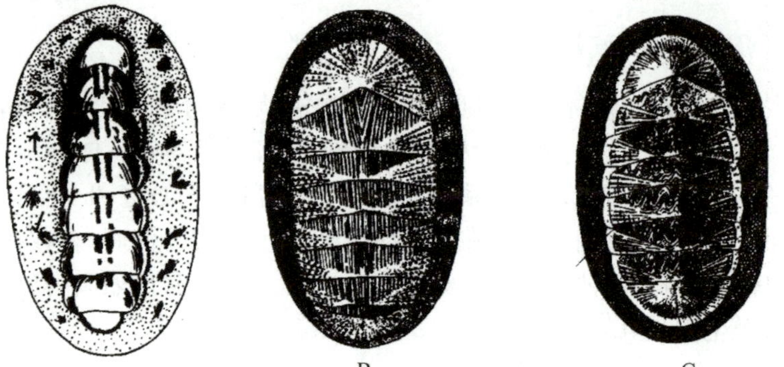

图 9-11 我国常见石鳖(张玺等,1955)
A. 毛肤石鳖;B. 鳞带石鳖;C. 锉石鳖

四、腹足纲(Gastropoda)

本纲是软体动物中最大的一纲,有 10 万种以上。其分布十分广泛,在海洋、淡水到陆地均有分布。腹足纲的肺螺类是真正适应陆地生活的种类。

腹足纲动物头部明显,体外有一枚螺旋状的贝壳,也称螺类。头、足、内脏团、外套膜均可缩入壳内。在发育过程中,多数种类身体经过扭转,导致神经扭成了"8"字形,内脏器官也失去了对称性而不再是左右对称。一些种类在发育中经过扭转之后又经过反扭转,神经不再成"8"字形,但在扭转中失去的器官不再发生,身体的内脏仍然失去了对称性。

(一)腹足纲主要特征

1. 贝壳

绝大多数种类体外有发达的贝壳,有些种类为内壳或无壳。腹足类的壳为典型的螺旋圆锥形壳(图 9-12),壳尖细的一端称为壳顶,是壳最先形成的部分,由壳顶围绕中心螺轴连续放大形成直径逐渐增大的螺形环,称为螺层,最后形成的一个螺层体积最大,容纳身体的大部分,称为体螺层,其向外的开口即壳口,头、足可由壳口缩入壳中。除体螺层之外,其他螺层称为螺旋部,每旋转一周为一个螺层。许多海产螺由壳口外翻,形成外唇与内唇。壳表面有许多与壳口平行的细线称为生长线。各螺层之间的交界线称缝合线,常深陷。也有的种类螺口的前缘凹陷形成水管,或者螺轴基部(即上缘)内陷形成脐。螺壳分左旋和右旋,如果以壳顶向前,壳口面向观察者,壳口在螺轴的右侧,则称为右旋壳;壳口在螺轴的左侧,称为左旋壳。大多数腹足类动物为右旋壳;少数种为左旋壳;也有少数种同时具有右旋壳个体与左旋壳的个体。

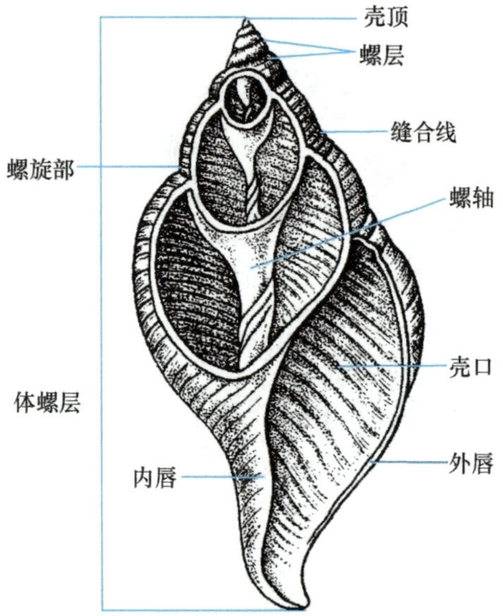

图 9-12 螺壳结构
(刘凌云和郑光美,2009)

腹足类的壳在形状、颜色、花纹及壳面装饰上具有多样性,是螺类分类的主要依据。例如,有的壳螺旋部不显著，成年的壳体螺层极度膨大，如鲍(*Haliotis*)；或者壳形又表现出两侧对称，如帽贝(*Limpet*)；或者壳面长出骨刺，如骨螺(*Murex*)；或者壳完全埋在外套膜中，如壳蛞蝓(*Philine*)；或者壳完全消失，如海牛(*Doris*)等。

2. 足

腹足类由于善于运动，具有扁平、宽阔、适于爬行富有肌肉的足。大多数前鳃类足的后端背面有一圆形角质或石灰质板，它的大小、形状与壳口完全一致，当头、足缩回壳内之后，这个板十分严密地完全封闭壳口，此壳板称为厣，具有保护作用。厣上具有与螺壳生长线一样的结构。

除足以外，螺类的运动还有多种辅助方式。例如，蜗牛(*Fructicola*)、椎实螺(*Lymnaea*)等，其足部有丰富的腺体或腺细胞，它们的分泌物在附着物上形成一层薄膜，再靠纤毛的摆动在薄膜上滑行。还有一些在沙中穴居的种类，运动时靠足部充血形成犁或锚，然后拖动身体前进，如笋螺(*Terebra*)。还有一些水生后鳃类(Opisthobranchia)靠身体侧缘的波状收缩，或者足部特化成翼(pteropoda)在水中游泳运动。

3. 消化系统

腹足类动物之所以种类繁多，分布广泛，与其多种食性及取食方式有关，包括有植食、肉食、腐食、悬浮取食、寄生等多种不同的食性。

植食性的腹足类以各种水生或陆生植物为食，根据不同的生活环境而取食不同的植物，有些种甚至造成农业上的危害。腹足类以齿舌的伸缩来刮取食物，齿舌具有锉、刷、刀及运输器官等多种机能。齿舌上齿的形状、数目及排列等特征为螺类分种属的依据之一。一般植食的种类较肉食的种类齿舌上细齿的数目更多。例如，肺螺类(Pulmonata)的大蛞蝓(*Limax maximus*)的齿数多达 26 800 个。

食道长短不一，食道之后为胃，是食物消化的主要场所。在前鳃亚纲(Prosobranchia)中，由于扭转，胃的位置也倒转，即食道在胃的后端进入。原始的种类，胃内仍保持有晶杆囊、晶柱、胃楯、筛选区(sorting region)等结构，消化道也较长。在较高等的种类，胃变成了简单的囊，完全行胞外消化，如田螺(*Cipangopaludina*)，并具有发达的肝脏。胃接受肝脏及各种消化腺所分泌的酶进行食物消化，其消化酶主要是淀粉酶及纤维素酶。

胃后为肠，肠由胃的前端通出。在植食性的种类，肠道一般很长，而且盘曲，肠壁向内突起形成嵴与沟，是食物消化吸收的重要部位。腹足类其食物在消化道中的运行，特别是在胃与肠中的运行是由纤毛作用的推动而不是靠肌肉的收缩。

前鳃亚纲中相当多的种类为肉食性，后鳃亚纲及肺螺亚纲极少数为肉食性。肉食性种类的消化道前端常形成吻，周围包有吻鞘，吻中含有口腔、齿舌。齿舌末端有倒钩、棘等，适合于切割及撕裂食物，有的齿上还有毒腺，其分泌物可以麻醉及杀死捕获物。肉食性种类消化道一般较植食性的短，消化腺分泌的酶主要是蛋白酶。

有些肉食性腹足类具有钻孔取食的习性。例如，中腹足目的玉螺(*Natica*)、乳玉螺(*Polinices*)，新腹足类的骨螺(*Muricidae*)、红螺(*Rapana*)等，其足的前端有一个可外翻的腺体，可分泌酸性物质，以溶解壳的有机质及钙质成分。这些动物在取食其他软体动物时，先用齿舌研磨猎物的外壳，再由腺体分泌酸性物，如此反复多次，直到壳被穿透之后再取食。

腹足类中还有一些是腐食性或沉积取食者，如织纹螺(*Nassarius*)，它们在潮间带种群数量大，以潮汐带来的沉积物碎屑或腐烂有机物颗粒为食。一些生活在淤泥较多的地方也多这种取食方式。

腹足类中还有极少数种类为寄生生活，并经过外寄生发展到某些种的内寄生。外寄生的种类如短口螺(*Brachystomia*)、小塔螺(*Pyramidella*)，内寄生的内壳螺(*Entoconcha*)等。

4. 呼吸系统

腹足类动物绝大多数种类在水中生活，水和气体可以不断进入体内，完成身体的某些呼吸过程。淡水生活的种类为单栉鳃或由外套膜进行皮肤呼吸。后鳃类的单栉鳃或本鳃消失，代以皮肤鳃进行呼吸。气体交换后，水自出水管排出，排遗物、排泄物随同水流一起排出体外。

肺螺类是成功的陆生及淡水生活的种类，它们除了身体右侧有外套膜形成的一个气孔外，外套腔已完全封闭，本鳃消失，由外套膜壁高度充血形成血管网，即“肺”，其实是靠外套膜底部的扇动以造成气体在外套膜腔中的流通，肺螺类即用这种方式进行气体交换。

肺螺类仅有很少的种是海产的，且多生活在潮间带或河口处，多数种类分布在亚热带及温带地区的陆地及淡水中。低等的肺螺类，如椎实螺，为水生的种类，但它们不能吸收溶于水中的氧，而必须周期性的到水面上进行气体交换，用外套膜形成的水管伸到水面，交换气体后关闭气孔再沉入到水下，因种而不同在水下停留几分钟到十几分钟，然后再浮到水面上吸气。还有的水生种类有次生性的鳃。陆生的肺螺类多生活在石块、树皮下或潮湿的地面，气孔也经常关闭，以避免由于呼吸作用而使体内水分散失。当气候干燥或炎热的季节，它们甚至躲在阴湿的环境下分泌黏液封闭壳口，以渡过不良环境。除肺螺类外，前鳃亚纲的个别种，也能形成类似的“肺”进行气体交换。例如，钉螺(*Oncomelania*)是一种水陆两栖的螺，陆生时即用“肺”呼吸。

5. 循环系统

腹足类的循环系统为开放式，由心脏、血管和血窦组成，心室和心耳组成心脏，心脏位于围心腔内。前鳃亚纲由于体制扭转，只有一个心耳，围心腔及心脏位于内脏团的前端。其他的腹足类动物心脏在内脏团的前端或后端。而原始腹足目(Archaeogastropoda)中一些种类仍具两个心耳。由心室发出一主动脉，后分两支，一支为前大动脉，通入头、足、外套膜等结构；另一支为后大动脉，通入内脏团。前、后动脉进一步分支通入各血窦。从外套窦出来的血液直接由静脉送回到心耳，其他血液经静脉收集后，经肾脏排出代谢废物入呼吸结构，经气体交换后再回心耳，完成一次血液循环。

前鳃类及肺螺类动物的血浆一般都含有呼吸色素，即血蓝素(hemocyanin)，这是一种含铜的呼吸蛋白。淡水生活的扁卷螺类(Planorbidae)(肺螺类)含有血红素(hemoglobin)，它是一种含铁的蛋白质，这些呼吸色素易与氧结合及释放氧，有利于呼吸。

6. 排泄系统

腹足纲动物的排泄器官是后肾，肾的数目与鳃及心耳一致，在原始腹足目还保留有一对肾(也有一对鳃)，并且具有一对体腔管(围心腔管)，高等种类由于身体扭转，使一侧的肾消失，只保留了一个肾。肾脏三角形，浅褐黄色，位于围心腔之前。肾口开于围心腔底部，后接围心腔管(renopericardial canal)，围心腔管通入肾，肾接一薄壁、细长的输尿管，输尿管与肠平行向前，再开口于外套腔。

腹足类的排泄是由后肾及体腔的过滤作用及后肾的重吸作用而完成。后肾除了从血液中收集代谢产物也由围心腔腺收集废物。水生种类特别是淡水种类，其排出物主要是氨；后肾对排出物中的盐及有用物质回收后，将它们变成低渗含氨的尿经肾孔开口到外套腔排出体外。陆生种类其排泄物是尿酸(uric acid)，尿酸不溶于水，它对组织的毒性较低，且不需要伴随水分排出，因此可减少体内水分的丢失，这是对陆地生活的适应性。

7. 神经系统与感觉器官

腹足类的神经系统包括脑、足、侧、脏 4 对基本的神经节及神经节间的神经索(图 9-13)。侧神经节与脏神经节之间的神经索最为明显,称为侧脏神经索。脑神经节位于口球之后、食道的背侧,是最大的神经节,发出神经到头部的触角、眼、口等器官,两个脑神经节之间有联络神经;足神经节也较发达,位于食道腹侧、内脏团与足交界处,发出神经至足,两足神经节之间也有神经索联络;侧神经节较小,位于脑神经节之后,发出神经到外套膜等器官;脏神经节位于身体中后部,食道末端,形小,发出神经到内脏器官。在前鳃类,侧脏神经索由于扭转而形成“8”字形。后鳃类由于反扭转,侧脏神经索又平行排列失去“8”字形。肺螺类的 4 对基本神经节均集中在头部,侧脏神经索消失,不表现出扭转的影响。

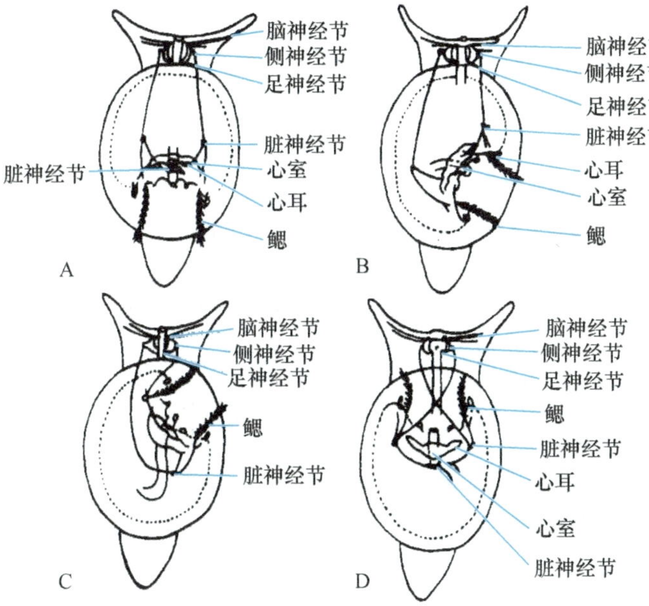

图 9-13　腹足类的内脏团扭转图解(刘凌云和郑光美,1997)

A. 尚未扭转的位置;B. 扭转 45°;C. 扭转 135°;D. 扭转 180°

肝螺类感觉器官发达,包括触角、眼、嗅检器及平衡囊。前鳃类具有一对触手位于头的前端,大多数后鳃类及肺螺类具有两对触角。触角上分布有化学感觉细胞及触觉感觉细胞。眼位于触角的基部(一对触角)或位于后触手的顶端(两对触角)。原始的眼仅包括色素细胞及光感觉细胞,排成一杯状,在高等的种类眼呈球形,眼的表面还有角膜,内有晶体,这种眼也只能感光而不能成像。嗅检器与鳃密切相关,其数目与鳃的数目一致,位于外套膜表面靠近鳃的部位,鳃消失的种类,其嗅检器也消失。嗅检器一个,为皮肤突起,位于外套腔前部,色黄,由侧脏神经索上的食道神经节支配,是一种化学感受器,它对水中的沉积物及水质的变化很敏感,因此肉食性及腐食性种类嗅检器比较发达。腹足类具有一对平衡囊,位于足内靠近足神经节处,有感受平衡的作用,固着生活的种类无平衡囊。

8. 生殖系统与发育

腹足类为雌雄异体或雌雄同体,其生殖腺位于内脏团靠顶端。前鳃类多为雌雄异体,雌、雄性需交配后方能使卵受精。少数种类为卵胎生。例如,雌性圆田螺输卵管的末端膨大形成子宫,子宫可分泌蛋白质液包裹卵,有营养和保护卵的作用,体内受精的卵在此发育成幼螺后才经生殖孔排出体外。

后鳃类、肺螺类及极少数的前鳃类为雌雄同体。它们也需交配受精，水生种类交配时常只有一种生殖腺先成熟，它们或作为雌体或作为雄体进行交配。陆生种类交配时，常是互赠精囊到对方。产卵时卵的形状、数目、卵囊形态等随种而异，卵多形成卵囊。

腹足类均为螺旋型卵裂，以内陷法与外包法形成原肠胚，仅在原始腹足目中存在独立的担轮幼虫期，经一段时间的游泳后变为面盘幼虫。其他种类的腹足类没有独立生活的担轮幼虫期，在卵内已渡过担轮幼虫期。海产的种类绝大多数都有自由游泳的面盘幼虫期，后鳃类的发育中还经过了反扭转。肺螺类没有自由生活的幼虫期，孵化时已为幼年成体。

扭转学说

软体动物中只有腹足纲体制是不对称的。古生物学证据表明，寒武纪(约5亿年前)的腹足类化石为左右对称，说明它们祖先的体制是对称的，而经过数亿年的进化，腹足类从已对称的体制演变成了现在的不对称体制。对此现象用扭转学说(theory of torsion)来解释。腹足类的祖先左右对称，背部有一简单的贝壳，以腹面匍匐爬行。随着发展体躯增大，为逃避敌害，头和足部常缩入壳内，贝壳也随之增大，这样带着一个直立的壳爬行十分不便，于是在进化中身体逐渐后倾倒下。这虽解决了前进受阻的问题，但又产生后端外套膜出水口受压，水流不能畅通的问题，于是迫使其又发生相应的演变，身体扭转(torsion)逆时针逐渐转了180°，这样外套膜出水口转到了前方。扭转使内脏器官左右变换了位置，也使一侧器官腮、心耳和肾等发育受阻，进而退化消失。原平行的侧神经索也扭成"8"字形。扭转的同时，贝壳也发生卷曲，逐渐由圆锥形变成了螺旋形，虽体积相等但高度降低，从而使运动更加方便。

许多腹足类的幼虫是面盘幼虫，其发育也重演了其祖先的进化过程。初孵幼虫消化道仍是由前到后的直管，在发育过程中经历了一个扭转过程，肛门移到了前背面。面盘幼虫具有了壳、足和内脏等结构。

扭转学说得到古生物学和早期幼虫发育的有力支持，因而得到广泛认同。

(二)腹足纲的分类

腹足纲共有100 000种，包括前鳃亚纲、后鳃亚纲和肺螺亚纲。

1. 前鳃亚纲(Prosobranchia)

腹足纲中最大的亚纲，生存种超过50 000种。外套腔位于身体前端，鳃1或2个位于心耳之前，壳通常有板状突起，侧脏神经索扭成"8"字形，大多数雌雄异体，海水、淡水生活，极少数种可以陆地生活，包括3个目：原始腹足目(Archcogastropoda)、中腹足目(Mesogastropoda)和新腹足目(Neogastropoda)。原始腹足目具2个或1个双栉状鳃，心耳与肾的数目与鳃一致。生殖腺通过肾管把卵排出体外，如鲍、帽贝(*Patella*)、笠贝(*Acmaea*)、马蹄螺(*Trochus niloticus*)等(图9-14)。

2. 后鳃亚纲(Opisthobranchia)

具一个单栉鳃、一个心耳、一个肾。鳃位于心耳之后，壳与外套腔逐渐减少或完全退化消失。许多种本鳃消失，而出现次生性的皮肤鳃，身体又出现两侧对称。大多数种头部具2对触

图 9-14 腹足类部分代表（白庆笙等，2007）

A. 田螺；B. 杂色鲍；C. 带锥螺；D. 水字螺；E. 红螺；F. 唐冠螺；G. 虎斑宝贝；H. 蜗牛；I. 褐云玛瑙螺

角，雌雄同体，全部海产。包括 4 个目。

1）侧腔目（Pleurocoela） 具壳，外套腔开口在身体的右侧，具有一单栉鳃且常被足及外套膜遮盖，如泥螺（*Bullacta*）、壳蛞蝓等。

2）翼足目（Pteropoda） 又称海蝴蝶，营远洋浮游生活，足的侧部特化成翼，适合于游泳，如螺（*Limacina*）、龟螺（*Cavolinia*）等。

3）囊舌目（Sacoglossa） 壳、外套腔及本鳃均已消失。具一对触手，齿舌上仅有一列纵齿，部分的藏在一个囊内，故名囊舌目，如海天牛（*Elysia*）、棍螺（*Hermaea*）等。

4）裸鳃目（Nudibranchia） 壳、外套腔及本鳃消失，但有次生性皮肤鳃，身体次生性的两侧对称。许多种类身体具有鲜明的颜色，如红色、橘色、蓝色、绿色等，或者几种颜色同时存在，可能是一种警戒色，一些种皮肤腺能分泌酸性物质，具有防卫能力，如簑海牛（*Aeolis*）、枝背海牛（*Dendronotus*）等。

3. 肺螺亚纲（Pulmonata）

本鳃消失，以外套膜特化的肺囊呼吸，一些水生种类有次生的鳃。水生种类具有一对触角，陆生种类具有两对触角，眼位于第二对触角端部。壳存在或成遗迹，成年后无厣。具一个心耳，一个肾。侧神经索不交叉成“8”字形。雌雄同体，直接发育。陆生或淡水生。包括两个目。

1）基眼目（Basommatophora） 具一对触角，眼位于触角基部。具壳，水生种类具有嗅检器。大多数淡水生活，极少数海产。淡水中常见的种如椎实螺、膀胱螺（*Physa*）、扁卷螺（*Planorbis*）等。

2）柄眼目（Stylommatophora） 具两对触角，眼位于后触角顶端。壳发达或退化，陆生生活，如玛瑙螺（*Achatina*）、蛞蝓（*Limax*）、大蜗牛（*Lumaca grande*）等。

五、双壳纲(Brivalvia)

本纲动物全是水生,大多数为海产,少数为淡水产。其身体侧扁,左右对称,有两扇贝壳。头部退化,无触角及感觉器官,只保留有口,口内无口腔及齿舌,故又称无头类。足部发达,呈斧头状,故又名斧头纲。鳃发达,呈瓣状,因此而得名瓣鳃纲。绝大多数为底栖动物,身体大部分埋入泥沙中营埋沙生活,仅后端的出、入水管处露,少数侵入咸水或淡水,没有陆生的种类,个别种类为寄生(如内帘蛤 *Entovalva*)。双壳纲动物一般不善于运动,记录种类约有20 000种。

(一)双壳纲的主要特征、代表动物——无齿蚌(*Anodonta*)

以无齿蚌(又称河蚌)为代表动物(图 9-15),概述本纲的主要特征。

图 9-15 无齿蚌的外形(白庆笙等,2007)

1. 贝壳

无齿蚌体侧扁,生活于淡水湖泊、河流、坑塘的水底。身体可以完全缩入壳内。具有左右对称的双壳,壳顶突出。两壳的前、后端及腹缘游离,呈弧形,背缘平直,背面有韧带将两壳紧密联结在一起,壳的张开依靠韧带的张力。韧带由胚胎期的外套膜形成。贝壳的背缘通常有齿和槽,贝壳闭合时形成了铰合部,铰合齿的数目、形态及排列方式是分类的重要依据之一。无齿蚌由于无铰合齿而得名,贝壳前端圆,后端稍尖。壳的背面前方隆起称为壳顶,壳表面有许多以壳顶为圆心的同心圆,为生长线。生活在全年气候变化显著地区的种类,贝壳的分泌随季节而异,可以用来估算年龄。

两壳之间,有联结双壳的发达的肌肉,称为闭壳肌(图 9-16),闭壳肌与韧带具有拮抗作用,共同控制壳的开闭。原始的种类有前、后两个闭壳肌,其大小相等,许多进化的种类前闭壳肌退化或完全消失,闭壳肌在壳的内表面附着处留下同名的肌痕。闭壳肌是由横纹肌及平滑肌组成,闭壳肌的伸缩使壳关闭迅速而有力,韧带的张力使壳缓慢张开而不易疲劳,因此双壳纲的壳可以长时间紧闭而很难撬开。此外,在壳的内面还有缩足肌痕及伸足肌痕,其数目、位置因种而异。缩足肌和伸足肌控制足的运动。在壳的外缘有外套膜附着的外套痕。

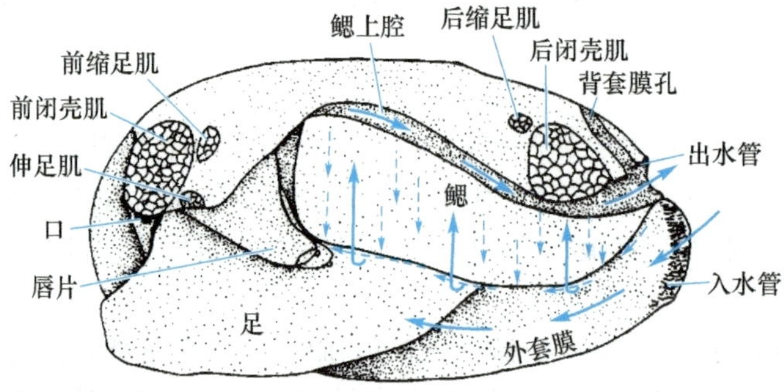

图 9-16 无齿蚌结构(除去左壳和外套膜,箭头示水流方向)(刘凌云和郑光美,2009)

2. 外套膜

紧贴贝壳的为两片外套膜,两外套膜在背面与体壁长在一起,腹缘、前后缘游离,但其后缘汇合形成了出水管和入水管，入水管在背侧，出水管在腹侧，入水管的边缘褶皱，富有感觉末梢，出水管边缘光滑。当贝壳闭合时形成外套腔，外套膜内表面具有纤毛，摆动形成水流。外套膜的边缘为肌肉质，它与贝壳贴得很紧，在贝壳上留下的痕迹称为外套痕或外套线。

3. 足

足呈斧状，肌肉质，位于内脏团的腹侧，为外套膜包围，可向前下方伸出，是河蚌的运动器官(图 9-16)。钻沙的时候，足先伸出，钻入泥沙，然后借助缩足肌的力量，身体也钻入沙中，仅露出水管和入水管。

4. 消化系统

无齿蚌属过滤取食的种类，口位于足的背前方，两侧各有 2 片触唇，密生纤毛，有感觉(选择食物)和摄食的功能。口周围没有触手(图 9-17)。口后为一短的食道，食道通入膨大的胃，胃肠交界处有一独特的、发达的、伸出胃壁之外的结构——晶杆囊，囊中囊壁上皮细胞分泌形成晶杆，晶杆上吸附有消化酶(淀粉酶、脂肪酶)，囊壁内的纤毛摆动使晶杆不停地旋转，晶杆顶端被溶解释放出消化酶，进行胞外消化，晶杆的旋转也起了混合食物与酶的作用。晶杆顶端被食物不断磨损，后端可不断地被补充。在胃的周围有一对褐色的消化腺——肝胰脏，肝胰脏有管开口到胃，可分泌消化酶。胃后接肠，肠按一定的规则盘曲折向背方形成直肠。肠不能蠕动，靠纤毛的摆动使内容物移动。直肠穿过围心腔和心脏，肛门开口在后闭壳肌后上方，通过出水管将消化残渣排出体外。食物在消化道内进行一个缓慢但连续不断的食物流是瓣鳃类过滤取食者所特有。

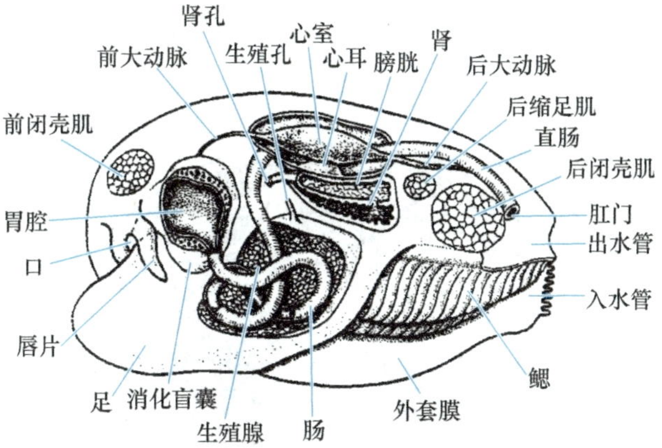

图 9-17 无齿蚌内部结构(刘凌云和郑光美，2009)

5. 呼吸系统

鳃为主要的呼吸器官，外套膜也具有呼吸功能。

无齿蚌的内脏团两侧各有 2 片瓣鳃(图 9-17，图 9-18)，外瓣鳃短于内瓣鳃，每一瓣鳃有 2 片鳃小瓣，靠近内脏团的鳃小瓣称为内瓣鳃，外面的鳃小瓣称为外瓣鳃。每 1 鳃小瓣均由鳃丝和连接鳃丝的丝间隔组成，丝间隔上有许多小孔，称为鳃孔。内瓣鳃和外瓣鳃在前、后和腹缘汇合形成一个"U"形空腔，这个空腔被其中的瓣间隔分隔成许多鳃水管，鳃水管在鳃瓣的背缘相通，构成鳃上腔。鳃孔与鳃水管相通。鳃丝上有许多出鳃和入鳃血管，可在此完成气体交换。在鳃丝的表面还有许多纤毛可以打动水不断的流动。水流动顺序为入水管→ 外套腔→ 鳃孔→ 鳃水管→ 鳃上腔→ 出水管。

此外，外瓣鳃的鳃水管还是受精卵发育的地方，外瓣鳃常因为内含许多发育着的胚胎而加厚，这时的鳃水管称为育儿囊。

除了鳃以外，外套膜也具有呼吸的功能。隔鳃类(Septibranchia)鳃已消失，气体的交换完

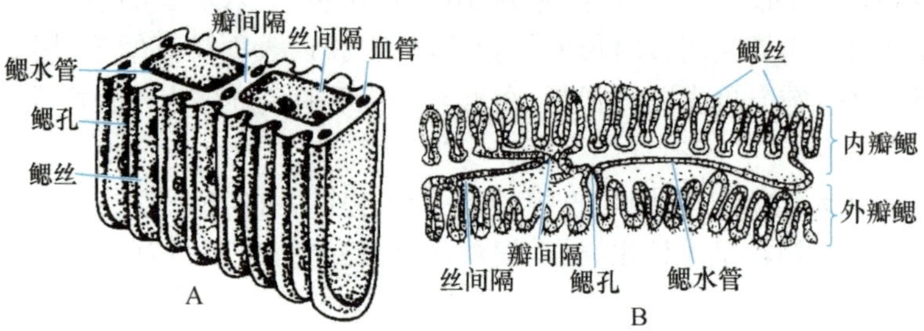

图 9-18 无齿蚌的呼吸系统(刘凌云和郑光美,1997)

A. 瓣鳃的结构模式图;B. 瓣鳃的横切面

全由外套膜进行。

6. 循环系统

无齿蚌的循环系统由心脏、血管和血窦组成,为开管式循环。心脏位于围心腔内,具有 1 个心室和 2 个心耳。心室可搏动,心耳为薄壁的囊,收集血液回心。在围心腔内充满围心腔液,保护心脏。由于含有血蓝蛋白,氧化时呈淡蓝色,还原时无色。其与氧结合的能力远不及血红蛋白,血液中含有变形细胞,有吞噬作用。大多数双壳纲动物的血液中不存在呼吸色素,只有极少数种类(如蚶、锉蛤等)具有血红素,它使外套膜等组织表现出红色。

此外,所有的双壳纲动物都有或多或少发达的外套循环,血液由动脉流出后,直接到外套膜中形成血窦,气体交换后由血窦汇集成血管后直接流回心耳(图 9-19)。

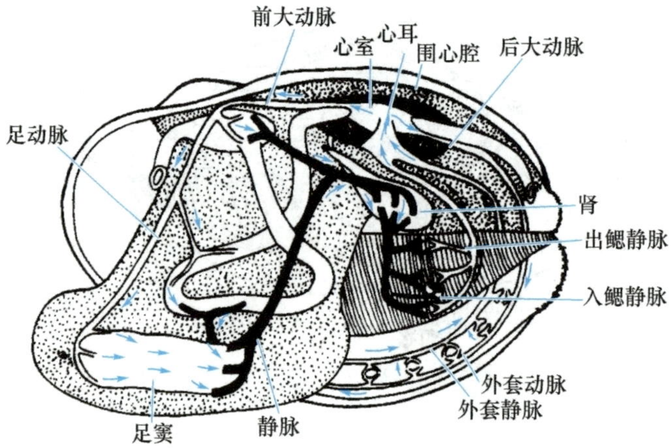

图 9-19 无齿蚌的血液循环图(刘凌云和郑光美,2009)

箭头示血流方向

7. 排泄系统

无齿蚌有两种排泄器官,包括肾和围心腔腺。肾脏一对,位于围心腔的腹面,来自后肾管,长管状。肾口在围心腔内,收集围心腔内的废物,通过黑色海绵状的腺体部过滤,经薄壁的膀胱由开口在内瓣鳃鳃上腔的肾孔排出。腺体部还可以收集血液中的代谢废物。围心腔腺位于围心腔的前背侧,称为凯伯尔氏器(Keber's organ)。凯伯尔氏器为分支状的腺体,内有许多微血管分布,血液中的废物被收集到腺体中,送到围心腔,再经过肾脏排出。

8. 神经系统和感觉器官

无齿蚌有 3 对神经节,分别为足神经节(足内)、脑神经节(食道两侧)和脏神经节(后闭壳肌腹面)。3对神经节分别由神经连索相连。脑神经节(侧神经节与之愈合)很小,位于食道两侧,它控制着前闭壳肌及协调足、壳的运动。脏神经节较大,呈蝶状,位于后闭壳肌肌柱上,它控制内脏及后闭壳肌的收缩。足神经节位于足与内脏团交界处,左右足神经节结合在一起,共同控制足的运动(图9-20)。

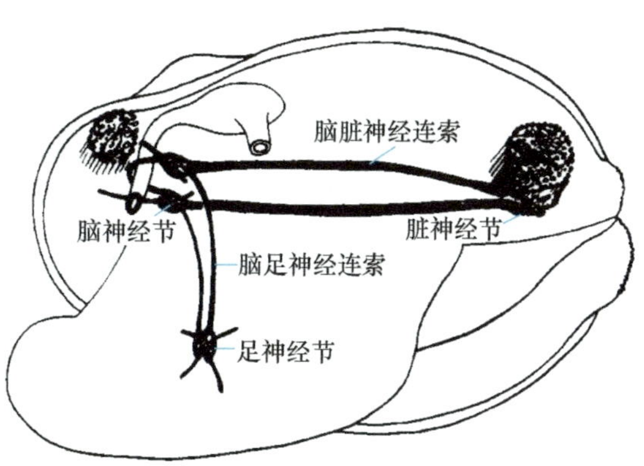

图9-20 无齿蚌的神经系统(刘凌云和郑光美,2009)

感觉器官不发达,足神经节附近有一平衡囊,内有耳石,司身体平衡;外套膜、唇瓣及水管周围有感觉细胞分布。

9. 生殖系统

无齿蚌为雌雄异体,生殖腺为葡萄状,迂回在肠的周围(图9-17),成熟的精巢为白色,卵巢为淡黄色,独立很短的生殖导管开口于内瓣鳃鳃上腔肾孔的下侧,很小。

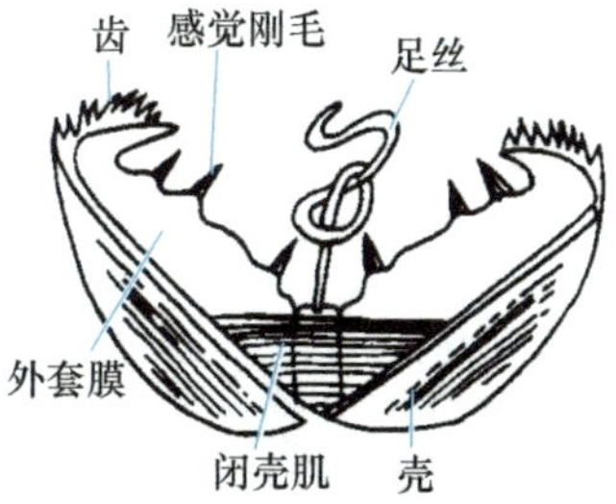

图9-21 钩介幼虫
(刘凌云和郑光美,2009)

无齿蚌的生殖一般在春夏季,雄体产生的精子随水流排出体外,再进入雌体。雌体所产的卵如在鳃上腔遇到精子结合形成受精卵,受精卵在雌体的鳃水管中发育,因此雌体的外瓣鳃又称育儿囊。在生殖季节性成熟的雌体外瓣鳃明显比内瓣鳃要丰厚。受精卵经发育形成钩介幼虫(图9-21)。钩介幼虫两壳腹缘具齿,并有一个长鞭毛状的足丝,大小只有0.1～0.4mm,来年春季脱离雌体,在水中漂浮,当遇到适当的寄主鱼,如鳑鲏(*Rhodeus sinensis*)、黄颡鱼(*Pelteobagrus*)等,利用壳上的钩与齿或附着足附着在鱼鳃或皮肤上,寄主被附着部位刺激而迅速分泌黏液包裹钩介幼虫,幼虫以外套膜吸收寄主营养,经2～5周,变态发育为幼蚌,破囊而出,沉入水底。需5年左右,幼体性成熟。

(二)双壳纲的分类

现存的双壳纲有20 000种,根据铰合齿、闭壳肌和鳃的结构可分为原鳃亚纲(Protobranchia)、瓣鳃亚纲(Lamellibranchia)和隔鳃亚纲(Septibranchia)(图9-22)。

1. 原鳃亚纲(Protobranchia)

具双栉鳃,足位于腹面扁平,前、后两闭壳肌相等,沉积取食,全部海产。仅一目。

湾锦蛤目(Nuculacea) 两壳大小相等,卵圆形成三角形,铰合部具许多细齿,无水管,用垂唇触角行沉积取食,如湾锦蛤(*Nucula*)、云母蛤(*Placuna placenta*)等。

2. 瓣鳃亚纲(Lamellibranchia)

鳃扩大,呈丝状或呈瓣鳃状,鳃丝间及瓣间均有纤毛,结缔组织或血管相连,全部为过滤取食。海水或淡水生活。

1)列齿目(Taxodonta) 铰合部直,具许多相似的细齿,鳃丝状、没有丝间联结。如泥蚶(*Arca granosa*)、毛蚶(*A. subcrenata*)、魁蚶(*A. inflata*)、蚶蜊(*Glycymeris*)等。

2)异柱目(Anisomyaria) 前闭壳肌很小或缺乏,后闭壳肌发达,无水管。鳃呈丝状,鳃丝间具纤毛或结缔组织联结,铰合齿呈小结节状,或者退化消失。如贻贝(*Mytilidae*)、马氏珍

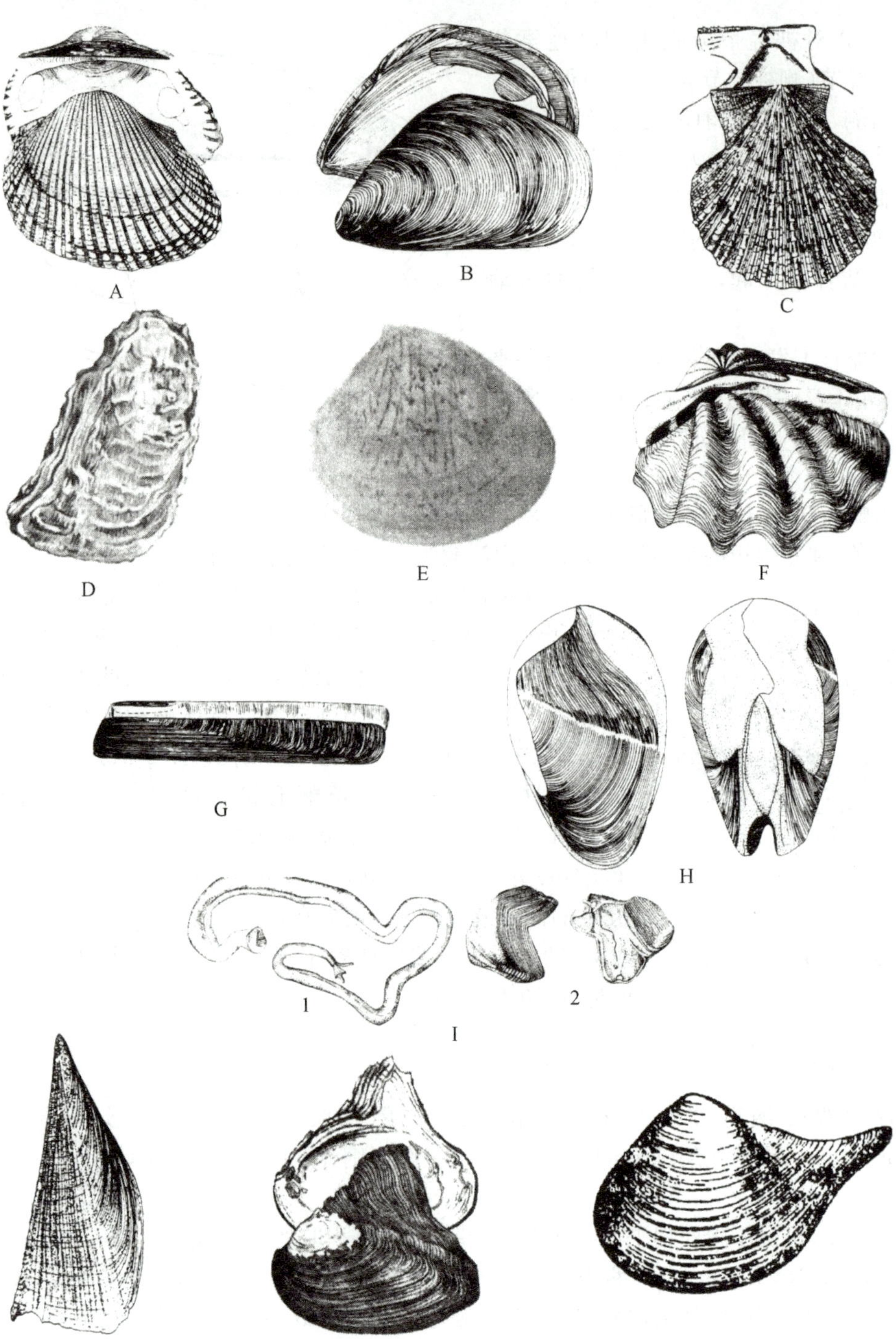

图 9-22 双壳类部分种类(D,E:刘凌云和郑光美,2009;其余:张玺等,1955)

A. 毛蚶;B. 贻贝;C. 栉孔扇贝;D. 牡蛎;E. 文蛤;F. 库氏砗磲;G. 竹蛏;H. 海笋;I. 船蛆(1. 软体部,2. 贝壳)J. 江瑶;K. 三角帆蚌;L. 中国杓蛤

珠贝(*Pteria martensii*)、江瑶(*Pinna*)、扇贝(*Chlamys farreri*)、牡蛎(*Ostrea gigas*)等。

3)裂齿目(Schizodonta)　具很少的、分裂的铰合齿,如有侧齿与主齿不分离,瓣状鳃。如无齿蚌、蛛蚌(*Unio*)、珍珠蚌(*Margaritana*)等。

4)异齿目(Heterodonta) 铰合齿形态多样,前、后闭壳肌相等或接近相等,瓣状鳃,具水管。如镜蛤(*Dosinia*)、鸟蛤(*Cardium*)、砗磲(*Hippopus hippopus*)等。

5)贫齿目(Adapedonta) 铰合部不发达,主齿或有或无,常无侧齿,韧带细弱或缺乏,水管发达或很长。如海螂(*Mya*)、船蛆(*Teredo*)、海笋(*Pholas dactylus*)、竹蛏(*Solen*)等。

3. 隔鳃亚纲(Septibranchia)

鳃退化,鳃出现肌隔板,板上有小孔。由外套膜进行呼吸,外套缘三点愈合,全部深海生活。如孔螂(*Poromya*)、中国杓蛤(*Cuspidaria chinensis*)等。

六、掘足纲(Scaphopoda)

本纲动物全部是海产泥沙中穴居的一类小型软体动物,仅350种左右。两侧对称,身体具一个两端开口管状壳,因此成象牙形,凹的一面为背面,凸的一面为腹面。壳前端的开口为壳口,又称头足孔,足可以由此伸出;后端的口为肛门孔,为海水进出外套腔的开口。外套膜管状,头部不明显,前端有一能伸缩的吻,吻前中央有口,吻基两侧生有许多细长、末端膨大的头丝,头丝有很强的伸缩性,是捕食和触觉的重要器官。足在吻的腹面,钝圆锥状。壳长 0.4～15cm,多数在 3～6cm。例如,角贝(*Dentalium*)(图 9-23)壳呈黄白色,个别种呈明亮的绿色。壳面光滑或具刻纹。前端壳口较大,头与足由此孔伸出壳外,并倾斜埋于泥沙中。后端的壳口较小,一般露出沙面之外,是其出、入水流的通道。

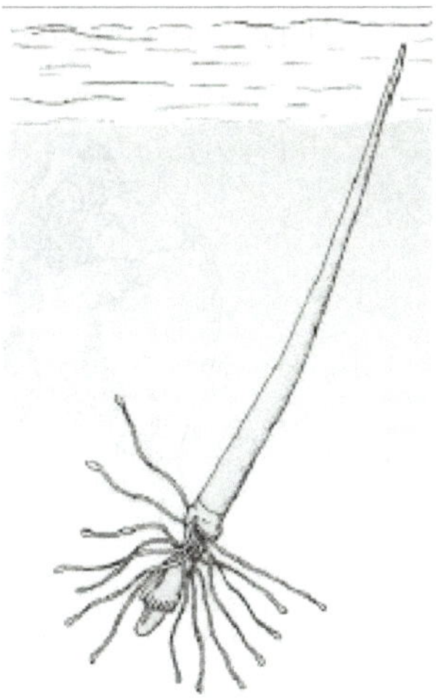

图 9-23 角贝
(Hickman et al.,2001)

七、头足纲(Cephalopoda)

本纲全部为海产软体动物,现存种类仅 650 种左右,但化石种类超过 9000 种。多数种类善于运动,具捕食习性。它们在结构与机能方面较其他各纲发达,是软体动物中高度特化的类群,包括鹦鹉螺、乌贼、鱿鱼和章鱼等:头部明显,并集中了中枢神经与感觉器官;有中胚层起源的软骨包围以保护中枢神经;外套膜有发达的肌肉;足特化成腕与漏斗;具闭管式循环系统;体内受精。这些特征表现出头足类是最进化的软体动物,头足类中某些成员成为无脊椎动物中体型最大的种。例如,大王乌贼(*Architeuthis*)体长可达 10m,如果包括腕共长达 16m。

(一)头足纲的主要特征

1. 体形与贝壳

头足类动物两侧对称,身体由头、足、内脏团、外套膜 4 部分组成,但在体制结构上可分为头、足和躯干 3 部分。头足类动物的身体结构可能随着运动方式由爬行改变成游泳而使身体的背腹轴延长,变成了身体的前后轴。结果,身体逆时针旋转 90°,头、足位于身体的前端,内脏团位于身体后端,外套腔由原来位于后部移到了身体的腹面。

原始的种类体外有一发达的盘旋外壳,如鹦鹉螺(*Nautilus pompiplius*)。进化种类壳不发达形成内壳,如乌贼(sepia),或者壳完全退化消失,如章鱼(octopus)。内壳石灰质,俗称海螵蛸,背侧坚硬,腹侧疏松,多空隙。内壳不但可以增加身体的坚韧性,也可以使身体的密度减小,有利于游泳,并有助于保持平衡。

2. 外套膜与足

头足类的外套膜是多肌肉质的，由放射肌与环肌组成。外套膜在身体的背面与体壁相连，腹面游离，与内脏之间的空间形成外套腔。由足特化形成的漏斗位于身体腹面躯干的前端，它也是肌肉质结构，漏斗的前端细长，其开口指向前端，漏斗后端宽大，可伸入外套腔中，漏斗后端两侧有一软骨凹陷与外套膜腹缘前端的软骨突形成一闭锁器(图 9-24)以封闭外套腔的开口。

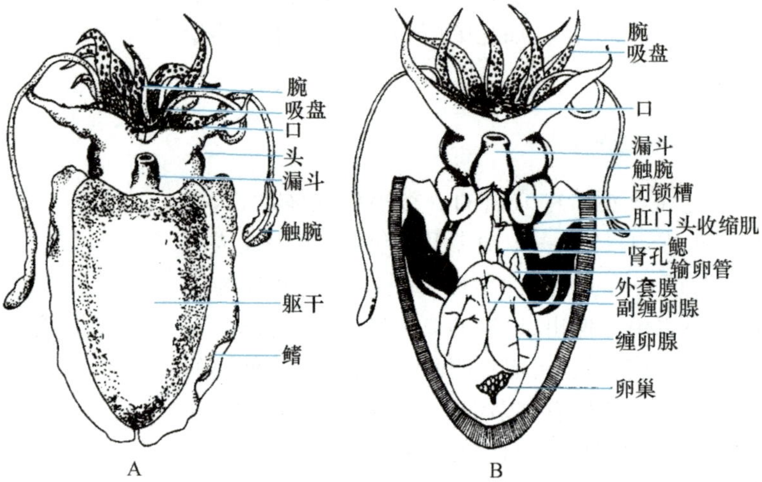

图 9-24 乌贼外形与内部结构(刘凌云和郑光美，1997)

A. 腹面观；B. 内部构造

头足类的运动以外套膜的肌肉收缩为动力。当外套膜环肌松弛、放射肌收缩时，外套腔体积扩大，水由外套腔开口处进入外套腔中，外套腔充水后，放射肌松弛、环肌收缩、闭锁器扣合关闭了外套腔的开口，外套腔中增加了压力，迫使水由漏斗前端开口处喷射出去。其反作用力推动身体迅速倒退，漏斗中有一前端游离的舌状活瓣，使水只能由漏斗口喷出，不能由外界流入。如果漏斗前端向后弯曲喷水时，则其反作用力推动身体向前运动。外套膜在躯干的边缘延伸形成鳍，运动时起着平衡的作用，加之流线型的躯体，使它们的运动速度很快，因此素有“水中火箭”之称。

八腕类章鱼等一般不善于运动，躯干部变成了圆球形，没有鳍，外套膜前侧边缘与体壁愈合，使外套腔孔大大减小，它们也利用漏斗的喷水及腕的划动进行游泳运动，也可利用腕在水底爬行，因其腕的内面有许多吸盘吸附在岩石上拖动身体前进。

头足类以足特化的细长口腕捕食，鹦鹉螺有 38 个口腕，乌贼及枪乌贼等具 10 个腕(属十腕目)，对称排列，由头部背中线向腹缘数起，第 4 对腕特别长称为触腕，头的两侧有一对触腕囊，不用时，触腕后端缩入囊内，与其他各腕等长，腕的内面有吸盘 2～4 行。吸盘呈杯状，内有肌纤维，基部有柄，杯内有角质环及细小的钩齿。章鱼、船蛸等具 8 个腕(属八腕目)，几近等长，没有触腕，腕上有吸盘，杯状，但没有柄及角质环。

3. 消化系统

头足类动物均为肉食性，它们以鱼、蟹、多毛类等为食。枪乌贼(squid)、柔鱼(*Ommatostrephes*)等常追捕鱼群或虾群，为掠食习性。

取食时用触腕或腕迅速伸出，捕到食物后，再由其他腕协助将食物共同送入口中。口腕的中央是口，口周围表皮褶皱形成唇，口后为一肌肉质发达的口球(图 9-25)，口球内有一对强大的几丁质颚，形似鹦鹉喙，用以撕裂食物，口腔中还有一齿舌带。深海生活的八腕类，其齿舌带不发达或完全消失。一般有 2 对唾腺开口到口腔中。前面的一对分泌双肽酶(dipeptidase)，后一对分泌溶蛋白酶(proteolytic enzymes)及神经毒素，其消化酶用以消化食物，神经毒素有麻痹及毒杀捕获物的功能。

口球后为食道，靠肌肉的收缩将食物送入胃。胃接受胰脏及肝的分泌物，进行初步的消化，然后再到盲囊中进行进一步的胞外消化，食物的吸收主要在胃、盲囊或肠中进行，食物的残渣由肛门排到外套腔中。头足类发达的消化道及消化腺与其捕食习性密切相关。在直肠的末端近肛门处有一导管，连一梨形小囊，即墨囊，作为它的防卫及攻击器官。墨囊位于内脏团后端，实为一极发达的直肠盲囊，囊内腺体可分泌墨汁，当头足类遇到强大的天敌或惊恐逃遁时，它会将储存的墨汁通过肛门、漏斗口喷射出来，使周围海水一片黑色，头足类乘机逃脱。头足类有时在追捕鱼群时也会潜入鱼群中，释放墨汁乘机捕食(图 9-25)。

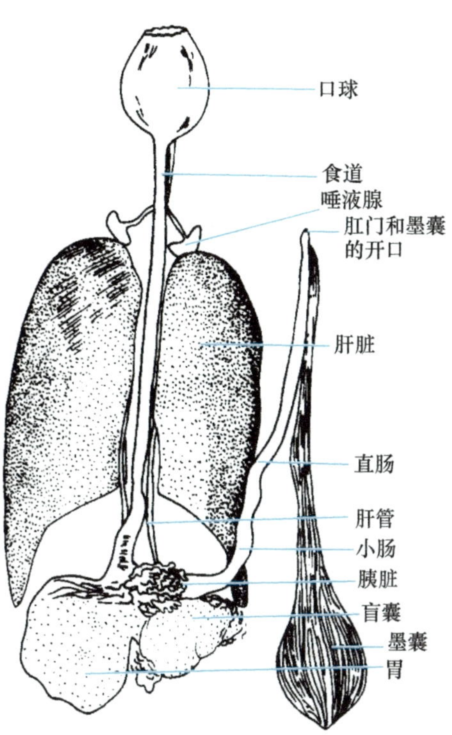

图 9-25 乌贼的消化系统
(刘凌云和郑光美，1997)

4. 呼吸系统

许多头足类动物善于运动，且能做长距离的洄游，加快气体的交换对它们来说十分重要。一方面，外套膜、漏斗的肌肉收缩极大地增加了水经过身体的流量及流速。另一方面，鳃的表面增加了褶皱以扩大与水接触的面积(图 9-24)。鳃的基部有一对鳃心，它的收缩可增加鳃血管中的血压以加速流动，所有的这些改变有利于血液在鳃中流通的速度，加快了气体的交换，以适应其运动的需要。

5. 循环系统

头足类具有闭管式循环系统，为软体动物中唯一具闭管循环的一类。围心腔中有 1 个心室及 2～4 个心耳，心耳的数目与鳃、肾数目相一致。由心室向前、后分别通出前大动脉及后大动脉。它们分别向前、后运行、分支，以毛细血管进入组织细胞之间，然后头部及身体前端的血液汇集成前大静脉，末端分为两支，穿过肾囊后行，身体后端、外套膜及内脏的血管汇集形成后大静脉，末端也分为两支，并分别与前大静脉的两支汇合进入鳃心，鳃心收缩可增加入鳃血管的血压，血液完成气体交换后便经出鳃血管再流入心耳与心室完成血液循环。头足类的血液中含有血蓝素，充满氧气时为深蓝色，在静脉中为浅蓝色。

6. 排泄系统

头足类的排泄器官为后肾，1 或 2 对，呈囊状，鹦鹉螺具 4 个肾囊，其他动物 2 个。以乌贼为例，肾囊由 1 对腹室和 1 个背室组成，腹室位于直肠两侧，左右对称，背室位于腹室的背侧，有孔与腹室相通。肾囊通过肾围心腔管与围心腔相通，1 对肾口位于围心腔中；肾孔 1 对，位于直肠后部两侧。当前、后大静脉分支后进入肾囊内之后，静脉的管壁周围形成大量的褶皱，称肾附属腺(renal appendage)，它的搏动与鳃心的搏动一致，血液中的代谢产物渗出肾附属物进入肾囊，经肾囊的重吸收后，代谢物由肾孔排到外套腔，经漏斗喷水时，排出体外。另外，乌贼的鳃心之下是1对附鳃心(branchial heart appendage),它相当于其他软体动物的围心腔腺,可收集围心腔中的代谢产物。其排泄物主要是鸟嘌呤(guanine)。

7. 神经与感觉器官

头足类神经系统与感觉器官发达,由中枢神经系统、周围神经系统组成(图9-26)。它们的脑、足、脏、侧4对神经节均集中在头部食道的周围形成神经中枢,并在中枢神经之外有由中胚层形成的软骨包围,这在无脊椎动物中是唯一的。脑神经节位于食道上方,特别发达,由脑发出神经到口球,控制口球肌肉的收缩。由脑向两侧发出1对视神经,在眼球基部形成1对巨大的视神经节。足神经节在脑后食道的腹面,有神经索与脑相连,由足神经节发出10条神经到腕及漏斗,因此从神经支配也说明腕与漏斗是同源于其他软体动物的足。脏神经节与侧神经愈合,位于食道腹面足神经节之后。由侧脏神经节发出3对神经:1对到内脏形成交感神经,控制胃与盲囊的运动;1对是到鳃的神经,并在鳃的基部形成鳃神经节;还有1对神经到躯干前端两侧的外套膜上,形成巨大的星芒神经节控制外套肌肉的收缩。星芒神经节中包含有巨大的神经纤维,它是由侧脏神经节内的巨大神经细胞发出的神经纤维,并穿过外套膜到达星芒神经节,由星芒神经节也发出巨大神经纤维到达外套膜的肌肉上。

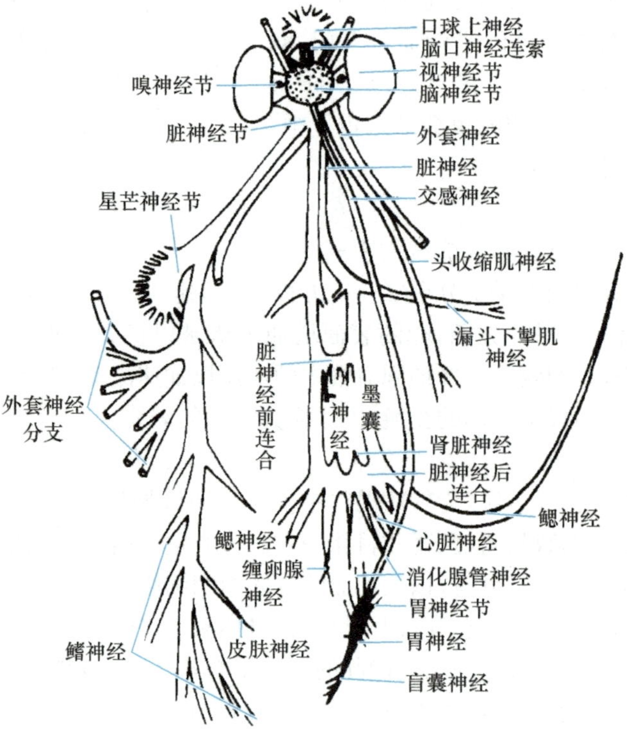

图9-26 乌贼的神经系统(刘凌云和郑光美,2009)

头足类的感觉器官发达,有眼、平衡囊、化学感受器等。特别是眼结构复杂,与脊椎动物的眼相似,但胚胎发育中的差异较大。眼的基部有软骨支持,形成眼窝。眼包括角膜、晶体,晶体的两侧有睫状肌牵引,其前缘两侧还有虹膜,以调节瞳孔的大小、控制进光量(图9-27)。晶体后为胶状液体所充满,眼球的底部为视网膜,视网膜是一层含有色素的杆状细胞,是一种光感受细胞,视网膜外为视神经。视神经与巨大的视神经节相连。从结构上看,这种眼无疑是可以成像的,但头足类眼的视力范围与脊椎动物的眼相比,还是很有限的。

头足类也有1对发达的平衡囊，位于中枢神经外的软骨中，足神经节与侧脏神经节之间，完全被软骨包围。囊内充满液体，有一耳石，囊内前端背面有平衡斑，突起称平衡嵴。另外，还有嗅检器，乌贼的嗅检器在眼后，为一皮肤凹陷，内有许多嗅觉细胞。

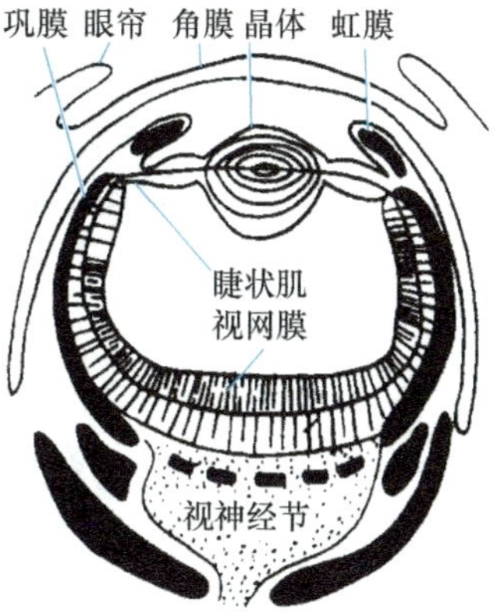

图 9-27 乌贼的眼结构
(刘凌云和郑光美，2009)

8. 生殖与发育

头足类均为雌雄异体，少数种类雌雄大小有区别。体外受精，直接发育。

十腕目的多数种类左侧(少数为右侧)的第五腕变成了茎化腕，八腕目多数右侧的第三腕变成了茎化腕。腕的变化表现在长度不同、末端膨大或出现精液沟，甚至吸盘的改变等。

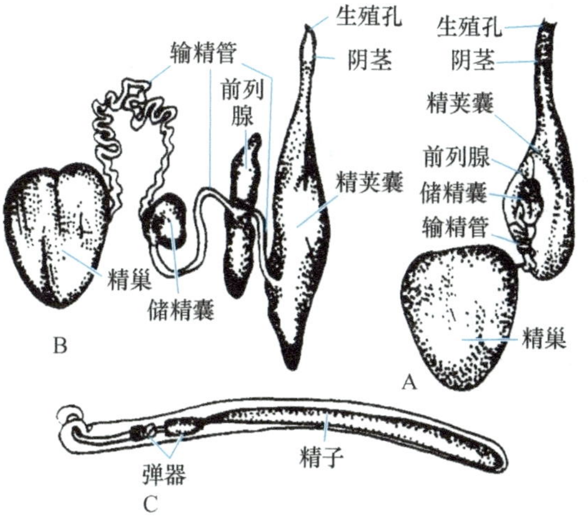

图 9-28 乌贼的雄性生殖系统(江静波，1995)
A. 自然状态；B. 各器官展开；C. 精荚

雄性生殖系统包括精巢1个(图 9-28)，位于身体后端生殖腔中，精巢由许多小管组成，生殖细胞来自小管上皮细胞。输精管长而高度盘旋，由生殖腺的一侧通出，后端膨大形成储精囊及前列腺，精细胞到储精囊后形成精荚，精荚呈棒状，外表有几丁质鞘，内有大量的精子。精荚顶端有射器。输精管后端形成精荚囊储存精荚，其末端即雄性生殖孔，开口在左侧外套腔中。

雌性具卵巢1个，位于身体后端中央，生殖细胞来源于体腔上皮细胞，卵成熟后成批进入身体左侧盘旋的输卵管中，输卵管后端具输卵管腺，它的分泌物形成卵膜，输卵管的末端以雌性生殖孔开口在左侧外套腔中。在卵巢的顶端有1对很发达的白色腺体，称缠卵腺，它分泌的黏性物质将卵黏着在一起。缠卵腺的顶端还有1对小的副缠卵腺，其功用不明。头足类的卵体积很大，最大的直径可达15mm，卵内含有大量的卵黄(图 9-24)。

(二)头足纲的分类

1. 四鳃亚纲(Tetrabranchia)

有8500种，现存鹦鹉螺(nautilus)一属4种，其他均为化石。鹦鹉螺(图 9-29)成体具外壳，外壳的隔膜与壳壁结合的缝合线为直线，不曲折；腕数十个(60～90)，无吸盘；鳃、心耳、肾均为2对；无墨囊；漏斗两叶。鹦鹉螺是我国的一级保护动物，生存在南太平洋热带海区，在数百米海底营底栖生活，在台湾、海南岛、南海诸岛均有发现。鹦鹉螺从寒武纪直生存到现在，是著名的“活化石”。

2. 二鳃亚纲(Dibranchia)

具内壳或无壳，壳为钙质或角质；腕8个或10个，具吸盘；鳃、心耳、肾均为2个；具墨囊。有2000种，我国种类较多，是我国海洋渔业中的主要对象。从石炭纪直到现在，分2个目。

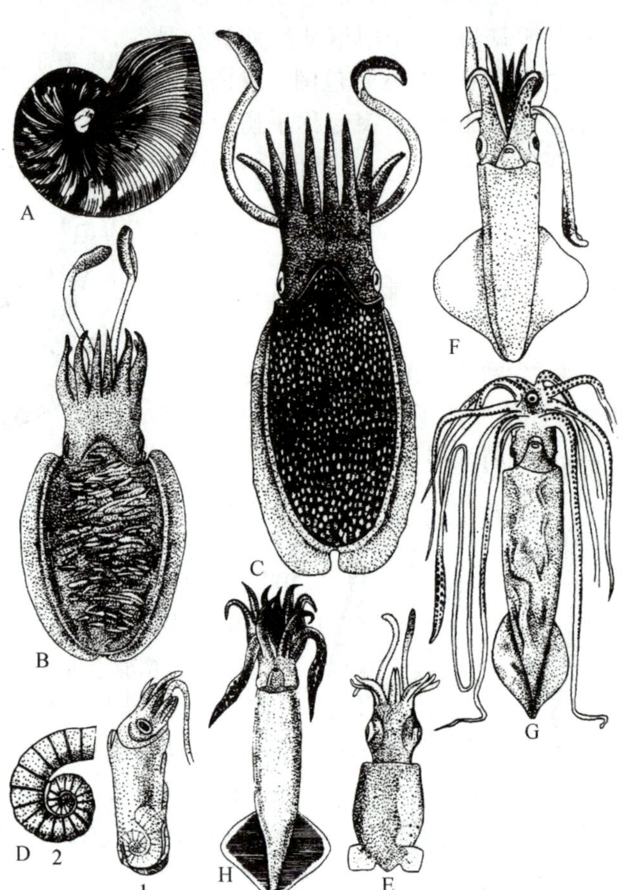

图 9-29　头足纲十腕目部分种类(张玺等,1955)

A. 鹦鹉螺;B. 金乌贼;C. 曼氏无针乌贼(*Sepiella maindroni*);D. 潘氏旋壳乌贼(*S. peroni*)(1)与其壳(2);E. 玄妙微鳍乌贼(*Idiosepius paradoxa*);F. 日本枪乌贼(*Loligo japonica*);G. 日本大王乌贼;H. 太平洋斯氏柔鱼(*Ommastrephes sloani pacificus*)

1)十腕目(Decapoda)　内壳呈舟形,为钙质或几丁质;腕 10 个;吸盘具角质环。如旋乌贼(*Spirula*)、金乌贼(*Sepia esculenta*)、枪乌贼、大王乌贼等(图 9-29)。

2)八腕目(Octopoda)　无壳,体常呈球形;具 8 个腕;吸盘无角质环,也无鳍。如章鱼、长蛸(*O. variabilis*)、短蛸(*O. ocellatus*)(图 9-30);幽灵水母(*Vampyroteuthis*),具腕间膜。

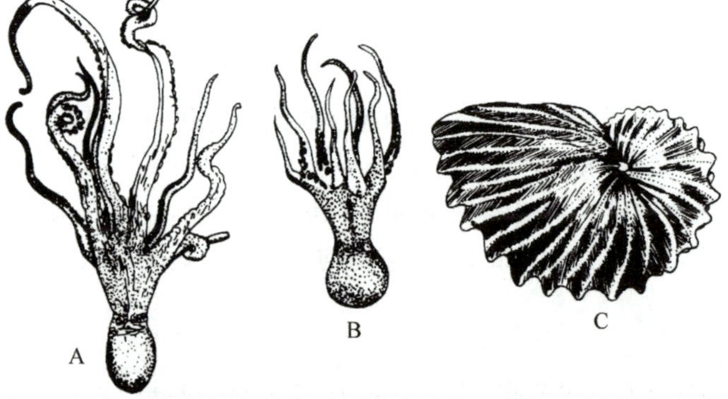

图 9-30　头足纲八腕目部分种类(张玺等,1955)

A. 长蛸;B. 短蛸;C. 锦葵船蛸(*Argonauta hians*)的壳

第三节 软体动物门的起源与演化

软体动物与环节动物有着相似的胚胎发育过程，即螺旋型卵裂，都有相似的担轮幼虫，因此长期以来人们认为这种相似性是它们起源于共同祖先的证据。

但自从生活的单板类新蝶贝被发现以后，有人对软体动物与环节动物的进化关系提出了不同的看法。某些动物学家认为新蝶贝的内部结构表现出器官的直线性重复排列，如有 8 对收缩肌、5 对鳃、6 对肾、2 对心耳，这种重复排列是原始的软体动物出现的分节现象。从而导致软体动物起源于环节动物的结论，特别是胚胎发育过程中的相似性，似乎更有利于这一结论。

大多数动物学家并不同意这种看法，他们认为把新蝶贝的某些器官的重复排列看做分节现象的根据不充分。首先，新蝶贝只有 1 个壳，不表现任何分节的遗迹；其次，器官的重复排列在数目上相差甚大，彼此各不相同，其他各纲鳃、心耳与肾在数目上都是一致的。因此，新蝶贝的器官的重复出现不可能被认为是软体动物的原始分节特征，否则将无法解释其他各纲器官数目的一致性。认为软体动物起源于环节动物的结论不能成立。由于软体动物与环节动物胚胎发育的相似性，说明它们有着共同的起源，共同起源于类似于扁形动物的祖先，然后各自向不同方向发展，软体动物不善于运动，出现了背壳，发展了保护性的结构与机能，形成了软体动物的特征。而环节动物通过身体的延长，内外结构上出现了分节现象以适应穴居生活，形成了环节动物的特征。

软体动物中，腹足纲、双壳纲、掘足纲与头足纲最初都具有一个壳，可能是来自原始的单板类，而无板类与多板类可能在形成单板类之前就已经分道发展了，而无板类的无壳现象可能是原始的特征，而不是次生性的特征。

第四节 软体动物门的经济意义

软体动物不仅种类多、分布广，而且与人类的关系也很密切，是动物界中很有经济价值的一类。

软体动物中很多种类都有很高的食用价值，我国沿海盛产的墨鱼（乌贼）是我国四大渔产之一（即大黄鱼、小黄鱼、带鱼及墨鱼）。腹足类的鲍、玉螺、红螺、陆生的大蜗牛，双壳纲的牡蛎、扇贝、贻贝、江瑶、蛏、蚶等，头足类的各种乌贼、柔鱼、章鱼等都是人们喜食的上等佳肴，它们不仅肉质鲜美，而且含有丰富的蛋白质、维生素等。可作食用的种类远不止上面所列举的代表。大量的贝类除了鲜食还可做成各种加工食品。例如，牡蛎可做成罐头（蚝肉及蚝油），淡菜、贻贝、江瑶等制成干制品，我国生产的上述制品行销许多国家。我国沿海历来有人工养殖贝类的历史，但目前还远远不能满足人们的需要，对我国宽阔的沿海海域的充分利用，更广泛地开发贝类养殖这一自然资源还有相当的距离。

另外，大量的软体动物可做成装饰品。首先，天然生产或人工养殖的珍珠是名贵的装饰品，可做成项链、指环、耳环等。我国从 20 世纪 60 年代之后采用人工方法培育珍珠取得了很大成绩。目前不仅用海产贝类养珠，也利用淡水的珍珠蚌、三角蚌等培育珍珠，制成装饰品。另外，在珍珠生产中的劣等产品或天然贝类的珍珠层可作为化妆品的原材料，如各种珍珠霜等。我国历史悠久的贝雕艺术，近年来也发展迅速，成为我国工艺品中的一枝新秀，人们利用各种形状、色泽的贝壳，雕刻镶嵌成各种彩画、制成家具上的装饰品，深受国内外欢迎，成为我国特有的一种工艺品。此外，许多形状奇特、色彩艳丽的各种名贵贝类，如宝贝、玉螺、榧螺、梯螺等，从18世纪以来就是人们喜爱的收集品及收藏品。

许多软体动物可做中药材在我国已有悠久历史，利用珍珠、珍珠粉、石决明(鲍壳)可以治疗高血压；毛蚶的壳和肉、海螵蛸可以用于治疗胃病；文蛤壳可以治疗慢性气管炎；珍珠粉可以治疗癫痫；珍珠粉可以作为十几种中药的成分。

大量的贝类可做家禽的饲料，大型贝壳可烧制石灰或做成工业原料，在经济上也有一定的价值。

一些软体动物作为人、畜寄生虫病的中间寄主，对人类有较大的危害。例如，钉螺、扁卷螺、锥实螺类，它们在传播及保存疾病方面起了重要作用；船蛆、凿石蛤等对港湾、码头、船舶等造成经济损失；固着生活的牡蛎、贻贝等固着在船底、海底电缆、管道，造成航海及通信的故障；蜗牛、蛞蝓取食蔬菜水果；锈凹螺等危害人工养殖的海带；骨螺、玉螺等取食养殖贝类等。这些给种植业及养殖业都带来危害，造成相当的经济损失，这些都是软体动物对人类有害的方面。

珍珠及其形成

价格昂贵的天然珍珠由某些双壳纲动物所形成。这是由于外界的砂粒或其他异物进入到外套膜与贝壳之间，砂粒被外套膜包围，并围绕它不断的分泌珍珠层，达到一定厚度之后，砂粒具有了珍珠光泽，因而逐渐形成了珍珠。人们利用外套膜的这一特性，选择了一些易于形成珍珠的母贝来人工生产珍珠。例如，利用马氏珍珠贝(*Pteria martensii*)、珍珠贝(*P. margaritifera*)，将事先磨成数毫米大小不等的珠核，连同切成数毫米大小的外套膜，用手术的方法送入母贝的体内接珠，经过数年精心的饲养，则可由母贝中取出人工珍珠，这时珠核外也有一层珍珠层包围，宛如天然珍珠。现在不仅利用海产的珍珠贝作为母贝，人们也利用淡水种类(如珍珠蚌等)作为母贝生产人工珍珠。我国在人工养珠业方面也有很大的发展，只是人工生产的珍珠在珠形、光泽度上远不及天然珍珠。

思考题

1. 试述软体动物的主要特征。
2. 归纳比较各类软体动物的形态结构对其生活方式和环境的适应。
3. 分析软体动物种类多、分布广与其形态结构和生活习性的关系。
4. 试述腹足类和瓣鳃类分类的主要依据和常见种类。
5. 试述头足类对环境适应的结构特点。
6. 了解软体动物与人类的关系。

第十章　节肢动物门

节肢动物门(Arthropoda)是在环节动物同律分节的体制结构基础上发展起来的一个庞大的动物类群。身体异律分节,出现分节的附肢。体壁为几丁质的外骨骼,肌肉是横纹肌,具有独立的肌肉束附于外骨骼内面。其他生理结构和行为也复杂多样以适应不同的生活方式和生活史等。因此,节肢动物成为地球上最为繁盛的类群。

节肢动物是动物界种类最多、分布最广的一类动物。

第一节　节肢动物门的主要特征

一、身体异律分节

与环节动物不同,节肢动物普遍出现异律分节现象,即部分体节发生不同程度的愈合,形成结构功能各异的体区(tagmata)。有的节肢动物身体分为头和躯干,有的分为头胸部和腹部,有的分为头、胸、腹 3 部分。

二、几丁质外骨骼

节肢动物体壁结构自内而外,分别是基膜、单层柱状上皮细胞和含几丁质的表皮(图 10-1)。表皮由上皮细胞分泌形成,具有保护和支撑的作用,又称为外骨骼(exoskeleton)。表皮由外向内又分为上表皮(epicuticle)和原表皮(procuticle)。原表皮由外表皮和内表皮组成。其主要成分为几丁质与蛋白质的合成物。外表皮(exocuticle)经过蛋白质的鞣化作用颜色变深成为坚硬的骨片。内表皮(endocuticle)相对柔软。

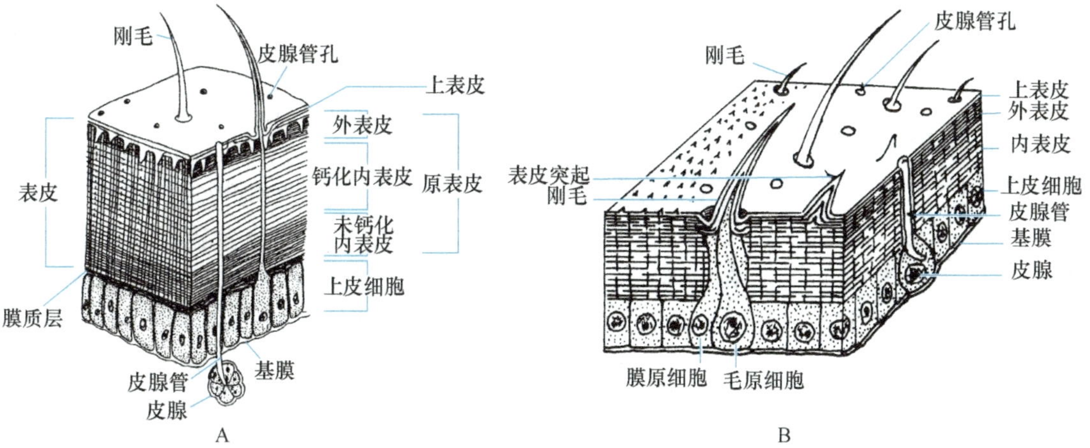

图 10-1　节肢动物表皮结构模式图(刘凌云和郑光美,2009)

A. 甲壳类体壁;B. 昆虫体壁

外骨骼虽然具有很强的保护与支撑作用,但同时也限制了个体的生长与活动,因此节肢动物的生长发育中具有蜕皮现象(ecdysis)(图 10-2)。蜕皮之前,上皮细胞开始分泌新的表皮和蜕皮液。蜕皮液分解旧表皮,使新、旧表皮分离,同时旧表皮中的有用成分被重新吸收并参与新表皮的形成。蜕皮时,动物通过水或空气使体内压力增大,旧表皮沿一定部位裂开并褪去。蜕皮之后,新表皮开始沉积钙质或鞣化。蜕皮过程主要受体内激素的调控。

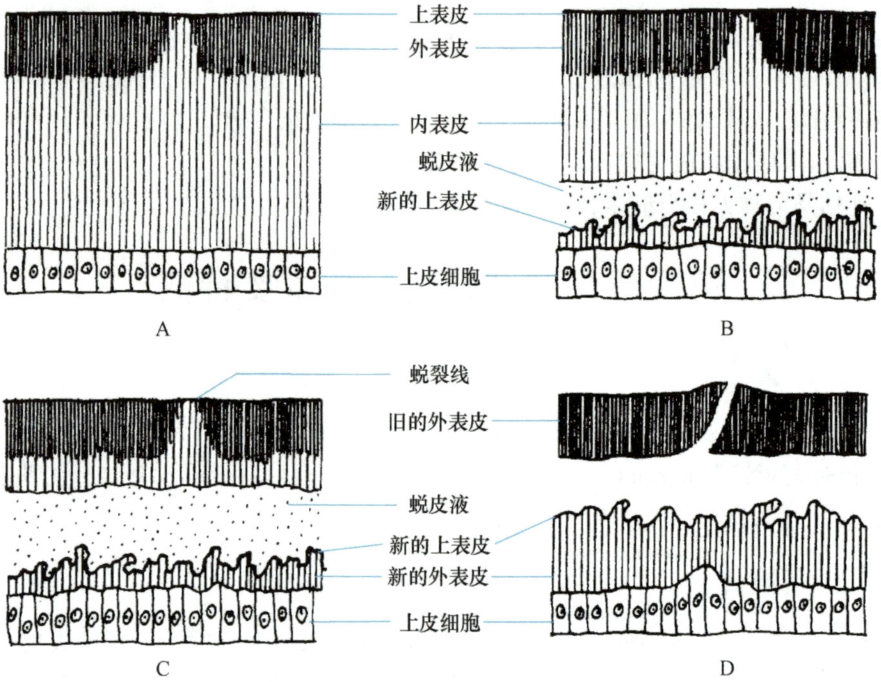

图 10-2 节肢动物蜕皮过程图解(刘凌云和郑光美,2009)
A. 蜕皮前的体壁;B. 分泌蜕皮液,表皮与上皮细胞分离;C. 旧表皮被消化,上皮细胞分泌新的外表皮;D. 旧表皮沿蜕裂线裂开而褪掉

三、附肢分节

每个体节原则上生有一对分节的附肢(appendage),连接处形成关节。附肢的原始构造包括最基部的原肢(protopod)和通过关节与其相连的端肢(telopod)。原肢由一或两个肢节(podites)组成。端肢也分为若干肢节,肢节的内侧或外侧常长出附属突起,分别称为内叶(endite)、外叶(exite)。当端肢基部的外叶发达,甚至和端肢相当时,此类附肢称为双肢型(biramous)(图 10-3A)。当附肢的外叶缺失或退化,只有端肢,称为单肢型(uniramous)(图 10-3B)。节肢动物的附肢,在进化过程中,随着体区的形成,结构与功能也发生了巨大的分化。

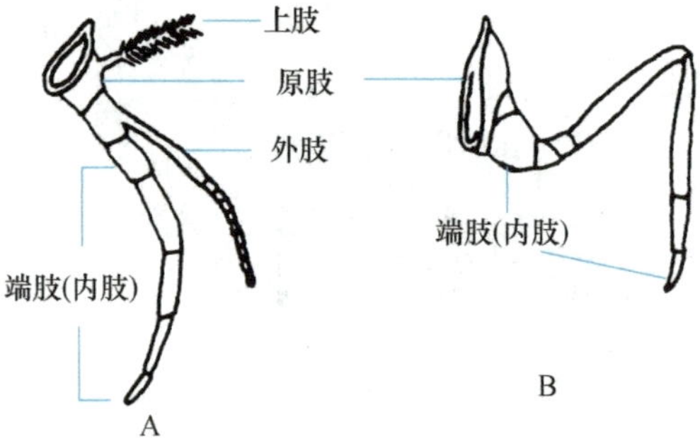

图 10-3 节肢动物附肢与关节(刘凌云和郑光美,2009)
A. 双肢型;B. 单肢型

四、肌肉系统

节肢动物的肌肉为横纹肌，形成肌肉束，
收缩迅速有力，利于运动。肌肉束一般按体节成对排列，起相互拮抗作用(图 10-4)。

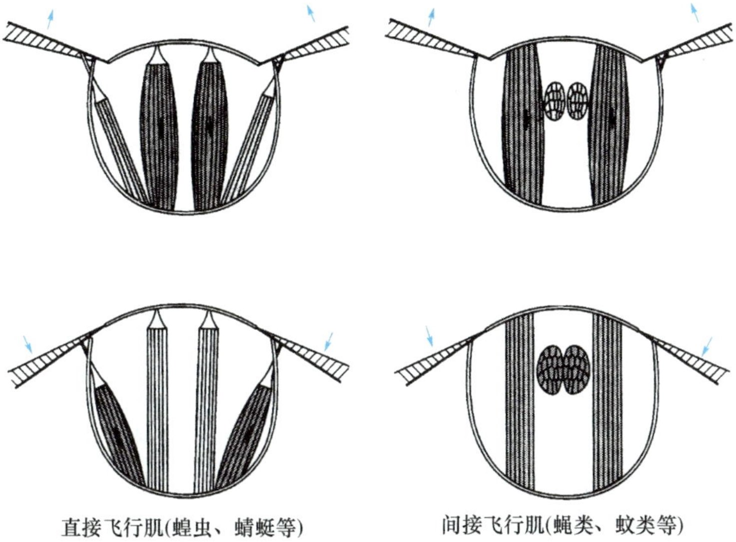

图 10-4 昆虫飞行肌结构示意图(陈小麟，2005)
箭头示翅的运动方向

五、开管式循环系统

节肢动物的体腔为次生体腔与初生体腔混合形成的混合体腔，由于混合体腔内充满血液，又称为血腔(haemocoel)。循环系统由心脏及其向前端发出的一条短动脉构成。血液经心脏、动脉流入血腔，浸润各组织结构，再由心孔返回心脏。血液不是始终在血管中流动，要到组织间隙中，因此为开管式循环。它的主要功能是传送营养和代谢物质。

六、呼吸系统

水生节肢动物的呼吸器官为鳃或书鳃，陆生节肢动物的呼吸器官为书肺(book lung)或气管(tracheae)。书鳃是由体壁表皮细胞向外突起或体壁整齐折叠而成，书肺和气管是由体壁内陷而成。书肺呈囊状，气管是由内陷的体壁发生连续分支而形成的管状结构。气管可直接输送氧给组织，同时将组织排放的二氧化碳运出体外。这种结构能有效防止体内水分的蒸发和散失，是节肢动物对陆生生活的一种适应。

七、排泄系统

低等节肢动物没有专门的排泄器官，其代谢产物随蜕皮排出。小部分节肢动物以与后肾管同源的腺体状结构作为排泄器官，如甲壳类的触角腺、下颚腺，蛛形纲的基节腺。大部分种类(如昆虫)以马氏管作为排泄器官(图 10-5)。

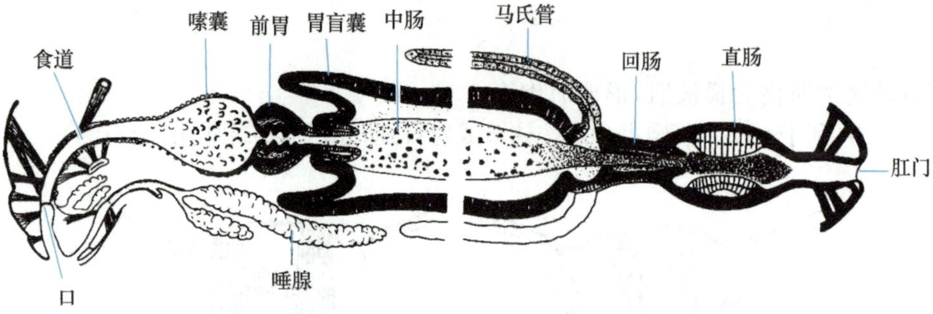

图 10-5 昆虫消化道、排泄系统示意图（彩万志等，2011）

八、神经系统和感觉器官

中枢神经系统（图 10-6）和环节动物一样，为链状，但脑更发达，神经节有愈合趋势。神经系统传递刺激、整合信息和指令运动等机能明显提高。感觉器官复杂。

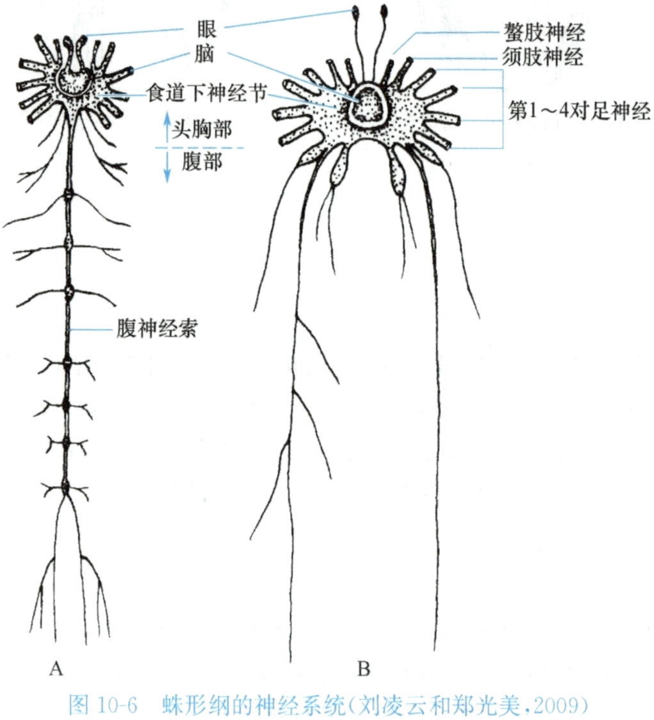

图 10-6 蛛形纲的神经系统（刘凌云和郑光美，2009）

A. 蝎；B. 蜘蛛

第二节 节肢动物门的分类

节肢动物门的系统发生是动物系统学研究的重要领域，多年来争论不断。本书采用了 5 个亚门的分类系统。

一、三叶虫亚门(Trilobitomorpha)

仅有一纲——三叶虫纲(Trilobita)。三叶虫从寒武纪早期开始出现,在二叠纪末期灭绝,是最古老的节肢动物之一。所发现种类均为化石。

二、甲壳亚门(Crustacea)

头部5体节,躯干部多节,分为胸部和腹部,具2对触角,1对大颚和2对小颚;胸部最前1或3节的附肢可能与头部愈合,为颚足;具头盾或头胸甲(部分类群消失);大多数类群在生活史某阶段有单眼和复眼;一些类群复眼有柄。大多数水生,以鳃或特化的表皮呼吸;少数种类陆栖;营自由生活、共栖或寄生生活。世界已发现6.7万余种。最常见的甲壳动物如各种虾、蟹。

(一)甲壳亚门的重要特征

其代表动物——中国对虾(*Penaeus orientalis*)(图10-7)。

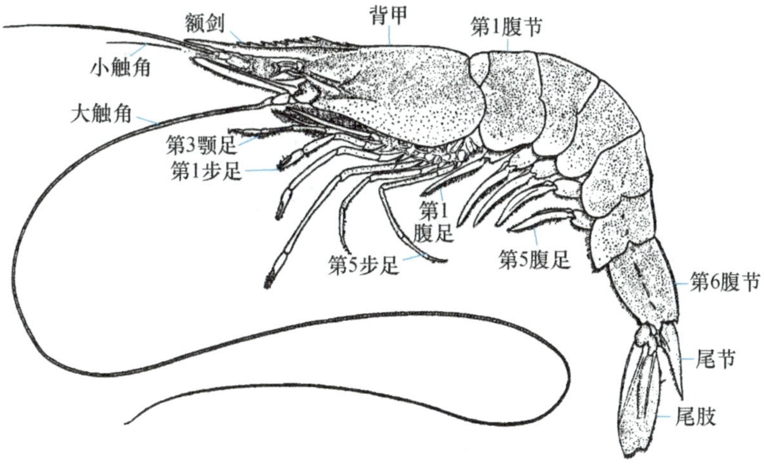

图10-7 中国对虾的外部形态(刘凌云和郑光美,2009)

1. 外形

身体侧扁,雌虾青色,长18～24cm,雄虾略呈黄色,长13～17cm。头部和胸部体节愈合形成头胸部,外被发达的甲壳,称为头胸甲。头胸甲前部尖而长,上下缘都带有锯齿,称为额剑,额剑两侧有一对着生于可活动眼柄上的复眼。腹部圆柱形。

对虾各体节附肢的形态差异很大,以适应不同的功能。

头部附肢5对(图10-8),依次为:第1触角(小触角)原肢3节,生有触鞭2条。原肢第1节最长,背面凹陷处可容纳复眼,凹陷内侧的丛毛中为平衡囊,司触觉、嗅觉和平衡。

第2触角(大触角)原肢粗短,外叶薄片状,内叶为触鞭,司触觉作用。

大颚,原肢特化,形成咀嚼器。

第1小颚原肢2薄片状,具抱握食物功能。

第2小颚原肢2薄片状,外肢宽大,称为颚舟,扇动时使水流不断流经鳃室,以供呼吸之用。

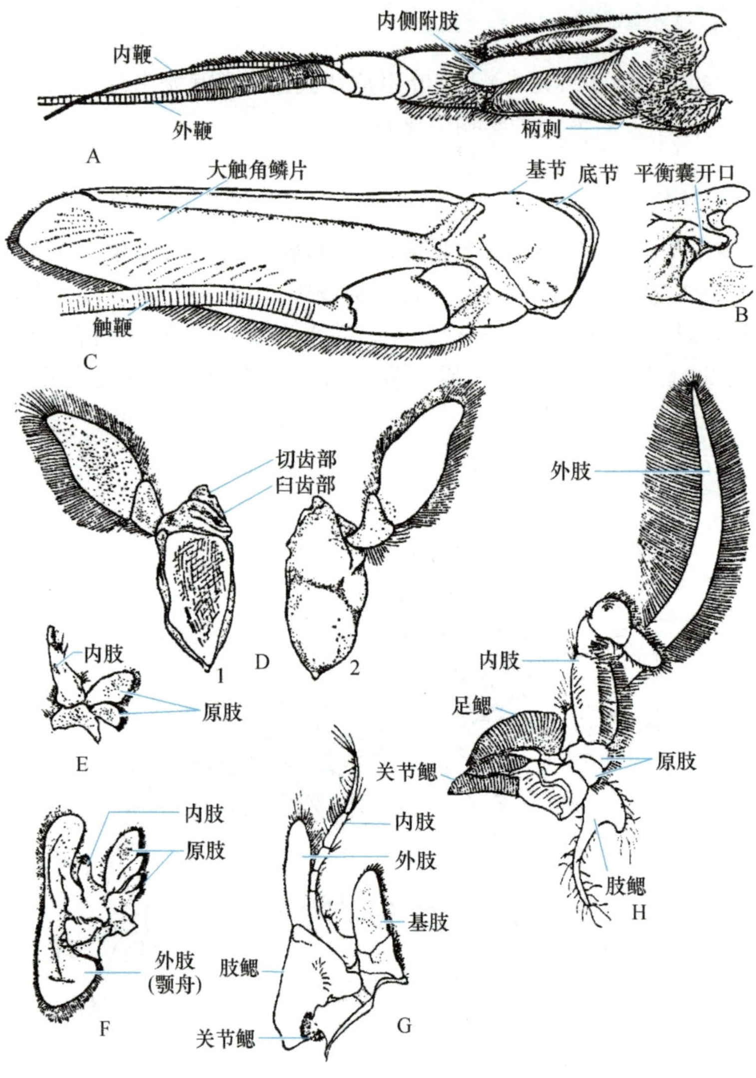

图 10-8　中国对虾的部分附肢(刘凌云和郑光美,2009)

A. 小触角;B. 小触角,已除去背面密毛;C. 大触角,腹面;D. 大颚,1. 内面,2. 外面;E. 第 1 小颚; F. 第 2 小颚;G. 第 1 颚足;H. 第 2 颚足

胸部附肢 8 对:第 1～3 对为颚足,多毛,基部具鳃。第 3 颚足细长,雌、雄虾的末端两节结构不同。步足 5 对,具捕食和爬行功能,前 3 对步足末端呈钳状,后两对末节似爪。腹肢 6 对,第 6 对足称尾足,与尾节组成尾扇。雄虾第一腹肢特化为交接器。左右内肢节相互合抱,背面和腹面中央有一纵槽。雌性在第 4、5 步足基部之间的骨片上有一圆盘状受精囊,由骨片内陷形成,表面中央有一纵形开口,可接受和储存精子。

2. 消化

口在头的腹面,食道很短(图 10-9)。胃分为两部分,前部是膨大的贲门胃,内有钙化形成的胃磨,能磨碎食物;后部是幽门胃,内面密布刚毛,能过滤不能消化的粗大食物。中肠细长,前部伸出很大的盲囊,又称肝胰脏,可分泌消化液进入贲门胃。后肠前部较膨大,开口于尾节腹面,为肛门。

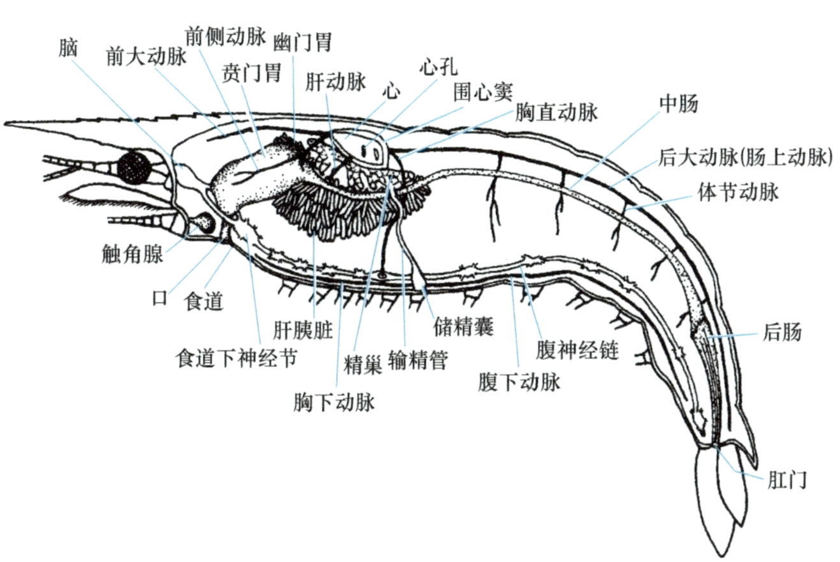

图 10-9 中国对虾的内部构造(刘凌云和郑光美,2009)

3. 呼吸与循环

对虾以鳃呼吸。鳃位于头胸部两侧的鳃室内,呈羽状,为枝鳃,每个鳃上具有一个鳃轴和许多分支的鳃丝,以增加气体交换的面积。循环为开管式。心脏(图 10-9)位于头胸部背侧的围心窦内。心脏向前发出 3 条动脉,中央 1 条前大动脉,一对前侧动脉(又称触角动脉)。血液流经组织间隙的血窦,汇入胸部腹面的胸窦,经入鳃血管、鳃、出鳃血管至围心窦,从心孔回心。

4. 排泄

排泄器官是位于第 2 触角基部的一对触角腺(图 10-9),又称绿腺。幼体的排泄器官是第 2 小颚内的小颚腺。

5. 神经系统

链式神经系统。脑(图 10-9)在食道上方,由前脑、中脑、后脑 3 对神经节合成,分别发出神经至复眼、触角等处。食道下神经节由头后部的 3 对神经节和胸部前 3 对神经节合成。后脑以围食神经节和腹面的食道下神经节相连。腹神经链有 5 个胸神经节和 6 个腹神经节。

6. 生殖和发育

雌虾卵巢一对,繁殖期呈绿色,体积很大,输卵管一对,位于肝脏两侧,开口于第 3 步足基部的生殖孔。雄性精巢一对(图 10-9),白色,末端膨大为精囊,开口于第 5 步足基部的生殖孔。

对虾两性成熟期不同,秋季交配时,雄虾用交配器将精子送入雌虾的受精囊储存。翌年春季,雌虾卵子成熟,完成受精。受精卵在海水中孵化,经无节幼体、前溞状幼体、溞状幼体、糠虾幼体成为幼虾。对虾随着环境因子的变化(主要是水温的变化),每年都要做规律性的迁游,称为洄游。

(二)甲壳亚门的分类

1. 浆足纲(Remipedia)

海生,仅 1 种。身体分为头部和躯干部。躯干部同律分节,每一体节具一对扁平的附肢。

2. 头虾纲(Cephalocarida)

小型海生动物,甲壳亚门中最原始的一纲。体延长,略呈筒形,多节。头部与第一胸节愈合,背面有盾形头胸甲(背甲)。胸部宽,有 8 个自由体节,具明显的侧甲,每节有附肢 1 对,腹部 11 节均无附肢，尾节末端有带长刚毛的尾叉。目前仅发现 4 属 9 种，分布于各大洲。栖于潮间带至 1500m 深海底的泥沙沉积物中，以有机碎屑为食。本纲包括短足目 1 目，共 4 属。

3. 鳃足纲(Branchiopoda)

绝大部分是生活在淡水中的小型浮游动物，是甲壳亚门中比较原始的种类。体略呈虾形，头胸甲有或无，如有则呈介壳形或背盾形。大多躯干部体节形状相似，节数变化很大。腹部不具附肢，但末端有尾叉。有成对复眼。胸肢多呈叶状，为运动和呼吸器官，形状相似但数目变化很大。淡水水域中，是鱼类良好的天然食料。常见的有水蚤(*Daphnia*)、鲎虫(*Apus*)等，全世界有 800 余种，中国有 250 种以上。

4. 软甲纲(Malacostraca)

为较大或大型种类，体节明显，各部体节有一定数目(头部 5 节、胸部 8 节、腹部 7 或 8 节)，腹部通常有附肢。其形态变化较大，主要栖息于海水中，少数生活于淡水中，也有陆生者。本纲包括常见的虾、蟹，是甲壳亚门最大的类群，已知约 4 万种。

1)十足目(Decapoda)　本纲最大的目，约 10 000 种，世界性分布，主要在海生栖息地。本目包括虾、对虾、蟹、大螯虾和螯虾等多种经济动物。螯虾(*Cambarus*)淡水中爬行生活，体红色。蟹类腹部扁而短，折向头胸部，腹肢消失或退化，淡水产的如中华绒螯蟹(*Eriocheir sinensis*)、三疣梭子蟹(*Portunus trituberculatus*)广泛分布于我国沿海。

2)等足目(Isopoda)　大多体长为 0.5～400mm。等足类的体型变化多样，通常为背腹平扁。身体分为头、胸、腹 3 部分，无头胸甲。如海蟑螂(*Ligia*)、栉水蚤(*Asellus*)等。

3)端足目(Amphipoda)　体多侧扁，长度通常为 5～40mm。头部与第一胸节或前两胸节愈合，无头胸甲。胸部 6 或 7 节。腹部通常 6 节，但末端 2 或 3 节常愈合。尾节完全，常开裂。如钩虾(*Gammarus*)。

5. 颚足纲(Maxillopoda)

多在海水中生活。头部 5 体节，胸部和腹部的体节在 10 节以下，有尾节，尾节有尾叉。生活史有无节幼体(nauplius)和腺介幼体(cypris larva)期。以第 1 触角固着于基底。已知约 12 000种。

三、螯肢亚门(Chelicerata)

体分头胸部和腹部。头胸部无触角，附肢 6 对。第 1 对附肢为螯肢；第 2 对附肢为脚须，具有爬行、感觉、咀嚼等功能；其余为步足。生活在海洋或陆地。本亚门分为 3 纲。

1. 肢口纲(Merostomata)

身体由头胸部、腹部和尾剑 3 部分组成。头胸部附肢 6 对，除第 1 对为螯肢，2～6 对均为步足，6 对附肢均排列在口的两侧，故名肢口纲。腹部较小，近六角形。以书鳃呼吸。本纲目前已知仅存 3 属 5 种，称为鲎(图 10-10)，是一类至今还存活着的古老节肢动物，主要分布在北美、东南亚沿海海域。鲎血具有很高的经济价值，以鲎血提取物制成的“鲎试剂”可以准确、快速地检测出人体内部组织是否因细菌感染而致病，并在制药和食品工业中广泛使用，用于对毒素污染进行监测。同时研究发现从鲎血中提取的小分子活性物质对抑制肿瘤细胞具有一定作用。

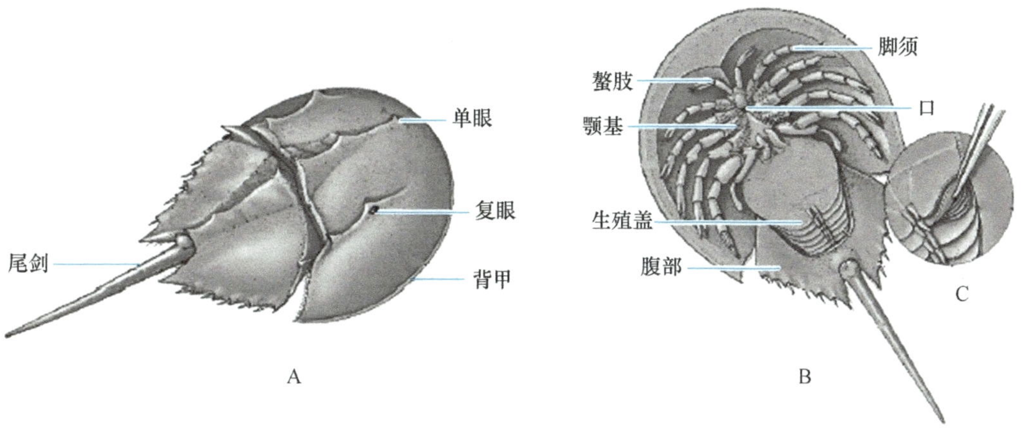

图 10-10 鲎(Hickman,2002)

A. 背面观;B. 腹面观;C. 书鳃局部放大

蜘蛛丝韧度增加的秘密

2009 年美国《科学》杂志报道,在蜘蛛丝(其自然的形式已经比钢材还要坚韧且质量轻)中加入少量的某类金属可使蜘蛛丝的抗断裂或变形能力变得更强。这种方法可能对制造超级坚韧织物、外科缝线或如骨头、韧带及动脉壁等人工组织有所助益。在某些生物体中,极为小量的无机杂质(如金属)被结合到不同的身体部位(如颌骨、螯针或钳螯)中,使这些部位的材质变得异常坚硬。研究人员希望创制他们自己版本的这些材料,使其与上述自然材料具有类似或增强的性质。研究者应用一种称为原子层沉积的过程对柔软的具有蛋白基质的蜘蛛丝进行锌、钛或铝的涂层。除了形成一层与蜘蛛丝纤维表面非常相像的涂层之外,某些金属离子还能穿透纤维并与其蛋白结构进行反应。这一过程大大增加了使该纤维断裂所需做的功。

2. 蛛形纲(Arachnida)

陆栖节肢动物。身体(图 10-11)分为头胸部和腹部两部分,无触角。头胸部附肢 6 对:第 1 对是螯肢,具抓抱或刺穿功能,第 2 对是脚须,具感觉功能,4～6 对为步足。大多为肉食性,捕食小型节肢动物,中肠分泌消化液至口前腔,把猎物消化后吸入前肠。以书肺和气管呼吸。排泄器官为基节腺和马氏管,基节腺在头胸部内,一对或两对,从周围的血窦中收集含氮废物,经排泄管和位于步足基部的排泄孔排出。蛛形类的马氏管来源于内胚层,位于中肠后部,吸收血液中的代谢废物进入肠腔经肛门排出体外。神经系统很集中。蛛形纲许多动物胸部和腹部的全部或大部分神经节前移与食道下神经节愈合,由此发出神经至其他附肢和器官。只有蝎类保持腹神经索和分散的腹神经节。蛛形纲种类丰富,约有 80 000 种。

常见的有蝎目(Scorpionida),体长 1～18cm,分头胸部和腹部,腹部又分成前腹和后腹。前腹较宽,后腹部窄长,尾节内具毒腺,末端具毒针。广泛分布于热带、亚热带和温带,是重要的药用动物。世界上已知约 1300 种,我国记载 10 余种。例如,东亚钳蝎(*Buthus martensi*)分布广泛,是重要的中药材。蜱螨目(Acarina):分为蜱(ticks)和螨(mites),体型微小,多在 1mm 以下,椭圆形,头胸部和腹部合为一体,前端具颚体(gnathosoma),又称假头

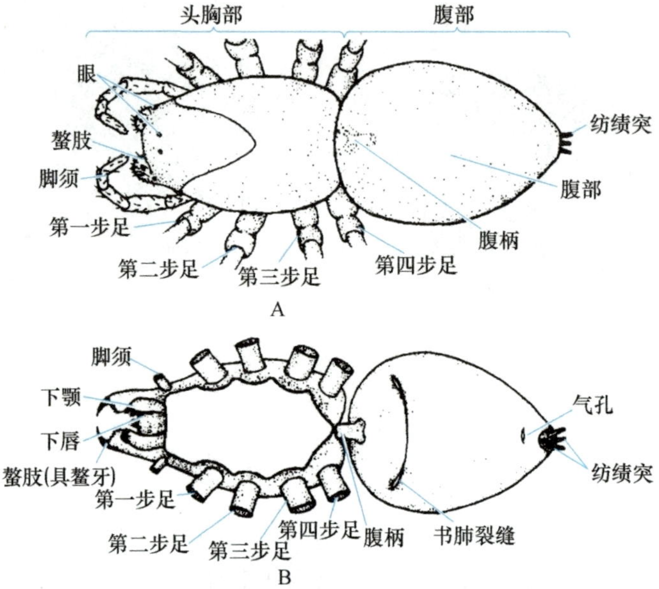

图 10-11 蜘蛛外形结构示意图(陈小麟,2005)
A. 背面观;B. 腹面观

(capitulum),两侧螯肢、须肢各一对。大都为寄生性。蜘蛛目(Araneida),体长 0.5mm～9cm,身体分头胸部和腹部。头胸部背面有背甲,背甲的前端通常有 3～4 对复眼。螯肢两节,基部一节短粗,末端的节具爪,有毒腺开口于爪尖。腹部多为圆形或卵圆形。腹部后部中央有 2 或 3 对纺绩突(图 10-11),和纺绩突连同体内的丝腺合称纺绩器,是本目动物特有的结构。

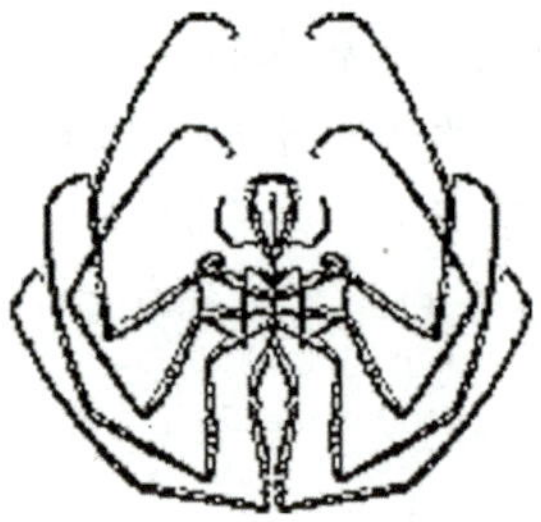

图 10-12 海蜘蛛
(Hickman,2002)

3. 海蜘蛛纲(Pycnogonida)

海生底栖,体型细小,形似蜘蛛(图 10-12)。褐色或淡黄色。头的前方为一较大的吻,其顶端有三角形的口。头部不明显,背面有 4 个单眼。深海种眼退化。多数种类头部有 3 对附肢。在高等的种类中,前 2 对常退化或消失。腹部十分退化,无分节现象,也无附肢。该纲目前已知有 1000 余种,世界性分布,尤其是在南、北两极的寒冷海域最为常见。根据化石材料表明海蜘蛛在大约 4.5 亿年前便已经出现了,并且与陆地上的蜘蛛有着很近的亲缘关系。

四、六足亚门(Hexapoda)

一类高度适应陆地生活的无脊椎动物,种类多,约占动物种类的 2/3;种群数量庞大;分布范围广泛。昆虫是无脊椎动物中唯一有翅的类群,运动能力增强,给昆虫的觅食、避险等带来很大便利。另外,昆虫个体小,繁殖能力强,取食类型多样化,也是这一类群在地球上最为繁盛的重要原因。

代表动物——东亚飞蝗(*Locusta migratoria manilensis*)(图 10-13)。

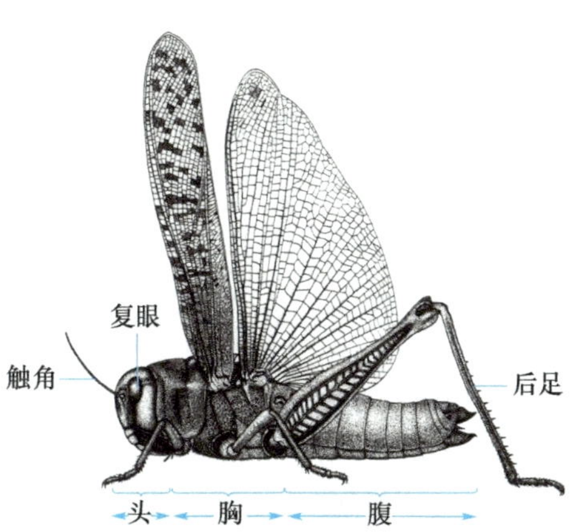

图 10-13　蝗虫外部形态特征（彩万志，2011）

图 10-14　触角的基本结构（彩万志，2011）

（一）外部形态和结构与机能

1. 外部形态

1）头部　　卵圆形，具丝状触角一对，复眼一对，单眼 3 个。复眼是昆虫主要的视觉器官，不仅能感知光线的强弱还能成像，由许多小眼组成。触角分为柄节、梗节和鞭节（图 10-14）。鞭节常分为多数亚节而形成各种类型，如丝状、棒状、鳃状等（图 10-15）。

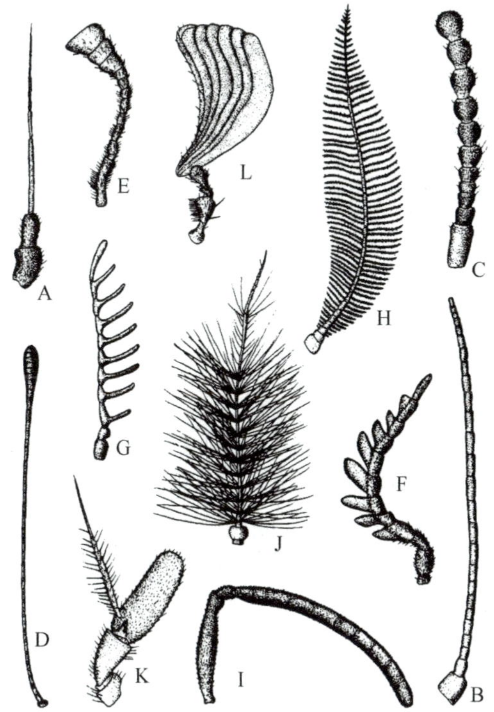

图 10-15　触角的类型（彩万志，2011）

A. 刚毛状；B. 线状；C. 念珠状；D. 棒状；E. 锤状；F. 锯齿状；G. 栉齿状；H. 羽状；I. 肘状；J. 环毛状；K. 具芒状；L. 鳃状

咀嚼式口器（图 10-16），具上颚一对，近似三角形，坚硬不分节。内缘具切齿叶和臼齿叶，有切断和磨碎食物的功能。下颚一对，在上颚后方，基部两节：轴节和茎节，协助上颚刮切和握持食物。茎节外缘具下颚须，为感觉器官。下唇愈合为一片，具下唇须。舌位于上、下颚之间，司味觉。昆虫的口器主要分为两大类：咀嚼式和吸食式。飞蝗的口器是典型的咀嚼式口器，也是最原始的形式，适于取食固体食物。

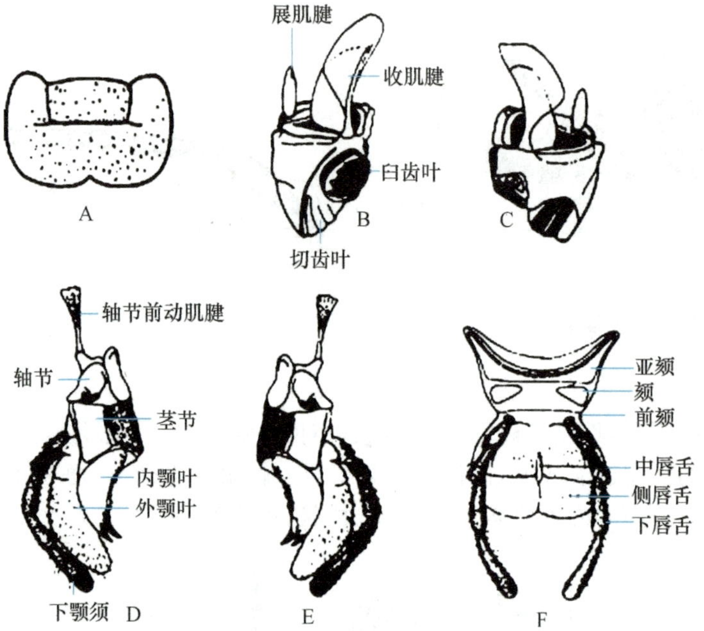

图 10-16 飞蝗的口器(侯林和吴孝兵,2007)
A. 上唇;B. 右上颚;C. 左上颚;D. 右下颚;E. 左下颚;F. 下唇

吸食式口器又可分为 4 类：①虹吸式口器(图 10-17A)，吸食物体表面的液汁，如蛾、蝶的口器，上颚退化，下颚发达形成管状的喙，卷曲在头的下方，吸食时伸展成一直管；②舐吸式口器(图 10-17B)，如家蝇口器，下唇发达，端部膨大成唇瓣；③刺吸式口器(图 10-17C)，刺入动、植物组织内吸食液体，如蝉、蚊等口器，其特点是上颚和下颚特化成细长的口针，左右下颚互相嵌接，合成食道管和唾液管道；④嚼吸式口器(图 10-17D)，如蜜蜂，上颚发达，可咀嚼固体花粉，下颚和下唇变长，吸食花蜜时合成喙。

2)胸部　分为前胸、中胸、后胸 3 部分。前胸背板发达，呈马鞍形，中、后胸各具翅一对，称前翅、后翅。翅是体壁向外突出形成的膜状结构，翅脉是气管部位加厚形成，对翅起支撑和加固作用。翅脉内含有气管、神经和血流。翅脉的排列有一定规律，其分布形式称脉序或脉相。由于不同的昆虫适应不同的生活环境，翅的功能和形态也发生了变化，归纳起来主要有以下几类：如蝉、蜜蜂为膜翅；蝗虫为覆翅；金龟子、天牛的前翅为鞘翅；蝽象的前翅为半鞘翅；蛾、蝶类为鳞翅；蓟马为缨翅；石蛾为毛翅。有些昆虫后翅特化成棍棒状的结构，飞行时起平衡身体的作用，如蚊类和蝇类的后翅为平衡棒。各胸节具足一对，足(图 10-18)的基本结构为基节、转节、股节、胫节、跗节和前跗节。足的形态有多种变化(图 10-19)：如蝗虫，后足腿节发达，为跳跃足；螳螂的前足发达，腿节具凹槽，边缘具刺，两者弯折时似折刀，为捕捉足；蝼蛄前足粗短，胫节宽大具硬齿，适于掘土，为开掘足；虱的足胫节、跗节与爪合抱，适于握持，为攀握足；蜜蜂后足胫节、跗节多毛，称携粉足；水生昆虫具游泳足，中、后足扁平，后缘有长毛。

3)腹部　腹部(图 10-13)11 节。第 1 腹节背板两侧有鼓膜听器，是蝗虫的听觉器官。

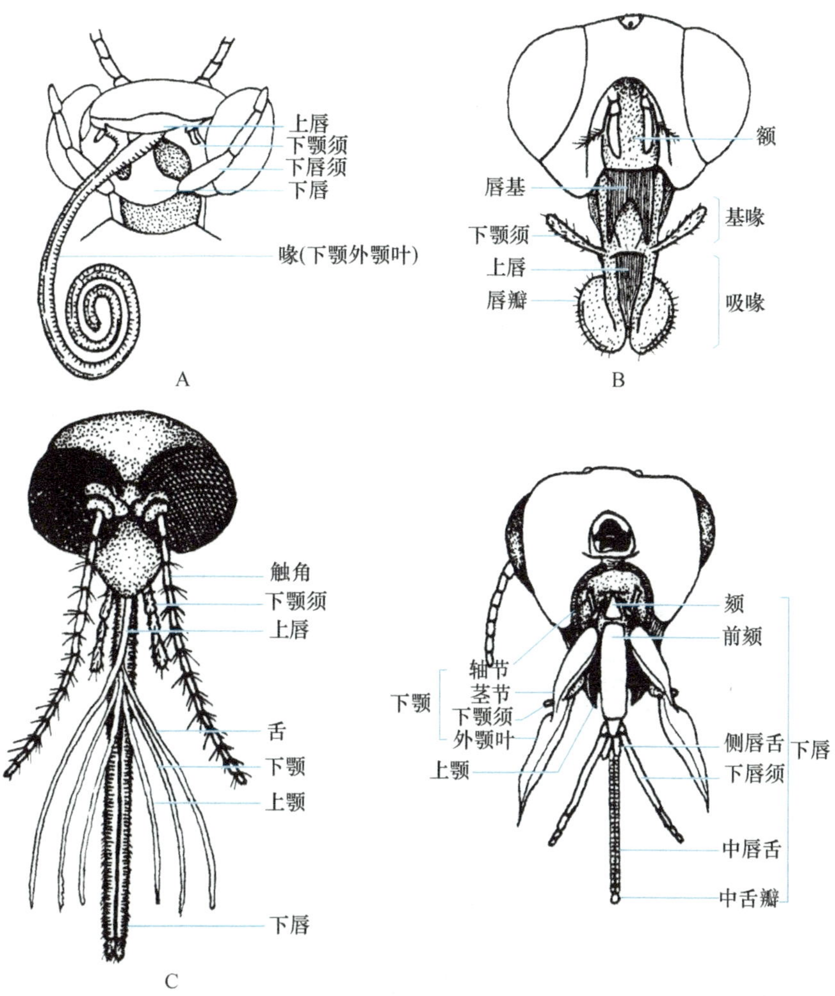

图 10-17　口器的类型(彩万志,2011)

A. 虹吸式口器;B. 舐吸式口器;C. 刺吸式口器;D. 嚼吸式口器

第 11 节背板呈三角形,称肛上板,两侧称肛侧板,生有尾须一对。雄性腹板可见 9 节,第 9 腹板被一横缝分为前、后两部分,呈匙状上弯,内有钩状的雄性外生殖器。雌性腹板可见 8 节,腹末两对锥状产卵瓣,分别称背产卵瓣和腹产卵瓣(图 10-20),一对很小的内产卵瓣藏于背瓣中。外生殖器是物种鉴定的重要依据。

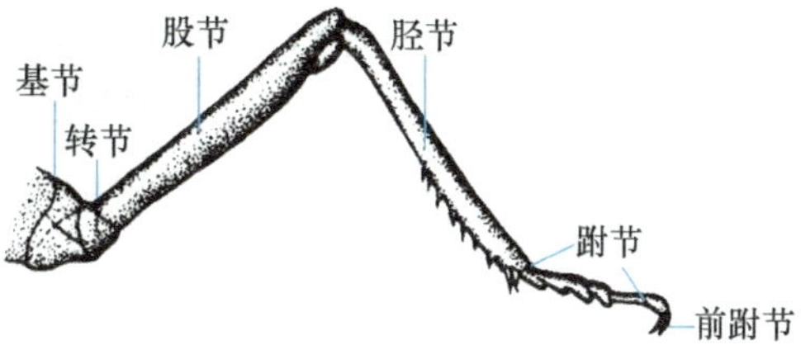

图 10-18　足的基本结构类型(彩万志,2011)

2. 结构与机能

体腔开放式,背面和腹面各有一个隔膜,将血腔分为背血窦、围脏窦和腹血窦。

1)消化　　消化管分为前肠、中肠和后肠。前肠(图 10-20)包括咽、食道、嗉囊和前胃。嗉囊和前胃的内壁有表皮形成的嵴或小齿,有助于研磨食物。中肠又称胃,来源于内胚层,为消化、吸收食物之处。胃的前端具胃盲囊。后肠分回肠、结肠和直肠,排出代谢废物。唾液腺一对,位于胸部腹面,含消化酶。

2)呼吸　　呼吸系统是包括气门、气管(图 10-21)和气囊的气管系统。气门是空气出入

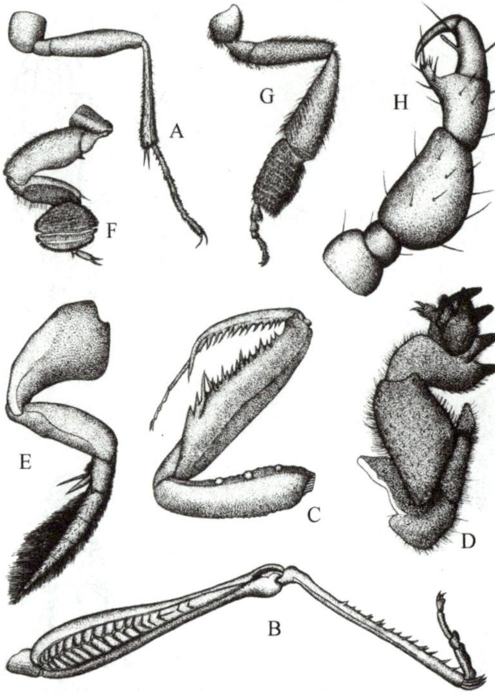

图 10-19　足的类型(彩万志,2011)

A. 步行足;B. 跳跃足;C. 捕捉足;D. 开掘足;E. 游泳足;F. 抱握足;G. 携粉足;H. 攀握足

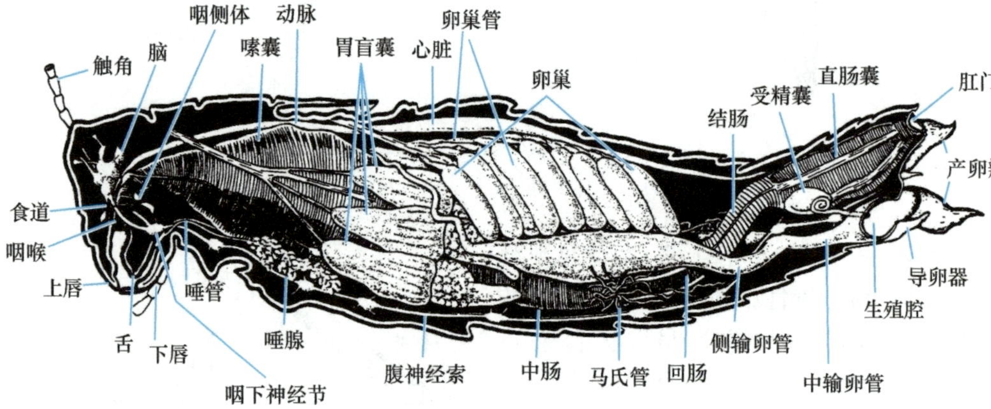

图 10-20　蝗虫纵剖图(彩万志,2011)

昆虫身体的门户,飞蝗具 10 对气门,中、后胸各一对,腹部 8 对。气管由体壁内陷而成,气管壁具表皮增厚形成的螺旋丝。气管经多次分支到身体各部,末端深大一掌状的端细胞,内成为不含螺旋丝的微气管。气囊的张、缩,可增加气管内的通风作用。

3)循环与排泄　开管式循环系统(图 10-20)。一条背血管位于围心窦内,分心脏和动脉两部分。血液无色,输送养料、代谢废物等。

排泄器官为马氏管,位于中、后肠交接处。

4)神经系统　飞蝗的神经系统(图 10-20)由脑、食道下神经和腹神经索组成。脑分为前脑、中脑、后脑,前脑最发达。

5）内分泌系统 昆虫体内的腺体可分泌激素，对昆虫的生长发育和行为活动进行调控。激素可分为内激素(hormone)和外激素(pheromone)。

内激素分泌于体内，调节自身的生理活动，主要有 3 类：脑激素(brain hormone)由脑神经分泌细胞分泌；蜕皮激素(molting hormone)由前胸腺分泌，使昆虫蜕皮；保幼激素(juvenile hormone)由咽侧体分泌，使昆虫保持幼体状态。

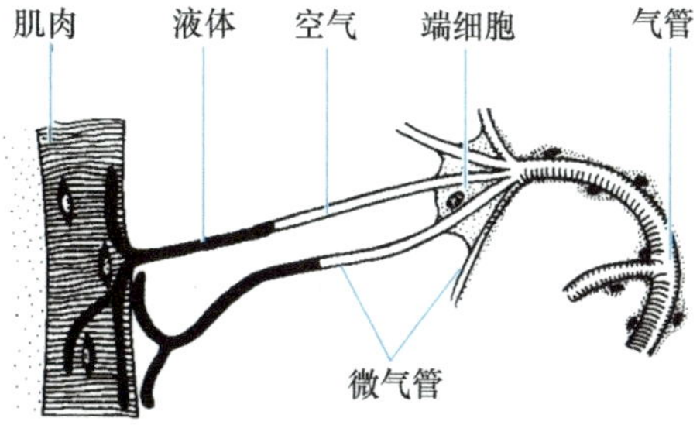

图 10-21 昆虫的气管
(William et al.，1994)

外激素又称信息素，分泌于体外，用于种内个体间传递信息，如性外激素(sex pheromone)等。

6）生殖和发育 雌蝗卵巢(图 10-20)一对，输卵管一对，于第 7 腹节会合为阴道，开口于雌生殖孔。阴道背面有一盘曲的受精囊管，末端为受精囊。每输卵管前端具附腺。雄蝗精巢一对，输精管一对合成射精管，两侧具附腺。射精管向后为射精囊，弯向背方的精荚囊，通至阴茎，和其他阴茎结构一起形成雄性交配器。

飞蝗为两性生殖。但有些类群中，如雌性蚜虫，可以不经交配而产生后代，此种生殖方式称孤雌生殖。有些寄生蜂将卵产在其他昆虫体内，一个卵可产生多个后代，称多胚生殖(polyembryony)。有的瘿蚊的幼虫，卵巢内的卵提前发育为幼虫，以后破母体而出行，自由生活，称幼体生殖(paedogenesis)。

卵在适宜条件下，孵化为蝗蝻，经过 5 次蜕皮成为成虫。蝗虫属于不完全变态类。不完全变态(incomplete metamorphosis)：幼体和成体形态相似，食性和生活环境也相同，只是生殖器官和翅待进一步发育，如蜚蠊、蝗虫等。完全变态(holometabolous metamorphosis)：幼体和成体的形态完全不同，生活环境与食物也各异，要经过蛹期才能变为成虫，其幼体称幼虫，如甲虫、蜂、蝶等。

(二)六足亚门的分类

六足亚门的系统分类一直以来争论不断，随着科学技术的进一步发展，学者们也不断提出新的见解。以下中采用的是将六足亚门分为 4 个纲的分类系统。

1. 原尾纲(Protura)

体微小或小型，多在 1mm 左右。口器内藏式，多为咀嚼式，少数为刺吸式。无复眼和单眼。无触角。前足特别长，无翅。增节变态。终生生活在土壤中，取食真菌等。

2. 弹尾纲(Collembola)

体微小或小型，长形或近球形。口器内颚式，触角丝状，分节。无真正的复眼。无翅。腹部第 1 节具黏管，第 3 节具握弹器，第 4 节具弹器，能跳跃。无尾须。表变态。多生活在潮湿隐蔽环境，腐食性或植食性。

3. 双尾纲(Diplura)

体小型，白色或乳白色，细长而扁平，无单眼也无复眼。头部有一对多节的触角，口器为内口式咀嚼口器。尾部具尾须或尾挟 1 对。表变态。喜欢生活在阴暗潮湿的地方，如枯枝腐叶、树皮下，洞穴中。

4. 昆虫纲(Insecta)

身体分为头、胸、腹 3 部分。头部是取食和感觉中心，口器外颚式，触角一对。胸部是运动和支撑中心，一般具 3 对足和 2 对翅；腹部是代谢和生殖中心（图 10-22）。

图 10-22　昆虫纲不同目昆虫（E～F：王心丽和王志良，2008）

A. 蜉蝣目；B. 蜻蜓目；C. 脉翅目；D. 直翅目；E、F. 半翅目；G、H. 鞘翅目；I、J. 鳞翅目；K、双翅目；L. 膜翅目

1)石蛃目(Archaeognatha)　小、中型昆虫,近纺锤形,复眼发达,原生无翅。腹末有一对侧尾须与一中尾丝。栖息于阴暗潮湿处,多为植食性。可跳跃。世界性分布。

2)衣鱼目(Zygentoma)　体长5.0～20mm。复眼小或缺,原生无翅。通常腹部7～9节有成对的刺突。尾须1对,尾须间有中尾丝。成虫期继续蜕皮。喜阴暗潮湿,多夜出。部分种类栖息于室内,取食书籍、衣物等。世界性分布。

3)蜉蝣目(Ephemeroptera)　最原始的有翅昆虫,体小至中型,细长,体壁柔软。前翅发达,后翅小,尾须1对,长,有的具中尾丝。原变态,有亚成虫期,稚虫水生。稚虫可见于多种水体,尤其在冷凉的清洁溪流中更为常见。成虫口器退化无取食功能,寿命极短,有"朝生暮死"之说。

4)蜻蜓目(Odonata)　体中至大型,修长,头大,复眼大而突出。胸部发达,坚硬。翅膜质透明,翅脉网状,有翅痣(stigma),休息时平伸,或直立或斜立于背上。半变态,稚虫水生。成虫色彩艳丽,善于飞行。成虫、幼虫均为捕食性。世界性分布,尤以热带、亚热带种类更为丰富。

5)襀翅目(Plecoptera)　俗称石蝇。体小至大型,柔软略扁平。翅膜质,休息时折成扇状,平叠在胸腹背面。成虫喜在溪流、湖畔停留,稚虫多在通气良好的水域,可净化水质,用以监测水质情况。

6)纺足目(Embioptera)　俗称足丝蚁。体小至大型,细长而扁平,柔软。雌虫无翅,雄虫翅两对,膜质。前足跗节能分泌丝织网或结丝巢。喜温暖潮湿,夜间活动。主要分布于热带、亚热带地区。

7)直翅目(Orthoptera)　体中至大型,有翅、短翅或无翅。口器咀嚼式。前胸背板大,后足跳跃式,前翅为覆翅,皮革质。雌虫有发达的产卵器。常有发达的发音器和听器。直翅目包括蝗虫、蚱蜢、螽斯蟋蟀、蝼蛄、蚤蝼等。绝大多数植食性,很多是农林、园艺害虫,并且很多种类具迁飞习性可扩大危害,如沙漠蝗[*Schistocerca gregaria* (Forskal)]、东亚飞蝗等。大多能够发音,如螽斯蟋蟀是有名的鸣虫,有些性好斗,有些形态美丽是重要的娱乐资源昆虫。

8)口目(Phasmatodea)　体大型,体躯呈棒状或阔叶形。翅有或无,前翅短,鳞片状。渐变态。拟态明显,多分布于热带、亚热带地区。

9)蜚蠊目(Blattaria)　俗称蟑螂。体宽而扁平近圆形,体壁多光滑,暗色。头小,被前胸背板盖住,复眼发达。前翅狭长为覆翅,后翅膜质。渐变态。有些种类是室内害虫,污染食物,传播疾病,有些种类是中药材,如中华真地鳖[*Eupolyphaga sinensis* (Walker)]。

10)螳螂目(Mantodea)　中、大型,头三角形。前胸长,前足捕捉足,前翅覆翅,后翅膜质。成虫和若虫均为捕食性,是重要的天敌昆虫,卵粒被卵鞘所包,卵鞘称为螵鞘可入中药,因此螳螂目又是重要的药用资源昆虫。

11)螳口目(Mantophasmatodea)　体中小型,外形似直翅目昆虫。前胸发达,无翅,前、中足均用于捕捉猎物。捕食性。目前已知现生的螳偣目昆虫分布于非洲。

12)等翅目(Isoptera)　俗称白蚁,多型性社会性昆虫。体小至大型,长扁。触角念珠状。无翅、短翅或长翅型。白蚁营巢穴居生活,畏光,危害房屋建筑、交通设施等,可造成重要经济损失。主要分布于热带和亚热带地区。

13)革翅目(Dermaptera)　体中小型,狭长略扁平。前胸背板发达,方形或长方形。有翅或无翅。腹部长,有8～10个外露的体节,可自由弯曲。尾须特化成尾铗。栖于阴暗潮湿处，夜出型，多分布于热带地区。

14）蛩蠊目（Grylloblattodea）　体长 5～30mm，无翅。触角长，复眼退化或缺。雌虫具发达的刀剑状产卵器。蛩蠊栖息于海拔 450～2000m 的湿冷地区，喜低温。现仅知 1 科 5 属 29 种，我国仅发现 2 种。

15）缺翅目（Zoraptera）　小型，扁平，褐色或暗黑色。头大，触角念珠状，有缺翅型与有翅型。全目的分布区广泛，但种的分布区狭窄，约 50%的种分布于岛屿上。我国已记述 2 种，均分布于西藏的东南部。

16）啮目（Psocoptera）　体 1～10mm，触角丝状，前胸小，细缩如颈。有翅或无翅，无尾须。大多为植食性或菌食性。世界性分布，主要分布于温暖地区。

17）虱目（Phthiraptera）　体微小至小型，体背腹扁平，无翅。口器咀嚼式或刺吸式，复眼退化或无复眼。营外寄生生活，是重要的卫生害虫。

18）缨翅目（Thysanoptera）　俗称蓟马。体长 0.4～14mm，细长而扁或圆筒形。触角鞭状或念珠状，口器锉吸式。翅狭长，边缘具长而整齐的缨状缘毛。多为植食性，世界已知 6000 余种，我国已记录 300 余种。

19）半翅目（Hemiptera）　成虫形态多样，小至大型。触角丝状、鬃状、线状或念珠状。口器刺吸式。前胸背板大，中胸小盾片发达，外露。前翅半鞘翅或质地均一。不完全变态。半翅目昆虫包括蝽、蝉、叶蝉、沫蝉、蚜虫、介壳虫、木虱等。部分种类吸食植物汁液或捕食小动物，是农林害虫或益虫，少数可传播疾病。有些种类是重要的资源昆虫和药用昆虫，如紫胶虫（*Laccifer lacca* Kerr）分泌的紫胶可用作工业原料，又可入药。

20）鞘翅目（Coleoptera）　俗称甲虫。复眼发达，大多数无单眼。口器咀嚼式。前翅鞘质，后翅膜质，休息时鞘翅平置于胸、腹部背面，盖住后翅。鞘翅目在昆虫纲中种类最多，分布最广，包括步甲、虎甲、叩头甲、天牛、瓢甲、豆象、小蠹、金龟甲等。大多甲虫植食性，是重要的农林害虫，皮蠹、蛛甲等取食动物皮毛，是室内害虫，少数种类寄生。

21）广翅目（Megaloptera）　体大型，口器咀嚼式，触角长。前胸大而宽，前、后翅质地和脉相近似，无翅痣。成虫陆生，幼虫水生，均为捕食性。

22）蛇蛉目（Raphidioptera）　体大型，口器咀嚼式，触角长，丝状，复眼发达。前胸极度延长，呈颈状，头活动自如，基部收缩，状如蛇头。成、幼虫均陆生，树栖，肉食性，是林业害虫的天敌。

23）脉翅目（Neuroptera）　口器咀嚼式，触角长，复眼发达。两对翅的大小、形状和翅脉均相似。腹部 10 节，无尾须。完全变态。成、幼虫均陆生，少数水生或半水生。捕食性。

24）毛翅目（Trichoptera）　成虫称为石蛾，幼虫称为石蚕，成虫小到中型，蛾状，体与翅面多毛。口器极退化，触角丝状，一般长于体。翅膜质，被细毛。幼虫水生，偏爱较冷的无污染水域，生物学忍耐性相对较窄，是水体污染程度较好的指示昆虫。

25）鳞翅目（Lepidoptera）　包括蛾（moths）和蝴蝶（butterflies），全世界已知 20 多万种。成虫翅两对，膜质。体、翅和附肢均密被鳞片。口器虹吸式。完全变态。幼虫蠋型，咀嚼式口器。绝大多数植食性，其中有很多是重要的农林害虫。同时，许多鳞翅目成虫具有传粉功能，家蚕等是著名的产丝昆虫，多种鳞翅目昆虫还具有很高的观赏价值，是重要的观赏资源昆虫。

桑蚕基因组测序的重要成果

由深圳华大基因研究院与西南大学合作的研究成果“40 个基因组的重测序揭示了蚕的驯化事件及驯化相关基因”在 2009 年国际权威学术刊物《科学》上发表，这是继 2003 年在家蚕基因组研究领域取得进展后的又一重要成果。

科学家共获得了 40 个家蚕突变品系和中国野桑蚕的全基因组序列，共测 632.5 亿对碱基序列，覆盖了 99.8%的基因组区域，是多细胞真核生物大规模重测序研究的首次报道；绘制完成了世界上第一张基因组水平上的蚕类单碱基遗传变异图谱，这是世界上首次报道的昆虫基因组变异图。科学家还发现了驯化对家蚕生物学影响的基因组印记，从全基因组水平上揭示了家蚕的起源进化。

中国是蚕丝生产的发源地，丝绸之路曾是中华民族智慧和文明的象征。2003 年，中国科学家成功绘制了家蚕基因组框架图，成为继人类基因组计划“中国卷”、水稻基因组计划后在基因组研究领域获得的又一重大成果。

桑蚕大规模基因组重测序和遗传变异图谱构建的完成，有助于从全基因组范围研究驯化和人工选择对家蚕生物学的影响，阐释了家蚕及野桑蚕之间生物学差异的遗传基础。更为重要的是，与野桑蚕相比，家蚕具有更优良的经济性状，研究所发现的全基因组选择印记，特别是那些受到强烈选择的具体基因，对家蚕重要优势经济性状相关基因克隆及其形成机制的研究至关重要。

26）长翅目（Mecoptera）　体中型，细长。头向腹面延伸成宽喙状，口器位于喙的末端。雄虫有显著的外生殖器。多发生在潮湿的森林、峡谷或植被茂密的地区，是一类重要的生态指示昆虫。

27）蚤目（Siphonaptera）　体小型，体壁坚韧，体表多鬃毛，体左右侧扁。触角棒状，口器刺吸式。无翅，后足发达，宜跳跃。部分种类外寄生生活，并能传播多种疾病。

28）双翅目（Diptera）　复眼发达，触角丝状或短角状或具芒状。口器刺吸式或舐吸式。前、后胸不明显，中胸很大。前翅膜质发达，后翅为一对平衡棒。双翅目包括蚊、虻、蠓、蝇等。双翅目昆虫生活习性多样，适应性极强。大多数成虫多食性，取食液态食物，如植物汁液、动物血液等，幼虫植食性、腐食性、粪食性。部分种类是农林业重要害虫或益虫，有些种类可传播疾病。

破坏蚊子 CO_2 检测通道的挥发性气味剂

寻找食物的雌性吸血蚊能被其脊椎动物宿主呼吸中所呼出的 CO_2 吸引。因此，如果能制成一种 CO_2 检测仪器，就有可能破坏昆虫媒介对疾病的传播。2011 年《自然》杂志报道，科学家识别出了能够改变重要致命性蚊类[按蚊(*Anopheles*)、伊蚊(*Aedes*)和库蚊(*Culex*)]体内 CO_2 检测通道的挥发性气味剂，并且演示了气味剂能够破坏由 CO_2 调控的吸引行为。其中，一种化合物能使检测 CO_2 的神经细胞发生超长时间的激发，并且短暂暴露于该物质，就能导致蚊子长时间失去方向感。用这一原理证明实验中的化合物（如 2，3-丁二酮）所具有的性质使它们无法用在人身上，但这项工作有可能导致可以在较少数量下发挥作用的新一代驱虫剂和引诱剂的问世。

29)捻翅目(Strepsiptera) 雌雄异型。雄虫自由生活,体长 1.3～4mm,体型粗短。前翅拟平衡棒,后翅膜质。雌虫终生寄生,体长 2～30mm,无翅。

30)膜翅目(Hymenoptera) 体长 0.2～50mm,翅两对,膜质,飞行时前后翅以翅钩列相连。口器咀嚼式或嚼吸式。胸腹部广结。雌虫产卵器锯状、刺状或针状。膜翅目包括蜜蜂、胡蜂、姬蜂、小蜂、叶峰、蚂蚁等。绝大部分是肉食性,能够寄生或捕食植食性害虫,是重要的天敌资源。蜜蜂总科是重要的传粉资源昆虫和药用资源昆虫。膜翅目种类丰富,世界已知约 12 万种,中国已知约 9500 种。

决定发育成蜂王的蛋白质

2011 年,英国《自然》杂志报告了一项研究成果,在蜂王浆中有一种蛋白质是蜜蜂幼虫变身蜂王的秘密所在。蜂群中的工蜂和蜂王均为雌性且基因相同,但蜂王的体长约为工蜂的 1.5 倍,而寿命更是工蜂的约 20 倍。

能发育成蜂王的蜜蜂幼虫食物是蜂王浆,而其他幼虫的食物只是花粉和蜂蜜。但是,蜂王浆中的何种成分促使幼虫变身蜂王,一直是个谜。研究者分别用新鲜的蜂王浆和已经存放了 30d 的蜂王浆喂养蜜蜂幼虫,结果只有食用新鲜蜂王浆的幼虫发育为蜂王。进一步研究发现,新鲜蜂王浆中一种称为"royalactin"的蛋白质能促进生长激素的分泌量,使幼虫出现体形变大、卵巢发达等蜂王的特征。用这种蛋白质喂养果蝇,果蝇也同样出现体长、产卵数和寿命等方面的增长,说明这一蛋白质对生物特征的影响具有种间性。一个蜂群只有一个蜂王,随着时间推移,蜂王生殖率下降而需要淘汰更换。这项成果有助于人工大量培养产卵能力强的蜂王,可望在养蜂业中发挥作用。

五、多足亚门(Myriapoda)

体分头和躯干部,头部有触角、大颚、第 1 小颚(或愈合)和第 2 小颚(不同程度的愈合,或无)等 4 对附肢,躯干部长,由许多相同的节组成,各节有 1～2 对足。约 12 000 种,全为陆生种类。

1. 倍足纲(Diplopoda)

身体细长,体长 2～280mm。体形多样,呈圆筒形、带状或身体蜷曲成球形。可分头、胸、腹 3 部分。胸部 4 节,成体腹部的体节很多。行动缓慢,性喜阴暗潮湿,石头或苔藓下面洞穴中常见。多以腐烂的植物、霉菌和其他真菌为食。倍足类大都具有毒性,但在中医学中,马陆(图 10-23B)与山蛩都可入药。

2. 唇足纲(Chilopoda)

体细长,背腹扁平,体分为头和躯干 2 部分。头部后面第一躯干节的附肢变异发展为一对巨大的颚肢(forcipules),覆盖住口器的大部分,毒腺开口于颚肢的末爪。颚肢的基节和第一躯干节的腹板愈合成一块巨大完整的骨板,称为基胸板(coxosternite)。气管系统发达,雌雄异体。全世界分布,以亚热带和热带地区种类居多,常生活在阴暗潮湿的环境中,如石块、树皮、落叶层下,草丛和洞穴内。如蜈蚣(图 10-23A)、蚰蜒。

3. 少足纲(Pauropoda)

为小型的土壤动物。体圆柱状,分为头、躯干部和一尾节。9 对步足(在有些种中为 10

对)。躯干部每节具一大的背板,两侧各有 1 根长的刚毛。分布于热带、亚热带。

4. 综合纲(Symphyla)

体形瘦长。小型,多呈纯白色。体分头部和躯干部。头部前端有 1 对触角,呈线状,无眼。尾端有一对笔状的尾铗,称为纺绩器。以腐败的植物和植物的嫩根为食。全世界记载约 120 种。如幺蚣、幺蚰。

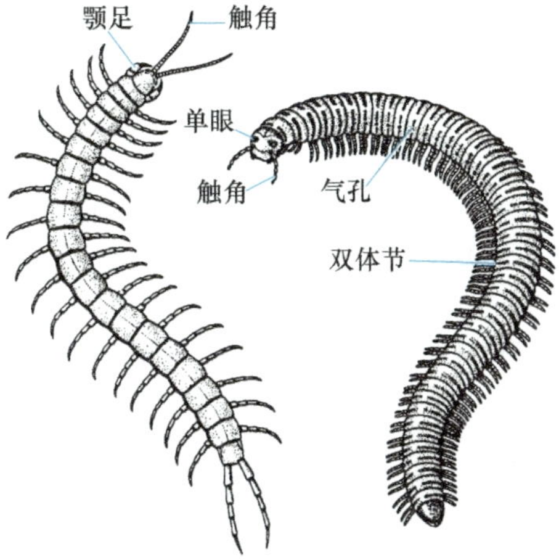

图 10-23 多足亚门动物(许崇任和程红,2008)

A. 唇足纲蜈蚣;B. 倍足纲马陆

第三节 昆虫与人类的关系

昆虫与周围环境中的生物有着悠久的生存关系。人类在改造与利用自然的过程中,与昆虫形成了非常复杂而密切的关系。根据人类的经济观与健康观,可把昆虫对人类的影响分为益、害两大方面。

昆虫的有害方面:农林害虫通过危害经济动、植物给人类生活造成重大损失。植物在遭受害虫危害后导致产量下降,有些种类的危害能在 90%以上,同时品质降低,外观受损,营养成分流失。常见的农林害虫有棉铃虫、白蚁、夜蛾等。大多数动物都会不同程度地受到昆虫的侵袭,危害方式有直接和间接两类。直接危害包括直接取食、骚扰、恐吓、螯刺等,如蚊、蝇、虱等;间接危害主要是指由其传播疾病所造成的危害,如蚊、蝇、虱等是疾病的主要传播者。

昆虫的有益方面:昆虫给人类带来的不光是灾难与威胁,它们对人类还有许多有益的方面,如传粉昆虫,大约 85%的植物属于虫媒植物,它们需要访花昆虫(如蜂、蝶类等)作为必要的媒介进行授粉。有些昆虫是工业原料昆虫,如家蚕、柞蚕为丝绸工业的主体,在我国已有悠久的历史。紫胶、虫蜡、五倍子、几丁质等昆虫产品是医学、纺织、石油、食品等多种工业的重要原料。自然界中存在着大量捕食性和寄生性昆虫,作为天敌昆虫它们在害虫的自然抑制上起着十分重要的作用。在环境污染日益严重的今天,人们对天敌昆虫的关注更加密切。还有一些昆虫可以作为食用、饲用昆虫,由于昆虫体内富含蛋白质、不饱和脂肪酸、微量元素等,可以为人类提供高蛋白、高矿物质、低脂肪的理想食品,并且大部分昆虫易饲养、生物量大、食物转化率高，昆虫产品在市场上已占有一定位置。一些昆虫可以作为养殖动物的蛋白质饲料，如家蝇幼虫、黄粉甲等；药用昆虫是东方传统药物宝库的重要组成部分，目前入药昆虫300余种，近年来人工合成或提取抗菌肽、蜣螂毒素、蜂毒等有效药用物质在临床上用于治疗多种疾病；一些昆虫由于具有生活周期短、易于大批量饲养、遗传背景可精确控制及不受人伦观念制约等原因，近百年来先后成为模式生物，在生物学、医学研究上做出了重大贡献，如黑腹果蝇、家蚕等。

思考题

1. 简述节肢动物门的主要特征。
2. 简述甲壳亚门动物的呼吸系统。
3. 简述咀嚼式口器的基本结构，并举例说明昆虫口器的类型与食性的关系。
4. 为什么说昆虫是地球上最为繁盛的类群？
5. 比较节肢动物与环节动物的异同。
6. 简述直翅目、鞘翅目、鳞翅目、半翅目、双翅目、膜翅目的主要特征。

第十一章　棘皮动物门

棘皮动物门(Echinodermata)在动物演化上均属于后口动物，是无脊椎动物中最高等的类群。它们与原口动物不同的是胚胎发育中原肠胚期的原口形成动物的肛门，而在与原口相对的一端，另形成一新的口，以这种方式形成口的动物称为后口动物。棘皮动物与大多数无脊椎动物不同，与半索动物和脊索动物同属后口动物。

棘皮动物全部生活于海洋中，包括海星、海蛇尾、海胆、海参和海百合等类群，因其体表粗糙，具有许多突出的棘或刺得名，大小从不足 1cm 到数米不等。

第一节　棘皮动物门的主要特征

棘皮动物是动物界中形态和结构都非常独特的一个类群，身体分口面和反口面，次生性对称，真体腔发达且部分形成水管系统，具有中胚层来源的发达的内骨骼，神经和感觉器官退化。

一、次生性辐射对称

棘皮动物成体的体形多样，有星形、球形、圆柱形或树状分枝形等，但多为五辐对称(pentamerous symmetry)。所谓五辐对称，即通过动物体口面至反口面的中轴，有 5 个对称面把动物体分成基本互相对称的两部分。与腔肠动物的辐射对称不同，棘皮动物的幼虫是两侧对称。可见，成体的辐射对称为次生性。棘皮动物是动物界中唯一的一类幼虫是两侧对称，成体却是辐射对称的动物。棘皮动物体中部为中央盘(central disc)，向周围辐射的突出结构为腕，有些种类的腕向上翻并愈合形成球形(如海胆)或圆柱形(如海参)。有口的一面为口面(oral surface)，另一面为反口面(aboral surface)。口面是原来幼虫的左面，反口面为右面。

二、体壁与骨骼

棘皮动物的体壁由上皮和真皮组成，上皮为单层细胞，真皮包括结缔组织、肌肉层及中胚层形成的内骨骼，真皮内面为体腔上皮。肌层外为环肌纤维，内为纵肌纤维，均属平滑肌(图 11-1)。

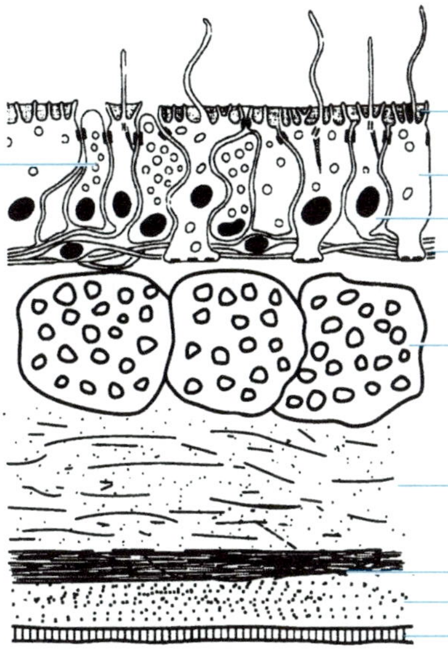

图 11-1　海星体壁切面(刘凌云和郑光美，2009)

棘皮动物石灰质的骨骼与其他无脊椎动物由表皮形成的外骨骼不同，其由中胚层形成，为内骨骼(图 11-2)。内骨骼是钙和碳酸镁的混合物，有的极其微小，散布在体壁中，只有在显微镜下才能看到，如海参；有的形成许多骨板，骨板或互相嵌合成完整的囊，如海胆；或借肌肉及结缔组织互相连接，排成一定的形

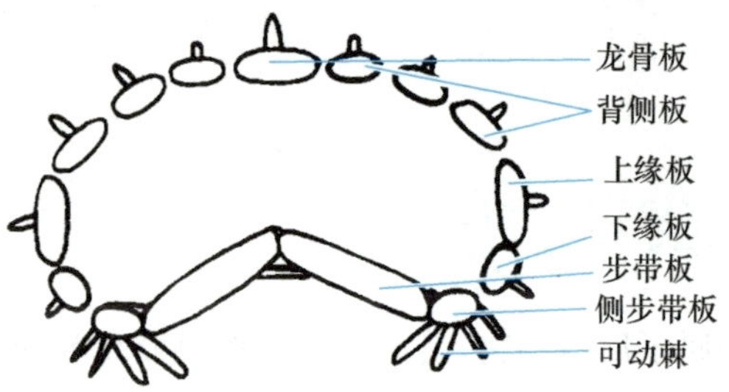

图 11-2 海星腕横切(示骨板的横切)(Hyman,1951)

式,如海星和蛇尾;或形成可动关节,如海百合。内骨骼包埋于体壁中,互相连接形成网状,包围着动物体,起支持、保护作用。骨骼可随动物的身体长大而增大,小骨片往往形成棘或刺突出体表外,故称棘皮动物。骨片外有纤毛上皮覆盖,其下是纤毛体腔上皮。

三、体腔

棘皮动物有极其发达的真体腔,是由体腔囊(分前、中、后体腔囊)发育形成,即在原肠胚期,于原肠的背侧凸出成对的囊,以后囊脱落形成中胚层,发育成真体腔(图 11-3)。体腔可分为以下 3 部分。①围脏腔,包围消化系统及生殖器官,十分宽阔,由来自左右两侧的后体腔囊愈合而成。内有类似淋巴的体腔液,其中有具吞噬作用的变形细胞。体腔液具有收集、排除代谢产物和运输营养物质的机能,在呼吸、排泄、循环方面具有重要作用。②水管系统,是棘皮动物所特有的管道系统,由左中体腔囊发展而来。③围血系统,棘皮动物的循环系统除海胆和海参较明显外,其他种类均较退化,由一些微小的管道或血窦组成,其外往往有一相应的管状体腔包围着,这套管腔就是围血系统,又常称为围血窦。它位于水管系统的下方,有环窦、辐窦。围血系统由左后体腔囊的一部分分离形成。

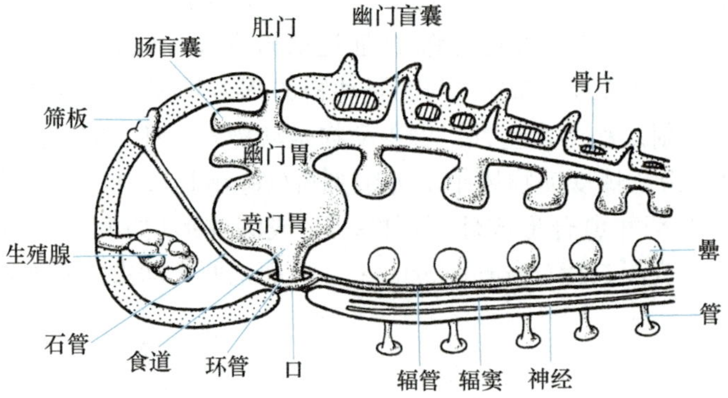

图 11-3 过海星体盘及腕的纵切(刘凌云和郑光美,2009)

四、消化系统

消化管短而直,自口面伸向反口面。口位于体盘正中,周围是围口膜,四周围有括约肌和辐射肌纤维控制口的开闭。经短的食道进入宽大的充满体盘的胃。胃分为近于口面的贲门胃和近于反口面的幽门胃两部分,幽门胃沿腕延伸出相应两倍数量的幽门盲囊(pyloric caecum),盲囊的上皮有纤毛,具有丰富的腺细胞、储存细胞和黏液细胞。腺细胞能分泌消化酶,储存细胞内充满类脂小滴、少量糖原和某些多糖——蛋白质复合物。当动物饥饿时,储存的食物即消失。胃后为很短的肠,末端开口为肛门(已无肛门作用)或无肛门(图 11-3)。

棘皮动物为肉食性,以软体动物、棘皮动物、蠕虫等为食,先由围口膜包住,口能扩张,胃翻出,消化道内分泌消化液,在体外杀死猎物和初步消化后将动物吞入胃内,胃缩回体内。消化主要在幽门胃中进行,已消化的营养物质为幽门盲囊吸收储存,养分可透过盲囊转入体腔液内，运送至身体各部分。不能消化的食物残渣仍由口排出。

海蛇尾以小动物或海底沉积物为食，以较为灵活的腕将食物送入口中；海胆类动物有一咀嚼器，用来取食岩石上的海藻或小动物，消化管也比较长；海参类为沉积取食或悬浮取食，以触角将食物送入口中，其消化管的长度一般为体长的3～4倍；海百合类也是悬浮取食，借腕上的纤毛将黏着的食物颗粒逐渐送入口中。

五、水管系统

水管系统是一个相对封闭的管状系统，为棘皮动物的特有结构，担负着棘皮动物的运动功能。从发生上看，由次生体腔的一部分特化形成，由筛板、石管、环管、辐管、侧管、罍、管足、吸盘组成(图11-4)。筛板和体外海水或围脏腔中的体腔液相通。筛板上有许多小孔，通过其下一条钙质石管和围绕口的环管相连。环管位口面口的周围，自此向每个腕辐射出一条辐管，辐管两侧各伸出侧管，其端部连接管足。管足上部为一囊状的罍，下有一管，末端具吸盘。管足为内外交错排列，外观上每辐管一侧犹如两排。借罍的伸缩使管足吸附外物，可捕食，并利用腕的弯曲以管足支撑外物而推动身体向前完成运动。管足除运动外，一般还有呼吸和排泄的功能。环水管上有帖氏体，可能有产生体腔细胞的作用。水管系统的内壁是体腔上皮，里面充满液体，与海水等渗。管足的外壁是纤毛上皮，与内壁的体腔上皮之间有肌肉层。肌肉与海水共同作用控制管足的运动，水管系统的其他部分协助管足完成运动。现在实验证明水管系统内的液体是不与外界交换的。

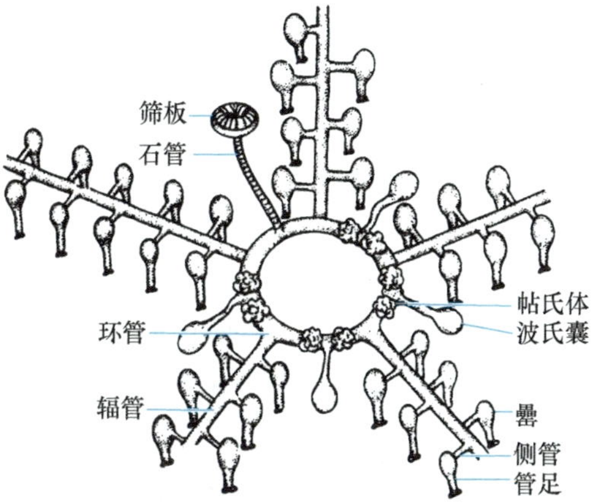

图11-4 棘皮动物水管系统(刘凌云和郑光美，2009)

六、血系统

棘皮动物没有专门的循环结构，但有与其他动物不同的血系统(hemal system)，且此系统很退化，只有在切片上方可看清(图11-5)。棘皮动物发达的体腔内充满体腔液，靠体腔上皮细胞的纤毛打动，体腔液完成物质的运输。血系统包括一套与水管系统相应的管道，有与辐水管平行的辐血管，与环水管平行的环血管，位于反口面的胃血管和分支，以及与石管平行的轴窦(axial gland)，与生殖窦内的反口环血管相连，此处有分支到生殖腺称生殖血管。

海胆类和海参类的血系统较明显。

七、围血系统

围血系统来自体腔，围绕血系统，形成血窦，使各血管均位于其中，因此称为围血系统(图11-5)。其包括生殖窦(genital sinus)、环窦(ring sinus)和轴窦3部分。生殖窦位于反口面体盘的体壁下方，为一五边形管，向每一生殖腺伸出一分支，后膨大形成包围生殖腺的囊。环窦位于口面，口的周围，环管之下，为一圆形管。

轴窦为一薄壁管状的囊，位于体盘有筛板的间步带，包括石管和轴腺两部分，二者的壁由系膜紧紧结在一起。轴窦和轴腺合成轴器。轴腺是由许多小血窦组成的海绵状结缔组织，外被体腔上皮。轴窦在反口面与生殖窦相通，此处还伸出一能收缩的背囊。内腔有轴腺突入。轴窦在口面连于环窦。

八、呼吸与排泄

棘皮动物气体交换主要通过皮鳃(图 11-6)、"呼吸树"进行，海星和海胆的围口鳃可增加呼吸的能力和面积，管足也起着一定作用。棘皮动物没有明显的排泄器官，排泄功能由变形游走细胞和呼吸器官负责。代谢产物主要是氮和尿素。

九、神经系统和感觉器官

棘皮动物一般运动迟缓，故神经系统和感觉器官不发达。棘皮动物的神经系统是分散的，没有神经节和中枢神经系统，包括 3 个有联系的系统(图 11-7)。口神经系(或外神经系)为神经环、辐神经及神经丛组成，正位于上皮之下。口神经系司感觉。下神经系位于环窦壁的侧面部分，由一神经环及 5 条辐神经组成，由真皮的一薄层结缔组织与口神经系隔开。下神经系司运动。反口神经系位于反口面，由体腔上皮产生，是动物界绝无仅有的。此神经系无神经环，只有 5 条辐神经，在海星类不显著，海百合类明显，司运动。

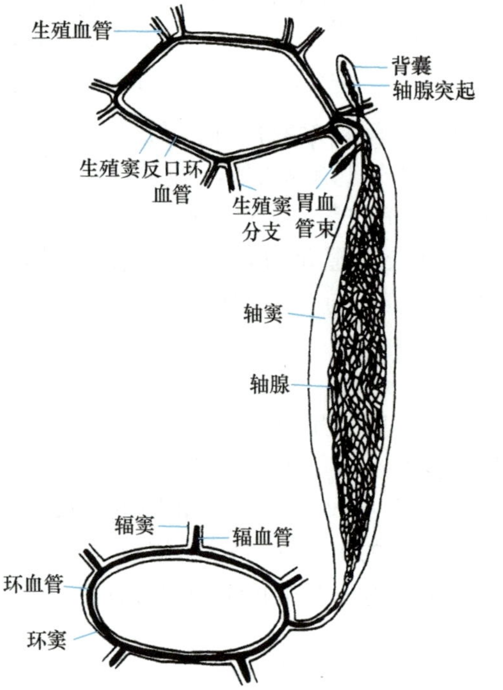

图 11-5 棘皮动物的血系统和围血系统(Hyman,1951)

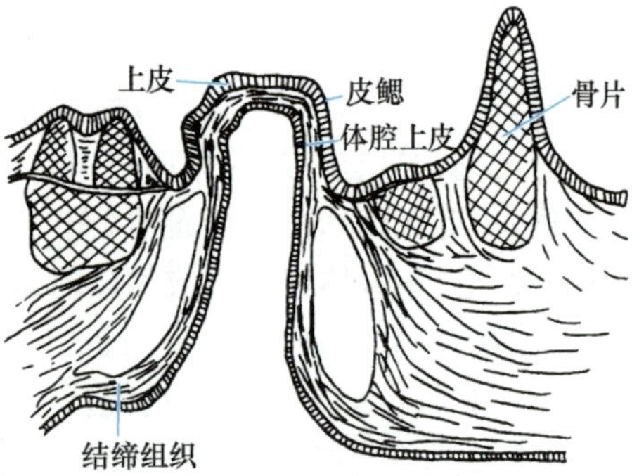

图 11-6 过皮鳃的切面
(刘凌云和郑光美,1997)

棘皮动物的感觉器官在上皮间散布着许多呈棱形的神经感觉细胞，可能有触觉器和化学感觉器两种功能，在管足的吸盘处数目最多。在各腕的顶端触手的基部口面有一眼点，由一群感光细胞和色素细胞构成，可感光。另外，在棘皮动物的整个表皮中有大量的神经感觉细胞，除司触觉外，不能对光和化学刺激做出反应。

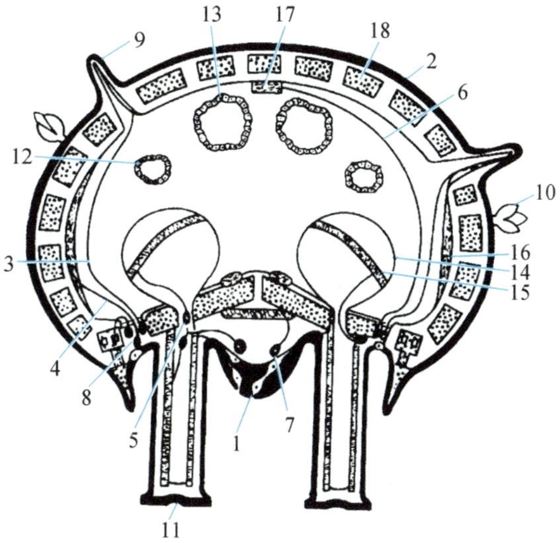

图 11-7　过海星腕横切(示主要神经)(刘凌云和郑光美,1997)

1. 辐神经;2. 神经丛;3. 去皮鳃的动神经;4. 去体壁的动神经;5. 去甏的动神经;6. 去反口面肌肉的动神经;7. 郎氏神经;8. 缘神经;9. 皮鳃;10. 叉棘;11. 管足;12. 生殖腺;13. 幽门盲囊;14. 甏;15. 甏的肌肉;16. 体壁肌肉;17. 反口面肌肉;18. 骨板

十、生殖和个体发育

除少数海蛇尾和海参外,棘皮动物大多数雌雄异体,个体发生中有各型的幼虫[羽腕幼虫、短腕幼虫、海胆幼虫、蛇尾幼虫、樽形幼虫(doliolaria)、耳状幼虫(auricularia)、五触手幼虫(penttactula)等],但基本结构相似。以海盘车为例:非生殖季节期,生殖腺不发达,当生殖季节时,可充满腕内,伸至腕端。精卵在海水中受精,经完全均等卵裂,有腔囊胚,以内陷法形成原肠胚,以体腔囊法形成中胚层和 3 对体腔囊,即前体腔囊、中体腔囊和后体腔囊。胚胎继续发育,逐渐延长,原口移至腹面成为肛门,在胚的另端形成口,这是后口动物的特征。消化管已形成,呈"U"形。体表出现纤毛,可在水中游泳并摄食,称纤毛幼体。此后继续发育,椭圆形的幼体产生腕,体表纤毛退化,只在腕周围形成纤毛带,此为羽腕幼虫。后在背面基部产生二突起,进入短腕幼虫期,体两侧对称,前端具有 3 个小腕及一个吸盘(图 11-8)。短腕幼虫在海水中游泳一时期后,沉入水底营固着生活,进入变态期。幼虫的口、食道、肛门、肠等退化,只消化

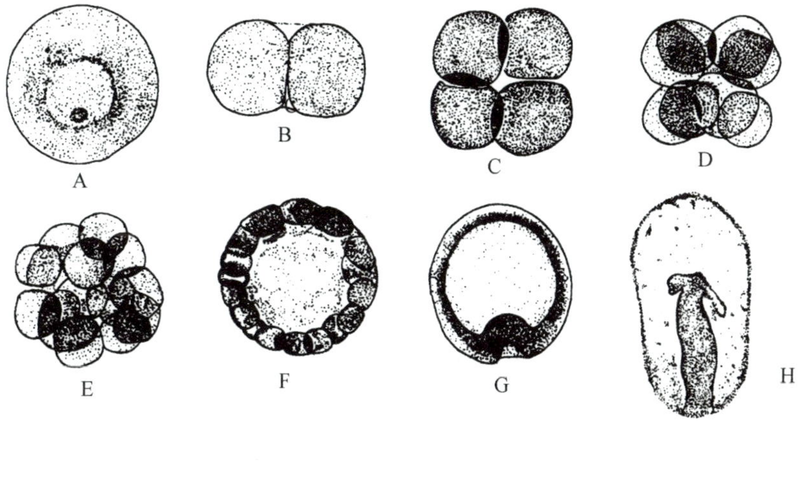

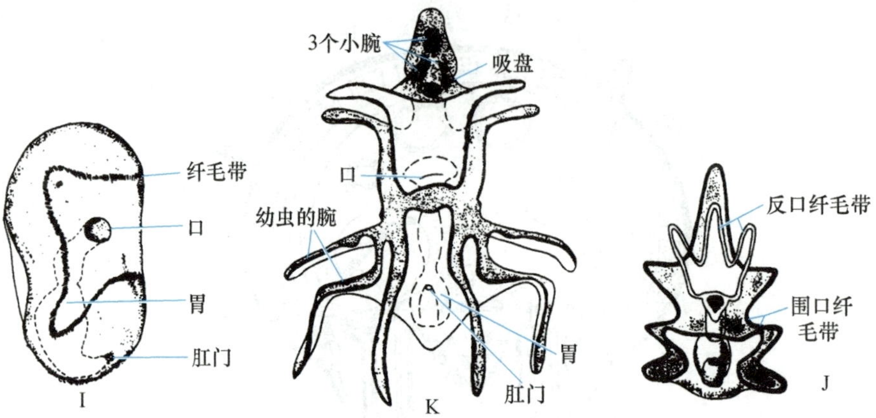

图 11-8 海星的个体发育(刘凌云和郑光美,2009)

A. 受精卵;B. 2 细胞期;C. 细胞期;D. 8 细胞期;E、F. 囊胚;G、H. 原肠胚;I. 纤毛幼体;J. 羽腕幼虫;K. 短腕幼虫

管中间一段发达。随着水管系的发育,逐渐由两侧对称变成辐射对称,原来胚的左侧成为身体的口面,右侧成为反口面,退化的器官重新形成。变态结束,最后发育成为辐射对称的小海星(图 11-9)。这说明棘皮动物的辐射对称是次生的。

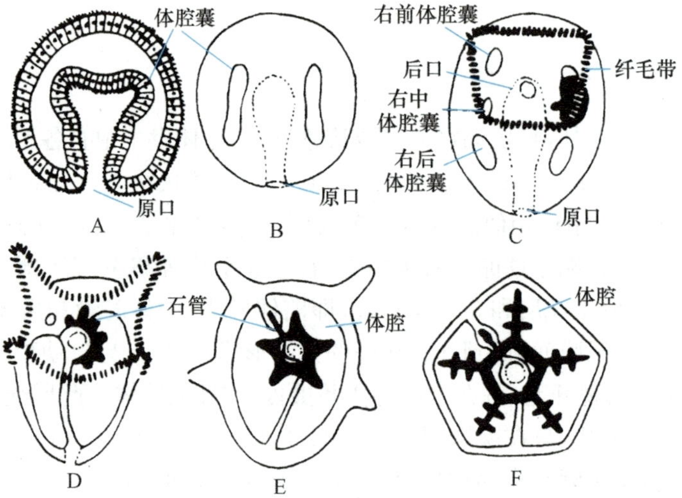

图 11-9 棘皮动物海星体腔的发育(刘凌云和郑光美,2009)

A. 体腔囊突起;B. 成对的体腔囊形成;C. 每侧的体腔囊分成 3 个体腔囊;D. 左中体腔囊形成辐水管雏形(黑色部分),左右后体腔囊扩大;E. 体腔形成;F. 辐水管、侧水管形成

海星具有很强的再生能力,失去的腕还可以再生出来,但一般都小于其他正常腕,单独的腕不能再生出完整的身体(蓝海星 *Linckia* 除外)。

第二节 棘皮动物门的分类

棘皮动物为古老的类群,始于古生代寒武纪,到志留纪、石炭纪、泥盆纪最繁盛。现存的棘皮动物有 6000 多种,我国约 300 种。根据柄的有无,腕的形状、数目,步带沟的开合,骨骼的形状,管足的结构等特征,分为 2 个亚门 5 个纲。

一、有柄亚门(Pelmatozoa)

营附着或固着生活，生活史中至少有一个时期具固着的柄，故口和肛门均位于口面，口面向上。骨骼发达，骨板愈合成一完整的壳。现存种类仅海百合一纲，约630种，另有4纲全为化石种类。

海百合纲(Crinoidea)多生活在深海中，底栖，营固着生活，是棘皮动物中最原始的一类(图11-10)。现存种类有两种类型，一种终生有柄，营固着生活，称有柄海百合类；另一种无柄，营自由生活，称海羊齿。它们的外形酷似植物，多栖息于沿岸浅海岩礁底，可附着外物或自由游泳生活。

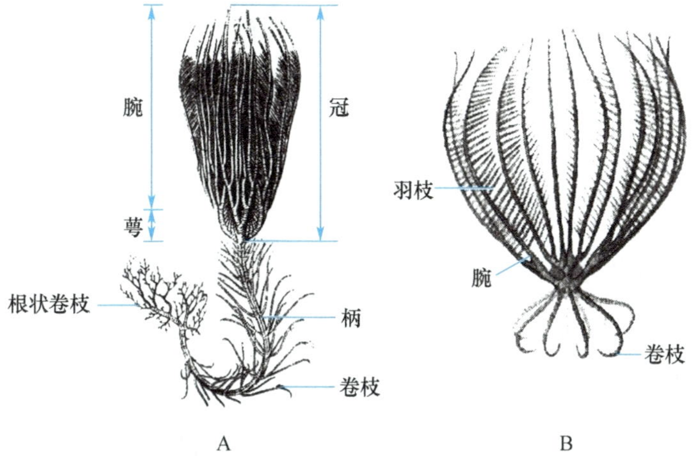

图11-10 海百合(A)和海洋齿(B)模式图(刘凌云和郑光美，1997)

二、游移亚门(Eleutherzoa)

营自由生活，无柄。口面向下，口位于口面或身体前端，肛门位于反口面或身体后端，骨骼发达或不发达，主要神经系统在口面。分4个纲。

(一)海星纲(Asteroidea)

现存约1600种，生活于世界各地海域。身体扁平、星状，具有腕，腕数是5或5的倍数，多时可达50条。腕与体盘没有明显的分界。各腕腹面中央的步带沟内有2～4列具吸盘的管足。体表有皮鳃、棘刺和棘钳，反口面正中有肛门开口，其旁有筛板，水管系发达。雌雄异体，个体发育中经羽腕幼虫和短腕幼虫。我国常见的种类有海盘车(*Asterias*)、海燕(*Asterina*)、太阳海星(*Salaster*)及砂海星(*Luidia*)等(图11-11)。

(二)海胆纲(Echinoidea)

现存约800种，常生活于岩石的裂缝中，少数穴居泥沙中。体呈球形、半球形、心形或扁平盾形。五腕向上卷起，在反口面相互愈合成完整的壳，壳由20列子午线排列的骨板嵌合组成。体表上有长刺、棘、叉棘等，其基部有肌肉附着在骨板的瘤状突起上，故能活动自如。口面平坦，中央有口，周围有围口膜，有许多棘钳，以帮助捕食。口腔内有结构复杂的咀嚼器——亚氏提灯(Aristotle's lantern)，其上具齿，可咀嚼食物。海胆类多为雌雄异体，个体发生中经海胆幼虫，后

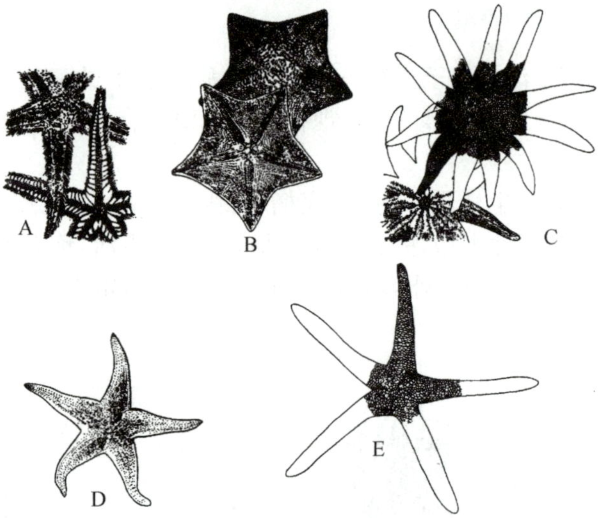

图 11-11 海星纲习见种类(刘凌云和郑光美,1997)
A. 砂海星;B. 海燕;C. 太阳海星;D. 海盘车;E. 鸡爪海星

变态成幼海胆,经 1~2 年才达性成熟。我国常见的有马粪海胆(*Hemicentrotus pulcherrimus*)、细雕刻肋海胆(*Temnopleurus toreumaticus*)、心形海胆(*Echinocardium cordatum*)等(图 11-12)。

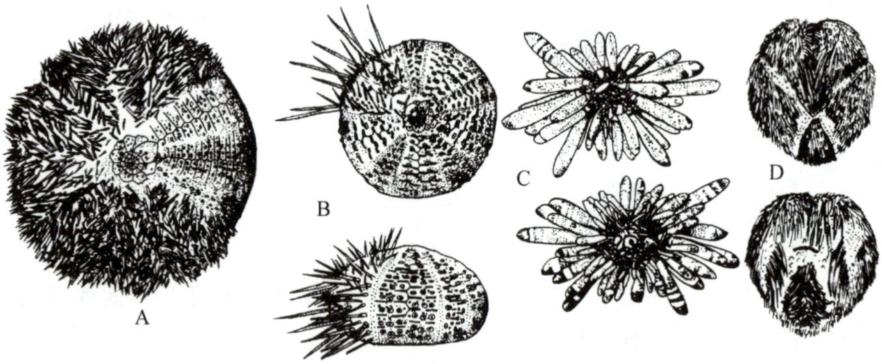

图 11-12 海胆纲习见种类(刘凌云和郑光美,2009)
A. 马粪海胆;B. 细雕刻肋海胆;C. 石笔海胆;D. 心形海胆(B~D 上为反口面,下为侧面)

(三)蛇尾纲(Ophiuroidea)

图 11-13 蛇尾纲习见种类
(刘凌云和郑光美,2009)
A. 海盘;B. 刺蛇尾

现存种类约 2000 种。体多扁平,体盘小,腕细长,二者分界明显。腕只能做水平屈曲运动,很灵活。腕上常被有明显的鳞片,无步带沟。以藻类、有孔虫、有机质碎屑为食,也食多毛类、甲壳类等小动物。多雌雄异体,有少数种类雌雄同体,个体发生中经蛇尾幼体(ophiopluteus);有少数种类雌雄同体,胎生。我国常见的有海盘(*Astrodendrum*)、刺蛇尾(*Ophiothrix fragilis*)、筐蛇尾(*Gorgonocephalus*)、阳遂足(*Amphiura*)等(图 11-13)。

（四）海参纲（Holothuroidea）

现存约1000种，均营海中底栖生活。体呈蠕虫状，两侧对称，背腹略扁。由泄殖腔分出一对分支的树状结构，称呼吸树或水肺，为海参特有的呼吸器官。海参在海底匍匐，食物为混在泥沙内的有机质碎片、藻类及原生动物等，摄食时，连同泥沙一同吞入。雌雄异体，生殖腺一个，树状，悬浮于体腔液中。水中体外受精。个体发育中经耳状幼虫、樽形幼虫和五触手幼虫，变态成幼参。海参的再生能力很强，受刺激时，可从肛门射出内脏，吸引敌害，过一二月失去的结构可以再生出来。我国沿海常见有刺参（*Stichopus japonicus*）、梅花参（*Thelenota ananas*）、海棒槌（*Paracaudina chilensis*）等（图11-14）。

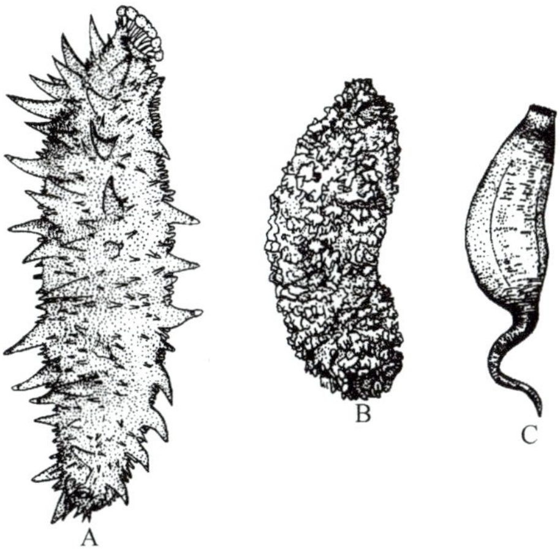

图11-14　海参纲习见种类（刘凌云和郑光美，2009）
A. 刺参；B. 梅花参；C. 海棒槌

第三节　棘皮动物门的系统发育

棘皮动物体呈辐射对称，幼虫为两侧对称，因此辐射对称是次生形成的。一些已绝迹的化石种类中有的为两侧对称体形，因此有人认为棘皮动物的祖先为两侧对称，具有3对体腔囊与现在生存的棘皮动物幼虫形态类似。也有一些人主张五触手幼虫为棘皮动物的祖先，五触手幼虫也为两侧对称体形，具3对体腔囊和围绕口的5条中空触角；5条触角似总担，为体腔囊的延伸，是形成水管系统的基础。五触手幼虫由于进化为固着生活，其体形逐步转化为辐射对称。有一部分以后再营自由生活但其体形仍保持着辐射对称。海百合纲为最古老的一类，出现于寒武纪，泥盆纪以后逐渐衰落。它们大多数营固着生活，海星纲与蛇尾纲体形一般均为五辐射对称，这两类的演化关系较为接近。而海胆纲与蛇尾纲的幼虫均为长腕幼虫，在结构上相似，二者关系较近。但海胆纲心形目动物，体近心脏形，肛门位于体后端，体形属两侧对称。故海胆纲是介于蛇尾纲和两侧对称体形的海参纲之间的一个类群。海参纲体呈蠕虫状，两侧对称，口与肛门位于体的前后两端，是棘皮动物中特殊的一类。其樽形幼虫与海百合纲的樽形幼虫很相似，故与海百合纲有着较近的类缘关系。海参只有一个生殖腺，这是较为原始的性状。故海参纲可能是演化过程中较早分出的一支。

棘皮动物不同于大多数无脊椎动物，而与脊索动物一样同属后口动物。它的卵裂、早期胚胎发育、中胚层的产生、次生体腔的形成、中胚层产生内骨骼，都相似于脊索动物。海参纲的耳状幼体与半索动物肠鳃类的柱头虫幼虫在结构上非常相似，且海胆和半索动物的肌肉中同时具有肌酸（脊索动物）和精氨酸（无脊椎动物），因此棘皮动物是无脊椎动物中与脊索动物最为相似的类群。科学家现在普遍认为，脊索动物与棘皮动物有共同的祖先。

第四节　棘皮动物门的经济意义

棘皮动物中有些种类对人类有益，少数有害。海参类中有40多种可供食用，它们含蛋白质高，营养丰富，是优良的滋补品。我国的刺参、梅花参等为常见的食用参。我国已成功地进行了人工繁殖饲养刺参。海参又可入药，有益气补阴、生肌止血之功。海胆壳、海星及海燕入药，可软坚散结、化痰消肿。海星及海燕入药，有清热解毒、平肝和胃、补肾滋阴的功能。自海星中提取的粗皂苷对大白鼠的实验性胃溃疡有较强的愈合作用。海胆卵、海星卵为发育生物学的良好实验材料，也可供食用，用海胆生殖腺制成的酱称“云丹”，为酱中珍品。除此，海胆壳、海星及海燕等干制品可作肥料。蛇尾为一些冷水性底层鱼（鸡鱼）的天然饵料。在深渊海底的底栖动物中的生物量棘皮动物最高占 90%，对海洋生态具有良好的指示作用。棘皮动物具有毒腺和毒液，有可能通过研究开发药物，已经从海参分离出的毒素和黏多糖具有抗癌活性。

海胆喜食海藻，故对藻类养殖有害；海星喜食贝类，为贝类养殖的敌害。

阿克尔扁形虫

2011 年英国《自然》杂志发表研究报道，“阿克尔扁形虫”（*Acoel flatworms*）是最简单的动物之一，它们结构如此简单，既没有一个贯通的肠道，又没有一个体腔。但新的分子生物学研究将它们从其在动物进化的底部位置提升了，将其与棘皮动物（如海星、海胆等）放在一起，并大大拉近了它们与脊索动物（包括人类在内的一个类群）的距离。在这之前，人们曾发现，“异涡虫”（*Xenoturbella*）（一种有神秘演化关系的简单扁形虫）也属于这一类群。这项研究说明，“阿克尔扁形虫”并不是像人们以前所认为的那样从一开始就很简单，而是随着时间推移而变简单的，失去了体腔、肛门和鳃裂等特征。

思考题

1. 棘皮动物门的主要特征是什么？
2. 为什么说棘皮动物为无脊椎动物中的高等类群？
3. 棘皮动物的体腔包括哪些部分？
4. 试述棘皮动物的系统发育及其对了解动物演化的意义。

第十二章　半索动物门

第一节　半索动物门的主要特征

半索动物又称隐索动物，是无脊椎动物中的高等类群，与脊索动物门有密切联系。半索动物门(Hemichordata)分布在浅海和潮间带，多穴居在泥沙中，体长 2～250cm，呈蠕虫形或瓮状，营个体自由生活或群体固着生活。

半索动物具有背神经索，索的最前端变为中空的管状神经索，相当于脊索动物的背神经管。消化管的前端有鳃裂，为呼吸器官。有口索，为半索动物特有的结构，是口腔背面向前伸出的一条短盲管状结构。半索、隐索动物由此得名。口索的功能认为可能有两种，一是最初出现的脊索，具有支持身体的作用；二是相当于脑垂体，与内分泌有关。

一、外部形态

半索动物典型的动物就是柱头虫，成体呈蠕虫状，两侧对称。身体由吻、领、躯干 3 部分组成(图 12-1)。

1)吻　　吻(proboscis)位于身体前端，短圆锥形，富肌肉。吻背中线的基部有吻孔(proboscis pore)，海水由此出入吻腔。吻后部以较细的吻柄(proboscis stalk)与领相连。羽鳃纲种类吻呈盾状。

2)领　　圆柱状围领形，后部腹面具口，并以一环形收缩与躯干部分开。领(collar)表面常具高低不平的环沟。羽鳃纲种类领部有数对具触手的触手冠。

3)躯干　　躯干(trunk)最长，为虫体主要部分，可分为鳃裂区、生殖区、肝囊区和肠区，末端为肛门。鳃裂(gill slit)在躯干部的前部，背中脊两侧，薄而扁平的生殖翼(genital wing)常向背中部弯曲，并将鳃孔隐蔽在躯干部的中部，背侧具许多成对的肝盲囊(hepatic caecum)突起，肛门开口于后端背面。

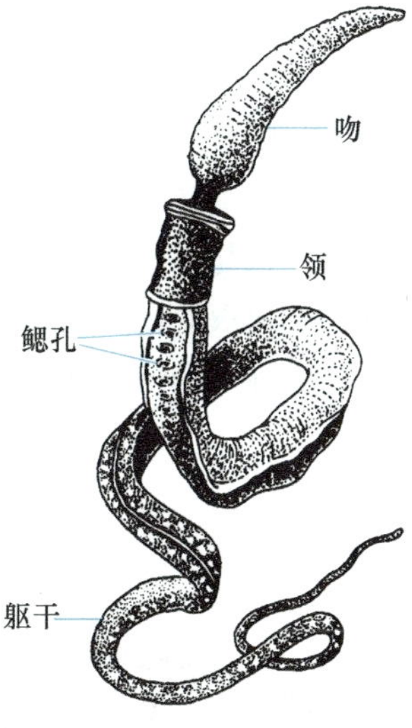

图 12-1　柱头虫外形
(刘凌云和郑光美，2009)

二、内部结构与生理

(一) 体壁和体腔

体壁由 3 层组成：①单层纤毛上皮细胞层，主要是柱状细胞，此外还有形状各异的多种腺细胞，分泌黏液和碘，上皮细胞层基部为神经细胞体及神经纤维交织而成的神经层，底部则为薄而无结构的基膜；②肌肉层，中层是环肌、纵肌和结缔组织合成的平滑肌层；③内层为体腔膜构成。

虫体内的各部均有空腔，即由体腔分化而成的吻腔、领腔和躯干腔(图 12-2)，①吻腔(proboscis coelom)一个，以吻孔与外界相通，可容水流进入和废液排出，当吻腔充水时，吻部变得坚挺有力，形似柱头，可用于穿洞凿穴，柱头虫即因此而得名。②领腔（collar coelom）一对，位于口腔两侧，被背腹系膜分开。领腔与吻腔相通，具孔，通入第 1 鳃囊。③躯干腔（trunk coelom）一对，位于躯干体壁与肠之间，也被背腹系膜分开。在躯干部的前部，每侧体腔又被侧隔（lateral septum）分为背侧室和腹侧室。躯干腔以隔膜与领腔分开，而且常为躯干肌所替代。

（二）消化和呼吸

柱头虫的消化道是从前往后纵贯于领和躯干末端之间的一条直管。口位于吻、领的腹面交界处，肛门开口于躯干部的后端。口和肛门之间的消化管又可分为口管（腔）、咽、食道和肠 4 部分：① 口管（buceal tube）位于领区，其背壁形成一短硬而中空的盲囊，突入吻腔；② 咽位于躯干部的鳃区，其背侧具成对的“U”形鳃裂和鳃孔；③ 食道背部管壁加厚并呈皱褶状，称鳃后管（postbranchial canal）；④ 肠始于躯干部的肝盲囊，肝盲囊是柱头虫的主要消化腺。

羽鳃纲消化管为“ U ”形，因而肛门接近于口。水和沉积物中的微小生物和有机颗粒靠吻和领的纤毛驱动随水流入口。咽、食道和肝盲囊的腺细胞分泌酶，消化食物，未被消化的物质经肛门随吞入的泥沙排出体外。

咽同时又是呼吸器官，咽的背侧排列着许多（7～700）成对的外鳃裂，每个外鳃裂各与一内鳃裂相通，然后再由此通向体表。彼此相邻的鳃裂间布有丰富的微血管，虫体在泥沙掘进过程中，水和富含有机物质的泥沙被摄入口内，水经内鳃裂从外鳃裂排出时，就完成了气体交换的呼吸作用。

（三）循环和排泄

半索动物循环系统属于原始的开管式循环，主要由背血管、腹血管和中央窦组成（图 12-2）。血液循环方式与蚯蚓类似，背血管的血液向前流动，经静脉窦到达中央窦。腹血管的流向往后。中央窦内的血液通过心囊（cardiac sac）（位于中央窦上方，具肌肉，可以有节律地收缩）搏动，注入前方的血管球（glomus）（吻腺），由此过滤排出新陈代谢废物至吻腔，再从吻孔流出体外。

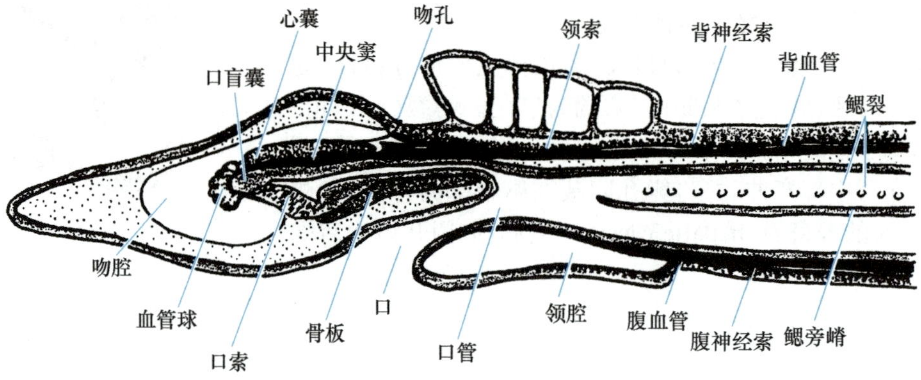

图 12-2　柱头虫身体前端纵剖（示内部结构）（许崇任和程红，2008）

自血管球导出 4 条血管，其中有 2 条分布到吻部，另 2 条为后行的动脉血管，在领部腹面两者汇合成腹血管，将血管球中的大部分血液输送到身体各部。

（四）神经

除身体表皮基部满布神经感觉细胞外，还有 2 条紧连表皮的神经索，即沿着背中线的一条背神经索和沿着腹中线的一条腹神经索。背、腹神经索在领部相连成环。背神经索在伸入领部处出现有狭窄的空隙,由此发出的神经纤维聚集成丛,这种结构曾被认为是雏形的背神经管,该特点表明它们似与更高等的脊索动物具有一定亲缘关系。

(五)生殖

半索动物雌雄异体。生殖腺的外形相似,均呈小囊状,成对地排列于躯干前半部至肝囊区之间的背侧。性成熟时卵巢呈现灰褐色,精巢呈黄色。体外受精,卵和精子由鳃裂外侧的生殖孔排至海水中。

柱头虫的卵小,卵黄含量也少,受精卵为均等全裂,胚体先发育成柱头幼虫(tornaria),然后经变态为柱头虫。柱头幼虫体小而透明,体表布有粗细不等的纤毛带,营自由游泳生活,它们不论在形态或生活习性方面均酷似棘皮动物海参的短腕幼虫(bipinnaria)。变态时期,幼虫沉至海底,身体逐渐转为黄色,纤毛带也相继消失,前后两端分别延伸成吻部和躯干部,最终发育成柱头虫。

美国沿海的有些种类[纤吻柱头虫(*Saccoglossus*)]于胚胎发育过程中不经幼虫时期和变态,即可直接发育为柱头虫。

第二节　半索动物门的分类

半索动物分为 2 纲,约 90 种。

一、肠鳃纲(Enteropneusta)

俗称柱头虫,蠕虫状动物,体长 2～250cm,营个体生活,雌雄异体。多为穴栖,以藻类、原生动物等为食。以潮间带或潮下带种类较多。约有 70 种,中国已报道 6 种。

二、羽鳃纲(Pterobranchia)

是群小形的半索动物。营聚生或群体生活,一般体长 1～7mm,躯干呈囊状,具"U" 形消化管,具 1 对触手腕(杆壁虫)或 4～9 对触手腕(头盘虫)。无吻骨骼。雌雄异体或无性生殖。这类动物较为罕见,在中国尚未发现。本纲代表动物有头盘虫(*Cephalodiscus dodecalophus*)和杆壁虫(*Rhabdopleura*)等(图 12-3)。

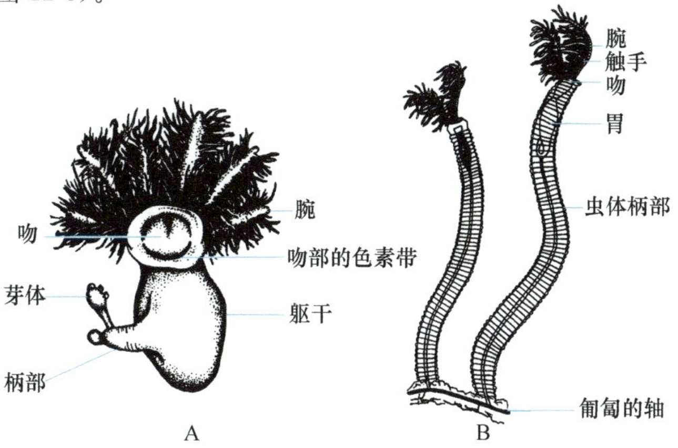

图 12-3　头盘虫(A)和杆壁虫(B)(刘凌云和郑光美,2009)

第三节 半索动物门的起源与演化

一、分类地位

半索动物的分类目前有争议，有的人认为半索动物应列入脊索动物，是脊索动物中的原始类群，因为它的主要特征与脊索动物的主要特征基本相符，即口索相当于脊索，背神经索前端有空腔相当于背神经管，咽部有鳃裂。也有人认为半索动物是非脊索动物和脊索动物之间的一种过渡类型，应该是一个独立的门。一方面口索与脊索构造上有差别，功能上可能也有区别。另一方面半索动物具有非脊索动物的结构：腹神经索、开管式循环、肛门位于身体末端等。

二、亲缘关系

棘皮动物、半索动物和脊索动物可能是由一类共同的原始祖先分支进化而来，根据如下。①半索动物和棘皮动物都是后口动物。②两者的中胚层都是由原肠凸出形成。③柱头幼虫与短腕幼虫形态结构非常相似。同时，半索动物又有脊索动物的主要特征：有雏形的脊索（口索）、背神经管和咽鳃裂。④生化方面的证据有脊索动物肌肉中的磷肌酸为含肌酸的化合物，非脊索动物肌肉中的磷肌酸为含精氨酸的化合物，海胆、柱头虫肌肉中的磷肌酸同时含有肌酸（creatine）、精氨酸（arginine）。

三、适应辐射

凡是分类地位很近的动物由于分别适应各种生活环境，经长期改变，终于在形态结构上造成明显差异的现象，称为适应辐射（adaption radiation）。例如，肠鳃纲似蚯蚓，自由生活，羽鳃纲似苔藓虫，固着生活。这些是各自适应不同的生活环境而产生的结果。

思考题

1. 半索动物的主要特征有哪些？
2. 半索动物和什么动物的亲缘关系最近？理由是什么？
3. 半索动物在动物界中处于什么地位？
4. 何谓适应辐射？以半索动物为例来说明。
5. 柱头虫在外形上可以分为哪些部分？各部分的作用是什么？

第十三章 无脊椎动物若干小门简介

在无脊椎动物中，除了代表动物进化方向的主干类群外，还存在许多小门类。与主干类群相比，这些小门类不但种类少、数量小；而且不少小门类还表现为亲缘关系不明显，演化地位不明确。对于小门类的认识，学术界尚有很多争议，但从动物学的进展和对无脊椎动物的演化意义上来看，小门类仍是十分重要的。本章将无脊椎动物若干小门集中进行介绍，供学有余力、有兴趣者参考。

第一节 中生动物门

单细胞动物一般由一个细胞构成，虽然也有群体，但组成群体的每个细胞，都能通过其细胞器独立完成生命的各种活动，它们只是以群体的方式存在，一般仍是以单个细胞为独立的生活单位，彼此之间并不发生密切联系，故称为原生动物。多细胞动物的体细胞有了进一步的分化，各种生理功能由组织器官完成，彼此明确分工又密切联系，形成一个统一的有机整体，称为后生动物。

后生动物是相对于原生动物而言的，绝大多数多细胞动物都属于后生动物。长期以来，学者们认为在原生动物和后生动物之间存在着一个小类群——中生动物门(Mesozoa)。有学者将原生动物、中生动物、后生动物并列为 3 个动物亚界，现在一般认为中生动物为动物界中的一个门。

中生动物寄生在海洋无脊椎动物体内，结构简单，已知约 50 种，分为菱形虫纲(Rhombozoa)和直泳虫纲(Orthonecta)。菱形虫纲包括双胚虫和异胚虫两类。

菱形虫纲的动物寄生在软体动物头足类的肾脏内，体长 0.5～10mm，虫体由 20～40 个细胞组成。细胞数目在每个种内恒定。这些细胞基本上排列成两层，但又不同于高等动物的胚层。外层是单层具纤毛的体细胞，包围着中央的一个或几个延长的轴细胞。身体前端的 8 或 9 个体细胞排列成两圈，用以附着寄主，其余的体细胞或多或少呈螺旋形排列。体细胞具有营养的功能，轴细胞具繁殖功能。无性生殖产生虫形体幼虫，也称蠕虫形幼体，寄生于寄主肾内。有性生殖产生滴虫形幼虫，从寄主尿中排出(图 13-1)。

直泳虫纲的动物寄生在多种海生无脊椎动物体内，如扁形动物、纽形动物、软体动物、环节动物及棘皮动物等。成虫多数雌雄异体，身体呈蠕虫形，雌性个体较大，外层为单层的具纤毛的体细胞，呈环状整齐排列，致使体表宛如分节状。前端体细胞的纤毛指向前方，其余的纤毛指向后方，体细胞中央围绕着许多生殖细胞(卵或精子)。在少数种类，成虫雌雄同体，精细胞位于卵细胞的前方，没有轴细胞。性成熟后，雄性个体将精子释放至海水中，精子进入雌体，在雌体内受精，受精卵在雌体内发育成具纤毛的幼虫(一层纤毛细胞包围几个生殖细胞)。幼虫离开母体又感染新寄主。当幼虫进入新寄主之后，外层具纤毛的体细胞消失，生殖细胞变成多核的变形体。变形体由无性的碎裂方法产生很多变形体，然后由它们发育成雌、雄个体(图 13-2)。

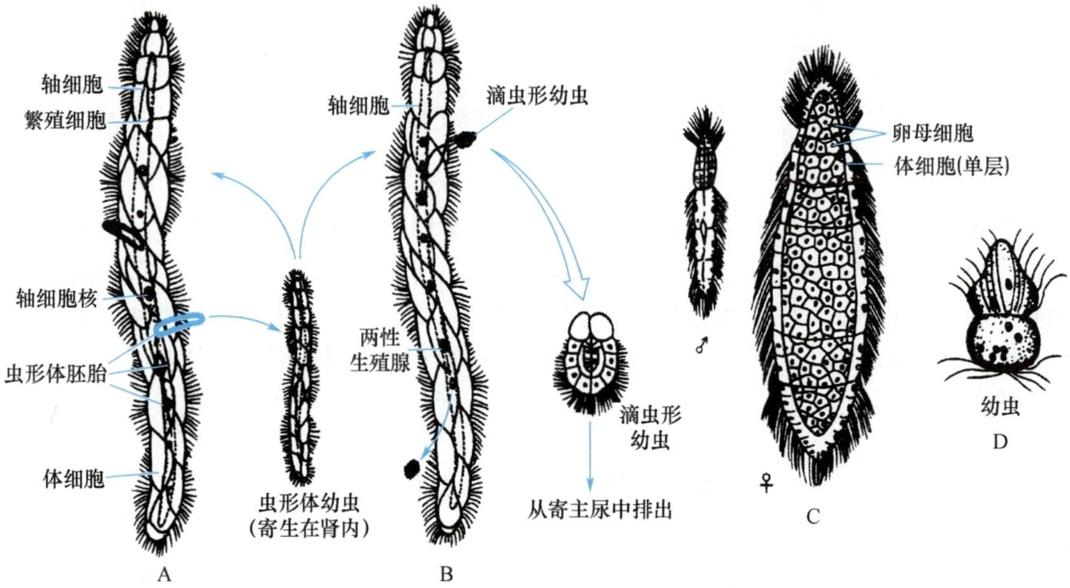

图 13-1 中生动物(刘凌云和郑光美,2009)

A,B. 双胚虫的成体——虫形体;A. 从繁殖细胞无性发育成虫形体幼虫;B. 在一定条件下,繁殖细胞发育成两性生殖腺,由受精卵发育成滴虫形幼虫,从寄主尿中排出;C. 直泳虫的成体;D. 直泳虫的幼虫

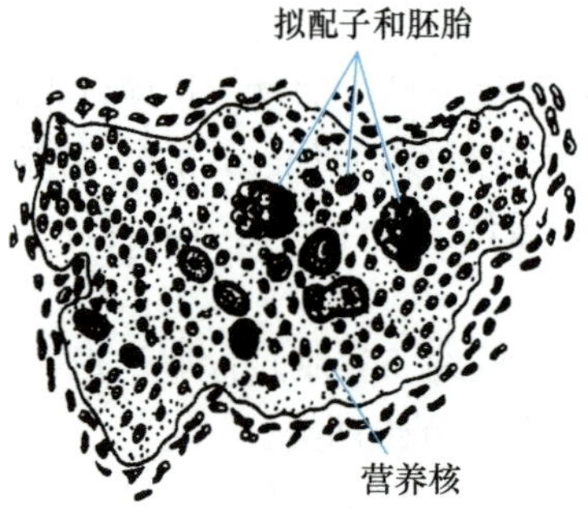

图 13-2 直泳虫的多核变形体(刘凌云和郑光美,1997)

中生动物的分类地位至今仍是一个有争议的问题,部分学者基于它的生活方式及复杂的生活史认为它是退化的扁形动物,甚至认为可列入扁形动物门,成为一个纲。另一种意见是基于它的身体结构有体细胞与生殖细胞的分化,体表普遍具有纤毛,并且有很长的寄生历史,故认为中生动物是原始的种类,是由最原始的多细胞动物进化形成,或者认为是早期后生动物的一个分支。近年来经生物化学的研究表明:中生动物的细胞核中脱氧核糖核酸(DNA)包含了23%的鸟嘌呤与胞嘧啶,与原生动物的纤毛虫类所含的量相近,但低于其他多细胞动物。例如,扁形动物的 DNA 含有 35%~50%的鸟嘌呤与胞嘧啶。因此,认为中生动物更可能是原始的多细胞动物。

第二节 扁盘动物门

扁盘动物门(Placozoa)仅发现丝盘虫(*Trichoplax adhaerens* Schulze)一种(或可能有 2 种)动物(图 13-3)。丝盘虫为海生,动物体呈扁平薄片状,直径一般为 2~3mm,与变形虫很相似,体形经常改变,无对称性,但有恒定的背腹面。无体腔和消化腔,无肌肉和神经系统。虫体由上、下两层细胞构成,背面的细胞层较薄,由扁平细胞构成,其中很多细胞生有一根鞭毛;腹面的细胞层较厚,由具鞭毛的柱状细胞构成,在柱状细胞之间散布着无鞭毛的腺细胞。背、腹两层细胞之间充满了胶状的基质和星状纤维细胞,称为间质层。丝盘虫以体表细胞上的鞭毛摆动进行运动,还可以做变形虫样的运动,其运动方向随机。当环境中养料浓度高时，虫体变得扁平，移动变慢，而养料浓度低时躯体面积变小，运动加快。丝盘虫捕食微小的原生生物，以腹面包裹食物，腹细胞层的腺细胞能分泌一些酶进行体外消化。丝盘虫通常进行无性生殖，有出芽和分裂两种生殖方式，也存在有性生殖，但对其胚胎发育了解得很少。

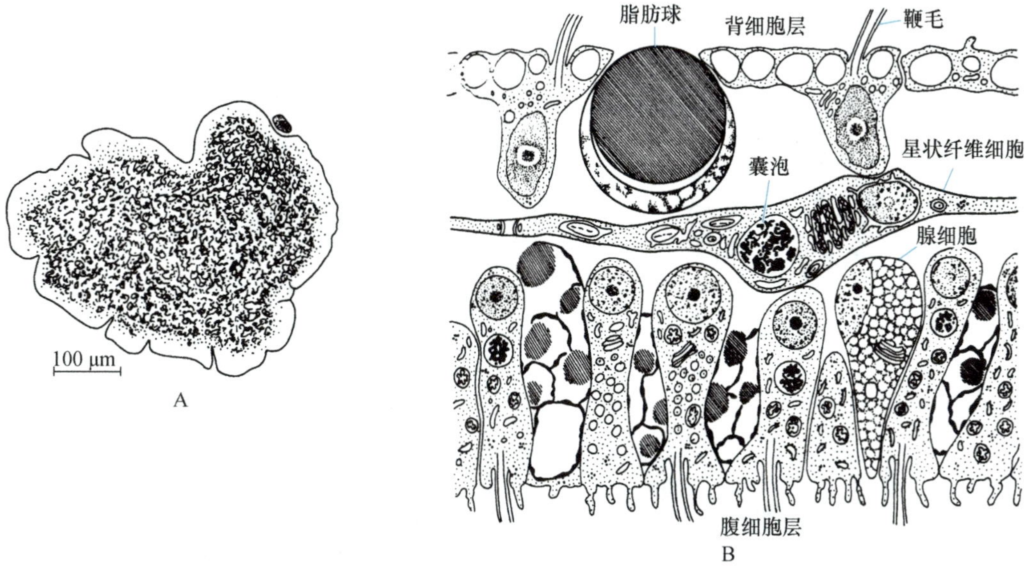

图 13-3 丝盘虫背面观(A)和其切面图解(B)(刘凌云和郑光美，2009)

近年来，有学者认为丝盘虫可能是 Butschli 在 1883 年所提出的多细胞动物起源早期的一个群体学说中扁囊胚虫(plakula)现存种类的证据。随着基因组学的发展，丝盘虫完整的基因组测序工作已完成。研究表明，虽然丝盘虫是拥有最小核基因组的多细胞动物之一，但其包含的用于基因调控的特征序列却在更高等的动物和人类基因中发现，研究人员表示，丝盘虫与人类共享了超过 80%的基因，这将为研究高等动物起源和进化提供新的启示。

第三节 栉水母动物门

栉水母动物门(Ctenophora)是一类全部生活于海水，能发光，营浮游生活，也有的能爬行的动物类群。其种类和数量均较少(不到 100 种)，因此过去曾把栉水母动物列入刺胞动物门，作为无刺胞亚门，或者作为栉水母纲。现在一般把它另列为一门，也有人把它与刺胞动物门并列，统称为辐射动物。

栉水母动物的体形有球形、瓜形、卵圆形及扁平带状等(图 13-4)。它们的结构与刺胞动物很相似，身体为辐射对称，两辐射对称很明显；体壁由内、外胚层和中胶层构成，中央为消化循环腔。

本门动物有以下特点。

(1)体表具有 8 行纵行的栉板(图 13-5)，为其运动器官。栉板上具纤毛，下面有肌纤维使其运动。

(2)有触手的栉水母在体两侧各有一触手囊或称触手鞘，囊内各有一条触手，触手上没有刺细胞，而有大量的黏细胞。黏细胞游离端半圆形，表面分泌黏性物质，可用以捕食，细胞内侧

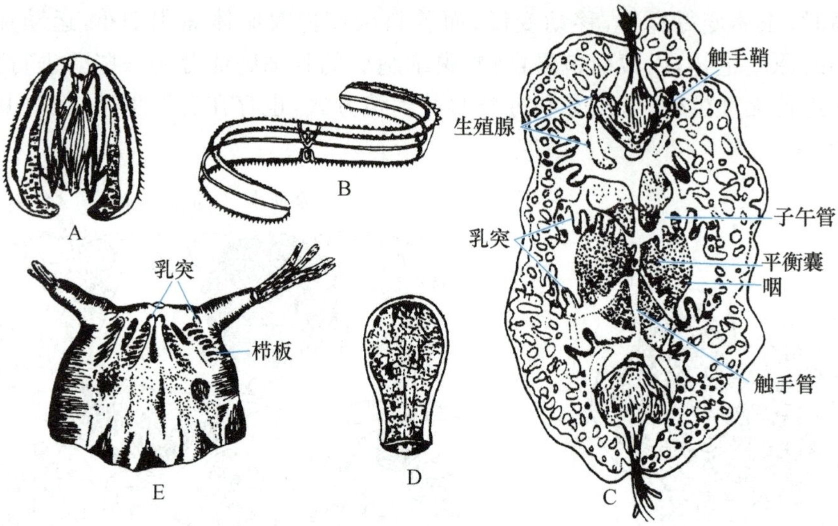

图 13-4 几种栉水母（刘凌云和郑光美，2009）

A. *Mnemiopsis*；B. 带水母；C. 腔栉虫（*Coeloplana*）；D. 瓜水母（*Beroë*）；E. 扁栉虫（*Ctemoplana*）

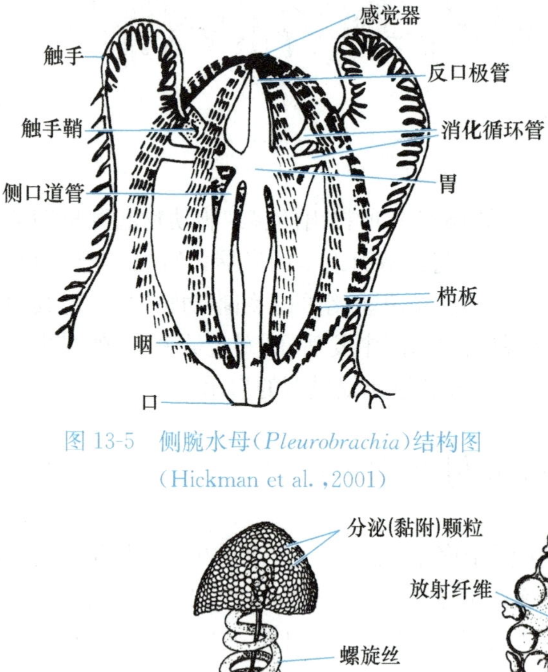

图 13-5 侧腕水母（*Pleurobrachia*）结构图（Hickman et al.，2001）

有螺旋丝；另一端以螺旋丝固着在触手的基膜上（图 13-6）。

（3）反口面有一结构复杂的感觉器官（图 13-7），主司平衡。由平衡囊和囊内 4 条平衡纤毛束、一个钙质平衡石所组成。平衡纤毛束基部有纤毛沟与 8 行栉板相连。

（4）胚胎发育过程中已开始出现不发达的中胚层，由它发展为肌细胞。

（5）神经系统较集中，虽然在外胚层基部有神经网，但已有向 8 行栉板集中的趋向。

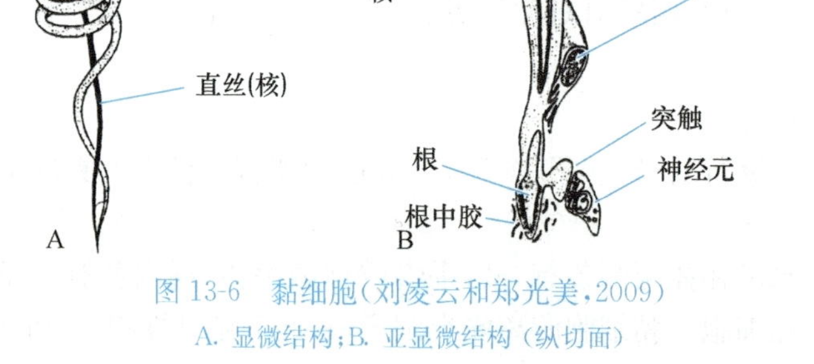

图 13-6 黏细胞（刘凌云和郑光美，2009）

A. 显微结构；B. 亚显微结构（纵切面）

此外，栉水母为雌雄同体，性细胞来源于内胚层，无世代交替，直接发育。

由以上看出，栉水母类在进化上为特殊的一群，与刺胞动物接近，但较刺胞动物略为高等。有的学者认为爬行栉水母可能进化为扁形动物，但一般认为栉水母类在进化上是一盲端支流，与高等动物没有直接关系。

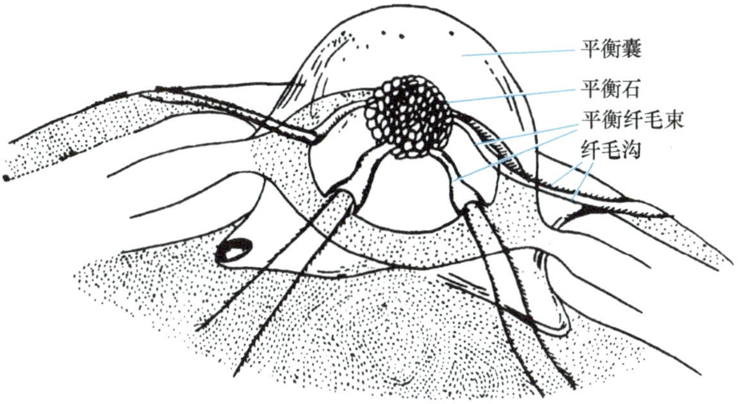

图 13-7　栉水母的感觉器官（Hickman et al.，2001）

第四节　纽形动物门

纽形动物门（Nemertinea）种类较少，有 700 多种，绝大多数生活于温带海洋靠近海岸的岩石和藻类间或穴居生活，少数种类生活于淡水或热带、亚热带的潮湿土壤。纽虫为肉食性，以环节动物、贝类和甲壳类为食。它们大多呈线状、带状或圆柱形，大小相差悬殊。

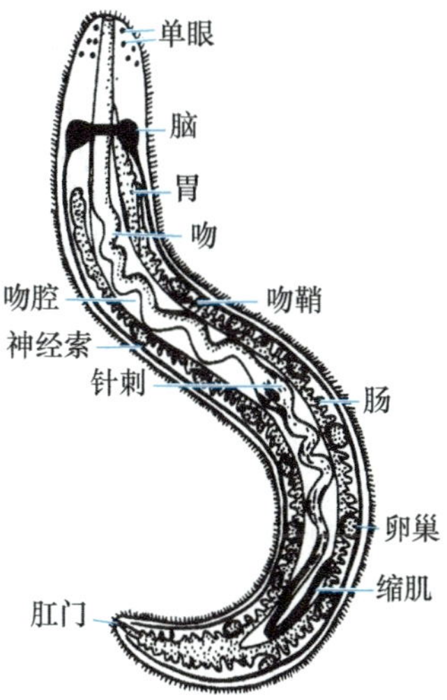

图 13-8　纽虫的结构（Hickman et al.，2001）

纽虫的身体结构与扁形动物有许多相似之处（图 13-8），均为两侧对称、三胚层、无体腔的动物，体表具纤毛，有的种类有杆状体或腺细胞，原肾管式的排泄系统，无特殊的呼吸器官。另外，纽虫还有些结构较扁形动物复杂，完全的消化系统——有口和肛门，消化道的两侧有许多侧囊，和生殖腺相间对称排列，呈假分节现象；闭管式循环系统，从纽虫开始出现了无心脏的血管系统；神经系统较发达，感觉器官有眼点、纤毛沟和平衡囊等；雌雄异体，生殖腺成对排列，多直接发育，间接发育的种类经过帽状幼虫阶段（图 13-9）。

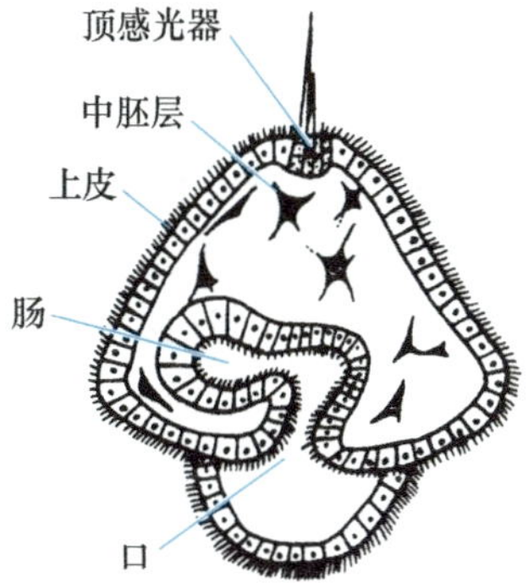

图 13-9　帽状幼虫（Hickman et al.，2001）

从纽虫的结构看，有许多特征与扁形动物相似，两者有较近的亲缘关系；但其消化道具肛门和闭管式循环系统及假分节现象，帽状幼虫与环节动物的担轮幼虫相似，说明纽虫比扁形动物高等，在进化系统上，处于扁形动物与环节动物之间。

第五节　线形动物门

线形动物门(Nematomorpha)的幼虫寄生于昆虫体内，成虫营自由生活，种类约 300 种，包括板线虫目(Nectonematoidea)和铁线虫目(Gordioidea)两个类群，常见种类为铁线虫(*Gordius*)。该门类动物为细长丝状或发状，头部半球形，与体部没有明显的界线，大部分种类尾部简单，但有些种类尾部分为 2 或 3 叶，雌雄虫均有一个泄殖孔开口于尾部。体表具有厚的角质层，外层为均质层，其中有圆形或多边形的加厚，内含黏液蛋白，分泌物可起润滑作用；内层为纤维层，有的种类纤维层可达 45 层。角质层内为表皮层，其内为肌肉层，肌肉只有纵肌。板线虫(*Nectonema*)有宽阔的假体腔，而铁线虫的假体腔大部分被中胶层填充(图 13-10)。

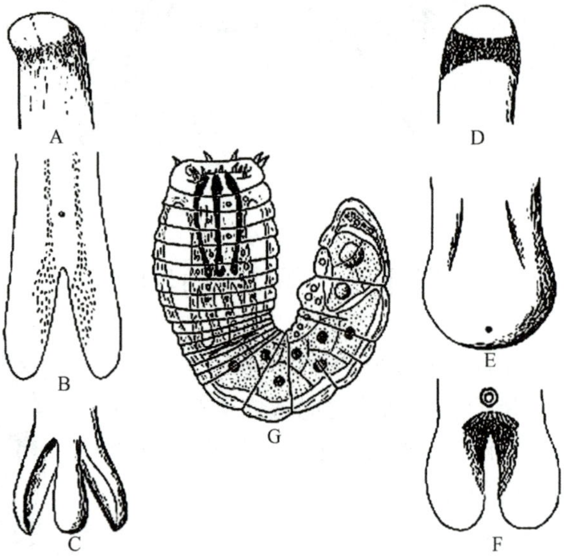

图 13-10　线形动物(Maggenti，1981)

A. 副铁线虫(*Paragordius*)头部；B. 副铁线虫雄虫尾部；C. 副铁线虫雌虫尾部；D. 铁线虫头部；E. 铁线虫雌虫尾部；F. 铁线虫雄虫尾部；G. 副铁线虫幼虫

成虫的消化道极度退化，食道变为一个实心的细胞索，肠退化为小的上皮管道，用于储存营养物质。成虫不取食，主要依赖于储存的营养。幼虫的营养吸收也不通过消化系统，而是从体表直接吸收来自节肢动物血腔中的营养物质。神经系统也比较简单，包括头部的神经环和一个腹神经索。线形动物无排泄系统。

雄性生殖系统包括一对管状精巢，通过一个短的输精管通到泄殖腔，有些种类在精巢末端有一个储精囊。雌性生殖系统包括一对卵巢，未成熟的卵巢与精巢相似，但随着卵巢的成熟，卵巢向两侧突出许多盲囊，卵在盲囊中成熟，而卵巢则起到子宫的作用。卵巢后连接输卵管，两个输卵管合并成一个总管通到泄殖腔。

线形动物门与线虫动物有很近的亲缘关系，这两个门为姊妹类群。

第六节　动吻动物门

动吻动物门(Kinorhyncha)为小型的底栖类型，主要生活在海岸的泥沙中，种类仅有 150

种。动吻动物为微小的假体腔动物，虽然缺乏外部纤毛，但角质层发育良好(图 13-11)。体壁分为 13 节，第一节为头节，第二节为颈节，其余 11 节为体节。头部有 7 排弯曲的棘和一个口锥(mouth cone)，口锥顶端有一圈口针(oral stylet)。借收缩肌的收缩，头部可以伸缩，因此称为动吻动物。体节具有 1 个背角质板和 1 对腹角质板。体壁上常有角质棘。角质层内为内皮层和肌肉层。肌肉常成束。背部和腹部均具有节间纵肌。头部收缩肌附着在体节的不同部位。

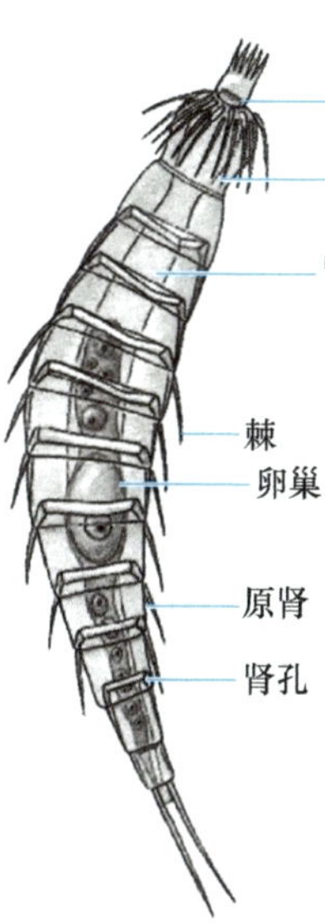

图 13-11　棘皮虫(*Echinoderes*)(Hickman et al.，2001)
一种小型海洋生活的动吻动物，身体表面分节，头部可动，有一圈棘围绕

消化系统包括口、咽锥、咽、食道、中肠和后肠。食道有唾液腺与之相通，中肠含有腺细胞。取食时口锥突出。大部分动吻动物生活在浅海泥沙中，取食细菌或有机碎屑。排泄系统由一对原肾，末端连接 3 个焰细胞，每个焰细胞具有 2 根鞭毛。神经系统由围咽神经环和神经索组成。神经索包括背、腹和侧神经索，神经索有 8 个神经节，按体节排列。动吻动物为雌雄异体，雌雄个体非常相似。雌雄生殖腺均位于肠后部两侧，生殖孔开口于最后一节。雄性生殖系统包括 1 对精巢、1 对输精管和 1 对生殖孔，有些种类具有阴茎刺。雌性生殖系统包括 1 对卵巢、1 对输卵管和 1 对生殖孔，在生殖孔附近有一个突起的囊，为受精囊。

动吻动物门与鳃曳动物门为姊妹群，它们与线虫动物门有较近的亲缘关系。

第七节　轮虫动物门

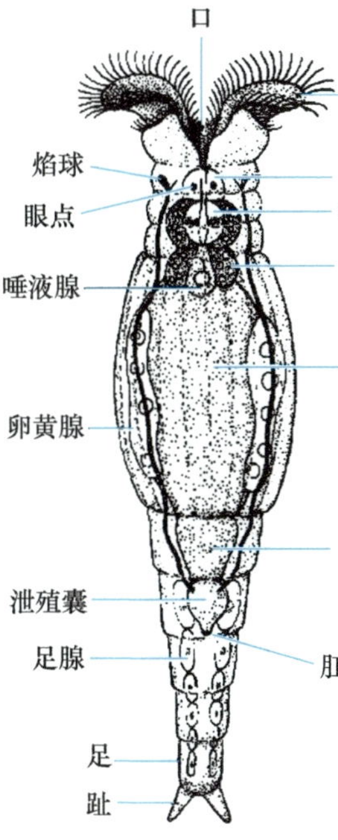

图 13-12　旋轮虫(*Philodina*)的结构图(Hickman et al.，2001)

轮虫动物门(Rotifera)是一类小型动物，大小为 0.1～2mm，生活于淡水、海水和潮湿的土壤中。现已描述约 1800 种。

身体分为头部、躯干部和足部。头部中央部分通常无纤毛，称为顶区(apical field)，顶区由一个纤毛冠(corona)围绕。顶区有感觉毛和 1 或 2 个乳突及脑后器(retrocerebral organs)的开口。脑后器包括一对脑后腺(subcerebral glands)和一个脑后囊(retrocerebral sac)，但有些种类的脑后腺或脑后囊消失。脑后腺和脑后囊的大小和形状有很大变化，其功能不详。纤毛冠的形状决定了头部的形态，纤毛的节律性摆动使得纤毛冠看起来像一个旋转的轮盘，因此这类动物被称为轮虫。躯干部圆柱形或扁平。有些游泳的种类角皮形成一个兜甲(lorica)；而爬行的种类角皮形成可伸缩的环以利于身体的伸长和缩短。躯干前端背面有一个或成对的触角(antennae)。大多数轮虫的足有角质环覆盖，末端形成 1～4 个趾，末端有腺体(图 13-12)。

消化系统包括口、咽、食道、胃、肠、泄殖腔和肛门(也称泄殖孔)。排泄管和输卵管也通到泄殖腔。肛门在身体的背面。排泄器官为原肾管，末端通到泄殖腔。神经系统包括脑和两侧的纵神经干。轮虫雌雄异体，雌性生殖器官很简单，包括一个卵巢和一个卵黄腺，它们被一层膜包在一起，连接一个输卵管，通到泄殖腔。雄性生殖系统包括一个精巢和一个输精管，开口于生殖孔。有时输精管末端部分特化形成阴茎。

轮虫与腹毛动物和扁形动物有较近的亲缘关系。

第八节 棘头动物门

棘头动物门(Acanthocephala)为寄生的假体腔动物，寄生于海洋、淡水和陆生的脊椎动物消化道。目前描述的种类大约有1000种。

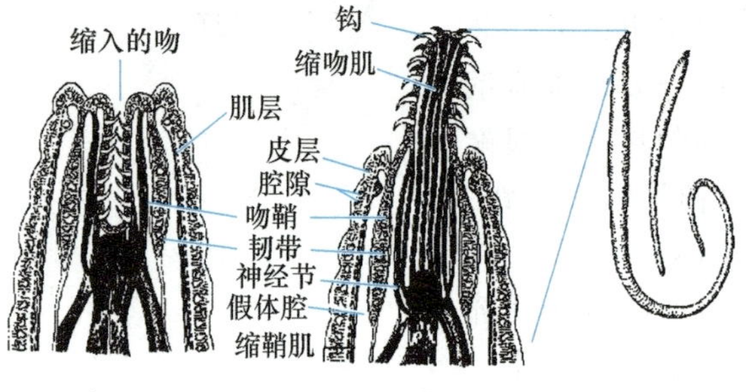

图 13-13 棘头虫(Hickman et al.，2001)

A. 虫体头部，吻缩入体内；B. 虫体头部，吻伸出；C. 雌虫和雄虫

棘头动物的身体由吻、颈和躯干3部分组成。吻可以缩回到吻鞘(proboscis receptacle)中，吻上具有弯向后面的吻钩，钩的大小、形状、数目和排列方式具有种的特异性，是重要的分类依据(图13-13)。躯干的大小和形状也有很大变异，体表有时也具有刺。体壁由角质层、表皮和肌肉层组成。棘头动物没有消化器官。部分种类具原肾排泄系统。神经系统简单，脑是一个位于吻鞘的神经节，由此发出神经支配肌肉和吻部感觉器官。一对侧神经干延伸至身体后侧，发出神经支配生殖器官。雌雄异体，雄性生殖系统有一对精巢，前后排列于韧带囊中，每个精巢有一个输精管，两个输精管汇合形成生殖总管，生殖总管前端膨大成储精囊，后端通到阴茎，开口于交合伞。雄性附属腺体为黏液腺，通过黏液腺管开口于生殖总管。雌性生殖系统包括卵巢、子宫钟、子宫和阴道。卵巢由圆形的卵母细胞组成，悬浮在韧带囊中。

棘头动物可能与腹毛动物有较近的亲缘关系。

第九节 腹毛动物门

腹毛动物门(Gastrotricha)属于微型动物，大小为65～500μm，种类大约有460种，生活在海洋或淡水中。这类动物的体表通常具有棘或鳞片，腹部扁平，大多数种类通过腹部的纤毛滑行，也有一些种类通过尾部的附着腺做尺蠖式运动(图13-14)。消化系统包括口、口腔、咽、中肠和肛门，取食细菌、藻类和小的原生动物。排泄系统为原肾管。神经系统包括侧神经节和侧神经干。腹毛动物为雌雄同体，然而许多淡水生的种类其雄性生殖系统是没有功能的，而雌性生殖系统进行孤雌生殖。

腹毛动物与扁形动物有较近的亲缘关系。

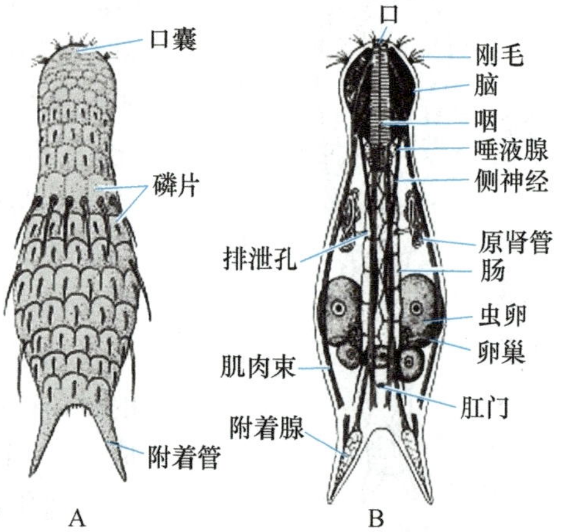

图 13-14 鼬虫(*Chaetonotus*)(Hickman et al.，2001)

A. 背部表面观；B. 内部结构，腹面观

第十节 内肛动物门

内肛动物门(Entoprocta)是一类微小的动物,大小不超过5mm,种类约100种。本类群动物营固着生活,有单体的也有群体的,类似于刺胞动物门的水螅类动物,但不同于水螅类动物的是该类动物的触手倾向于弯向内侧,而且触手上有纤毛(图13-15)。

除湖萼虫(*Urnatella*)外,其他内肛动物全部是海洋生活的种类,它们的分布很广,从两极到热带均有分布。大多数海洋种类局限于海岸带,通常生活在贝壳或海藻上,还有一些种类与环节动物共生。淡水生的内肛动物通常生活在溪流的石块下。

内肛动物体形呈杯状,头部有一个触手冠,体部连接柄用于固着。触手和柄均与体部相连通。肠道呈"U"型,口和肛门都位于触手冠内,通过纤毛摆动产生水流来取食微小颗粒。内肛动物具有一对原肾,无循环和呼吸器官。

有些种类雌雄同体,有的雌雄异体。卵裂为螺旋式卵裂,发育过程中形成一个具纤毛的幼虫,形态类似于担轮幼虫。

内肛动物与环节动物和软体动物有较近的亲缘关系。

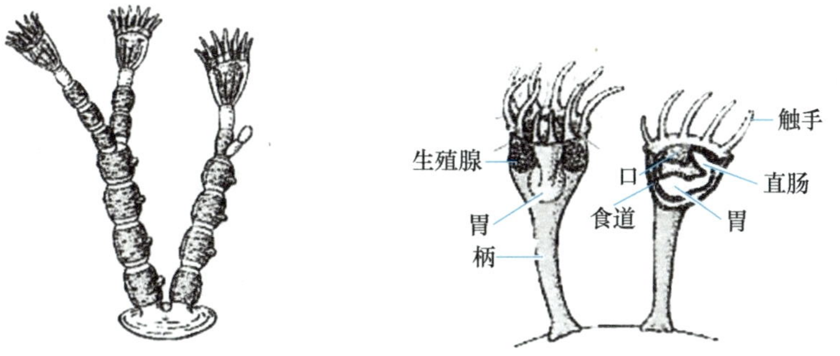

A B

图13-15 内肛动物(Hickman et al., 2001)

A. 湖萼虫,一类淡水生的内肛动物,为群体类型;B. 小曲体虫(*Loxosomella*),一类单体的内肛动物,海产种类

第十一节 螠虫动物门

螠虫动物门(Echiura)属真体腔海生原口动物,广布于各海洋,营底栖穴居生活,全世界约100种,中国沿海有十几种。体多呈囊状或纺锤状,全身柔软,前端有吻。吻由发达的口前叶形成,有摄食作用。口位于吻基部的腹面。近口处腹中线的两侧有一对钩状前棘(刚毛),黄褐色,具金色光泽。前棘的下方有肾孔,成纵行排列,数目不等。肛门在体末端,少数种在其周围着生刚毛。

体壁由表皮层、结缔组织、纵肌、斜肌和环肌构成。各层肌肉排列顺序的不同是分类的依据之一。体腔很大,无隔膜,腔内充有体腔液。

消化道长而迂回,为体长的数倍,包括口、咽、食道、嗉囊、胃、中肠、直肠、排泄腔、肛门等。中肠部分最长,长约100cm,纵贯体腔呈3个环形曲折,其腹面附有纵行的纤毛沟和细管状的副肠。直肠较宽,壁厚,由体前直伸向体后,终于排泄腔,末端开口即肛门。

多数种是闭管式的循环系统，包括心脏、背血管、腹血管、环血管等。心脏位于食道或胃的背面，有收缩能力。自心脏向前伸出背血管，通向前端；向后分出 2 支环血管，包绕胃部，绕向腹面，向前行，合为一支肠血管，再向前又分为两支腹血管，一支沿神经索的背面伸向后部，另一支较粗，向前通向吻的基部。体前端腹神经索的两侧着生体节器，又称前肾管，兼生殖管，数目不等。多数种类在前肾管的基部生有 1 对附属器官，呈螺旋状卷曲，故称螺旋管。在虫体后端，自排泄腔向前伸出 1 对体节器，称肛门囊，又称后肾管，为长囊状的盲管，末端尖细，基部通向排泄腔，表面着生许多纤毛漏斗，向体腔开口，其主要功能为排泄。

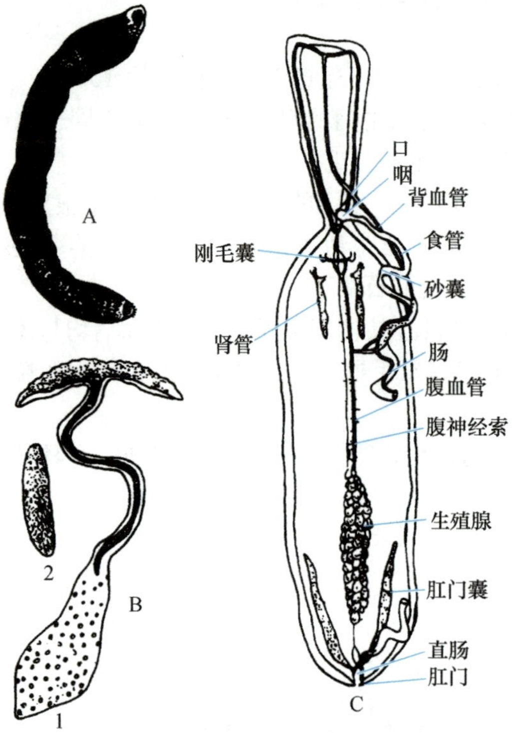

图 13-16 螠虫

（A：张玺等，1955；B、C：刘凌云和郑光美，1997）

A. 单环刺螠；B. 叉螠，1. 雌，2. 雄；C. 螠虫内部结构

雌雄异体，形状相似，体外受精。叉螠科（Bonelliidae）则是雌雄异形，雄体退化，呈涡虫状，寄生在雌体内部或外部。生殖腺生于神经索上面的系膜和围绕排泄腔的系膜上，非生殖期不易观察到。生殖细胞成熟后先落于体腔，再由前肾管排出体外。发育过程有担轮幼虫期，幼虫期有分节现象，腹神经索也出现似神经节的膨大部分。常见种类如单环刺螠（图 13-16）。

第十二节 星虫动物门

星虫动物门（Sipunculoidea）动物生活在海洋中，除幼虫期外，皆营底栖生活，从潮间带直至 6000m 的深海。多数种栖息在热带和亚热带浅海泥沙内和珊瑚礁间。杂食小形动物、藻类、泥沙中的有机物等。本门动物约 200 种，全部海生，广泛分布于三大洋中。中国海域约 60 种。

星虫的身体分为 2 区。前区能向内卷缩和向外翻出，称为吻部；后区较粗，体壁厚，称为躯干部。多数种的吻部着生小钩或棘刺。吻前端的触手形状变化较大，有指状、树枝状和丝状。在躯干前端，腹面两个开口是肾孔，背面中央开口是肛门。全身有深棕色的皮肤乳突，因而表面较粗糙。只有少数种，如光裸星虫（图 13-17）。

体壁的最外层是角质层，下面有一层细胞形成的表皮，向下是真皮，再下是发达的体壁肌肉层。肌肉层的外层是环肌，中层是斜肌，内层是纵肌，多数种类形成肌束。体腔很大，但无隔膜，腔内充满具循环功能的体腔液、血细胞和变形细胞。

消化系统包括口、食道、中肠、直肠、直肠盲囊、肛门等。通常整个消化道是体长的 2 倍。口后是一直行的食道，下接中肠，环绕纵贯体腔的纺锤肌盘旋而下，行至体腔后端，再折回向上盘旋，形成许多盘卷的肠螺旋。直肠粗短，位于体前端，肠壁有明显的皱褶，多数种类生有囊状的直肠盲囊。直肠最后在躯干前端的背中央开口，即肛门。整个消化道为

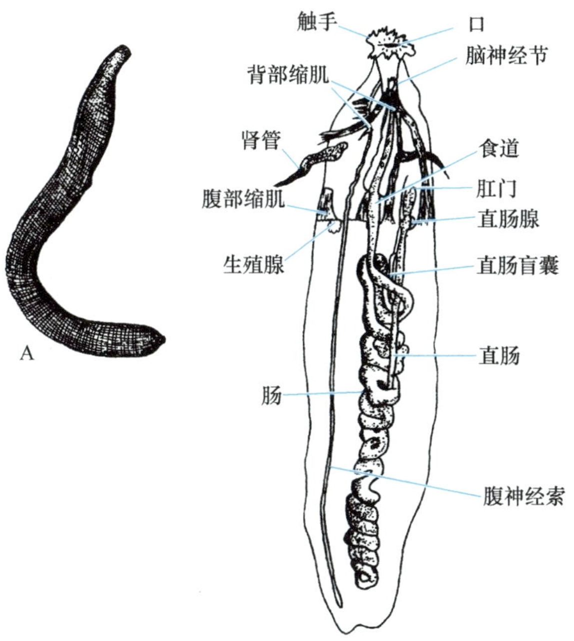

图 13-17　光裸星虫（A：张玺等，1955；B：刘凌云和郑光美，1997）
A. 光裸星虫外形；B. 光裸星虫内部结构

"U" 形的螺旋管道。

循环系统包括血管、血窦和血管丛。主要有背血管，围脑神经节血窦、触手冠和下唇血窦，此外还有各血管丛。背血管，因有收缩作用，又称收缩血管，位于食道背部。后端是盲管，前端通向围脑神经节血窦。当背血管收缩时，管内血液向前流动，先流入围脑神经节血窦，而后再流向他处血窦和血管丛。待流入触手冠和下唇血窦时，可使触手伸展，下唇翻出。

星虫无专门的呼吸系统，皮下血管丛是交换气体的主要器官。以一对后肾管作为排泄器官。后肾管位于体前端腹神经索的两侧，呈长囊状悬挂于体腔中。神经系统包括食道背面的脑神经节、环食道神经环和腹神经索。腹神经索位于腹中线处，纵贯全身，直达体后端，其上分出许多不成对的神经分支。无特殊感觉器官，但触手感觉灵敏。雌雄异体，外形相似。生殖腺生在收吻肌基部的腹膜上。精或卵形成后，先掉到体腔，再经肾管排出体外，在体外受精。

星虫动物的起源和系统进化上的亲缘关系一直以来极具争议。基于形态和分子生物学数据的支序分析，大部分学者认为星虫动物和环节动物近缘，但对于星虫动物在后生动物中的精确位置及和其他类群的亲缘关系，尚无一致意见。

第十三节　须腕动物门

须腕动物门(Pogonophora)常栖息于 150～1500m 的海底。它们生活在自身分泌的有机质虫管内，营固着生活，约有 100 种。

须腕动物身体细长，呈蠕虫状，由前、中、后 3 节构成。前节背面有一头叶，脑位于其中。头节腹面具触手，触手数随种类而不同。触手表面有多列突起，称羽枝，有拨动水流和呼吸的功能。中节很短,腹面有几丁质的小栉,虫体伸出时,用以附着在管壁支持其活动。后节极长,又称躯干部,其腹面有一条腹沟,腹沟两侧有两排乳突,能分泌黏液以固着身体(图 13-18)。须腕动物的体腔为真体腔,与体节相对应分为 3 部分。前节内为第一体腔囊,向前伸入头叶和触手腔内;中、后节左右各有 1 对体腔囊,依次为第二和第三体腔囊。须腕动物是不具消化道的非寄生种类,靠触手取食和消化。具有发达的闭管式循环系统。无呼吸器官,由羽枝完成气体交换。排泄作用由前节的一对弯曲的体腔管完成。神经系统有脑和一条背神经索。雌雄异体,生殖腺位于躯干部的体腔中,受精和发育都在几丁质管中进行。幼虫营自由生活,然后再筑管于软泥中。

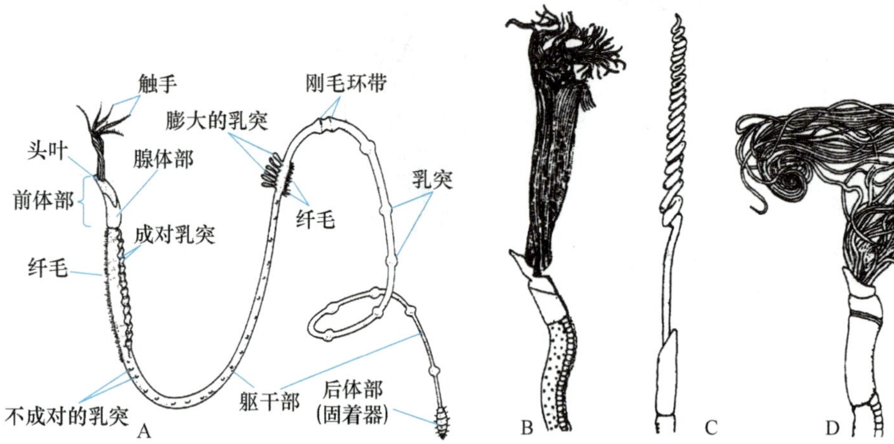

图 13-18 须腕动物的外形图(A:Pechenin,1985;B:Barnes et al.,1993)
A. 示外形的主要特征;B~D. 3 种须腕动物的前端部分,示触手的数目及排列方式

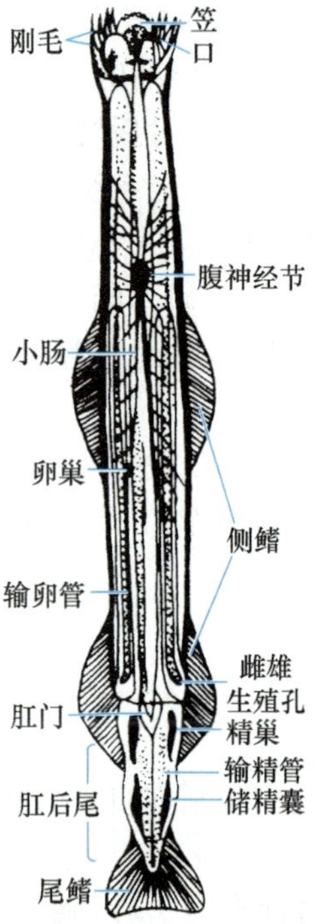

图 13-19 箭虫(Hickman et al.,2001)

须腕动物以肠腔法形成体腔,因此一般认为它们属于后口动物。但须腕动物又具刚毛的分节尾节,与环节动物相似。因此,关于须腕动物的确切分类地位,尚待进一步研究。

第十四节 毛颚动物门

毛颚动物门(Chaetognatha)为肉食性海洋浮游动物,又称箭虫,身体略透明,呈箭状。身体分头、躯干和尾 3 部分。头部背面有 1 对眼,腹面有纵裂的口,两侧有许多刚毛,具颚的作用,故名毛颚动物。躯干部具 1~2 对侧鳍,尾部有尾鳍。鳍可增加体表面积,利于漂浮,但无助于运动(图 13-19)。

箭虫具发达的真体腔。消化道简单,具有神经环和大的背神经节、腹神经节及一些侧神经节的神经系统。感觉器官包括眼、感觉刚毛和一个从头后延伸过颈部的"U"形纤毛环,用来探测水流和水的化学性质。无呼吸、排泄和循环系统。箭虫为雌雄同体。一般为异体受精(也有自体受精)。卵有胶状物包着,并为浮游状态。幼体不经变态直接发育。它是原始后口动物中很早就分化出来的一支。

第十五节　苔藓动物门

苔藓动物门(Bryozoa)通称为苔藓虫,是一种水生固着生活的群体动物,由许多微小的个体组成,因为群体外形很像苔藓植物而得名(图 13-20)。

苔藓虫个体一般呈管状或瓶状,身体不分节。体壁外面可以分泌胶质、角质或钙质的管壁,形成瓶状、盒状或棱柱状的虫室,供成虫体栖息。虫管内有横板和泡沫板,有的虫室之间有泡沫组织。个体前端具圆形或马蹄形的触手环。口位于触手环的中央,下通"U"形消化道。肛门位于触手环的外面。消化道和体壁之间为体腔,内有各种肌肉及生殖器官等。苔藓虫多为雌雄同体,有有性和无性两种生殖方式,具有多态现象。

苔藓动物多栖息在大陆架浅海,一般都固着在坚硬的附着基上,其骨骼多为钙质,常可保存化石;极少数生活在淡水中的苔藓虫,无硬体骨骼,不能保存化石。苔藓动物的钙质骨骼相当坚固,其化石有一定的生态和地层意义。

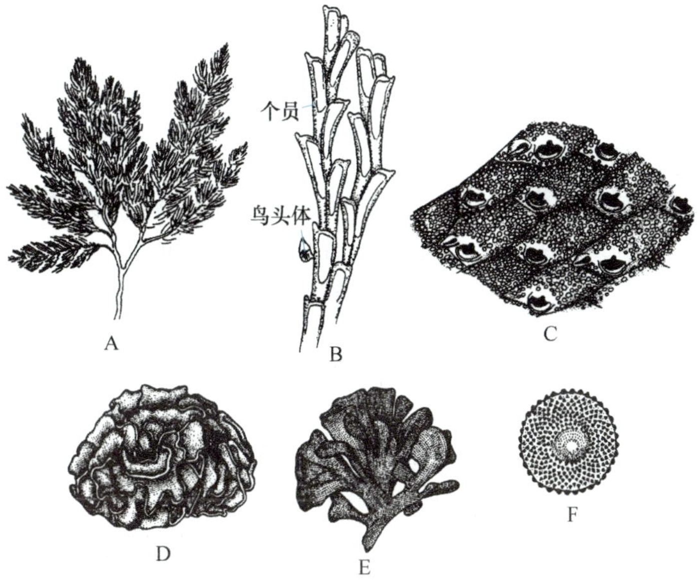

图 13-20　几种苔藓动物(A,B:Hyman,1951;C～F:刘凌云和郑光美,2009)

A. 草苔虫具有很多分支的群体;B. A 图的一部分,示二列虫体;C. 裂孔苔虫(*Schizoporella*)群体的一部分;D. 五孔苔虫(*Pentapora*)像甘蓝样群体一部分;E. 藻苔虫(*Flustra*)叶状群体;F. 蠍苔虫(*Cupiladria*)圆盘状群体

思考题

1. 中生动物有哪些主要特征?
2. 试述中生动物的分类地位。
3. 栉水母动物与腔肠动物有哪些相似性?又有哪些独特的结构?
4. 了解栉水母动物的分类地位。

第十四章　脊索动物门

19 世纪后期，俄国胚胎学家科瓦列夫斯基(Ковалевский)先后对文昌鱼、海鞘、柱头虫的胚胎发育进行了研究，揭示了无脊椎动物和脊椎动物之间联系。1874 年，德国博物学家赫克尔(Haeckel)据此把海鞘、文昌鱼等和脊椎动物合并在一起而成立脊索动物门(Chordata)，它们种类繁多、身体结构复杂、生理机能完善、生活环境多种多样。

第一节　脊索动物门的主要特征

脊索动物是动物界中最高等的一个类群，它们虽然在形态、结构和生活方式上具有明显差异，但在整个生活史中或某一发育阶段都具有一些共同的特征。

(1)脊索(notochord)。脊索为消化管背部的一条棒状结构，起支持体轴的作用，是胚胎期原肠背侧的部分细胞脱离原肠而形成的。脊索内部富含泡状细胞，能产生膨压，使脊索既有韧性又结实，脊索细胞外围有由纤维组织膜和弹性组织膜构成的脊索鞘(notochord sheath)(图 14-1)。低等脊索动物终生保留或仅存在于幼体时期，高等脊索动物仅在胚胎期出现，成体被脊柱所取代。

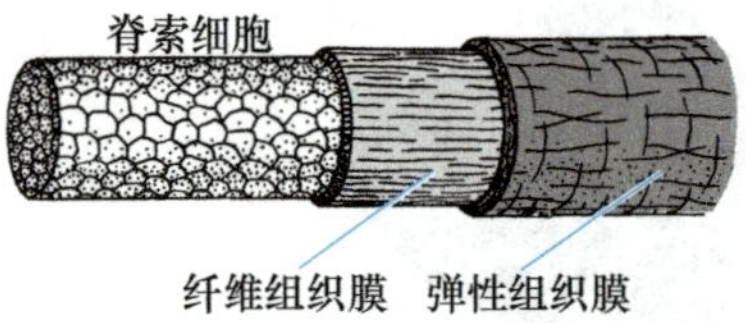

图 14-1　脊索及其外围的脊索鞘
(Hickman et al.，2000)

(2)背神经管(dorsal tubular nerve cord)。背神经管是脊索动物神经系统的中枢部分，位于脊索背部，中空呈管状。在发生上，是由胚胎背中部的外胚层下陷卷褶形成。高等脊索动物的背神经管前端形成脑，后端形成脊髓。

(3)咽鳃裂(pharyngeal gill slits)。咽鳃裂是消化道前端咽部两侧左右成对排列、数目不等、直接或间接与外界相通的裂缝，是由内胚层外突和外胚层内陷相互贯通而成的。低等水栖种类的咽鳃裂终生存在，并附生布满血丝的鳃，为呼吸器官；高等陆生种类仅在胚胎期形成咽囊，并不贯通，或者幼体期(如蝌蚪)具有鳃裂，成体时完全消失。

(4)心脏位于消化管的腹面，循环系统为闭管式(尾索动物除外)。

(5)绝大多数脊索动物肛门后方具有肛后尾(postanal tail)。

(6)骨骼如存在，为中胚层形成的内骨骼(endoskeleton)，由活的细胞构成，能随身体发育而增长。

此外，脊索动物与高等无脊椎动物共有一些特征，如三胚层、后口、真体腔、两侧对称和分节现象等，这说明脊索动物是由无脊椎动物进化而来(图 14-2)。

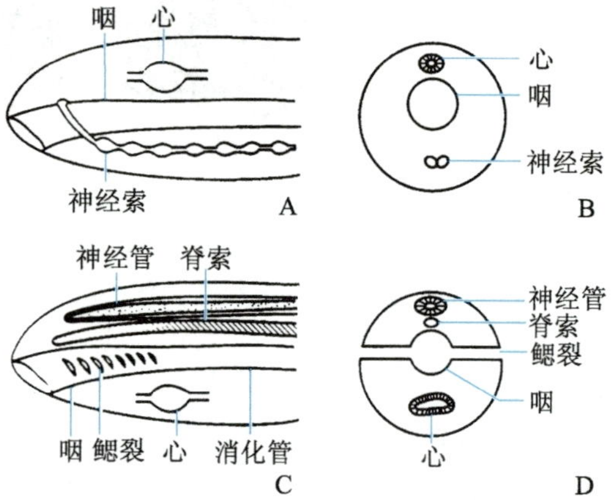

图 14-2　脊索动物与无脊椎动物构造模式比较图
(杜亚泉等译，1958)
A. 无脊椎动物体的纵断面；B. 无脊椎动物体的横断面；
C. 脊索动物体的纵断面；D. 脊索动物体的横断面

第二节　脊索动物门分类概述

现存脊索动物有 5.9 万余种，广布于海洋、淡水和陆地等各种环境中，分为 3 个亚门。

一、尾索动物亚门（Urochordata）

脊索、背神经管仅存在于幼体的尾部，成体消失或退化；成体体外包有植物纤维质的被囊（tunic），又称为被囊动物（Tunicate）。

二、头索动物亚门（Cephalochordata）

身体侧扁、透明，体呈鱼形，脊索、背神经管纵贯全身背部，终生存在，脊索到达背神经管前面，因此称为头索动物。

尾索动物亚门和头索动物亚门为脊索动物中的低等类群，总称为原索动物（Protochordata）；它们无明显的头部，又称为无头类（Acrania）。

三 、脊椎动物亚门（Vertebrata）

脊索仅出现于胚胎期，随后由支撑身体的脊柱所取代。脑和各种感觉器官向前集中，形成明显的头部，又称为有头类（Craniata）。

第三节　脊索动物门的起源与演化

最低等的脊索动物体内无坚硬的骨骼，不能在古代地层中留下化石，因此只能从胚胎学和比较解剖学方面推测脊索动物的起源。

多数学者接受脊索动物与棘皮动物具有共同祖先的说法——“棘皮动物说”（echinoderm theory）。此假说主要证据为半索动物成体类似于脊索动物，而胚胎发育（后口动物、体腔囊法形成体腔）和幼体形态结构（柱头幼虫）与棘皮动物非常近似。另外，半索动物和棘皮动物肌肉内同时含有肌酸和精氨酸，而处于无脊椎动物（仅含精氨酸）和脊索动物（仅含肌酸）之间的过渡地位。因此，推测脊索动物、半索动物和棘皮动物均起源于共同的“触手腕滤食祖先”。

1928 年，英国生物学家加斯坦（Garstang）提出“幼体进化假说”（Garstang's hypothesis of chordate larval evolution），认为脊索动物的原始祖先是营底栖生活、以鳃裂滤食，类似尾索动物成体样动物，而这种动物经历营自由生活的“蝌蚪幼体”阶段，其蝌蚪幼体在进化过程中逐渐适应新的环境，未发生变态便达到性腺成熟，具有繁殖能力，称为“幼体发育”（paedomorphosis）现象。这样，逐渐地出现了营自由生活的新类群（相当于原始无头类），这个类群的一个侧支发展为头索动物，主干进化为以鳃裂滤食，有头而无颌的原始有头类，成为脊椎动物的祖先（图 14-3）。

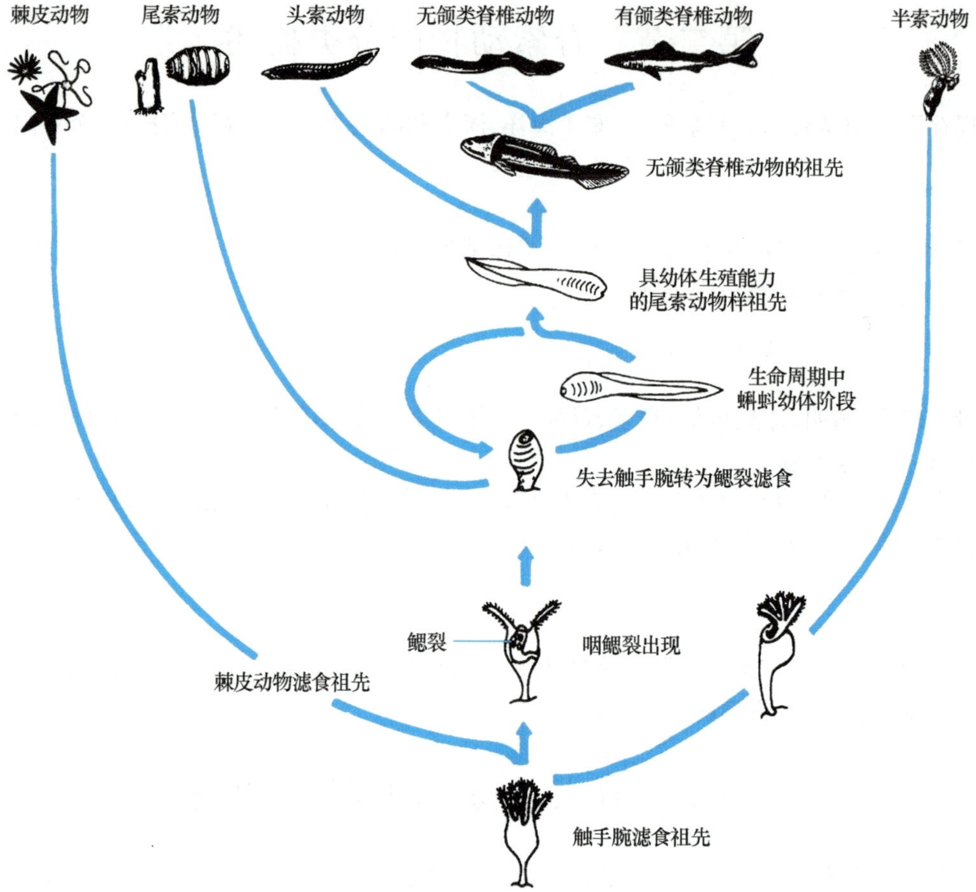

图 14-3 脊索动物进化树(Mitchell et al.,1988)

第四节 尾索动物亚门

尾索动物的脊索、背神经管仅存在于幼体的尾部,成体消失或退化,广布于世界各地的海洋中。

一、尾索动物的主要特征

尾索动物的主要特征如下。

(1)幼体尾部具有脊索和神经管,成体脊索消失、神经管退化。

(2)成体体外包有被囊(或胶质囊)。

(3)循环方式为开管式,无固定血流方向。

(4)大多雌雄同体,异体受精;营有性生殖,也有无性出芽生殖和世代交替现象。

二、代表动物—— 海鞘

(一)外形

海鞘(*Ascidia*)成体呈长椭圆形,基部以柄附着于海水中物体上。顶部有 2 个开口,顶端开口为入水管孔(incurrent siphon),侧面开口为出水管孔(excurrent siphon)。

(二) 内部构造

1)体壁　海鞘的体壁为包围内脏器官的外套膜(mantle),外套膜由外胚层的上皮细胞和中胚层的肌肉纤维和结缔组织共同组成,在入水管孔和出水管孔边缘处与被囊愈合,以括约肌控制两孔的开闭。外套膜能分泌植物纤维质的被囊素,形成包围体外的被囊。外套膜包围膨大的咽部形成围鳃腔(atrium),流经鳃裂的水流汇集于围鳃腔,由出水管孔排出体外。

2)消化系统　口位于入水管孔底部,周围环生缘膜触手(velar tentacle),具有过滤作用。口下方为宽大的咽部(占身体的3/4)。咽壁上分布众多的鳃裂,内壁有纤毛,其背、腹部中央各有一沟状结构,分别称为背板(dorsal lamina)或咽上沟(epipharyngeal groove)和内柱(endostyle)或咽下沟(hypobranchial groove),背板和内柱在咽部上方以围咽沟(peripharyngeal groove)相连,沟内有腺细胞和纤毛细胞。

食物颗粒随水流进入咽部时,粗大的颗粒被缘膜触手滤去,咽壁内纤毛摆动使体内水定向流动,腺细胞分泌黏液使沉入内柱的颗粒黏成食物团,沟内纤毛摆动将食物团向前推进,经围咽沟沿背板向后进入食道、胃和肠消化、吸收,残渣经肛门排出至围鳃腔,随水流经出水管孔排出体外(图14-4)。

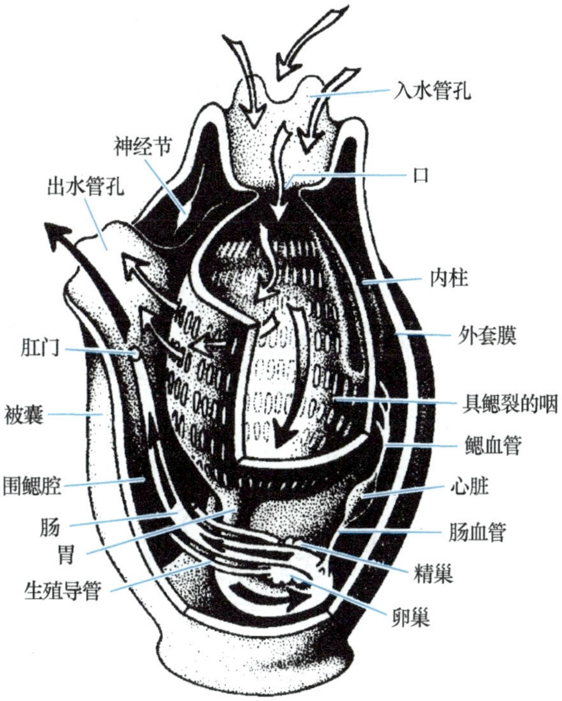

图14-4　海鞘内部形态模式图(许崇任和程红,2008)
箭头表示水流方向

3)呼吸系统　鳃裂周围分布丰富的毛细血管,当水流流经鳃裂时进行气体交换。

4)循环系统　属于开管式循环,心脏位于身体腹面的围心腔内,靠围心膜的伸缩而搏动。心脏向前端发出一条鳃血管,分布于鳃裂间的咽壁上,向后发出一条肠血管,分支到胃、肠和生殖腺等器官,并进入各器官组织的血窦间。海鞘具有独特的可逆式血液循环,当心脏前端连续搏动时,血液经鳃血管进入鳃部,短暂停歇后,后端搏动将回流到心脏的血液送到内脏器官的组织间。因血流方向周期性改变,血管无动脉和静脉之分。血液无色。

5)排泄系统　没有集中的排泄器官,仅在肠附近有一团具排泄机能的细胞,称为小肾囊(renal vesicles)。

6)生殖系统　雌雄同体,生殖腺位于肠环间,紧贴外套膜内壁。精、卵不同时期成熟,为异体受精。成熟卵子通过生殖导管(gonoduct)排入围鳃腔与另一个体的精子进行受精,受精卵通过出水管孔排出体外发育。

7)神经和感觉器官　由于营固着生活,神经系统和感觉器官都十分退化,中枢神经系统退化为一个神经节,位于入水管孔和出水管孔间的外套膜上,由神经节发出的分支分布到身体各部。没有集中的感觉器官，仅在入水管孔、出水管孔、触手、外套膜等处有分散的感觉细胞。

（三）幼体及变态

受精卵经卵裂形成囊胚、原肠胚和神经胚，然后孵化成蝌蚪状自由生活的幼体。幼体具有侧扁的长尾，尾内有发达的脊索；脊索背面有背神经管，背神经管前形成膨大的脑泡（cerebral vesicle），内有眼点和平衡器；具有完整的消化道，咽壁上具有少量成对的鳃裂；心脏位于身体腹面。

幼体经过几小时的自由生活后，以身体前端的附着突起（adhesive papillae）吸附在其他物体上开始变态。变态过程中，幼体的尾及内部脊索逐渐萎缩消失，背神经管退化为神经节，感觉器官完全消失。反之，咽部扩大，鳃裂数量显著增多，同时形成围鳃腔；由于入水管孔和附着突起之间生长迅速，使背侧转向和吸附端相对的一侧；随后，体壁分泌具有保护作用的被囊，附着突起被柄替代，自由生活的个体变为营固着生活（图 14-5）。海鞘这种经过变态失去一些重要结构，成体结构更为简单化的变态过程称为逆行变态（retrogressive metamorphosis）或退化变态（retrograde metamorphosis）。

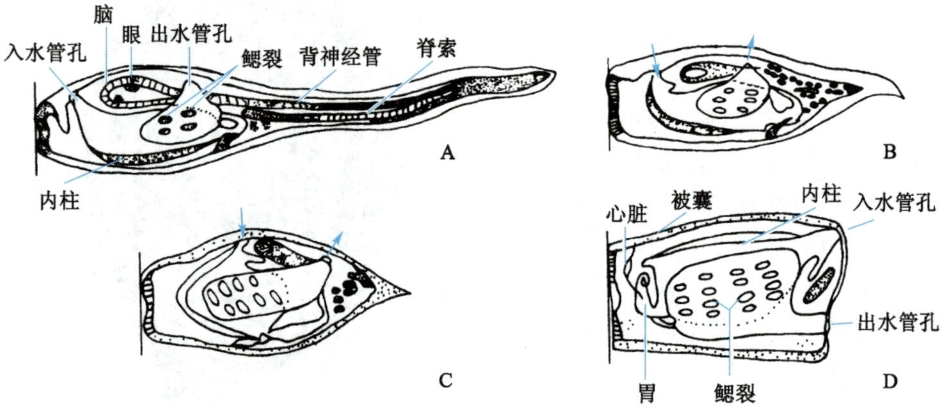

图 14-5 海鞘的逆行变态过程（Storer et al.，1979）

三、尾索动物亚门的分类

尾索动物是脊索动物门中最低等的类群。全世界现存约 1500 种，可分为 3 个纲。

1. 尾海鞘纲（Appendiculariae）

尾和脊索终生存在，营自由生活，无变态，又称为幼形纲（Larvacea）。体外无被囊、无围鳃腔、鳃裂直接开口于体外。雌雄同体，行有性生殖。体表能分泌透明胶质的囊，包围身体，形成特殊的住室（gelatinous house），动物在其中可自由活动。本纲属原始类群，约有 60 种，如尾海鞘（*Appendicularia*）、住囊虫（*Oikopleura*）（图 14-6）。

2. 海鞘纲（Ascidiacea）

幼体自由生活，成体营固着生活，有变态。体外具有被囊，鳃裂数量多。本纲约有 1250 种，包括单体和群体两种类型，如单体的柄海鞘（*Styela clava*）和群体的菊海鞘（*Botryllus* ssp.）。

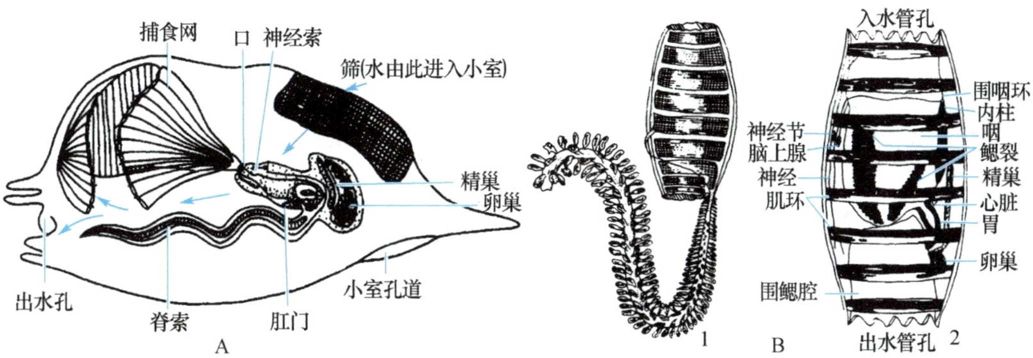

图 14-6 住囊虫和樽海鞘(杜亚泉等译,1958)

A. 住囊虫及其住囊;B. 樽海鞘的无性个体芽茎(1)和有性个体(2)

3. 樽海鞘纲(Thaliacea)

成体无尾,呈桶形,营漂浮生活。被囊薄而透明,外有环状肌肉带,入水孔管和出水孔管分别位于身体前、后端。本纲包括单体或群体两种类型,生活史复杂,有世代交替现象。如樽海鞘(*Doliolum deuticulatum*)(图 14-6)。

第五节 头索动物亚门

头索动物是终生具有脊索、背神经管和咽鳃裂的无头鱼形脊索动物。

一、头索动物的主要特征

头索动物的主要特征如下。

(1)脊索纵贯全身,到达背神经管前面,因此称为头索动物。

(2)肌肉的分节现象明显。

(3)无明显头部,脑和感觉器官不发达。

(4)闭管式循环,无心脏,又称为狭心动物。

二、代表动物——白氏文昌鱼

(一)外形和生活方式

白氏文昌鱼(*Branchiostoma belcheri*)是半透明、左右侧扁,两端较尖的鱼形动物。整个体背沿正中线全长有一纵行皮肤皱褶,为背鳍(dorsal fin),与环绕尾部的尾鳍(caudal fin)相连。腹面尾鳍前端偏左的小孔为肛门,肛门之前为肛前鳍(preanal fin)。身体前部腹面两侧皮肤下垂而成的纵褶,称腹褶(metapleural fold),腹褶与肛前鳍之间有腹孔(atriopore)或称围鳃腔孔(为咽鳃裂排水的总出口)(图 14-7)。

文昌鱼常栖息于水质清澈的海底沙滩上,将身体埋入沙中,只露出身体前部,借水流将硅藻和其他浮游生物带入口中。文昌鱼平时很少游泳,这种低栖钻沙、少运动的生活方式与文昌鱼原始性的体制结构有关。

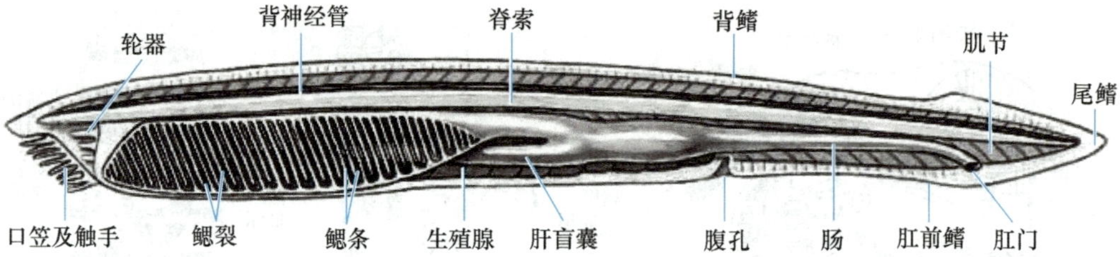

图 14-7 文昌鱼纵切模式图(Hickman et al. ,2000)

(二)内部构造

1)皮肤　皮肤薄而透明,有表皮和真皮的分化。表皮由单层柱状上皮细胞构成,表皮有一层角皮层,真皮由薄层的胶状结缔组织组成。

2)脊索和支持结构　纵贯全身的脊索是文昌鱼的主要支持结构,脊索细胞呈扁盘状。另外,支持鳍的鳍条、支持咽鳃裂的鳃条、口笠(oral hood)及触手、轮器(wheel organ)内部类似软骨的支持物,均由结缔组织构成。

3)肌肉系统　背部肌肉比腹部肌肉发达,身体两侧的肌肉由 60 多对原始未分化的"<"形肌节构成,肌节间以结缔组织的肌隔分开。身体两侧的肌节交错排列,便于文昌鱼在水平方向上做弯曲活动。另外,口缘膜上有括约肌、围鳃腔腹面有横肌,可控制口孔大小和围鳃腔排水。

4)消化系统　消化系统与底栖钻沙的生活方式相关,文昌鱼的营养方式为被动的,具有一套特化的取食和滤食器官。

身体前端腹面为漏斗形口笠,口笠内的空腔为前庭(vestibule),内壁有轮器,具有搅动水流的功能。前庭深处为括约肌构成的缘膜,其中央为口。在口笠和缘膜周围有环生的触须和缘膜触手,具有过滤作用(图 14-7)。缘膜后是发达的咽部,咽鳃裂数量众多,咽部也似尾索动物具有内柱、围咽沟和背板。

经过口笠和缘膜触手过滤的食物颗粒,进入咽部后经内柱、围咽沟和背板进入肠消化、吸收。肠为直管,其前端腹侧有一伸向右前方的盲囊,称肝盲囊,可分泌消化液(与脊椎动物肝脏相当),食团颗粒进入肝盲囊进行细胞内消化,再由后肠继续消化和吸收,残渣由肛门排出体外。

5)呼吸系统　咽壁内侧有纤毛上皮细胞和血管,当水流经过众多咽鳃裂至围鳃腔时,水流借纤毛运动与血管进行气体交换,最后水由围鳃腔经腹孔排出。

6)循环系统　无心脏,血液流动靠咽部腹面的腹大动脉(ventral aorta)和鳃动脉基部收缩,血液自腹大动脉向前,向两侧发出多对鳃动脉(branchial arteries)至鳃间隔进行气体交换,从背部汇入成对的背动脉根,向前供给体前各器官,向后合并成一条背大动脉(dorsal aorta),再分支到体后各器官。体前回流的血液汇入一对前主静脉,体后血液汇入一对后主静脉,从两侧分别汇入一对总主静脉(common cardinal vein),左、右总主静脉汇合处为静脉窦(sinus venosus),与腹大动脉相连。由肠部回流的血液由毛细血管网汇集成肠下静脉(subintestinal vein),进入肝盲囊处又散成毛细血管,这条血管为肝门静脉(hepatic portal vein),肝门静脉的毛细血管汇集成肝静脉(hepatic vein)汇入静脉窦(图 14-8)。

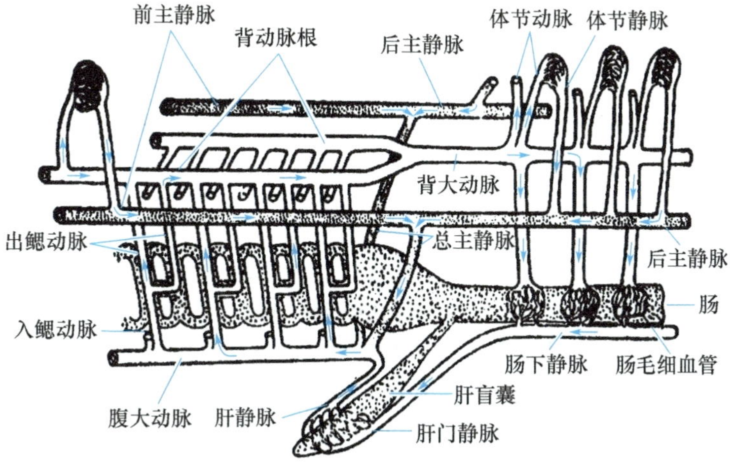

图 14-8 文昌鱼的循环系统模式图(丁汉波,1983)
箭头示血流方向

文昌鱼血液循环方式为闭管式循环,血液无色。

7)排泄系统 排泄器官是位于咽壁背方两侧的肾管,有 90~100 对。每一肾管一端以肾孔开口于围鳃腔,另一端以体腔上皮特化的成组管细胞(solenocyte)紧贴体腔。管细胞内有鞭毛,代谢废物从体腔渗透入管细胞,鞭毛摆动使废物经肾孔送入围鳃腔,随水流排出(图 14-9)。

8)神经和感觉器官 神经系统是一条纵行的背神经管,神经管前端内腔膨大成脑泡。由脑泡发出 2 对"脑神经"(cranial nerve)和神经管两侧发出按体节分布的"脊神经"(spinal nerve)构成了周围神经。每个体节的脊神经发出一对背根(dorsal root)和数条腹根(ventral root),背根兼有接受皮肤感觉和支配内脏肌肉运动功能,腹根仅支配肌肉运动。背根和腹根未合并。

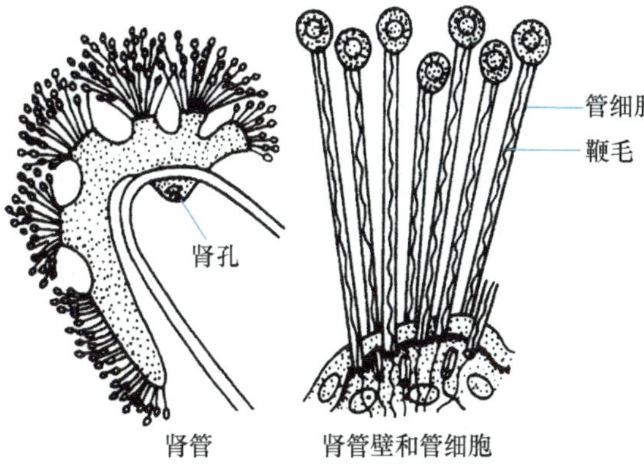

图 14-9 文昌鱼的肾管(王所安,1960)

感觉器官不发达,背神经管两侧具有一些感光功能的小黑点称为脑眼(ocelli),由感光细胞和色素细胞构成。在口笠内背中央有一条纵行沟状结构,前端终止于一个凹陷,称哈氏窝(Hatschek's pit),一般认为与嗅觉有关。免疫细胞化学方法证明与脊椎动物脑下垂体同源,能产生促性腺激素释放激素。在全身皮肤内零散分布少量感觉细胞,其中在口笠、触须、触手等处较多。

9)生殖系统 雌雄异体,生殖腺 26 对,位于围鳃腔两侧的内壁上。无生殖管道,成熟的生殖细胞穿过生殖腺壁和体壁进入围鳃腔,随水流从腹孔排出,在海水中受精发育。

(三)发育和变态

文昌鱼受精卵在大约 20h 内,经历卵裂、囊胚、原肠胚、神经胚各阶段,孵化成全身具有纤毛的幼体,幼体突破卵膜在海水中自由生活。幼体期持续约 3 个月后,沉落海底开始变态为成体,出现前庭、咽鳃裂数目增多、形成围鳃腔等。一年后性腺发育成熟。

三、头索动物的分类

本亚门仅包括1纲1科2属，为头索纲(Cephalochordata)、鳃口科(Branchiostomidae)、文昌鱼属(*Branchiostoma*)和偏文昌鱼属(*Asymmetron*)。文昌鱼属的腹褶和生殖腺左右对称，而偏文昌鱼属仅具右侧腹褶和生殖腺。全世界约有30种，如我国产的白氏文昌鱼(*B. belcheri*)和短刀偏文昌鱼(*A. cultellum*)。

头索动物的进化地位

头索动物终生具有典型脊索动物的三大特征，而且呼吸系统、循环系统、神经系统和胚胎发生过程都接近于脊椎动物。然而，头索动物具有区别于脊椎动物的一系列原始性特征，如无头、无成对附肢、无心脏、无脊椎骨、无集中的肾脏，具特化的滤食系统等。因此，认为头索动物是无脊椎动物和脊椎动物之间的过渡类群，处于前脊椎动物的原始性位置，是脊椎动物的姐妹群，在动物进化过程中占有重要地位。

第六节 脊椎动物亚门

脊椎动物亚门是脊索动物门中数量最多、结构最复杂、机能最完善、进化地位最高的类群，也是与人类关系最密切的一个类群。

一、脊椎动物亚门的主要特征

(1)神经和感觉器官发达。背神经管前端分化出复杂的脑，脑进一步分化为大脑(cerebrum)、间脑(diencephalon)、中脑(mesencephalon)、小脑(cerebellum)和延脑(myelencephalon)，同时出现集中的嗅、视、听等感觉器官，并受头骨的保护，形成了明显的头部，又称为有头类。脑后背神经管分化为脊髓。发达的神经系统和感觉器官增强了机体对外界刺激的感应能力。

(2)脊柱代替脊索。绝大多数脊椎动物脊索仅在胚胎期出现，成体时仅留残余或完全退化，被由脊椎骨组成的脊柱取代。脊柱和前端的头骨均是脊椎动物特有的内骨骼的重要组成部分，构成了脊椎动物的中轴骨骼以支持身体和保护内脏器官。

(3)高效呼吸器官。原生水生种类用鳃呼吸，次生水生和陆生种类仅在胚胎早期出现鳃囊，成体以肺呼吸。

(4)具有上、下颌(圆口纲除外)。上、下颌的出现，增强了主动捕食、摄食和消化食物的能力。下颌上举使口闭合的方式为脊椎动物所特有。

(5)完善的循环系统。具有能收缩的心脏、复杂的血管和携氧高效的血红蛋白，可有效地促进血液循环，保证机体多氧血供应，提高新陈代谢能力。

(6)出现集中的肾脏。由构造复杂的肾脏代替了简单的肾管，能更有效地将新陈代谢废物排出体外。

(7)具有成对的附肢(圆口纲除外)。水生种类的胸鳍和腹鳍、陆生种类的前肢和后肢，作为专门的运动器官，提高了脊椎动物的运动机能和活动范围，从而增强了觅食、避敌等能力。

脊椎动物的主要特征如图 14-10 所示。

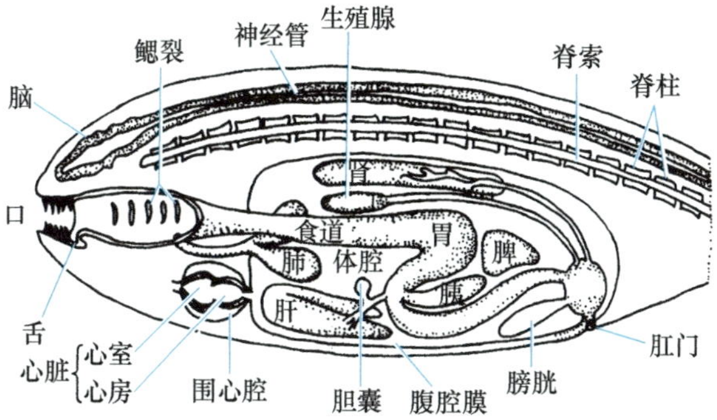

图 14-10 脊椎动物的主要结构模式图(实际上鳃与肺并不同时出现)(Storer et al. ,1979)

二、脊椎动物亚门分类

现存脊椎动物分为以下 7 个纲。

1. 圆口纲(Cyclostomata)

无上、下颌,无成对附肢,单鼻孔,脊索与雏形椎骨并存,又名无颌类(Agnatha)。

2. 软骨鱼纲(Chondrichthyes)

具有上、下颌,脊索退化,体被盾鳞,骨骼全为软骨,鳃裂直接开口于体外。与其他高等脊椎动物合称为有颌类或颌口类(Gnathostomata)。

3. 硬骨鱼纲(Osteichthyes)

骨骼一般为硬骨,体被硬鳞或骨鳞,鳃裂不直接开口于体表。

4. 两栖纲(Amphibia)

幼体水生,用鳃呼吸,以鳍游泳,经变态后成体能在陆地生活,用肺和皮肤进行呼吸,以五趾型四肢运动。本纲与更高等的脊椎动物合称为四足类(Tetrapoda)。

5. 爬行纲(Reptilia)

皮肤干燥,外被角质鳞、角质盾,以肺呼吸。胚胎发育过程中出现胚膜,与鸟纲、哺乳纲共称为羊膜动物(Amniota)。其他各纲脊椎动物合称为无羊膜动物(Anamniota)。

6. 鸟纲(Aves)

体外被羽,前肢特化为翼,完全双循环,恒温,卵生。与哺乳纲共称为恒温动物(Endotherm),其他脊椎动物均为变温动物(Ectotherm)。

7. 哺乳纲(Mammalia)

体表被毛,恒温,胎生,哺乳,具发达的神经系统和感觉器官。

脊椎动物亚门各纲不同特征的分类比较见表 14-1。

表 14-1 脊椎动物亚门各纲不同特征的分类比较

特征	圆口纲	软骨鱼纲	硬骨鱼纲	两栖纲	爬行纲	鸟纲	哺乳纲
上、下颌	无颌类	有颌类					
附肢	鱼形动物			四足动物			
胚膜	无羊膜动物				羊膜动物		
体温	变温动物					恒温动物	

思考题

1. 脊索动物门有哪些主要特征？与无脊椎动物的区别和联系有哪些？
2. 脊索动物门分为几个亚门？各亚门有何特征？
3. 以海鞘为例，试述尾索动物的呼吸和摄食过程。
4. 什么是逆行变态？简述尾索动物逆行变态过程。
5. 试述文昌鱼的摄食和消化过程。
6. 简述脊索动物的起源。

第十五章　圆　口　纲

圆口纲(Cyclostomata)是无上、下颌和成对附肢的最原始、最低等的脊椎动物，也称为无颌类。其栖息于海洋或淡水中，营寄生或半寄生生活，因具有适应寄生生活的圆形口漏斗(buccal funnel)，故称为圆口类。

第一节　圆口纲的主要特征

一、圆口纲的原始性特征

圆口纲的原始性特征如下。

(1)无上、下颌。

(2)无成对附肢(仅有奇鳍无偶鳍)。

(3)终生保留的脊索支持体轴，仅出现雏形的脊椎骨。

(4)脑颅发育不完整，没有形成顶部。

(5)无真正的牙齿，仅有表皮形成的角质齿(horny tooth)。

(6)肌肉分化程度低，仍保持原始肌节排列。

(7)脑发育程度低，内耳仅具有 1 或 2 个半规管(semicircular canal)。

二、圆口纲的特化特征

圆口纲的特化特征如下。

(1)具可吸附的口漏斗，舌位于口底部，口吸盘内壁和舌上有可再生的角质齿。

(2)皮肤光滑无鳞，体表富有黏液。

(3)鳃位于特殊的鳃囊内，鳃丝为内胚层来源，因此又名囊鳃类(Marsipobranchii)。

(4)具单个外鼻孔开口于头顶两眼间，又名单鼻类(Monorhina)。

第二节　圆口纲的形态结构与功能

本纲最常见种类为七鳃鳗和盲鳗，我国产的东北七鳃鳗(*Lampetra morii*)在淡水中分布，营半寄生生活。以下以东北七鳃鳗为代表，阐述圆口纲的形态结构与功能。

一、外形

七鳃鳗体呈鳗形，尾侧扁，身体分头、躯干和尾 3 部分(图 15-1)。

头部前端腹面具有圆形漏斗状的口漏斗，以吸附在寄主上，内面有角质齿锉破鱼体(图 15-2)。头两侧为一对无眼睑的眼，在眼后方各有 7 个圆形鳃裂孔(故名七鳃鳗)。两眼之间的头顶正中是单个外鼻孔，鼻孔后方皮下有一松果眼(pineal eye)。无偶鳍，仅有两个背鳍和一个尾鳍，雌性另有一个臀鳍。尾鳍在外形和内部骨骼上都对称，为原尾型(homocercal tail)。肛门位于躯干和尾交界处的腹面,后方的乳状突起为泄殖突(urogenital papilla)。

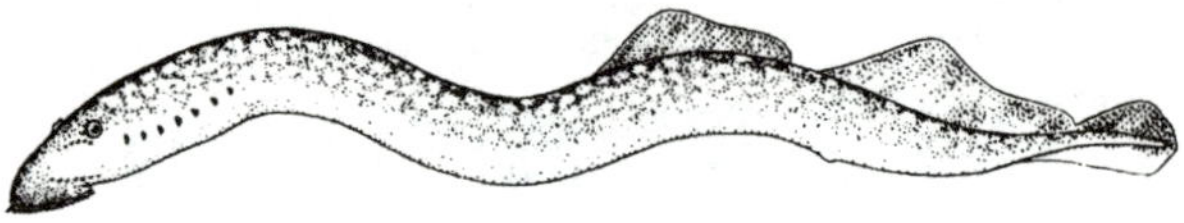

图 15-1 七鳃鳗的外形(Storer et al.,1979)

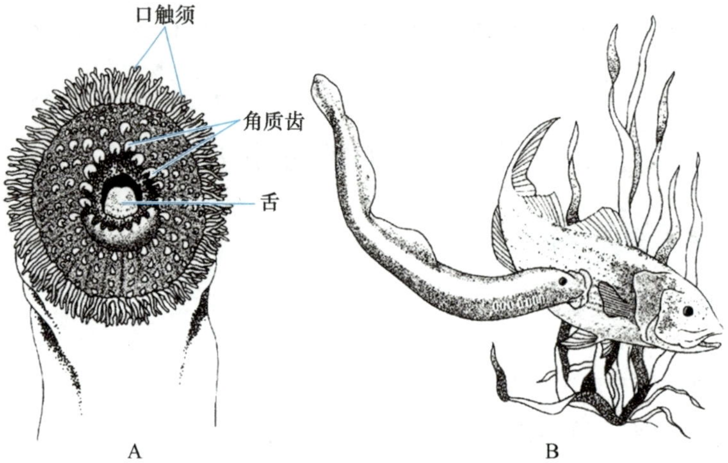

图 15-2 七鳃鳗的口漏斗(A)和寄生生活(B)(许崇任和程红,2008)

二、内部结构

1)皮肤及衍生物　皮肤裸露、光滑无鳞。表皮由多层上皮细胞组成,有大量单细胞腺体,分泌黏液,真皮由规则排列的结缔组织构成,内含可移动的色素细胞(pigment cell)。头和躯干两侧各有一纵行浅沟开口,为侧线(lateral line),有感受水波震动的功能。口漏斗和舌端角质齿为表皮的衍生物。

2)骨骼系统　脊索作为支持结构终生保留,另外还有一些软骨和结缔组织构成原始的骨骼。脊索背方脊髓两侧出现一系列软骨弧片,这代表了雏形脊椎骨的形成。头部具有保护脑和感觉器官的脑颅,但尚未形成完整的软骨性脑颅,脑顶部无软骨,以纤维膜覆盖;支持耳、鼻的软骨仅以结缔组织与脑颅相连,这些结构相当于高等脊椎动物颅骨胚胎发育的初期阶段。

支持鳃囊的结构是由 9 对横行和 4 对纵行的软骨组成的软骨篮,称为鳃笼(branchial basket)。另外,还有支持口漏斗和舌的吻软骨和舌下软骨(图 15-3)。

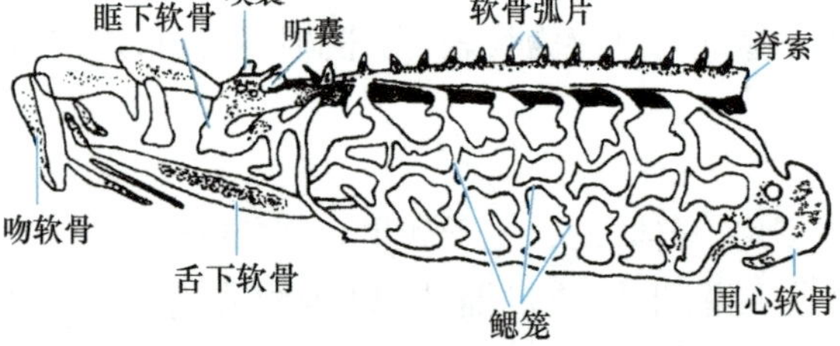

图 15-3 七鳃鳗的骨骼系统(杨安峰,1992)

3)肌肉系统　躯干和尾部肌肉由一些按体节排列的原始“≷”形肌节组成。鳃孔周围有强大的括约肌和缩肌控制鳃孔启闭。另外，口漏斗和舌部也存在与摄食有关的复杂肌肉。

4）消化系统　七鳃鳗的消化系统原始而特殊，这与其寄生的营养方式相关。口位于口漏斗底部，向后通入口腔，口腔底部伸出的舌具角质齿，称“锉舌”，由环肌和纵肌构成，可做活塞运动，能刺破鱼体吸食血肉；口腔内具特殊的口腔腺，其分泌物可阻止寄主血液凝固。口腔后为咽，咽分为背、腹两条管，背部管道为食管，腹部管道为呼吸管。食管直接与肠连接，肠内有纵行的螺旋状黏膜褶，称为盲沟（typhlosole）或螺旋瓣（spiral valve），以增加吸收营养的面积和延缓食物通过时间，提高消化、吸收效率。肠管末端以肛门开口于体外。

七鳃鳗具独立的肝脏，位于心脏后方，分为左右两叶，成体无胆囊和胆管（幼体两者均有）。没有成形的胰脏，但有一些散布的胰细胞能分泌促进蛋白质和糖类代谢的物质。

5）呼吸系统　咽腹侧的呼吸管前端开口于口腔，后端为盲管，呼吸管左右各有 7 个内鳃孔，每个内鳃孔分别与 1 个球形的鳃囊（gill pouch）相连，每个鳃囊再经 1 个外鳃孔与外界相通。鳃囊内壁上衬有内胚层来源的褶皱状鳃丝，鳃丝上有丰富的毛细血管，为气体交换的场所（图 15-4）。幼体七鳃鳗营自由生活，呼吸时由口腔进水，水流经内鳃孔至鳃囊，再从外鳃孔排出；成体七鳃鳗营半寄生生活，水流的进出均通过外鳃孔。

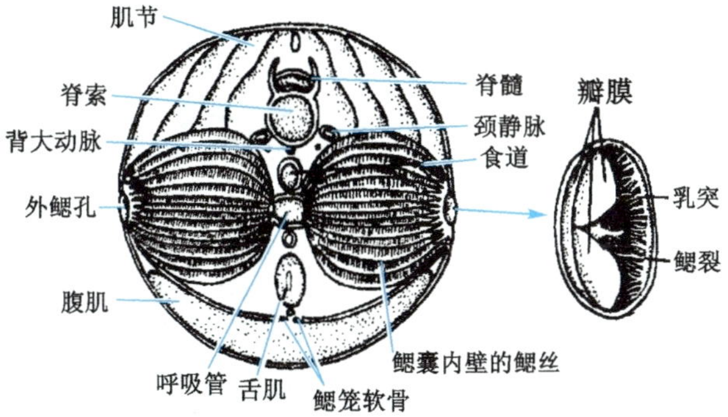

图 15-4　七鳃鳗的鳃囊（孟庆闻等，1987）

6）循环系统　七鳃鳗的心脏由一心房、一心室和静脉窦组成，位于鳃囊后的围心囊内。由心室向前发出一条腹大动脉，分支成 8 对入鳃动脉，进入鳃囊壁上的毛细血管进行气体交换后，再由 8 对出鳃动脉汇集至 1 对背动脉根内；背动脉根向前发出 1 对颈动脉（carotid artery）至头部，向后汇合成背大动脉，再分支到体壁和各内脏器官。身体前、后端血液回流分别汇合成 1 对前主静脉和 1 对后主静脉，最后共同汇入总主静脉，注入静脉窦内；消化道返回的血液经肠下静脉、肝门静脉入肝，再由肝静脉注入静脉窦（图 15-5）。血液为红色，红细胞圆盘形，具有细胞核，红细胞中含有血红蛋白，增加了血液携氧能力。

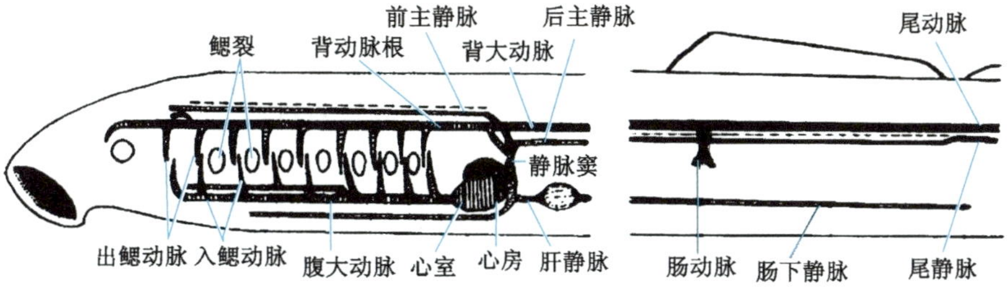

图 15-5　七鳃鳗的循环系统（杨安峰，1992）

7）排泄系统　肾脏 1 对，胚胎时期为前肾（pronephros），成体为后位肾（opisthonephros），从体腔中部向后延伸至肛门附近，一侧以腹膜固定于体壁，输尿管沿肾脏游离端向后，开口于泄殖窦（urogenital sinus），以泄殖孔通体外。

8）生殖系统　雌雄异体，具单个生殖腺（发育初期成对，后合并占据体腔的大部），无生殖导管，成熟的精子或卵子突破生殖腺壁进入体腔，经生殖孔进入泄殖窦，再由泄殖孔排出体外。精、卵在水中受精。

9)神经系统 脑已分化出大脑、间脑、中脑、小脑和延脑5部分,但这5部分排在同一个平面,未形成其他脊椎动物的脑弯曲。大脑两半球不发达,其前端为较大的嗅叶(olfactory lobe),内无神经细胞。间脑顶部有感光功能的松果体,还有顶器(apical organ)和脑副体(paraphysis),底部为漏斗体(infundibulum)和脑下垂体(hypophysis)。中脑仅有1对略膨大的视叶(optic lobe),顶上为脉络丛(choroid plexus)。小脑与延脑还未分离(图15-6)。脑神经10对,脊神经背根和腹根未合并为混合神经。

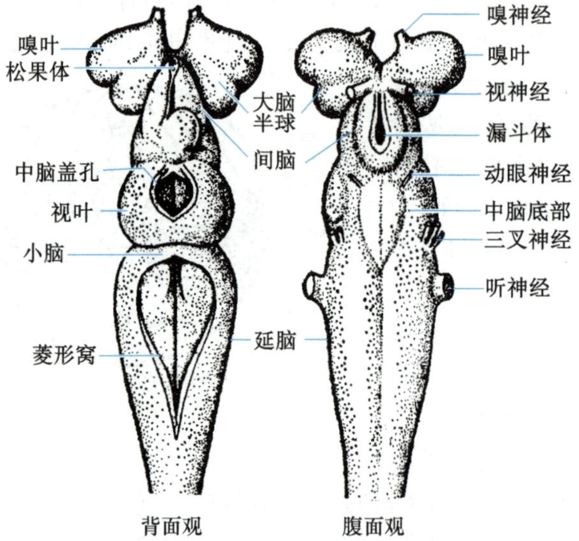

图15-6 七鳃鳗的脑(仿杨安峰,1992)

10)感觉器官 单个外鼻孔,通一圆形嗅囊,嗅囊后壁有嗅觉细胞。听觉器官为1对具前、后两个半规管的内耳(inner ear),实为平衡器官,位于耳软骨囊内。视觉器官为1对眼(已具有脊椎动物眼的基本结构),头顶部的松果体和顶器具有感光作用。身体两侧的侧线沟内有感觉细胞群,与神经纤维相连,能感受水波震动。

第三节 圆口纲的分类

现存圆口纲种类约70种,可分为两个目,七鳃鳗目和盲鳗目。

一、七鳃鳗目(Petromyzoniformes)

成体营半寄生生活(幼体营自由生活)。具口漏斗和角质齿,口位于口漏斗底部。鼻孔位于两眼之间。鳃囊7对,各自开口于体外。内耳具2个半规管。雌雄异体,发育有变态。约40种,广泛分布在淡水和海水中。如海七鳃鳗(*Petromyrzon marinus*)、东北七鳃鳗、日本七鳃鳗(*L. japonica*)。

二、盲鳗目(Myxiniformes)

营体内寄生生活(脊椎动物中唯一的体内寄生动物)。口位于身体最前端,无口漏斗,具4对口缘触须。鼻孔开口于吻端。眼退化,隐于皮下。鳃笼不发达,鳃孔1~14对,外鳃裂大多以一总管通向体外(图 15-7),内耳具 1 个半规管。雌雄同体,发育无变态。约有 30 种,均为海产。如大西洋盲鳗(*Myxine glutinosa*)、蒲氏黏盲鳗(*Eptatretus burgeri*)。

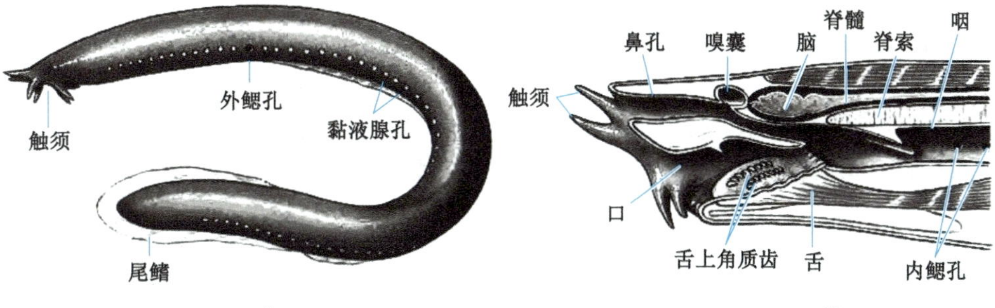

图 15-7 盲鳗的外形(A)和身体前端结构图(B)(Hickman et al.,2001)

成体七鳃鳗和盲鳗的解剖学和生理学特征比较见表 15-1。

表 15-1 成体七鳃鳗和盲鳗的解剖学和生理学特征比较

特征	七鳃鳗	盲鳗
鳍	1 或 2 个背鳍	无背鳍
眼	比较发达	隐于皮下
内耳	具 2 个半规管	具 1 个半规管
外鼻孔	开口于头顶	开口于头前端
口漏斗、触须	口漏斗发达,无触须	无口漏斗,具 3～4 对触须
鳃囊	7 对鳃囊,分别开口于体外;具发达的鳃笼	1～14 对鳃囊,大多以共同开口于体外;鳃笼不发达
肠	具纤毛和螺旋瓣	无纤毛、无螺旋瓣
雏形椎骨	整个脊索背面有成对的软骨弧片	仅尾部脊索背部具有软骨弧片
肾脏	后位肾	前肾(幼体为原肾)
生殖发育	雌雄异体,有变态	雌雄同体,无变态

第四节 圆口纲的起源与演化

迄今为止,尚未发现圆口纲动物化石,但在奥陶纪、志留纪和泥盆纪的地层中发现了与圆口纲动物类似的化石(图 15-8),因身体前端覆以盔甲状外骨骼,称为甲胄鱼类(Ostracoderms),在分

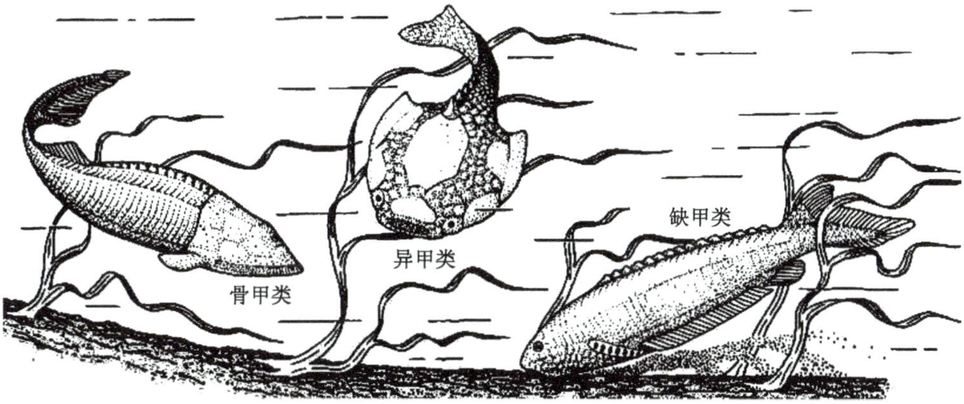

图 15-8 在海底滤食的 3 类甲胄鱼(Hickman et al.,2000)

类上另立为甲胄鱼纲(Ostracodermi)。甲胄鱼类与圆口类具有许多共同特征,如无上、下颌,早期类型无偶鳍,具鳃笼和单个外鼻孔,内耳具 2 个半规管等,这说明它们之间具有一定亲缘关系。一般认为,甲胄鱼类与圆口类动物来自共同的无颌类祖先。圆口类是向着半寄生或寄生生活发展的一支,甲胄鱼类是营底栖生活的特化类群。

甲胄鱼类游泳能力差,常栖息于海底,以吮吸方式滤食水中食物颗粒,到泥盆纪晚期全部灭绝(灭绝原因可能与有颌类脊椎动物的兴起有关)。圆口类营半寄生或寄生生活,发展了吸附性口漏斗和具角质齿的舌等特化结构,成为脊椎动物中的特化类群。

圆口纲的生态

七鳃鳗生活于海水或淡水中,每年 5～6 月份聚集成群,由海入江或溯河而上,来到水质清澈有粗砂砾石的河床,雌性吸附在砾石上,雄性吸附在雌性的头背部,两者相互缠绕,急速摆动尾部,排出的精子和卵子在水中受精。通常在 2～3d,经多次交尾,产卵数量多达 2.6 万枚,繁殖后成鳗精疲力竭,相继死亡。胚胎发育成 10～15mm 的幼鳗——沙隐虫,与成鳗特征相差悬殊,而摄食方式和生活特征与文昌鱼相似,曾被误认为是原索动物。沙隐虫营自由生活 3～7 年后,才变态为成体,再经过数月的半寄生生活达到性成熟后,开始集群繁殖。

思考题

1. 为什么说圆口纲是脊椎动物中最低等的一纲?
2. 论述七鳃鳗消化和呼吸系统特点,说明这些特征和其生活方式的关系。
3. 七鳃鳗的神经系统和感觉器官有哪些特点?
4. 比较七鳃鳗和盲鳗的区别。

第十六章　鱼　　类

鱼类(Pisces)是体被鳞，以鳃呼吸，以鳍运动，用上、下颌摄食的变温水生脊椎动物。根据体内骨骼的骨化程度，鱼类可以分为软骨鱼纲(Chondrichthyes)(骨骼全部为软骨)和硬骨鱼纲(Osteichthyes)(骨骼大部或全部为硬骨)。

第一节　鱼类的主要特征

鱼类是脊椎动物中最适于水中生活的一个类群，主要特征如下。

(1)适应水环境密度大、阻力强的特点，体型基本为纺锤型，能消耗最小的能量，获得最佳的效率、最快的运动速度。

(2)具有能咬合的上、下颌，主动摄食，在脊椎动物进化史上，上、下颌的出现是一个重大的转折点。自从有了上、下颌，动物就有了主动追咬能力，增加了获得食物的机会，并通过颌齿的切割和研磨，使许多原来不能利用的食物变为可利用的，从而增大了食物范围，增加了个体的生存机会。此外，上、下颌也成为了动物多种活动的工具，如进攻和防御，以及筑巢、求偶、钻洞等。与主动摄食和多种活动相适应，动物的其他器官系统，如运动系统、神经系统、感觉器官、消化系统也会随之而发展。因此，颌的出现带动了动物体制和结构的全面进化。

(3)有成对的附肢(胸、腹鳍)和发达的尾部，鱼类适应水中运动的器官是鳍(fin)，共分两类。一类是左右成对的偶鳍(paired fin)，包括胸鳍(pectoral fin)和腹鳍(ventral fin)，其基本功能是维持身体平衡和改变运动的方向。偶鳍的出现加强了动物的游泳能力，并为陆生脊椎动物四肢的出现提供了先决条件。另一类是不成对的，位于体中线上的奇鳍(median fin)，包括背鳍、臀鳍(anal fin)和尾鳍。背鳍和臀鳍的作用是维持身体平衡，防止倾斜和辅助运动。尾鳍类似渔船的推进器，是使身体向前游动的运动器官，并有控制运动方向的作用。

(4)皮肤有丰富的黏液腺，鱼类表皮由多层细胞构成，可分为生发层和腺层。生发层位于基部，由一层柱状细胞构成，细胞具有旺盛的分裂能力，是产生新细胞的增殖层。腺层位于生发层上方，含有许多单细胞腺，可以分泌黏液。黏液的功能为润滑体表，减少摩擦，减小运动阻力；形成一层隔离膜，使皮肤减少对水分的通透，以维持体内渗透压的平衡；保护身体免受细菌和微生物的侵袭。

(5)绝大多数种类有鳞片(scale)，鳞片是鱼类特有的皮肤衍生物，可以起到保护作用，防止机械损伤。

(6)脊柱(vertebral column)代替脊索，组成脊柱的脊椎骨(vertebrae)的椎体为双凹型。

(7)终生以鳃呼吸，水环境要求动物必须有适合利用水中氧气的结构，鳃就是动物适应水生生活的最主要器官。

(8)循环方式为单循环，血液从心脏流出至呼吸器官，进行气体交换的多氧血直接到组织细胞间，再经气体交换的少氧血直到回到心脏，进行一大圈的循环，心脏内流过的是少氧血。

(9)脑和感觉器官发达，具有特殊的感觉器官——侧线(lateral line)，脑明显分为5部分。

具有 1 对鼻孔和 3 个半规管组成的内耳，加强了嗅觉和平衡的功能。侧线器官是皮肤感觉器官，由一条伸展于躯干和尾部全长的纵行管道，以及布满头部的管道的分支和管壁上分布的纤毛细胞样的侧线感受器构成，埋于头骨内或体侧皮肤下面。侧线器官在鳞片上以小孔向外开口，基部与感觉神经相连，能感受水的低频振动，以此来判断水流方向、水波动态、周围生物活动情况和障碍物，协助视觉测定远处物体的位置。

第二节　鱼类的形态结构与功能

一、外形

1. 外部区分

鱼类躯体分为头、躯干和尾 3 部分。头部与躯干的分界是从身体最前端至最后一对鳃裂(软骨鱼)或鳃盖后缘(硬骨鱼)；躯干与尾部的分界是肛门后缘的垂直线，其后是尾部，对于有些肛门前位的鱼类则采用体腔末端为界，如鲆鲽类。

2. 体型

生活在不同水域中的鱼类，身体的形状有不同的适应性，鱼类的体型大体可分成纺锤型(fusiform)、侧扁型(compressiform)、平扁型(depressiform)和棍棒型(anguilliform)(图 16-1)。纺锤型头尾轴最长，背腹轴次之，左右轴最短，身体流线型，可以减少运动时的阻力，游动速度快，栖息水中上层，如鲨鱼、鲤鱼等。侧扁型背腹轴显著延长，左右轴很短，身体左右扁平，游泳能力差，不敏捷，很少长距离迁移。栖息于水中上层，如鲳鱼、鳊鱼等。平扁型左右轴显著延长，背腹轴最短，身体上下扁平，适应于底栖生活，行动迟缓，如团扇鳐、黄鮟鱇等。棍棒型背腹轴与左右轴近乎相等，躯体沿长轴延长成棍棒状，适应于洞穴生活，游泳能力较强，如黄鳝、鳗鱼等。除此之外，还有一些特殊体型，以适应其栖息环境及生活习性，如海马、箱鲀、翻车鲀、牙鲆等。

图 16-1　鱼类的 4 种主要体型

3. 头部

口由活动的上、下颌支持。通过主动摄食增加了获食的机遇。根据口的位置可以分为上位口、下位口和端位口。许多鱼口周围着生有触须，有感觉功能。触须可以根据着生位置分为吻须、颌须、颏须和鼻须。眼一对，一般位于头部前段两侧，但大小、着生位置与生活方式有关。鼻孔一对，位于吻背面，每个鼻孔由瓣膜分隔为前鼻孔和后鼻孔，水由前鼻孔进入到嗅囊，然后由后鼻孔流出。硬骨鱼头后侧有一骨质鳃盖(gill arch)，后缘附生鳃盖膜。软骨鱼鳃裂直接开口体表，许多软骨鱼和少数硬骨鱼眼后方有一对喷水孔，为颌弓和舌弓间的退化鳃裂，孔前壁有退化鳃的痕迹。在水底呼吸时，水由喷水孔进入以避免泥沙由口进入损伤鳃丝(gill filament)。

4. 躯干部和尾部

鱼的运动和平衡器官是鳍，由鳍膜、鳍条组成，鳍膜内由鳍条支持。软骨鱼的鳍外面覆盖有皮肤，内有角质鳍条支持。角质鳍条是一种纤维状的角质物，细长而不分节。硬骨鱼鳍条为骨质的，由鳞片衍生而成，由鳍膜相连组成鳍。骨质鳍条可分为棘(spine)和软鳍条(soft ray)，棘由一根鳍条变形而成，不分节，不分支，坚硬。软鳍条分节，末端分支或不分支。

偶鳍是左右成对的鳍，包括胸鳍和腹鳍。胸鳍位于头后方，起平衡身体、控制运动方向的作用。形态、位置因种类而异，一部分软骨鱼类胸鳍与体轴成水平排列具平衡作用，另一部分胸鳍与躯体结合成体盘起运动功能。硬骨鱼类胸鳍较小且与体轴成垂直排列，原始种类胸鳍位置低。快速游泳的鱼类胸鳍狭长或无。慢速游泳的鱼类胸鳍宽阔或呈舌状。鱼类快速运动时，胸鳍紧贴鱼体，鳍举起可以起减速制动作用；慢游时胸鳍似桨划水；当转弯时胸鳍一侧紧贴身体，另一侧举起，鱼就可以向举起侧转弯；停止游动时胸鳍划水可以保持身体平衡。腹鳍位于腹中线两侧，辅助身体升降、转弯。不同鱼类的腹鳍位置变化较大。较低等的硬骨鱼类腹鳍位于腹部，称为腹鳍腹位。有些硬骨鱼类腹鳍位于胸鳍下方鳃盖之后，称为腹鳍胸位。有些硬骨鱼类腹鳍位于鳃盖之间的喉部，称为腹鳍喉位。软骨鱼的腹鳍位于泄殖腔两侧，雄性软骨鱼类腹鳍向后延伸形成一个指状结构，称为鳍脚，为雄性交配器官。

奇鳍包括背鳍、臀鳍和尾鳍，分列于躯干部和尾部。背鳍位于背部中线上，大小、形态、数目因种而异，功能是维持身体平衡。臀鳍位于肛门和尾鳍之间，形态、数目也因种而异，功能为维持鱼体垂直平衡。

尾鳍在运动时起舵和推动作用，是鱼运动的主要推进器官。鱼类的尾部根据尾椎骨末端的位置和尾鳍的形状可分为 3 种类型(图 16-2)。原尾型椎骨末端平直，直达尾末端，将尾鳍分成完全对称的上、下两叶，见于胚胎期和刚孵化的仔鱼。歪尾型 (heterocercal tail)尾椎末端上翘，伸入尾鳍上叶，外形不对称，上叶大，下叶小，如鲨类和鲟。正尾型 (homocercal tail)尾椎末端仅达尾鳍基部，末端稍上翘，尾鳍下叶由增宽的尾下骨片支持。外形上、下叶对称。快速游泳的鱼类，尾鳍为新月形或叉形，尾柄较狭窄。慢速游泳的鱼类，尾鳍截形或圆形，尾柄较粗大。

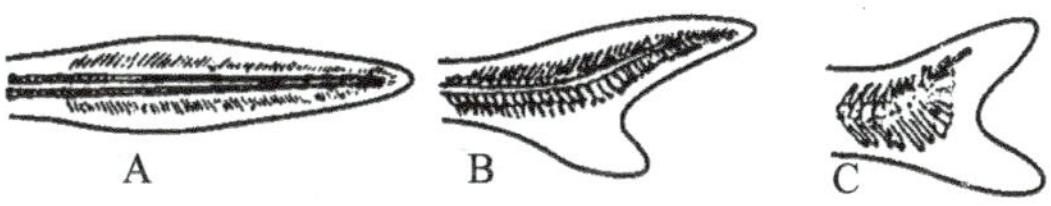

图 16-2　尾鳍的类型

A. 原尾型；B. 歪尾型；C. 正尾型

> 有些鱼背鳍特化，大麻哈鱼第 2 背鳍为脂鳍，无鳍棘由脂肪组织构成；魟背鳍退化成一根尾针；带鱼背鳍与尾鳍相连；鮟鱇第一背鳍形成钓竿；䲟第一背鳍形成吸盘；鲐背鳍后边有由一根鳍条形成的数个小鳍，称为附鳍。

鳍式　鱼鳍的组成和鳍条类型、数目是重要分类依据。鳍式用于记述鱼类鳍的种类、鳍条数目及连接方式。鳍名用大写英文字母表示，D 为背鳍，P 为胸鳍，V 为腹鳍，A 为臀鳍，C 为尾鳍；棘数用罗马数字表示；软鳍条数用阿拉伯数字表示，“-”表示棘与软条相连，“，”表示棘与软条分隔，数目变化范围“—”表示。例如，鲤鳍式：D. Ⅱ-18—19；P. Ⅰ-16-18；V. Ⅱ-8—9；

A. Ⅲ-5—6,C. 20—22。上式表示背鳍一个,棘 2 个,软鳍条 18—19;胸鳍有棘 1 个,软鳍条 16—18;腹鳍有棘 2 个,软鳍条 8—9;臀鳍有棘 3 个,软鳍条 5—6;尾鳍有软鳍条 20—22。

侧线　鱼躯干两侧各有 1 条中心有孔的鳞片,为侧线管开口,其下各有一条侧线(有的鱼侧线多达 5 条,有的鱼侧线不完整或消失),侧线为感觉器官。

雌性丽鱼利用艳丽的腹鳍吸引雄性

在动物界的求偶模式中,通常是雄性个体用特殊的华丽装饰物来吸引雌性,如雄孔雀开出华丽的屏、雄鹿亮出庞大的鹿角等。但近期发现某些雌性动物也会用类似的方式来吸引雄性。

雌性带纹矛耙丽鱼(*Pelvicachromis taeniatus*)具有 1 对宽大、紫色的腹鳍,并在求偶过程中不断扇动以吸引雄性。研究发现雄性带纹矛耙丽鱼很明显地偏爱那些拥有最大腹鳍的异性,这是首次发现雌性动物"求偶装饰物"的大小会影响雄性做出交配的决定。

二、皮肤及其衍生物

(一)结构

鱼的皮肤由表皮和真皮组成。皮肤的功能主要是用于保护身体,但有些鱼类尚有辅助呼吸、感受外界刺激和吸收少量营养物质的机能。表皮起源于外胚层,由多层细胞构成,通常无角质层。鱼类表皮有两个特点,一是与陆生脊椎动物不同,鱼类表皮不会逐渐角化死亡造成蜕皮现象;二是表皮中分布有大量的单细胞黏液腺,保持鱼体黏滑。真皮位于表皮下方,起源于中胚层,细胞较少,主要由纵横交错的胶原纤维和弹性纤维组成,内含色素细胞。成鱼真皮比表皮厚。

(二)皮肤衍生物

1. 鳞片

大多数鱼类体表被有鳞片,少数鱼无鳞是次生现象。根据鳞片的不同形态分为 3 种(图 16-3)。

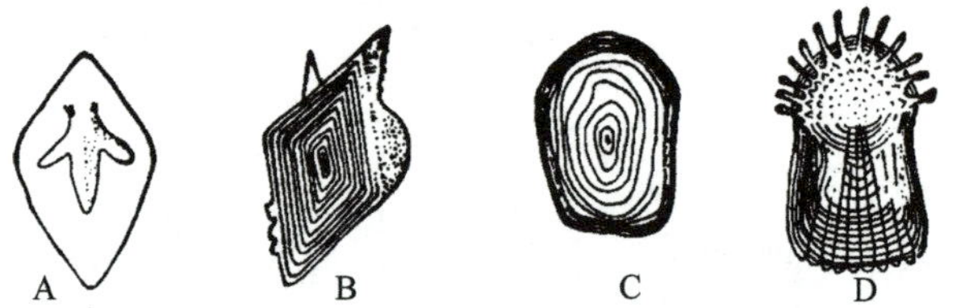

图 16-3　鱼类鳞片的类型(杨安峰,1992)

A. 盾鳞;B. 硬鳞;C. 骨鳞(圆鳞);D. 骨鳞(栉鳞)

盾鳞(placoid scale)为软骨鱼特有。由表皮与真皮共同形成,平铺于体表互成对角线排列。盾鳞由埋在皮肤内的菱形骨质基板和露在皮肤外边的圆锥形棘构成,不随鱼体生长而增大,而是数目随鱼体生长而增加,老鳞不断脱落,由新鳞代替。

硬鳞(ganoid scale)为原始硬骨鱼所具有。由真皮形成的斜方形骨板,骨板表面覆盖闪光硬鳞质层，有的骨板上有棘。硬鳞坚厚，不呈覆瓦状排列，而是成行排列，鳞片间以凹凸关节面相嵌合，稍能伸缩。

骨鳞(bony scale)为圆形鳞片，多数硬骨鱼所具有。来源于真皮，柔软扁薄，富有弹性。根据其后缘的形状可分为：①圆鳞(cycloid scale)，游离缘光滑且边缘圆钝，如鲫；②栉鳞(ctenoid scale)，游离缘有锯齿状突起，如鲈。

鳞式(scale formula)　硬骨鱼鳞片的形状、排列的位置和数目，在一定的范围内都是固定的。数目终生不变，但能继续增大，因此常被采用为鉴别鱼类的依据。在分类学上计算鳞片的数目和表示方式的式子称为鳞式。在绝大多数鱼的体侧，有一列鳞片上有小孔，这种鳞片上的小孔与皮肤下侧线管相通，称为侧线鳞(lateral line scale)。相同种侧线鳞数相同。因此，鳞式可以表示为：侧线鳞数$\frac{\text{侧线上鳞列数}}{\text{侧线下鳞列数}}$。例如，鲤鳞式为 $34-38\,\frac{5}{8}$。

在复杂多变的鱼类中，鳞片也有各种特化：有些鱼类腹部正中线上的鳞片坚硬，顶部有向后生长的硬棘——棱鳞；很多硬骨鱼类在胸鳍或腹鳍基部前缘外角上，有比其自身其他鳞大，形似尖刀的特殊鳞——腋鳞；有些鱼类的鳞片特化为骨板，如箱鲀和石鲽；还有些鱼的骨环(海龙、海马)、骨刺(刺鲀)等也是鳞片特化而成。

2. 毒腺

毒腺是由表皮细胞聚集陷入真皮，外包结缔组织，特化而成的能分泌有毒物质的单细胞或多细胞腺体，常与棘和刺巧妙配合。常见毒性较强的鱼有毒鲉和魟。

3. 发光器

能发光的鱼类有 240 多种，大部分生活在深海。鱼类发光物质为荧光素，是由皮肤衍化而成的发光器腺细胞所分泌，鱼类发光可能是一种适应现象，如招引趋光动物作为食物，或者作为同种之间的联系信息。

三、骨骼系统

鱼类体内有来源于中胚层的内骨骼支持。根据性质可分为软骨和硬骨。软骨鱼的骨骼为软骨质，硬骨鱼的骨骼多为硬骨，软骨极少。硬骨包括两种来源，一为软骨化骨，即需经过软骨阶段，然后经骨化而形成；另一为膜成骨，即直接形成硬骨，不经软骨阶段。根据内骨骼功能和所在位置可分为中轴骨(axial skeleton)和附肢骨(appendicular skeleton)。中轴骨包括头骨(skull)和脊柱；附肢骨包括鳍骨和悬挂鳍骨的带骨(图 16-4)。

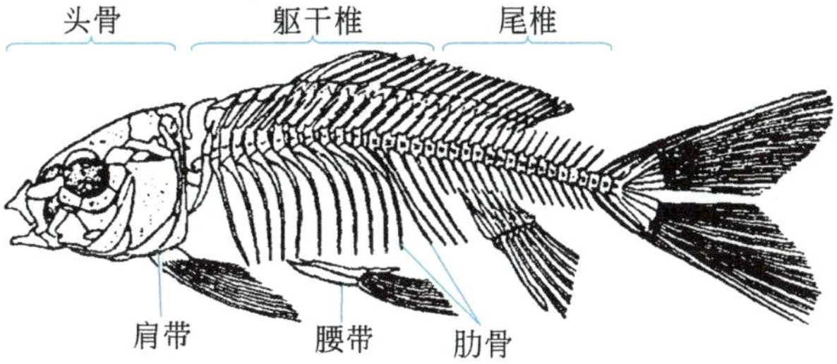

图 16-4　鲤的骨骼(仿秉志，1960)

（一）中轴骨

1. 头骨

鱼的头部骨骼可分为脑颅（neurocranium）和咽颅（splanchnocranium）两部分。前者是包围脑和感觉器官的骨骼，后者为一系列支持消化道前端的弧状骨骼。

软骨鱼类的脑颅由整块软骨构成，硬骨鱼类的脑颅可分成筛区、眼区、耳区及枕区4个区（图16-5，图16-6）。筛区为包围在鼻囊周围的骨骼，主要有鼻骨、前筛骨、中筛骨、犁骨、侧筛骨等；眼区为包围在眼球周围的骨骼，包括额骨、眶蝶骨、翼蝶骨、副蝶骨及眼球四周的一组围眶骨；耳区为包围在内耳周围的骨骼，包括顶骨、蝶耳骨、翼耳骨、前耳骨、上耳骨、后颞骨、鳞片；枕区为包围在脑颅最后端枕骨大孔周围的骨骼，包括上枕骨、外枕骨、基枕骨。

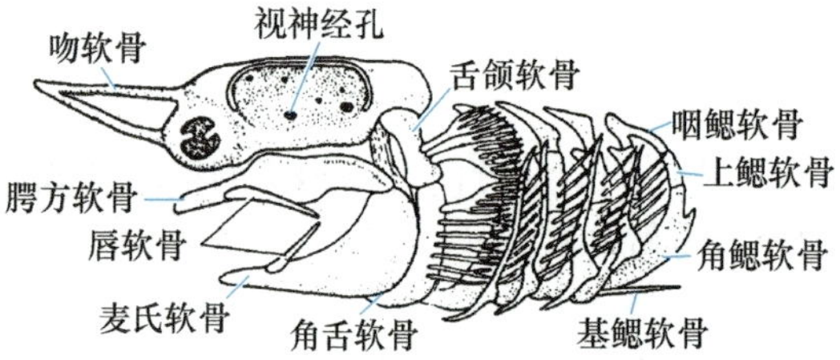

图16-5 鲨的脑颅与咽颅（侧面）
（仿许崇仁和程红，2000）

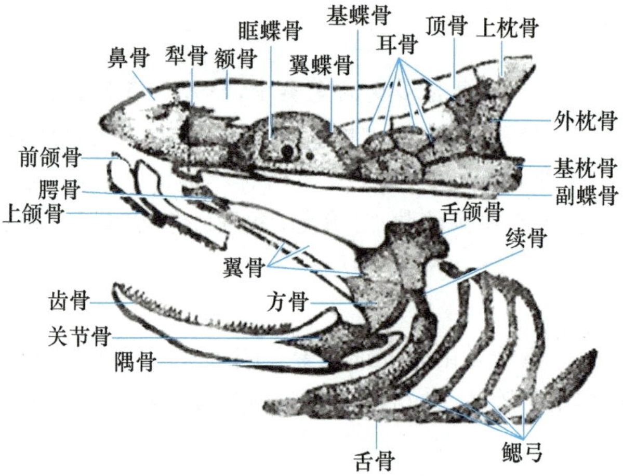

图16-6 硬骨鱼类头骨模式图
（仿王所安，1960）

咽颅由7对分节弧形软骨围绕在消化管前段组成。第1对特化为颌弓，有初生颌和次生颌之分。初生颌上颌由腭方软骨组成，下颌由麦氏软骨组成，见于软骨鱼类和硬骨鱼类的胚胎期；次生颌上颌由前颌骨、上颌骨，下颌由齿骨、隅骨等膜成骨组成。第2对特化为舌弓，由成对的舌颌骨、角舌骨及一块基舌骨构成。鱼的舌颌骨上端固着于脑颅，下端与下颌相连，脑颅与下颌借舌颌骨连接在一起，这种的连接方式称舌接式。第3～7对为鳃弓，自背至腹分别有成对的咽鳃软骨、上鳃软骨、角鳃软骨、下鳃软骨及单个的基鳃软骨构成。硬骨鱼第5对鳃弓特化成一对下咽骨，鲤形目鱼类其内侧着生数目、形状、排列方式不同的咽齿。在硬骨鱼类鳃弓外侧覆盖有鳃盖骨系，每侧包括前鳃盖骨、间鳃盖骨、下鳃盖骨、鳃盖骨及3块鳃条骨。

2. 脊柱和肋骨

脊柱位于脑颅后方，由一串软骨或硬骨的椎骨连接而成，取代脊索成为体轴，具有支持和保护作用。脊柱的分化程度低，分为躯干椎和尾椎两部分，脊椎骨为双凹型椎体（amphicoelous centrum）。相邻的椎骨借前后关节突相连，中央形成球状腔，内有残留的脊索。椎体中央有小管与残留脊索相连，因此残留脊索呈念珠状。各椎骨的椎弓连成椎管，内有脊髓通过。脉弓连成脉管，内有血管通过。躯椎不形成脉弓，只有1对横突，横突接1对肋骨（图16-7）。

鱼类无胸骨，肋骨按体节排列，一端与椎骨相关节，另一端游离。发生在肌隔与水平隔相切的地方，位于软骨鱼轴上肌和轴下肌之间的肋骨称背肋；位于硬骨鱼腹膜外边肌肉内侧的肋骨称腹肋。

鲤形目鱼类前 3 块椎骨的一部分变形而成 4 对小骨(三脚骨、间插骨、舟骨、闩骨),连接内耳与鳔,能将鳔感受到的水压传递给内耳,称为韦伯氏器(图 16-8)。

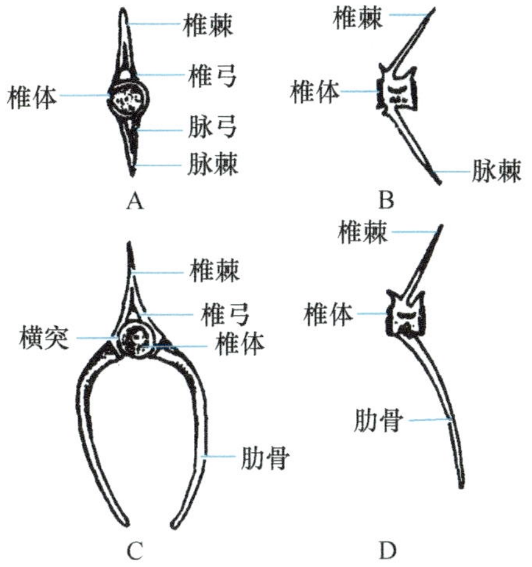

图 16-7 鱼的脊椎骨(许崇仁和程红,2000)

A. 鲤的尾椎(正面);B. 鲤的尾椎(侧面);

C. 鲤的躯干椎(正面);D. 鲤的躯干椎(侧面)

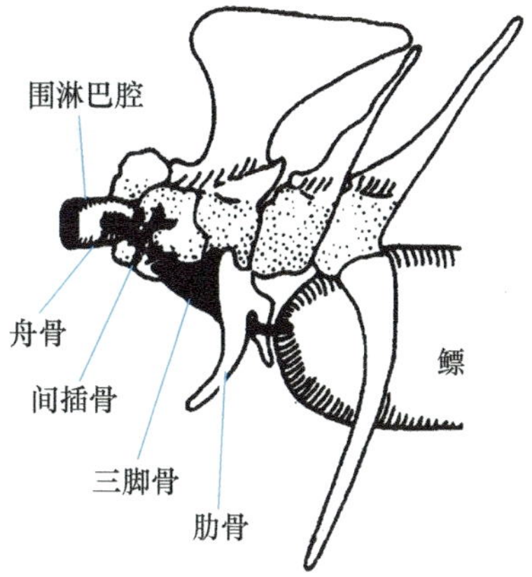

图 16-8 韦伯氏器(杨安峰,1992)

(二)附肢骨

1. 奇鳍骨

鱼类的奇鳍由深埋在体内的支鳍骨所支持,支鳍骨数目与鳍条数目一致。软骨鱼的支鳍骨为软骨,有一至多排,骨块大,数较少。硬骨鱼一般每根支鳍骨分为三节,即鳍骨、中间鳍骨、远端鳍骨。鳍骨与髓棘相关节,远端鳍骨与鳍条相连接。较高级的硬骨鱼支鳍骨节数趋于减少,一般为两节,有的只有一节。尾鳍的鳍条直接与脊柱末端变形的髓棘或脉棘相关联,一般正型尾脊柱上弯尾椎愈合成尾杆骨,髓棘变形成尾上骨,脉棘、脉弓愈合成宽大板状的尾下骨。

2. 偶鳍骨

鱼类偶鳍骨包括带骨、支鳍骨、鳍条。支持胸鳍的骨骼为肩带(pectoral girdle),支持腹鳍的骨骼为腰带(pelvic girdle)。

(1)胸鳍的支鳍骨及肩带。软骨鱼类支鳍骨数目比较多,基部往往愈合成几块鳍基软骨(一般为 3 块,前鳍基骨、中鳍基骨、后鳍基骨)。肩带位于咽颅后方,每侧的肩带为 1 块弯曲为“L”状的软骨,左右两个肩带愈合成“U”形,其左右结合端称乌喙部,游离端称肩胛部,肩胛部通过肌肉连于脊柱。鳍条有辐鳍软骨支持(图 16-9)。硬骨鱼类无鳍基骨,辐鳍骨小,而且数目少(一般不超过 5 枚),有的甚至全部消失,鳍条直接连在带骨上。相当于软骨鱼类肩带的肩胛部和乌喙部分别骨化成肩胛骨、乌喙骨,有些低等类群有中乌喙骨。还具有匙骨、上匙骨和后匙骨等膜质骨,其中的上匙骨将肩带连接于头骨,是脊椎动物中独有的现象。由于无鳍基骨,所有辐鳍骨直接与肩带相连(图 16-10)。

(2)腹鳍的支鳍骨及腰带。软骨鱼类腰带由一对坐耻骨形成一根“一”字形软骨棒,位于泄殖孔前方,不弯曲,左右愈合,有关节与基鳍软骨相连,也不直接连于脊柱(图 16-9)。硬骨鱼类支鳍骨与腰带愈合或仅存很少几个,有不少鳍条直接依靠腰带支持,腰带由一对软骨化骨组成,称无名骨(图 16-10)。

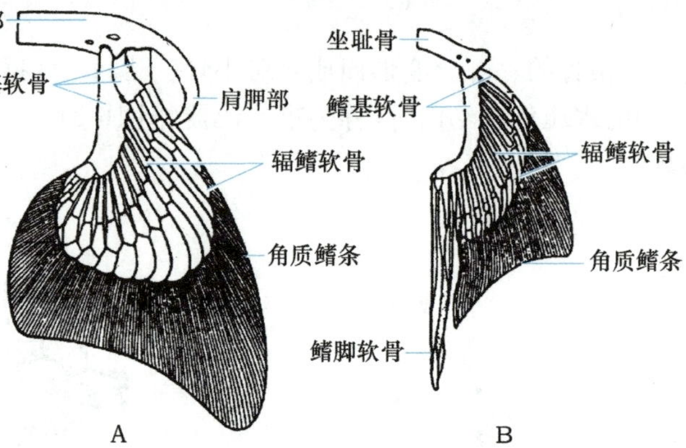

图 16-9 鲨的肩带和腰带(许崇仁和程红,2000)

A. 肩带;B. 腰带

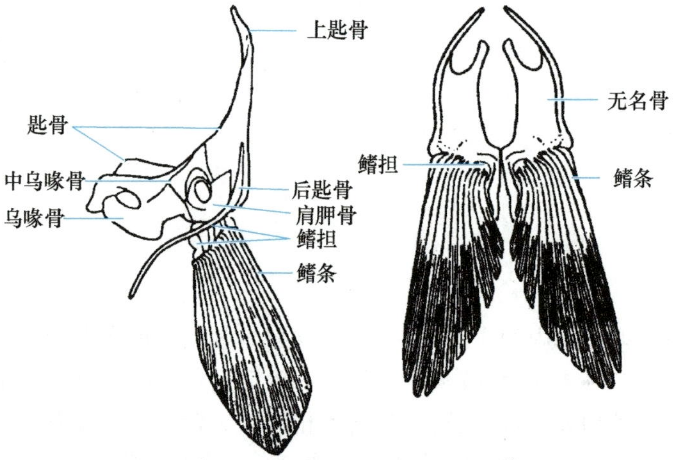

图 16-10 鲤的肩带和腰带(仿秉志,1960)

A. 肩带;B. 腰带

四、肌肉系统

鱼类肌肉为横纹肌,分化较少。按着生部位,其可分为头部肌肉、躯干肌和附肢肌。

头部肌肉主要包括由脑神经控制的眼肌(图 16-11)和鳃节肌(图 16-12)。眼肌收缩能使眼球向不同方向转动,眼肌共有 6 条,包括上直肌、下直肌、内直肌、外直肌、上斜肌、下斜肌。鳃节肌分布于咽颅或与咽颅有关的区域,与鳃盖启闭有关的肌肉有鳃盖提肌、鳃盖开肌和舌颌提肌等;与口咽腔的活动有关的肌肉有下颌收肌、咬肌、舌颌收肌、颏舌肌和胸舌肌等。

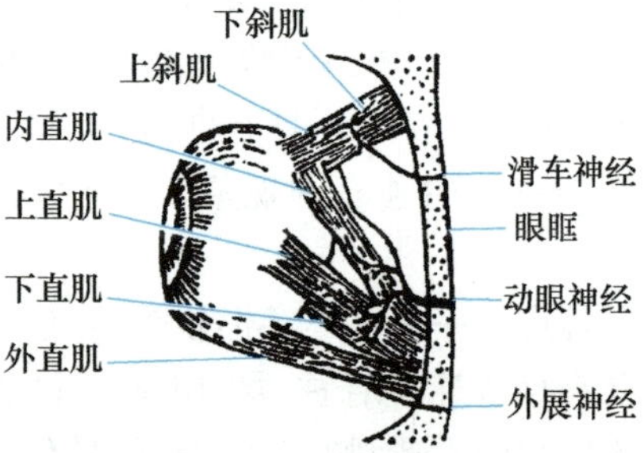

图 16-11 鲨的眼肌

躯干肌分为大侧肌和棱肌两部分(图 16-12),自头后肩带处直至尾鳍基部,夹在脊椎骨两侧的肌肉称为大侧肌,大侧肌仍为原始的分节状态,呈“⋟”形,肌节之间为结缔组织形成的肌膈。沿着体轴中央有一结缔组织构成的水平隔膜,将大侧肌分成上、下两个

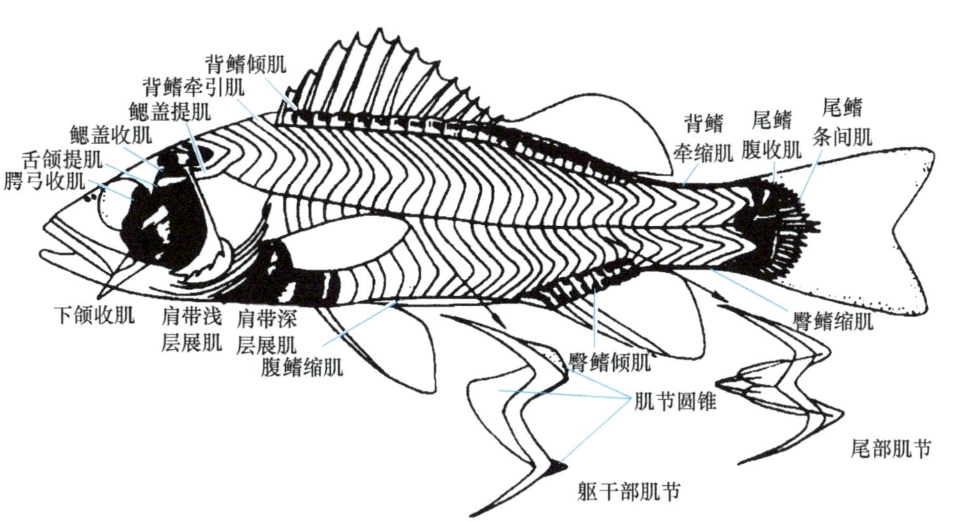

图 16-12　鲈的肌肉系统(孟庆闻等,1987)

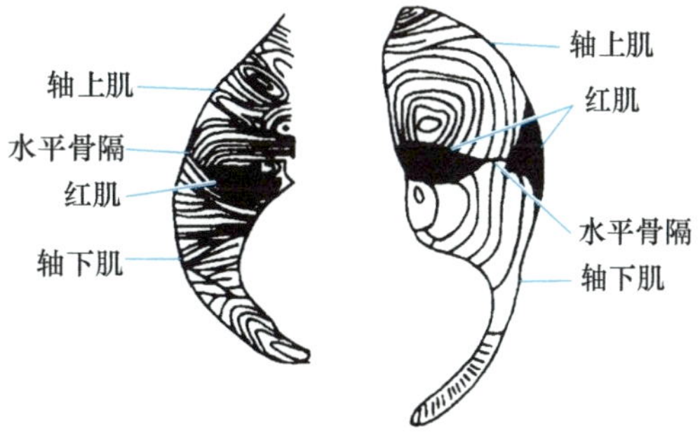

图 16-13　鱼躯干横切(示红肌位置)
(刘凌云和郑光美,1997)

部分,上方的称为轴上肌,下方的称为轴下肌。大侧肌在多数鱼类中可以分为两种类型,即红肌和白肌。红肌是位于躯干表面水平隔膜上下方附近的肌肉,含有脂肪和肌红蛋白,血液供应丰富,颜色暗红。白肌是组成大侧肌的主要肌肉,不含肌红蛋白,颜色淡白。游泳能力强的鱼类,红肌(图 16-13)发达。棱肌则是一些支配鳍的升降的纵行肌肉,有上棱肌(鱼体背面,由轴上肌分化而成)和下棱肌(腹中线两侧,由轴下肌分化而成)之分。下棱肌又可分为腹鳍引肌、腹鳍缩肌和臀鳍缩肌。附肢肌肉由大侧肌分化而来,包括展肌、伸肌和缩肌,支配偶鳍的外展和内收。尾鳍肌比较复杂,每侧包括 6 块肌肉,控制尾得上曲和下弯并参与推进运动。

有百余种鱼具有发电器官,发电器官所在位置因种而异。电鳐在头两侧;电鳗在身体前、腹、后部 3 处。发电器官是由肌细胞特化成的圆柱状电细胞构成的,静止状态时电细胞膜外为正级,膜内为负极,不产生电流;一旦神经系统传来指令信号时,电细胞的一面产生急转电势,而另一面不受神经控制,仍是原来的静息电位状态,由此,电细胞两面的电荷出现了不对称,因而产生了电流。发电器官的动作电位由每个电细胞的电位差相加而成,每个电细胞的电位差约 0.1V,鱼整体产生的电压取决于电细胞的数目,而电流强度则取决于电细胞横切面的总面积。鱼类产生电力的生物学意义,主要与御敌、捕食及求偶等活动有关,发电器官电压、电流充足时可防御、摄食,不充足时可起声呐作用,释放电脉冲进行个体间联络。生活在南美河流的电鳗,放电能力是已知最强的一种,最高电压可达 600V。

五、消化系统

鱼类由于食性不同、食物种类的差异，消化系统的形态结构和功能有显著区别。鱼类消化系统由消化管和消化腺组成。消化管自口向后延伸经过腹腔，最后以泄殖腔或肛门开口于体外；包括口咽腔、食管、胃、肠等(图 16-14)。

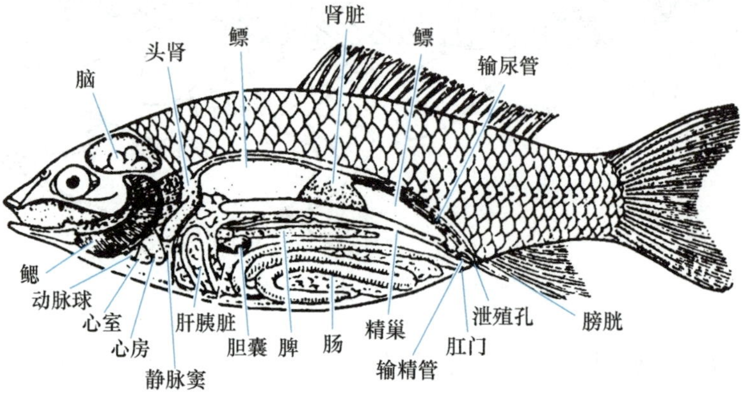

图 16-14　鲤的内脏(姜云垒和冯江，2006)

1. 消化管

口腔与咽腔无明显的界限，故称口咽腔。多数鱼口咽腔内有齿，齿的形状、大小、数目、排列、利钝因种类而异，与食性有密切关系。根据着生位置分为颌齿、犁齿、腭齿、舌齿、咽齿等。具有咽齿的鱼类，其咽齿数目和排列方式的表达式称鱼的齿式。例如，鲤的齿式为 1.1.3/3.1.1，草鱼齿式为 2.4/5.2，鲢齿式为 4/4。舌一般比较原始，位于口腔底部，不能活动，仅为基舌骨的突出，外覆黏膜而成。有些种类前端游离，如鳗鲡；有些不游动，如鲤。少数种类的舌退化或无舌；有的舌表面有绒毛状齿。鳃弓内侧面附生两排稍坚硬的突出物称鳃耙(gill raker)，为滤食器官，也可保护鳃丝。前缘有味蕾，可用来鉴定食物。

口、齿、鳃耙的结构和机能与食性有密切的联系：口大，颌骨、犁骨、腭骨上常有锐利的牙齿，鳃耙短而稀——捕捉型鱼类。无颌骨，舌上有齿，舐刮食物——吸盘型鱼类。吻呈较长的管状，有时能伸出，一般无齿，也无鳃耙，通常摄食底栖或水层中的无脊椎动物——吸吮型鱼类。牙齿强大，口中大，鳃耙中长，排列较稀——研磨型鱼类。口一般较大或中等大小，也有较小的，通常不能伸出，齿细小或无齿，鳃耙长而密——食浮游生物型鱼类。板鳃类无鳃耙。

食管通常短、宽、直，黏膜层有纵形皱褶，管壁有肌肉。食管前段有味蕾，协同环肌辨别和选择食物，环肌收缩可将食物吐出。

胃在食管后方，是消化管中最膨大的部分，靠近食管的部分为贲门部，连肠的部分为幽门部。胃的形态因种而异，一般肉食性的种类胃较大；也有些种类无胃，如鲤科鱼类。有些种类在胃的幽门部具有一些盲囊，称幽门盲囊(pyloric caecum)(图 16-15)，可扩大吸收面积。

肠的长度与食性有关，肉食性鱼类肠通常较短，一般不及体长一半；以植物性食物为主的鱼类，肠较长，一般是体长的 2～5 倍；杂食性种类介于二者之间。软骨鱼和少数硬骨鱼肠壁向肠腔内突起而形成的螺旋形褶膜称螺旋瓣(图 16-15),起增大消化吸收面积和延缓食物通过的作用。鱼类肠分化不明显,但板鳃类的肠可明显分出小肠和大肠。

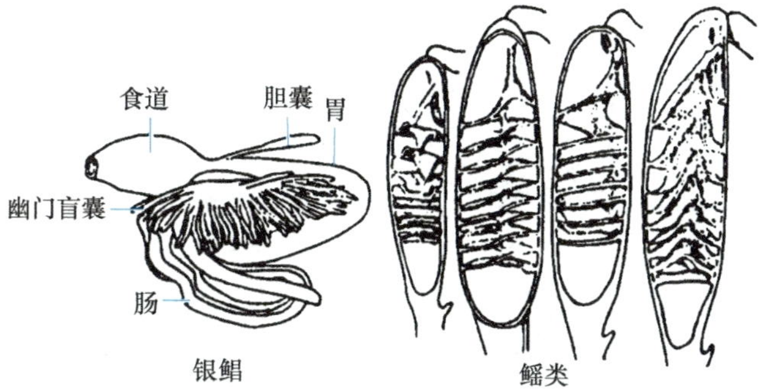

图 16-15 鱼类的幽门盲囊(银鲳)和螺旋瓣(鳐类)(仿许崇仁和程红,2000)

肛门开口在生殖管孔及排泄管孔之前。这 3 孔一般均在臀鳍之前。板鳃类、肺鱼类消化管末端连泄殖腔,内部有肛门、生殖管、排泄管 3 个开口,以泄殖腔孔通体外;辐鳍鱼类有泄殖窦,生殖管及排泄管开口于其内部。

2. 消化腺

鱼类小型消化腺位于消化管壁内,多数鱼有胃腺无肠腺。大型消化腺肝脏和胰脏位于消化管附近。肝脏前端借系膜悬挂在心腹隔膜上,后端游离在腹腔中。一般分 2 叶,多为黄褐色,肝细胞分泌胆汁送到胆囊储存,经胆管送到小肠。

多数鱼类胰脏发达。软骨鱼类的胰脏一般具有固定形态,位于胃的末端与肠相连处,而硬骨鱼类的胰脏多为弥散腺体。常在胃与肠相连处肠系膜上。鲤科鱼类的肝脏分散,形状不固定,弥散在系膜上,混杂有胰细胞,称肝胰脏(hepato-pancreas)。

六、呼吸系统

1. 鳃

鳃位于口咽腔两侧对称排列,功能是呼吸、排泄氮代谢废物、参与渗透压调节。

鱼类的鳃由鳃弓(gill arch)和鳃片组成,鳃弓上的每一片鳃片称为一个半鳃,同一鳃弓上的两列鳃片合称为一个全鳃。硬骨鱼类有 4 对全鳃,第 5 对鳃弓无鳃。软骨鱼类舌弓上生一半鳃,故有 9 个半鳃。鳃片是鳃弓外方鳃间隔两侧发生的丝状或板状突起,构成鳃的主要组成部分,一般每一鳃弓上有两片。组成鳃片的丝状物称鳃丝(gill filament),排列紧密,使鳃片成梳状。鳃丝两侧的互相平行的小突起称鳃小片,是气体交换的场所。鳃小片内含血管,血液与水之间仅隔着血管壁与鳃小片两层细胞壁,与水进行气体交换十分通畅。位于同一鳃弓上的两列鳃片之间是鳃间隔(gill septum),软骨鱼类尤其是板鳃类特别发达,比鳃丝长,而硬骨鱼类则退化,仅残留基部。软骨鱼类直接以鳃裂开口于体外;硬骨鱼类在鳃裂外有鳃盖,以鳃盖后的鳃孔与外界相通(图 16-16)。

呼吸动作(图 16-17):软骨鱼依靠鳃节肌的伸缩,造成口的开关、鳃弓的扩张与收缩,促使水进入与流出。水由口和喷水孔进入口咽腔,由鳃裂流出体外。硬骨鱼类靠口和鳃盖的运动,吸水时鳃盖向外扩张,原来稍伸出的鳃盖膜在外部水的压力下靠近鳃孔,将其关闭得很紧,因而鳃盖内形成了真空的间隙。张开口,水便由外界进入口咽腔,排水时,口及口腔瓣紧闭,鳃盖

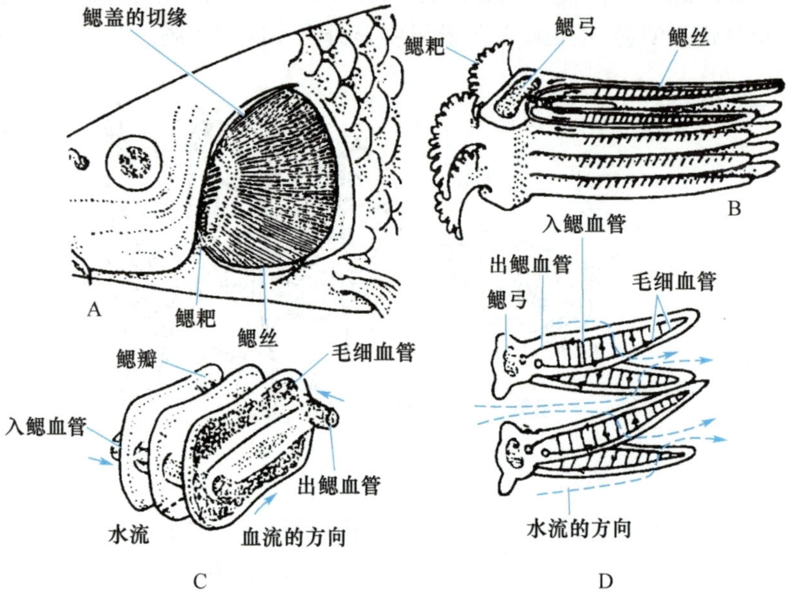

图 16-16 鲤的鳃(许崇仁和程红,2000)

A. 切除鳃盖,示 4 对全鳃;B. 鳃的一部分,示鳃耙、鳃弓和鳃丝;C. 一条鳃丝的放大,示血流的方向;D. 呼吸时鳃丝的位置,示水流的方向

膜张开,鳃盖内压,口咽底部上升,水即由鳃裂中排出。

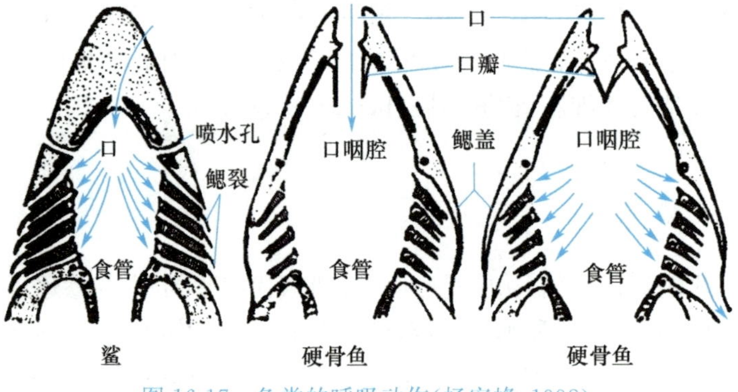

图 16-17 鱼类的呼吸动作(杨安峰,1992)

大多数鱼类一离开水就会死亡。但有些鱼类可以暂时离开水或在氧量极少的水中生活,这是由于它们具有一些能直接呼吸空气的特殊结构,如皮肤(鳗鲡)、肠(泥鳅)、口咽腔(黄鳝)、鳃上器官(胡子鲶、乌鳢、攀鲈及斗鱼等的鳃弓一部分骨骼特化成一种鳃上器官,可以直接利用空气中的氧气)等。具有这些结构的鱼类大多生活在热带和亚热带。

2. 鳔

软骨鱼类无鳔(gas-bladder),多数硬骨鱼类具鳔。鳔是白色气囊状构造,多数单室,也有两室或三室的,室间有孔相通。大多数鱼鳔位于腹腔上部消化管与脊柱之间。鲱形目、鲤形目等的鳔有鳔管与食管相通,称为喉鳔类(图 16-18),鲈形目等的鳔管退化,称为闭鳔类(图 16-19)。闭鳔类的鳔前腹面内壁有红腺(气腺)及微血管网,红腺能分泌气体,鳔内气体由此产生;鳔的后背方有一个较薄的卵圆窗,鳔内气体通过卵圆窗渗入邻近的血管中。

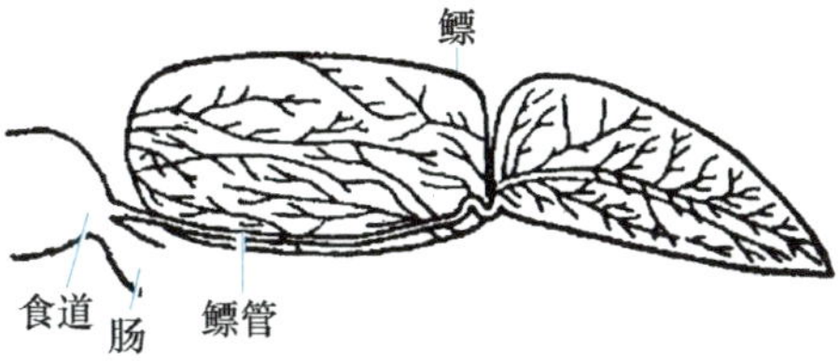

图 16-18 喉鳔类的鳔(仿秉志,1960)

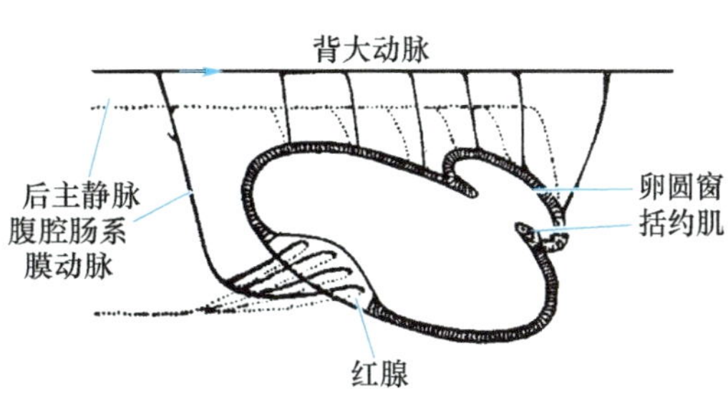

图 16-19 闭鳔类的鳔(仿 Torrey and Feduccia,1979)

鳔是重要的密度调节器官,鱼类借放气或吸气来调节身体的密度,使其和周围水的密度一样,停留在一定的水层中,这种调节虽然不消耗能量,但调节过程缓慢,而且有一定的限度,那些快速游泳的鱼类无鳔就是一种适应性次生现象;鲤形目鱼类鳔与内耳通过韦伯氏器发生联系,有感觉作用。肺鱼的鳔有肺的功能,鳔内有许多小气室,可直接呼吸空气。有些鱼类通过鳔管放气或借助特定肌肉的作用,产生声音。

七、循环系统

鱼类的血液一般呈深红色,红细胞扁平而两面微凸,有细胞核。心脏较小,约占体重的1%,位于腹腔前方、鳃弓的后方腹侧的围心腔内。软骨鱼类的心脏由静脉窦、心房、心室、动脉圆锥(conus arteriosus)组成,动脉圆锥是心室的延伸,可主动收缩;硬骨鱼类的心脏由静脉窦、心房、心室组成,无动脉圆锥,具有动脉球(bulbus arteriosus),是腹大动脉基部的膨大,无收缩能力(图 16-20)。

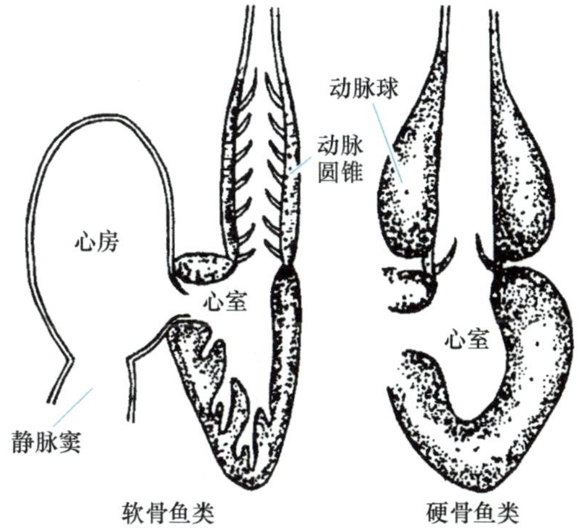

图 16-20 鱼类的心脏比较(仿孟庆闻等,1989)

鱼类血液在体内只有一条循环路线。血液出心脏入鳃,气体交换后进入背大动脉,送至身体各处(图 16-21),离开器官组织的少氧血沿静脉回流到心脏。血液在全身循环一周只经过心脏一次,为单循环(single circulation)。

鱼类的脾脏(spleen)位于胃的一侧或后方,鲤的脾脏在鳔腹侧、小肠背侧,红褐色细长条状;功能是产生淋巴细胞和白细胞,破坏衰老的红细胞;属于淋巴器官。

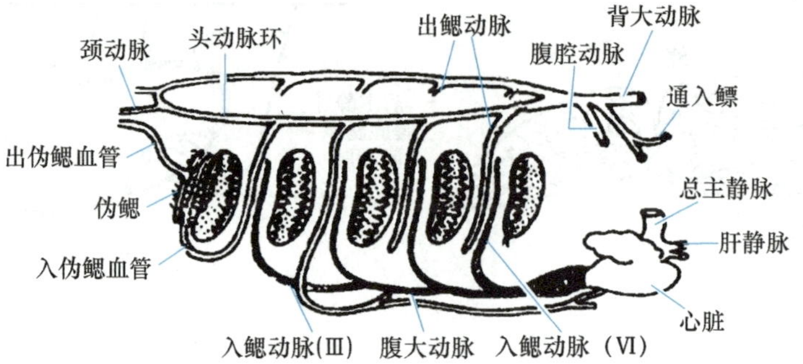

图 16-21 硬骨鱼类的鳃循环(杨安峰,1992)

软骨鱼类由动脉圆锥流出的血液进入腹大动脉。然后分出 5 对入鳃动脉分别进入舌弓和第 1～4 对鳃弓。身体背部 1 对背大动脉根,收集身体同侧的各出鳃动脉的血液,向前给头部供血,向后的背大动脉根在咽后合并为 1 条背大动脉。背大动脉又分出若干成对或单条的小动脉到躯干各部。软骨鱼类主要的静脉有前主静脉和后主静脉各 1 对,同一侧的前、后主静脉汇入 1 条总主静脉,左、右总主静脉分别注入静脉窦。这种“H”形的静脉系为水生脊椎动物所特有。软骨鱼类出现了侧静脉。1 对侧静脉汇集偶鳍和腹侧肌肉的血液后注入同侧的总主静脉。尾静脉分为 2 支肾门静脉入肾,由肾静脉出肾,再注入后主静脉。胃肠血液经 1 条肝门静脉入肝,进行解毒和营养储存后,经肝静脉出肝,注入静脉窦。硬骨鱼类基本与软骨鱼相似,不同点在于:出入鳃动脉均为 4 对;无侧静脉;仅具左侧肾门静脉,在具肾门静脉的脊椎动物中,仅辐鳍鱼类不成对。

八、排泄系统

鱼类排泄系统包括肾脏、输尿管和膀胱(图 16-22)。肾脏紧贴鱼腹腔背壁,为一对暗红色块状器官。鱼类胚胎时期主要泌尿器官为前肾,成体为后位肾。前肾的位置靠近体腔前段,由许多肾小管(nephridia tubule)组成,肾小管的一端开口于体腔,另一端与前肾管(一对)连通,前肾管末端通到体外,成体前肾萎缩形成头肾,由淋巴样细胞构成。后位肾位于前肾的后方,其肾小管不与体腔相通。在后位肾阶段,前肾管纵裂为二,一为吴氏管,肾小管与吴氏管相连;另一为米氏管(牟勒氏管)。软骨鱼类无膀胱,硬骨鱼类 1 对吴氏管末端汇合为膀胱,通至泄殖窦,泄殖孔开口于肛门后方。

生活在淡水或海水中的各种鱼类其体内所含盐分浓度是比较接近和稳定的,但它们生活的环境中盐度却相差很大,因此必须有效地进行渗透压的调节。淡水鱼类体内盐分浓度大于外界环境,水通过各种途径进入体内,会破坏体内盐、水平衡而造成死亡,因此必须连续不断地将多余水分排出体外,故肾小体发达,肾小球数量多,每天排出大量尿液。鳃上的吸盐细胞吸收盐分,肾小管也有盐类重吸收机能,以维持盐类平衡。海产硬骨鱼体内盐分浓度低于外界环境,水分从鳃和体表渗出,从而会因大量失水而造成死亡;为弥补失水必须大量吞饮海水,消化道将水分吸收,盐分从鳃上的泌盐细胞或尿中排出;肾小球数量少甚至无,使水分排出减少到最低限度。软骨鱼血液除盐分稍高于海水硬骨鱼外,血液中还含有大量尿素,尿素量占血液的

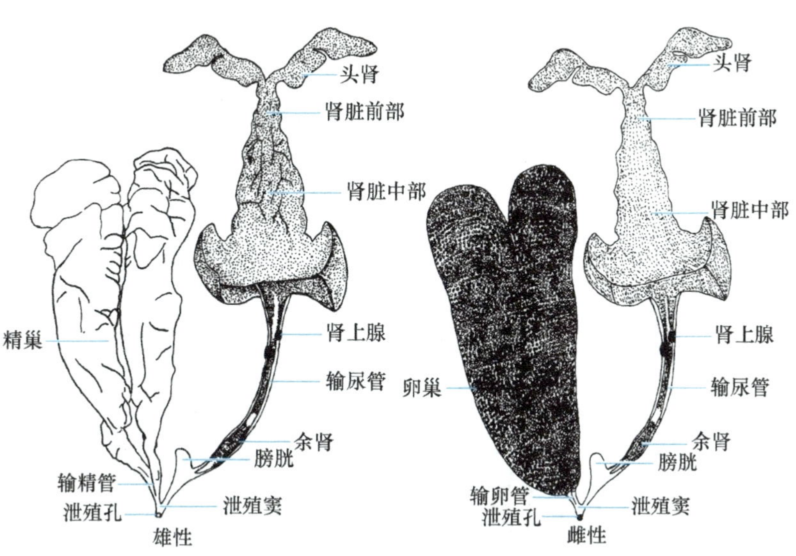

图 16-22 鲤的排泄和生殖系统(秉志,1960)

2%,渗透压稍高于海水,致使海水可以渗入体内;肾小体发达,进入体内的少量多余水分经肾脏排出,多余的盐分则经直肠腺排出。

九、生殖系统

1. 生殖器官

多雌雄异体,生殖系统由性腺和生殖导管组成(图 16-22)。性腺左右成对或一侧发育(次生现象),由系膜悬于腹腔背侧。未成熟卵巢透明条状,成熟卵巢长囊状,通常黄色。其可分为两类,游离卵巢表面裸露,卵子成熟后进入腹腔,经输卵管腹腔开口(喇叭口)进入输卵管,软骨鱼类和肺鱼类的卵巢属于此种类型;封闭卵巢外有一覆膜形成的卵囊膜包围,并向后延伸变窄呈管状,成熟卵子落入卵囊中由该管送至泄殖窦,排出体外,硬骨鱼类的卵巢属于此种类型。精巢未成熟时淡红色,成熟时乳白色。软骨鱼输尿管兼有输精管作用,后部膨大形成储精囊与尿殖窦相通,末端开口于泄殖腔。硬骨鱼的输精管为精巢外膜向后延伸而成,两侧输精管在后段联合,以生殖孔开口于肛孔和泌尿孔之间。

鱼类的两性异形

多数鱼同龄者雌性比雄性大,如鲤、鲟。一种康吉鳗雌性达 90kg,雄性不超过 3kg。黄颡雄性大于雌性。有些鱼体形有变化:雄马口鱼前部臀鳍条显著延长;雄大麻哈鱼两颌弯曲呈钩状(生殖季节溯河洄游时);雄角鮟鱇寄生于雌体(以口固着),除生殖腺外其他器官退化;雄罗非鱼肛门之后有一较长泄殖乳突,生殖泌尿共一尿殖孔,雌罗非鱼肛门之后生殖乳突短,生殖泌尿分别开孔。许多鱼在生殖季节出现鲜艳色彩,特别是雄鱼生殖季节过后色彩消失,这种色彩称为婚姻色;雄鳑鲏臀鳍下缘出现红、黄、黑三色镶边;雄中华多刺鱼腹棘内侧出现小锯齿,腹棘呈鲜蓝色。一些雄鱼在生殖季节表皮细胞特别肥厚,角质化成白色坚硬的锥状体,称为珠星,可以刺激雌鱼产卵;青鱼、草鱼、鲢、鳙主要分布在胸鳍上。雄性软骨鱼有鳍脚;雄性食蚊鱼臀鳍衍化成长长的交配器;雌性鳑鲏有长长的产卵管(图 16-23)。

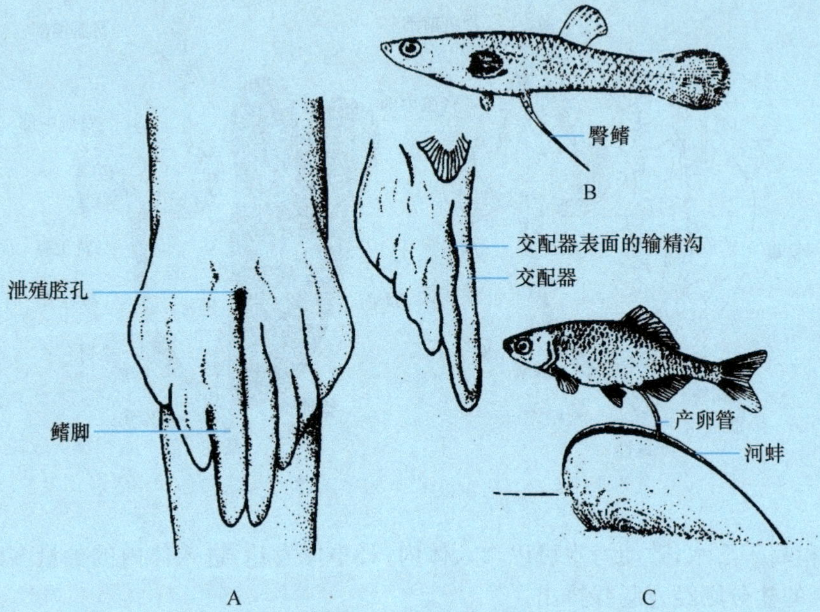

图 16-23 几种鱼的第一性征(曲淑惠等,1980)

A. 角鲨的鳍脚;B. 食蚊鱼的交配器;C. 鳑鲏鱼的输卵管

2. 雌雄同体和性逆转

少数鱼中存在雌雄同体现象,如胡瓜鱼等。有些鱼有双性现象(鱼体内同时存在两种生殖腺)。例如,狭鳕生殖腺上半部为卵巢,下半部为精巢,或者一侧为卵巢,另一侧为精巢。双性现象在鲱、鲽、黄鲷等鱼类也存在。还有些鱼类具有性逆转(sex reversal)现象,如黄鳝从胚胎到性成熟都是雌性,产卵后逐渐变成雄性。

3. 发育

绝大多数硬骨鱼类为体外受精,卵生;少数硬骨鱼类和大多数软骨鱼类是卵胎生,体内受精,体内发育,营养来自卵黄;某些软骨鱼类(如灰星鲨)为假胎生,胚胎发育初期以卵黄为营养,卵黄消耗完后形成卵黄囊胎盘,直接从母体吸取营养,在母体内发育成幼体后产出体外。

十、神经系统

鱼类神经系统由 3 部分组成,即中枢神经系统、外周神经系统(peripheral nervous system)和植物性神经系统(vegetative nervous system)。

1. 中枢神经系统

中枢神经系统包括脑和脊髓,脑又分端脑、间脑、中脑、小脑和延脑 5 部分(图 16-24)。端脑是脑最前面的部分,由嗅脑及大脑两部分组成,端脑侧壁和底壁增厚称为纹状体(corpus striatum)。端脑背壁很薄(除软骨鱼和肺鱼外),不含神经细胞,由上皮构成,神经细胞位于内部脑室处,称为古脑皮(paleopallium)。间脑位于端脑后方凹陷处,很小,与端脑无明显界限。背部中央向前突出形成细长的松果体。中脑是位于间脑后方背面一对球状突起。小脑位于中脑后背方,椭圆形,表面有纵沟、横纹。延脑位于脑的最后部,三角形,与小脑无明显界限。

鱼类的脊髓位于椎体上方的髓弓内，紧接在延脑之后，向后一般可以伸达尾椎末端。为一条扁椭圆长柱状的管子，分支明显，每节发出一对脊神经。

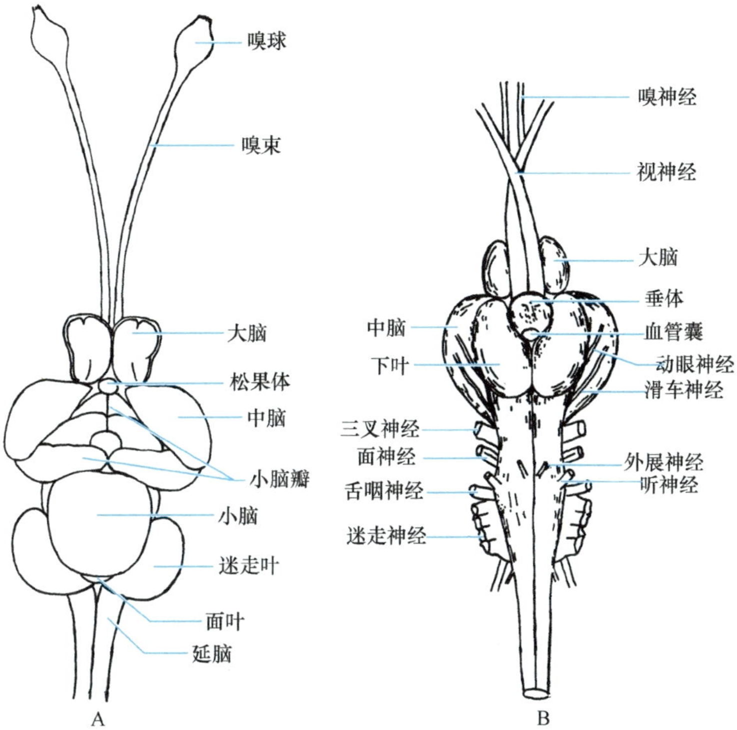

图 16-24 鲤的脑（仿秉志，1960）

A. 背面观；B. 腹面观

2. 外周神经系统

1)脑神经 鱼类有脑神经 10 对，分别如下。

嗅神经：感觉神经，神经元在嗅黏膜，终止于嗅球。

视神经：感觉神经，神经元在视网膜，终止于中脑。

动眼神经：运动神经，中脑腹面发出，分布于眼球上直肌、下直肌、内直肌、下斜肌。

滑车神经：中脑侧、背面发出，分布于眼球上斜肌。

三叉神经：延脑前侧面发出，深眼支分布于嗅黏膜、吻皮下；浅眼支分布于头顶、吻端皮肤；上颌支分布于上颌、眼球周围、鼻部；下颌支分布于口角、下颌（司运动）及头部皮肤、唇、颌（司感觉）。

外展神经：延脑腹面发出，分布于眼球外直肌。

面神经：延脑侧面发出，浅眼支与三叉神经浅眼支合并分布于吻背侧；口部支主支分布于上颌，细支分布于头顶；舌颌支分布于前鳃盖骨、间鳃盖骨、下鳃盖骨、舌弓、下颌（司运动）及皮肤、触须、舌部、咽鳃（司感觉）。

听神经：延脑侧面发出，分布于内耳，感知听觉和平衡觉。

舌咽神经：延脑侧面发出，鳃裂前支分布于口盖、咽部；鳃裂后支分布于头背皮肤、侧线；腹支分布于第一鳃弓前半鳃、鳃耙、鳃弓黏膜（运动、感觉混合神经）。

迷走神经：延脑腹面发出，鳃支分布于 1～4 鳃弓、鳃裂；内脏支分布于心脏及腹腔器官；侧线支分布于侧线；鳃盖支分布于鳃盖内缘收肌、鳃盖膜、口腔黏膜、肩带。

2)脊神经 分节排列,每节有一对左右对称的脊神经。每条脊神经包括背根和腹根,背根连在脊髓背面,内含感觉神经纤维,来自皮肤、内脏,经脊神经节入脊髓;腹根连在脊髓腹面,内含运动神经纤维,分布至肌肉、腺体。

3. 植物性神经系统

支配内脏器官运动的神经系统称为植物性神经系统,包括交感神经系统(sympathetic system)和副交感神经系统(parasympathetic system)。其由中枢神经系统发出,到达支配器官前必须先通过神经节换神经元,二者神经纤维同时分布到各种内脏器官,产生拮抗作用,维持器官的正常生理功能。

十一、感觉器官

1. 侧线系统

侧线系统为鱼类和水生两栖类特有的。鱼类的侧线是适应水生生活的一种重要感觉器官。能感知低频率的振动,判断水波的动态、水流的方向、周围生物的活动情况及游泳途中的固定障碍物(如河岸、礁石)等。

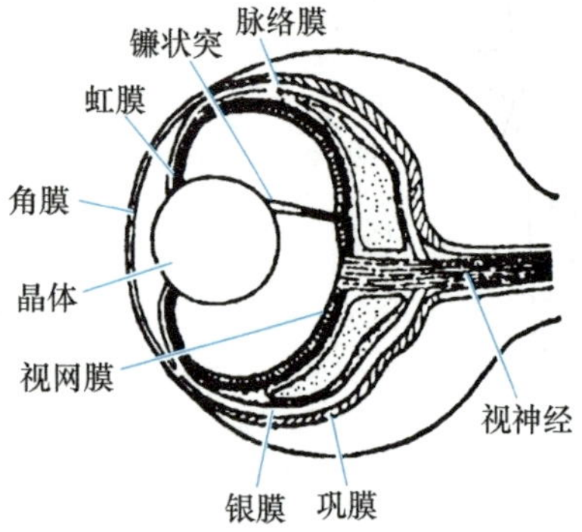

图 16-25 鲤的眼(仿秉志,1960)

2. 视觉器官

鱼眼具有脊椎动物眼的基本模式,即 3 层膜(巩膜、脉络膜和视网膜)和 1 套折光系统(角膜、房水、晶体和玻璃体)(图 16-25)。鱼眼的角膜平坦,无聚光作用;晶体呈圆球形,没有弹性,其曲度又不能改变,只能靠晶体后方的镰状突来调节晶体和视网膜之间的距离,因此鱼类是近视的。硬骨鱼类在巩膜和脉络膜之间具有银膜为眼内的反光装置。鱼眼缺乏眼睑和泪腺,有些鲨鱼有可动瞬膜向背方移动遮盖眼球。

3. 听、平衡觉感受器

鱼类没有中耳及外耳,听、平衡觉器官是一对内耳,包括椭圆囊、球状囊、瓶状囊和 3 个相互垂直的半规管,囊和管相接处膨大,称壶腹(图 16-26)。

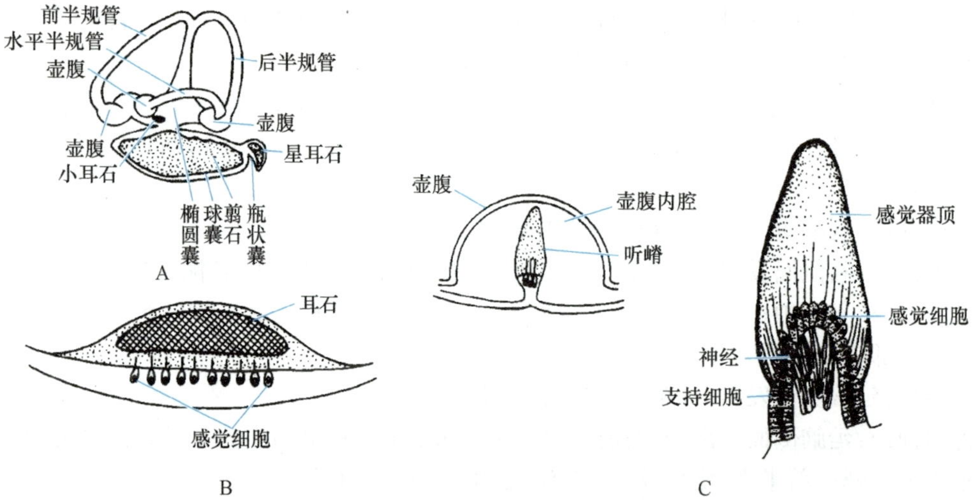

图 16-26 鱼类的内耳及听斑、听嵴(刘凌云和郑光美,1997)

A. 内耳;B. 听斑;C. 听嵴

椭圆囊和球状囊内有感觉上皮，称听斑。听斑能感受声波。球状囊内一般有2或3耳石，其形状和大小常因种类而异。随着鱼龄的增加、生长的继续，耳石也相应地增大。耳石与听斑相贴，体位改变时耳石对感受器的压力改变，导致鱼体感觉不平衡。

4. 嗅觉器官

鱼嗅觉发达，有1对外鼻孔与1对嗅囊相连。鲨的嗅觉尤为发达，可在海水中嗅出稀释到百万分之一浓度的血液。

第三节　鱼类的分类

全世界现存鱼类约28 000种，淡水鱼占41.2%，海水鱼占58.8%。我国已知鱼类3200多种，根据骨骼性质可分为软骨鱼纲和硬骨鱼纲。

一、软骨鱼纲(chondrichthyes)

内骨骼全为软骨，多数被盾鳞(极少数无鳞)；鳃裂5～7对，鳃间隔发达；鳍末端附生皮质鳍条，无鳔，歪形尾；肠内具螺旋瓣，生殖腺与生殖导管不直接相连，雄鱼有鳍脚，体内受精，卵生、卵胎生或假胎生。

(一)板鳃亚纲(Elasmobranchii)

体梭型或盘型，鳃间隔特别发达，连于体表形成板状；鳃裂5～7对，开口于体表；无鳃盖，上颌不与颅骨愈合，下位口，眼后有喷水孔。

1. 侧孔总目(Pleurotremata)

鳃裂侧位，胸鳍前缘不与头侧相连；臀鳍有或无(图16-27)。

1)六鳃鲨目(Hexanchiformes)　鳃裂6～7对，背鳍1个，无硬棘；有臀鳍；吻软骨1根，有喷水孔；卵胎生。如扁头哈那鲨(*Notorhynchus platycephalus*)、灰六鳃鲨(*Hexanchus griseus*)。

2)虎鲨目(Heterodontiformes)　背鳍2个，前方各1棘，有臀鳍，眼上棱显著，有鼻口沟。如宽纹虎鲨(*Herterodontus japonicus*)。

3)鼠鲨目(Lamniformes)　背鳍2个，无棘，有臀鳍。如噬人鲨(*Carcharodon carcharias*)、姥鲨(*Cetorhinus maximus*)。

4)须鲨目(Orectolobiformes)　有鼻口沟或鼻孔开在口内，前鼻瓣常有1鼻须或喉部具1对皮须。如鲸鲨(*Rhincodon typus*)。

5)真鲨目(Carcharhiniformes)　眼具瞬膜或瞬褶。无鼻口沟，鼻孔不开口于口内，两背鳍，无棘。如绒毛鲨(*Cephaloscyllium umbratile*)、锤头双髻鲨(*Sphyrna zygaena*)、灰星鲨(*Mlustelus griseus*)、斜齿鲨(*Scoliodon sorrakowah*)。

6)角鲨目(Squaliformes)　背鳍2个，硬棘有或无；臀鳍消失；鳃裂5～6对，位于胸鳍基底前方；眼侧位或上位，瞬褶有或无；吻软骨1根。如白斑角鲨(*Squalus acanthias*)。

7)锯鲨目(Pristiophoriformes)　吻延长为扁叶状，有齿，吻腹面有2根长须，无臀鳍；眼上侧位，具瞬褶；喷水孔大。如日本锯鲨(*Pristiophorus japonicus*)。

8)扁鲨目(Squatiniformes)　体扁平，吻宽短，眼上位，口宽大，亚前位；尾部有2个无棘的小型背鳍；胸鳍扩大，前缘游离，向头侧延伸。如日本扁鲨(*Squatina japonica*)，俗称琵琶鲨。

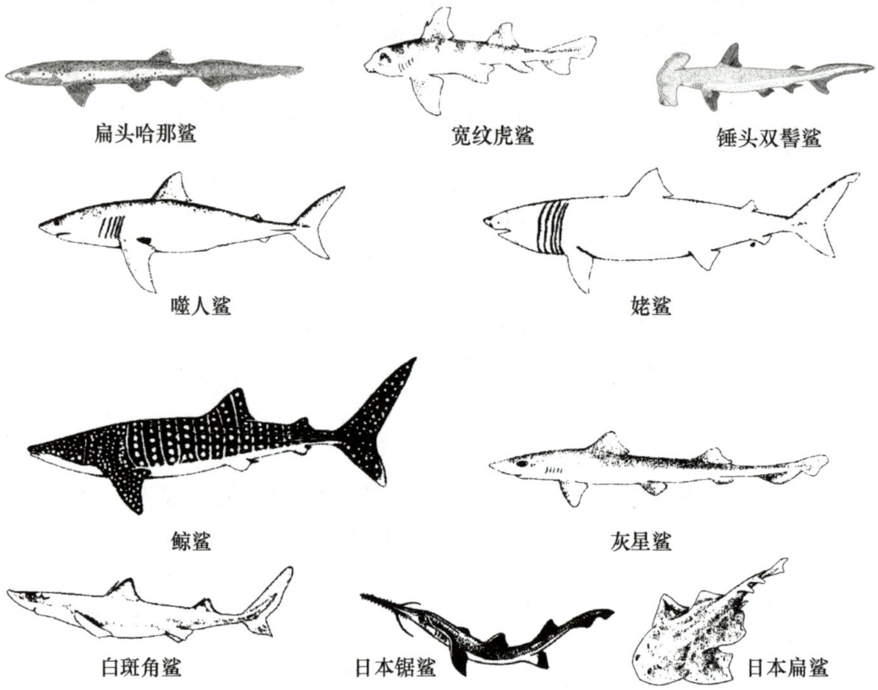

图 16-27　侧孔总目鱼类

2. 下孔总目(Hypotremata)

体多背腹扁平,鳃裂腹位,胸鳍前缘与头侧相连,无臀鳍(图 16-28)。

1)锯鳐目(Pristiformes)　　吻平扁狭长,剑状突出,边缘具坚大吻齿,背鳍 2 个,无硬棘;胸鳍前缘达头侧后缘,尾柄粗大,尾鳍发达。如尖齿锯鳐(*Pristis cuspidatus*)。

2)鳐形目(Rajiformes)　　吻部不延长,胸鳍前延形成体盘,尾柄粗大,尾鳍发达;有的具小型发电器官。如孔鳐(*Raja porosa*)、犁头鳐(*Rhinobatos hynnicephalus*)。

3)鲼形目(Myliobatiformes)　　胸鳍向前延伸达吻端或前部分化为吻鳍或头鳍;腹鳍前部不分化成足趾状,背鳍 1 个或无,尾鞭状,上、下叶退化,尾刺有或无;无发电器。如赤魟(*Dasyatis akajei*)、鸢鲼(*Myliobatis tobijei*)、日本蝠鲼(*Mobula japonica*)。

4)电鳐目(Torpediniformes)　　体盘亚圆形,头侧与胸鳍间有 1 发达的卵圆形发电器官;吻软骨 1 或 2 个,具分支;背鳍 1 或 2 个或消失;背鳍和尾鳍端部具角质鳍条,胸鳍和腹鳍端部不具角质鳍条。如黑斑双鳍电鳐(*Narcine maculata*)。

(二)全头亚纲(Holocephali)

具一膜状鳃盖。成体光滑无鳞,上颌与脑颅愈合,无泄殖腔。雄体除鳍脚外,具 1 对腹前鳍脚和 1 个额鳍脚。如黑线银鲛(*Chimaera phantasma*)(图 16-28)。

二、硬骨鱼纲(Osteichthyes)

内骨骼为硬骨;鳃间隔退化,鳃裂外有一骨质鳃盖;多数具鳔,具硬鳞、骨鳞或无鳞;无泄殖腔;多体外受精,卵生。

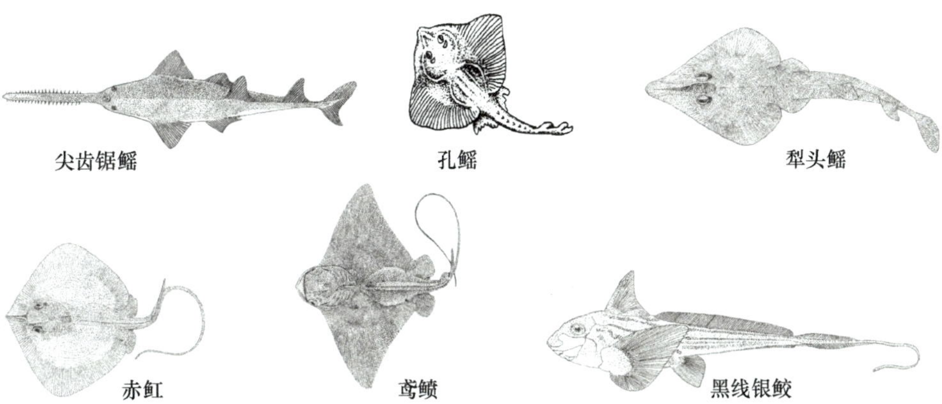

图 16-28 下孔总目鱼类及全头亚纲的黑线银鲛

(一)肉鳍亚纲(Sarcopterygii)

也称内鼻孔亚纲(Choanichthyes),偶鳍基部肉柄状或鞭状,外被鳞片,具有内鼻孔,泄殖腔位于腹鳍基部中间,肠具螺旋瓣,心脏具有动脉圆锥。本亚纲包括 2 个总目(图 16-29)。

1. 总鳍总目(Crossopterygiomorpha)

脊索仍是主要的中轴骨骼,未形成椎体;头下具一对喉板;为古老原始的鱼类,出现于泥盆纪,早期生活于淡水,二叠纪以后转入海洋生活。现仅存腔棘鱼目(Coelacanthiformes)、矛尾鱼科(Latimeriidae)、矛尾鱼(*Latimera chalumnae*)1 种,有活化石之称。矛尾鱼的主要特征为尾鳍呈特殊的三叶式矛头尾,体被圆鳞,无鳔,无内鼻孔,体呈金属蓝色,肠具螺旋瓣,动脉圆锥发达,肉食性,卵胎生。

2. 肺鱼总目(Dipneustomorpha)

具有内鼻孔,鳔能够进行呼吸,和陆生脊椎动物的肺相似。脊索终生存在,无椎体,偶鳍骨骼双列式排列,背鳍、尾鳍、臀鳍连在一起,体被覆瓦状圆鳞,肠具螺旋瓣,有动脉圆锥。生活于淡水中,最早出现于下泥盆纪,一直延续至今。如澳洲肺鱼(*Neoceratodus forsteri*)、美洲肺鱼(*Lepidosiren paradoxa*)、非洲肺鱼(*Protopterus annectens*)。

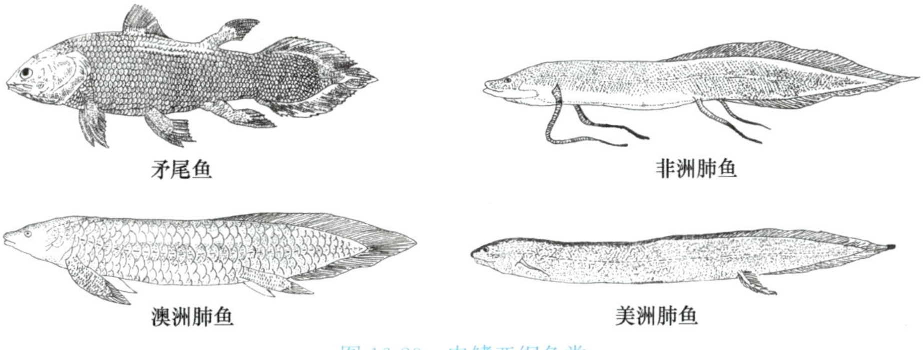

图 16-29 肉鳍亚纲鱼类

(二)辐鳍亚纲(Actinopterygii)

鳍均由真皮性的辐射状鳍条支持;体被硬鳞、骨鳞或无鳞;无内鼻孔;种类繁多(图 16-30)。我国有 26 目。

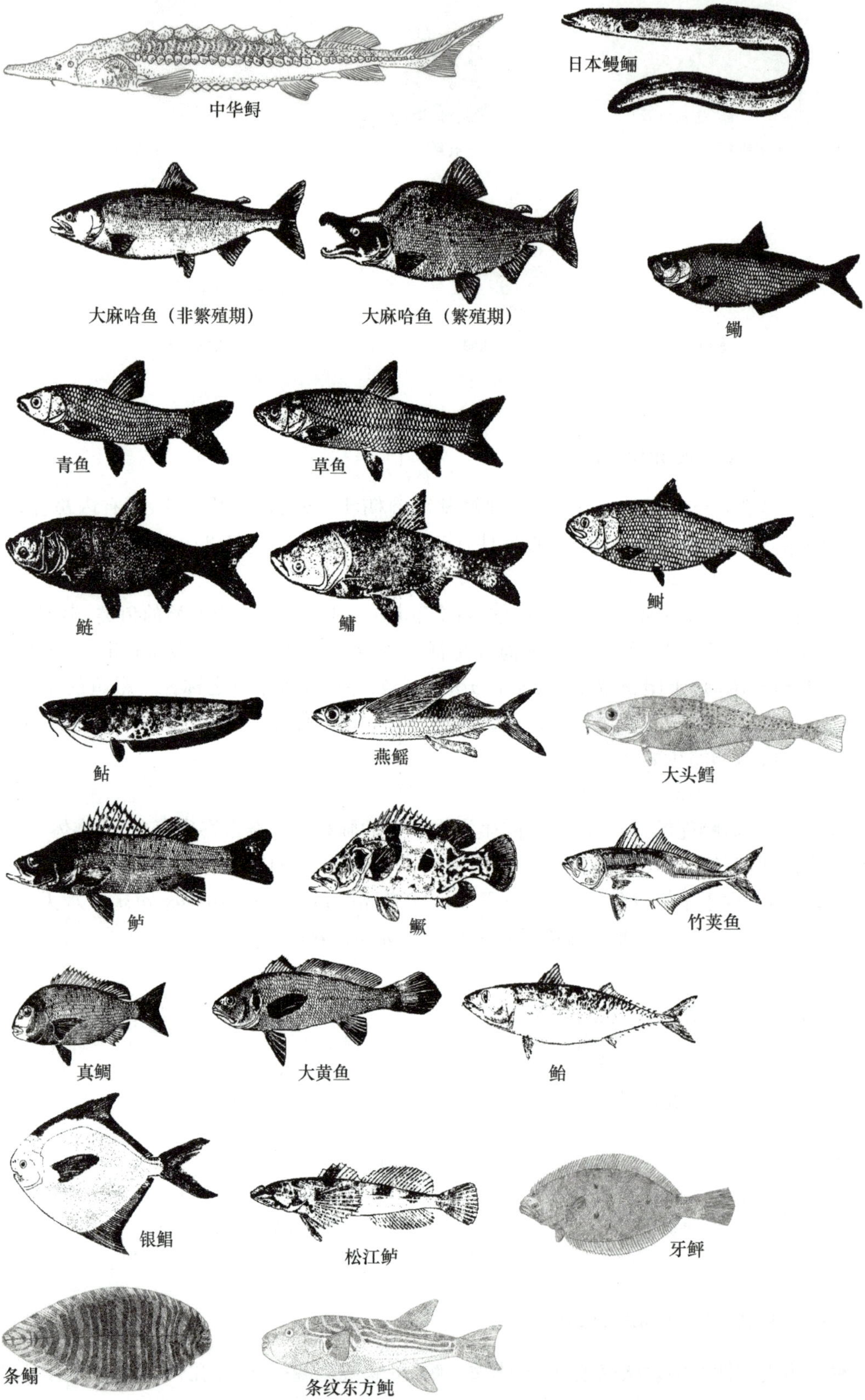

图 16-30　辐鳍亚纲鱼类

1）鲟形目（Acipenseriformes）　躯干有5行纵列骨板或裸露，尾鳍上叶有叉状硬鳞，有喷水孔，仅头部有膜质骨，脊索终生存在。如中华鲟（*Acipenser sinensis*）。

2）海鲢目（Elopiformes）　有些保留动脉圆锥和喉板，个体发育中有变态；鳃盖条 6～36 条，腹鳍条 10～38 条；体被圆鳞，鳍无棘，背鳍 1 个，腹鳍腹位，胸鳍位低。如北梭鱼（*Albula vulpes*）。

3）鲱形目（Clupeifromes）　头骨骨化程度低，侧线退化；腹鳍腹位，胸鳍位低；被圆鳞，鳔常具 1 鳔管。如鲥（*Macrura reevesi*）、刀鲚（*Coilia ectenes*）、鳓（*Ilisha elongata*）。

4）鲑形目（Salmoniformes）　通常具脂鳍，横突不与椎体相愈合；侧线存在；输卵管退化或消失。如大麻哈鱼（*Oncorhynchus keta*）、哲罗鲑（*Hucho taimen*）、大银鱼（*Protosalanx hyalocranius*）、白斑狗鱼（*Esox lucius*）。

5）灯笼鱼目（Myctophiformes）　腹鳍腹位或胸位，鳍条 6～13，通常有脂鳍，若有鳔则具鳔管，发光器有或无，有输卵管。如龙头鱼（*Harpodon nehereus*）。

6）鳗鲡目（Anguilliformes）　体呈鳗形，裸露或具圆鳞；各鳍无棘；无中乌喙骨和后颞骨，前颌骨不分离与中筛骨愈合，无基蝶骨；鳃孔狭窄。如日本鳗鲡（*Anguilla japonica*）、海鳗（*Muraenesox cinereus*）。

7）鲤形目（Cypriniformes）　具韦伯氏器；鳔管与食管相通；腹鳍腹位；有的种类有脂鳍；体背圆鳞或裸露，多数口内无齿，有发达的咽喉齿。

鲤科（Cyprinidae）：上颌口缘由前颌骨构成，咽喉齿 1～3 行，背鳍 1 个，无脂鳍；鳔前部大多无膜囊或骨囊包被。如鲤（*Cyprinus carpio*）、鲫（*Carassius auratus*）、青鱼（*Mylopharyngodon piceus*）、草鱼（*Ctenopharyngodon idellus*）、鳊（*Parabramis pekinensis*）、雅罗鱼（*Leuciscus waleckii*）、鲮（*Cirrhinus molitorella*）、鲢（*Hypophthalmichthys molitrix*）、鳙（*H. nobilis*）、青海湖裸鲤（*Gymnocypris przewalskii*）。

鳅科（Cobitidae）：口小，下位，有须 3～6 对，体圆柱形或侧扁。如泥鳅（*Misgurnus anguillicaudatus*）。

8）鲇形目（Siluriformes）　体表裸露或局部被骨板，通常有脂鳍；胸鳍、背鳍常具 1 大棘；有口须 1～4 对。如中华海鲇（*Arius sinensis*）、鲇（*Silurus asotus*）、黄颡鱼（*Pelteobagrus fulvidraco*）、胡子鲇（*Clarias fuscus*）。

9）颌针鱼目（Beloniformes）　鳍无棘，背鳍 1 个，腹鳍腹位；上颌口缘仅由前颌骨构成，下颌保留麦氏软骨；圆鳞，侧线位低；鳔无鳔管。如燕鳐（*Cypselurus oxycephalus*）、扁颌针鱼（*Ablennes anastomella*）。

10）鳕形目（Gadiformes）　体背圆鳞或皮肤裸露，许多种类颏部有 1 小须，腹鳍胸位或喉位，背鳍 1～3 个，臀鳍 1～2 个；鳔无鳔管；鳍无棘，被圆鳞或皮肤裸露；腹鳍胸位或喉位。如大头鳕（*Gadus macrocephalus*）、江鳕（*Lota lota*）。

11）刺鱼目（Gasterosteiformes）　腹鳍腹位或亚胸位或无腹鳍；背鳍 1 或 2 个，有些种类第一背鳍为游离的棘；身体裸露无鳞或沿体侧有一行骨板；吻一般呈管状。如中华多刺鱼（*Pungitius sinensis*）、日本海马（*Hippocampus japonicus*）、海龙（*Syngnathus*）。

12）合鳃目（Synbranchiformes）　体形似鳗，无胸鳍和腹鳍，奇鳍彼此相连，无鳍棘；左右鳃孔位于头腹面合而为一，鳃不发达，口咽腔壁辅助呼吸；无鳔。如黄鳝（*Monopterus albus*）。

13）鲈形目（Perciformes）　体被栉鳞、圆鳞或无鳞；背鳍 1 个，由棘和鳍条组成或背鳍 2

个,第1个由棘组成,第2个主要由鳍条组成;腹鳍胸位、喉位、亚胸位、颏位,尾鳍通常不超过17鳍条;腰带连于匙骨;鳃盖发达。为鱼类中种类最多的一个目。

鮨科(Serranidae):体侧扁,长椭圆形;被栉鳞或圆鳞,有时鳞埋于皮下;两颌牙细小,为绒毛状窄齿带,常杂有犬状齿,犁骨、腭骨齿绒毛状;前鳃盖骨具锯齿,鳃盖骨具扁平棘1~3个,鳃盖膜分离,不与峡部相连;背鳍棘发达,胸鳍位低,腹鳍胸位。如鲈(*Lateolabrax japonicus*)、鳜(*Siniperca chuatsi*)。

鲹科(Carangidae):体侧扁,卵圆形、菱形或纺锤形;尾柄细小;两颌牙细小,绒毛状;体被小圆鳞或退化,侧线完全,有时侧线全部或一部分被棱鳞;臀鳍与第2背鳍同形,前方常有2游离棘,有时第2背鳍和臀鳍后有若干小鳍,腹鳍胸位,尾鳍叉形。如蓝圆鲹(*Decapterus maruadsi*)、竹荚鱼(*Trachurus japonicus*)。

鲷科(Sparidae):体较高,侧扁,被圆鳞或栉鳞;上、下颌前端具犬状齿、圆锥齿,侧齿为臼状齿或颗粒状齿;腭骨、舌均无齿;腹鳍胸位,有腋鳞。如真鲷(*Chrysophrys major*)、黑鲷(*Sparus macrocephalus*)。

石首鱼科(Sciaenidae):体延长侧扁,额骨及前鳃盖骨黏液腔一般很发达;吻孔4~6个,前鼻孔小,圆形,后鼻孔大,椭圆形;两颌具齿带,齿一般细小,犁骨、腭骨、舌均无齿;颊孔2~6个;体被圆鳞或栉鳞,背鳍、臀鳍鳍条和鳍膜上常被小圆鳞,侧线完全;鳔发达,圆筒形,常具多对侧支;耳石大。如大黄鱼(*Pseudosciaena crocea*)、小黄鱼(*P. polyactis*)。

鲭科(Scombridae):体纺锤形,微侧扁;两颌具细齿,犁骨、腭骨有齿或无齿,舌无齿;第2背鳍与臀鳍同形,二者后方均有分离小鳍,腹鳍胸位,尾鳍叉形,尾柄两侧各有二条隆起嵴。如鲐(*Pneumatophorus japonicus*)。

鲅科(Cybiidae):体长,侧扁;侧线完全;犁、腭骨具颗粒状或绒毛状齿;第2背鳍和臀鳍后方有分离小鳍,腹鳍甚小,胸位,尾柄两侧有3条隆起棘,尾深叉形。如蓝点马鲛(*Scomberomorus niphonius*)。

鲳科(Stromateidae):体卵圆形,侧扁,被极小圆鳞,易脱落;侧线完全;两颌齿细小,犁骨、舌上均无齿;食管有1侧囊,侧囊内壁有乳头状突起,突起上有针状齿;前鳃盖骨一般不明显;腹鳍有或无;尾鳍凹形或分叉。如银鲳(*Pampus argenteus*)。

鳢科(Channidae):鳍无棘,腹鳍腹位;体被圆鳞,鳃上器官由第一鳃弓的上鳃骨及舌颌骨部分扩展而成。如乌鳢(*Ophiocephalus argus*)。

14)鲉形目(Scorpaeniformes)　第二眶下骨后延成一骨突与前鳃盖骨连接;头部常具棱、棘、骨板;体被骨鳞、绒毛状细刺、骨板或无鳞;胸鳍基部多宽大;广泛分布于热带、温带及寒带海洋沿岸,主要为底层鱼类。如日本红娘鱼(*Lepidotrigla japonica*)、松江鲈(*Trachidermis fasciatus*)。

15)鲽形目(Pleuronectiformes)　侧扁形,成体左右不对称,两眼均在头左侧或右侧;口、齿、偶鳍均不对称,左右体色不同,无眼侧近白色;肛门不在腹正中线上;背鳍、臀鳍基底均长,无棘;腹鳍胸位或喉位,成鱼无鳔。如牙鲆(*Paralichthys olivaceus*)、高眼鲽(*Cleisthenes herzensteini*)、条鳎(*Zebrias zebra*)、半滑舌鳎(*Cynoglossus semilaevis*)。

16)鲀形目(Tetraodontiformes)　体被骨化鳞片、骨板、小刺或裸露;无肋骨、顶骨、鼻骨、眶下骨,颌骨常与前颌骨愈合,齿圆锥状、门齿状或愈合为缘状齿板;背鳍1或2个,腹鳍胸位或亚胸位,有时消失;腰带愈合或消失;鳔有或无,气囊有或无。如绿鳍马面鲀(*Navodon septentrionalis*)、条纹东方鲀(*Takifugu xanthopterus*)。

第四节 鱼类的洄游

洄游(migration)是鱼类的一种周期性、定向性和集群性的迁徙运动。鱼类依靠洄游来寻找它在生活的某一时期所需要的特定环境;洄游是鱼类对环境的一种长期适应,它能使种群获得更有利的生存条件,更好地繁衍后代。类型分为以下 3 种。

(1)生殖洄游(breeding migration)。鱼类生殖腺发育成熟的一定时期内,沿着一定的路线寻找产卵场所。特点是集群大,肥育程度高,游速快,停止进食,目的地远。

(2)索饵洄游(feeding migration)。鱼类以寻找食物为主所做的洄游。其路线、方向和时间受饵料波动的影响,不如生殖洄游稳定。

(3)越冬洄游(overwintering migration)。由于冬季水温下降,鱼类游到适宜的场所越冬。

第五节 鱼类的起源与演化

已知最早的鱼类化石,发现于距今约 5 亿年前的寒武纪晚期地层中,但只是一些零散的鳞片,未能给我们一个有关鱼类身态的轮廓。大量鱼类化石发现于距今 4 亿年至 3 亿 5 千万年前的志留纪晚期和泥盆纪的地层中,这些鱼化石的构造特征差异很大,说明当时类群多样。到泥盆纪已演化出四大类:棘鱼类、盾皮鱼类、软骨鱼类和硬骨鱼类。棘鱼类是原始有颌动物,体表覆盖一层细密的菱形鳞片,头侧有骨质鳃盖,奇鳍前方有棘一枚,2 对偶鳍之间尚有 5 对小棘,代表动物为梯棘鱼。盾皮鱼类体被盾甲,具偶鳍、歪形尾和软骨性骨骼;在石炭纪绝灭。最早发现的古软骨鱼类化石是裂口鲨,已具有盾鳞、歪尾等许多现代软骨鱼类的特征;在石炭纪高度发展,并分化出全头类和鲨鳐类,后者又分化出鲨类和鳐类。最古老的硬骨鱼是古鳕类,出现于泥盆纪,与棘鱼类是近亲;由此演化出古内鼻孔鱼类和现代硬骨鱼类主体辐鳍鱼类。鱼类的发展经历了泥盆纪的初生时代、中生代的中兴时代,到新生代达到全盛时代,成为脊椎动物中的最大类群。

第六节 鱼类的经济意义

一、我国渔业概况

鱼类在人民生活中具有重要的经济意义,渔业生产有投资少、收效快、获益大和不占用耕地等优点。我国海疆辽阔,自北向南包括渤海、黄海、东海和南海等四大海区。海流交汇地带较多,形成了许多很好的渔场。我国可以利用的浅海渔场面积 22 亿亩①左右,占世界渔场总面积 23.7%,著名的渔场有渤海、大沙、舟山、粤西、粤东和北海湾等,海洋鱼类资源丰富,约有 2000 种。

海水鱼类养殖是海洋渔业的一部分,我国沿海有许多港湾是养鱼的良好场地,海水养殖已逐渐成为我国渔业生产的一大亮点。海水养鱼目前大致有咸淡水养殖(利用天然形成的港湾养殖)、网箱养鱼和人工鱼礁(人们有意识地选择一些海底平坦、底质坚硬的地方,投放一些水

① 1 亩≈667m^2

泥块、废船等，日久以后，有些生物就附着在这些沉水物体上，形成新的生态环境，引诱鱼类在该处觅食和产卵等，从而加以捕捞)。

我国内陆水面的面积约3亿亩，淡水渔业资源丰富，有淡水鱼种800种左右，具经济价值的就有250多种，我国的已发展成养殖对象的有青鱼、草鱼、鲢、鳙、鲤、鲫、鳊、鲂、黄颡鱼、黄鳝等70多种。淡水养鱼目前大致可分为池塘养鱼、中小型湖泊养鱼、水库养鱼、稻田养鱼和网箱养鱼5种类型。

二、鱼类资源利用

1. 提供优质的肉食品

鱼的肉味鲜美，是高蛋白、低脂肪、高能量、易消化的优质食品。蛋白质含量明显地高于牛奶、鸡蛋，几乎具备了人类所需全部氨基酸；鱼翅(鲨鱼鳍)、鱼肚(鱼鳔)和鱼唇(鲨皮、鳐的吻软骨)是名贵食品。

2. 提供原料

(1)工业原料。鱼鳞可制成磷光粉、鱼鳞胶、盐酸、磷酸钙肥料等；鲨鱼和鲀类的皮可做成上等皮革制品；通过处理的鱼油，用作生产人造黄油、制取氨基甲酸乙酯和环氧树脂等。

(2)医药原料。含脂率高的鱼肝可制取鱼肝油，精巢可制鱼精蛋白，鱼的胰脏可提取胰岛素，鱼胆是提炼胆色素钙盐的原料，可用作细菌培养剂的胆盐和制造人造牛黄。由深海鱼类压榨取得的鱼油含有高度不饱和脂肪酸，可用于减少胆固醇；从鱼油中提取的二十碳五烯酸(EPA)，可制成治疗脑血栓药物；鲀类的血液和内脏含有河鲀毒素，能麻痹末梢神经和中枢神经，以此制成的河鲀毒素针剂可治疗痉挛、外伤疼痛、神经痛及用于晚期癌症患者的止痛；海马和海龙是传统中药，有滋补、安神、散结、舒筋活络等功效。

(3)动物饲料。鱼的头、骨、刺等废弃物和不堪食用的小杂鱼，常用于生产鱼粉，或者采用生物发酵方式制造液化饲料；鱼粉是猪和禽类养殖的饲料添加剂。

3. 美化环境，控制有害生物

许多鱼被用来观赏；食蚊鱼等小型鱼类吞食孑孓，是蚊子幼虫的天敌，对其数量控制和防止由蚊类传播的脑炎、疟疾和血丝虫病等都有积极的作用。

4. 生态平衡作用

鱼类在食物链中的位置很重要，它们不仅是以植物为食物的初级消费者，而且一些位于食物链末端的大型肉食性鱼类也是一系列食物链中的次级消费者。另外，鱼类本身又是多种鸟、兽食物来源。

思考题

1. 鱼类上、下颌的出现在进化上有何意义？
2. 偶鳍的出现在进化上各有何意义？
3. 区分初生颌和次生颌。
4. 鱼类适应于水生生活的特征有哪些？
5. 试述鱼类鳞片的种类、结构和来源。
6. 简述侧线的结构及其功能。
7. 说明鱼类消化道结构与食性的关系。
8. 简述软骨鱼类和硬骨鱼类鳃的区别。
9. 简述海产硬骨鱼、淡水鱼的渗透压调节方式。

10. 鲤和鲨的脑有何区别?

11. 比较硬骨鱼和软骨鱼的主要区别。

12. 比较鲤形目和鲈形目的主要区别。

13. 何谓洄游? 洄游分为几类?

14. 简述鱼类的经济意义。

第十七章　两　栖　纲

两栖纲 (Amphibia)是由水生过渡到陆生的、原始的、具五指(趾)型附肢的低等四足动物，幼体生活在水中，经变态(metamorphosis)发育为成体后，能生活在陆地潮湿的环境中，生殖过程不能脱离水。

第一节　两栖纲的主要特征

两栖动物初步登陆获得陆栖脊椎动物的一些进步特征，同时具有原始性和不彻底性。其主要特征表现在以下几方面。

(1)皮肤裸露，轻微角质化，腺体丰富，皮肤湿润，利于皮肤呼吸。

(2)头骨扁宽，脑腔狭小，无眶间隔，平颅型脑颅；脊柱分化为颈椎、躯干椎、荐椎和尾椎；出现胸骨；腰带髂骨长，适应跳跃生活；五指(趾)型附肢(pentadactyl limb)的各部可做相对应转动。

(3)肌肉分节现象已不明显，肌隔消失，大部分肌节愈合并经过移位，分化为形状和功能各异的肌肉。

(4)两栖类的呼吸方式分为鳃呼吸、口咽腔呼吸、肺呼吸和皮肤呼吸。成体肺结构简单，皮肤为重要的呼吸器官。

(5)循环系统由单循环演化为不完全的双循环，心脏由二心房一心室组成。

(6)成体肾脏为后位肾，输尿管为吴氏管(Wolffian duct)。雄性输尿管兼有输精功能。膀胱由泄殖腔壁突起形成，称为泄殖腔膀胱，具重吸收水分功能。

(7)卵生，受精卵在水中发育。

(8)大脑由古脑皮、纹状体及新出现的原脑皮(archipallium)构成，大脑半球已完全分开，脑神经 10 对。

(9)感觉器官初步适应于陆栖生活，具内鼻孔和犁鼻器，出现了眼睑、瞬膜和泪腺。中耳由鼓膜、鼓室、耳柱骨、耳咽管构成，声波经扩大后传导到内耳。

第二节　两栖纲的形态结构与功能

一、外形

两栖类的体型可分为蚓螈型、蝾螈型和蛙型。蚓螈型的体型细长，眼及四肢退化，称为无足类，以屈曲身体蜿蜒前行，适宜隐蔽的穴居生活。蝾螈型的四肢短小，尾发达，称为有尾类，匍匐爬行，多终生水栖。蛙型的体型短宽，尾退化，称为无尾类，后肢强健，适合于游泳或跳跃。

身体分为头、躯干、四肢和尾(无尾类除外)4 部分。以蛙类为例，头部三角形，背腹扁平，口宽大，由上、下颌组成，上颌背侧有一对外鼻孔。一对突出的眼，具上、下眼睑，有半透明的瞬膜，潜水时，瞬膜可上移遮盖眼球起到保护作用。眼后有一对圆形鼓膜。部分雄性的咽部有内声囊或外声囊。前肢短小，4 指无蹼，后肢发达，5 趾具蹼。树栖蛙类的指、趾末端膨大为吸盘，适于攀爬吸附。

二、皮肤系统

两栖类的皮肤裸露，富含腺体，鳞退化。最早的两栖类坚头类体表有骨质板，穴居的蚓螈（*Caecilia*）真皮内还保留残余的骨质鳞片。皮肤由表皮和真皮构成。表皮表层的1或2层细胞轻度角质化，角质层（stratum corneum）不发达，在一定程度上防止了水分蒸发。角质层之下为生发层（stratum germinativum），不断产生新表皮细胞，在脑下垂体和甲状腺控制下，角质化表皮定期脱落，由下面的细胞形成新的角质层向外推移（图17-1）。

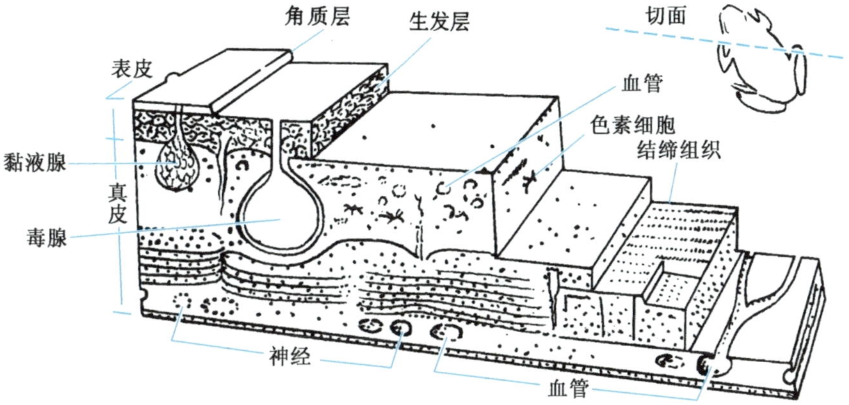

图17-1　皮肤结构模式图（姜云垒和冯江，2006）

表皮衍生大量多细胞构成的泡状腺体，腺体下陷入真皮，并有管道通向表面。黏液使皮肤保持湿润。毒腺多分布在背部，分泌物为白色、黄色或褐色等汁浆，受到威胁时毒液射出。蟾蜍在两眼后方有一对大毒腺，称耳后腺。

真皮层较厚而致密，外层为疏松层（stratum spongiosum），紧贴表皮层，内层为致密层（stratum compactum）。在表皮和真皮中含有色素细胞（chromatophores），内含色素颗粒，有许多指状突起。当色素颗粒收缩聚集时体色变浅，色素颗粒扩展分散到细胞突起中时体色变深。色素细胞包括黑色素细胞、虹膜细胞和黄色素细胞，色素细胞相互配合，构成两栖类的各种体色和色纹。体色的改变受到环境光线和温度及自身内分泌的影响和调节，常形成与环境浑然一体的保护色。

三、骨骼系统

1）头骨　　头骨宽而扁，脑腔狭小，无眶间隔，脑颅属于平颅型。数块骨片丢失或愈合，骨化程度较低，头骨质量减轻。颌弓与脑颅的连接为自接型，即颅骨通过方骨与下颌连接，为陆生脊椎动物的共同特征（图17-2）。

2）脊柱　　脊柱分为颈椎（cervical vertebra）、躯干椎（trunk vertebra）、荐椎（sacral vertebra）、尾椎（caudal vertebra）（图17-2）。低等种类为双凹型椎体，高等种类为前凹型椎体（procoelous centrum）或后凹型椎体（opisthocoelous centrum）。首次出现了一枚颈椎和一枚荐椎。颈椎的出现使头部有了上下运动的可能性，荐椎通过与腰带的髂骨（ilium）连接，使后肢获得较为稳固的支持。尾椎在无尾类愈合成棒状的尾杆骨（urostyle）。脊椎骨的数目在不同类群中差别较大。

3）带骨　肩带不与头骨相连，腰带借荐椎与脊柱连接，这是四足动物与鱼类的显著区别。肩带未与头骨直接相连，增加了头部运动灵活性，也加大了前肢的活动范围。无尾类的肩带由乌喙骨（coracoid）、肩胛骨（scapula）、上肩胛骨（supra scapula）、上乌喙骨（epicoracoid）、锁骨（clavicle）组成，会合处构成肩臼（glenoid fossa），与前肢骨相关节（图 17-3）。左右侧的上乌喙骨在腹部相互重叠，称为弧胸型（arciferous）肩带。左右侧的上乌喙骨在腹中线相互平行愈合在一起，称为固胸型（epicoracoid）肩带。首次出现胸骨（sternum），与上乌喙骨相连。腰带由髂骨、坐骨（ischium）、耻骨（pubis）组成骨盆，形成髋臼（acetabulum），与股骨形成髋关节。

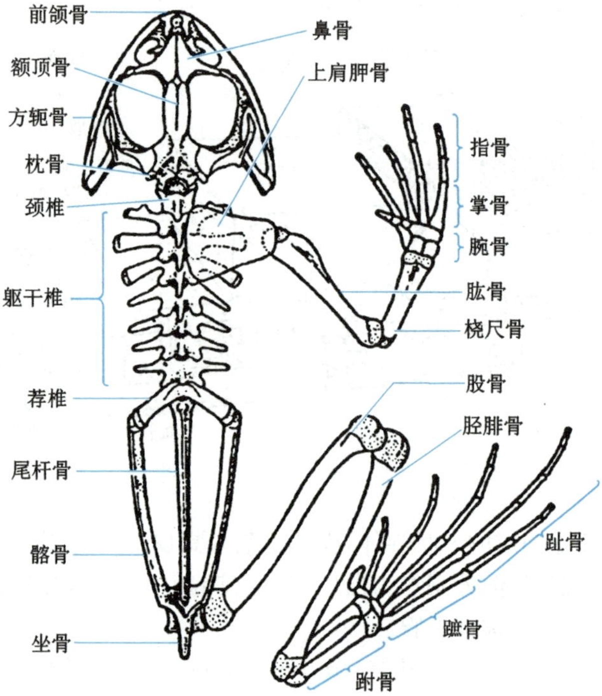

图 17-2　两栖类的骨骼系统（仿 Chapman，1982）

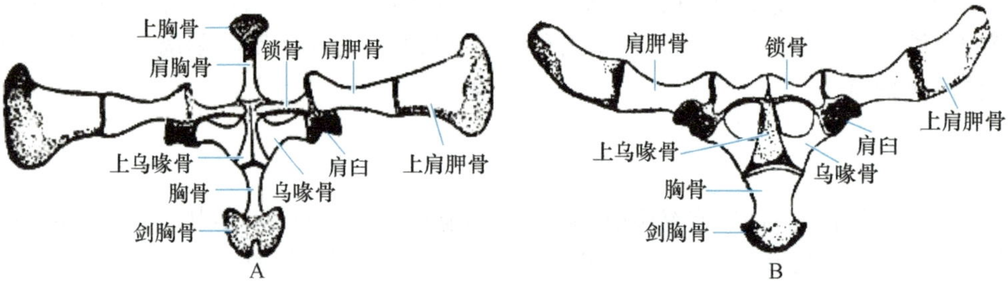

图 17-3　两栖类的肩带（仿杨安峰，1992）

A. 固胸型肩带；B. 弧胸型肩带

4）五指（趾）型四肢　四肢位于躯干侧面，不能使身体完全抬离地面，运动受限。前肢骨由肱骨（humerus）、桡尺骨（radioulna）、腕骨（carpus）、掌骨（metacarpus）和指骨（digital bone）组成。后肢骨包括股骨（femur）、胫腓骨（tibiofibula）、跗骨（tarsus）、蹠骨（metatarsals bone）、趾骨（digital bone）（图 17-2）。

四、肌肉系统

无足类和有尾类部分肌肉保留原始分节现象，适应于躯体收缩摆动的运动方式，在无尾类仅轴下肌的腹直肌保留分节现象。

随着五指(趾)型四肢的出现，形成了复杂的附肢肌，使得附肢各节段可做屈腕、伸指、前臂转动等活动。后肢的肌肉比较发达，爬行或跳跃能力增强(图 17-4)。

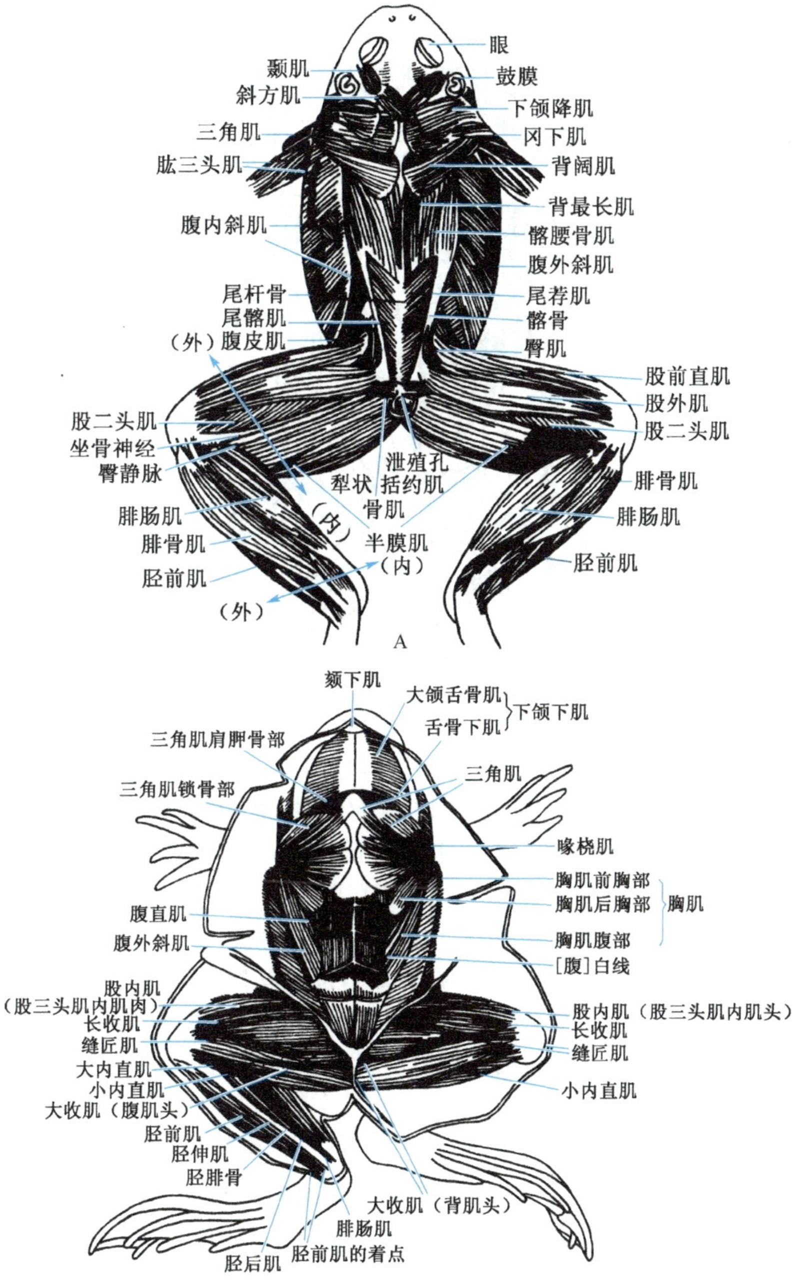

图 17-4　两栖类的肌肉系统(仿 Young，1981)

A. 背面观；B. 腹面观

五、消化系统

消化系统分为消化管和消化腺。消化管包括口、口咽腔、食管、胃、小肠(十二指肠、回肠)、大肠(直肠)、泄殖腔、泄殖腔孔(图 17-5)。

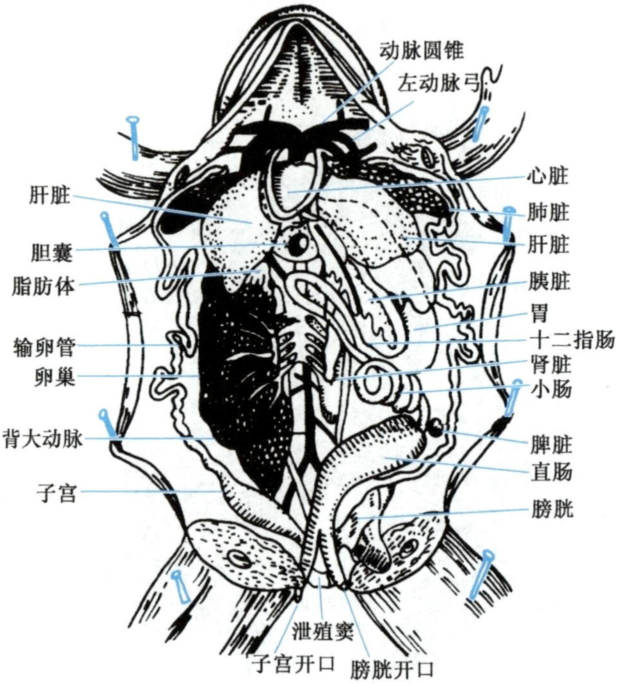

图 17-5 蛙的内部解剖(郝天和,1959)

1)口腔及咽部　两栖类口腔和咽分界不明显,称为口咽腔。口咽腔除齿、舌、口腔腺外,还有内鼻孔、耳咽管孔、喉门(声门)和食管的开口,分别通向鼻腔、中耳、呼吸道和消化道,有些雄性无尾类口腔内有单个或成对的声囊开口。无足类的颌缘有 1 或 2 排单尖形的颌齿,无尾类无颌齿或仅有上颌齿。口腔顶部的犁骨上有两簇细小的犁骨齿。舌由舌骨和舌肌构成,无尾类的舌是柔软的肌肉质,活动性强,舌根固着于口腔底部的前端,舌尖游离朝向咽喉部,舌尖分叉(蛙)或不分叉(蟾蜍)。捕食时,舌尖翻出粘住昆虫等食物。舌面有乳头状小突起以适应捕食。蛙的口腔内有颌间腺(intermaxillary gland),位于口腔顶壁的前颌骨和鼻囊间,分泌物不含消化酶,仅湿润食物。蛙的眼球与口腔间没有骨片相隔,吞咽食物时,眼肌收缩使眼球向口腔内压入,帮助食物下咽。口腔后端有两个开口,前面的开口通气管,为喉门(glottis);后面为食管的开口。

2)胃及肠　胃为肉质囊状,位于体腔左侧,以贲门(cardia)连接食管,以幽门(pylorus)连接十二指肠,有括约肌控制幽门的启闭。胃有很强的伸缩性。胃壁黏膜层里含有大量管状的胃腺,胃液里含有盐酸和胃蛋白酶。肠分为小肠和大肠两部分。小肠分为十二指肠(duodenum)、回肠(ileum),功能是消化食物和吸收营养。大肠粗短,又称直肠(rectum),通泄殖腔。肠的长度和食性有关,成体蛙的食物多以昆虫为主,肠仅为体长的 2 倍,而植食性的蝌蚪肠可达体长的 9 倍。

3)消化腺　肝脏(liver)位于体腔前端,暗棕色,左、右叶大,中间叶小。胆囊(gall bladder)位于肝脏的背面左、右叶之间,绿色,以胆总管通入十二指肠。胰脏(pancreas)位于胃和十二指肠之间的系膜上,为狭长不规则的叶状,淡红色,胰液经过胰管进入胆总管汇合后通入十二指肠。

六、呼吸系统

两栖类的呼吸方式分为鳃呼吸、口咽腔呼吸、肺呼吸和皮肤呼吸。

1)鳃呼吸　幼体营鳃呼吸,幼体的头部具有 3 对羽状外鳃(external gill),外鳃随同幼体发育被鳃盖遮掩逐渐消失,或者被内鳃(internal gill)所代替。变态登陆后由咽部长出一对肺。中国大鲵在幼体阶段除具内鳃外,还有 3 对外鳃。

2)口咽腔呼吸　通过口腔底部的上下运动完成呼吸。外鼻孔先张开,喉门紧闭,口底下降,空气由外鼻孔吸入口腔。口底上升,将空气经原路由外鼻孔呼出,只在口咽腔黏膜进行气体交换,称为口咽腔呼吸(buccophryngeal respiration)。

3)肺呼吸　成体的呼吸系统包括鼻、口腔、喉气管腔(laryngo-tracheal chamber)和肺(图 17-6)。肺是一对中空薄壁盲囊,位于心和肝的背侧。肺囊内壁被网状隔膜分隔成许多蜂窝状小室,称为肺泡(alveolus)。囊壁毛细血管丰富。肺表面积与皮肤表面积的比例远低于高等脊椎动物。左右两肺在喉头处会合成粗短的喉气管腔,以狭小的裂缝开口于咽部形成喉门。喉气管腔由一环状软骨(cricoid cartilage)和一对杓状软骨(arytenoid cartilage)支持。喉门两侧各有一褶膜,称为声带(vocal cord),气体出喉门振动声带而发声。口咽腔呼吸时喉门紧闭,经过口腔底部多次颤动升降后,外鼻孔关闭,口底上升,喉门开启,空气从口腔入肺进行气体交换,即肺呼吸(pulmonary respiration),随后腹肌收缩,口底下降,加上肺囊自身弹性回缩,肺内气体被挤入口腔,经鼻孔呼出。

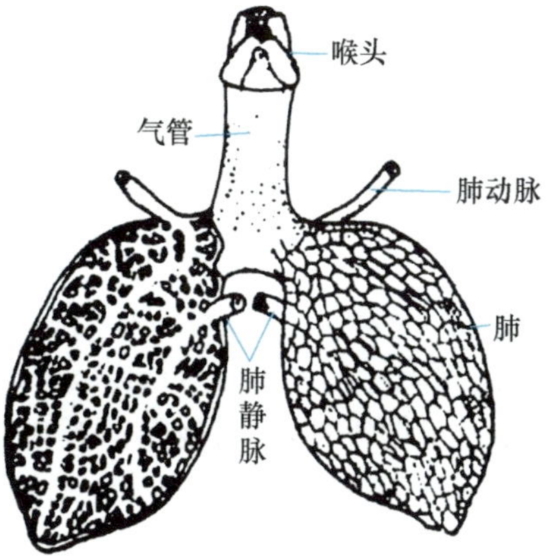

图 17-6　蛙的呼吸系统

4)皮肤呼吸　两栖类皮肤湿润,角质化程度低,皮下血管丰富。皮肤呼吸在特定生理状况下或特定种类成为两栖类的重要呼吸方式。例如,在冬季蛰眠期中皮肤呼吸至关重要,美洲和地中海地区无肺螈科(Pleurodontidae)的树螈(*Aneides lugubris*),无鳃无肺,凭借分布在皮肤和口腔黏膜下的大量血管进行呼吸。

七、循环系统

从两栖类开始,血液循环可分为体循环和肺循环,但因心室没有分隔,循环方式为不完全的双循环。循环系统包括血管系统和淋巴系统。血管系统包括心脏、动脉、静脉和毛细血管。

1)心脏　幼体的心脏是一心房一心室。成体的心脏位于围心腔内,由静脉窦、左右心房、心室、动脉圆锥组成(图 17-7)。静脉窦呈三角形,位于心脏的背面,前面两角分别连接左、右前大静脉,后面连接后大静脉。左心房接受由肺静脉返回的多氧血,右心房以窦房孔与静脉窦相通接受由体静脉运回的少氧血。心室具有肌肉质的厚壁,壁上有肌肉质柱状皱褶。动脉圆锥位于心室腹面右侧,有 3 个半月瓣(valvula semilunaris)与心室相接,防止血液回流,动脉圆锥内有一纵行的螺旋瓣，由动脉圆锥发出 2 条动脉干。

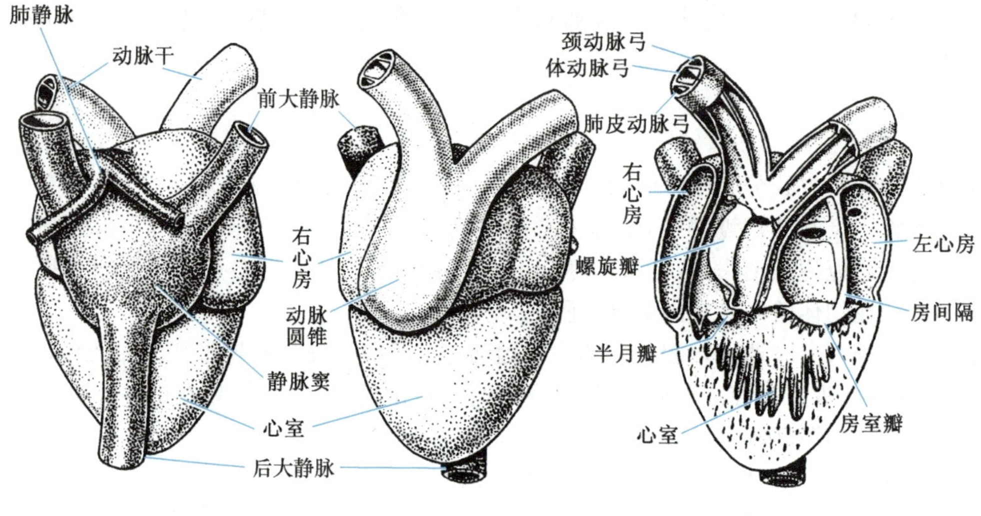

图 17-7 蛙的心脏（仿周本湘，1956）

A. 背面观；B. 腹面观；C. 内部结构

2）动脉　　动脉圆锥向前延伸出左、右 2 支动脉干，每支动脉干分出颈动脉弓（carotid arch）、体动脉弓（systemic arch）和肺皮动脉弓（pulmocutaneous arch）3 对动脉弓。颈动脉弓分为内颈动脉（internal carotid artery）及外颈动脉（external carotid artery），前者运送血液至脑、眼及上颌等处，后者运至下颌和口腔壁。在内、外颈动脉的分叉处有压力感受器，监测动脉的血压，称为颈动脉腺（carotid gland）。当动脉血压降低时，颈动脉腺发出兴奋传导到延脑的心血管调整系统。

两栖动物心脏内血液的分流：心脏收缩时，静脉窦首先收缩，将少氧血压入右心房。然后左、右心房同时收缩，来自左、右心房的多氧血和少氧血分别注入心室的左侧和右侧，于是心室内左侧为多氧血，右侧为少氧血，中间为混合血，心室内肌肉质柱状皱褶可以减少多氧血和少氧血的混合。心室收缩从右侧开始，心室右侧的少氧血首先被压入动脉圆锥，随动脉圆锥的收缩而转动，将心脏发出的含氧量不同的血液分配到不同的血管中。由于肺皮动脉出口最低，阻力最小，少氧血首先进入肺皮动脉；心室中部的混合血进入动脉圆锥，动脉圆锥收缩，螺旋瓣向左偏，关住肺皮动脉孔，混合血进入体动脉；最后心室左侧的多氧血进入颈动脉，使多氧血进入头部的颈动脉。但是两栖动物的呼吸方式是多种多样的，尤其是皮肤呼吸占有重要的作用，在冬眠时甚至是唯一的气体交换方式，而皮肤呼吸的多氧血是经锁骨下静脉、前大静脉返回静脉窦，已经是混合血，另外经 X 射线透视观察蛙血液循环，证明左、右心房的血液均可流入心室的各部分。因此，在肺皮动脉、体动脉、颈动脉中均是混合血。

左、右体动脉弓弯向背侧，分出锁骨下动脉（subclavian artery）至肩部、前肢及食管等处，两大体动脉弓汇合成一条背大动脉向后发出分支到各脏器，背大动脉主干分为两支进入后肢。

左、右肺皮动脉弓各分为两支，一支是肺动脉(pulmonary artery)，在肺壁上分散成毛细血管网，另一支为皮动脉(cutaneous artery)，通入皮肤散成毛细血管网(图 17-8)。

图 17-8　蛙的动脉系统(王所安，1960)

3)静脉　　一对肺静脉(pulmonary vein)收集经肺气体交换后的血液，左、右肺静脉合并流入左心房。体静脉分为前大静脉和后大静脉，来自头部和前肢的血液经外颈静脉(external jugular vein)、内颈静脉(internal jugular vein)和锁骨下静脉(subclavian vein)汇入前大静脉(precava vein)。后大静脉(postcava vein)接受来自肾静脉(renal vein)、生殖静脉(genital vein)和肝静脉的血液。门静脉包括肝门静脉和肾门静脉。肝门静脉收集来自消化道、胰、脾等处的血液，与腹静脉合流进入肝脏，经肝脏汇集成肝静脉通后大静脉。肾门静脉(renal portal vein)接受来自臀静脉(sciatic vein)和股静脉(femoral vein)的血液，两支血管汇合在肾脏散成毛细血管，汇集成肾静脉通后大静脉(图 17-9)。

4)淋巴　　出现较完整的淋巴系统，由淋巴管(lymphatic vessels)、淋巴腔和淋巴心等构成。淋巴系统遍布皮下组织。血液在毛细血管内流动时，部分血浆透过血管壁到组织间隙渗出的无色透明液体称为淋巴液(lymph)。淋巴液供给组织营养，收集代谢废物。淋巴管是输送淋巴液的管道，淋巴液经淋巴管再回流血管。淋巴腔由淋巴管膨大形成，遍布全身，以皮下最丰富；淋巴心能搏动，以助淋巴液汇入静脉。无尾类有两对淋巴心，无足类多达百余对。无尾类的前淋巴心(lymph heart)位于肩胛骨下、第三椎骨横突的后方，后淋巴心位于尾杆骨末端两侧。

脾脏属于淋巴系统，暗红色圆球状位于肠系膜上，具有吞噬衰老的红细胞，产生新的白细胞的功能。

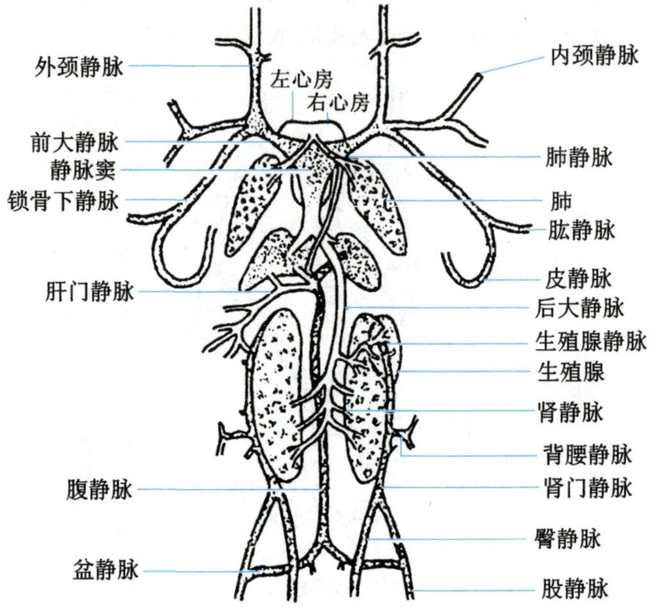

图 17-9 蛙的静脉系统(王所安,1960)

由于两栖类为不完全的双循环,血液中的多氧血和少氧血不能完全分开,组织细胞中物质的氧化效率低,缺乏完善的体温调节机制,体温在很大程度上随环境而变化,属于变温动物。但两栖类在行为上能避开不利环境。例如,夏季过热时钻入地下进行夏眠;严寒的冬季蛰眠,此时其新陈代谢水平极低,也是对陆生生活的适应。

八、排泄系统

排泄器官包括肾脏和皮肤等,胚胎时期为前肾,成体属后位肾,是最主要的排泄器官。无足类的肾脏是一对暗红色椭圆形分叶器官,位于体腔后方的脊柱两侧。各连接一条输尿管(ureter)通泄殖腔。无尾类有一个薄壁膀胱,由泄殖腔的腹壁突出形成,称泄殖腔膀胱(cloacal bladder)(图 17-10,图 17-11)。肾小球的滤过功能较强,每天滤过的水分达自重的 1/3。肾小管对水的重吸收作用小,膀胱可对水分进行重吸收。尿液经输尿管到达泄殖腔,因括约肌收缩,泄殖腔孔一般呈关闭状态,尿液由泄殖腔流入膀胱。当膀胱内充满尿液时,膀胱受压,泄殖腔孔张开,将尿液排出体外。雄体肾脏的部分肾小管与输精小管相连通,兼有输尿和输精的作用。

肾脏还有调节体内水分平衡和维持渗透压稳定的作用。生活于淡水中的两栖类,外界渗透压低,水分大量渗入体内,必须依靠肾脏泌尿,排除体内的过量水分。

九、生殖系统

雄性一对精巢位于肾脏腹侧。形状各异,蛙为卵圆形,蟾蜍为长柱形,蝾螈呈分叶状。精液(semen)经输精小管和与之相连的肾小管从输尿管进入泄殖腔排出体外,因此输尿管兼作输精管之用。无尾类在繁殖期间,输精尿管的末端膨大成储精囊。雄性仍保留着细小的输卵管,为退化的米氏管(图 17-10)。

雌性一对卵巢以卵巢系膜悬于体腔中。一对输卵管位于体腔两侧，输卵管向前以漏斗口开口于肺基部，向后通于泄殖腔。成熟的卵进入腹腔，通过体腔液流动、腹肌的收缩及腹腔膜上纤毛的活动使卵进入输卵管前部的漏斗，卵沿输卵管下行，沿途被管壁分泌的胶状物包裹，形成卵胶膜，到达由输卵管扩大形成的子宫内暂时储存，交配时经泄殖腔排出体外。多为体外受精，少数体内受精(图 17-11)。

图 17-10 雄蛙的排泄和生殖系统
(仿 Romer and Parsons，1977)

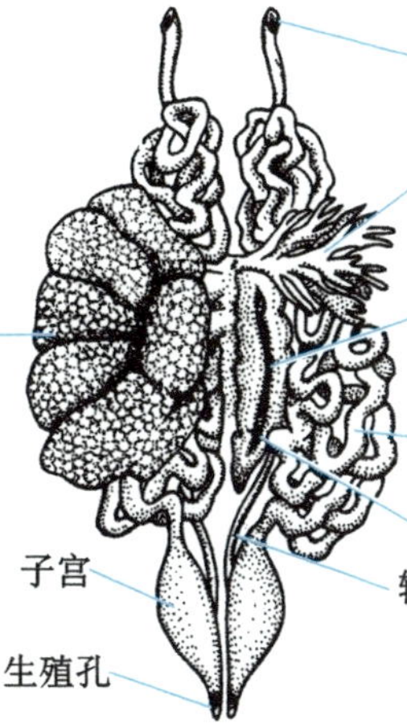

图 17-11 雌蛙的排泄和生殖系统
(仿 Romer and Parsons，1977)

生殖腺的前方有黄色指状的脂肪体，冬眠前体内储存能量脂肪体较大。繁殖期集中于春夏季节。抱对(amplexus)是无尾类繁殖的一个重要行为，持续 6～8h，甚至可达数日，能刺激两性同步排精产卵提高受精率。卵的大小、颜色和形状各异，大鲵的卵带念珠状，蟾蜍的卵长条状，雨蛙的卵聚成团块状。无尾类的卵从受精到发育成幼体经过 4～5d，极北小鲵需要 17～19d。

十、神经系统

两栖类的脑分大脑、间脑、中脑、小脑和延脑 5 部分，分化程度不高，仍位于同一平面上，处于陆生脊椎动物的较低级水平。大脑向前延伸成两个嗅叶，两嗅叶在正中线处左右相连。大脑具左、右两半球，半球之间以矢状裂相隔。左、右侧脑室已完全分开(以室间孔相通)，侧脑室向前一直伸展到嗅叶中，向后与间脑内的第三脑室相通。大脑半球腹部和侧面保留着古脑皮，有零星的神经细胞位于顶部，称原脑皮，主要作用是司嗅觉。间脑顶部为薄膜状，有不发达的松果体，松果体的内腔与第三脑室相通。间脑侧壁加厚，称视丘或丘脑(thalamus)。由视交叉、脑漏斗及脑垂体组成的丘脑下部(hypothalamus)位于视丘的前下方。中脑顶部为一对圆形的视叶，是视觉中心和神经系统的高级中枢，腹面有增厚称大脑脚(cercbral peduncle)(图 17-12)。小脑不发达，延脑有三角形的第四脑室。延脑与脊髓相连。脊髓除有背正中沟外，还首次出现了脊椎动物特有的腹正中裂。脊髓在颈部和腰部有两个膨大部分，分别为颈膨大和腰膨大。脑神经 10 对。脊神经因动物类别差异较大。部分脊神经集合成臂神经丛和腰荐神经丛，分别支配前、后肢。无尾类的植物性神经系统发育完善。脊柱两侧有一对纵行的交感神

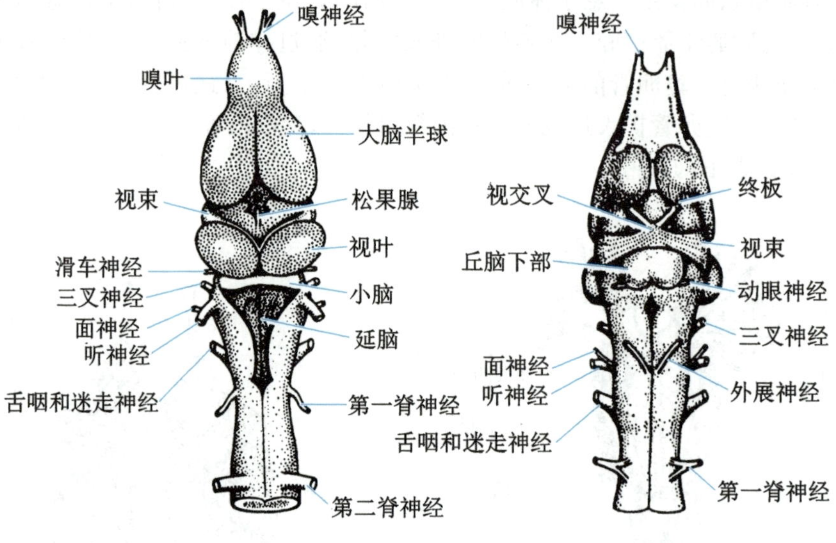

图 17-12 蛙类的脑(仿 Romer and Parsons,1977)

A. 背面观;B. 腹面观

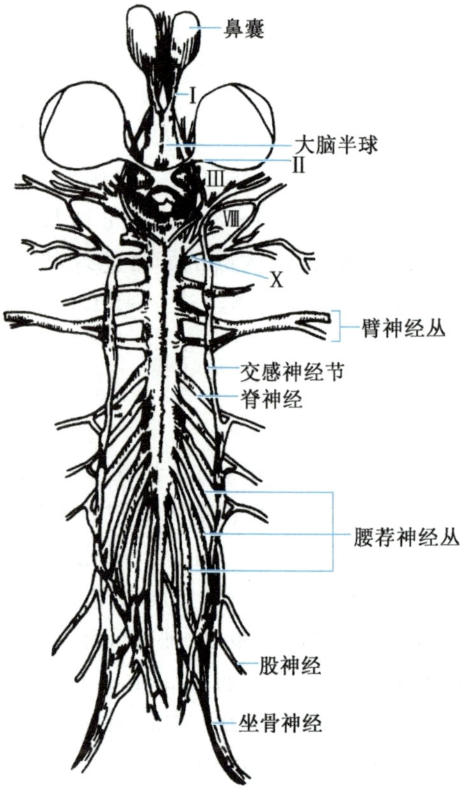

图 17-13 蛙的脊神经及植物性神经系统

(刘凌云和郑光美,1997)

经干,连接交感神经节,神经节发出神经分布到内脏各器官。副交感神经出现于中枢神经的前段和后段。内脏器官同时接受交感神经和副交感神经的支配,并以其拮抗作用维持正常的生理功能(图 17-13)。

十一、感觉器官

1)侧线器官　　两栖类的幼体具侧线,由感觉细胞形成的神经丛组成。变态后侧线消失,中国大鲵成体保留侧线。

2)视觉器官　　有尾类的眼小,角膜与皮肤愈合,眼睑不能活动,无泪腺。无尾类的眼位于头背,具有较为广阔的视野范围。蛙的眼球角膜凸出。蛙的上眼睑不能活动,眼的闭合靠眼球的下陷,下眼睑上推盖住眼球。瞬膜是眼睑内侧的半透明皮褶,覆盖和湿润角膜。泪腺(lachrymal gland)和哈氏腺(Harderian gland)分泌油性物质润滑眼球。无尾类的晶体背面有一块晶体牵引肌,收缩时改变晶体的位置和弧度,调整成像焦距。在脉络膜和晶体之间还有辐射状排列的脉络膜张肌,协助晶体牵引肌调节视觉(图 17-14)。

3)听觉器官　　内耳球状囊的后壁已分化出雏形的瓶状囊[听壶(lagena)],能感受声波,内耳首次具有听觉功能。鼓膜位于皮肤表面，首次出现中耳(middle ear)，中耳腔又名鼓室(tympanic cavity)，腔内有一枚棒状耳柱骨[听骨(columella)]，外端连接鼓膜内面的中央，内端紧贴内耳外壁的卵圆窗，将鼓膜所感受的声波传入内耳产生听觉。耳咽管(eustachian tube)连接中耳腔与口腔，空气进入中耳，使鼓膜内外压力平衡，防止鼓膜因剧烈声波冲击而受损。无足类无中耳腔，有发达的耳柱骨，耳柱骨外端与鳞骨相关节，通过颌骨可将声波的振动传到内耳。卵圆窗外还有一块平板状的盖骨(operculum)，通过盖骨肌连接肩带，地面的振动可通过附肢、盖骨肌和盖骨达到内耳(图 17-15)。

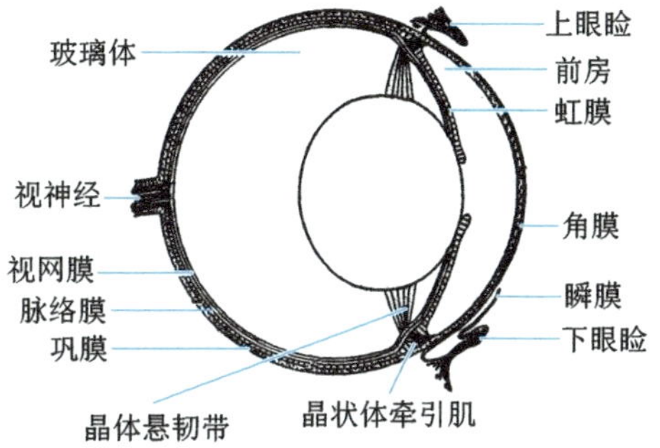

图 17-14　蛙眼的结构(仿 Chapman，1982)

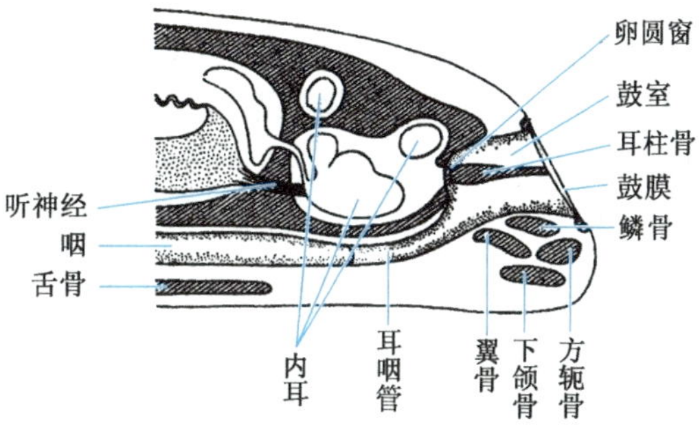

图 17-15　蛙耳的结构(仿 Chapman，1982)

4)嗅觉器官　出现陆生动物的两个特化结构，内鼻孔和犁鼻器。内鼻孔位于口腔顶部，鼻腔既有嗅觉机能又是空气进出的通道；犁鼻器(vomeronasal organ)是鼻腔腹外侧的一对盲囊，感知进入口腔的空气或物体的化学性质。两栖动物的鼻腔内壁有皱褶状的嗅黏膜，嗅黏膜上的嗅神经可通至嗅叶，产生嗅觉。

第三节　两栖纲的分类

两栖纲有 3 目、40 科、400 余属、5700 多种。我国共有两栖纲 3 目、11 科、51 属、320 多种。

一、无足目(Apoda 或 Gymnophiona)

为两栖类中极端特化的原始种类，长圆柱状体形，无四肢，尾极短。体表有环溢纹，形似蚯蚓。穴居生活，富黏液腺，黏液在运动过程中起润滑作用。眼退化，无眼睑。在眼和外鼻孔之间的特殊凹陷中有能收缩的触角，感觉灵敏，有助于钻穴活动。听觉器官中无鼓膜，听神经退化，嗅觉发达。头骨骨片大而少，有残留脊索。肋骨发达，无胸骨。体内受精，雄性的泄殖腔能向外突出，起交配器的作用，将精液输入雌体内。幼体有鳃，成体有肺，以皮肤呼吸为主。

除具特化性特征外，还有一系列原始性特征。真皮中有退化的骨质鳞，可视为古代坚头类体表鳞甲的痕迹。椎骨为双凹型，无胸骨和荐椎。房间隔发育不完全。

本目共 6 科，约 160 种，分布于热带地区。我国仅有鱼螈科，鱼螈属 2 种，版纳鱼螈(*Ichthyophis bannanicus*)分布于云南西双版纳、广东、广西；双带鱼螈(*I. glutinosus*)仅分布于云南盈江、广西(图 17-16)。

二、有尾目(Caudata 或 Urodela)

成体分头、躯干、尾和四肢。富含皮肤腺，无鳞。脊椎骨数量多达 100 块。椎体双凹型、后凹型，具肋骨和胸骨，带骨软骨成分多，肩带左右乌喙骨不直接相接，无锁骨；髂骨短，耻骨、坐骨连成平板状。有些种类终生具鳃。绝大多数为卵生，少数卵胎生（图 17-16）。

1）隐鳃鲵科（Cryptobranchidae） 有 2 属 3 种，即隐鳃鲵属的美洲隐鳃鲵（*Cryptobranchusalleganiensis*）及大鲵属的大鲵（*Andrias davidianus*）和日本大鲵（*A. japonicus*）。我国 1 属 1 种，即大鲵，身体最大可达 1.8m；身体扁圆形，头大平扁，尾部侧扁；终生生活在活水中，成体具鳃裂；体侧有皮肤褶皱以增加皮肤面积，前肢 4 趾，后肢 5 趾；有耳柱骨；椎体双凹型；眼小，无活动眼睑；分布于长江流域、黄河、珠江中下游的支流中，为国家Ⅱ级重点保护动物。

2）小鲵科（Hynobiidae） 身长不超过 300mm，具活动性眼睑，皮肤光滑。犁骨齿呈“U”形，排列成左、右两短列。椎体双凹型，体外受精。陆栖种类生活于海拔 120～1800m 林间潮湿的草丛、洞穴中，繁殖季节进入溪流配对产卵；水栖的生活于海拔 1000～4400m 水质清澈的山溪内。我国已知 8 属 20 种，如东北小鲵（*Hynobius leechii*）、中国小鲵（*H. chinensis*）。

3）蝾螈科（Salamandridae） 蝾螈体长不超过 230mm，皮肤光滑或有瘰疣，犁骨齿两长列，呈“八”形，四肢较发达，前肢 4 指，后肢 4 或 5 趾；有肺；椎体多为后凹型；体内受精，雌螈将雄螈排出的精包纳入泄殖腔。我国已知 5 属 19 种，如东方蝾螈（*Cynops orientalis*）、细痣疣螈（*Tylototriton asperrimus*）。

图 17-16 无足目、有尾目代表种类

三、无尾目（Anura 或 Salientia）

成体宽短，分头、躯干、四肢，成体无尾。皮肤裸露富含腺体。具活动的下眼睑及瞬膜。舌后端多游离，可翻出摄食。鼓膜显著或隐于皮下，中耳完备，胸骨发达，椎骨前凹或后凹，具尾杆骨，四肢发达（图 17-17）。

1）盘舌蟾科（Discoglossidae） 盘状舌，不能伸出。上颌具齿，犁骨齿 2 团位于内鼻孔间或两横列位于腭骨间。第 2～4 脊椎骨，具肋骨，椎体后凹型，弧胸型肩带。产婆蟾属（*Alytes*）生活于陆地上，因具将卵背在身后的习性而得名。我国仅有铃蟾属 5 种，如东方铃蟾（*Bombina orientalis*）。

2）锄足蟾科（Pelobatidae） 皮肤光滑或有疣粒，舌端游离，微有缺刻，上颌具齿。椎体前凹型或双凹型，肩带弧胸型，无肋骨。有 80 余种，分布于欧洲、非洲西北部、亚洲和北美洲。我国已知 8 属 71 种，如峨眉髭蟾（*Vibrissaphora boringii*）。

3）蟾蜍科（Bufonidae） 皮肤角质化程度高，耐旱能力较强。身体宽短粗壮，具耳后腺，由其分泌物加工的药材即蟾酥。头骨骨化程度高，上、下颌及犁骨上无齿。舌端不分叉，可自

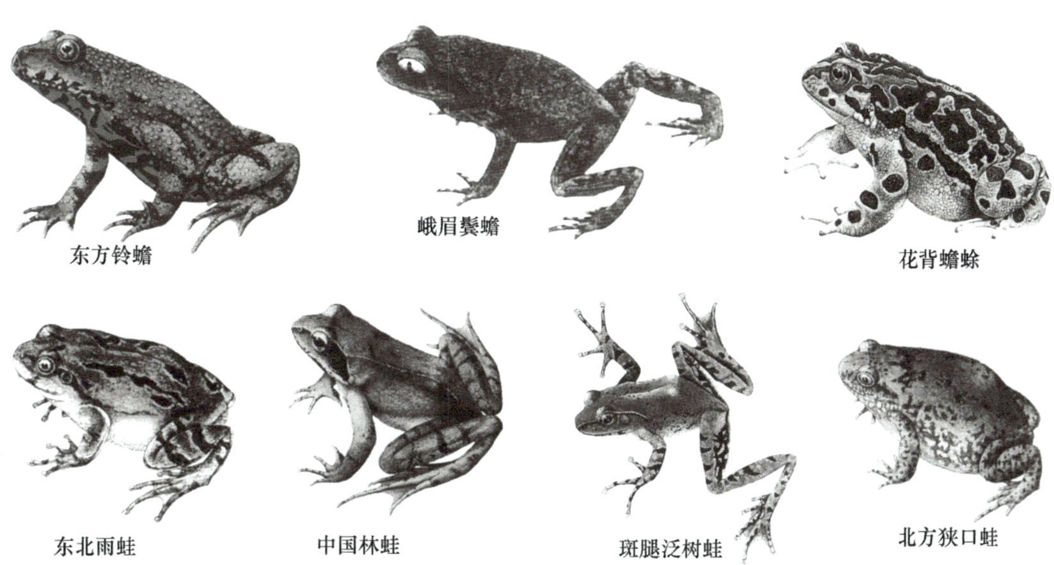

图 17-17 无尾目的代表

由翻出口外。耳柱骨有或无。肩带弧胸型,椎体前凹型,荐椎横突宽大,无肋骨。我国已知 3 属 19 种,如中华蟾蜍(*Bufo gargarizans*)和花背蟾蜍(*B. raddei*)等。

4)雨蛙科(Hylidae) 个体较小,背面皮肤光滑。椎体前凹型。指(趾)端膨大为指(趾)垫(pad),指、趾端有吸盘。肩带弧胸型,头骨骨化程度较弱,具齿,有耳柱骨。多生活在灌丛,白天匍匐在叶片上,晨昏活动频繁。我国仅雨蛙属 9 种,如东北雨蛙(*Hyla japonica*)。

5)蛙科(Ranidae) 皮肤光滑。上颌具齿,且有犁骨齿。舌端分叉,能自由活动。瞳孔多横置,肩带固胸型。我国已知 12 属 117 种,如中国林蛙(*Rana chensinensis*)、黑斑蛙(*R. nigromaculata*)、虎纹蛙(*Hoplobatrachus tigerinus*)。

6)树蛙科(Rhacophoridae) 指、趾末端膨大成吸盘,指、趾末两节间有间介软骨,指、趾间具半蹼,肩带固胸型。树蛙卵常黏附在水边草上或树枝叶上。我国已知 6 属 46 种,如斑腿泛树蛙(*Polypedates leucomystax*)。

7)姬蛙科(Microhylidae) 个体小,口小,头狭而短。上颌无齿,多数无犁骨齿,有耳柱骨,舌不分叉。胸骨小,固胸型肩带。多数陆地生活,少数穴居或水栖生活。我国已知 4 属 15 种,如北方狭口蛙(*Kaloula borealis*)。

第四节 两栖纲的起源与演化

两栖类的起源可追溯到距今 3.5 亿年至 4 亿年的晚泥盆纪。气候潮湿温热,出现了羊齿植物、木贼类植物,枝叶落入水中腐烂,致使水中氧气减少。同时海平面下降,河流与湖泊周期性地干旱,鱼类因缺氧和干旱而死亡。而具有内鼻孔和肉质偶鳍能在陆上爬行的古总鳍鱼(*Crossopterygii*),迁移到有水的环境中得以生存。经过长期的适应与进化,鳍演变成四肢,肺呼吸代替鳃呼吸,最终演变成最早的两栖动物。

鱼石螈(*Ichthyostega*)是最早的两栖类化石,身长约 1m,头骨被膜原骨覆盖,有带鳍条的鱼尾和鳃盖骨,骨片的数目和排列与古总鳍鱼极为近似,体表覆以小鳞片。具有迷路齿(labyrinthodont tooth),具五指(趾)型四肢(骨片排列与总鳍鱼的偶鳍相似),鱼石螈肩带与头骨不直接连接，头部已能活动。

鱼石螈分化出来的古生代两栖类，头骨由膜原骨形成的完整骨板所覆盖，总称为坚头类(*Stegocephalia*)。在石炭纪和二叠纪，坚头类迅速辐射适应，分为两大类：迷齿类(*Labyrinthodontia*)和壳椎类(*Lepospondyli*)。鱼石螈是迷齿类中最早的代表。迷齿类是古生代两栖类的系统演化的主干。四足脊椎动物是由迷齿类演化而来。壳椎类是两栖类进化过程中的一个分支，出现于石炭纪早期，灭绝于三叠纪。

第五节 两栖纲的经济意义

一、珍稀种类

我国现有国家Ⅱ级重点保护两栖动物7种，即大鲵、镇海棘螈(*Echinotriton chinhaiensis*)、细痣疣螈、贵州疣螈(*Tylototriton kweichowensis*)、大凉疣螈(*T. taliangensis*)、红瘰疣螈(*T. verrucosus*)、虎纹蛙，占我国两栖动物总数的2.2%。大鲵是较为原始的两栖动物，分布于长江、黄河、珠江上游支流的山间溪流中。镇海棘螈为我国特有种，仅见于浙江，分布面积不足10km²。疣螈类分布于云南和广西、海南。虎纹蛙主要分布于四川、云南、海南等地。中国物种红色名录对两栖动物的生存现状评估指出绝灭1种，即滇池蝾螈(*Cynops wolterstorffi*)，占我国两栖动物总数的0.31%；受威胁物种128种，包括极危11种、濒危23种、易危94种，占我国两栖动物总数的39.9%。我国特有的两栖动物有190多种，如川北齿蟾(*Oreolalax chuanbeiensis*)、峨眉髯蟾(*Vibrissaphora boringii*)、六盘齿突蟾(*Scutiger liupanensis*)等，约占我国两栖类总种数的66.7%，这些动物资源在研究两栖动物区系演化、进化和地理变迁的关系方面具有重要价值。

二、生态环境资源

大多数两栖动物对人类有益。狭口蛙善于挖土钻穴，捕食白蚁及地下害虫。中华蟾蜍的捕食量是蛙类的2倍以上，在夏季3个月就能捕食万只害虫。两栖类捕食的昆虫，多为食虫鸟类白天无法捕食到的害虫。

三、药用资源

《本草纲目》中就有利用两栖动物防病治病的记载，药用两栖类有30余种。蟾酥是蟾蜍属动物皮肤腺分泌物的干制品，具有解毒、消肿、止痛、强心等作用，如六神丸、喉症丸等，疗效显著。蛤士蟆油是东北产雌性中国林蛙的输卵管，具有补肾益精、润肺养阴的功效。

四、食用资源

目前食用的两栖类有40余种，主要有黑斑蛙、虎纹蛙、大鲵、棘蛙、山溪鲵、巫山北鲵等，尤其是大鲵肉质细白，味清淡而鲜美，营养丰富，具滋补强壮、补气之效。

五、实验和观赏资源

蛙和蟾蜍作为教学、科研、医药卫生等方面的实验材料，广泛适用于解剖、遗传、胚胎发育等实验研究中。动物园和博物馆饲养两栖动物或制成标本供人们观赏和普及科学知识。

思考题

1. 两栖类对陆地生活的适应有哪些完善和不完善之处？
2. 以蛙的个体生活史说明四足类的系统发育。
3. 区别弧胸型肩带和固胸型肩带。
4. 蛙的心脏和血液循环路线的特点是什么？
5. 蛙的皮肤适应水、陆两栖生活的特点是什么？
6. 简述两栖动物的呼吸系统的特点。
7. 简述两栖动物神经、感觉器官的特点。
8. 两栖类的主要类群、代表动物和主要特点是什么？
9. 试述四足类的起源。
10. 简述两栖动物的经济意义。

第十八章 爬 行 纲

爬行纲(Reptilia)是体被甲或角质鳞，陆地繁殖的变温羊膜动物，从石炭纪末期古坚头类进化而来，演化为真正的陆生脊椎动物。

第一节 爬行纲的主要特征

爬行类彻底摆脱了水的束缚，无论是形态结构还是生理机能都表现出对陆地生活的适应，主要特征有以下几方面。

(1)皮肤干燥，缺少腺体。皮肤角质化程度加深，而且外被角质盾片或角质鳞，能防止体内水分的蒸发。

(2)五趾型附肢及带骨进一步发达和完善，适于在陆地爬行。

(3)骨骼骨化程度较高，比较坚硬，硬骨的比例增大。

(4)头骨具单一枕髁，有颞窝形成。脊柱分化明显。

(5)肺呼吸进一步完善，皮肤和鳃均失去呼吸功能。

(6)心脏二心房一心室，心室中出现了不完全的隔膜(鳄类完整)。循环方式仍为不完全双循环，但多氧血与少氧血在心室的混合难度减少。

(7)成体以后肾执行泌尿机能，代谢废物以尿酸为主。

(8)在陆地上繁殖，产羊膜卵，在胚胎发育过程中能够形成胚膜(绒毛膜、羊膜、尿囊)。体内受精，发育无变态，但和无羊膜动物一样，仍为变温动物。

第二节 羊膜卵及其在动物演化史上的意义

一、羊膜卵结构

爬行动物的羊膜卵为端黄卵，具有卵黄膜而缺少适于水中发育的内胶膜和外胶膜，排卵时，卵在输卵管中运行，被输卵管壁的不同部位分泌的蛋白质、壳膜(shell membrane)和卵壳(shell)所包裹。卵壳坚韧，由石灰质或纤维质构成，能维持卵的形状、减少卵内水分蒸发、避免机械损伤和防止病原体侵入，表面有小孔保证胚胎发育时进行气体代谢。卵黄供给胚胎发育所需要的营养。

二、羊膜卵胚膜发育

受精卵发育到原肠胚后，胚胎周围的胚膜产生环状皱褶，两侧皱褶向背侧包围胚胎后相通，形成两层膜和两个腔，外层膜为绒毛膜(chorion)，紧贴于壳膜内面，内层膜为羊膜(amnion)。绒毛膜和羊膜之间的腔为胚外体腔(exocoelom)，羊膜围成的腔为羊膜腔(amniotic cavity)，羊膜将胚胎包围在封闭的羊膜腔内，腔内充满液体称为羊水，胚胎悬浮在其中，能有效地防止干燥和各种外界损伤。胚胎在形成羊膜和绒毛膜的同时，原肠后部发生突起，伸到胚外体腔中，作为胚胎时期的呼吸和排泄的器官，称为尿囊(allantois)。在发育过程中，尿囊储存尿酸等代谢废物，动物出壳时，尿囊及胚外部分被遗弃在壳内(图 18-1)。

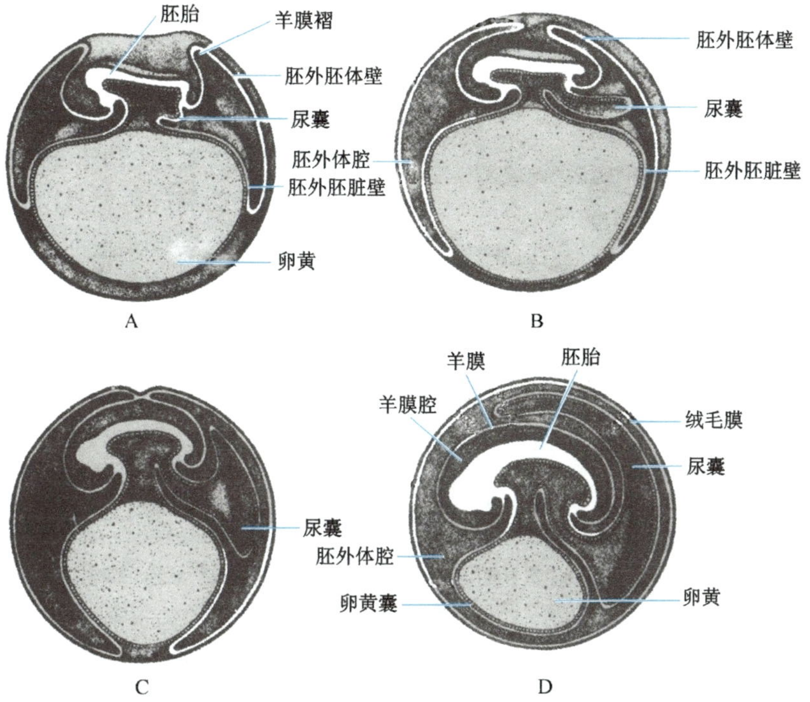

图 18-1 羊膜动物胚膜的发生(Wake，1979)

三、羊膜卵在动物演化史上的意义

爬行动物获得产羊膜卵的特性后，使其在繁殖过程中彻底摆脱了水的束缚，为爬行动物通过辐射适应向干旱地区分布及开拓新的生活环境创造了条件。因此，3 亿年前爬行动物出现后便得到极大地发展，演化成为在各种生态环境中占主导地位的动物，并为更高等的鸟类和哺乳动物进化奠定了基础。

第三节 爬行纲的形态结构与功能

一、外形

外形具陆栖四足动物的基本形态，身体一般都可分为头、颈、躯干、尾和四肢 5 部分，适应陆地生活。因其生活方式和栖息环境各不相同，外形差别较大，一般可分为 3 种类型：①蜥蜴型，身体长圆柱形，尾部发达，四肢发达或不发达，尾易自断，能再生，如蜥蜴等；②蛇型，身体细长圆筒形，四肢退化，能蜿蜒运动，如乌梢蛇等；③龟鳖型，身体扁圆形，背腹具甲，头、颈和四肢均能不同程度地缩入甲内，如乌龟等。

二、皮肤

皮肤干燥，表皮高度角质化并形成角质鳞片，能有效地防止体内水分的蒸发；角质鳞片束缚了动物生长，需定期蜕皮更换。蛇、蜥蜴在夏季约 2 个月蜕皮 1 次。龟类具有角质盾片及来

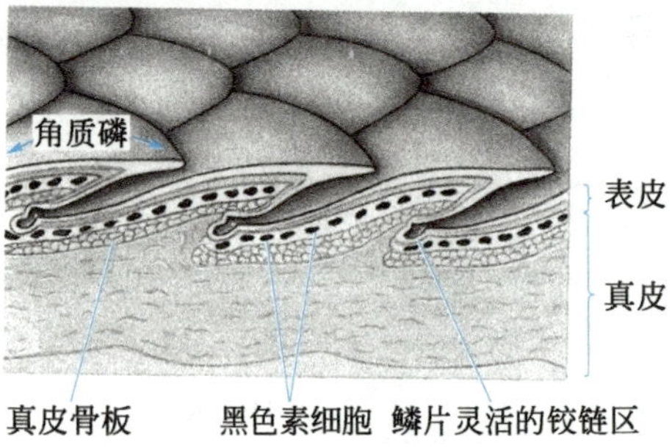

图 18-2 爬行动物的皮肤
(Hickman et al. ,2000)

源于真皮的骨板,鳖类仅具有骨板,外被皮肤,而鳄类具有角质鳞片和骨板。缺少腺体,仅在一些种类(如雄性蜥蜴)大腿内侧有股腺,腺孔排成一列,分泌物干后在孔外形成黄色短刺状突起,有助于交配时把持雌体。一些蛇、龟在下颌或泄殖腔附近有腺体,分泌物具有特殊气味能招引异性交配。真皮较薄,由致密结缔组织构成,富有色素细胞(图 18-2)。在光、温度等外界因素作用下,通过神经或内分泌系统调节改变体色,色素细胞还有吸收辐射热提高体温的作用。

三、骨骼系统

爬行动物的骨骼系统大多由硬骨构成,骨骼的骨化程度高,很少保留软骨部分。骨骼的各部发育好,分区明显。

1. 脊柱

脊椎分化为颈椎、胸椎(thoracic vertebra)、腰椎(lumbar vertebra)、荐椎、尾椎 5 部分。在低等种类为双凹型椎体,高等种类后凹型椎体或前凹型椎体。颈椎多枚,第 1、2 枚分别形成寰椎(atlas)、枢椎(axis);寰椎前部与颅骨的枕髁相关节,枢椎的齿突伸入寰椎,构成可动联结,使头部获得更大的灵活性。颈椎、胸椎、腰椎两侧具肋骨,背侧为硬骨,腹侧为软骨;胸肋腹面与胸骨相连参与形成胸廓(图 18-3),加强了呼吸和保护机能(蛇无胸骨;鳄胸骨后边体壁有真皮形成的腹壁肋)。荐椎 2 枚,粗大,有发达的横突与腰带相连。尾椎数目依种而异,向末端逐渐变细。蜥蜴类尾中部有一未骨化的盘状结构,避敌时可在此自截,该部位细胞有增生能力,可再生尾椎和皮肤、肌肉。再生的尾椎只有管状软骨,外部色泽与未断处有区别。

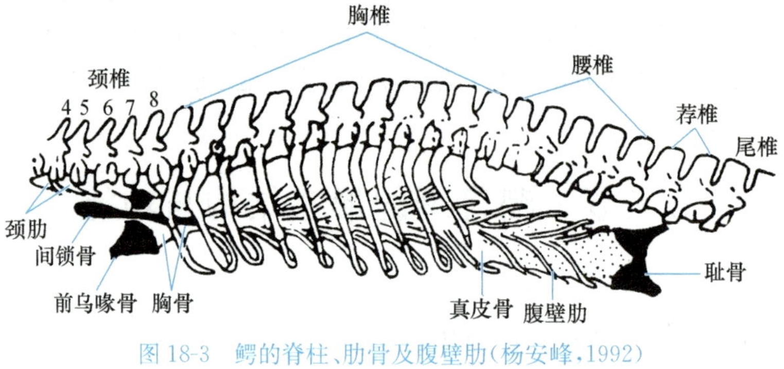

图 18-3 鳄的脊柱、肋骨及腹壁肋(杨安峰,1992)

2. 头骨

头骨骨化良好,仅在筛区保留一些软骨。具有一个枕骨髁。与两栖动物相比,颅腔增大,多数种类两眼窝间具有眶间隔。下颌骨组成复杂,包括软骨化骨来源的关节骨及齿骨、夹板骨、隅骨、冠状骨等膜质骨。爬行类头骨最大的特点是具有颞窝(temporal fossa)和次生腭(secondary palate)。

爬行动物眼眶后部的 1 或 2 个孔洞称为颞窝,为咬肌附着和咬肌肌腹收缩提供附着面和空间。根据颞窝的位置可分为 4 种类型(图 18-4)。无颞窝(anapsid),存在于古代原始类型

(如杯龙类),传统观点认为现代龟鳖类头骨属无颞窝类,但有些种类头骨出现次生性孔洞。双颞窝(diapsid),颅骨每侧 2 个颞窝,大多数古代爬行类属于此种类型,鸟类和现存的多数爬行动物也是双颞窝的后裔,现存爬行动物在进化过程中有不少变异,鳄、楔齿蜥保留双颞窝,蜥蜴由于方轭骨退化,失去下颞弓保留上面的颞窝,蛇类由于失去眶后骨和颧骨而无颞窝存在,这些骨块的丧失使头骨具有可动性。合颞窝(synapsid),颅骨每侧有单个颞孔被眶后骨、鳞骨、颧骨包围,眶后骨、鳞骨构成上颞弓,古代盘龙类属于此种类型,哺乳动物是合颞窝的后裔。上颞窝(parapsid),头骨每侧也只有一个颞窝,颞窝位置靠上,眶后骨、鳞骨构成颞孔下缘,如古代的蛇颈龙、鱼龙。

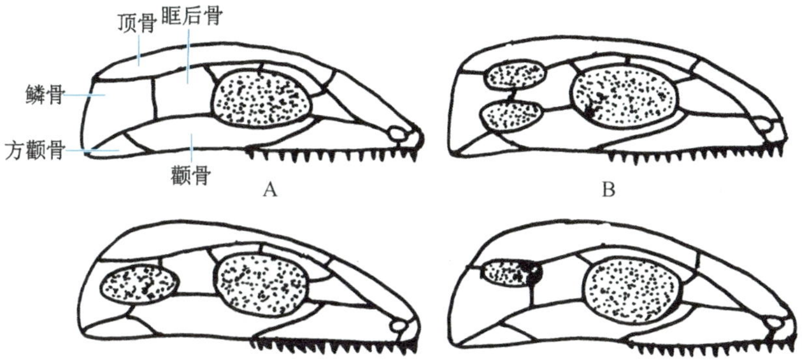

图 18-4 爬行动物颞窝的类型

A. 无颞窝型;B. 双颞窝型;C. 合颞窝型;D. 上颞窝型

次生腭是从爬行类开始出现羊膜动物共有的特征,由口腔顶部的前颌骨、上颌骨的腭突、腭骨、翼骨愈合形成。次生腭出现使口腔和鼻腔得以分隔,内鼻孔后移,使呼吸道畅通,呼吸效率提高,而且当动物吞食大型食物时仍能正常呼吸。鳄类有完整的次生腭,鼻腔和口腔完全分隔(图 18-5,图 18-6)。

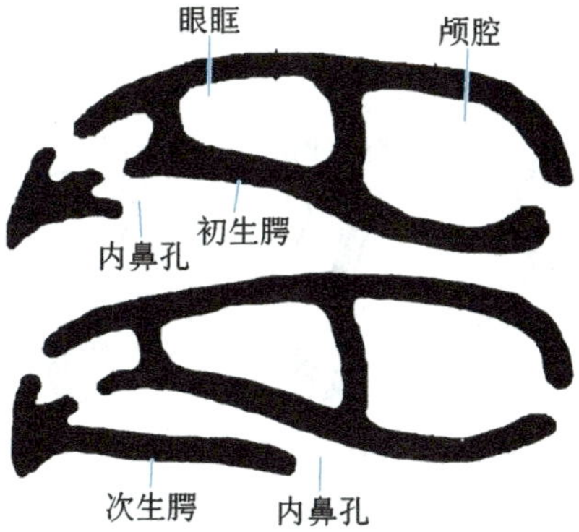

图 18-5 次生腭的形成过程(仿杨安峰,1992)

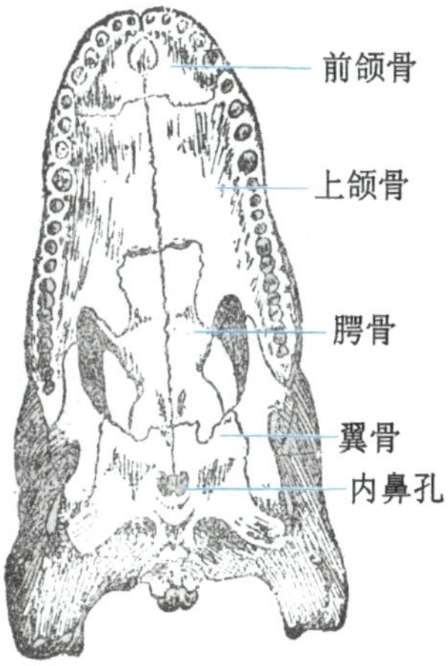

图 18-6 鳄的次生腭(王所安,1960)

3. 带骨和附肢骨

肩带由乌喙骨、前乌喙骨、肩胛骨、上肩胛骨及锁骨、间锁骨组成;腰带包括髂骨、坐骨、耻骨。具有典型的五趾型四肢,趾端具爪,适于陆地爬行。多数种类附肢与脊柱间成 90°角,因

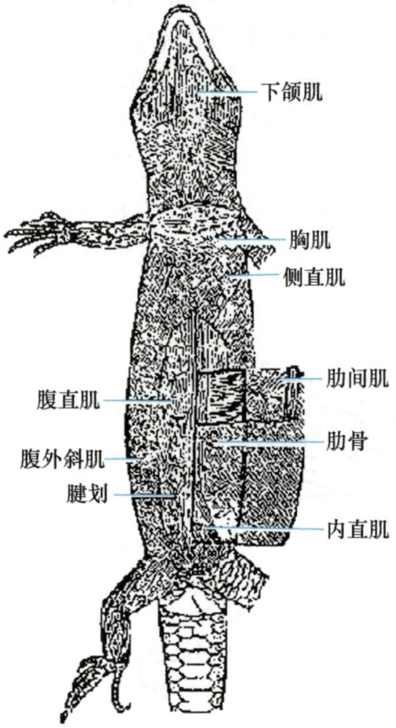

图 18-7 石龙子的肌肉(陈品健,2001)

此在运动时腹部贴地或仅稍稍抬离地面。只有沙蜥等能使四肢肘(elbow)及膝(knee)部以下转向腹部下方,在奔跑时能将身体抬离地面。后肢踵关节位于两列跗骨之间,称为跗间关节(intertarsal joint)。

四、肌肉系统

肋间肌(intercostal muscle)和皮肤肌(skin muscle)出现,躯干肌复杂化(图 18-7)。肋间肌调节肋骨的升降、协同腹壁肌肉完成呼吸运动。皮肤肌连接肋骨和角质鳞片,其收缩可牵引鳞片辅助爬行,在蛇类尤其发达。

五、消化系统

口腔中牙齿、口腔腺、舌进一步复杂。齿依着生方式分为端生齿(acrodont),牙齿基部以结缔组织附着在颌骨表面,低等类群所具有;侧生齿(pleurodont),牙齿基部一侧以结缔组织附着在颌骨侧面,如大多数蜥蜴和蛇类;槽生齿(thecodont),牙齿着生在颌骨形成的齿槽内,如鳄类(图 18-8)。大多爬行类牙齿为同型齿,呈圆锥状,只能捕咬不能咀嚼。

毒蛇和毒蜥具有特化的毒牙(fangs),毒牙由上颌齿特化而成,分为管牙(canaliculated tooth)和沟牙(grooved tooth)(前沟牙、后沟牙)。其通过毒牙基部的导管与毒腺(toxic gland)相连,毒腺一般位于眼后部、口角上方或上颌外侧,外覆有坚韧的结缔组织,内侧具压毒腺肌,有压挤毒腺及牵引启闭下颌的作用。毒蛇咬物的同时,可通过肌肉对毒腺的压挤,使其中的毒液输入导管,经毒牙的沟、管排出,注入捕获物体内(图 18-9)。

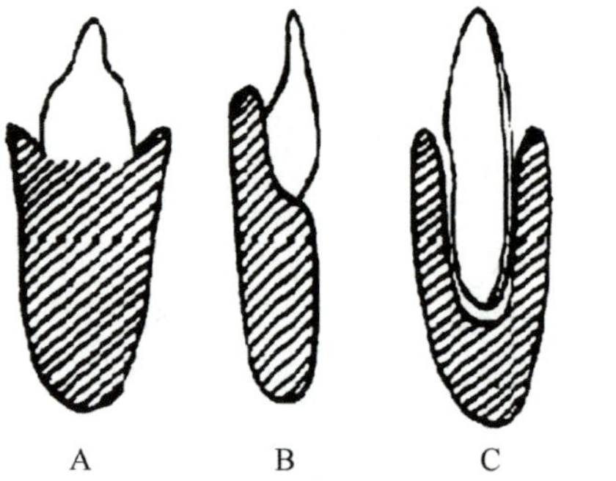

图 18-8 爬行动物齿的类型(仿王所安,1960)
A. 端生齿;B. 侧生齿;C. 槽生齿

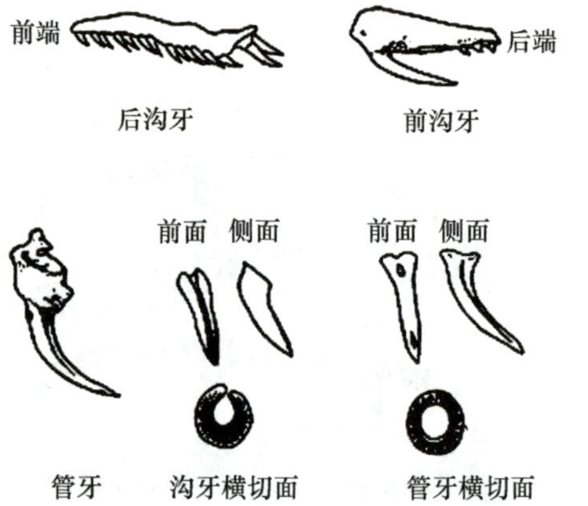

图 18-9 毒蛇的毒牙(仿刘凌云和郑光美,1997)

口腔腺发达,包括唇腺(labial gland)、腭腺(palatine gland)、舌腺(lingual gland)和舌下腺(sublingual gland)等,其分泌物有助于湿润食物和吞咽动作的完成,毒腺是唇腺(毒蛇)或舌下腺(毒蜥)特化形成的。

舌为肌肉质,位于口腔底部,除摄食和完成吞咽动作外,还有感觉功能。龟鳖类舌不能外伸,鳄类、有鳞类的舌活动性强,伸出时表面黏液黏附空气中化学分子,回缩后舌尖放入口腔顶壁的犁鼻器中,其内壁黏膜能感知理化性质。

消化道与四足动物的基本结构相同,最主要的特点是在小肠和大肠的交界处出现盲肠,与消化植物纤维有关。大肠末端开口于泄殖腔。

六、呼吸系统

皮肤丧失了呼吸功能,成体的呼吸机能由肺来完成。体腔与两栖类一样分为胸腹腔和围心腔。肺为位于胸腹腔前部背面的一对囊状结构,内具复杂间隔形成的蜂窝状肺泡,室壁上分布有丰富的毛细血管;肺泡扩大了肺与气体接触和交换的表面积;高等蜥蜴、龟、鳄的肺由支气管逐级分支形成,肺呈海绵状。肺与生活习性和体形相适应,长体型种类两肺通常不对称,前后排列;有些种类如蛇左肺多不发达或退化;有些种类(如避役)肺前部为呼吸部,后部内壁平滑伸出气囊分布于内脏间,为贮气部,避役的气囊可达腰带处,恐龙的气囊可扩展到脊椎内(图 18-10)。

图 18-10 避役的肺及气囊
(仿王所安,1986)

气管和支气管分化明显,管壁由软骨环支持,喉头由单个的环状软骨和成对的杓状软骨支持。

爬行动物除了像两栖动物可借助口底运动进行口咽式呼吸外,同时还发展了羊膜动物共有的胸腹式呼吸。

有些淡水龟鳖类还有一对副膀胱(accessory bladder),壁上有丰富的毛细血管,为辅助呼吸器官(图 18-11)。

七、循环系统

血液循环为不完全双循环,心脏由二心房一心室和退化的静脉窦组成,心室壁肌肉不仅发达,而且在其腹壁上出现了一不完全的室间隔(图 18-12)。鳄的室间隔较完全,仅在左、右体动脉弓基部留有一潘氏孔相通。因此,

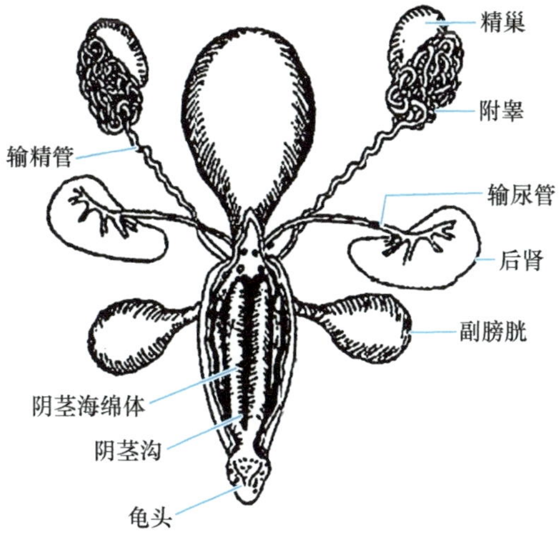

图 18-11 雄龟的排泄和生殖系统(左仰贤,2001)

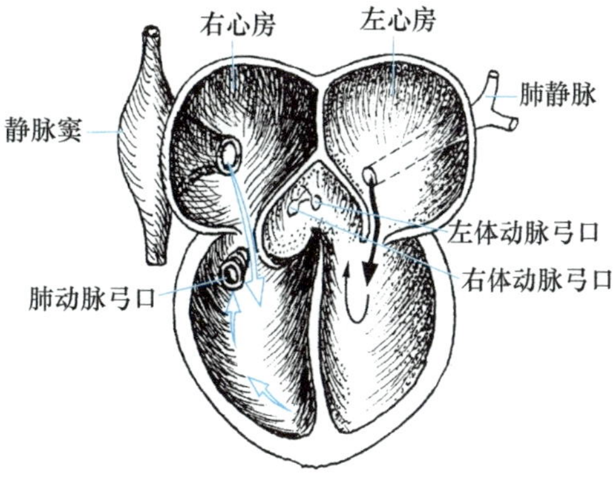

图 18-12 龟的心脏(仿姜云垒和冯江,2006)

血液彼此混合的程度较少，较两栖类的循环效率高。动脉圆锥已经完全消失，肺动脉、左体动脉弓、右体动脉弓分别从心室右侧、中央、左侧发出。左、右体动脉弓在背面汇合成背大动脉，分支到各个内脏器官。分布到头部、前肢的动脉由右体动脉弓发出（图 18-13）。

静脉似两栖类，包括一对前大静脉、一条后大静脉、一条肝门静脉、一对肾门静脉（但肾门静脉趋于退化）和一对腹侧静脉（图 18-13）。

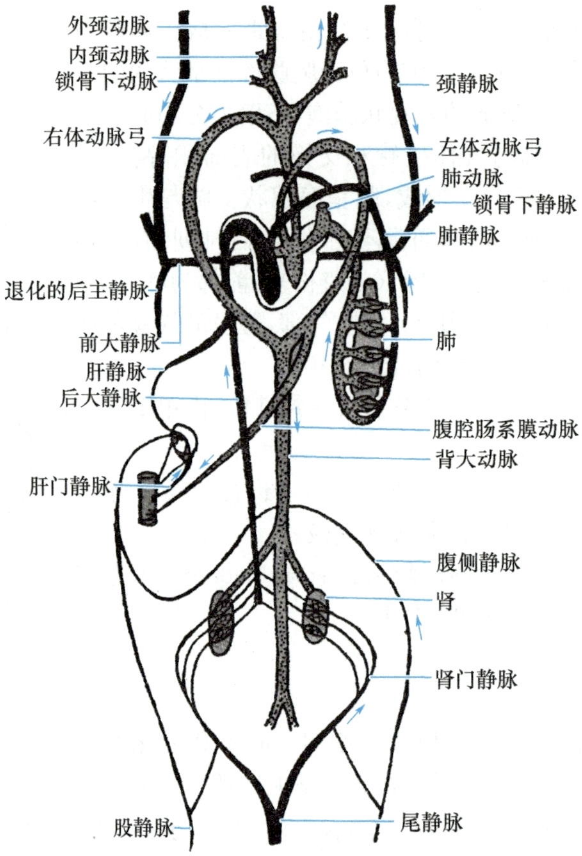

图 18-13 爬行动物循环模式图（仿王所安，1986）
箭头示血液流动方向

八、排泄系统

排泄系统包括肾脏、输尿管、膀胱和泄殖腔（图 18-14）。

爬行动物在胚胎发育中，出现前肾，但无功能，胚胎时期中肾为排泄器官，成体为后肾（metanephros），位于腹腔后部背侧，表面分叶或光滑。肾单位多、泌尿能力强。肾小管长、卷曲，水分重吸收能力强。鳄、蛇两肾不对称，右肾靠前。尿液经输尿管送至泄殖腔排出。楔齿蜥、大部分蜥蜴、龟鳖类具有膀胱，开口于泄殖腔腹壁，是由尿囊基部扩大形成的，称为尿囊膀胱（allantoic bladder）。

多数爬行动物排泄的代谢废物为尿酸，比尿素难溶于水，常在尿液中沉淀成白色半固态物质。水分随这些物质沉淀时，又被输尿导管、大肠和膀胱重新吸收进入血液内，用于再产生尿和沉淀。这种重复周转对于干旱地区生活的爬行动物减少体液丧失和保持体内不致形成高于

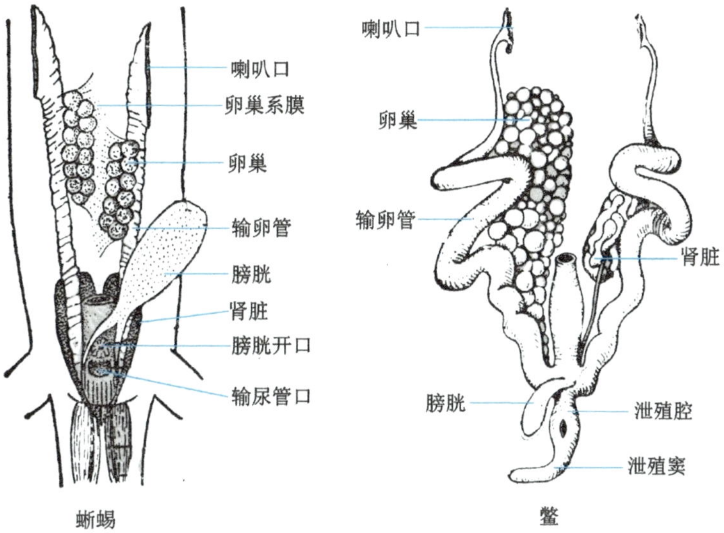

图 18-14 雌性爬行动物排泄系统和生殖系统(杨安峰,1992)

血浆的渗透压,都具有十分重要的适应意义。但并非尿中的所有离子均与尿酸盐一起沉淀,尚有一些离子留于尿液中,其中钠、钾离子从泄殖腔或膀胱重吸收时送回血液,由盐腺(salt gland)排出。盐腺的位置视动物种类不同而异,龟类盐腺多位于眼后上方,蜥蜴盐腺位于嗅囊两侧(图 18-15)。盐腺排出体内多余的盐分,保持水盐代谢平衡。

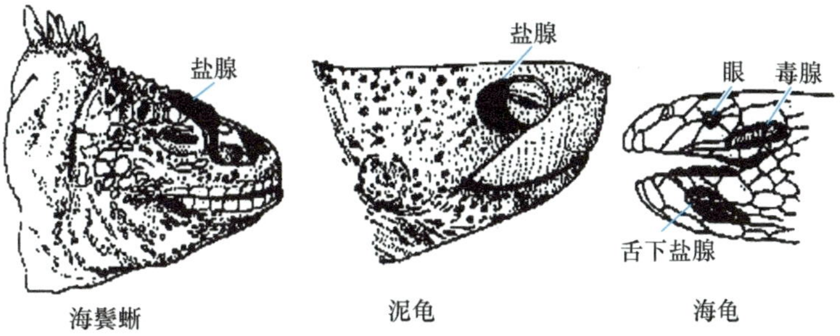

图 18-15 几种海栖爬行动物的盐腺(刘凌云和郑光美,1997)

爬行动物在胚胎发育期间,羊膜卵的结构不但能保护胚体和有效地阻止卵内的失水,而且还能以较小的体积来储存尿囊排出的尿酸盐等代谢废物。

九、生殖系统

爬行动物为体内受精,雄性具有一对精巢,盘旋的输精管通泄殖腔背面。腔壁具有可膨大而伸出的交配器(copulatory organ)。蛇和蜥蜴的交配器成对,称半阴茎(hemipenis);龟鳖类和鳄类的泄殖腔腹面有单个交配器,称阴茎(penis)。雌性有卵巢和输卵管各一对(图 18-14)。输卵管末端开口于泄殖腔,雌性的龟鳖类在泄殖腔壁上有一个不甚明显的阴蒂(clitoris),是与雄体阴茎同源器官的结构。

绝大多数爬行动物以卵生方式繁殖,主要依靠阳光的温度或植物腐败发酵产生的热量进行孵化。栖息于高纬度及高海拔地区的蛇和蜥蜴、海蛇营卵胎生(ovoviviparity)。

十、神经系统

脑比两栖类发达，表现为大脑半球增大，大脑半球的体积明显地超过其他各部脑，然而增大和加厚的主要部分仍局限于大脑底部的纹状体。大脑半球的顶壁及其两侧基本上还是原脑皮，但是开始出现锥体细胞(pyramidal cell)，聚集成神经细胞层构成新脑皮(neopallium)。

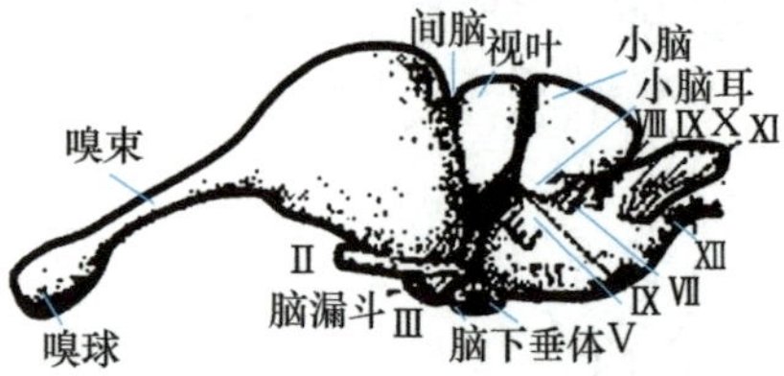

图 18-16 爬行动物(鳄和蜥蜴)的脑
(刘凌云和郑光美，1997)

在间脑背面只能见到脑上腺和松果体。许多蜥蜴在眼后方头正中线上有颅顶眼(parietal eye)，有的种类出现晶体和视网膜，具感光能力，这对于变温动物能有效地利用日光热能是十分重要的。中脑和小脑也比两栖类发达。

脑神经 12 对，即增加了延脑的两对，第Ⅺ对副神经为运动神经，分布到咽、喉、肩部肌肉；第Ⅻ对舌下神经为运动神经，分布到颈部、舌部肌肉。蛇和蜥蜴第Ⅺ对脑神经尚未从第Ⅹ对神经中分离出来(图 18-16，图 18-17)。

图 18-17 低等脊椎动物和爬行动物脑的比较(侯林，2007)
A. 鱼类；B. 爬行类

十一、感觉器官

爬行类的感觉器官比两栖类发达，且有一些特殊感受器。

1. 嗅觉器官

次生腭出现使鼻腔延长，内部首次形成鼻甲骨(conchae)供鼻黏膜(olfactory mucuous membrane)附着，嗅上皮附着表面积显著增加，嗅觉功能加强。蜥蜴和蛇类还有发达的犁鼻器，是开口于口腔顶部的盲囊，其内壁具嗅黏膜，有犁鼻神经通至嗅球，为重要的嗅觉器官(图 18-18)。

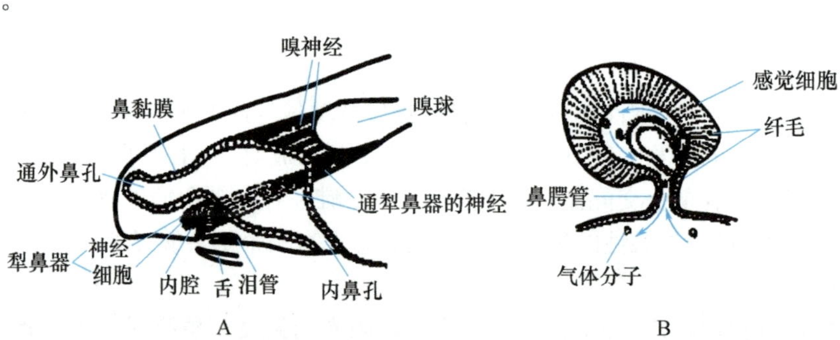

图 18-18 蜥蜴的犁鼻器(侯林和吴孝兵，2007)
A. 嗅囊部纵切，示犁鼻器；B. 犁鼻器的构造

2. 听觉器官

大多爬行类不仅具内耳和中耳，而且鼓膜下陷形成了雏形的外耳道。内耳的球状囊已分化出较明显的司听觉的瓶状囊。鳄的瓶状囊延长卷曲形成雏形耳蜗(cochlea)。声波经鼓膜、耳柱骨至卵圆窗传入内耳。外淋巴与瓶状囊基部的感觉毛细胞，仅隔一层基膜，外淋巴液流动、基膜震动激发感觉毛细胞，兴奋经听神经，传入脑，产生听觉(图 18-19)。

穴居生活的蛇类，鼓膜和耳咽管退化，仅留耳柱骨，不能感受空气的声波，却能通过方骨和耳柱骨感受经地面传来的声波。

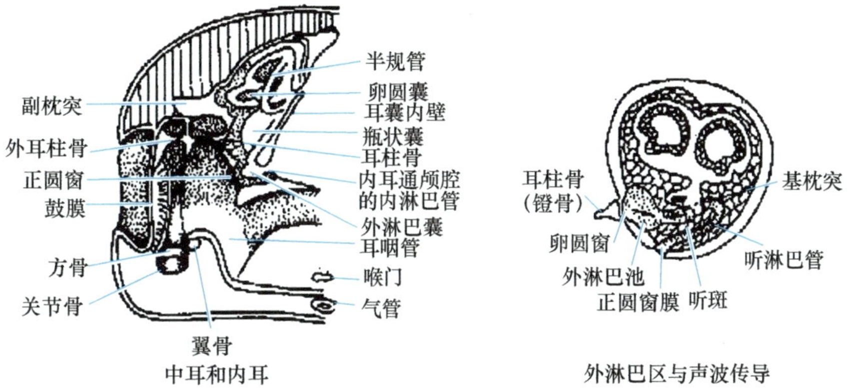

图 18-19 爬行动物的听觉器官(刘凌云和郑光美，1997)

3. 视觉器官

除了蛇和蜥蜴类中的蛇蜥、壁虎科动物外，爬行动物都有活动性的眼睑和瞬膜，在龟鳖类、鳄类和蜥蜴中出现了泪腺，其分泌物经鼻泪管由鼻腔排出。爬行类眼的结构与其他脊椎动物基本相同，视觉调节更加完善，睫状肌(横纹肌)不仅可调节晶状体的前后位置，也能调节其凸度，以适应陆上生活对不同距离物体的观察(图 18-20)。

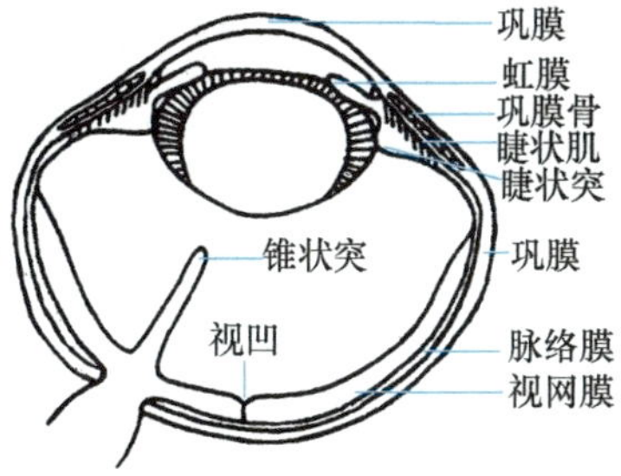

图 18-20 爬行动物眼球剖面
(仿 Pearson and Ball，1981)

4. 红外线感受器

红外线感受器是蝮亚科蛇类和蟒科蛇类所特有的非常灵敏的热能感受器，包括位于蝮蛇、竹叶青、响尾蛇等眼鼻之间的颊窝(facial pit)及蟒类唇鳞表面的唇窝(labial pit)，能感受周围辐射热能极微弱的变化，特别是对红外线极为敏感，颊窝对环境温度 0.001℃ 的变化都能感知，并迅速做出反应，这对蛇的捕食、避敌和寻找适宜的生活环境都有重要意义。这也是仿生学研究内容之一(图 18-21)。

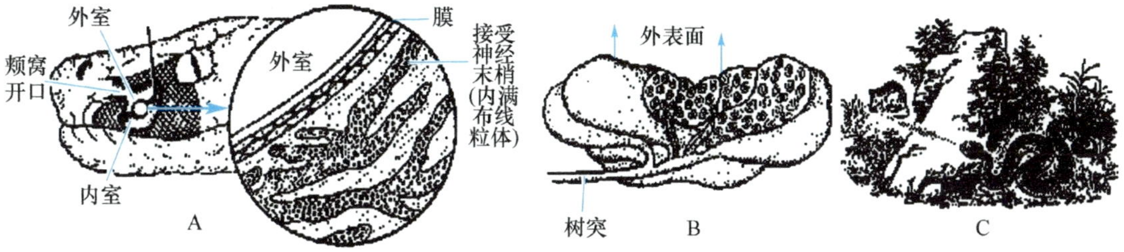

图 18-21 蝮亚科蛇类红外线感受器(刘凌云和郑光美，1997)
A、B. 颊窝的内、外室及膜上神经末梢中的线粒体；C. 借颊窝捕食示意图

第四节 爬行纲的分类

世界现存爬行动物约 8160 种，分属 4 个目，即喙头蜥目、龟鳖目、有鳞目和鳄目。除喙头蜥目外，其余 3 目我国均有分布。

一、喙头蜥目(Rhynchocephaliformes)

为现存最原始的陆生爬行动物种类，仅存 1 种，即喙头蜥(楔齿蜥)(*Sphenodon punctatum*)。其分布于新西兰，体被颗粒状角质鳞，嘴呈鸟喙状，双凹型椎体，头骨双颞窝，顶眼发达，雄性无交配器官。

二、龟鳖目(Testudoformes)

为特化的爬行动物类群；外形明显地分为头、颈、躯干、四肢和尾 5 部分；具背甲与腹甲，甲内层为真皮骨板，外层为角质层；脊椎骨与背甲愈合，上胸骨、锁骨参与腹甲形成，肩带位于肋骨腹面；无牙齿代以角质鞘，舌不能伸缩；眼具眼睑和瞬膜；卵生，雄性具单个交配器；泄殖腔圆形或纵裂。现存种类 300 多种，大多分布于温带和热带地区，我国产 37 种(图 18-22)。

图 18-22 龟鳖目代表种类

1)平胸龟科(Platysternidae) 头大，尾长，身体扁平而宽；颚具钩曲似鹰喙；头、尾不能缩入甲壳内；四肢发达，具蹼和爪。仅 1 种，即平胸龟(*Platysternon megacephalum*)。

2)龟科(Testudinidae) 背腹甲通过缘甲以骨缝或韧带相连；头、颈、四肢及尾能完全缩入甲内；指(趾)多少具蹼，具爪；营水栖、半水栖或陆栖。如乌龟(*Chinemys reevesii*)、黄缘闭壳龟(*Cuora flavomarginata*)。

3)陆龟科(Testudinidae) 背甲隆起，背腹甲通过甲桥以骨缝连接；头顶具对称大鳞；四肢粗壮，圆柱形，指（趾）具爪，无蹼；植食性，可以生活在较干旱的环境中。如四爪陆龟（*Testudo horsfieldii*）。

4）棱皮龟科（Dermochelyidae） 为大型龟类；背面具 7 行纵棱；甲外覆以革质皮肤；四肢呈浆状，前肢为后肢的 2～3 倍，成体无爪；头、颈及四肢不能缩入甲内。仅 1 种，即棱皮龟（*Dermochelys coriacea*）。

5）海龟科（Cheloniidae） 为大中型龟类；甲外被大型的角质盾片；四肢呈桨状，具有 1 或 2 个爪；头、颈及四肢不能缩入甲内。如海龟（*Chelonia mydas*）、玳瑁（*Eretmochelys imbricata*）。

6）鳖科（Trionychidae） 骨板外无角质盾片，覆以革质皮肤；颈长，头颈能缩入体内，指（趾）延长，具满蹼，内侧 3 个指（趾）具爪；栖息于淡水中。如鼋（*Pelochelys bibroni*）、鳖（*Pelodiscus sinensis*）。

三、有鳞目（Lacertiformes）

包括两个亚目，身体一般长形，被角质鳞片，一般无骨板；双颞窝，但蜥蜴亚目失去颞下弓，仅保留颞上窝，蛇亚目颞下弓和颞上弓均缺失，因此无颞窝痕迹；椎体低等类群为双凹型，大多数为前凹型；雄性具一对交配器；泄殖腔横裂；犁鼻器发达。

1. 蜥蜴亚目（Lacertilia 或 Sauria）

是爬行动物中最多的一个类群。躯体各部分区明显，有发达的颈部和细长的尾部，多数种类四肢发达，指、趾 5 枚，末端有爪；少数种类四肢退化或缺失，但仍残留有肩带、腰带和胸骨；多数眼睑可动；舌扁平形，能伸缩，但无舌鞘；鼓膜、鼓室及耳咽管一般均存在。陆栖，也有树栖、半水栖或穴居种类。除南极洲外，广布于全球。现存约 5000 种，我国已知约有 160 种（图 18-23）。

1）壁虎科（Gekkonidae） 椎体双凹型；头顶无大型角质鳞片，皮肤柔软，具颗粒状角质鳞；无活动眼睑，瞳孔垂直状；指（趾）端具吸盘，善于攀援。如大壁虎（*Gekko gecko*）、无蹼壁虎（*G. swinhonis*）。

2）鬣蜥科（Agamidae） 椎体双凹型；头顶无大型对称的角质鳞，身体被方形角质鳞，多数呈覆瓦状排列，背鳞具棘；四肢发达，指（趾）端具爪；尾细长不易折断；有些种类身体扁平，体侧具皮膜。如斑飞蜥（*Draco maculatus*）、草原沙蜥（*Phrynocephalus frontalis*）。

3）石龙子科（Scincidae） 身体中小型，头顶具大型对称的角质鳞片，体表被覆瓦状排列的光滑圆鳞，角质鳞下有骨板；四肢发达或退化；具五指（趾）；眼较小，多数具活动眼睑，瞳孔圆形；鼓膜深陷或被鳞；舌尖端分叉，具鳞片状突起；尾较粗，易断，能再生；无股孔或鼠蹊孔。如中国石龙子（*E. chinensis*）、蓝尾石龙子（*E. elegans*）。

4）蜥蜴科（Lacertidae） 身体中小型，头顶具大型对称的角质鳞片，体背被棱鳞或平滑的颗粒鳞，腹鳞方形或矩形；四肢发达；具发达的活动眼睑，瞳孔圆形；耳孔显露；舌长，前端分叉或具深刻；尾长，易断，再生能力强；具有股孔或鼠蹊孔。如丽斑麻蜥（*Eremias argus*）、北草蜥（*Takydromus septentrionalis*）。

5）巨蜥科（Varanidae） 为大型种类，头顶无对称排列的大型角质鳞片；身体背面被圆形或卵圆形的鳞片，每一鳞片周围具细粒状鳞，腹鳞四边形；四肢强壮，指（趾）端具爪；尾长，无自截能力。如巨蜥（*Varanus salvator*）。

2. 蛇亚目（Serpentes 或 Ophidia）

是进化过程中高度特化的一个分支；体细长，分头、躯干和尾 3 部分，颈部不明显；四肢消失，带骨及胸骨退化，但部分种类（蟒科、盲蛇科、瘦盲蛇科和筒蛇科）还有骨盆及残余后肢；无

图 18-23　蜥蜴亚目代表种类

活动眼睑，鼓膜、耳咽管消失；无膀胱。现存 3200 余种，我国 200 余种（图 18-24）。

1）盲蛇科（Typhlopidae）　体型较小，外形似蚯蚓；头小，与躯干区分不明显；口小，下位，下颌无牙齿；眼退化隐在眼鳞之下；后肢保留腰带的痕迹；卵生，无毒蛇。如大盲蛇（*Typhlops diardi*）。

2）蟒蛇科（Boidae）　为小型至大型蛇类，体长 0.5～11m 甚至以上；为较原始低等的蛇类，具有爪状的后肢残余，体内存在退化的腰带和肢骨；头、颈分界明显，头顶被细小或较大而不对称的角质鳞片；腹鳞大于背鳞；无毒蛇。如蟒蛇（*Python molurus*）。

3）游蛇科（Colubridae）　蛇类中最大的一科；为进步性蛇类，无前颌骨，无后肢及带骨残余，无左肺；头骨高度可动；腹鳞宽大，几乎与身体的直径相等；无毒蛇或后沟牙毒蛇；卵生或

图 18-24　蛇亚目代表种类

卵胎生。我国已知 146 种，占我国蛇类总数的 70%以上。如黄脊游蛇(*Coluber spinalis*)、赤链蛇(*Dinodon rufozonatum*)、双斑锦蛇(*Elaphe bimaculata*)、黑眉锦蛇(*E. taeniura*)、中国水蛇(*Enhydris chinensis*)、滑鼠蛇(*Ptyas mucosus*)、虎斑颈槽蛇(*Rhabdophis tigrinus*)。

4)眼镜蛇科(Elapidae)　上颌有前沟牙，均为毒蛇；尾圆形(眼镜蛇亚科)或侧扁(海蛇亚科)；卵生或卵胎生。如金环蛇(*Bungarus fasciatus*)、银环蛇(*B. multicinctus*)、眼镜蛇(*Naja naja*)、眼镜王蛇(*Ophiophagus hannah*)、青环海蛇(*Hydrophis cyanocinctus*)。

5)蝰科(Viperidae)　无前颌骨，上颌骨短而高，能够转动；均为管状牙毒蛇；头宽多呈三角形，身体粗壮，尾短而细；卵生或卵胎生。如尖吻蝮(*Deinagkistrodon acutus*)、短尾蝮(*Gloydius brevicaudus*)、莽山烙铁头蛇(*Zhaoermia mangshanensis*)、竹叶青(*Trimeresurus stejnegeri*)、圆斑蝰(*Vipera russellii*)。

四、鳄目(Crocodiliformes)

是爬行动物中最高等的类群，心室完全分隔；次生骨质腭完整，内鼻孔后移；槽生齿；外形明显分为头、颈、躯干、尾和四肢，体表被角质鳞，背部和尾的角质鳞下具有真皮骨板；眼较大，具眼睑和瞬膜；耳孔小，外具耳孔瓣；四肢较短，前肢五指，后肢四趾，指(趾)间具蹼，内侧三指(趾)具爪；泄殖孔纵裂；雄性具单个交配器。现存共 23 种，我国现存 1 种，即扬子鳄(鼍)(*Alligator sinensis*)(图 18-25)。

图 18-25　扬子鳄

第五节　爬行纲的起源与演化

一、爬行纲的起源

经典的观点认为，爬行类是从距今约 3 亿年前的石炭纪的迷齿类两栖动物演化来的。到石炭纪末期，部分地区出现干旱和沙漠，气候干燥而冬寒夏暖，植物系列也发生了演替。气候特点使古代两栖类灭绝或再次入水，适应陆生环境的古爬行类在生存斗争中发展，到中生代几乎统治地球，成为爬行动物时代。

二、爬行纲的演化

从最早的含爬行类化石的石炭纪地层中发现大鼻龙类、阔齿龙类、盘龙类和中龙类等许多类群，说明爬行动物在晚石炭纪之前早已分支进化了，它们有可能是多源起源。再经过二叠纪的分支进化，爬行纲的各亚纲均已出现，为中生代爬行类的大发展打好了基础。中生代开始它们不仅横行于大陆，而且还占领了天空和水域。中生代的中期分支进化出的种类更是多种多样，很多类群更发展成庞然大物。在当时的地球上，它们是占据绝对统治地位的动物。因此，中生代被称为“爬行动物时代”，又称为“恐龙时代”。侏罗纪和白垩纪是巨大爬行动物——恐龙的兴旺时期。它们不仅个体巨大，而且体态乃至食性也非常特化。在白垩纪末期，这些在地球上经历了 1 亿多年的庞然大物灭绝。渡过中生代而又残存到新生代的只有龟鳖类、鳄类和有鳞类(蜥蜴和蛇)，而很少的喙头类可视为爬行类的活化石。

第六节 爬行纲的经济意义

一、生态系统中的作用

大多数爬行动物都是杂食或肉食类，蜥蜴和蛇类通过大量捕食昆虫及鼠类等摄入能量而有益于农牧业生产，在生态系统中充当着次级消费者的角色。

许多爬行动物又是食肉兽和猛禽的食物及能量的来源之一，在生态系统能量的流转过程中，又处于次级生产力的地位。因此，爬行动物对维持陆地生态系统的稳定性，以及对自然界提供能量储存来说，具有很重要的作用。

二、食用

蛇肉味美，富有营养，含有大量蛋白质、脂肪、糖类，钙、磷、铁等盐类，以及维生素A、维生素B等，对身体有滋补和治病作用。广东、广西地区以眼镜蛇、金环蛇和灰鼠蛇为原料生产的三蛇菜、三蛇酒、三蛇胆都是名闻遐迩的著名酒食。鳖甲周缘的裙边，历来就是脍炙人口的佳肴，并为名贵的滋补食品。海龟肉、龟蛋、鳍脚、脊肌、腹甲骨片缝间的黄脂肪等是太平洋上许多岛屿居民的喜爱美食。

三、工艺用

蛇皮的皮质轻薄，富有韧性，花纹美观。蛇皮经过漂白、染色、硝皮鞣制后即可制成各种日用工艺品、纪念品。

四、药用

我国用于入药的蜥蜴至少有10种，其中最负盛名的是产于广西的大壁虎，药名为蛤蚧，据《本草纲目》记载有补肺气、益精血、定喘止咳、疗肺痛消渴、助阳道的功能。鳖甲和龟板、蛇肉、蛇胆、蛇蜕、蛇毒都可入药。不同蛇干有不同的药用功效。例如，尖吻蝮干可治类风湿关节炎，虎斑颈槽蛇焙干研末，治骨结核、骨质增生、风湿性关节炎等。蛇胆可加工成蛇胆川贝液、蛇胆陈皮末、蛇胆半夏液等中成药，治风湿关节痛、咳嗽多痰等病。蛇蜕为中药龙衣，入药有杀虫祛风的功能，可治疗喉痹疔肿、疥癣和难产。

蛇毒的研究是一个很有价值的方向。近年来，随着蛇毒神经毒素结构的确定、理化性质和药理性质的测定及蛇毒神经毒素的临床应用，其在镇痛功能方面表现出的维持时间长、效价高、无耐受性和无成瘾性等特点而备受关注。可用蛇毒治疗其出血性疾病的局部止血。我国学者从蝮蛇蛇毒中提取的抗栓酶，在临床已用于脑血栓、血栓闭塞性脉管炎、冠心病的治疗。

五、其他

蛇类对地壳内部的剧烈震动、地温升高及地面发生反复无常的倾斜运动等，具有很强的敏感性，因而可能在地震前表现出反常的行为。科学家根据毒蛇颊窝的构造及其独特的热测位器作用，把研究成果应用到红外线测位仪上，并制成具有高度精确性和能追踪飞机、潜艇、车辆的响尾蛇导弹及火箭自导装置等。

我国的爬行动物资源丰富，有许多举世闻名，如扬子鳄和鳄蜥等特产种类，对于科学研究和国际文化交流都有重要意义。

恐龙是恒温动物还是变温动物

恐龙被发现后的一段时期内，几乎所有的科学家都认为它是一类变温动物。但是，随着时间的推移，有一部分科学家在大量的研究后提出了一个相反的观点，即恐龙是恒温动物。

法国巴黎大学的古生物学家利克雷教授发现，恐龙骨骼没有一般爬行动物的“年轮”，而具备典型的“哈佛氏管”。于是，他做出了恐龙是恒温动物的结论。一时，有不少人支持此观点。但是，美国哈佛大学比较动物学家克雷普顿认为是运动造成了代谢的加快，从而形成了哈佛氏管。美国俄勒冈州立大学的鲁文通过研究骨骼的形状发现恐龙不具备鼻甲，又得出了恐龙不是恒温动物的结论。因此，恐龙是恒温动物还是变温动物，还有待于更多的证据来加以阐明。

思考题

1. 简述羊膜卵的主要特征及其在动物演化史上的意义。
2. 归纳爬行类适应于陆生的主要特征。
3. 爬行动物皮肤有哪些特点？
4. 简述爬行动物头骨和脊柱的主要特征。
5. 简述爬行动物牙齿的类型。
6. 比较两栖动物和爬行动物呼吸系统的结构、呼吸方式。
7. 两栖动物和爬行动物肾脏在发生上有何不同？
8. 简述现存爬行动物 4 个目的主要特征。
9. 总结爬行动物的经济意义。

第十九章　鸟　　纲

鸟纲(Aves)由中生代古爬行动物演化形成的，是体被羽毛、有翼、恒温和卵生的高等脊椎动物，高度适应飞翔生活，种类繁多，为脊椎动物中仅次于硬骨鱼纲的第二大类群。

第一节　鸟纲的主要特征

鸟类新陈代谢旺盛，躯体结构、生理机能均向适应飞翔生活而特化，与其他脊椎动物有很大的区别。鸟类的主要特征有以下几方面。

(1)具有高而恒定的体温(37.0～44.6℃)，故称为恒温动物。这是动物演化历史上的一个极为重要的进步性事件。恒温动物减少了对外界温度条件的依赖性，扩大了动物在地球上的分布范围，从而在生存竞争中占据了优势地位。

(2)体形呈流线型，前肢特化成翼，体表被羽毛。具有迅速飞翔能力，能借主动迁徙来适应多变的环境。

(3)皮肤干燥，缺乏皮肤腺。

(4)骨骼坚固、轻便而多愈合，头骨具单一枕髁。

(5)特具特殊的气囊，进行双重呼吸。

(6)心脏分为二心房二心室，血液循环为完全的双循环。心脏结构的完善和循环效率的提高保证了血液中含有充分的氧气，这是与鸟类旺盛的新陈代谢和飞翔时剧烈的运动相适应的。

(7)卵生。具有完善的繁殖方式，包括营巢、孵化、育雏等，提高了后代的成活率。

(8)代谢废物的主要成分为尿酸。

(9)具有更发达的神经系统和感觉器官，以及与此相联系的各种复杂的行为，能更好地协调体内、外环境的统一。

第二节　鸟纲的形态结构与功能

一、外部形态

鸟类身体呈流线型，体外被覆羽毛(feather)，从而减少了飞行中的阻力。全身分为头、颈、躯干、尾和四肢等部分。

头端具角质的喙(bill)，上喙基部为裂缝状的外鼻孔(鸽的上喙基部有裸露的皮肤隆起，称蜡膜)。眼大而圆，有活动的上、下眼睑及瞬膜。瞬膜是一种近于透明的膜，位于眼眶的前眼角，可以覆盖整个眼球，在飞翔时可以避免干燥气流和灰尘对眼球的伤害。耳孔位于眼的后下方，略凹陷，周围着生耳羽，有助于收集声波。夜行性鸟类的耳孔发达。颈部细长而灵活。躯干略呈卵圆形，紧密坚实。前肢变为翼(wing)，后肢多具4趾，拇趾通常向后，适于树栖握枝。水生种类趾间多具蹼。足趾的形态与生活方式有密切关系，趾型和蹼足的形态是分类上的重要依据。尾部退化，为一小的肉质突起。在尾的基部腹面有一横裂的泄殖腔孔。

二、皮肤

1. 结构

鸟类的皮肤由来源于外胚层的表皮与来源于中胚层的真皮构成，在真皮之下为皮下层(图19-1)。鸟类皮肤的特点是薄、松、软、干。薄和松软的皮肤利于飞翔时羽毛的活动和肌肉的剧烈运动。

表皮构成皮肤的浅表层，为复层扁平上皮细胞，细胞从深层不断分化而进入上层并逐渐角质化，主要分为细胞失去活性的角质层和细胞具有分生能力的生发层。表皮角质层比较薄，这是因为有羽毛覆盖在体表，但在体表裸露处，如胫跗骨、跗蹠骨和趾骨上，则皮肤的表皮增厚，形成角质鳞片。真皮也很薄，由致密结缔组织构成，并有丰富的血管、神经末梢和平滑肌纤维。皮下层由疏松结缔组织构成，并可以积蓄脂肪。

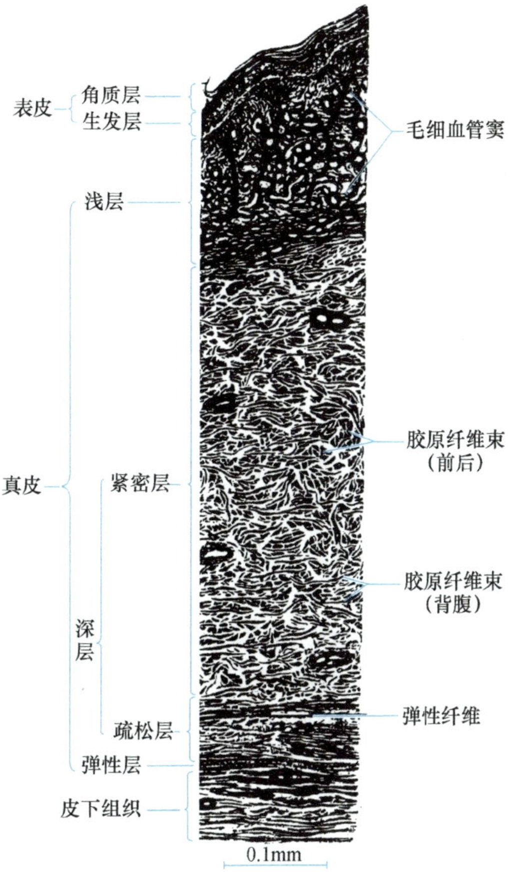

图 19-1 家鸡耳后裸区皮肤横切(郑光美，1995)

2. 皮肤衍生物

鸟类的皮肤衍生物包括皮肤腺(cutaneous gland)、羽毛、鳞片、喙的角质鞘、蜡膜、肉冠(comb)、肉垂(wattle)、爪(claw)和距(spur)等。

鸟类缺乏皮肤腺，唯一的皮肤腺称尾脂腺(oil gland 或 uropygial gland)，位于尾部背侧，它主要分泌油脂，鸟类用喙啄取其所分泌的油脂，涂抹在羽片外面以保护羽毛不致变形，并可防水，因而游禽(鸭、雁等)的尾脂腺特别发达。但有些种类(如鸸鹋、鹤鸵、鸨及鹦鹉等)无尾脂腺。

羽毛是表皮的角质化衍生物，与爬行类的鳞片同源，鸟类特有的结构，它的主要功能包括以下几点。①鸟类完成飞翔的重要结构。着生在体表的羽毛使整个鸟体的轮廓成为流线型，减少了飞行中的阻力；着生在翼和尾部的大型羽构成飞翔器官的一部分。②保持体温，形成隔热层。通过附着于羽基的皮肤肌，可改变羽毛的位置，从而调节体温。③保护皮肤不受损伤。同时，由于大多数鸟类的羽毛具有多种羽色和花纹，可以起到保护色和个体识别及繁殖期的求偶等作用。鸟类除少数种类(如鸵鸟)羽毛遍布全身外，绝大多数鸟类的体羽只是着生在体表的一定区域内，称羽区(pteryla)，不着生羽毛的地方称裸区(apterium)(图 19-2)。羽毛的这种着生方

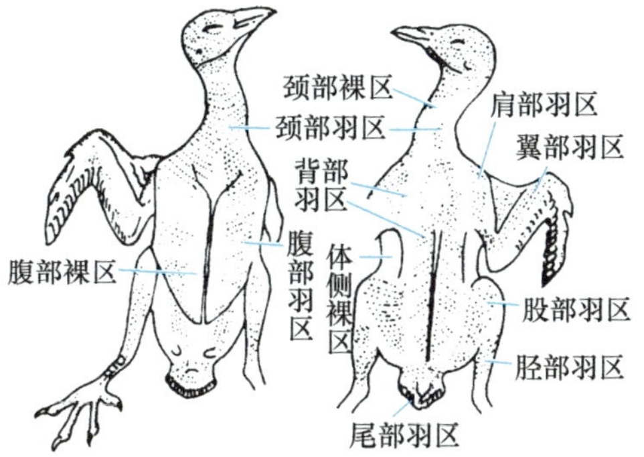

图 19-2 鸟类皮肤的羽区和裸区(王所安，1960)

式，有利于飞翔时肌肉的运动。

根据羽毛的构造和功能，可分为 3 种类型：正羽（contour feather）、绒羽（down feather）和纤羽（hair feather）（图 19-3）。

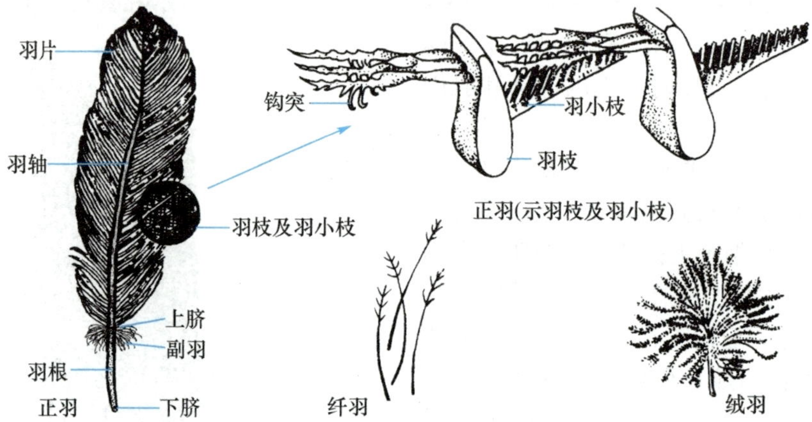

图 19-3 羽毛的类型和结构（仿刘凌云和郑光美，1997；杨安峰，1992）

正羽又称翮羽，为被覆在体外的大型羽片。正羽由中空的羽轴和两侧扁平扩展的羽片所构成。羽轴下段不具羽片的部分称羽根，羽根插入皮肤中。羽根末端有小孔，称下脐，向内与羽根的腔相通，是真皮乳突供给羽毛营养的通道。在羽根的上端（羽片基部）另有一孔，称上脐，从此伸出发育不完全的副羽。羽轴自上脐以上部分称羽干，其两侧为羽片，羽片是由许多细长的羽枝所构成。羽枝两侧又密生有成排的羽小枝。羽小枝上着生钩突或节结，使相邻的羽小枝互相钩结起来，构成坚实而具有弹性的羽片。

翼上着生的正羽称飞羽（flight feather）。鸟类手部（腕骨、掌骨及指骨）所着生的飞羽称初级飞羽（primaries），下臂（尺骨）所着生的飞羽称次级飞羽（secondaries），上臂（肱骨）所着生的飞羽称三级飞羽（tertiaries）。尾上着生的正羽称尾羽（rectrices），在飞翔时起舵和平衡作用。飞羽和尾羽的形状和数目是分类的重要依据。

绒羽位于正羽下方，蓬松呈绒状，构成松软的隔热层。羽轴纤弱，在甚短的羽根顶端发出细长丝状的羽枝，羽小枝上没有钩，不能形成羽片。绒羽在游禽特别发达。

纤羽又称毛羽，杂生在正羽与绒羽之间，外形如毛发，在羽干的顶端发出几根短的羽枝。纤羽的基本功能为触觉。

羽毛的定期更换称换羽（molt），鸟类通常一年有两次换羽，春季换羽和秋季换羽，春季所换的新羽称夏羽（summer plumage）或婚羽（nuptial），秋季所换的新羽称冬羽（winter plumage）。有些鸟类夏羽和冬羽的颜色有区别。飞羽及尾羽的更换大多是逐渐更替的，使换羽过程不影响飞翔能力。但雁鸭类的飞羽更换则同时脱掉飞羽，丧失飞翔能力。

鸟羽有丰富多彩的颜色，其来源包括化学性的和物理性的。化学性的颜色是由于色素的沉积形成的，包括产生黑、灰、褐色的黑色素和产生红、橙、黄、紫、绿等色的脂色素（胡萝卜素和卟啉）。而物理性的各种色彩的金属光泽，则是由于在色素细胞的上方有无色而具凹凸沟纹的蜡质层，或者有多角形无色的折光细胞产生的折光作用。

三、骨骼系统

鸟类适应于飞翔生活，在骨骼系统表现为轻而坚固。一方面骨骼很薄，在多数长骨、带骨和头骨内，都有气囊侵入，或者在发育早期就形成众多的空腔；另一方面头骨、脊柱、骨盆和肢骨的骨块有愈合现象，肢骨和带骨有较大的变形。而一些承力的骨骼，特别是长骨的骨壁内，常有许多纵横交错的骨质梁架加固，能获得最大的支撑和抗力（图 19-4）。

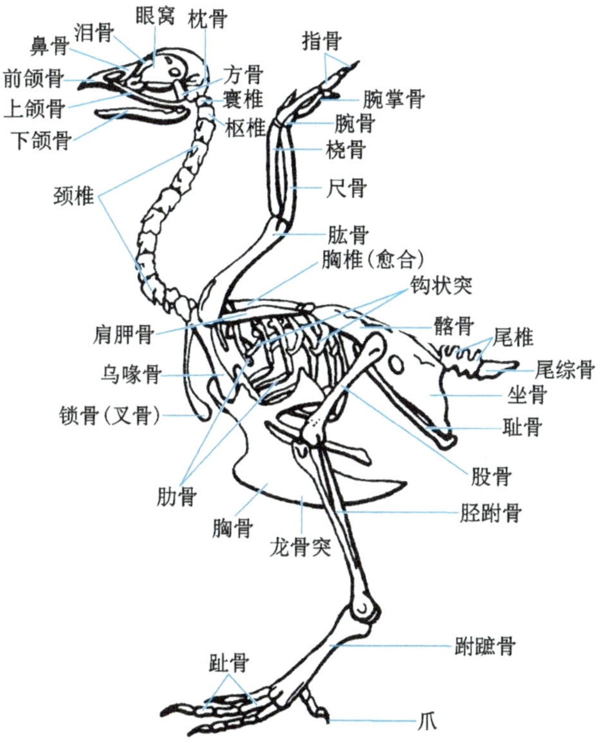

图 19-4 鸡的骨骼（杨安峰，1992）

1. 头骨

鸟类的头骨基本与爬行动物相似。例如，典型的高颅型，单一的枕髁，在化石鸟类中尚可见头骨后侧有双颞窝的痕迹，中耳的听骨由单一的耳柱骨所构成等。但鸟类适应飞翔生活所引起的特化特征，主要表现在以下几个方面。

（1）头骨轻而坚固，骨片薄，骨内有蜂窝状充气的小腔，成体的头骨愈合，骨缝消失，成为一个完整的脑颅。

（2）前颌骨（premaxilla hone）、上颌骨（maxillary hone）及鼻骨（nasal hone）显著前伸，构成鸟类特有的取食器官。

（3）颅腔大，使头骨顶部呈圆拱形，枕骨大孔移至腹面。

（4）眼窝大，这是和眼特别发达相关。眼眶的膨大，使这一区域的脑颅侧壁被压挤至中央，构成眶间隔，隔开左、右两眼窝。眶间隔在某些爬行动物已存在，但鸟类由于眼球的特殊发达，从而更强化了此特点。

（5）次生腭不完整，左、右腭骨未愈合，形成裂缝状。

2. 脊柱、肋骨和胸骨

1）脊柱 脊柱由颈椎、胸椎、腰椎、荐椎及尾椎 5 部分组成。颈长、颈椎数目较多，变化大，从小型鸟类的 8 枚至天鹅的 25 枚，第 1、2 枚颈椎分别为寰椎和枢椎。颈椎为异凹型椎体

(heterocoelous centrum)，即椎体水平切面为前凹型，矢状切面为后凹型。这种类型的椎体椎间关节活动性大，使头部运动灵活，一般能转动 180°，某些鸮形目的鸟，头部甚至能转动 270°。胸椎 5～10 枚，前部的胸椎大部分愈合成一整体，最后少数枚胸椎(1～3)、腰椎、荐椎及一部分尾椎愈合在一起，称为愈合荐骨(综荐骨)(synsacrum)，为鸟类特有的结构。愈合荐骨与宽大的腰带相愈合，构成坚实有力的支架，以适应后肢支撑体重及飞行时构成稳定的中轴(图 19-5)。尾椎仅有中部的几枚(因种类而异)能自由活动，前部的尾椎加入了愈合荐骨，后部则构成尾综骨(pygostyle)。尾综骨是由最后几枚的尾椎骨愈合而成的，以支持扇形尾羽，是鸟类特有的适应飞翔的结构。

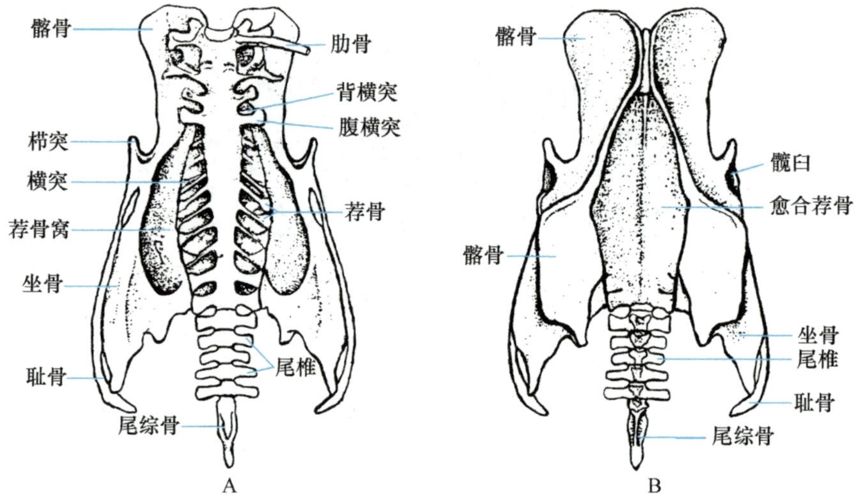

图 19-5 家鸡的愈合荐骨及腰带(郑光美，1995)

A. 腹面观；B. 背面观

2)肋骨和胸骨　每一胸椎各具 1 对肋骨连向胸骨。肋骨由背侧的椎肋(vertebral rib)和腹侧的胸肋(sternal rib)构成，二者之间有可动关节。椎肋上多具有向后着生的钩状突(uncinate process)，每一个钩突都搭在后一条肋骨上，从而增强了胸廓的坚固性。肋骨的胸肋和胸骨相连。这样，由胸椎、肋骨及胸骨借关节、韧带连接而成胸廓。

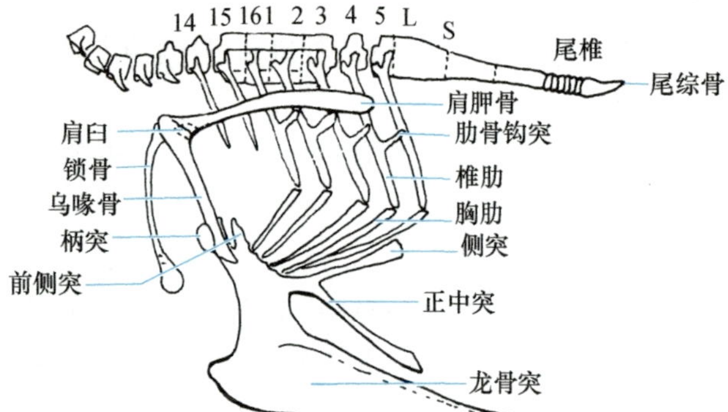

图 19-6 家鸡的胸廓(仿 King and Mclelland，1975)

鸟类的胸骨非常发达，沿胸骨腹中线处有高耸的隆起，称龙骨突(keel)，为发达的胸肌所附着(图 19-6)。

3. 带骨及肢骨

鸟类的带骨和肢骨也有愈合及变形现象，这也是对飞翔生活方式的适应。

1)肩带和前肢骨　肩带由肩胛骨、乌喙骨和锁骨构成。三骨的联结处构成肩臼，与上肢的肱骨相关节。肩胛骨为狭长的骨片，位于肋骨的背面，胸椎的两侧，向后达到髂骨的前缘。锁骨细长，两侧锁骨在胸前呈“V”字形连合，称叉骨(furcula)，为鸟类特有的结构。叉骨具有弹性，在鸟翼剧烈扇动时可避免左、右肩带(主要是乌喙骨)碰撞。失去飞翔能力的平胸总目鸟类，锁骨退化，而成为乌喙骨的一部分。乌喙骨一端与胸骨形成关节，另一端则与肩胛骨共同形成肩臼。

前肢骨包括肱骨、尺骨、桡骨、腕骨、腕掌骨、指骨(图 19-7)。由于鸟类的前肢变为翼，前肢的变化主要表现在掌部骨骼的愈合和消失。肱骨长而粗壮，构成上臂，以肱骨头与肩臼形成活动的关节；尺骨和桡骨构成下臂，次级飞羽着生于尺骨外缘；腕骨退化，仅留两块独立骨块，其余腕骨均与掌骨愈合成为腕掌骨；指骨退化，仅留第 2、3、4 指，各指的指节数也大为减少。现代鸟类指端一般无爪，少数种类，如南美的麝雉(*Opisthocomus hoazin*)的雏鸟前两指具爪，借以攀树，成体时消失。

2)*腰带和后肢骨* 腰带由髂骨、坐骨和耻骨构成，在成体三块骨已愈合在一起，三骨相接处构成髋臼，与下肢的股骨相关节。髂骨为一长大的薄骨片，位于背部。耻骨细长，伸延于坐骨的腹缘，绝大多数鸟类的左、右耻骨与坐骨不在腹中线汇合，而是向体后方向伸展，构成开放式骨盆，以便产大型硬壳卵。然而在极少数陆栖原始种类(如鸵鸟)，左、右耻骨或坐骨在腹中线处尚有联合现象。

后肢骨由股骨、腓骨、胫跗骨(tibiotarsus)、跗蹠骨(tarsometatarsus)和趾骨组成(图 19-8)。股骨较粗短，腓骨退化成刺状，附于胫骨的外侧，胫骨与其相邻的一排退化的跗骨相愈合，构成胫跗骨，远端一排退化的跗骨与相邻的蹠骨相愈合，构成跗蹠骨，胫跗骨和跗蹠骨之间的关节称跗间关节。同其他陆生四足类的后肢相比，鸟类多出这一节直立的跗蹠部，这与鸟类起飞和降落着地时增加缓冲力量有关。大多数鸟类具 4 趾，3 趾向前，1 趾向后。

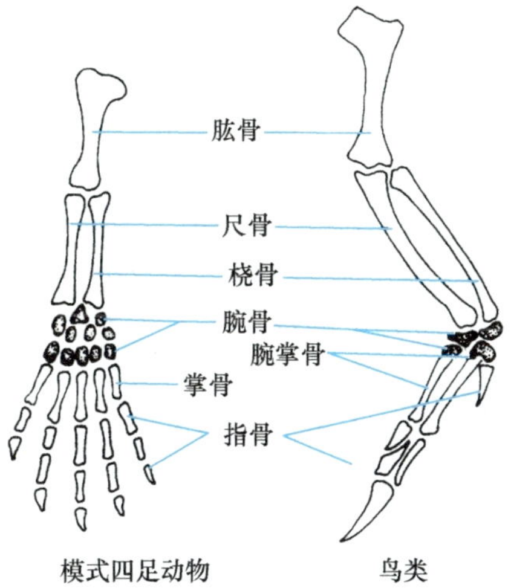

图 19-7 鸟类与模式四足动物的前肢骨比较
(刘凌云和郑光美，2009)

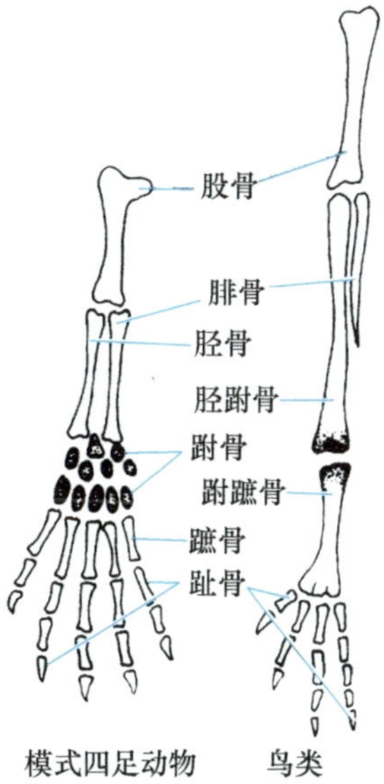

图 19-8 鸟类与模式四足动物的后肢骨比较
(刘凌云和郑光美，2009)

四、肌肉系统

鸟类肌肉系统具有明显的适应飞翔生活的特点。

(1)鸟类与飞翔有关的胸肌特别发达，其质量约占体重的 1/5，善于飞翔的鸟类甚至占体重的 1/3 以上。鸟类的胸肌包括胸大肌和胸小肌。胸大肌位于浅层，起于胸骨及龙骨突，止于肱骨的腹面，收缩时，使翼下降。胸小肌位于胸大肌深层，起于龙骨突及胸骨的前端，止于肱骨近端的背面，收缩时，使翼上举(图 19-9)。

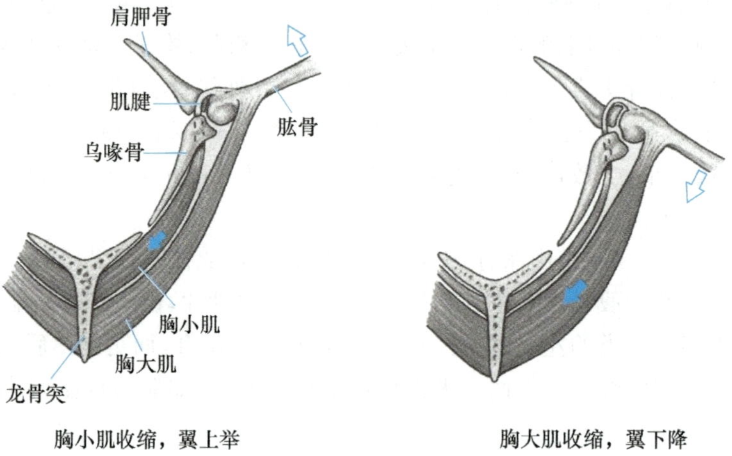

图 19-9 鸟类胸肌及其功能(Hickman et al.,2000)

示肌肉收缩方向；示翼运动方向

(2)躯干背部的肌肉不发达。由于胸椎以后的大部分椎骨愈合，导致背部肌肉退化，仅颈部和尾端的肌肉较发达。

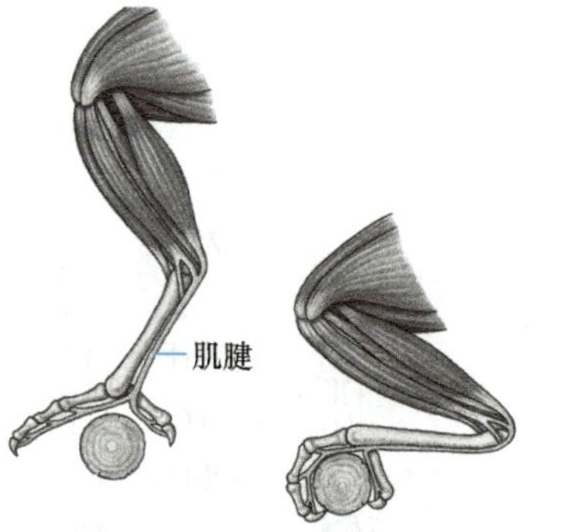

图 19-10 鸟类树栖肌肉使趾弯曲示意图(Hickman et al.,2000)

(3)腿部的肌肉比较发达，具有适于树栖握枝的肌肉。后肢的肌肉相当发达，主要集中在股骨和小腿上方。后肢有些和树栖相关的肌肉(如栖肌、贯趾屈肌和腓骨中肌)，能够借肌腱、肌腱鞘与骼骨关节三者间的巧妙配合，而使鸟类栖止于树枝上时，由于体重的压迫和腿部关节的弯曲，导致与屈趾有关的上述肌肉的肌腱拉紧，足趾自然地随之弯曲而紧紧抓住树枝(图 19-10)。

(4)在气管下部附有鸟类特有的鸣肌，可以支配鸣管变形而发出多变的鸣声。鸣肌在雀形目的鸟类特别发达。

(5)鸟类的皮下肌也很发达。皮下肌是分布在皮下层的一些小的肌肉束，止于皮下，大部分终止于羽毛的毛囊。皮下肌的收缩可引起皮肤的抖动，使羽毛竖起。

五、消化系统

消化系统包括消化管和消化腺两部分(图 19-11)。消化管包括喙、口腔、咽、食道、嗉囊、胃(腺胃和肌胃)、小肠(十二指肠、空肠、回肠)、大肠(盲肠、直肠)和泄殖腔。消化腺包括肝脏和胰脏。

喙是鸟类的取食器官，由上、下颌骨及鼻骨前伸形成，外覆角质鞘。喙的形状与食性有密切关系。例如，猛禽类的喙尖锐而钩屈，适合撕碎猎物；雁鸭类的喙扁平，适于滤取食物；食种子鸟类的喙较粗短并具锐利的切缘，以利用切断和压碎食物等。

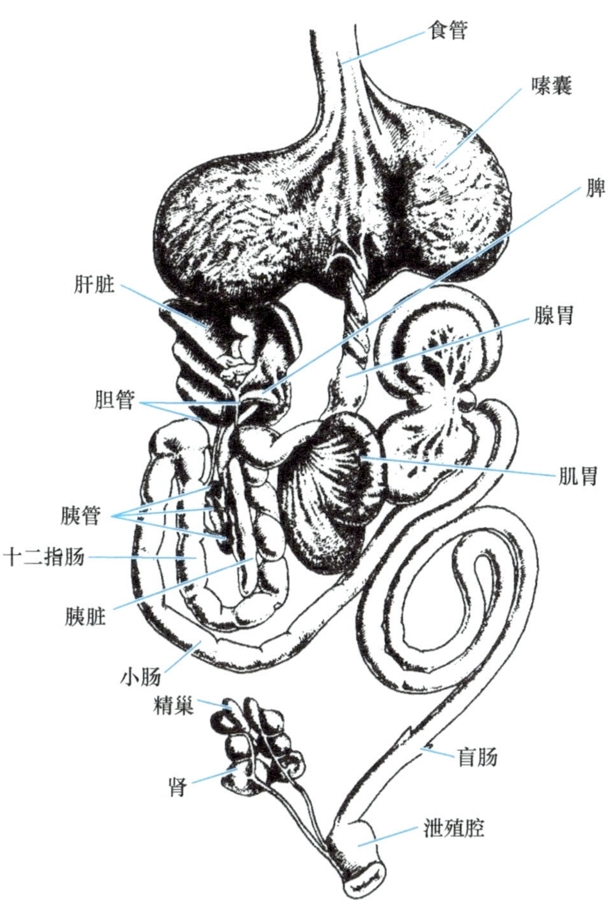

图 19-11 家鸽的消化系统(Young,1981)

现代鸟类口腔中无齿,可以减轻头部质量,使重心集中利于飞翔。内鼻孔开口于口腔顶部的腭缝(palatine chink)中。舌位于口腔底部,舌的尖端角质化,其形态与食性有关。咽底壁的后方为喉,具有一纵长的裂缝状喉门。口腔内有唾液腺,主要分泌物是黏液,仅在食谷的燕雀类唾液腺内含有消化酶,雨燕目的唾液腺最发达,分泌的唾液中含有糖蛋白,唾液可以黏合藻类建巢,其中金丝燕所筑的巢,即传统的滋补品"燕窝"。鸟类的食管长,许多种类在食管的中部或下部有明显的膨大部分,称嗉囊(crop),具有储藏和软化食物的功能。食谷类鸟类嗉囊发达,肉食性鸟类嗉囊不发达或消失。雌鸽在繁殖期间,嗉囊壁能分泌鸽乳,用以喂养雏鸽。

胃分为腺胃(glandular stomach)和肌胃(muscular stomach)两部分。腺胃也称前胃(proventriculus),壁薄富有腺体,能分泌消化液;肌胃也称砂囊(gizzard),有发达的肌肉壁,内壁有一层黄色的角质膜(俗称鸡内金),肌胃中常有砂石,用以碾磨食物。

小肠分为十二指肠、空肠、回肠 3 部分。肌胃后接"U"形十二指肠。空肠和回肠之间没有明显的分界,都借肠系膜悬浮于背侧肠壁。大肠分为盲肠和直肠两部分。盲肠位于小肠和大肠交界处。鸡、鸭等杂食性的和以植物纤维为主食的鸟类,盲肠发达,以谷类为主食的鸟类,盲肠不发达。盲肠可以分解植物纤维,具有微生物的消化作用,此外还能吸收多余水分及对某些维生素进行合成和吸收。直肠始于盲肠起端止于泄殖腔。鸟类的直肠很短,不能大量储存粪

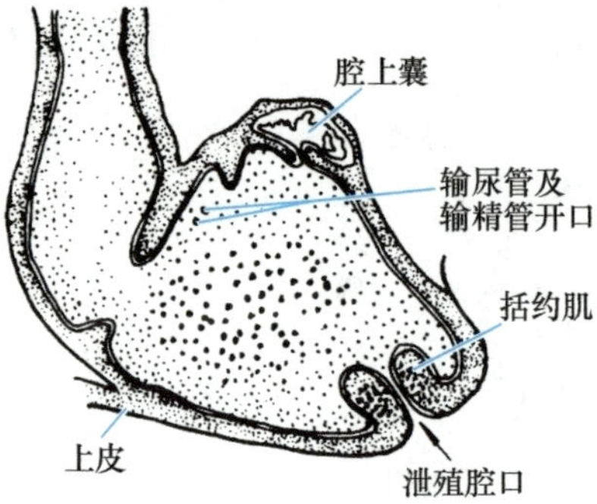

图 19-12 家鸽泄殖腔纵切模式图
(王所安,1986)

便,且具有吸收水分的功能,有利于减少水分的丧失和减轻飞翔时的负重。

泄殖腔位于直肠的末端,是消化系统、排泄系统和生殖系统共同通路(图 19-12)。鸟类泄殖腔的背方有一个特殊的腺体,称为腔上囊(bursa fabricii)。腔上囊在幼鸟发达,到成体则失去囊腔成为一个具有淋巴上皮的腺体结构。

鸟类的消化腺主要有肝脏和胰脏,分泌的胆汁和胰液均注入十二指肠。大多数鸟类都有胆囊,为储存和浓缩胆汁的器官,少数种类无胆囊(如鸽)。

鸟类食量大,消化力强,消化过程十分迅速,不储存粪便等,都是对飞翔生活的适应。

六、呼吸系统

呼吸系统由呼吸道和肺组成。呼吸道包括鼻腔、喉、气管及支气管。

鼻孔一对,位于喙的基部,鼻腔短而狭,经裂缝状的内鼻孔通咽部,咽后为喉部,喉通向咽部的开口称喉门,呈纵裂状,位于舌根的后方。喉头由单个环状软骨和一对杓状软骨支持,无声带,喉头下接气管。

气管由一系列透明软骨所构成的软骨环所支撑,各环由纤维结缔组织联结。气管的长度一般和颈的长度相当,但有些鸟类(如鹤、天鹅等),气管长而弯曲,盘旋在胸部龙骨突附近,甚至穿入胸骨内。

气管向后进入胸腔,分为两个支气管(bronchi)。在气管与支气管的交界处,有鸟类的发声器官——鸣管(syrinx)。内外侧管壁均变薄,称鸣膜(tympanic membrane)。鸣膜能因气流震动而发声。鸣管外侧附有特殊的鸣肌(syringeal muscles),鸣肌的收缩可以调节鸣膜的紧张程度,从而使鸣声发生变化(图 19-13)。

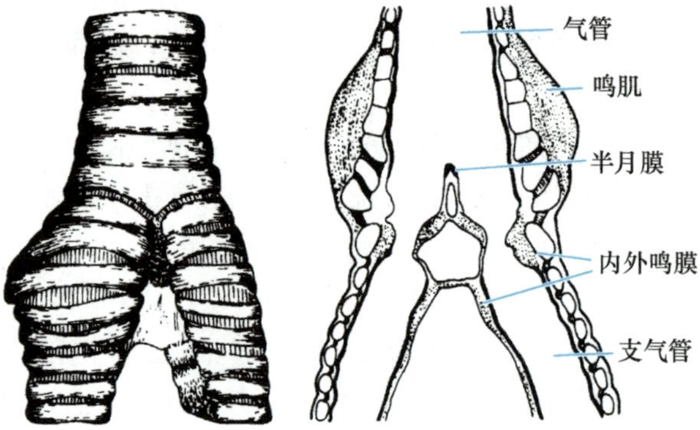

图 19-13 鸟类的鸣管(王所安,1986)

肺左、右各一个,由各级支气管形成的彼此吻合相通的密网状管道系统构成。每一支气管进入肺以后,首先形成一主干,即中支气管(mesobronchus)(也称初级支气管),直达肺的后部。中支气管在肺里分出次级支气管(secondary bronchi)。次级支气管再经分支,形成三级支气管(tertiary bronchi)(又称平行支气管)。每一三级支气管辐射出许多细小的微气管(air capillary),

微气管的管径仅有 3～10μm，管壁由单层扁平细胞构成，有很多分支，彼此吻合，其外分布有大量的毛细血管。相当于哺乳类的肺泡，但肺泡是微细支气管终端的盲囊，而微气管与三级支气管通连。三级支气管连同放射状的微气管，构成呼吸单位。这种由管道系统构成的海绵状肺，体积虽然小，但是和气体接触的面积却很大，这是鸟类特有的高效能气体交换装置。

气囊(air sac)为鸟类所特有的结构，与肺气管相通连(图 19-14)。气囊分布于内脏、骨腔及某些运动肌肉之间。气囊的壁很薄，壁上无丰富的毛细血管，没有气体交换作用。气囊共有 9 个。与中支气管直接相连的气囊称后气囊，包括成对的腹气囊(abdominal air sac)和后胸气囊(posterior thoracic air sac)；与次级支气管相连的气囊称前气囊，包括成对的颈气囊(cervical air sac)、前胸气囊(anterior thoracic air sac)和单一的锁骨间气囊(interclavicular air sac)。

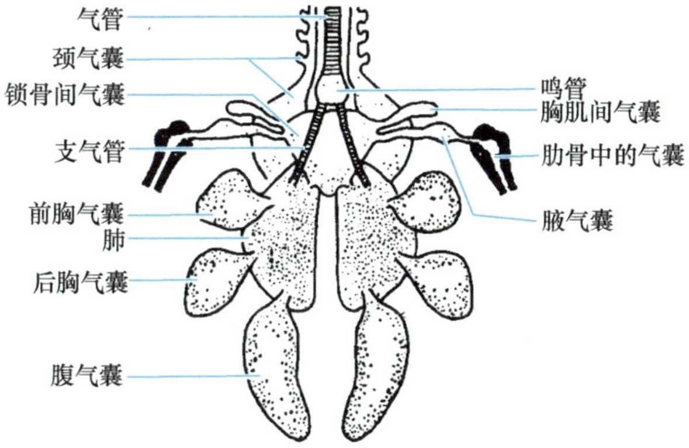

图 19-14 鸟肺与气囊结构(杨安峰，1992)

由于鸟类具有气囊，呼吸过程独特。吸气时，部分气体沿中支气管直接进入后气囊，部分气体经次级支气管和三级支气管，在肺内微气管处进行气体交换。吸气时，前气囊也扩张，接受经过交换后含 CO_2 多的气体。呼气时，后气囊中的气体进入肺内，再经次级支气管入三级支气管，在肺内微气管处进行气体交换，交换后的气体入前气囊。前气囊中的气体，经次级支气管入中支气管排出体外。鸟类在吸气和呼气时，肺内均能进行气体交换，称双重呼吸(double respiration)(图 19-15)。

鸟类的呼吸方式，在静止状态时，主要靠胸骨和肋骨运动来改变胸腔容积，引起肺和气囊的扩大和缩小，这与其他羊膜动物相同；在飞翔时，由于胸肌处于紧张状态，肋骨和胸骨固定不动，不能用上述方式进行呼吸，而是随翼的扇动，气囊进行缩小与扩张。由于呼吸动作和翼的动作相协调，翼动作越快，呼吸动作也随之加速，鸟类不会因激烈飞翔运动而窒息。

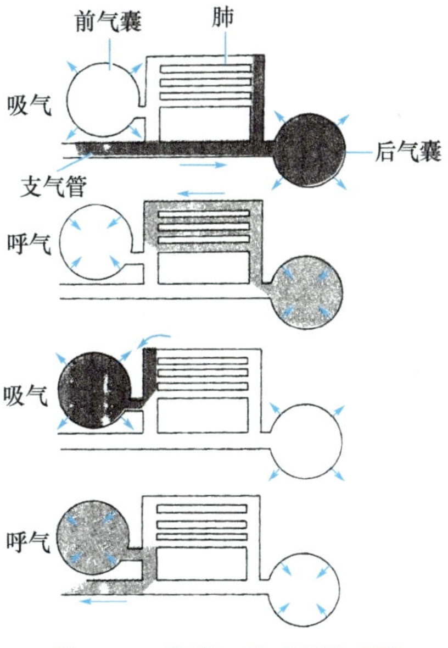

图 19-15 鸟类双重呼吸模式图
(Hickman et al.，2000)

气囊的功能除了辅助呼吸以外，还有减小身体的密度、防止内脏器官间的摩擦和调节体温的作用。

七、循环系统

鸟类有结构完善的心脏，多氧血和少氧血完全分开，循环方式属于完全双循环，心脏容量大，心跳频率快，血压较高，血液循环迅速，与鸟类的飞翔生活相适应。

1. 心脏

鸟类的心脏分两心房两心室。静脉窦已萎缩与右心房合并。左心房和左心室收集从肺返回的多氧血；右心房和右心室收集从身体返回的少氧血，多氧血和少氧血完全分开。在左房室孔处有两片膜质瓣，称二尖瓣(bicuspid valve)，右房室孔之间有一片鸟类特有的肌质构成的肌肉瓣，肺动脉和体动脉弓基部各有三个口朝上的瓣膜，称半月瓣。这些瓣膜均有防止血液逆流的功能。

鸟类心跳的频率快，一般均为 300～500 次/min。动脉压比较高，因而保证血液迅速流动。

2. 动脉

仅具右体动脉弓，从左心室发出，绕到心脏的背面成为背大动脉。由右体动脉弓发出一对无名动脉(innominate artery)，向头部、前肢、胸肌分别发出总颈动脉(common carotid artery)、锁骨下动脉、胸动脉(pectoral artery)。背大动脉沿脊柱下行，发出成对的肋间动脉(costal artery)、腰动脉(lumbar artery)、肾动脉(renal artery)等，不成对的腹腔动脉(celiac artery)、前肠系膜动脉(anterior mesenteric artery)和后肠系膜动脉(posterior mesenteric artery)到腹腔内脏器官。背大动脉最后形成细小的尾动脉(caudal artery)穿入尾部。

肺动脉由右心室发出，分二支分别进入左、右肺(图 19-16)。

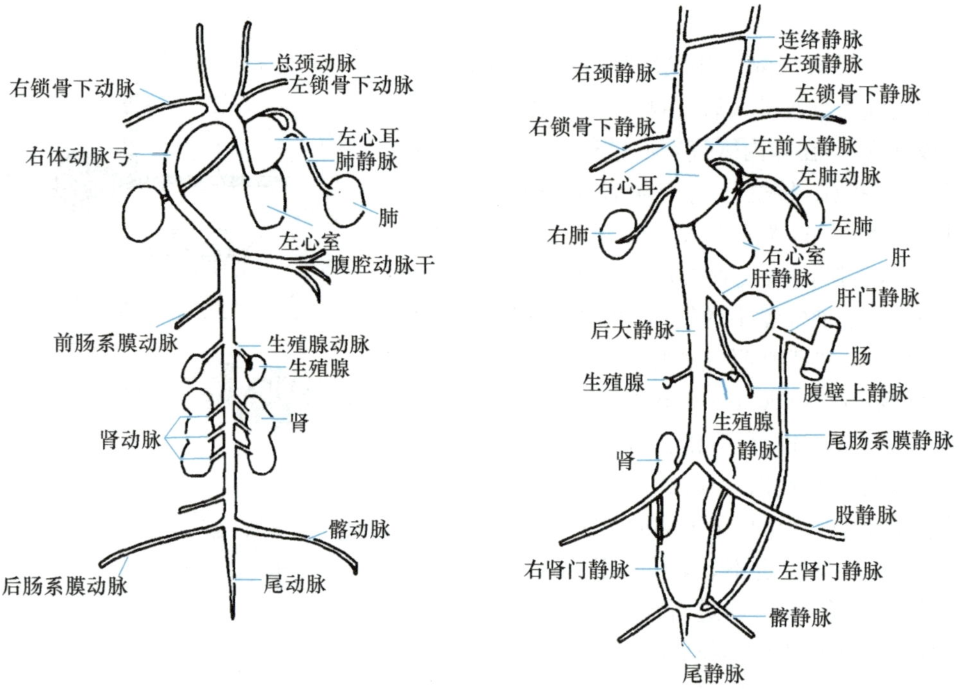

图 19-16 鸟类循环系统(郝天和，1964)

3. 静脉

一对前大静脉收集由颈静脉、臂静脉和胸静脉回流的血液，流入右心房。一条短而粗的后大静脉，收集髂总静脉和由肝静脉回流的血液，最后汇入右心房。

肾门静脉趋于退化，主干没有形成毛细血管网，直接穿过肾脏，只有少数主干的分支形成微血管，并最终汇入肾静脉。

尾肠系膜静脉(coccygeomesenteric vein)为鸟类所特有的，在尾静脉分叉处分出，可收集内脏血液，向前汇入肝门静脉。

肺静脉由每侧肺脏伸出进入左心房。在不同鸟类左、右肺静脉或分别或合成一支肺静脉干入左心房(图 19-16)。

4. 血液

鸟类血液中的红细胞一般为卵圆形，具细胞核。红细胞数量高于低等脊椎动物，但低于哺乳动物。红细胞中含有大量的血红蛋白，执行运输 O_2 及 CO_2 的机能。

5. 淋巴系统

鸟类的淋巴系统包括淋巴管、淋巴结、淋巴小结、腔上囊、胸腺和脾脏等。

淋巴管是输送淋巴液的管道。它从毛细淋巴管的盲端起源于组织间隙，再由毛细淋巴管汇合成较大的淋巴管。淋巴管在体内常与静脉相伴行，并最终汇集成一对大的胸导管(thoracic duct)，向前汇入前大静脉。淋巴结(lymph node)位于淋巴管的通道上，起滤过淋巴液、消灭病原体和补充新淋巴细胞的作用。鸟类中只有少数水鸟具有淋巴结，如雁形目中的鸭、鹅等，鹤形目中的骨顶鸡和鸥形目中的鸥。淋巴小结(lymph nodule)由淋巴细胞聚集而成，分布于体内的不同部位，也同样有消灭病原体和产生淋巴细胞的功能。在所有淋巴管壁上，都有微小的壁淋巴小结，在肝、胰、肺、肾等器官及其导管上具有孤立存在的淋巴小结。

胸腺(thymus)是鸟类重要的淋巴器官，紧靠颈静脉并沿气管两侧排列。家禽性成熟时的胸腺体积最大，随后开始萎缩。腔上囊是位于泄殖腔背部的一个盲囊，为鸟类特有的一个中心淋巴器官，幼鸟的腔上囊特别发达，随着性成熟逐渐退化消失。脾脏(spleen)是位于腺胃和肌胃交界处背侧的近球状器官，红褐色。其具有产生淋巴细胞、单核细胞的机能，衰老的红细胞多在脾脏破坏，被吞噬细胞吞噬，使红细胞内的血红素和铁质得到回收，再用于造血。脾脏也是一个免疫反应的外周器官。

八、排泄系统

胚胎时期的肾脏为中肾，成体由后肾行使泌尿功能。位于体腔背侧，深陷愈合荐骨的凹窝内。通常由头、中、尾 3 个肾叶组成，左右对称(图 19-17)。纵剖肾脏，在切面上可分为表层颜色深红的皮质部和深层颜色比较浅的髓质部。鸟类肾脏的特点是相对体积大、肾小球数量多，鸟类肾脏可占体重的 2%以上，在相同的单位面积中，肾小球的数量是哺乳动物的两倍。

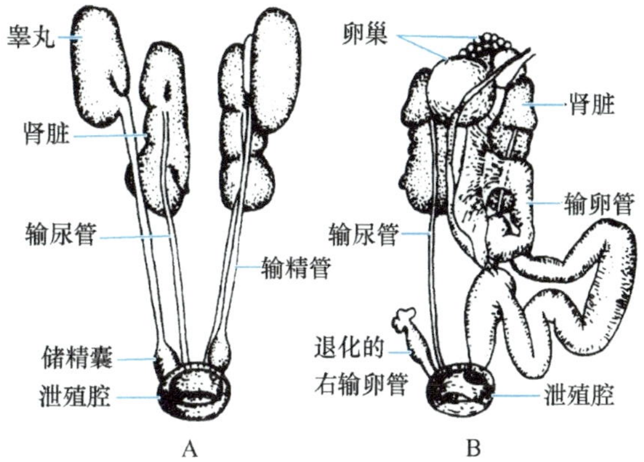

图 19-17 家鸽的排泄和生殖系统(王所安，1960)

A. 雄性；B. 雌性

输尿管由每侧肾脏的腹面近内侧缘发出，向后延伸，直接开口于泄殖腔的中部。

鸟类无膀胱(鸵鸟例外)。鸟类和爬行类的氮代谢最终产物以尿酸为主，尿酸的溶解度小，常呈结晶状的小颗粒。这对于胚胎在卵壳内发育阶段中不断排出废物和减少水分的散失是有利的。再加上成鸟的肾小管和泄殖腔都具有重吸收水分的功能，因此尿中水分很少，呈白色浓糊状，随粪便排出。

许多海鸟用特有的盐腺或鼻腺(nasal gland)来排出体内多余的盐分，以保持体内渗透压的稳定。盐腺通常位于眶上区鼻孔之间，通过泌盐管将分泌液排入鼻腔，经鼻孔沿喙尖滴出。

九、生殖系统

1. 雄性生殖系统

雄性生殖系统由睾丸(精巢)、附睾、输精管构成(图 19-17)。睾丸一对，呈卵圆形，以睾丸系膜悬挂于同侧肾脏前叶的腹侧。鸟类的睾丸有明显的季节性变化。在繁殖期体积可增大几百倍到上千倍。附睾是一条弯曲的长管，位于睾丸中央部分。在性活动的季节，附睾显著地肥大。输精管伴随与输尿管平行后伸，在通入泄殖腔前膨大，末端成乳头状而开口于泄殖腔。大多数鸟类无交配器，仅有少数种类，如鸵鸟、天鹅、鸭等有交配器；在某些鹳形目及鸡形目的鸟类，还残存着交配器的痕迹。这些都可以作为鉴定雌雄性别的标志。

2. 雌性生殖系统

大多数鸟类的雌性生殖系统仅包括左侧的卵巢和输卵管(图 19-17)，右侧退化，一般认为这是与产大型硬壳卵有关。实验切除左侧卵巢，其右侧卵巢能发育为类似精巢的器官。输卵管可分为 5 部分，即输卵管伞(fimbriae tubae)、蛋白分泌部(magnum)、峡(isthmus)、子宫(uterus)和阴道(vagina)。

鸟类都是体内受精。成熟卵通过输卵管前端的喇叭口进入输卵管。受精作用发生于输卵管的上端。受精卵进入蛋白分泌部，被这里的管壁腺体所分泌的蛋白所包裹。由于卵黄在输卵管中旋转下降，紧贴卵黄的蛋白部形成卷曲的卵带，被卵带所悬挂着的卵黄总是位于蛋的中央部。当进入峡部时形成内壳膜和外壳膜，之后进入子宫，形成卵壳。卵壳为碳酸钙及少数有机物构成，其表面有大量气孔，以保证卵在孵化时的气体交换。卵壳上的颜色是子宫壁上的色素细胞在产卵前 4～5h 所分泌的。卵离开子宫后进入阴道，最后经泄殖腔排出体外。

十、神经系统和感觉器官

1. 脑及脑神经

鸟类脑的体积较大，仅次于哺乳动物。脑神经共 12 对，但第Ⅺ对脑神经(副神经)不发达(图 19-18)。

大脑膨大，向后掩盖了间脑和中脑前部，表面光滑，由左、右两半球组成。大脑的嗅叶退化，顶壁薄，新脑皮基本处于爬行动物水平，底部纹状体十分发达，是鸟类复杂的本能活动和“学习”的中枢。

间脑背面被大脑半球所掩盖，间脑由丘脑上部(epithalamus)、丘脑和丘脑下部及第三脑室组成。其中丘脑下部构成间脑的底壁，为体温调节中枢并控制植物性神经系统。此外，丘脑下部也是重要的神经分泌部位，对脑下垂体的分泌有着直接的影响。

中脑的背侧为一对发达的视叶，是视反射中枢。一些低级的感觉和运动冲动也可以通过视叶反射性控制。鸟类的小脑非常发达，这与鸟类飞翔时对复杂运动的协调和平衡相关。延脑是呼吸、心跳、分泌等重要生理活动的中枢，并与鸟在空间的方向定位有关。

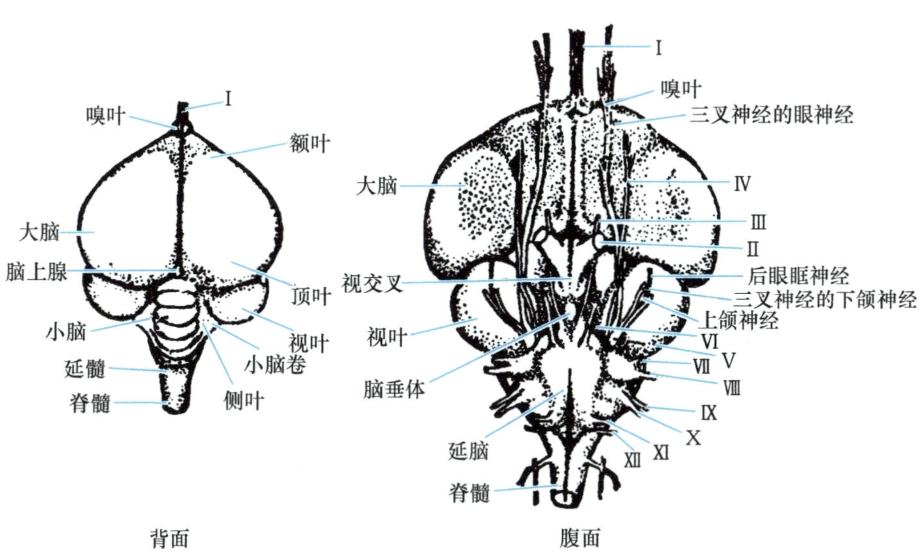

图 19-18 家鸽的脑(杨安峰,1992)

2. 感觉器官

鸟类感觉器官中以视觉最发达,听觉次之,嗅觉多退化。这些特点是与飞翔生活相适应的。

1)视觉　眼的比例在脊椎动物中是最大的(图 19-19)。眼球最外壁为坚韧的巩膜,在巩膜的前面有薄的骨片以覆瓦状排列成环状,称巩膜骨(sclerotic ring),可以防止眼球在飞翔时因受强大的气流压力而变形。在鸟类的后眼房内有一种特殊结构称栉膜(pecten),这是一个含有丰富色素细胞和毛细血管的结构,在不同鸟类中,栉膜的形状变异很大。栉膜的功能还不十分清楚,有人认为能增加鸟类对迅速移动物体的识别能力,也有人认为有营养视网膜的功能,并可借体积的改变而调节眼球内的压力。

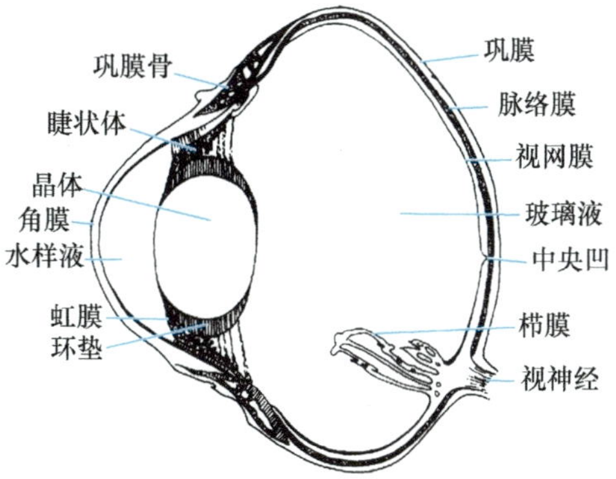

图 19-19 鸟眼矢状切面图
(Welty, 1982)

在巩膜与角膜之间有前巩膜角膜肌和后巩膜角膜肌,为横纹肌。前者能改变角膜的屈度,后者能改变晶体的屈度,因而它不仅能改变晶体的形状,而且还能改变角膜的屈度,这种调节方式称双重调节(图 19-20)。鸟类的虹膜通常为褐色,少数种类颜色鲜艳,如鸮为黄色、红鹳为绿色。虹膜肌也是横纹肌,与哺乳动物不同。潜水鸟类在水下时,能借虹膜肌的收缩来压迫晶体,致使一部分晶体自瞳孔处突出,协助调焦。由于鸟类具有这种完善的视觉调节,使其能在一瞬间把扁平的"远视眼"调整为"近视眼"。鹰隼在高空盘旋时可以清晰地看到地面上的小鼠,而俯冲到地面上时又能准确地抓获猎物。

2)听觉　耳是平衡觉和听觉器官,其基本结构和功能似爬行类。耳的结构由外耳、中耳和内耳 3 部分构成。外耳有雏形的外耳道,无外耳壳,中耳鼓室内有单一的听骨(耳柱骨),内耳瓶状囊比爬行类更加延长并稍有弯曲。

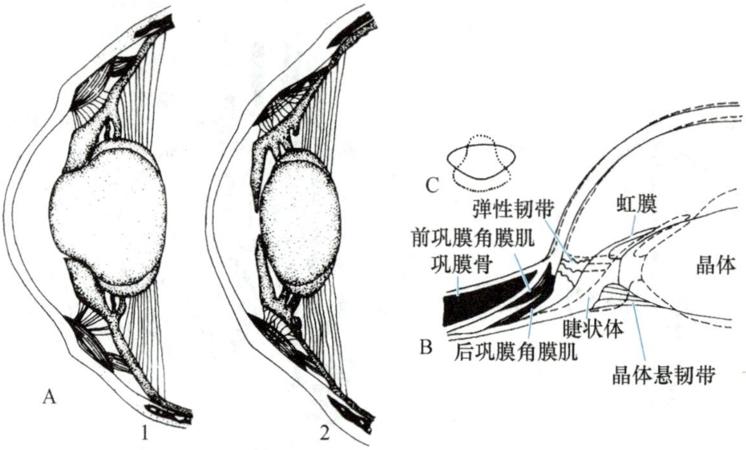

图 19-20 鸟眼视力调节模式图(Young,1981)

A. 由近视(1)调节至远视(2);B. 眼球局部切面,示调节肌;C. 晶状体调节前后的形状

3)嗅觉　　鸟类的嗅觉器官不发达,只有少数例外。例如,产于新西兰的几维鸟(*Apteryx australis*)是一种夜行性的鸟,依靠发达的嗅觉,搜寻地下的蚯蚓为食。

第三节　鸟纲的分类

全世界现今已知鸟类约 9900 种,分为 3 个总目。

一、平胸总目(Ratitae)

又称古颚总目(Palaeognathae),是现存鸟类中体型最大的一个类群。走禽,翼退化,无飞翔能力;胸骨扁平无龙骨突;羽毛均匀分布,无羽区和裸区之分;羽毛不发达,羽小枝上无钩突,不形成羽片;后肢强大,多数种类趾数减少;雄性具有交配器官。例如,非洲鸵鸟(*Struthio camelus*),为现存最大的鸟,体高 2.75m,体重可达 135kg,分布于非洲和阿拉伯半岛;美洲鸵鸟(*Rhea americana*)分布于中、南美洲的荒漠草原地带;鸸鹋(*Dromiaius novae hollandiae*)分布于澳洲;几维鸟又称为无翼鸟,分布于新西兰(图 19-21)。

非洲鸵鸟　　皇企鹅　　几维鸟

图 19-21 平胸总目、企鹅总目代表种类

二、企鹅总目(Impennes)

又称楔翼总目,生活于海洋中,除繁殖期外很少深入内陆;不能飞翔但适于游泳、潜水。前肢鳍状,身体羽毛呈鳞片状,均匀分布于体表;尾短,后肢短,靠近身体后方,趾间具蹼;骨骼不充气,胸骨具有发达的龙骨突;皮下脂肪发达。主要分布于南极洲及其邻近的非洲、美洲和澳洲的南缘,共有 18 种,如皇企鹅(*Aptenodytes forsteri*)(图 19-21)。

三、突胸总目(Carinatae)

又称今颚总目(Neognathae)。善于飞翔,翼发达,体表有羽区和裸区之分;胸骨具有发达的龙骨突,骨骼充气,有尾综骨,锁骨呈"V"字形;绝大多数雄性不具交配器。我国有 1330 余种。

1)潜鸟目(Gaviiformes) 游禽,喙强直而尖;腿短着生位置靠后,前 3 趾具蹼;翅小而尖,尾短,尾羽硬;早成雏。仅一科,即潜鸟科(Gaviidae),我国 4 种,如红喉潜鸟(*Gavia stellata*)。

2)䴙䴘目(Podicipediformes) 游禽,喙尖而细直;腿短,着生位置靠后;跗蹠侧扁,具瓣状蹼,后趾短小位置高或缺;尾短小,由少许绒羽构成;多营浮巢,早成雏。仅一科,即䴙䴘科(Podicipedidae),我国 5 种,如小䴙䴘(*Tachybaptus ruficollis*)、凤头䴙䴘(*Podiceps cristatus*)。

3)鹱形目(Procellariiformes) 又称管鼻目(Tubinares)。海洋性鸟类,鼻孔管状;喙粗壮侧扁,外覆角质片,末端具钩;前 3 趾具蹼,后趾退化或缺;翅尖而细长,善于翱翔。我国 3 科 12 种,如短尾信天翁(*Diomedea albatrus*)、白额鹱(*Puffinus leucomelas*)。

4)鹈形目(Pelecaniformes) 大、中型游禽,四趾均向前,具全蹼;喙长末端具钩,多数种类具喉囊;眼先和围眼裸出;晚成雏。我国有 5 科 16 种(图 19-22)。

鹈鹕科(Pelecanidae) 喙扁平巨大,上喙尖端具钩,下喙有巨型喉囊。如斑嘴鹈鹕(*Pelecanus philippensis*)。

鸬鹚科(Phalacrocoracidae) 喙略呈圆锥形,稍侧扁,上喙端具钩,喙缘平滑;喉囊不显。如鸬鹚(*Phalacrocorax carbo*)。

5)鹳形目(Ciconiiformes) 涉禽,喙长、颈长、腿长,四趾在同一平面上;眼先和围眼多裸出;尾短,多为平尾;胫下部裸出;晚成雏。我国 3 科 32 种(图 19-22)。

鹭科(Ardeidae) 喙直尖略侧扁,上喙端微具缺刻;中趾爪内侧缘具栉状突;飞翔时颈部呈"S"形弯曲。如苍鹭(*Ardea cinerea*)、大白鹭(*Egretta alba*)、黄斑苇鳽(*Ixobrychus sinensis*)等。

鹳科(Ciconiidae) 喙粗壮,长而略侧扁,末端尖或钝;头部常不完全被羽。如东方白鹳(*Ciconia boyciana*)、黑鹳(*C. nigra*)。

鹮科(Threskiornithidae) 喙长而下弯或直而平扁,末端扩大成匙状;头全部裸出或喙基处裸出。如朱鹮(*Nipponia nippon*)、白琵鹭(*Platalea leucorodia*)。

6)雁形目(Anseriformes) 游禽,喙端具"嘴甲";前三趾间具蹼,后趾退化,位置较高;尾脂腺发达;体羽大多雌雄异色;雄鸟具有交配器;早成雏。我国分布有 1 科 51 种,即鸭科(Anatidae),如大天鹅(*Cygnus cygnus*)、鸿雁(*Anser cygnoides*)、赤麻鸭(*Tadorna ferruginea*)、绿头鸭(*A. platyrhynchos*)、斑嘴鸭(*A. poecilorhyncha*)、凤头潜鸭(*Aythya fuligula*)、中华秋沙鸭(*Mergus squamatus*)、鸳鸯(*Aix galericulata*)(图 19-22)。

苍鹭 黑鹳 斑嘴鹈鹕 朱鹮 鸿雁

图 19-22 鹈形目、鹳形目、雁形目的代表种类

7)隼形目(Falconiformes) 昼行性猛禽,上喙尖锐钩曲,下喙较短,喙基部具蜡膜;脚强壮有力,具锐利的钩爪,适于抓捕猎物;翼发达,飞翔能力强;晚成雏。我国 3 科 60 余种(图 19-23)。

苍鹰 红脚隼 白鹤 黑翅长脚鹬 银鸥 白额燕鸥

图 19-23 隼形目、鹤形目、鸻形目的代表种类

鹰科(Accipitridae) 上喙先端具有弧状垂或双齿突;鼻孔多数椭圆形。如金鹏(*Aquila chrysaetos*)、胡兀鹫(*Gypaetus barbatus*)、雀鹰(*Accipiter nisus*)、苍鹰(*A. gentilis*)、鸢(*Milvus migrans*)、秃鹫(*Aegypius monachus*)。

隼科(Falconidae) 上喙端部具齿突,下喙对应处有缺刻;鼻孔圆形;翼尖长。如猎隼(*Falco cherrug*)、红隼(*F. tinnunculus*)、红脚隼(*F. amurensis*)。

8)鸡形目(Galliformes)　陆禽;喙短略拱曲;后肢健壮,爪钝;翼短而圆;尾较发达,尾羽12～20 枚;雄性在跗蹠部后缘多有距;雌雄多异色;早成雏。我国 2 科 60 余种。

松鸡科(Tetraonidae)　鼻孔被羽;跗蹠全部或局部被羽,雄性无距;秋冬季趾侧密生角质的栉状突。如花尾榛鸡(*Bonasa bonasia*)、柳雷鸟(*Lagopus lagopus*)、黑琴鸡(*Lyrurus tetrix*)。

雉科(Phasianidae)　鼻孔裸出;跗蹠多不被羽,雄性多具距。如黄腹角雉(*Tragopan caboti*)、褐马鸡(*Crossoptilon mantchuricum*)、绿孔雀(*Pavo muticus*)、原鸡(*Gallus gallus*)、白鹇(*Lophura nycthemera*)、勺鸡(*Pucrasia macrolopha*)、白冠长尾雉(*Syrmaticus reevesii*)、红腹锦鸡(*Chrysolophus pictus*)、雉鸡(*Phasianus colchicus*)、石鸡(*Alectoris chukar*)、鹌鹑(*Coturnix coturnix*)。

9)鹤形目(Gruiformes)　多为涉禽;一般颈、脚较长,胫部常裸露;具 4 趾或 3 趾,后趾存在时退化且位置较高;早成雏。我国 4 科 34 种(图 19-23)。

鹤科(Gruidae)　大型涉禽,喙、颈、腿均长;头顶常裸露;4 趾,后趾位置高,与前 3 趾不在同一平面。我国有 2 属 9 种,如丹顶鹤(*Grus japonensis*)、黑颈鹤(*G. nigricollis*)、白鹤(*G. leucogeranus*)、灰鹤(*G. grus*)、蓑羽鹤(*Anthropoides virgo*)。

秧鸡科(Rallidae)　中、小型涉禽,头小而颈稍长,喙长直或短钝;翅短圆,尾短常上翘;腿长而强健,趾细长。如普通秧鸡(*Rallus aquaticus*)、黑水鸡(*Gallinula chloropus*)、骨顶鸡(*Fulica atra*)。

鸨科(Otidae)　喙短粗,腿长而健壮;趾短,后趾消失;翅宽阔;性胆小而机警。如大鸨(*Otis tarda*)。

10)鸻形目(Charadriiformes)　中、小型涉禽;腿长,胫下部裸露;后趾常退化,存在时位置较高;翅尖长、尾短,善于飞翔;早成雏或晚成雏。我国 15 科近 120 种(图 19-23)。

鸻科(Charadriidae)　喙短而直,上喙端膨胀坚硬;翅较尖短,尾短,跗蹠细长,后趾短小或缺失。如凤头麦鸡(*Vanellus vanellus*)、金眶鸻(*C. dubius*)、剑鸻(*C. placidus*)。

鹬科(Scolopacidae)　体色较淡而具有条纹;喙细长,直而尖或向上弯曲或向下弯曲,且先端微膨大;多具 4 趾,无蹼或具微蹼。如小青脚鹬(*Tringa guttifer*)、白腰草鹬(*T. ochropus*)、红脚鹬(*T. totanus*)、针尾沙锥(*Gallinago stenura*)、小杓鹬(*Numenius minutus*)。

反嘴鹬科(Recurvirostridae)　喙细长,尖直或向上翘或向下弯曲;颈稍长,翅长而尖,尾短,腿长,胫部裸出。如黑翅长脚鹬(*Himantopus himantopus*)。

鸥科(Laridae)　喙直而尖或尖端微向下钩曲;鼻孔裸出;翅长而尖,尾长,多为圆尾;后趾短小,位置较高。如遗鸥(*Larus relictus*)、银鸥(*L. argentatus*)、红嘴鸥(*L. ridibundus*)。

燕鸥科(Sternidae)　喙直细长;脚短而细弱;尾长,叉尾。如普通燕鸥(*Sterna hirundo*)、白额燕鸥(*S. albifrons*)。

11)鸽形目(Columbiformes)　地栖或树栖,陆禽;喙短而细弱,上喙基部多柔软具蜡膜;腿短,脚强健,具钝爪;翅长而尖,飞行迅速;早成雏(沙鸡)或晚成雏(鸠鸽)。我国 2 科 34 种(图 19-24),如毛腿沙鸡(*Syrrhaptes paradoxus*)、绿皇鸠(*Ducula aenea*)、岩鸽(*Columba rupestris*)、珠颈斑鸠(*Streptopelia chinensis*)。

12)鹦形目(Psittaciformes)　攀禽;喙短钝,先端具钩;喙基部具蜡膜;跗蹠短健,对趾型,爪曲尖锐;舌多肉质而柔软;晚成雏;体羽艳丽。我国有鹦鹉科(Psittacidae)6 种,如绯胸鹦鹉(*Psittacula alexandri*)、灰头鹦鹉(*P. himalayana*)。

13)鹃形目(Cuculiformes)　攀禽;喙较纤细,先端稍弯曲;翼圆,尾较长,多为凸尾;跗蹠短弱；晚成雏，多为巢寄生。我国仅杜鹃科(Cuculidae)17种，如小鸦鹃(*Centropus toulou*)、大杜鹃(*Cuculus canorus*)、四声杜鹃(*C. micropterus*)。

14)鸮形目(Strigiformes)　夜行性猛禽；多具面盘；眼大而圆，位置向前；喙强健而钩曲，基部具蜡膜；脚强壮有利，外趾能反转，爪锐利；跗蹠常被羽，体羽柔软；耳孔大；晚成雏。我国2科29种(图19-24)。

草鸮科(Tytonidae)　面盘完整，呈心脏形；腿长，跗蹠被羽不达到趾部，中趾爪的内侧具栉缘。如草鸮(*Tyto capensis*)。

鸱鸮科(Strigidae)　面盘存在时呈圆形；眼大，位置向前；腿短，跗蹠被羽达到趾部，中趾爪的内侧不具栉缘。如雕鸮(*Bubo bubo*)、长耳鸮(*Asio otus*)、红角鸮(*Otus scops*)、纵纹腹小鸮(*Athene noctua*)、雪鸮(*Nyctea scandiaca*)。

15)夜鹰目(Caprimulgiformes)　中、小型攀禽；喙短弱，基部宽阔，口裂大，具发达的口须；翅狭长，尾长圆形；腿短，跗蹠被羽，并趾型，中趾爪内侧具栉缘；晚成雏；夜行性。我国有2科8种，如普通夜鹰(*Caprimulgus indicus*)。

16)雨燕目(Apodiformes)　小型攀禽；喙细长或短宽；翼短圆或尖长；尾多为叉形；跗蹠短弱，多被羽毛，前趾型或后趾能前后转动；晚成雏。我国2科10种，如楼燕(*Apus apus*)、白腰雨燕(*A. pacificus*)。

17)咬鹃目(Trogniformes)　小型攀禽；喙短粗厚，先端具钩；具口须；腿细弱，跗蹠被羽，异趾型；眼大，眼周裸露；羽色一般较艳丽。仅咬鹃科(Trogonidae)，我国3种，如橙胸咬鹃(*Harpactes oreskios*)。

18)佛法僧目(Coraciiformes)　攀禽；喙较长而粗壮或较细弱；鼻孔位于喙基；跗蹠短，前缘被盾状鳞，后缘被网状鳞；并趾型。我国5科26种，如普通翠鸟(*Alcedo atthis*)、蓝翡翠(*Halcyon pileata*)、栗喉蜂虎(*Merops philippinus*)、三宝鸟(*Eurystomus orientalis*)、戴胜(*Upupa epops*)、双角犀鸟(*Buceros bicornis*)。

19)鴷形目(Piciformes)　中、小型攀禽；喙粗壮似凿；舌长伸缩自如，尖端具倒钩；对趾型，爪锐利；尾呈楔形，羽轴坚硬，有弹性；晚成雏。我国3科39种(图19-24)，如蚁鴷(*Jynx torquilla*)、灰头绿啄木鸟(*Picus canus*)、大斑啄木鸟(*Picoides major*)、星头啄木鸟(*P. canicapillus*)、黑啄木鸟(*Dryocopus martius*)。

20)雀形目(Passeriformes)　鸟纲中种类最多的一个目，也是鸟类中最高等类群。中、小型鸣禽，鸣管结构和鸣肌复杂，善鸣啭；足较细弱，离趾型，后趾发达，后爪较粗壮；晚成雏；多为树栖。我国44科730余种(图19-24)，如蓝翅八色鸫(*Pitta nympha*)、蒙古百灵(*Melanocorypha mongolica*)、白鹡鸰(*Motacilla alba*)、家燕(*Hirundo rustica*)、白头鹎(*Pycnonotus sinensis*)、太平鸟(*Bombycilla garrulus*)、红尾伯劳(*Lanius cristatus*)、黑枕黄鹂(*Oriolus chinensis*)、黑卷尾(*Dicrurus macrocercus*)、北椋鸟(*Sturnus sturninus*)、八哥(*Acridotheres cristatellus*)、喜鹊(*Pica pica*)、灰喜鹊(*Cyanopica cyana*)、红点颏(*Luscinia calliope*)、北红尾鸲(*Phoenicurus auroreus*)、画眉(*Garrulax canorus*)、红嘴相思鸟(*Leiothrix lutea*)、东方大苇莺(*Acrocephalus orientalis*)、红喉姬鹟(*Ficedula parva*)、寿带鸟(*Terpsiphone paradisi*)、大山雀(*Parus major*)、树麻雀(*Passer montanus*)、燕雀(*Fringilla montifringilla*)、锡嘴雀(*Coccothraustes coccothraustes*)、黄胸鹀(*Emberiza aureola*)、三道眉草鹀(*E. cioides*)。

岩鸽

雕鸮 灰头绿啄木鸟 家燕

图 19-24 鸽形目、鸮形目、鴷形目、雀形目的代表种类

第四节 鸟类的繁殖和迁徙

一、鸟类的繁殖

鸟类的繁殖具有明显的季节性，一般每年繁殖一次，少数种类（如麻雀、文鸟等）一年可繁殖多次，一些热带地区的食谷鸟类可以终年繁殖。鸟类的配偶关系大多维持到繁殖结束，少数种类（如天鹅、雁、鹤、鹳等）为终生配偶。繁殖时多数种类为一雄一雌，少数种类一雄多雌（如松鸡、环颈雉、蜂鸟等）或一雌多雄（如三趾鹑、彩鹬等）。每年进入繁殖季节后，多数种类出现一系列复杂的繁殖行为，包括占区（territory）、求偶炫耀（courtship display）、筑巢（nest-building）、产卵（egg-laying）、孵卵（incubation）、育雏（parental care）等。

多数鸟类在繁殖期占有一定的领域范围，不许其他鸟类特别是同种鸟类的入侵，领域大小因种而异，营群巢的鸟类领域有时不足 $1m^2$，一些雀形目小型鸟类的领域为几百至几千平方米，鹤形目及一些小型猛禽的领域为几平方千米，而许多大型猛禽的领域可有几十平方千米，如金雕的领域可达 $93km^2$。领域的大小还因适于营巢领域的面积、鸟类的种群密度等因素而变化。

在占区的过程中，雄鸟常伴随着求偶炫耀过程，一般通过鸣唱、显示体色、姿态炫耀、飞翔等独特的行为来吸引异性，最终成功交配、繁殖。鸟巢是鸟类繁殖后代的场所，绝大多数鸟类都有筑巢行为。鸟巢根据其结构的特点可分为地面巢（如鸵鸟、环颈雉、丹顶鹤、大鸨、绿头鸭等）、水面浮巢（如鸊鷉等）、洞巢（如啄木鸟、纵纹腹小鸮、普通翠鸟、树麻雀等）、编织巢（如黑枕黄鹂、黑卷尾、喜鹊、寿带鸟等）。

鸟类的繁殖方式均为卵生，卵产于巢内，卵的大小、质量、颜色因种而异。例如，蜂鸟卵的直径不足 10mm，仅重 0.2g；家燕卵的大小（13～16）mm×（18～20）mm，重 1.3～2.5g；岩鸽卵的大小平均 36.5mm×27mm，重 12～13g；红腹锦鸡卵的大小平均 44.9mm×32.9mm，重 26.2g；大天鹅卵的大小平均 113mm×73mm，重 330g；而非洲鸵鸟的卵是现存鸟类中最大的，大小平均 190mm×145mm，重 1400～1700g。在繁殖季节，雌鸟产满窝卵的数量称窝卵数。鸟类的窝卵数也因种而异，少的仅 1 枚，如企鹅、信天翁；有的产 2 枚，如丹顶鹤、岩鸽等；许多雀形目鸟类为 4～6 枚；而鸭类、鸡形目鸟类 6～20 枚。鸟类产卵数量存在定数产卵和不定数产卵两种类型，定数产卵的鸟类在一个繁殖季节内，产固定数量的窝卵，如遇损坏或丢失，不再补充产卵,如家燕、斑鸠、喜鹊等;而不定数产卵的鸟类,如遇损坏或丢失,在开始孵化前雌鸟会补产一些卵,直至达到窝卵数为止,如鸡形目、雁形目及麻雀等鸟类。当达到窝卵数以后,便开始孵化,孵卵多为雌性担任,也有雌雄轮流孵卵或完全由雄性孵卵的,鸟类孵卵的温度一般为 34.4～35.4℃。每种鸟类的孵卵期一般是稳定的,大型鸟类的孵卵期较长,而小型鸟类的孵卵期较短,如信天翁63～81d,家鸽 18d,鸡 21d,雀形目鸟类一般为 10～15d。

胚胎完成发育后,雏鸟用喙尖端临时着生的卵齿把壳啄破而出,雏鸟分为早成雏(precocial)和晚成雏(altricial)两种。早成雏孵出时已充分发育,被有密绒羽,眼已睁开,腿脚有力,羽毛干后,即可随亲鸟觅食,如鸡形目、雁形目、鹤类等。晚成雏出壳时尚未充分发育,体表光裸或微具稀疏绒羽,眼还未睁开,需要由亲鸟饲喂一段时间后,才能独立生活,如雀形目、隼形目、鹳形目、鹃形目等。

二、鸟类的迁徙

鸟类每年春季和秋季在繁殖地和越冬地之间进行的定期、集群飞迁的现象称为迁徙(migration)。虽然迁徙并不是鸟类特有的本能活动,某些无脊椎动物(如东亚飞蝗)、鱼类(如带鱼、小黄鱼)、哺乳动物(如鲸)等也有季节性长距离更换住地的现象,但鸟类的迁徙是最普遍和最引人注目的生物学现象。鸟类迁徙具有定期性、定向性和集群性三大特点。

根据是否有迁徙现象,可将鸟类分为留鸟(resident)、候鸟(visitor)和迷鸟(straggler)。留鸟是终年留居在出生地而没有迁徙习性的鸟类,如树麻雀、喜鹊、雉鸡、岩鸽等。有些鸟类繁殖后离开生殖区,进行漂泊和游荡,无方向性,主要是随追逐食物而转移,直到春季返回生殖区,这种鸟类称为漂鸟(drifter),如大山雀、啄木鸟等。候鸟是在春秋两季沿着固定的路线,往返于繁殖区和越冬区之间的鸟类。根据候鸟在某一地区的旅居情况又可分为夏候鸟(summer visitor)(夏季在某一地区繁殖,秋季离开到南方过冬的鸟类)、冬候鸟(winter visitor)(冬季在某一地区越冬,第二年春季到北方繁殖的鸟类)、旅鸟(traveler)(迁徙时仅途经某地,不在此地繁殖和越冬的鸟类)。候鸟的划分因地而异。例如,丹顶鹤在我国的黑龙江省是夏候鸟,在江苏省是冬候鸟,在山东省、河北省等是旅鸟。迷鸟是在迁徙过程中,由于天气骤变使其漂离正常的迁徙路线或栖息地偶然到异地的鸟类,如北京偶见埃及雁、河北省偶见波斑鸨。

鸟类的迁徙大多发生在南北半球之间,较少发生在东西半球之间。鸟类迁徙的距离可以从几百 km 至上万 km,北极燕鸥是已知迁徙距离最远的鸟类,它繁殖于北极地区,在南非海岸越冬,单程达 18 000km。鸟类迁徙的高度一般在 1000m 以下,小型种类一般不超过 300m,有的甚至仅为几十 m 高,大型鸟类可有 3000～6300m 高,个别种类超过 9000m。一般夜间迁徙的种类飞行高度低于白昼迁徙的种类,恶劣天气(如阴天、风、雾等)飞行高度低于晴好天气。鸟类迁徙的时刻可分为白昼迁徙(大型鸟和猛禽,如鹳、鹤、鹰、隼等)、夜间迁徙(多数候鸟,特别是小型食虫鸟、食谷鸟、涉禽和多数鸭类)、昼夜兼程(多出现在越过海洋或沙漠等而不能休息的情况下,如金斑鸻可在海洋中连续飞行 5000km)。

我国候鸟迁徙路径有 3 个迁徙区:①西部候鸟迁徙区,包括在内蒙古西部干旱草原,甘肃、青海、宁夏等地的干旱或荒漠、半荒漠草原地带和高原草甸等生境中繁殖的候鸟,迁徙时沿阿尼玛卿、巴彦喀拉、崃山等山脉向南沿横断山脉到四川盆地西部、云贵高原甚至中南半岛越冬,西藏地区候鸟除东部沿唐古拉山、喜马拉雅山向东南防线迁飞外,部分大中型候鸟可能飞越喜马拉雅山脉至印度、尼泊尔等地越冬;②中部候鸟迁徙区,包括内蒙古东部、中部草原、华北西部地区及陕西地区繁殖的候鸟，沿太行山、吕梁山越过秦岭、大巴山进入四川盆地及大巴山东部到华中或华南地区越冬；③东部候鸟迁徙区，包括东北地区、华北东部及在俄罗斯、朝鲜半岛繁殖的候鸟，可能沿海岸向南迁飞到华东、华南，甚至到东南亚各国或沿海岸到马来西亚、菲律宾及澳大利亚等地越冬。

鸟类迁徙是一个非常复杂的生物学现象，引起迁徙的原因至今尚无明确的定论。一般从生态、生理、历史等因素来解释。生态因素认为温度变化和食物条件是重要的外界原因。夏季北方鸟类食物丰富、光照时间长，有利于鸟类的觅食、繁殖，冬季气候恶劣，食物匮乏，鸟类被迫到南方觅食、越冬；而南方夏季炎热干燥或季风、多雨，不适合鸟类繁殖活动，迫使鸟类返回北方繁殖，这种长时间周期性变化，使鸟类获得了迁徙的本能。生理因素是指神经内分泌活动对生理机能的影响。实验证明，肾上腺分泌的皮质类激素和脑下垂体分泌的催乳素可以诱发鸟类迁徙，这些激素的分泌与光照时间有密切关系，光照延长，激素分泌量相应增加，促进鸟类生殖腺发育，促使鸟类向北迁徙；光照缩短，激素分泌量减少，生殖腺萎缩，促使鸟类向南迁徙。生态、生理因素可以互相补充，但不能完全解释迁徙所涉及的全部问题，有些鸟类迁徙是发生在食物恶化之前，如家燕、灰椋鸟等繁殖结束后，即开始迁徙。也有些鸟类(如麻雀、喜鹊等)没有迁徙习性。历史因素指鸟类迁徙起源于新生代第四季的冰川期。冰川由北向南侵袭，北方环境极度恶劣，给鸟类生存带来不便，使鸟类被迫向南迁徙；以后冰川向北退缩，鸟类夏季返回故乡。随着冰川周期性南侵北退，逐渐使鸟类形成了迁徙的本能。但历史原因也不能完全说明鸟类迁徙的形成，不能解释为什么有些鸟类不迁徙，而且有证据表明，在第三纪鸟类的迁徙行为就已经存在。

具有迁徙习性的鸟类均有较固定的繁殖地和越冬地，它们之间距离虽远，但研究证明有些鸟类能够返回原来的旧巢繁殖，鸟类在迁徙过程中是如何定向的，目前仍没有完全解决，有待深入研究。目前主要的观点有对地形的训练、记忆，主要利用迁徙路线上的海岸线、河川、山脉，幼鸟在跟随亲鸟迁徙的过程中，加强对迁徙路线的记忆；天体导航，白天迁徙的鸟类利用太阳定向，夜间迁徙的鸟类利用星辰导航；磁定向，利用地球磁场感应来确定迁徙方向。

三、鸟类的起源与演化

关于鸟类的起源，近百年来一直有着激烈的争论，由于鸟类骨骼薄而充气，加之具有飞翔能力，形成化石的机会较小。在鸟类起源的研究中，最重要的化石代表是始祖鸟(*Archaeopteryx lithographica*)，是1861年在德国巴伐利亚省索伦霍芬附近的印板石石灰岩中发现的，属于中生代晚侏罗纪地层，距今约1.4亿年。始祖鸟大小似鸽子，代表着由爬行动物到鸟类的过渡类型(图19-25)，具有类似爬行动物的特征，如槽生齿、双凹型椎体、18～21枚游离的尾椎骨、具有腹壁肋、肋骨无钩状突、胸骨无龙骨突、前肢残留3枚分离的掌骨、指端具爪、非气质骨等；但同时又具有一些现代鸟类的特征，如具有羽毛、锁骨和间锁骨愈合为叉骨、前肢变成翼、具有开放式骨盆、后肢4趾(3前1后)等。目前始祖鸟的化石标本共报道了10例，化石均采集于同一地区。

图19-25　始祖鸟的骨骼
(Hickman and Roberts, 1994)

20世纪80年代后期，在辽宁西部的朝阳地区，中生代晚侏罗纪的各种鸟类及动物化石开始被大量发现，目前发现的鸟类化石已鉴定出20属30多种。朝阳地区发现的化石种类和数量之多，演化遗迹保存如此系统、完整，是世界上独一无二的。国内外著名古鸟类专家对朝阳市北票四合屯的各种鸟化石进行了深入研究，认为中国辽宁西部四合屯是研究鸟类起源与演化问题的最完美的地点。辽宁西部朝阳地区的化石发现与研究，为鸟类的起源、飞行起源、羽毛起源等提供了关键性证据，同时对生物演化的一些传统观点产生了前所未有的冲击。重要的化石代表种类如圣贤孔子鸟（*Confuciusornis sanctus*）、中华龙鸟（*Sinosauropteryx prima*）、有尾华夏鸟（*Cathayornis caudatus*）、燕都华夏鸟（*C. yandica*）、步氏始反鸟（*Eoenantiornis buhleri*）、波罗赤鸟（*Boluochia zhengi*）、原羽鸟（*Protopteryx fengningensis*）、长翼鸟（*Longipteryx chaoyangensis*）、娇小辽西鸟（*Liaoxiornis delicatus*）、粗壮原始祖鸟（*Protarchaeopteryx robusta*）等。

至今为止，鸟类起源问题提出了许多假说，多数认为鸟类起源于恐龙，主要有两个假说，即槽齿类起源假说和兽脚类恐龙起源假说。槽齿类起源假说认为假鳄类（原始的槽齿类）可能是鸟类的祖先，证据主要是槽生齿、骨骼具空腔气窦、双颞窝型、具眶前孔和下颌孔等。兽脚类恐龙起源假说认为鸟类起源于虚骨龙类，主要特征是两足行走、颈长而灵活、骨骼具空腔而轻便、肉食性等。20世纪70年代以后研究发现虚骨龙类有类似鸟类叉骨的雏形、腕骨半月形、尾骨缩短并有愈合现象，已成为鸟类起源研究的主流方向。尤其是20世纪90年代以后，在我国发现大量的中生代鸟类和兽脚类恐龙化石，更是对兽脚类恐龙起源假说提供了有力的支持。但也有观点认为鸟类是恐龙的近亲，也有人认为鸟类起源于初龙类，而非恐龙。初龙类即鸟类、恐龙、鳄鱼等的共同祖先。

从爬行动物进化到鸟类，飞翔机能是如何获得的，存在两种假说。一是树栖起源假说，认为鸟类祖先为树栖，随着在两树之间跳跃，前肢变长，由跳跃发展到滑翔，前肢出现翼膜，翼膜及其他部位的鳞片扩大形成羽毛，由滑翔逐渐发展两翼振动，最终成为可以飞行的翅膀，获得飞翔能力；二是奔跑起源假说，认为鸟类祖先具有长尾、两足奔跑生活，奔跑时前肢扇动起助跑作用，前肢不断扇动，鳞片不断扩大以增加与空气接触的面积，进而形成羽毛，前肢逐渐由助跑作用转变成飞翔器官，长尾在奔跑中起平衡作用，尾上鳞片也逐渐扩大，形成尾羽。

鸟类的化石发现于中生代侏罗纪，到白垩纪鸟类的结构进一步进化，骨骼特征已接近现代鸟类，但口腔内有牙齿，这一时期的代表种类是黄昏鸟（*Hesperornis regalis*）。潜鸟目、鹱鹛目、鹈形目、鹳形目、鹤形目、鸻形目等中均有化石种类发现，并且有些种类一直延续至今。进入新生代，骨骼特征和现代鸟类已无明显差异，牙齿完全消失。种类显著增多，至始新世末期，现代各目鸟类几乎都已经出现。

第五节 鸟类的经济意义

一、鸟类的益害

鸟类是生态系统中重要的组成部分，鸟类食量大，代谢速率快，绝大多数的鸟类以昆虫为食，而且所食的昆虫多数是农林害虫，如杜鹃、啄木鸟、普通燕鸻、普通夜鹰、戴胜、家燕、山雀、灰喜鹊等。隼形目、鸮形目鸟类及雀形目中的伯劳等以鼠类为食。有人曾在一只杜鹃的胃中发现173条松毛虫、49条舞毒蛾幼虫和2只金龟子；一窝普通燕鸻在一个繁殖季节能捕食6.5万只蝗虫；一只长耳鸮一个冬季(10月～翌年4月)能消灭各种鼠类270余只。有些鸟类(如秃鹫、乌鸦等)以腐烂的动物尸体、垃圾等为食，能消灭有病动物和腐烂尸体。人们常把这些鸟类称为"森林医生"、"农林业卫士"、"大自然的清道夫"等。尤其是随着农药和各种化学杀虫剂使用后所造成的环境污染，大量抗药性昆虫的出现，鸟类在控制虫害、鼠害，保护环境、维持生态平衡等方面具有重要的作用。

有些鸟类以植物的种子为食，消化后种子仍具有发芽能力，对植物的传播、群落的演替具有促进作用。

对人类完全有害的鸟类是极少见的，几乎所有的鸟类夏季繁殖季节都能捕食昆虫，有些鸟类在某一时期或某一季节，可能对农林业、畜牧业有一定的危害。例如，树麻雀在秋季及冬季以谷物为食；雁类、鹤类、鸨类在冬季可能啄食麦苗；隼形目鸟类有时捕食一些农林益鸟及家禽、家畜。因此，我们应该正确评价鸟类的益害关系。

鸟类有时会携带病原体，如病毒、衣原体、立克次体、支原体、细菌、真菌、原生动物、线虫、绦虫、吸虫及节肢动物等，有些病原体只能在鸟类之间传播，有些病原体则可通过中间媒介传给人类和其他脊椎动物，对人类及家禽、家畜造成危害。例如，近来的"禽流感"，有可能是迁徙的鸟类传染给家禽的；"鹦鹉"热在世界各地流行过；在我国出现的新生隐球菌脑膜炎是由野生鸽肉、麻雀肉等传播的；在美国纽约曾经有多人死于西尼罗河病毒，是由叮咬过有感染鸟类的蚊子所传染的。

二、狩猎鸟类

狩猎鸟类是指为人类提供肉用、蛋用、羽用及能开展体育休闲狩猎的鸟类资源，主要包括鹈鹕目、雁形目、鸡形目、鸻形目、鸽形目、鹤形目、隼形目及雀形目等鸟类。对繁殖能力强、种群数量增长迅速的鸟类，在充分摸清种群数量的基础上，在某一季节合理地进行狩猎，能够产生可观的经济效益。对那些容易饲养的种类，如雉鸡、石鸡、斑鸠等，大量人工繁殖，定期投放到野外，开展体育休闲狩猎活动，即不破坏资源，又能满足人们对精神文化生活的需要、提高收入，具有良好的发展前景。

三、观赏鸟类

随着人们物质生活丰富的同时，精神文化生活的需求也不断提高，鸟类是自然界中较容易为人类所接近的动物，利用望远镜、鸟类图谱等工具，对自然状态下的野生鸟类，在不影响其正常活动情况下进行观察和观赏，并对鸟类用照相机进行拍照，是近年来逐渐兴起的一项活动。我国观赏鸟类资源极其丰富，主要包括鹈鹕目、鹈形目、鹳形目、雁形目、隼形目、鸡形目、鹤形目、鸻形目、鸮形目、鸽形目、雀形目等，目前一些省、市成立了观鸟会，有组织、有计划地开展观鸟活动，对于积累鸟类基础资料、保护鸟类宣传、丰富精神文化生活等具有重要意义。

我国地域广阔，环境多样，适宜观鸟的地点非常多，如黑龙江兴凯湖、辽宁盘锦、北京百花山、河北北戴河及唐海、河南董寨、山东长岛、甘肃莲花山、新疆博斯腾湖、青海湖、江西婺源及鄱阳湖、湖南洞庭湖、内蒙古乌梁素海、福建武夷山等。各地可根据不同情况，在不同时期、季节，结合观鸟主题，选择合适地点有组织、有目的地进行观赏。

四、鸟类的驯化

野生种类经过长期的人工饲养，逐渐驯化成为家禽。我国家禽驯化有悠久的历史，如家鸡的驯化已有7000多年，虽然家鸡有很多品种(肉用、卵用、肉卵兼用、观赏等)，但它们有共同的祖先，均是由原鸡通过一代代的定向选择，变异逐渐积累而形成的。在驯化过程中，逐渐改变了祖先原来的野生状态，使性能有了大幅度提高，无论是产卵量，还是质量均超过祖先野生种类。家鸭的祖先是绿头鸭和斑嘴鸭，而家鹅的祖先是鸿雁。

近代对一些野生鸟类的驯化取得了很大的进展，如雉鸡、石鸡、鹧鸪、鹌鹑均已驯化成功，成为特种养殖的新物种。现在我国大部分地区养殖的七彩山鸡，是1881年美国驻上海领事将28只华东地区野生雉鸡带到美国，经100多年的驯化培育而形成的品种，经3个月的饲养，雄性体重1.5～2.0kg，雌性体重1.0～1.5kg，年产卵量可有60～130枚，而野生雉鸡年产卵量仅6～22枚。随着新驯化种类的大规模饲养，将产生巨大的经济效益。

五、鸟类的其他价值

很多野生鸟类可为人类提供食用资源，主要包括鸡形目、雁形目、鸽形目的一些种类。有些鸟类的羽毛可作为装饰品，如孔雀的尾羽，雁鸭类的绒羽是优良的保暖材料。

有些鸟类是传统的中药材，在《本草纲目》中，记载了药用鸟类19种，如斑鸠、麻雀、雉鸡、乌鸦等。鸟类的肉、脂肪、羽毛、骨、头、脑、粪等均能够入药。例如，秧鸡的肉有益气、解毒的功效；各种鸭类的肉有补中益气、利水、解毒的功效；鸬鹚的羽毛有消肿胀的功效；鸮的羽毛有止血的功效；麻雀的粪有消积、明目、润肾、解毒的功效；家鸽的粪有消肿、杀虫的功效等。

鸟粪中约含有16%的氮和10%的磷，是优质的有机肥料。在鸟类大量长久栖居的地区，常常形成一定储量的鸟粪，是一项具有开采价值的动物产品资源，一般海岛是形成鸟粪资源的适宜场所。鸡粪中所含养分很高，经分析，在干鸡粪中含水10.4%、粗蛋白28.7%、粗纤维13.8%、钙7.8%、磷2.1%、亚油酸1%。因此，鸡粪不但是优质的肥料，经过处理还可以应用于禽、畜和鱼类等的饲料。

一些鸟类的结构、生理特性也是仿生学的研究对象，鸟类精致的结构、复杂的行为等启发了人类的智慧，为人类探求理想的技术装置或交通工具提供了原理和蓝图，如飞机的发明、鸟眼的结构等。

鸟类的翅膀与飞翔能力

根据空气动力学原理，决定鸟类飞翔能力的因素有体重、翅膀面积、振翅幅度和频率。因生活的栖息地类型不同，鸟类翅膀分4种类型：椭圆翅膀、高速翅膀、滑翔翅膀、升腾翅膀(图19-26)。

椭圆翅膀(elliptical wings)：翅长与宽比例相对较小，初级飞羽间有缺刻，起飞速度快，且低速飞行时能灵活地转弯和降落等，但不适于长时间飞行，如雀类、柳莺类、啄木鸟类等。

高速翅膀(high-speed wings)：翅膀较长，翅长与宽比例相对较大，初级飞羽间无缺刻，适于高速飞行，但起飞时机动能力不如椭圆翅膀，如鸻鹬类、鸥类、燕类、蜂鸟类等。

滑翔翅膀(soaring wings)：翅膀长且窄，翅长与宽比例相对最大，初级飞羽间无缺刻，适于高速飞行和利用气流滑翔(能最高效飞行的翅膀类型)，但起飞时机动能力远不如椭圆翅膀，如信天翁、军舰鸟和鲣鸟等。

升腾翅膀(high-lift wings)：翅长与宽比例较小，但翅膀面积最大，初级飞羽间有缺刻，适于低速飞行时产生最大升力和翱翔，如鹫类、鹗类、鹰类、鹞类等。

在进化过程中，具有不同生活史对策的鸟类拥有不同的翅型，同种鸟类的翅型也因性别、年龄、生存环境、迁徙能力等不同而表现出一定差异。

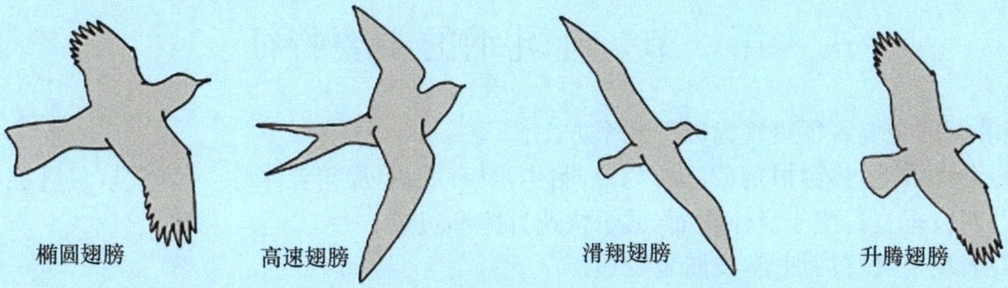

图 19-26　鸟类翅型

思考题

1. 简述鸟类与爬行类的相似性。
2. 简述鸟类的进步性特征。
3. 鸟类在各个器官系统上有哪些适应飞翔生活的结构特征？
4. 简述鸟类的皮肤结构特征及羽毛的结构、类型、功能。
5. 试述鸟类骨骼系统的主要特征。
6. 简述鸟类消化系统的特点。
7. 比较鸟类和低等陆栖脊椎动物肺的结构及呼吸过程。
8. 简述鸟类循环系统的特点及血液循环途径。
9. 比较鸟类和低等脊椎动物肾脏的类型、结构。
10. 简述鸟类神经系统的特征。
11. 简述鸟类眼的结构特点及视力调节方式。
12. 简述鸟类的繁殖。
13. 举例说明留鸟和候鸟。
14. 简述我国鸟类迁徙的主要途径。
15. 鸟类分为几个总目？主要特征有哪些？
16. 简述鹈形目、鹳形目、雁形目、隼形目、鸡形目、鹤形目、鸻形目、鸮形目、雀形目的主要特征。各列举 3～5 种代表种类。
17. 简述鸟类的起源及演化。
18. 简述鸟类的经济意义。

第二十章　哺　乳　纲

哺乳纲(Mammalia)是全身被毛、运动快速、体温恒定、胎生和哺乳的脊椎动物。它是由中生代盘龙类演化形成的，向各种环境条件辐射适应，成为现今地球上形态结构最完善、生理机能和行为最复杂的动物类群。

第一节　哺乳纲的主要特征

哺乳纲的主要特征表现为以下几个方面。

(1)全身被毛，体温恒定(25～37℃)，胎生，具有胎盘(原兽亚纲除外)，哺乳(具乳腺)。

(2)四肢垂直着生于身体腹面，适于快速奔跑和负重。

(3)表皮与真皮均加厚，皮肤腺发达。

(4)头骨为合颞孔型(synapsida)，两枚枕髁，具完整的次生腭(hard palate)和肌肉质的软腭(soft palate)，下颌由单一齿骨构成，牙齿为异型槽生再出齿，颈椎 7 枚(极少数例外)。

(5)具肌肉质的唇(原兽亚纲除外)，出现口腔咀嚼和消化，提高了对能量的摄取。

(6)具特殊的呼吸肌——膈肌，强化了胸腹式呼吸。

(7)血液循环为完全双循环，仅保留左体动脉弓，成熟的红细胞无核。

(8)大脑皮层高度发达(出现了沟和回)，具胼胝体，发展了新小脑和脑桥。

(9)感觉器官完善，外耳道发达并发展了外耳壳，中耳内 3 块听小骨，内耳的瓶状囊延长卷曲成螺旋状的耳蜗管；鼻腔内有较大的嗅囊和复杂的鼻甲骨；视觉敏锐。因此，哺乳动物可以获得更多信息，协调复杂的机能活动和适应多变的环境条件。

第二节　哺乳纲的形态结构与功能

一、外形

哺乳类外形最显著的特点是体表被毛，明显的分为头、颈、躯干、四肢和尾 5 部分。肌肉质唇边有触毛。有长的外耳壳，一般都能转动。尾为运动的平衡器官，大都趋于退化，甚至完全消失。四肢垂直着生于躯干部腹面的两侧，且前肢的肘关节向后转、后肢的膝关节向前转，提高了支撑力和弹跳力，有利于负重和奔跑，结束了低等陆栖脊椎动物以腹壁贴地，用尾巴作为运动辅助器官的局面(图 20-1)。

哺乳类适应于不同的生活方式，在形态上有较大的差异：水栖的种类(如鲸)呈鱼形，附肢退化成桨状；飞翔的种类(翼手目)前肢特化，具有翼膜；穴居的种类(如鼹鼠)躯体粗短，前肢特化如铲状，适于掘土；陆生的种类躯体均衡，四肢发达，适于快速奔跑。

二、皮肤结构及其衍生物

1. 皮肤结构

哺乳类的皮肤与低等脊椎动物相比，表皮与真皮均加厚(图 20-2)，不仅结构致密，具有良

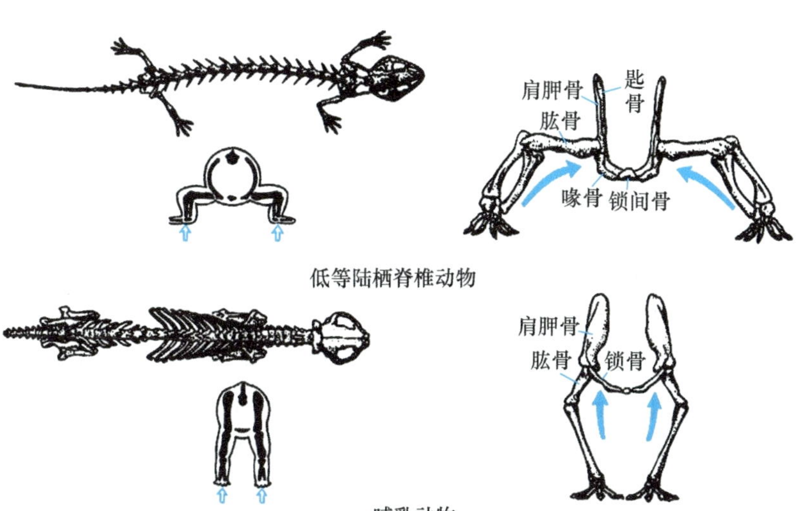

图 20-1　哺乳动物与低等陆栖脊椎动物四肢的比较（仿 Kardong，2006）

好的抗透水性，而且具有敏感的感觉功能和调节体温的功能。小型啮齿类的表皮只有几层细胞；而象、犀牛、河马及猪等有几百层细胞，称为硬皮动物。表皮内生发层细胞能不断分裂增殖，来补充以“皮屑”形式脱落的角质层细胞。表皮内无血管，营养靠真皮渗透供给。真皮由致密的纤维性结缔组织构成，内含丰富的血管、神经末梢、感受器和皮肤腺，能感受温、压及痛觉。在与表皮接壤的部分形成若干突起（真皮乳头）嵌入表皮内。真皮与肌肉之间由蜂窝组织构成皮下层，内含大量脂肪细胞，构成皮下脂肪，有储藏营养、保温、隔热的作用。水栖的哺乳动物（如鲸、海狮）及冬眠的种类（如黄鼬、旱獭）皮下脂肪特别发达。

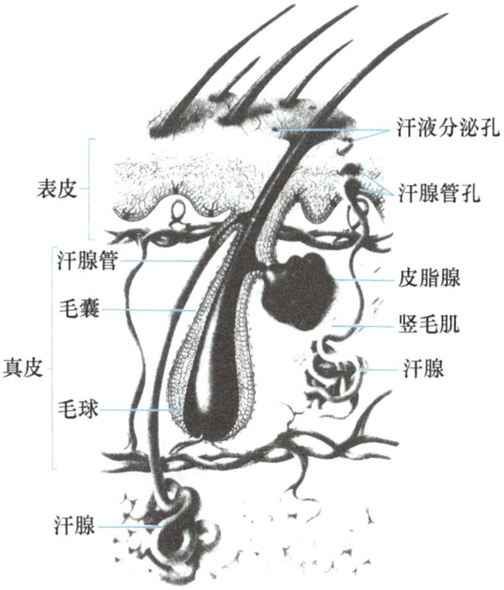

图 20-2　哺乳动物皮肤结构（仿 Hickman and Roberts，1994）

2. 皮肤衍生物

哺乳动物皮肤衍生物包括毛、皮肤腺、指（趾）端保护物、鳞片及角。

1)毛　毛(hair)为表皮角质化的产物。由裸露的毛干和埋在皮肤内的毛根组成。毛干的结构分3层,中心是髓质,由排列疏松的多角形细胞构成,髓腔中可容纳静止空气,有助于毛的保温功能。髓质周围是皮质,由与毛纵轴平行、紧密排列的细长梭形细胞构成,其发达程度对毛的弹性和韧性起决定作用,其中的色素颗粒形态有物种差异。鳞片层是毛最外表的覆盖层,由一层到多层透明的扁平角化细胞构成,具保护毛的作用,鳞片层的外部形态因种而异,可作为分类依据。毛根末端膨大部分是毛球,毛球基部即真皮构成的毛乳突,内具丰富的血管,供应毛生长所需的营养物质。毛囊基部有竖毛肌,收缩时可使毛直立,既可调节体温又可使身体形象变大而具威慑的作用。

根据毛的结构可分为针毛、绒毛和触毛。针毛长而坚韧,皮质发达,有一定方向,耐摩擦,有保护功能。绒毛位于针毛下层,髓质发达,短而密,无毛向,有保温功能。触毛为特化的针毛,长而硬,长在嘴的周围,有触觉的功能。与换羽和蜕皮一样,哺乳动物的毛在每年的春秋季要更换。

2)皮肤腺　皮肤腺发达,包括皮脂腺(sebaceous gland)、汗腺(sweat gland)、乳腺(mammary gland)、臭腺(scent gland),均为多细胞腺体,来源于表皮。

皮脂腺为泡状腺,多开口于毛囊基部,分泌的油脂可滋润毛和皮肤。

汗腺是一种管状腺,为哺乳类特有的腺体,由表皮生发层细胞陷入真皮内形成,外包以丰富的血管,血液中的盐类和尿素渗透而入汗腺管,通过体表蒸发,主要功能是调节体温,同时能排出代谢废物。灵长类的汗腺遍布全身,其他兽类大多局限于一定部位。例如,牛、羊的汗腺仅限于吻部,狗的汗腺位于口腔、舌和鼻表面。有些种类无汗腺,如鲸类。

乳腺为哺乳类特有的腺体,是一种管、泡复合腺,也可认为是特化的汗腺。乳腺集中的区域称乳区,乳区上有乳头(单孔类除外),乳头的数目及着生位置因种而异。少则1对,如马、鲸、象和灵长类等;牛2对;食肉类3或4对;啮齿类1～5对;猪4～8对;最多的树袋熊有12对。一般来说,乳头的对数与产仔数相当。

臭腺为汗腺或皮脂腺的衍生物,对同种识别和繁殖配对、标记领域及防御等有重要作用。例如,麝鼠、河狸及犬科动物的包皮腺;鼬科、灵猫科、某些啮齿类的肛腺;偶蹄类的眶下腺、趾间腺、蹠腺等。

3)指(趾)端保护物及鳞片　指(趾)端保护物包括爪、甲、蹄,均为指(趾)端表皮的角质构造(图20-3)。爪由爪体和爪下体组成,爪体较厚,两侧向下弯曲包住爪下体。甲和蹄是爪的变形。甲为灵长类所特有,特点是爪体平展,爪下体显著退化。蹄的爪体和爪下体均增厚,爪体两侧向腹面弯曲成圆形,包入爪下体,减少足部与地面的接触面,利于行走和奔跑。鳞片是表皮角质化的产物,如鳞甲目。

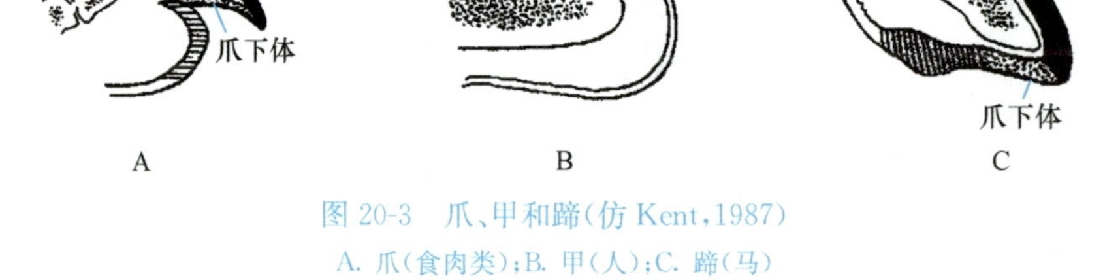

图20-3　爪、甲和蹄(仿Kent,1987)
A. 爪(食肉类);B. 甲(人);C. 蹄(马)

4)角　　角为某些哺乳类头部表皮或真皮的特化产物，是有蹄类防卫的武器。常见的有洞角(hollow horn)和实角(antler)(图 20-4)。洞角又称虚角，为牛科动物所特有，不分叉，终身生长不脱换，是由头部表皮产生的角质鞘及额骨上来源于真皮的骨质突起紧密结合而成。雌雄均有角，但雄性的角较粗长，如牛、羊。实角又称鹿角，为鹿科动物所具有，是分叉的实心骨质角，每年更换 1 次，由真皮骨化后穿出皮肤而成，为真皮的衍生物。一般只雄性有角，如鹿、麂，但驯鹿雌雄均具角，而麞和麝雌雄均无角。刚生出的鹿角尚未骨化，外包富有血管的皮肤，此期的鹿角称鹿茸，为名贵的中药。长颈鹿的角称瘤角(stubby horn)，不分叉，不脱换，骨心外终身包被活的皮肤。犀牛的角称犀角(rhino horn)，是由表皮的角质纤维交织而成，无骨心，不脱换。

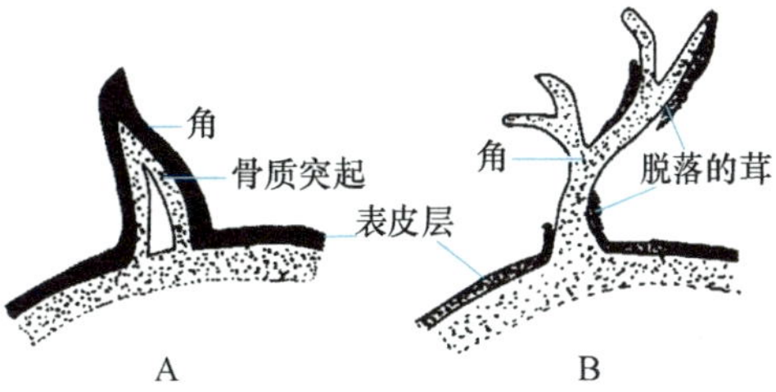

图 20-4　哺乳动物角的主要类型
(仿 Hickman et al.，1993)
A. 洞角；B. 实角

三、骨骼系统

哺乳类骨骼高度简化和灵活，能做更高速度和更大范围的运动。

1. 头骨

哺乳类头骨发生了显著变化，表现在：头骨骨块减少和愈合；脑颅和鼻腔扩大；出现复杂的鼻甲骨和明显的“脸部”；枕髁 2 枚；次生腭完整；下颌由单一齿骨构成；中耳腔内 3 块互为关节的听骨(锤骨、砧骨和镫骨)把鼓膜与内耳连接，这种装置巧妙地把外界的声波加以放大并传入内耳；颧骨作为强大咀嚼肌的起点，加强了咀嚼能力(图 20-5)。

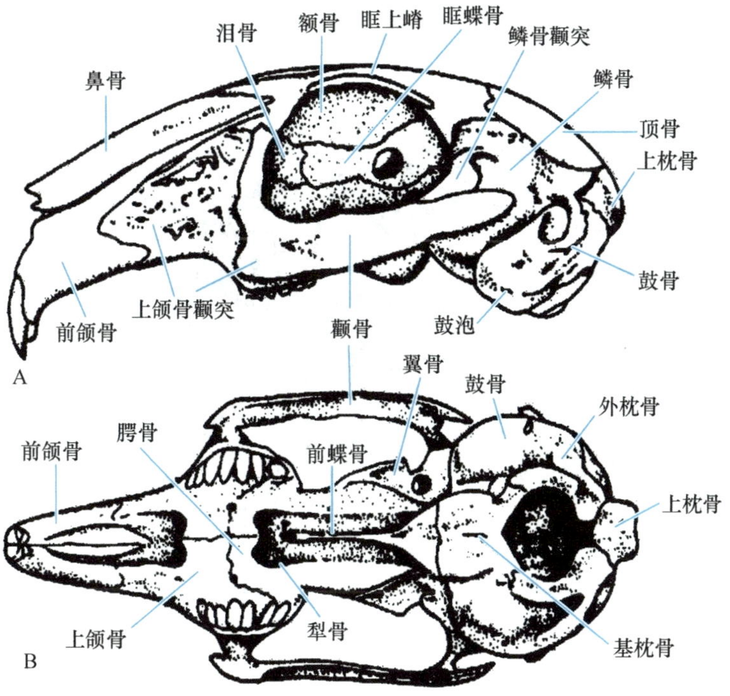

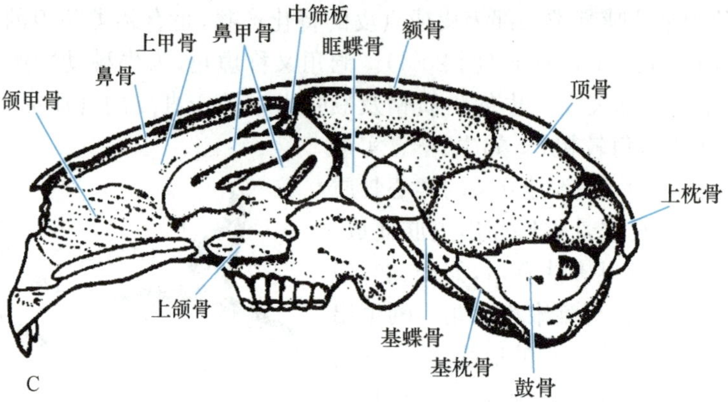

图 20-5 兔的头骨(仿杨安峰,1992)
A. 侧面;B. 腹面;C. 矢状切面

2. 脊柱、肋骨和胸骨

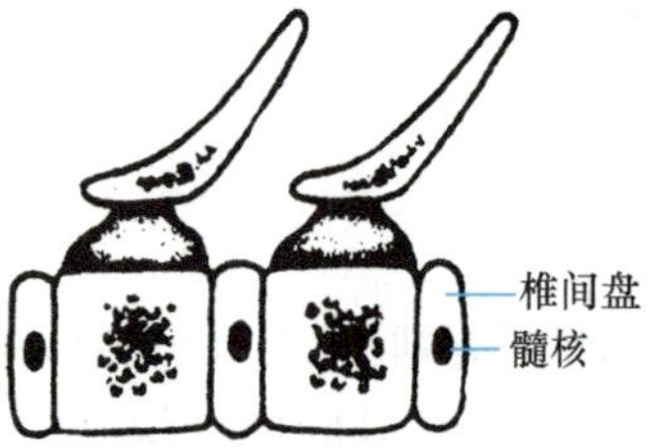

图 20-6 哺乳动物的双平型椎体(Kent,1987)

脊柱结构坚实而灵活,分区明显,分为颈椎、胸椎、腰椎、荐椎和尾椎 5 部分。双平型椎体(amphiplatyan centrum),相邻椎体之间有软骨质的椎间盘,能缓冲运动时对脑和内脏的震动(图 20-6)。颈椎除个别种类外均为 7 枚(海牛 6 枚、二趾树懒 6~10 枚),这是哺乳动物的鉴别性特征之一,前 2 枚分别为寰椎和枢椎;胸椎 12~15 枚,借肋骨与胸骨联结构成胸廓(thoracic basket);荐椎多 3~5 枚,有愈合现象,水栖种类由于后肢退化而无明显的荐椎;尾椎数目不定(图 20-7)。

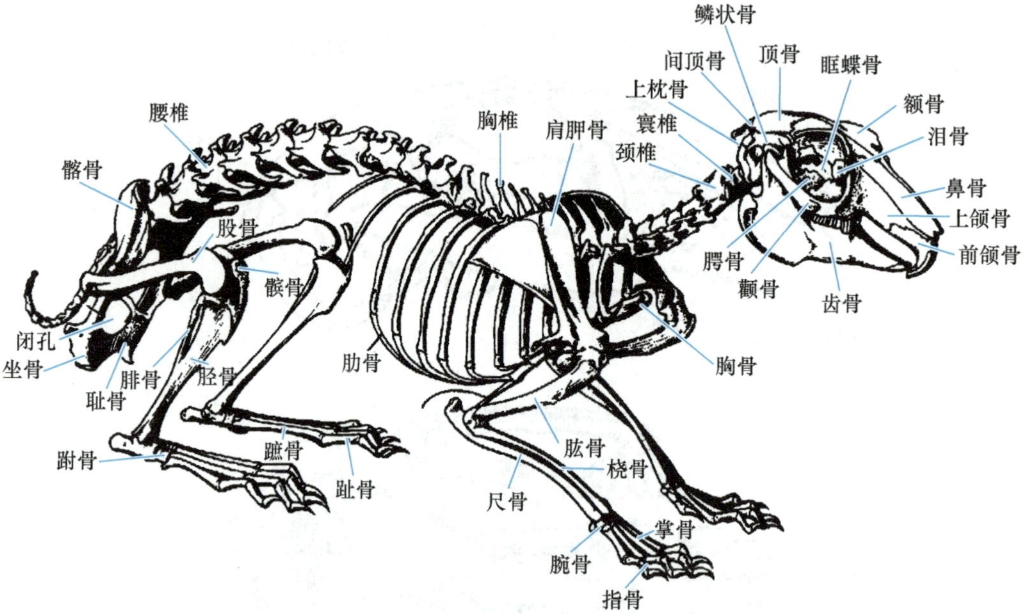

图 20-7 兔的全身骨骼(仿 Young,1975)

3. 附肢骨骼

哺乳动物的附肢骨骼分为带骨和肢骨。四肢下移至腹面,出现肘和膝。前肢骨的肘关节向后、后肢的膝关节向前是哺乳动物最显著的特点之一。

肩带简化，主要由肩胛骨和锁骨构成。肩胛骨发达，多呈片状，乌喙骨退化成肩胛骨上的1个突起，即乌喙突；锁骨在善于奔跑、跳跃的类群中趋于退化或消失，而在攀援、掘土和飞翔的类群中则发达。腰带由髂骨、坐骨和耻骨愈合而成，左右坐骨、耻骨在腹中线上连接，形成封闭式骨盆。这种结构大大加强了牢固性和对后肢的支撑力量(图 20-8)。

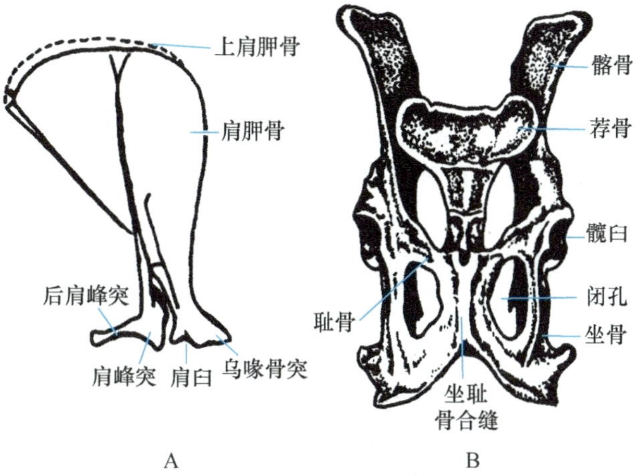

图 20-8 兔的肩带和腰带(郝天和，1964)

A. 肩带；B. 腰带

陆地生活的哺乳动物其足型有 3 种，即蹄行式(羊、驼)、趾行式(猫、狐)和蹠行性(狒狒、猕猴)(图 20-9)。

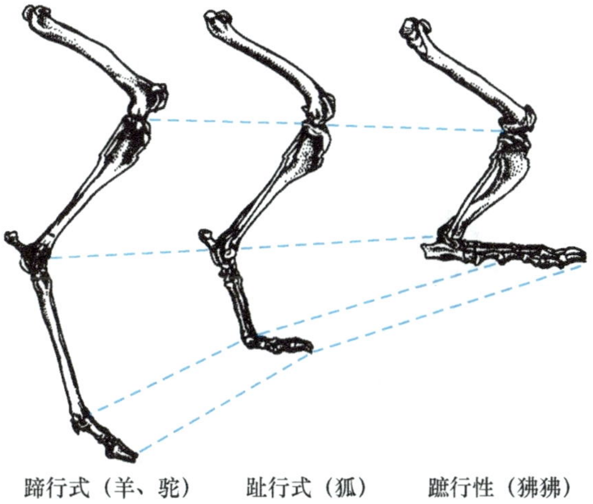

图 20-9 哺乳动物的足型(仿 Kardong，2006)

四、肌肉系统

哺乳动物的肌肉基本上与爬行类相似，但在其基础上结构与功能更加发达和复杂化，表现为以下特点。

(1)四肢肌肉强大和复杂化。适应于快速奔跑(猫科、犬科)和完成各种动作。

(2)具有特殊的膈肌(septum)。其将体腔分隔成胸腔和腹腔，也称为横膈肌或横隔膜。它的收缩与舒张既可改变胸腔的体积而参与呼吸，又可对腹腔产生一定的压力而对排泄和排遗有一定的作用。

(3)皮肤肌发达。可使动物抖动皮肤、蜷曲身体。灵长类面部的皮肤肌称为表情肌，可表达各种复杂的心理状态。

(4)咀嚼肌强大。与用口捕食、防御及口腔咀嚼密切相关。

五、消化系统

哺乳动物的消化系统最大特点表现为消化管分化明显，消化腺发达。消化管包括口腔、咽、食管、胃、小肠(十二指肠、空肠和回肠)、大肠(盲肠、结肠和直肠)、肛门。

1. 口腔及咽部

肌肉质的唇(lip)是哺乳动物所特有的，食草种类尤其发达，有摄食、吸乳及辅助咀嚼的功能。肌肉质的舌，可咀嚼和搅拌食物，并有味觉功能。有些哺乳动物的口腔内具颊囊(如某些啮齿类和猿猴类)，为暂时储存食物的结构。

哺乳类的前颌骨、上颌骨及下颌骨的齿槽内着生有异型齿(heterodont dentition)，牙齿分化为门齿(incisor)、犬齿(canine)、前臼齿(premolar)、臼齿(molar)(图 20-10)。门齿有切割食物的功能，犬齿有刺穿和撕裂食物的功能，前臼齿和臼齿有磨碎食物的功能。哺乳类的牙齿从发育特征看，有乳齿(包括门齿、犬齿和前臼齿)和恒齿(臼齿)的区别。乳齿一生中仅脱换一次，恒齿不脱换。由于牙齿的形状、数目与食性有十分密切的关系，哺乳动物的齿型和齿数各不相同，但同一种类的齿型和齿数是很稳定的，可作为分类的依据。通常用一侧上、下颌牙齿的种类、数目和排列方式表示某种哺乳动物的齿式(dental formula)：$\frac{\text{门齿·犬齿·前臼齿·臼齿}}{\text{门齿·犬齿·前臼齿·臼齿}}$。例如，猪的齿式为$\frac{3·1·4·3}{3·1·4·1}=44$，牛的齿式为$\frac{0·0·3·3}{4·0·3·3}=28$，鼠的齿式为$\frac{1·0·0·3}{1·0·0·3}=16$，人的齿式为$\frac{2·1·2·3}{2·1·2·3}=32$。

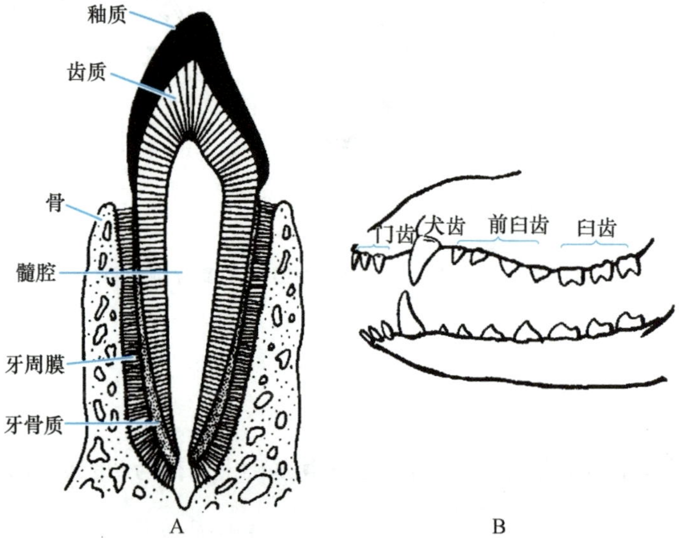

图 20-10 牙齿的结构(A)和分化(B)

2. 消化管

消化管的长短及分化程度与食性密切相关。大多数哺乳动物的胃为单室胃，消化管短，盲肠退化；食草类由于消化纤维素，有复胃或发达的盲肠。其中马、兔等非反刍动物，盲肠和结肠发达，盲肠中共生的微生物群落可将食物纤维素分解，称为“后肠发酵动物”；而牛、羊等反刍动物具复胃（瘤胃、网胃、瓣胃和皱胃），瘤胃极发达，内有原生动物和微生物，前者将食物纤维素机械分解，后者将纤维素分解成乙酸、丙酸、丁酸，称为“前肠发酵动物”。复胃也称反刍胃（图20-11），由瘤胃、网胃、瓣胃、皱胃组成，其中前3个胃室为食道的变形，皱胃才是胃的本体。食物从口经食道入瘤胃，暂时储存并发酵，有时也进入网胃，粗糙食物上浮，刺激瘤胃前庭和食道沟，引起逆呕反射，粗糙食物被少量地分次地返回到口中重新咀嚼，故名反刍（rumination）。不仅如此，草食性动物肠很长，如家兔肠为体长的15～16倍，而食肉类的肠仅为体长的3～4倍。

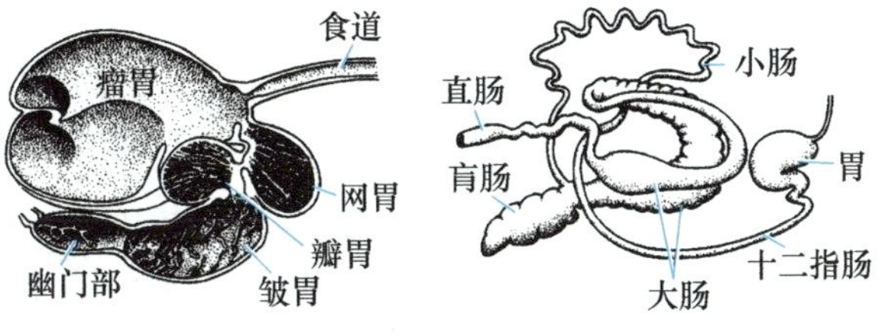

图 20-11 反刍胃和消化管（仿 Kardong，2006）

A. 反刍胃；B. 消化管

3. 消化腺

哺乳动物的消化腺有唾液腺、胃腺、肠腺、肝脏和胰脏。唾液腺一般包括耳下腺、颌下腺和舌下腺，兔形目另有一对眶下腺（infra-orbital gland）。胃腺主要分布在幽门部，分泌的胃液能分解蛋白质和使乳凝固。肠腺在肠壁，分泌的消化酶能将初步分解的蛋白质、淀粉、糖类和脂肪等进一步分解为可吸收的小分子。肝脏与胰脏是主要的消化腺，胆汁和胰液注入十二指肠。

六、呼吸系统

哺乳动物的呼吸系统十分复杂。空气经外鼻孔、鼻腔、喉、气管而入肺。

1. 鼻腔

鼻腔分为上端的嗅觉部分和下端的呼吸通道部分。嗅觉部分有发达的鼻甲骨，鼻腔壁及鼻甲骨表面均分布有黏膜，黏膜上覆有血管、腺体和纤毛上皮，加强了鼻腔对吸入空气的温暖、湿润和过滤作用。

2. 喉

喉（larynx）是气管前端的膨大部，由1块环状软骨（基部）、1块甲状软骨（thyroid cartilage）（腹面和侧面）、1对小的杓状软骨（背面）及甲状软骨前缘的1块匙状会厌软骨（epiglottal cartilage）围成。甲状软骨与杓状软骨之间有声带，是哺乳类的发声器官。其中甲状软骨和会厌软骨是哺乳动物特有的结构。喉下接气管和支气管。

3. 肺与胸腔

哺乳类的肺为海绵状，由很多微细支气管和肺泡构成（图20-12）。肺泡是呼吸性细支气管末端的盲囊，由单层扁平上皮构成，外表面密布毛细血管网，是结构和功能的基本单位，数目很多。例如，人的肺泡约有7亿个，总面积为60～120m^2。胸腔容积的改变可通过肋骨的升降来完成(胸式呼吸)和横隔膜的运动来完成(腹式呼吸)。当肋骨上举,横隔膜下降时胸腔扩大,完成吸气;反之,胸腔缩小完成呼气。

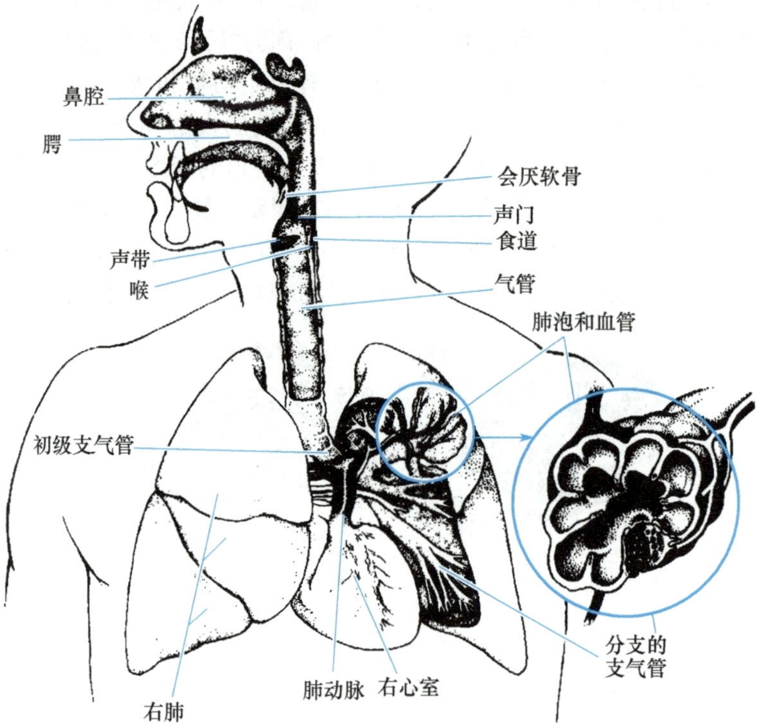

图 20-12 人类的呼吸系统

七、循环系统

哺乳动物的循环系统是由血液循环系统和淋巴循环系统组成。

哺乳动物血液循环方式为完全双循环。心脏分为二心房二心室,多氧血与少氧血分开。左心房与左心室之间有二尖瓣,右心房与右心室之间有三尖瓣(tricuspid valve),从心脏发出的大动脉基部有 3 个半月瓣,可防止血液倒流,循环速度加快,循环效率大大提高。动脉和静脉与鸟类相似,区别在于哺乳动物仅保留左体动脉弓;静脉系统主干趋于简化,肾门静脉完全退化消失,腹静脉在成体消失,多数种类具有奇静脉(azygos vein)(右侧)和半奇静脉(hemiazygos vein)(左侧),是低等脊椎动物后主静脉的退化遗迹,兔仅具奇静脉。成熟的红细胞无核,呈双面凹陷的圆盘状(骆驼为卵圆形)(图 20-13)。

哺乳动物的淋巴循环系统十分发达,包括淋巴液、淋巴管、淋巴结、胸腺和脾脏等,收集和输送淋巴液返回静脉,是静脉系统的辅助部分,同时又具免疫功能。

八、排泄系统

哺乳动物的排泄系统由肾脏、输尿管、膀胱及尿道组成。肾脏是 1 对蚕豆形暗红色器官,位于腹腔后部脊柱两侧,在发生上属于后肾,由许多肾单位(nephron)构成。例如,兔肾约有 28.5 万个,人的每一个肾约有 100 万个。肾单位由肾小体(renal corpuscle)和肾小管组成。肾小体由肾小球(glomerulus)和肾小囊(renal capsule)组成,位于皮质;肾小管细长盘曲,由皮

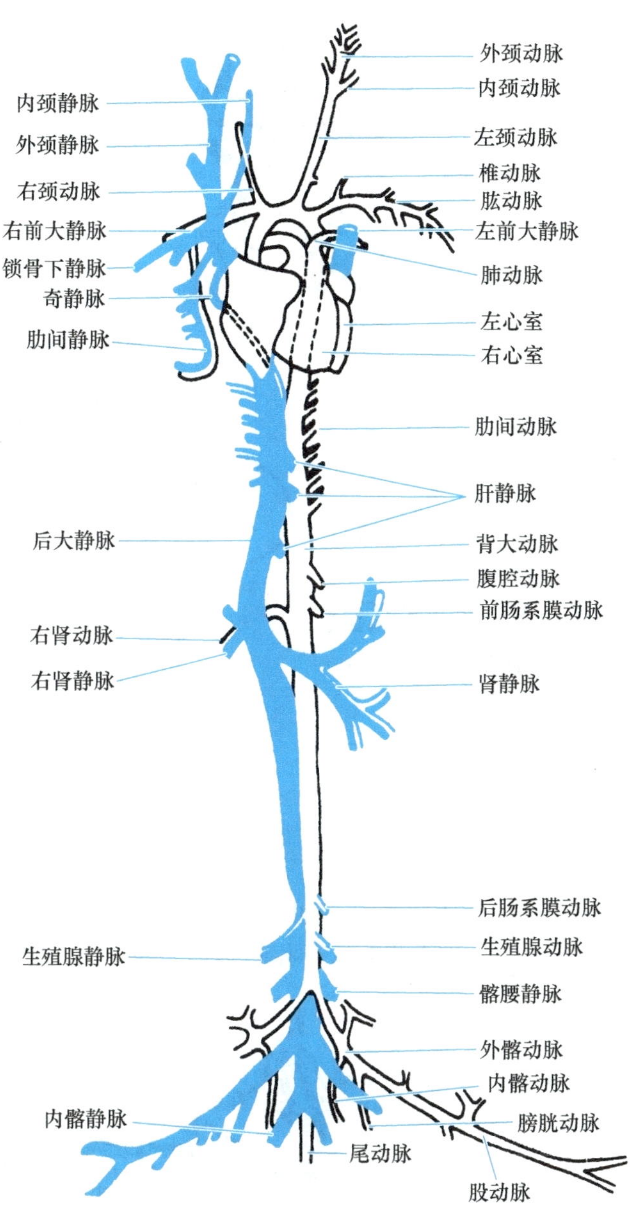

图 20-13 家兔的循环系统(仿刘凌云和郑光美,1997;郝天和,1964)

质伸入到髓质,可分为近曲小管、髓袢和远曲小管。许多肾小管汇成集合管,由集合管组成肾乳头开口于肾盂,再通入输尿管(图 20-14)。由肾小球渗入肾小囊的尿液为原尿(primary urine),经过肾小管和集合管时,大部分水分、无机盐及葡萄糖被重吸收而成为终尿(terminal urine),其主要成分是尿素。终尿经集合管、肾乳头、肾盂、输尿管和尿道排出体外。

九、生殖系统

1. 雄性生殖系统

雄性生殖系统由睾丸(testis)、附睾(epididymis)、输精管、阴茎及附属腺体组成(图 20-15)。睾丸由众多的曲精小管(精小管)组成,是精子产生的地方。成体哺乳动物的睾丸位置有 3 种情

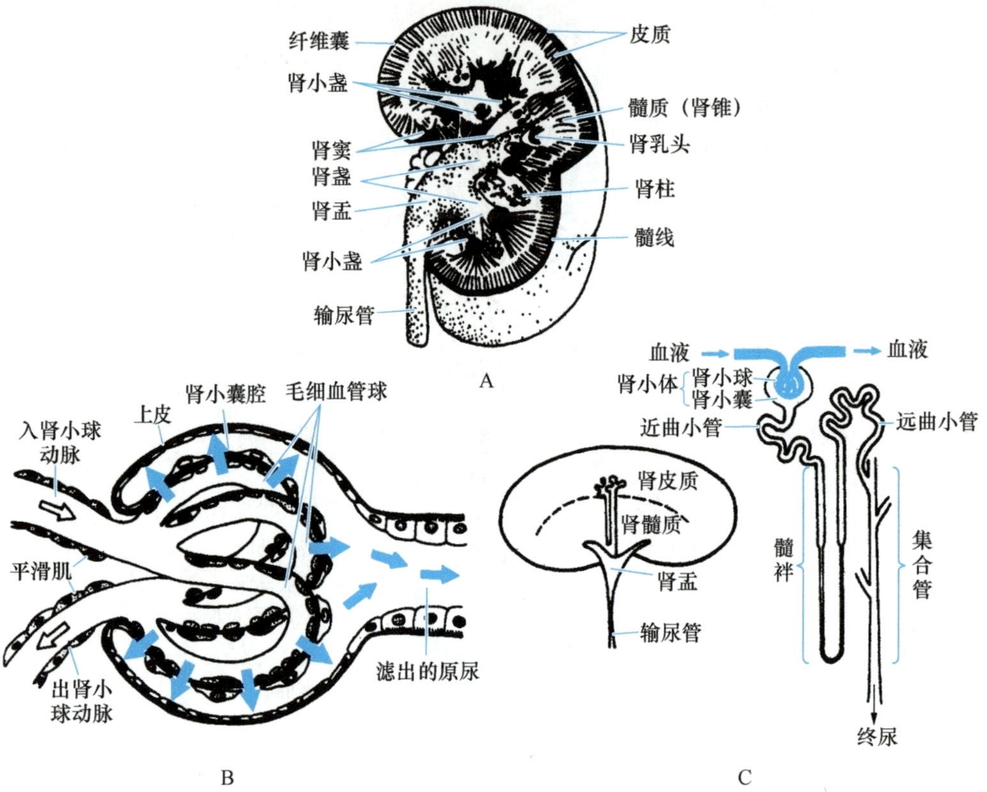

图 20-14　哺乳动物的肾脏及肾单位(刘凌云和郑光美,2009)

A. 肾脏纵剖;B. 肾小体;C. 肾脏及肾单位(示肾单位的结构及其在肾脏中的位置)

况,食肉目、灵长目等动物的睾丸位于阴囊内;食虫目、翼手目和鲸目等动物的睾丸终生在腹腔内;啮齿目、兔形目等动物的睾丸繁殖季节下降到阴囊内,而非繁殖季节则缩回到腹腔内。

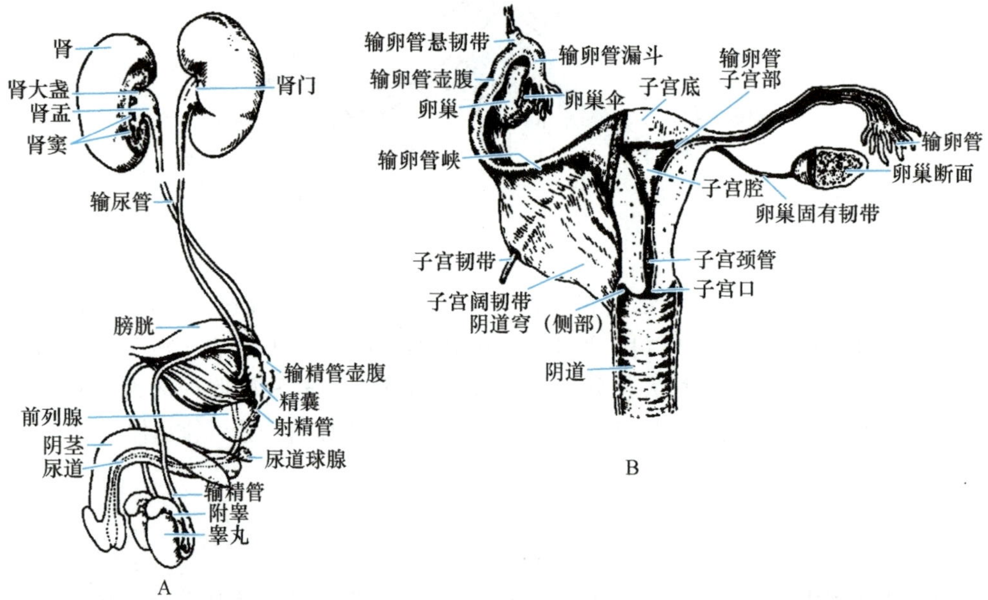

图 20-15　哺乳动物的生殖器官

A. 雄性;B. 雌性

附睾是大而弯曲的管，精子在这里进一步发育成熟并获得较强的运动能力。附睾下端经输精管通于尿道，精液经尿道、阴茎排出。附属腺体包括精囊腺（seminal vesicle）、前列腺（prostate gland）和尿道球腺（bulbourethral gland），它们的分泌物构成精液的主要成分，所含营养物质能促进精子的活性；前列腺分泌的前列腺素可使子宫收缩，有助于受精。

2. 雌性生殖系统

雌性生殖系统由卵巢、输卵管、子宫、阴道等组成。卵巢位于腹腔背侧，内有许多不同发育程度的卵泡，每个卵泡中只有一个卵细胞，卵细胞排出后进入输卵管，在输卵管的上段与精子结合受精，下行种植于子宫壁内，从母体获得营养物质完成胚胎发育过程，幼儿经阴道娩出（图 20-15）。

哺乳动物的子宫有 4 种类型，啮齿目、兔形目和长鼻目为原始的双子宫；多数食肉类为分隔子宫；多数有蹄类为双角子宫；翼手类和灵长类为高等的单子宫（图 20-16）。

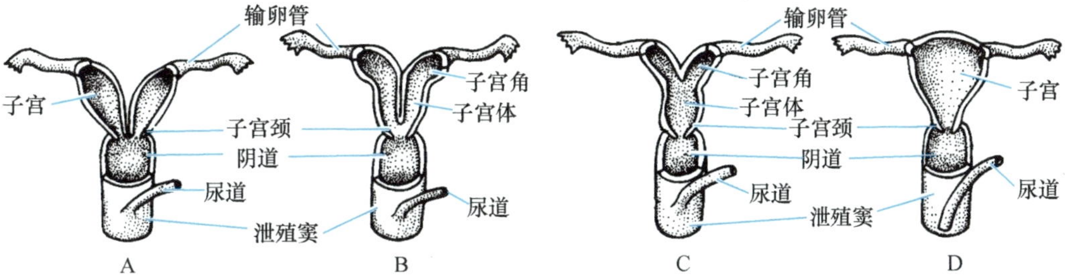

图 20-16 哺乳动物的子宫类型（仿 Kardong，2006）
A. 双子宫；B. 分隔子宫；C. 双角子宫；D. 单子宫

除单孔类为卵生外，其他所有哺乳动物均为胎生（vivipary）。它们的受精卵进入母体子宫后，植入子宫壁内，其绒毛膜和尿囊与母体子宫壁的内膜结合起来形成胎盘（placenta）（图20-17），营养物质、氧气和代谢废物是通过高度特异的弥散作用进行交换的。因而胎盘具有胎儿暂时性的肺、肝、小肠和肾脏的功能，并能产生激素。

按照胎盘绒毛膜上绒毛的分布情况，可把胎盘分为下列 4 种类型（图 20-17）。散布状胎盘（diffuse placenta）：绒毛均匀分布在整个绒毛膜上，如鲸、狐猴及某些有蹄类。叶状胎盘（cotyledonary placenta）：绒毛膜上的绒毛呈叶丛状分布，如大多数反刍动物。环状胎盘（zonary placenta）：绒毛集中于胚体的腰部，呈环带状，如食肉目、象、海豹等。盘状胎盘（discoidal placenta）：绒毛集中于 1 个区域或 2 个区域，呈盘状，如食虫目、翼手目、啮齿目和多数灵长目种类。

散布状胎盘和叶状胎盘的共同特点是胚胎的尿囊和绒毛膜与母体子宫壁内膜结合不紧密，胎儿产出时易于脱离，不使子宫壁大出血，称为无蜕膜胎盘；而环状胎盘和盘状胎盘的共同特点是胚胎的尿囊和绒毛膜与母体子宫壁内膜结合为一体，胎儿产出时需将子宫壁内膜一起撕下，造成大量流血，称为蜕膜胎盘，显然蜕膜胎盘更有利于胚胎的发育。

哺乳类自受精卵到胎儿产出的期限称为妊娠期（gestation period）。同一种动物的妊娠期较为稳定，可作为分类的依据之一。胎儿发育完成后娩出，母兽以乳汁喂养幼兽称为哺乳。乳汁中含有水、蛋白质、脂肪、糖、无机盐、酶和多种维生素。一般来说，母兽乳头的对数与产仔个数相关，后代成活率较高的类群，所产仔数较少，反之则多。胎生、哺乳是生物体长期进化与适应的产物，是后代在较优越的营养条件下和安全保护下迅速成长的有力保障。

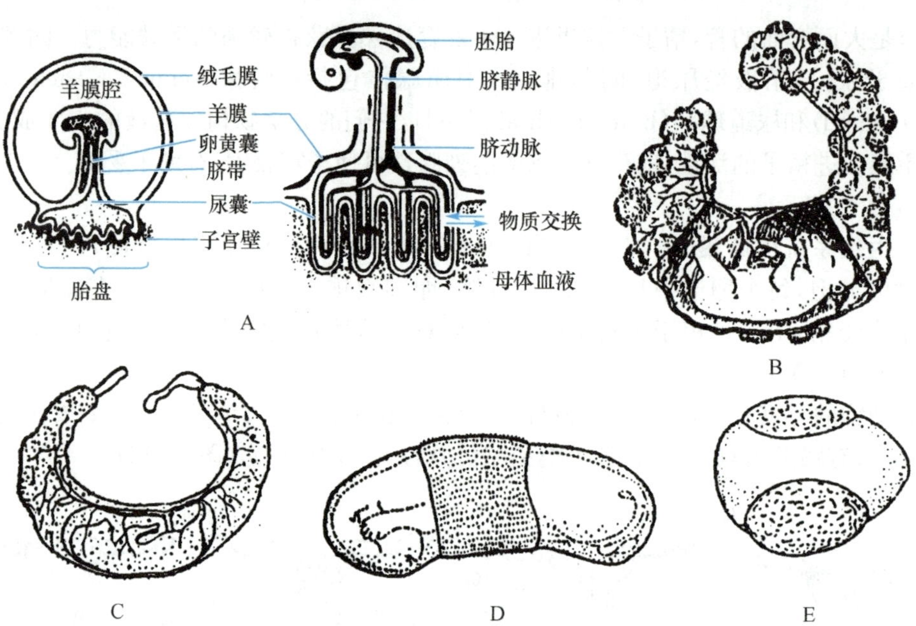

图 20-17 哺乳动物胎盘的结构和类型(仿 Weisz,1977;郝天和,1964)

A. 胎盘结构模式图;B. 叶状胎盘(牛);C. 散布胎盘(猪);D. 环状胎盘(猫);E. 环状胎盘(猴)

十、神经系统

哺乳动物的神经系统包括中枢神经系统、外周神经系统和植物性神经系统 3 部分。

1. 中枢神经系统

中枢神经系统由脑和脊髓组成,脑又由大脑、间脑、中脑、小脑和延脑 5 部分组成。

1)脑

(1)大脑。大脑由 1 对大脑半球组成,体积增大向后盖住了间脑和中脑,灵长类甚至遮盖了小脑。大脑半球表面的新脑皮(大脑皮层,cerebral cortex)高度发达,在有些种类出现沟和回,由神经细胞和无鞘神经纤维组成,呈灰色,是哺乳类的最高级中枢。纹状体在哺乳类已显著退化,称为基底核。古脑皮退化成梨状叶,为嗅觉中枢。原脑皮萎缩成为一个腊肠状结构,位于侧脑室下角腔中,称为海马(hippocampus),仍为嗅觉中枢。连接两大脑半球的神经纤维称为胼胝体(corpus callosum),是哺乳类特有的结构(图 20-18)。

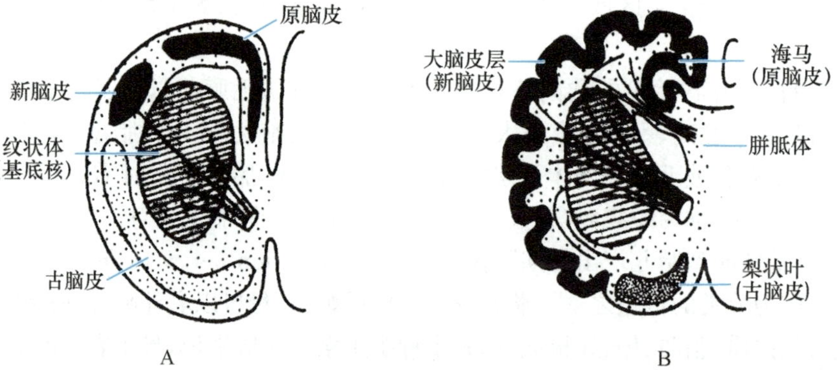

图 20-18 爬行动物与哺乳动物左大脑半球横切面比较模式图(仿 Romer and Parsons,1977)

A. 爬行动物;B. 哺乳动物

(2)间脑。间脑由丘脑、丘脑上部、丘脑下部及第三脑室构成。身体各部感觉冲动(嗅觉除外),在丘脑更换神经元后再传到大脑皮层。丘脑上部具有松果体,为内分泌腺。丘脑下部构成间脑的底壁,包括视交叉、灰结节、漏斗、脑下垂体等结构,脑下垂体是体内重要的内分泌腺。丘脑下部是交感神经、体温调节的中枢,与内脏活动有密切关系。

(3)中脑。中脑比低等脊椎动物的中脑相对发达。背方为四叠体(corpora quadrigemina),前一对为视觉反射中枢,后一对为听觉反射中枢。腹方加厚为大脑脚,由下行的运动神经纤维束构成。

(4)小脑。小脑很发达,首次出现小脑半球,表面的灰质为小脑皮质,又称新小脑,是哺乳类特有的结构。小脑前腹面的突起为脑桥(pons varolii),联络大脑和小脑,为哺乳类所特有。

(5)延脑。延脑位于小脑的腹面,构造与脊髓相似,灰质在内,白质在外。除了构成脊髓与高级中枢的联络通路外,本身具有许多反射活动中枢,如呼吸、消化、循环、汗腺分泌等,又称为活命中枢(图 20-19)。

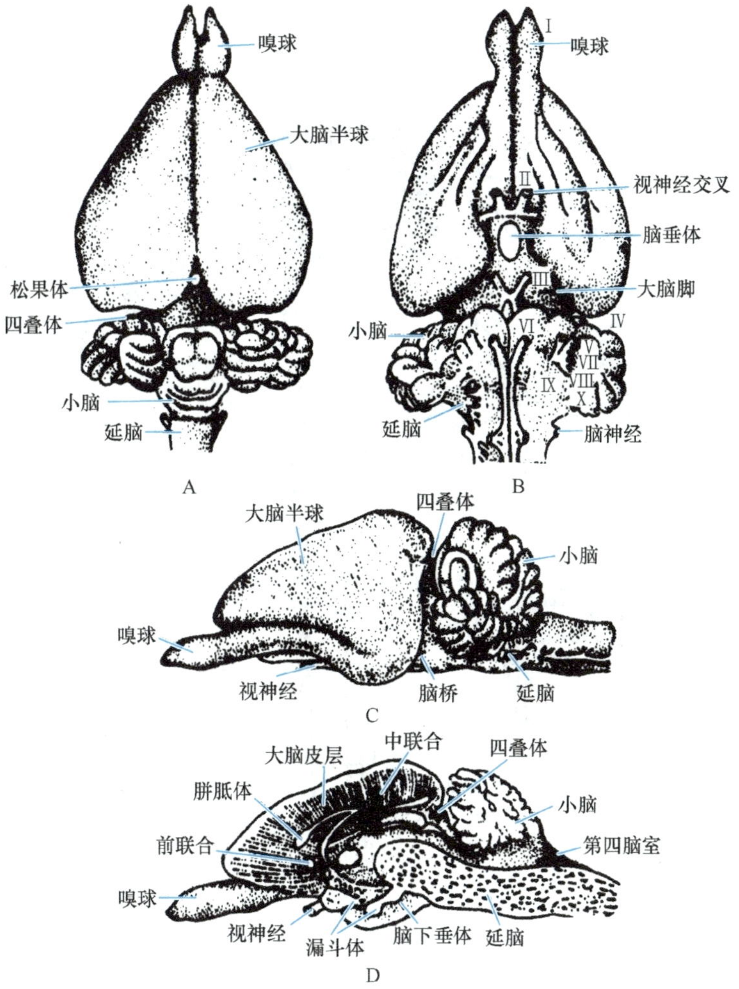

图 20-19 家兔脑的构造(仿郝天和,1964)

A. 背面观;B. 腹面观,罗马数字为脑神经编号;C. 侧面观;D. 矢状切

脑和脊髓外包有硬膜、蛛网膜和软膜等脑膜。脑内有脑室,与脊髓的中央管相通,左、右大脑半球内的空腔分别称为第一脑室、第二脑室,间脑腔为第三脑室,中脑腔为一窄缝,称中脑导水管,延脑内为第四脑室。软膜及其上的血管与室管膜上皮一起突入脑室形成脉络丛,为产生

脑脊液的主要部位。

2)脊髓　　脊髓扁圆柱形,有一个颈膨大和一个腰膨大,背面有背沟,腹面有腹沟。横断面灰质在内(蝶形),白质在外。其主要功能是完成反射活动和联系周围神经与脑之间的神经传导。

2. 外周神经系统

外周神经系统是联系中枢神经系统与身体各器官之间的神经,包括脑神经和脊神经。

哺乳动物脑神经 12 对,其中第Ⅰ、Ⅱ、Ⅷ对是感觉神经;第Ⅲ、Ⅳ、Ⅵ、Ⅶ对是运动神经;第Ⅴ、Ⅶ、Ⅸ、Ⅹ、Ⅺ对是混合神经。

3. 植物性神经系统

植物性神经系统调节内脏活动和新陈代谢,分交感神经系统和副交感神经系统。其中,交感神经系统的中枢位于脊髓胸、腰段的侧角;副交感神经系统的中枢位于脑干及脊髓荐段的侧角。交感神经和副交感神经分布到同一器官,功能上互相拮抗,对立统一(图 20-20)。

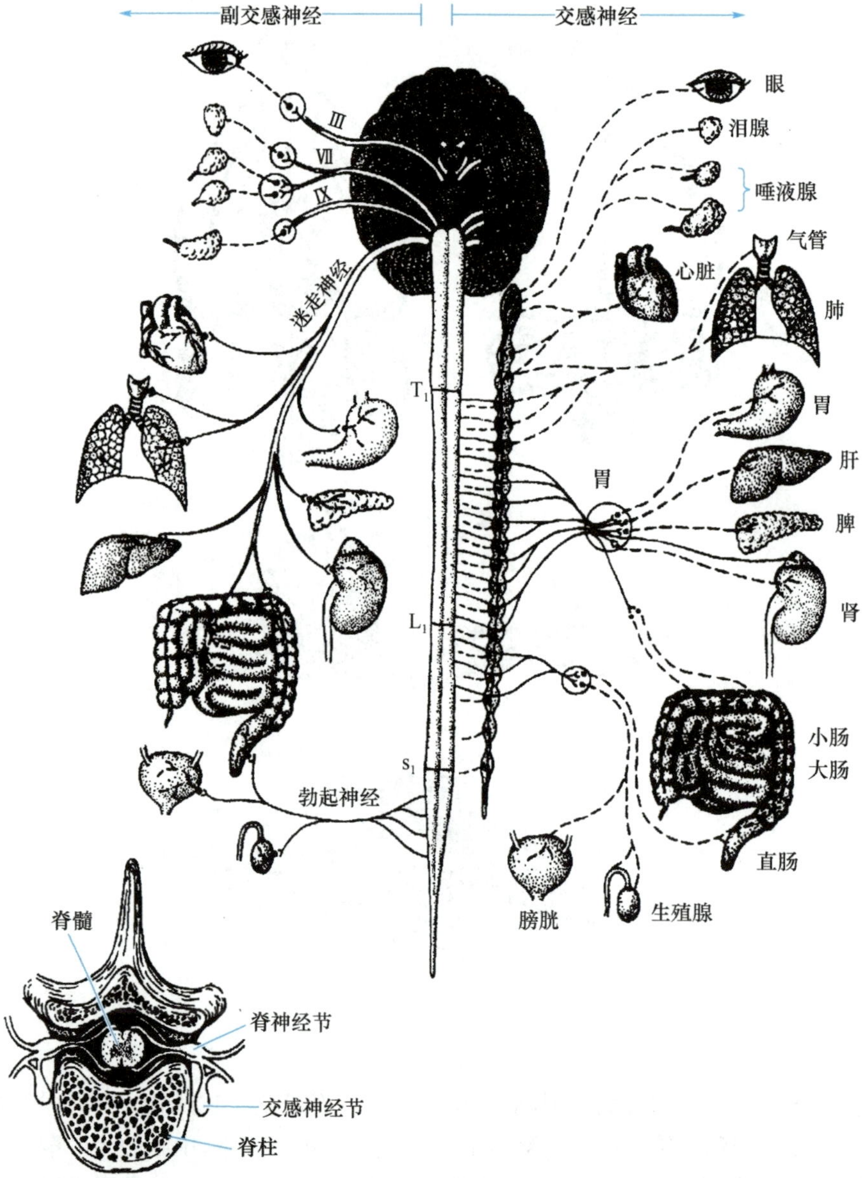

图 20-20　哺乳动物的植物性神经系统

十一、感觉器官

哺乳动物的感觉器官发达，能对外界的刺激做出迅速的反应。

1. 嗅觉

哺乳动物的鼻腔扩大和鼻甲骨的复杂化，使嗅黏膜的表面积大为增加。例如，兔的嗅觉细胞多达 10 亿个，食肉类的嗅觉细胞数量更多，嗅觉更发达。

2. 视觉

哺乳动物的眼球结构与其他陆生脊椎动物差别不大，对光波感觉灵敏，但色觉较差，这与大多数哺乳动物夜间活动的习性有关。灵长类的辨色能力及对物体大小和距离的判断均较准确(图 20-21)。

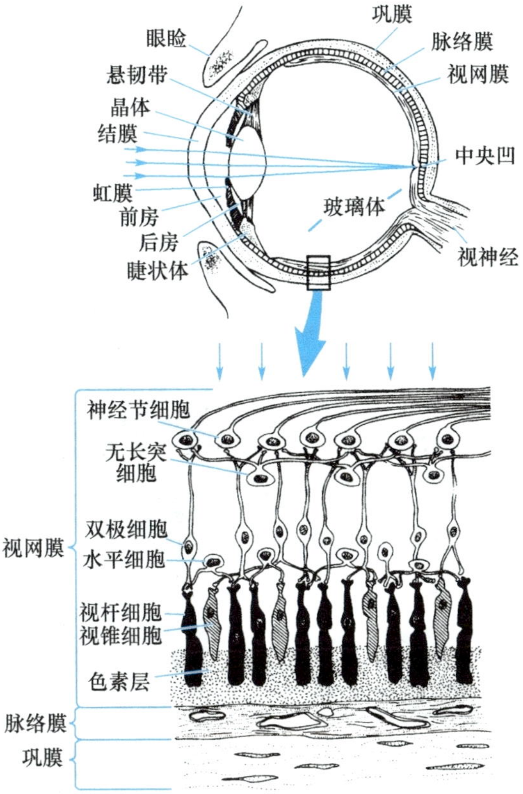

图 20-21 哺乳动物眼球的构造(仿 Kardong，2006)

3. 听觉

哺乳类的听觉器官敏锐，表现在：外耳道延长，出现可转动耳郭；中耳内的 3 块听小骨，锤骨(接触鼓膜)、砧骨、镫骨(接触内耳卵圆窗)连接成灵敏的传音系统；内耳的耳蜗(瓶状囊延长弯曲形成)内具发达螺旋器(图 20-22)。

十二、内分泌系统

内分泌腺(endocrine gland)是不具导管的腺体，其所分泌的活性物质称为**激素**(hormone)。激素随血液循环到达全身的靶器官或组织，对于调节有机体内环境的稳定、代谢、生长发育和行为等，具有十分重要的意义。

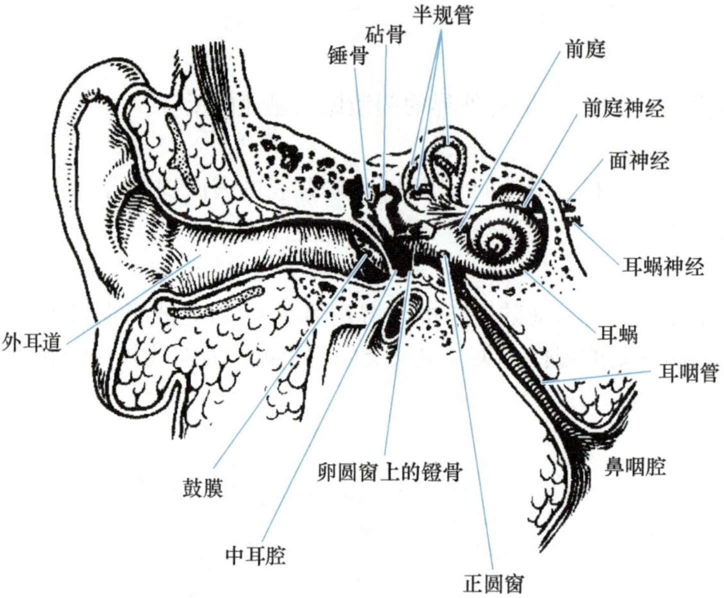

图 20-22 哺乳动物耳的构造

哺乳类的内分泌系统极为发达，主要的内分泌腺有脑垂体、甲状腺、甲状旁腺、胸腺、胰岛、肾上腺和性腺等(图 20-23)。

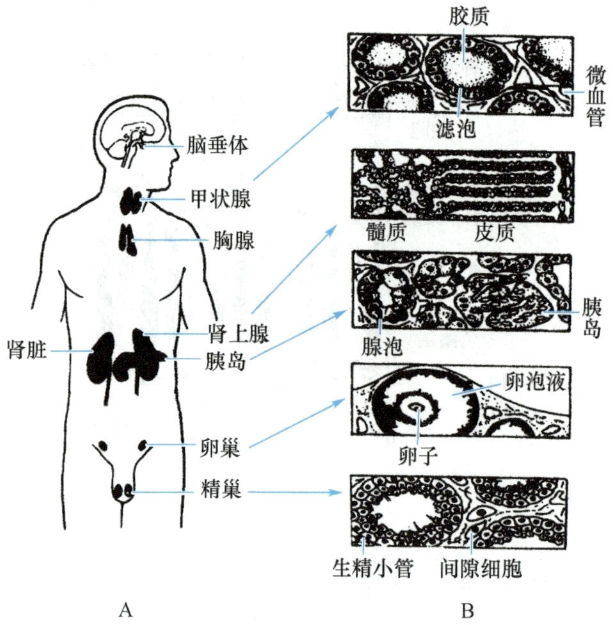

图 20-23 人体的主要内分泌腺

A. 内分泌腺在人体的分布；B. 各内分泌腺的纤维结构

1. 脑垂体

脑垂体位于间脑腹面，由神经垂体(neurohypophysis)和腺垂体(adenohypophysis)两部分组成。前者在胚胎发生是来源于间脑的丘脑下部，称垂体后叶；后者来源于口腔背方所突出的囊，称脑垂体前叶。神经垂体分泌加压素和催产素，前者能引起小动脉平滑肌收缩，促进肾脏对水分的重吸收；后者在分娩时促进子宫收缩及泌乳。腺垂体分泌生长激素、催乳激素及多种促激素，与文昌鱼的哈氏窝同源。

2. 甲状腺

甲状腺为1对位于喉部甲状软骨腹侧的腺体，与文昌鱼的内柱同源。其主要作用是提高新陈代谢水平，促进生长发育。

3. 甲状旁腺

甲状旁腺为2对位于甲状腺背侧方的腺体。其主要作用是调节钙、磷代谢。

4. 胰岛

胰岛为散布在胰脏中的细胞群，有α、β两种细胞。前者分泌胰高血糖素，促进血糖升高；后者分泌胰岛素，促进血液中的葡萄糖转化成糖原，降低血糖。我国于1965年首次人工合成含有51种氨基酸的结晶牛胰岛素。

5. 肾上腺

肾上腺是位于肾脏前方内侧的1对小型腺体，由皮质和髓质构成。二者在发生、结构及功能上均显著不同。肾上腺皮质又称肾间组织，来源于胚胎期的生肾节与生殖节之间的中胚层，分泌与性腺同类的类固醇激素，主要调节盐分（钠、钾）代谢、糖分代谢及促进第二性征的发育。肾上腺髓质与交感神经同源，并受交感神经支配，分泌的激素为肾上腺素，作用是使动物产生“应急”反应，如心跳加快、血压升高、呼吸加快、内脏蠕动变慢等。

6. 性腺

睾丸曲细精管间的间质细胞分泌雄激素（主要是睾酮和雄烷二酮）等类固醇激素，促进雄性器官发育、精子成熟和第二性征的发育，也促进蛋白质的合成和身体生长，使雄性具有较粗壮的体格和肌肉。卵巢的卵泡分泌雌激素（主要是雌二醇），能促进雌性器官发育、第二性征形成及调节生殖周期。哺乳类的黄体能分泌孕酮（或称黄体酮），能使子宫内膜增厚，为胎儿着床准备条件，并抑制卵泡的继续成熟，促进乳腺发育等。

第三节　哺乳纲的分类

现存的哺乳动物约5600种，分为3个亚纲。

一、原兽亚纲（Prototheria）

现生哺乳类中最原始的类群，具一系列接近于爬行类的特征。卵生，雌性具孵卵行为。乳腺是特化的汗腺，无乳头。肩带结构似爬行类。有泄殖腔，故本亚纲又称单孔类。雄性无交配器。大脑皮层不发达，无胼胝体。成体无齿而具角质鞘。但也具备体毛、哺乳、恒温（26～35℃）等哺乳类的特征。不过体温调节能力差，冬季冬眠，热季蛰伏，因而分布范围极窄，仅分布于澳洲及其附近的岛屿上。现存仅单孔目（Monotremata）1目2科3属3种，即鸭嘴兽（*Ornithorhynchus anatinus*）、针鼹（*Tachyglossus aculeatus*）（图20-24）、长吻针鼹（*Zaglossus bruijnii*）。

二、后兽亚纲（Metatheria）

低等哺乳类，胎生，但不具真正的胎盘，胚胎借卵黄囊（而不是绒毛膜和尿囊）与母体子宫壁接触，故幼仔发育不完全(妊娠期 40d，幼仔产出时体长仅约 3cm)，需在母兽的育儿袋中继续发育 7～8 个月。故又称有袋类。大脑皮层不发达，无胼胝体。泄殖腔趋于退化。肩胛骨增大，前乌喙骨和乌喙骨均退化；乳头位于育儿袋内；雌性双子宫，双阴道，雄性阴茎头分裂为二。具肉质唇，异齿型，门齿数目较多。体温较恒定(33～35℃)。其主要分布于澳洲、新几内亚，少数分布于中、南美洲。现存仅有袋目(Marsupialia) 1 目 17 科约 273 种，如灰短尾负鼠(*Monodelphis domestica*)、树袋熊(*Phascolarctos cinereus*)、灰大袋鼠(*Macropus giganteus*)(图 20-24)等。

图 20-24 原兽亚纲和后兽亚纲的代表种类

三、真兽亚纲(Eutheria)

又称有胎盘类，有真正胎盘。乳腺充分发育，具乳头。大脑皮层发达，具胼胝体。肩带由单一肩胛骨构成。异型齿，齿数减少。体温恒定在 37℃左右。现存 18 目 117 科 5400 余种，其中我国分布有 13 目 55 科 600 余种。

1)食虫目(Insectivora) 为较原始的有胎盘类。体小型，被绒毛或硬刺。吻尖细，适于食虫。四肢短小，指(趾)端具爪，适于掘土。牙齿构造较原始。多数夜行性，主食昆虫、蠕虫。常见的有刺猬(*Erinaceus europaeus*)、长耳猬(*Hemiechinus auritus*)、鼩鼱(*Sorex araneus*)、大臭鼩(*Suncus murinus*)等。

2)树鼩目(Scandentia) 小型树栖食虫的哺乳动物。结构似食虫目又似灵长目。脑颅宽大，嗅叶较小，有完整的骨质眼眶环。仅 1 科 16 种，均分布于东南亚热带森林中，如北树鼩(*Tupaia belangeri*)分布于我国海南、广西、云南等地。

3)翼手目(Chiroptera) 借前肢、后肢和尾之间的皮膜飞翔的哺乳动物。前肢特化，指骨延长。锁骨发达，胸骨具龙骨突。后肢短小，具长而弯曲的爪，适于挂栖。夜行性，能借回声定位系统飞捕昆虫。盘状胎盘。遍及全球，如蝙蝠(*Vespertilio superans*)。

4)灵长目(Primates) 树栖生活的类群。除少数种类外，拇指(趾)与其他指(趾)相对，适于树栖攀缘和握物。锁骨发达，手掌及蹠部裸露，且有两行皮垫。指(趾)端除少数具爪外，多具指甲。大脑半球发达，两眼前视，视觉发达，嗅觉退化。雌兽有月经。多数为社会性群体生活，杂食性。

懒猴科(Lorisidae) 体小，四肢细长，尾甚短。第二趾具爪。中国有 2 种，蜂猴(*Nycticebus coucang*)和倭蜂猴(*N. pygmaeus*)，分布于云南和广西，数量稀少，濒临绝灭。

猴科(Cercopithecidae) 鼻间隔狭窄，鼻孔向下。拇指(趾)能与其他指(趾)相对。尾不具缠绕性。具颊囊和臀胼胝。脸部有裸区，后肢比前肢长。代表种有金丝猴(*Pygathrix roxellanae*)、猕猴(*Macaca mulatta*)等(图 20-25)。

长臂猿科(Hylobatidae) 臂特长，站立时手可及地。无尾，具小的臀胼胝，无颊囊。代表动物白眉长臂猿(*Hylobates hoolock*)(图 20-25)，国内仅分布于云南西部怒江以西的保山、腾冲、盈江和陇川。

猩猩科(Pongidae) 狭鼻类，体大，前肢长，下垂过膝。无尾，无颊囊及臀胼胝。如黑猩猩(*Pan troglodytes*)、猩猩(*Pongo pygmaeus*)、大猩猩(*Gorilla gorilla*)。

人科(Hominidae) 体毛退化，身体直立，臂不过膝，手足分工，大脑极发达，有语言，有思维。学名称智人(*Homo sapiens*)，包含唯一的一个现代人种。

猕猴 金丝猴 白眉长臂猿

图 20-25 灵长目的代表种类

5)鳞甲目(Pholidota) 体背面及四肢被覆有覆瓦状的角质鳞片。鳞片间生有稀疏的硬毛。前肢爪特别强大，适于掘土。上、下颌无齿，有蠕虫状而能伸缩的舌，舔食蚂蚁。现存仅鳞鲤科(Manidae)，我国常见的是穿山甲(*Manis pentadactyla*)(又名鲮鲤)。

6)兔形目(Lagomorpha) 中小型食草动物，后肢长于前肢，胫骨与腓骨愈合，上颌 2 对门齿前后着生，后 1 对极小，隐于前一对门齿的后方，又称重齿类(Dupilicidentata)。门齿凿状，终生生长，无犬齿，门齿与前臼齿间呈现空隙，便于泥土等杂物溢出。耳长，上唇具唇裂。

兔科(Leporidae) 体较大。耳壳长。后肢长而善跳跃，尾短。常见种为草兔(*Lepus capensis*)，分布于内蒙古、西藏、新疆、四川、贵州及西北、东北、华北、华中等区域。

鼠兔科(Ochotonidae) 体型略大于家鼠。无尾。后肢略长于前肢，耳短圆。常见的有达乌尔鼠兔(*Ochotona daurica*)和高原鼠兔(*O. curzoniae*)。

7)啮齿目(Rodentia) 哺乳类中种类和数量最多的一个类群,遍及全世界,适应于多种生态环境。体中小型。上下颌各具1对门牙,仅前面被珐琅质,呈凿状,终生生长,无犬齿;咀嚼肌发达,适于啮咬坚硬的物质(如坚果的硬壳)(图20-26)。

松鼠科(Sciuridae) 头骨具眶后突(Postorbital process),颧骨发达。适应于树栖、半树栖及地栖生活。常见种有赤腹松鼠(*Callosciurus erythraeus*)、旱獭(*Marmota bobak*)、达乌尔黄鼠(*Spermophilus dauricus*)、复齿鼯鼠(*Trogopterus xanthipes*)。

河狸科(Castoridae) 为半水栖的大型啮齿动物,体重可达30kg,全世界仅2种。如我国新疆分布的河狸(*Castor fiber*)。

仓鼠科(Cricetidae) 不具前臼齿,颧骨不发达,适应于多种生活方式。常见种有黑线仓鼠(*Cricetulus barabensis*)、东北鼢鼠(*Myospalax psilurus*)、麝鼠(*Ondatra zibethica*)等。

鼠科(Muridae) 中小型鼠类,种类多,分布广,繁殖适应能力强。具长而裸、外被鳞片的尾。不具前臼齿。常见种有小家鼠(*Mus musculus*)、褐家鼠(*Rattus norvegicus*)等。

跳鼠科(Dipodidae) 为荒漠鼠类,后肢显著加长。蹠骨及趾骨趋于愈合及减少。常见种为三趾跳鼠(*Dipus sagitta*)。

豪猪科(Hystricidae) 大型啮齿动物,体披棘毛,在遇敌时棘毛竖起,以此御敌。如豪猪(*Hystrix hodgsoni*)。

豚鼠科(Caviidae) 四肢粗短,前足4指,后足3趾。无尾。如豚鼠(*Cavia porcellus*),原产于秘鲁至阿根廷北部,现已为各地饲养的实验动物。

8)食肉目(Carnivora) 为食肉性猛兽,门齿小,犬齿强大而锐利,臼齿趋于退化,上颌最后一枚前臼齿和下颌第一臼齿的齿突如剪刀状交叉,特化为裂齿(食肉齿)。足有4或5趾,均具有尖锐而弯曲的爪,脑及感觉器官发达,毛厚密,多具色泽,为重要毛皮兽(图20-26)。

犬科(Canidae) 体型中等,颜面部长而突出,四肢善于奔跑。裂齿发达,爪不能伸缩。前肢5指,后肢常具4趾。常见的种类有狼(*Canis lupus*)、赤狐(*Vulpes vulpes*)、貉(*Nyctereutes procyonoides*)、豺(*Cuon alpinus*)等。

熊科(Ursidae) 体粗大而笨重,四肢粗,耳小,尾短。爪大,裂齿不发达,食性杂。常见的有黑熊(*U. thibetanus*)、棕熊(*U. arctos*)、马来熊(*Helarcto malayanus*)等。

熊猫科(Ailuropodidae) 体似熊但吻短。主食竹类,喜食竹笋,是食肉目中"素食"种类。本科仅有我国特产的大熊猫(*Ailuropoda melanoleuca*)1种,仅分布于四川西北部、甘肃南部、陕西秦岭南麓,生活在2000~3500m的针叶林、针阔混交林及落叶林中,数量极其稀少。目前我国共建立卧龙、王朗、佛坪等13个国家级大熊猫自然保护区。

鼬科(Mustelidae) 中小型兽类。体细长,腿短,具5指(趾),爪不能伸缩。多数种类在肛门附近有臭腺。常见的种类有紫貂(*Martes zibellina*)、黄鼬(*Mustela sibirica*)、狗獾(*Meles meles*)、水獭(*Letra lutra*)等。

猫科(Felidae) 中大型兽类。头圆吻短,前肢5指,后肢4趾,爪能伸缩。善攀缘及跳跃。犬齿、裂齿均发达。性凶猛,常以伏击方式捕杀猎物。常见的有金钱豹(*Panthera pardus*)、虎(*P. tigris*)、雪豹(*P. uncia*)和猞猁(*Felis lynx*)等。

灵猫科(Viverridae) 体细长,四肢较短,尾略长;体表有各种条纹、斑点,尾有环纹。肛腺发达。常见的有大灵猫(*Viverra zibetha*)、小灵猫(*Viverricula indica*)、花面狸(*Paguma larvata*)和食蟹獴(*Herpestes urva*)。

浣熊科(Procyonidae) 体小,四肢短。尾长,通常有环纹。杂食性,树栖性。常见种为小熊猫(*Ailurus fulgens*)。

达乌尔黄鼠　赤狐　紫貂　金钱豹

图 20-26 啮齿目、食肉目的代表种类

9)鲸目(Cetacea)　大型水栖兽类,体呈鱼形,适于游泳。体毛退化,皮脂腺消失,皮下脂肪增厚(为 20～50cm)。前肢鳍状,后肢消失。颈椎有愈合现象,具"背鳍"和水平的叉状"尾鳍"。头顶的鼻孔在呼气时能形成很高的水柱,故又称喷水孔(blowhole)。本目分为齿鲸亚目(Odontoceti)和须鲸亚目(Mystacoceti)。齿鲸类具圆锥形齿,为同型齿,齿数 1 或 2 个,多有 200 多个。须鲸类不具齿,由上腭部角质化板排列成行,自口顶下垂成鲸须(baleen),以滤食小型生物。常见种有蓝鲸(*Balaenoptera musculus*)、抹香鲸(*Physeter catodon*)、白鳍豚(*Lipotes vexillifer*)、中华白海豚(*Sousa chinensis*)等。

10)鳍足目(Pinnipedia)　为海栖兽类,体流线型,肉食性。前肢鳍足大而无毛,后肢转向体后,趾间有蹼。大部分时间在水中生活,交配、产仔、换毛时到陆上或冰上活动;无裂齿。现生的有海狮科(Otariidae)、海豹科(Phocidae)和海象科(Odobenidae)。我国沿海分布的有斑海豹(*Phoca vitulina*)、环海豹(*P. hispida*)、髯海豹(*Erignathus barbatus*)等。

11)海牛目(Sirenia)　为水栖兽类,体呈纺锤形,体表有稀疏的刚毛;吻短,颈部短,有缢纹。眼小,无外耳壳。前肢变为鳍足,后肢消失(仅保留痕迹)。无背鳍,有宽大而扁平的尾鳍。犬齿与臼齿间有相当长的齿隙。胃两室。栖息浅海、河口和湖中。主食海藻和其他水生植物。本目分 3 科,大海牛科,体长可达 10m,已捕绝。现存仅儒艮科的儒艮(*Dugong dugong*)1 种,海牛科的海牛(*Trichechus manatus*)、巴西海牛(*T. inunguis*)和非洲海牛(*T. senegalensis*)3 种。

12)长鼻目(Proboscidea)　为最大的陆栖动物。鼻和上唇愈合延长,形成能卷曲的长鼻。体毛退化,具 5 指(趾),脚底有厚的弹性组织垫,趾端有小蹄。上门牙特别发达,突出唇外,即通常称的"象牙",由齿质构成,终生不断生长。现存仅象科(Elephantidae)1 科 2 种,非洲象(*Loxodonta africana*)和亚洲象(*Elephas maximus*)。

13)奇蹄目(Perissodactyla)　为草原奔跑兽类,第 3 趾特别发达,其余各趾退化或消失，趾端具蹄。单室胃，盲肠发达。门齿适于切草，犬齿退化，臼齿咀嚼面上有复杂的棱脊。现存 3 科约 17 种(图 20-27)。

马科(Equidae)　　仅第 3 趾发达。颈背中线具一列鬃毛。腿细长，尾毛极长。门牙凿状，臼齿齿冠高。仅 1 属，如蒙古野驴(*Equus hemionus*)、普氏野马(*E. przewalskii*)、斑马(*E. zebra*)等。

犀科(Rhinocerotidae)　　体笨重，前后肢各具 3 趾。皮肤厚，几乎无毛，额上有 1 或 2 个角质纤维性角。如独角犀(*Rhinoceros unicornis*)，分布于东南亚；双角犀(*Diceros bicornis*)，分布于非洲。

14)偶蹄目(Artiodactyla)　　第3、4 指(趾)发达，趾端有蹄，第 2、5 指(趾)或退化或为悬蹄。尾短。上门牙退化或消失，臼齿结构复杂(图 20-27)。

图 20-27　奇蹄目、偶蹄目的代表种类

猪科(Suidae)　　吻部延长，末端成盘状，鼻孔在吻端。毛鬃状，尾短细，末端具毛，足 4 趾，2 侧趾小。具门牙，上下犬齿都外突成獠牙。杂食性，单室胃。我国唯一代表是野猪(*Sus scrofa*)。

驼科(Camelidae)　　头小颈长，上唇延伸有唇裂。足 2 趾，趾端具甲和宽厚弹力垫。胃 3 室，反刍。体毛细软。有单峰驼(*Camelus dromedarius*)和双峰驼(*C. bacterianus*)，均已驯化役用，被誉为“沙漠之舟”。

鹿科(Cervidae)　　腿细长，具 4 趾，中间 1 对较大，常具眶下腺和足腺。多数雄鹿具分叉鹿角，能周期性脱落。上颌无门牙，臼齿为低冠。如梅花鹿(*Cervus nippon*)、马鹿(*C. elaphus*)、麋鹿(*Elaphurus davidianus*)、原麝(*Moschus moschiferus*)、獐(*Hydropotes inermis*)、小麂(*Muntiacus reevesi*)等。

长颈鹿科(Giraffidae) 长颈、长腿。头顶具 2 或 3 个不分叉并包有毛皮的角,终生不脱落。具 2 蹄,以树叶嫩枝为食。限分布于非洲,如长颈鹿(*Giraffa camelopardalis*)。

牛科(Bovidae) 偶蹄,绝大多数具 1 对洞角。代表种有野牛(*Bos gaurus*)、牦牛(*B. grunniens*)、藏羚羊(*Pantholops hodgsoni*)、羚牛(*Budorcas taxicolor*)、盘羊(*Ovis ammon*)和鬣羚(*Capricornis sumatraensis*)等。

第四节 哺乳纲的起源与演化

一、起源

哺乳类起源于大约距今二亿年前二叠纪早期的古爬行类——盘龙类(Pelycosaurs)。这类动物头骨的两侧各有一个颞孔,属于合颞孔类。其后盘龙类中唯一生存下来一支比较进步的兽形爬行动物——兽孔类(Therapsida)。兽孔类的大部分后裔多在二叠纪的末期绝灭,只有兽齿类(Theriodonts 或 Cynodonts)生存下来,并进入中生代。兽齿类在三叠纪逐渐朝着哺乳类方向发展,其四肢移至身体腹面,行动敏捷。牙齿结构酷似现代哺乳类的异型槽生齿,有撕咬和咀嚼功能。下颌骨块数目减少,具有次生腭,中耳内有 3 块听小骨。脑和感觉器官较发达,能维持较高体温。典型代表有犬颌兽(*Cynognathus*)和卞氏兽(*Bienotherium*)。三叠纪末期出现了第一批哺乳动物,经侏罗纪、白垩纪到新生代,逐渐演化出形形色色的哺乳动物。其起源时间比鸟类还要早(最早的鸟类化石出现在侏罗纪)。早期的哺乳动物个体都很小,数量也少,和当时在地球上占统治地位的恐龙类相比是渺小的。但是这些原始的哺乳动物,在体制结构上具备着比爬行动物更高级的特点,新生代以后,大多数爬行动物绝灭了,而代表新生力量的哺乳动物却得到了空前的发展。在生物史上,新生代被称为"哺乳动物时代"。

二、演化

哺乳类化石最早发现于晚三叠纪地层中。一般认为是多系起源。中生代侏罗纪的古兽类包括多结节齿类(臼齿咀嚼面上有 2 或 3 纵列结节)和三结节齿类(臼齿咀嚼面上仅有 3 个结节)。三结节齿类又分为三齿兽类、对齿兽类、古兽类。古兽类可能是有袋类和真兽类的祖先(图 20-28)。

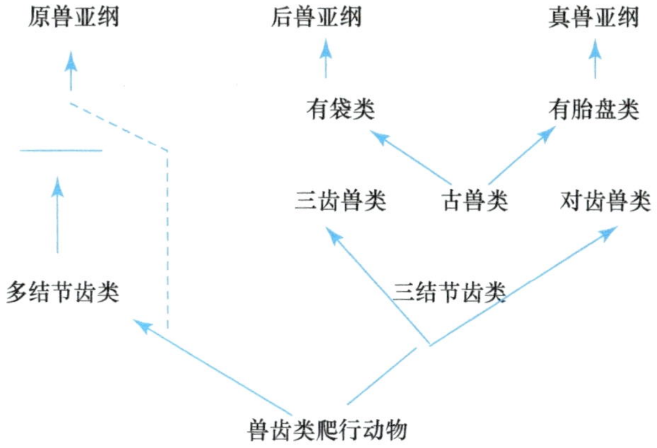

图 20-28 哺乳类适应辐射示意图(仿刘凌云和郑光美,2009)

第五节 哺乳纲的经济意义

一、哺乳动物的有益方面

(1)毛皮用。狼、狐、貉、紫貂、牛、羊、猪等哺乳动物的皮张是制作衣服、帽子、皮带、皮包、皮鞋和手套的好材料。

(2)食用。自古以来,哺乳动物就为人类提供肉、奶等食品,随着生物高新技术的发展,哺乳动物将会为人类提供更多的味美价廉的肉和奶。

(3)药用。哺乳动物身体的许多部位或其代谢产物和排泄物均可入药,如牛黄(牛的胆结石)、鹿茸、麝香(麝的皮肤腺分泌物)、紫河车(人胎盘)、夜明砂(蝙蝠粪)等。

(4)役用。大象用来搬运重物;骆驼被称为“沙漠之舟”;牛、马、骡、驴等用来拉车、犁地;狗、猪等经过训练可帮助检查毒品。

(5)饲料和肥料。牛、羊、猪等屠宰后的下脚料可制成肉骨粉、血粉,其粪便经过处理可作鱼类、蚯蚓等动物的饲料。牛、马、骡、驴、猪、羊等动物的粪便是优质的有机肥料。

(6)仿生。蝙蝠、海豚等动物的声呐系统是现代国防高新技术的仿生对象。

(7)观赏。体型较小的猫、狗、猪、鼠、兔等可作为宠物,体型较大的大象、猴子、熊、狮、虎、豹等动物经过专业训练可表演各种精彩的节目,牛角、鹿角、羊角等有相当高的装饰价值。

(8)实验材料。许多实验不便在人身体上进行,常用猴子、狗、猫、兔、鼠等来代替。

(9)生态平衡。哺乳动物是生态系统中的一员,对维持整个生态系统的平衡起着非常重要的作用。

二、哺乳动物的有害方面

(1)对人、畜的生命安全构成威胁。狮、虎、豹、熊、狼、豺等猛兽可直接杀死人和家畜,有一些哺乳动物可传播鼠疫、狂犬病、出血热、猪流感等疾病。

(2)危害工农业生产。野猪、狗獾、鼠类等危害农作物、森林、草原等,鼠类的噬咬和打洞的习性可破坏堤坝、建筑物、家具、文物及日用品。

(3)污染环境。哺乳动物的排泄物可造成不同程度的环境污染。

思考题

1. 从各器官系统总结哺乳动物的主要特征。
2. 简述哺乳动物皮肤结构及衍生物。
3. 简述哺乳动物角的类型、结构。
4. 哺乳动物骨骼系统有哪些特点?
5. 简述哺乳动物消化系统的组成及食物消化过程。
6. 简述哺乳动物牙齿的结构、功能。
7. 比较哺乳动物和鸟类呼吸系统结构和呼吸方式。
8. 叙述哺乳动物循环系统的特征。
9. 简述哺乳动物肾脏的类型、结构及尿的产生过程。
10. 简述胎生、哺乳的进化意义。
11. 简述哺乳动物胎盘的类型。
12. 哺乳动物的子宫有几种类型?

13. 试述哺乳动物脑的结构和功能。
14. 简述脊椎动物脑皮和纹状体的演化。
15. 试述哺乳动物感觉器官的特点。
16. 哺乳动物分几个亚纲？各有哪些主要特征？
17. 简述食虫目、翼手目、灵长目、啮齿目、食肉目、奇蹄目、偶蹄目的主要特征，各举 3～5 种代表动物。
18. 简述哺乳动物的起源及演化。
19. 简述哺乳动物的经济意义。

第二十一章　动物的地理分布

每一种动物都有一定的分布区，在它适宜的环境中生存，占有一定的地理空间，在这里完成生长、发育、繁殖等生命活动。在长期的进化过程中其形态结构、生理功能、行为和生活方式均与生存环境相适应，形成了相互影响、相互依存、相互制约、密不可分的关系，而许多物种的分布区是相互重叠的。这种由历史发展过程中所形成的和在现代生态条件下所生存的动物群称为动物区系。按照不同地区动物组成的特点，可以把地球划分为若干动物地理区，从整个地球上看，动物可以分为海洋动物区系和陆地动物区系。海洋的环境条件比陆地相对稳定，陆地由于自然环境复杂、气候条件多变，而且存在许多影响动物分布的因素，物种分化十分显著。

第一节　动物的分布

一、陆地动物分布

陆地由于太阳辐射的不均衡性，致使其自然环境复杂多样，由北向南呈现出有规律的地带性变化，形成不同的生态地理条件，分别分布着不同的生态地理动物群。例如，苔原(tundra)地带气候极度寒冷，土质薄，生长季节短，植物主要有矮小灌丛、地衣等，动物种类贫乏，分布一些耐极寒的动物，如驯鹿、北极狐、雷鸟等，而缺乏两栖动物和爬行动物。针叶林(coniferous forest)地带冬季长而严寒、夏季短而潮湿，植被主要是裸子植物，动物由耐寒和广布种类组成，如鹿、雪兔、山雀、旅鼠、北极狐等。温带落叶林(deciduous forest)地带降雨量较高，四季分明，动物种类丰富，哺乳类如鹿、熊、松鼠及各种鸣禽，也有一些蛇类、蜥蜴和两栖类。热带雨林(tropical rainforest)地带地处赤道附近，降雨量高，温度、湿度较高并且稳定，光照时间长，季节性变动小，动物的种类极为丰富，但优势种不明显。草地(pasture)地带多生长草本植物，动物较贫乏，但个体数量极多，哺乳动物主要有有蹄类、啮齿类。荒漠(desert)地带极为干燥，植物生长有仙人掌和灌木，动物主要是小型啮齿类、爬行类，多夜间活动及地下生活。

二、水域动物分布

水域包括淡水水域和海水水域。淡水水域又分流水水域和静水水域。流水水域包括河流、山溪等，水沿一定方向不断流动。静水水域包括湖泊、池塘、沼泽等。在淡水水域中分布有10 000余种鱼类、两栖类中的有尾目、爬行类中的鳖类、淡水龟类、淡水鳄类等。脊椎动物中缺乏软骨鱼类，无脊椎动物比较匮乏，没有棘皮动物、软体动物中的头足纲。在流水的上游生活的无脊椎动物(如海绵动物、苔藓动物和软体动物)，多具有吸盘等附着器官或适应匍匐石块下方，在流水下游由于流速缓慢、沉积物多、食物丰富，无脊椎动物种类较丰富，主要是蚌类、水生昆虫及浮游生物。静水水域环境稳定，水生植物丰富，脊椎动物还分布有涉禽、游禽及蛙类等，无脊椎动物包括各种螺类、蚌类、甲壳类、昆虫的幼虫及浮游动物。

海水水域是地球生物圈最大的部分，总面积达3620万km^2，约占地球表面积的71%，动物种类极其丰富，至少生活着20万种生物，其中90%以上是无脊椎动物，脊椎动物包括14 000

余种鱼类，鲸、海豹等哺乳动物及龟类、蛇类、鳄类等爬行动物、海洋鸟类，缺乏两栖动物。海水水域可分为3个主要区域，即沿岸带、浅海带和远洋带。沿岸带又称潮间带，是每日潮水的高潮线和低潮线之间的区域，为海陆的交接地带。因常经受巨浪冲击，温度变化大，无脊椎动物主要包括具有吸附力强和保护身体结构的物种，如海葵、藤壶、螺、石鳖、蟹类、棘皮动物。鱼类主要是有吸盘的鰕虎鱼。红树林是生长在热带沿岸带的一种长绿林，分布着相当丰富的动物种类，如甲壳动物及鱼类、蛇类、水禽、鼠类等。珊瑚礁也是沿岸带的一种特殊环境，是由珊瑚骨骼形成的，分布于热带和亚热带浅海，这里光线充足，食物和氧气丰富，加之有避敌藏身之处，动物群落种类繁多，为多营固着生活的无脊椎动物及珊瑚礁鱼类。浅海带是由潮间带至200m等深线的海域，由于光照、营养、氧气等生活条件充足，浮游生物生长旺盛，大多数海洋鱼类都分布在浅海带，成为世界渔场的集中地。此外，水母类、桡足类及海龟、海蛇、海豹、鲸类等均主要分布在这一区域。远洋带是浅海带以外的广大海域，约占海洋总面积的90%，很多水深超过2000m，水压巨大，终年黑暗，水温接近0℃，氧气和食物匮乏，生活条件极为苛刻。无脊椎动物中海绵动物、棘皮动物占优势，脊椎动物中有一些特殊鱼类分布。

第二节 世界陆地动物地理分区

根据陆地上动物尤其是脊椎动物的分布情况，把全世界陆地划分为6个动物地理界，每个动物地理界都有其独特的动物区系（图21-1）。动物地理界的界限一般是由陆地的边界或山脉、沙漠等形成的自然屏障，缺少这些自然屏障隔离的地区，动物区系呈现出广泛的过渡性。

1. 澳洲界

澳洲界（Australian realm）包括澳洲大陆、新西兰、塔斯马尼亚及附近太平洋上的岛屿，由干旱地带、潮湿地带、孤岛等景观组成，多为草原、荒漠，热带雨林和季雨林的面积较少。澳洲界是所有动物区系中最古老的，在很大程度上保留着中生代晚期的特点，动物种类比较贫乏，在各纲中均存在着原始的物种。

哺乳动物中在其他地区占统治地位的真兽亚纲种类，仅有少数翼手类和啮齿类的分布，也是从其他地区迁入的或人类活动带入的，最原始的哺乳动物却被较完整地保存着，原兽亚纲（鸭嘴兽、针鼹）仅分布于本界，现存后兽亚纲中的动物（有袋类）除部分分布在南美洲外，其他均分布在本界，并形成了广泛的适应辐射。在鸟类中有很多特有种，如鸸鹋、食火鸡、几维鸟、琴鸟、园丁鸟等。爬行类中的楔齿蜥仅分布于新西兰及附近的岛屿上，蛇类、蜥蜴类及两栖动物均很少，特有种有鳞脚蜥科（Pygopodidae）及滑蹠蟾科（Leiopelmatidae）的一些种类。澳洲肺鱼是本界中淡水河流中的特产。

澳洲界动物区系的特点可从历史因素进行解释，在中生代末期与大陆相隔离，当时真兽亚纲动物还没有出现，后兽亚纲动物在地球上广泛分布，后来在其他大陆上真兽亚纲得到空前的发展，由于地理隔离没有扩散到澳洲，使得后兽亚纲等低等哺乳动物在澳洲能够得到进一步发展，适应各种不同的环境条件，成为哺乳动物的优势类群。而新西兰和太平洋岛屿比澳洲大陆和新几内亚更加与世隔绝，拥有一些更加独特而原始的物种，如楔齿蜥和无翼鸟。

2. 新热带界

新热带界（Neotropical realm）包括整个南美大陆、中美、墨西哥南部平原和西印度群岛，属于热带气候，有世界上最大的热带雨林及大面积的草原，很少有沙漠和温带植物。本界动物种类极其丰富，区系最具有特色。

鸭嘴兽(澳洲界)

北美负鼠(新热带界)

西非大猩猩(热带界)

黑长臂猿(东洋界)

大熊猫(古北界)

麝牛(新北界)

图 21-1 6 个动物地理界的代表动物

哺乳类有袋目中的新袋鼠科(Caenoiestidae)、鼠科(Didelphidae),贫齿目(Xenarthra),灵长目中的狨科(Callitricidae)、卷尾猴科(Cebidae),翼手目中的长腿蝠科(Natalidae)、吸血蝠科(Desmodontidae),啮齿目中的豚鼠科(Caviidae)、毛丝鼠科(Chinchillidae)、硬毛鼠科(Capromyidae);鸟类有 31 个特有科,美洲鸵鸟科(Rheidae)、䳍科(Tinamidae)、麝雉科(Opisthocomidae)、凤冠雉科(Cracidae)、叫鸭科(Anatidae)、灶鸟科(Fumariidae)等;鱼类中

的美洲肺鱼、电鳗(*Electrophorus electricus*)、电鲇(*Malapterurus electricus*)等均为本界特有。蜂鸟主要分布在本界,爬行类鬣蜥科分布在这里的种类多而分布广,两栖类的树蛙和负子蟾(*Pipa pipa*)为著名代表。但本界却缺乏许多在其他大陆上广泛分布的类群,如食虫目、食肉目、奇蹄目、偶蹄目和长鼻目等。

新热带界动物组成的特点除了与环境有关外,还与历史上地理位置的变迁有重要关系,南美洲在第三纪以前曾经和南极大陆、澳洲、非洲连在一起,因此动物区系上仍残留着这种联系的特征,如分布有有袋类、鸵鸟、肺鱼等。从第三纪初到第三纪末才与其他大陆分离,发展了许多特有种类。第三纪末期南美洲又与北美洲相连,导致两地区动物相互渗透,形成了现今复杂多样的动物区系。

3. 热带界

热带界(Ethiopian realm)又称埃塞俄比亚界,包括撒哈拉沙漠以南的整个非洲大陆、北回归线以南的阿拉伯半岛和马达加斯加及附近岛屿。本界大部分为沙漠、草地和热带草原,气候较稳定。本界动物区系的特点是物种组成多样性和具有丰富的特有种类。

哺乳动物中的蹄兔目(Hyracoidae)、管齿目(Tubulidentata)为本界的特有目;特有科包括食虫目中的金毛鼹科(Chrysochloridae)、獭鼩科(Potamogalidae),啮齿目中的鳞毛鼠科(Anomaluridae)、滨鼠科(Bathyergidae),偶蹄目中的河马科(Hippopotamidae)、长颈鹿科(Giraffidae)等;特有种有大猩猩、黑猩猩、狒狒(*Papio*)、非洲象(*Loxodonta africana*)、非洲黑犀牛(*Diceros bicornis*)、大羚羊(*Taurotragus oryx*)、斑马等。鸟类的特有目是鸵鸟目(Struthioniformes)和鼠鸟目(Coliiformes)。爬行类的避役科(Chamaeleonidae),两栖类的爪蟾(*Xenopus*),鱼类的非洲肺鱼、多鳍鱼目(Polypteriformes)均为本界的特产动物。鸟类中陆栖、奔走及食种子的鸟类较多,水鸟较少。本界和东洋界的动物区系有较大的相似性,表现在共同拥有许多目或科,如哺乳类的鳞甲目,长鼻目,灵长目中的狭鼻类、懒猴科,偶蹄目中的鼷鹿科(Tragulidae)和奇蹄目中的犀科;鸟类的犀鸟科(Bucerotidae)、阔嘴鸟科(Eurylaimidae)、太阳鸟科(Nectariniidae)等,这说明两界动物区系在历史上中有着密切联系。本界的另一特征是缺乏一些广泛分布在旧大陆的科,如鸟类中的河乌科(Cinclidae)、鹪鹩科(Troglodytidea)等,哺乳动物食虫目的鼹科(Talpidae)、食肉目的熊科、偶蹄目的鹿科等。

本界的马达加斯加岛靠近非洲,动物种类较贫乏,缺少在非洲大陆上广泛分布的哺乳动物,尤其是有蹄类、食肉类和长鼻类,但富于特有动物,如马岛猬科(Tenrecidae)、鼠狐猴科(Cheirogaleidae)、狐猴科(Lemuridae)、指猴科(Daubentoniidae)和马岛灵猫(*Fossa fossana*)。这显然是由于地理隔离造成。

4. 东洋界

东洋界(Oriental realm)包括亚洲南部喜马拉雅山脉和秦岭以南地区、印度半岛、中印半岛、斯里兰卡岛、马来半岛、菲律宾群岛、苏门答腊岛、爪哇岛及加里曼丹岛等。本界地处热带、亚热带,气候温热潮湿,降水丰富、植被类型多样,具有以热带和亚热带雨林为主,季雨林、干旱热带森林、灌丛、热带草原及沙漠等多种环境,使得本界动物区系复杂而多样,动物种类繁多,仅次于新热带界和热带界。

哺乳动物中的皮翼目(Dermoptera)为特有目,特有科包括灵长目中的树鼩科(Tupaiidae)、长臂猿科、眼镜猴科(Tarsiidae),啮齿目中的刺山鼠科(Platacanthomyidae)等。有些种类如猩猩、猕猴、懒猴、灵猫、鬣狗等虽不是特有种,但仍是本界的特色动物。鸟类虽然只有雀形目中的和平鸟科(Irenidae)为特有科,但有许多科是以本界为分布中心,如鸡形目中的雉科,雀形目中的阔嘴鸟科、黄鹂科(Oriolidea)、卷尾科(Dicruridae)、椋鸟科(Sturnidae)、画眉科(Timaliidae)等。爬行类的平胸龟科、鳄蜥科(Shinisuridae)、拟毒蜥科(Lanthanotidae)和长吻鳄科(Gavialidae)为特有,眼镜蛇、巨蜥、龟等数量均较多。两栖类中虽没有特有科,但种类十分丰富,尤其是无尾两栖类。

5. 古北界

古北界(Palearctic realm)包括欧洲大陆、北回归线以北的阿拉伯半岛及撒哈拉沙漠以北的非洲、喜马拉雅山脉与秦岭山脉以北的亚洲大陆及本界内的各岛屿,是6个动物地理界中最大的一个。气候、自然地理、生态栖息地类型等复杂多样,山脉主要为东西走向。动物组成相对贫乏,陆生脊椎动物中没有特有科,但有一些特有属,如哺乳动物中的鼹鼠(*Talpa*)、金丝猴、旅鼠(*Lemmus*)、熊猫、狐(*Vulpes*)、貉、獾(*Meles*)、野猪、牦牛(*Bos*)、骆驼、獐(*Hydropotes*)、原羚(*Procapra*)等属,鸟类中的山鹑(*Perdix*)、鸨、毛腿沙鸡、百灵(*Mirafra*)、岩鹨(*Prunella*)、沙雀(*Rhodopechys*)等属,爬行动物中的沙蜥属(*Phrynocephalus*)及两栖动物中的花背蟾蜍等。

6. 新北界

新北界(Nearctic realm)包括墨西哥以北的北美洲广大区域。本界气候、自然地理、生态栖息地类型等与古北界相似,山脉南北走向,动物组成也较贫乏,但有一些特产科,如哺乳动物中的叉角羚科(Atilocapridae)、山河狸科(Aplodontidae),爬行类中的蛇蜥科(Anguidae),两栖类中的两栖鲵科(Amphiumidae)、鳗螈科(Sirenidae),鱼类中的弓鳍鱼科(Amiidae)、雀鳝科(Lepisosteidae)等。此外美洲麝牛(*Ovibos moschatus*)、北美河狸(*Castor canadensis*)、美洲獾(*Taxidea taxus*)、美洲黑熊(*Ursus americanus*)、白头海鹛(*Haliaeetus leucocephalus*)等均是本界的特有种。

古北界与新北界的动物区系有许多共同的特点,有人将这两界合称为全北界(Holarctic realm)。有很多科为两界所共有,如哺乳动物中的鼠兔科、睡鼠科(Gliridae)、河狸科、鼹科(Talpidae)、林跳鼠科(Zapodidae),鸟类中的潜鸟科、松鸡科、攀雀科(Remizidea),两栖类中的洞螈科(Proteidae)、隐鳃鲵科,鱼类中的刺鱼科(Gasterosteidae)、狗鱼科(Esocidae)、鲟科(Acipenseridae)、白鲟科(Po1ydontidae)等。

第三节 我国动物地理分区

我国疆土辽阔,地形复杂,气候多样,动物种类丰富,特产物种种类多。据统计,我国有陆生脊椎动物近2700种,其中两栖动物320余种、爬行动物407种、鸟类1330余种、哺乳动物640余种,具有一些古老、珍稀、特产种类,如大熊猫、白鳍豚、金丝猴、羚牛、毛冠鹿(*Elaphodus cephalophus*)、野马、褐马鸡、黑颈鹤、丹顶鹤、长尾雉、扬子鳄、大鲵等。

我国在动物地理区划上隶属于东洋界和古北界,其分界线为西起横断山脉北端,经过四川北部岷山与陕西的秦岭,向东达到淮河南岸,一直到长江口以北。在东部地区由于地势平坦,缺少自然屏障而呈现出广阔的过渡地带。古北界又分为2个亚界,即东北亚界和中亚亚界,东洋界均属于中印亚界。根据我国陆生脊椎动物的分布情况,古北界分为东北区、华北区、蒙新区、青藏区4个区,东洋界分为西南区、华中区、华南区3个区,再进一步划分为19个亚区。依生态分布可将我国陆生脊椎动物划分为7个基本的生态地理动物群,即寒温带针叶林动物群,温带森林—森林草原、农田动物群,热带森林—林灌、草地—农田动物群,亚热带林灌、草地—农田动物群,温带草原动物群,温带荒漠、半荒漠动物群和高地森林草原—草原草甸、寒漠动物群。我国动物地理区划和生态地理动物群的关系见表 21-1。

表 21-1　我国动物地理区划和生态地理动物群的关系

<table>
<tr><th>界</th><th>亚界</th><th>区</th><th>亚区</th><th>生态地理动物群</th></tr>
<tr><td rowspan="10">古北界</td><td rowspan="5">东北亚界</td><td rowspan="3">Ⅰ东北区</td><td>Ⅰ$_A$大兴安岭亚区</td><td>寒温带针叶林动物群</td></tr>
<tr><td>Ⅰ$_B$长白山亚区</td><td rowspan="4">温带森林—森林草原、农田动物群</td></tr>
<tr><td>Ⅰ$_C$松辽平原亚区</td></tr>
<tr><td rowspan="2">Ⅱ华北区</td><td>Ⅱ$_A$黄淮平原亚区</td></tr>
<tr><td>Ⅱ$_B$黄土高原亚区</td></tr>
<tr><td rowspan="5">中亚亚界</td><td rowspan="3">Ⅲ蒙新区</td><td>Ⅲ$_A$东部草原亚区</td><td>温带草原动物群</td></tr>
<tr><td>Ⅲ$_B$西部荒漠亚区</td><td>温带荒漠、半荒漠动物群</td></tr>
<tr><td>Ⅲ$_C$天山山地亚区</td><td rowspan="4">高地森林草原—草原草甸、寒漠动物群</td></tr>
<tr><td rowspan="2">Ⅳ青藏区</td><td>Ⅳ$_A$羌塘高原亚区</td></tr>
<tr><td>Ⅳ$_B$青海藏南亚区</td></tr>
<tr><td rowspan="9">东洋界</td><td rowspan="9">中印亚界</td><td rowspan="2">Ⅴ西南区</td><td>Ⅴ$_A$西南山地亚区</td></tr>
<tr><td>Ⅴ$_B$喜马拉雅亚区</td><td rowspan="3">亚热带林灌、草地—农田动物群</td></tr>
<tr><td rowspan="2">Ⅵ华中区</td><td>Ⅵ$_A$东部丘陵平原亚区</td></tr>
<tr><td>Ⅵ$_B$西部山地高原亚区</td></tr>
<tr><td rowspan="5">Ⅶ华南区</td><td>Ⅶ$_A$闽广沿海亚区</td><td rowspan="5">热带森林—林灌、草地—农田动物群</td></tr>
<tr><td>Ⅶ$_B$滇南山地亚区</td></tr>
<tr><td>Ⅶ$_C$海南岛亚区</td></tr>
<tr><td>Ⅶ$_D$台湾亚区</td></tr>
<tr><td>Ⅶ$_E$南海诸岛亚区</td></tr>
</table>

1. 东北区

东北区位于我国最北部，包括大兴安岭、小兴安岭、张广才岭、老爷岭、长白山的山地森林及山麓一带的森林草原、松花江和辽河平原、三江平原。气候寒冷，大、小兴安岭在 0℃以下的时间长达半年，夏季短而潮湿，是我国最冷的地区。本区森林茂密，大部地区覆盖着原始针叶林。大兴安岭主要以落叶松、云杉等组成的针叶林带，小兴安岭、长白山等为红松、云杉等与栎、槭、榆、山杨等构成的针阔混交林，属于寒温带针叶林动物群和温带森林—森林草原、农田动物群。本区动物的特点是耐寒性森林动物丰富，如哺乳动物中食肉目、啮齿目、偶蹄目等，典型代表种类有紫貂、水獭、黄鼬、白鼬（*Mustela erminea*）、艾鼬（*M. eversmanni*）、猞猁、东北虎（*Panthera tigris altaica*）、豹、貉、赤狐、狼、黑熊、松鼠（*Sciurus vulgaris*）、花鼠（*Eutamias sibiricus*）、马鹿、狍（*Capreolus capreolus*）、麝、驼鹿（*Alces alces*）、驯鹿（*Rangifer tarandus*）、野猪等。鸟类松鸡科种类最多，如黑琴鸡、花尾榛鸡、松鸡（*Tetrao urogallus*）、柳雷鸟等，岩鹨科（Prunellidae）、潜鸟科及旋木雀（*Certhia familiaris*）、鹪鹩（*Troglodytes troglodytes*）、黑啄木鸟（*Dryocopus martius*）、三趾啄木鸟（*Dinopium javanense*）、星鸦（*Nucifraga* caryocatactes)、戴菊(*Regulus regulus*)、交嘴雀(*Loxia curvirostra*)等均是本区的著名代表，此外还有许多在南方越冬，夏季迁到本区繁殖的种类。两栖爬行动物种类较少，代表种类如极北蝰(*Vipera berus*)、胎生蜥蜴(*Lacerta vivipara*)、棕黑锦蛇(*Elaphe schrenckii*)、极北小鲵(*Salamandrella keyserlingii*)、爪鲵(*Onychodactylus fischeri*)、中国林蛙、黑龙江林蛙(*Rana amurensis*)等。本区的特有种类包括东北虎、驼鹿、驯鹿、貂熊(*Gulo gulo*)、雪兔(*Lepus timidus*)、林旅鼠(*Myopus schisticolor*)、河狸、胎生蜥蜴、黑龙江草蜥(*Takydromus amurensis*)、东北小鲵(*Hynobius leechii*)、爪鲵等。

2. 华北区

华北区包括黄土高原、冀北山地及黄淮平原。其范围为北接东北区、蒙新区，南至秦岭、淮河，东临黄海和渤海，西至甘肃的兰州盆地。气候属暖温带，四季显著、冬季寒冷、夏季炎热，年均温为10～16℃。主要植被类型为夏绿林，由于人类活动，多数地区已经开垦为农田，森林被破坏，仅在太行山、燕山、秦岭等地有残存，植被主要为农田、草地、灌丛等，属于温带森林—森林草原、农田动物群。动物特点是种类贫乏，特有物种稀少，蒙新区、东北区及东洋界的种类广泛渗透。如蒙新区的黄鼠(*Citellus dauricus*)、五趾跳鼠(*Allactaga sibirica*)、沙鼠(*Meriones*)、鼠兔(*Ochotona*)等，东北区的马鹿、黑熊、狍、松鼠、花鼠等，东洋界的社鼠(*Rattus niviventer*)、猪獾(*Arctonyx collaris*)、果子狸(*Paguma larvata*)、沟牙鼯鼠(*Aeretes melanopterus*)、黑枕黄鹂、发冠卷尾、红嘴蓝鹊(*Urocissa erythrorhyncha*)、飞鼠(*Pteromys volans*)、珠颈斑鸠、黑眉锦蛇、双斑锦蛇等均在本区有分布。本区是重要的农业区，人类的农业活动对本区动物的影响最为显著，森林不断地被砍伐，破坏了森林动物的栖息环境，使许多种类逐渐减少或趋于绝灭，如梅花鹿、虎、黑熊等。而适于田野生活的啮齿类如麝鼹(*Scaptochirus moschatus*)、大仓鼠(*Cricetulus triton*)、田鼠(*Microtus*)、鼢鼠(*Myospalax*)、草兔等广泛分布，这些鼠类危害作物，而且易于传染疾病，对人类和农林业危害均较大。食肉目主要以中、小型种类为主，如狐、黄鼬、狗獾、豹猫(*Felis bengalensis*)等，大、中型森林动物稀少，仅有少数的狍、野猪、豹等。鸟类的代表种类有灰喜鹊、大山雀、斑鸠(*Streptopelia*)、石鸡(*Alectoris chukar*)、白鹡鸰、岩鸽、山噪鹛(*Garrulax davidi*)等。爬行类有无蹼壁虎、丽斑麻蜥、山地麻蜥(*Eremias brenchleyi*)、白条锦蛇(*Elaphe dione*)、赤链蛇、黄脊游蛇、虎斑颈槽蛇等及两栖类中的花背蟾蜍、中华蟾蜍、中国林蛙、黑斑蛙、北方狭口蛙等。复齿鼯鼠、褐马鸡为本区特有种类。

3. 蒙新区

蒙新区东起大兴安岭西麓，向西沿燕山、阴山山脉、黄土高原北部、甘肃祁连山、新疆昆仑山至新疆西缘，包括内蒙古高原、鄂尔多斯高原、阿拉善沙漠、河西走廊、塔里木盆地、柴达木盆地、准噶尔盆地和天山山地等。大部分为典型的大陆性气候，寒暑变化剧烈，夏季昼夜温差可有30～40℃。雨量稀少，为全国最干旱的地区，东部年降雨量约250mm，为草原地带；西部年降雨量不足100mm，为荒漠和半荒漠地带。它们分别属于温带草原动物群，温带荒漠、半荒漠动物群和高地森林草原—草原草甸、寒漠动物群。动物种类贫乏，缺少适应潮湿的种类，主要为荒漠和草原种类。

本区尤其是以啮齿类和有蹄类最繁盛，不少为本区所特有种。啮齿类以跳鼠科和沙鼠亚科最典型，它们中的大部分种类如三趾跳鼠、长爪沙鼠(*Meriones unguiculatus*)等在国内仅分布于本区。松鼠科的黄鼠、旱獭(*Marmota*)，鼠兔科的达乌尔鼠兔(*Ochtona daurica*)等，营地下穴居生活，跳鼠科具有长的尾和后肢，能在飞沙中迅速地跳跃，对干旱的适应能力很强。本区有蹄类中最典型的是野马和双峰驼，黄羊的分布较广，高鼻羚羊（*Saiga tatarica*）仅分布于准噶尔盆地。食肉目中包括狼、狐、黄鼬、艾鼬、沙狐（*Vulpes corsac*）、兔狲（*Felis manul*）等。鸟类的典型代表有大鸨、毛腿沙鸡、蒙古百灵（*Melanocorypha mongolica*）、云雀（*Alauda arvensis*）、原鸽（*Columba livia*）等。爬行动物中鬣蜥科和蜥蜴科最为丰富，如沙蜥、麻蜥等，两栖动物种类少，仅新疆北鲵（*Ranodon sibiricus*）、中国林蛙、花背蟾蜍、绿蟾蜍（*Bufo viridis*）等。

4. 青藏区

青藏区包括青海（柴达木盆地除外）、西藏和四川西北部，东由横断山脉，南由喜马拉雅山脉，北由昆仑山、阿尔金山、祁连山等山脉所环绕，是世界上最高最大的高原，平均海拔在4500m以上。气候为高寒类型，冬季漫长而无夏季，植被类型包括高山草甸、高山草原和高寒荒漠，属于高地森林草原—草原草甸、寒漠动物群。动物种类最为贫乏，主要是由适应于高寒的特殊种类所组成，如哺乳动物中的白唇鹿（*Cervus albirostris*）、野牦牛、藏羚、岩羊（*Pseudois nayaur*）、盘羊、西藏野驴（*Equus kiang*）、鼠兔、喜马拉雅旱獭、狼、雪豹、马熊（*Ursus arctos pruinosus*）等，其中野牦牛、藏羚为本区的特有种。鸟类中的雪鸡（*Tetraogallus*）、黑颈鹤、藏马鸡（*Crossoptilon harmani*）、白马鸡（*C. crossoptilon*）、雪鹑（*Lerwa lerwa*）、藏雀（*Carpodacus roborowskii*）等，爬行类中的温泉蛇（*Thermophis baileyi*）、喜山攀蜥（*Japalura kumaonensis*）、西藏竹叶青（*Trimeresurus tibetanus*）等，两栖类中的西藏蟾蜍（*Bufo tibetanus*）等。

5. 西南区

西南区包括四川西部、昌都地区东部，北起青海及甘肃南缘，南达云南北部，即横断山脉部分及喜马拉雅山南坡针叶林以下的山地。区内多高山峡谷，地形起伏较大，海拔为1600～4000m，植被垂直分布显著、气候变化显著，动物垂直分布明显。组成本区动物区系的动物群属于高地森林草原—草原草甸、寒漠动物群和亚热带林灌、草地—农田动物群。除有丰富的高原和高山森林动物外，还呈现出古北界和东洋界种类交错现象，在横断山脉地区分布有典型的古北界代表种类，如鼠兔、林跳鼠、喜马拉雅旱獭、旋木雀、斑尾榛鸡（*Tetrastes sewerzowi*）、戴菊等，而在喜马拉雅山南坡，几乎均是东洋界种类，如灵猫（*Viverra*）、鹦鹉、太阳鸟、啄花鸟等。本区的代表种类哺乳动物有塔尔羊（*Hemitragus jemlahicus*）、大熊猫、小熊猫、金丝猴、长尾叶猴（*Semnopithecus schistaceus*）、羚牛、黑麂（*Muntiacus crinifrons*）、鼠兔、跳鼠、鼩鼱、麝、猕猴、花面狸等，鸟类中的雉科（如红胸角雉、棕尾虹雉、血雉）、画眉科及鹦鹉科、太阳鸟科、啄花鸟科（Dicaeidae）等，爬行动物中的高原蝮（*Gloydius strauchi*）、喜山小头蛇（*Oligodon albocinctus*）等，两栖动物中的喜山蟾蜍（*Bufo himalayanus*）、高山蛙（*Altirana parkeri*）、山溪鲵（*Batrachuperus pinchonii*）等。由于森林面积大，保存较完好，野生经济动物资源蕴藏量相当丰富。

6. 华中区

华中区包括四川盆地以东的长江流域地区。境内地形复杂，西半部除四川盆地外主要是山地和高原，东半部主要是平原和丘陵地带。气候温和，雨量充沛，植被主要是温带夏绿林和亚热带常绿林，虽然本区原始森林保存无几，植被破坏严重，大都成为农耕地区，但由于其他自然条件优越，动物的种类还是比较丰富的，属于亚热带林灌、草地—农田动物群。由于本区与华北区、华南区、西南区之间无显著的自然屏障，呈现出东洋界和古北界相混杂和过渡的现象，与华南区共有的种类最多。本区主要为东洋界成分，如哺乳动物中的短尾猴（*Macaca arctoides*）、穿山甲、赤腹松鼠、竹鼠（*Cannomys badius*）、长吻松鼠（*Dremomys*）、毛冠鹿

(*Elaphodus cephalophus*)、华南兔(*Lepus sinensis*)、灵猫、华南虎(*Panthera tigris amoyensis*)等,鸟类中的牛背鹭(*Bubulcus ibis*)、画眉、啄花鸟科、白颈长尾雉(*Syrmaticus ellioti*)、山椒鸟科(Campephagidae)等,爬行类中的扬子鳄、尖吻蝮(*Deinagkistrodon acutus*)、眼镜蛇、王锦蛇(*Elaphe carinata*)等,两栖类中的细痣疣螈、斑腿泛树蛙(*Polypedates megacephalus*)、沼蛙(*Rana guentheri*)等,也有部分古北界种类的渗透,如刺猬、狼、岩松鼠、林姬鼠、麝、灰喜鹊、攀雀、日本雨蛙等。本区特有种类如獐、黑麂、白鳍豚、白颈长尾雉、黄腹角雉(*Tragopan caboti*)、竹鸡(*Bambusicola*)、扬子鳄、东方蝾螈、中国雨蛙等。

7. 华南区

华南区包括云南及广东、广西的南部,福建东南沿海一带及台湾、海南岛和南海群岛。区内地形复杂,以海拔在1000m以下的丘陵为主。气候炎热多雨,年平均气温多在22℃以上,年降水量超过1000mm,属于热带、亚热带地区,自然条件优越,植被以热带雨林和季风林为主。植被构成复杂,是动物种类最繁盛的地区,属于热带森林—林灌、草地—农田动物群。哺乳动物中代表种类如长臂猿、懒猴、熊猴(*Macaca assamensis*)、叶猴(*Trachypithecus*)、亚洲象、大斑灵猫(*Viverra megaspila*)、椰子狸(*Paradoxurus hermaphroditus*)、熊狸(*Arctictis binturong*)、华南虎、鼬獾(*Melogale moschata*)、犬蝠、棕果蝠(*Rousettus leschenaultia*)、狐蝠(*Pteropus giganteus*)、树鼩、赤腹松鼠、巨松鼠(*Ratufa bicolor*)、长吻松鼠、花松鼠(*Tamiops macclellandi*)、鼯鼠、褐家鼠、黄胸鼠(*Rattus tanezumi*)等。鸟类也极为丰富,如鹦鹉科、犀鸟科、咬鹃科(Trogonidae)、蜂虎科(Meropidae)、阔嘴鸟科、八色鸫科(Pittidae)、太阳鸟科、三趾鹑、原鸡(*Gallus gallus*)、绿孔雀(*Pavo muticus*)、绿鸠(*Treron*)等,在南海诸岛还有大量的海洋鸟类,如红脚鲣鸟(*Sula sula*)、军舰鸟(*Fregata*)、白腰叉尾海燕(*Oceanodroma leucorhoa*)等。爬行类中的大壁虎、斑飞蜥(*Draco maculatus*)、巨蜥、鳄蜥、蛇蜥(*Ophisaurus*)、圆斑蝰(*Vipera russelii*)、金环蛇、蟒蛇等。两栖类中的华南湍蛙(*Amolops ricketti*)、树蛙、版纳鱼螈等。

思考题

1. 简述陆地和海洋动物分布的特点。
2. 简述世界动物地理区划概况。
3. 概述我国动物地理区划的分区及代表动物。

主要参考文献

白庆笙，王英永．2007．动物学实验．北京：高等教育出版社．

秉志．1960．鲤鱼解剖．北京：科学出版社．

彩万志，庞雄飞，花保祯，等．2001．普通昆虫学．2版．北京：中国农业大学出版社．

陈品健．2001．动物生物学．北京：科学出版社．

陈小麟．2005．动物生物学．3版．北京：高等教育出版社．

陈义．1956．无脊椎动物学．北京：商务印书馆．

陈阅增．1997．普通生物学．北京：高等教育出版社．

丁汉波．1983．脊椎动物学．北京：高等教育出版社．

龚美蓉．2004．多足动物系统发生的研究进展．广西科学，11(4)：366-374．

郝天和．1959．脊椎动物学(上册)．北京：高等教育出版社．

郝天和．1964．脊椎动物学(下册)．北京：高等教育出版社．

侯林，吴孝兵．2007．动物学．北京：科学出版社．

惠利惠．1958．动物学精义・中卷．杜亚泉，等译．北京：商务印书馆．

江静波．1995．无脊椎动物学．3版．北京：高等教育出版社．

姜乃澄，丁平．2007．动物学．杭州：浙江大学出版社．

姜云垒，冯江．2006．动物学．北京：高等教育出版社．

李明德．1992．鱼类学(上、下册)．天津：南开大学出版社．

刘凌云，郑光美．1997．普通动物学．3版．北京：高等教育出版社．

刘凌云，郑光美．2009．普通动物学．4版．北京：高等教育出版社．

刘瑞玉．2003．《现生甲壳动物(CRUSTACEA)最新分类系统》简介//中国甲壳动物学会．甲壳动物学论文集第四辑．北京：科学出版社，76-86．

孟庆闻，缪学祖，俞泰济，等．1989．鱼类学．上海：上海科学技术出版社．

孟庆闻，苏锦祥，李婉端．1987．鱼类比较解剖．北京：科学出版社．

曲淑蕙，李嘉泳，黄浙．1980．动物胚胎学．北京：人民教育出版社．

任淑仙．1990．无脊椎动物学(上册)．北京：北京大学出版社．

赛道建．2001．经济动物学．济南：山东科学技术出版社．

赛道建．2008．普通动物学．北京：科学出版社．

赛林霖，赛道建．2006．鳍和鳔在鱼类沉浮行为中的作用．山东师范大学学报：自然科学版，21(1)：124-126．

沈嘉瑞．1979．中国动物志-淡水桡足类．北京：科学出版社．

宋大祥．2006．节肢动物的分类和演化．生物学通报，41(3)：1-3．

宋志顺，宋大祥，朱明生．2004．唇足纲和蜈蚣目多足动物的系统分类．辽宁师范大学学报：自然科学版，27(1)：69-72．

王所安．1960．脊椎动物学．北京：人民教育出版社．

王所安．1986．动物结构与类群-脊椎动物部分．天津：天津科学技术出版社．

王廷正，许文贤．1993．陕西啮齿动物志．西安：陕西师范大学出版社．

王心丽．2008．夜幕下的昆虫．北京：中国林业大学出版社．

吴保玲，孙瑞平．1981．中国近海沙蚕科研究．北京：海洋出版社．

邢贵庆．1999．解剖学及组织胚胎学．3版．北京：人民卫生出版社．

许崇任，程红．2000．动物生物学．北京:高等教育出版社．

许崇任，程红．2008．动物生物学．2 版．北京：高等教育出版社．

杨安峰．1992．脊椎动物学．2 版．北京:北京大学出版社．

杨安峰，程红，姚锦仙．2008．脊椎动物比较解剖学．2 版．北京:北京大学出版社．

尹文英，谢荣栋，杨毅明，等．2002．原尾纲重新分群的特征分析(六足总纲)．动物分类学报，27(4)：649-658．

于海燕，李新正．1998．等足目分类系统学研究概况及我国近海等足目研究展望．海洋科学，4：28-29．

袁锋，袁向群．2006．六足总纲系统发育研究进展与新分类系统．昆虫分类学报，28(1)：1-12．

袁锋，张雅林，冯纪年，等．2006．昆虫分类学．2 版．北京：中国农业大学出版社．

张荣组，赵肯堂．1979．关于《中国动物地理区划》的修改．动物学报，24(2):196-202．

张玺，齐全中彦．1955．贝类学纲要．北京：科学出版社．

张训蒲，朱伟义．2000．普通动物学．北京:中国农业出版社．

张训蒲．2008．普通动物学．2 版．北京:中国农业出版社．

赵建成，吴跃峰．2008．生物资源学．2 版．北京:科学出版社．

赵正阶．2001．中国鸟类志(上、下册)．长春:吉林科学技术出版社．

郑光美．1995．鸟类学．北京:北京师范大学出版社．

郑光美．2005．中国鸟类分类与分布名录．北京:科学出版社．

郑作新．1982．脊椎动物法分类学．北京:中国农业出版社．

郑作新．2002．中国鸟类系统检索．3 版．北京:科学出版社．

中国野生动物保护协会．1999．中国两栖动物图鉴．郑州:河南科学技术出版社．

周本湘．1956．蛙体解剖学．北京：科学出版社．

左仰贤．2001．动物生物学教程．北京:高等教育出版社．

Alexzander R M. 1979. The Invertebrates. London: Cambridge Univ. Press.

Barnes R S K, Calow P, Olive P J W, et al. 1993. The Invertebrates-Anew Synthesis. Oxford: Blackwell Scientific Publications.

Brusca R C, Brusca G T. 2003. The Invertebates. 2nd ed. Sunderland: Sinauer Associates Inc.

Chapman R F. 1982. The Insects Structure and Function. London: Cambridge Univ. Press.

Dorris M, de Ley P, Blaxter M L. 1999. Molecular analysis of nematode diversity and the evolution of parasitism. Parasitology Today, 15: 188-193.

Hickman C P, Roberts L S. 1994. Biology of Animals. 6th ed. Dubuque: Wm. C. Brown Communications Inc.

Hickman C P, Cleveland P, Roberts L S, et al. 1993. Integrated Principles of Zoology. 9th ed. St. Louis: Mosby-YearBook Inc.

Hickman C P, Roberts L S, Larson A. 2000. Animal Diversity. 2nd ed. New York: The McGraw-Hill Company.

Hickman C P, Roberts L S, Larson A. 2001. Integrated Principles of Zoology. NewYork: The McGraw-Hill Company.

Hickman R L. 2002. Animal Diversity. 3th ed. New York: The McGraw-Hill Company.

Hyman L H. 1951. The Invertebrates. Vol Ⅲ: Acanthocephala, Aschelminthes &Entoprocta. New York: The McGraw-Hill Company.

Jorgensen J M, Lomholt J P, Weber R E, et al. 1998. The Biology of Hagfishes. New York: Chapman and Hall.

Kardong K V. 2006. Vertebrates: Comparative Anatomy, Function, Evolution. 4th ed. New Yock: The McGraw-Hill Company.

Kent G C. 1987. Comparative Anatomy of the Vertebrates. 6th ed. St. Louis: Times Morror/Mosby College

Publishing.
King A S, Mclelland J. 1975. Outlines of Avian Anatomy. Bristol: Arrowsmith Ltd.
Linzey W D. 2001. Vertebrate Biology. New York: The McGraw-Hill Higher Education.
Maggenti A. 1981. General Nematology. New York: Springer-Verlag.
Meglitsch P A, Schram F R. 1991. Invertebrate Zoology. 3rd ed. New York: Oxford University Press.
Miller S A, Harley J P. 2002. Zoology. 5th ed. New York: The McGraw-Hill Company.
Mitchell L G, Mutchmor J A, Dolphin W D. 1988. Zoology. Reading: Addison Wesley Publishing Company.
Moore J. 2001. An Introduction to the Invertebrates. London: Cambridge Univ. Press.
Noble E R, Noble G A. 1982. Parasitology: The Biology of Animal Parasites. Philadelphia: Lea and Febiger.
Pearson R, Ball J N . 1981. Lecture Notes on Vertebrate Zoology. 7th ed. London: Macmillan.
Pechenik J A. 1985. Biology of the Invertebrates. Boston: DWS Publisher.
Richard D J. 2000. 动物生物学. 蔡益鹏, 译. 北京: 科学出版社.
Romaser W S, Stoffolano J G. 1994. The Science of Entomology. 3rd ed. England: Wm. C. Brown Communications. Inc.
Romer A S, Parsons T S. 1977. The Vertebrate Body. 5th ed. Philadelphia: W. B. Saunders Company.
Russell-Hunter W D. 1979. A Life of Invertebrates. New York: Macmillan Publishing Company.
Storer T I, Usinger R L, Stebbins R C. 1979. General Zoology. 6th ed. New York: The McGraw-Hill Company.
Torrey T W, Feduccia A. 1979. Morphogenesis of the Vertebrates. 4th ed. New York: Wlley.
Wake M H. 1979. Hymans Comparative Anatomy. 3rd ed. Chicago: University of Chicago Press.
Weisz P B, Keogh R N. 1977. Element of Biology. 4th ed. New York: The McGraw-Hill Company.
Welty J C. 1982. The Life of bird. Philadelphia: Saunders Collage Publishing.
Young J Z. 1975. The Life of Mammals. 2nd ed. Oxford: Clarendon Press.
Young J Z. 1981. The Life of Vertebrates. 3rd ed. Oxford: Clarendon Press.

索　　引

T